中国科学技术大学研究生教材出版专项经费支持

研究生系列教材
工程力学

岩石物理与动力学原理

ROCK PHYSICS AND DYNAMICS PRINCIPLE

徐松林　刘永贵　席道瑛　编著

中国科学技术大学出版社

内 容 简 介

本书共8章，围绕岩石中的应力波和扩散理论，讲述了岩石物理和波动力学的理论与方法。主要内容包括岩石声场和波动原理、岩石热弛豫波动作用原理、岩石细微观结构波动作用原理、岩石微界面动力学、复杂应力状态下的岩石波动效应、岩石非均匀性与波动原理、岩石压剪耦合波动原理以及岩石波动过程的量纲分析原理等。本书包含最新的研究成果，具有较强的前沿性；在内容的组织上，以基础理论研究为主，兼顾工程应用。

本书可供高等院校和科研单位地球物理、岩石力学与岩土工程、环境、水利、矿山等领域的教师和研究人员参考，也可作为相关专业研究生的教学参考书。

图书在版编目(CIP)数据

岩石物理与动力学原理 / 徐松林，刘永贵，席道瑛编著. -- 合肥 : 中国科学技术大学出版社，2025.6. -- ISBN 978-7-312-06056-4

Ⅰ. P584；TU45

中国国家版本馆 CIP 数据核字第 2024VH1307 号

岩石物理与动力学原理

YANSHI WULI YU DONGLIXUE YUANLI

出版 中国科学技术大学出版社
安徽省合肥市金寨路 96 号，230026
http://press.ustc.edu.cn
http://zgkxjsdxcbs.tmall.com

印刷 合肥市宏基印刷有限公司

发行 中国科学技术大学出版社

开本 787 mm×1092 mm 1/16

印张 19.5

字数 487 千

版次 2025 年 6 月第 1 版

印次 2025 年 6 月第 1 次印刷

定价 60.00 元

前　言

岩石动力学目前主要研究与宏观性能相关的岩石动态强度及波动响应特性，已经有相当多的研究成果，在工程中得到了较系统的应用，形成了岩石工程设计、防护等领域的一系列分析原理和设计方法。岩石的动力学行为，尤其是深地环境等复杂应力状态下的动态变形、失效，以及相关诊断技术的研究更为重要，现在处于一个厚积薄发前的重要时期，在国内各种大型岩石力学工程项目建设的推动下，对新理论、新技术、新方法的需求日益强烈，岩石动力学领域必将迎来一系列重要的突破。本书将结合岩石物理特性，探索描述岩石动力学行为的基本原理和方法。本书是中国科学技术大学出版社已出版的两本教材《岩石物理学基础》(2012年)和《岩石物理与本构理论》(2016年)的延续。

岩石动力学以研究岩石材料和结构的运动为主旨。基于连续介质力学观点的动力学控制方程主要包括三类，即：① 几何关系($\varepsilon_{ij}=(u_{i,j}+u_{j,i})/2, i,j=1,2,3$；连续方程$\partial\varepsilon/\partial t=\partial v/\partial X$)，建立位移 u_i 与应变 ε_{ij} 和质点速度 v_i 的联系，它体现了连续介质的位移连续性或质量守恒；② 运动学方程($\sigma_{ij,j}=\rho\partial^2 u_i/\partial t^2$)，建立应力 σ_{ij} 与位移 u_i 和质点速度 v_i 的联系，它体现了连续介质的动量守恒；③ 物理关系(即本构关系，$\sigma\equiv\sigma(\varepsilon,T,\dot{\varepsilon},\cdots)$)，建立应力与应变及其速率之间的联系，它体现了材料的内禀力学性能。在动力学问题中，通常用波速的表达式来替代，例如，$C=\sqrt{\mathrm{d}\sigma/(\rho_0\mathrm{d}\varepsilon)}$。此三类方程构成了岩石动力学的分析基础。另外，还有联系各种形式能量之间关系的能量守恒方程，在考虑系统能量损耗及相关机制的时候需要用到。目前，岩石动力学中大部分工作集中于岩石材料动态本构关系的研究。

岩石动力学的发展与动力学控制方程组的求解密切相关。目前较成熟的解主要为三类，即：① 假定位移满足 $u=u_0\exp[-\mathrm{i}(lx-\omega t)]$形式的谐波解。它反映了谐波在岩石介质中传播的衰减和弥散特性，用于振动特性、地震波传播的分析。② 研究波阵面奇异性的黎曼解。它建立了经过波阵面作用之后各物理量的改变量之间的关系,用于岩石中应力波、冲击波等问题的分析。③ 研究自平衡体系的孤波解。它解决了一些特殊的边界作用,是数学物理中较重要的一个研究方向,通常与吸引子一起进行研究,但岩石动力学中尚未发现相关应用。波动过程传播的是一种扰动信号,没有"质量流"。现在的研究表明,与损伤、破裂等动力学相关的物理量的演化和发展不仅与波动过程相关,而且与岩石的局部破裂、损伤等广义的"质量流"的传播相关。这种传播与尺度(破碎区域、压缩区域等)有极大的关联性。因此,传统的波动力学的概念需要进行一定拓展,传统的波动方程需要进行必要的改进——需要加入"质量扩散"的相关概念。

岩石动力学响应以短历时、高幅值、高应变率为特征。其特征时间通常以微秒计。一般准静态载荷下的应变率为 $10^{-5}\sim10^{-3}\ \mathrm{s}^{-1}$ 量级,而在爆炸、冲击载荷下的应变率则高达 $10^{2}\sim10^{7}\ \mathrm{s}^{-1}$ 量级,比准静态载荷下高数个量级。各种类型的非弹性变形和破坏都是以有限速率发展的非瞬态响应(如损伤演化过程、裂纹扩展和传播等),岩石材料和结构的力学性能与应变率相关。岩石动力学问题主要关注两个动态效应,即惯性效应和黏性效应。其中,惯性效应与微元体位移的二阶导数 $\partial^2 u/\partial t^2$ 有关,对应单元是一种非平衡状态,导致了应力波传播;岩石黏性效应与微元体位移的一阶导数 $\partial u/\partial t$ 有关,对应岩石材料内部结构特征和非均质特征,引起了有关岩石动态力学性能研究。这也使得热力耦合、压剪耦合成为岩石材料在高应变率下需要重点关注的问题。

本书内容共分为 8 章。第 1 章为"岩石声场和波动原理",介绍了岩石中声场和波动分析的基本方法。第 2 章为"岩石热弛豫波动作用原理",将热激活弛豫机制引入 Biot 模型,用 Q^{-1} 来量化波的热能损耗部分,研究饱和孔隙岩石的频率和温度依赖性,分析了 P 波和 S 波在频域和温度域上热弛豫峰的移动规律及其物理机制。第 3 章为"岩石细微观结构波动作用原理",结合弹性波波动方程的格林函数解,应用边界积分方法,形成了研究岩石内部细微观结构对弹性波传播的影响的方法;考虑岩石细微观结构的三种简化模型(双裂纹组合模型、椭圆孔洞模型、双椭圆孔洞组合模型等),建立了静水压、纯剪切、压剪复合加载等三类内边界条件下的边界积分计算方法,研究了不同尺寸分布的细微观结构与弹性波的相互作用规律。第 4 章为"岩石微界面动力学",基于对称子群的演化建立了微界面表面形态演化过程;基于杆束技术、声发射技术和红外测温技术,探讨了岩石节理摩擦过程中波致摩擦阶段和惯性摩擦阶段的声发射和产热信息及其相关物理特性;基于非均匀密度分布描述建立了分层梯度黏弹性波动理论，以描述复杂岩石结构中的动力学响应。第5章为“复杂应力状态下的岩石波动效应”，建立了岩石压剪联合加载实验技术、真三轴静载下岩石混凝土动态实验技术、真三轴静载下岩石混凝土侵彻实验技术，探讨了岩石加载路径敏感性和应变率效应，并介绍了静高压作用下超声波测试技术。第6章为“岩石非均匀性与波动原理”，结合原位高速摄影、X射线成像、X射线衍射等实验技术，实现了对脆性材料以及脆性颗粒材料在复杂应力状态、多种应变速率下的压缩加载实验，观测和表征了材料表观及内部的非均匀变形；利用数字图像相关方法，进行了材料表面和内部结构的全场应变计算，并在二维应变场的基础上，推导了描述脆性材料非均匀变形的统计演化理论，以及描述颗粒材料压实阵面传播的弛豫-扩散模型；基于颗粒微力学机制，分析了颗粒材料中的压剪耦合效应及其对波动传播的影响。第7章为“岩石压剪耦合波动原理”，引入4个压剪耦合参数，建立了反映岩石细观非均匀性的广义波动方程，基于广义自洽原理提出耦合参数的确定方法，研究了压剪耦合效应及压剪耦合波动规律。第8章为“岩石波动过程的量纲分析原理”，基于岩石动力学的多尺度、多重物理机制的复杂问题，初步提出了“量纲动力学”分析原则，实现主要无量纲量的转化，从而促进机制描述的转化；以时温等效原理、多孔饱和岩石的特征频率、厚靶侵彻的三种机制等为例，展示了这种分析原理。

本书为工程力学系列图书之一，是作者在中国科学技术大学工程科学学院近20年的教学经验总结和科学研究积累。本书的出版得到了安徽省研究生质量工程一流教材项目(编号:2020yjsyljc114)的资助和中国科学技术大学研究生教材出版专项经费的支持；部分工作得到了国家自然科学基金(10202022、10672157、40874093、11272304、11472264、11672286、12272127)的资助。博士研究生郑文、王鹏飞、黄俊宇、周李姜、单俊芳、苗春贺、陆建华、谢雨珊、袁良柱、章超、张磊和硕士研究生谭子翰、周伟达、施春英、张鸣、陈丽娜、薛晓、蒋和斌等参与了相应的研究工作。本书的出版要感谢博士研究生单俊芳、硕士研究生薛晓在图件绘制和校稿方面给予的帮助，感谢荷兰代尔夫特理工大学邓向允博士在文献收集方面给予的帮助。

由于作者水平有限，书中存在错误和不足之处在所难免，欢迎读者批评指正。

作　者

2024年12月6日

目　　录

第 1 章　岩石声场和波动原理

1.1 引　　言

从薛定谔关于创立波动力学的第一次演讲开始，关于波动力学，薛定谔认为："……光线对应于力学路径，而信号就像质点一样地运动。但是，用射线来描述波的运动只是一种近似（在光波的情况下称为'几何光学'）。只有碰巧当我们所要处理的波动现象的结构与波长相比甚为粗略，而我们又只对它的'粗略结构'感兴趣时，这种近似才成立。波动现象的精细结构绝不能用射线（'几何光学'）的处理来揭示，而且总是存在着这样的波动现象，它们都是那么细微，以至于射线方法是毫无用处，而且也提供不出任何知识的。因此，在用波动力学代替通常的力学时，我们可以指望，一方面把通常的力学作为一种近似保留下来，它只对粗略的'宏观力学'现象才是有效的；而另一方面，又对那些精细的'微观力学'现象（原子、电子的运动）做出解释，关于这种现象，通常的力学完全不能给出任何知识。至少，如果不做非常人为的附加的假设，是不能做到这一点的，这些假设实际构成了理论中比力学处理重要得多的部分。"（薛定谔，2008）

岩石中细微观的动力学性能研究本质上是波与所研究的细微观结构的相互作用，这主要包括短程（short term）的波动效应、长程（long term）的振动效应——声场、长期的准静态平衡作用。波是承载特定物理量的扰动信号的传播，连续介质中的应力波即指应力扰动信号在介质中的传播。

1.2 离散波与连续波

1.2.1 晶格热振动

1. 一维简单晶格的准谐振动

由 N 个相同原子组成的简单立方晶体进行一维纵向晶格热振动。如图 1.2.1 所示，原

子质量为 m，平衡时原子间距为 a，图中 X_n 表示第 n 个原子由于热振动而偏离平衡位置的位移，则第 n 个和第 $n+1$ 个原子之间的相对位移为 X_n-X_{n+1}。

对于此系统，原子间作用力简化为线性胡克弹性力。考虑微弱振动，只计算相邻粒子对原子热振动的影响。因此，第 n 个原子的运动方程为

$$m\ddot{X}_n = k_\alpha(X_{n+1}+X_{n-1}-2X_n),\quad n=1,2,3,\cdots,N \tag{1.2.1}$$

式中，k_α 为弹簧系数。考虑微弱振动，其解采用简谐波的形式，有

$$X_n = A\mathrm{e}^{\mathrm{i}(\omega t-2\pi nak)} \tag{1.2.2}$$

式中，A 为振幅；na 为第 n 个原子相对于原点的平衡位置；$k(=1/\lambda)$ 为波数，λ 为波长。这表明：各原子在平衡位置的热振动是以简谐波的形式在晶格中传播的，称为格波(lattice wave)，如图 1.2.2 所示。此时，晶体密度 $\rho=m/a^3$，杨氏模量 $E=k_\alpha/a$，一维应力弹性波速 $C_0=\sqrt{E/\rho}=a\sqrt{k_\alpha/m}$。

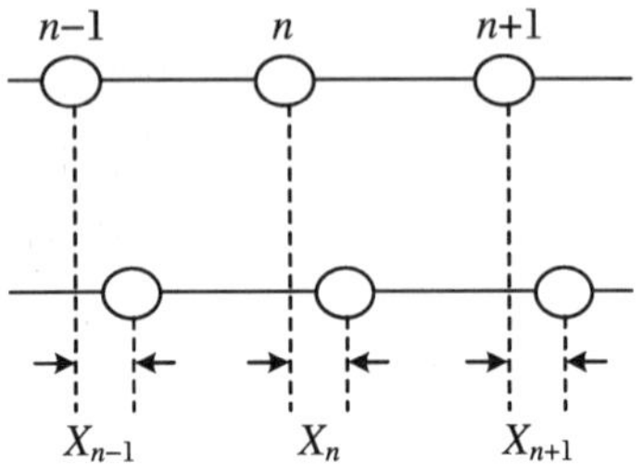

图 1.2.1　一维原子链的振动

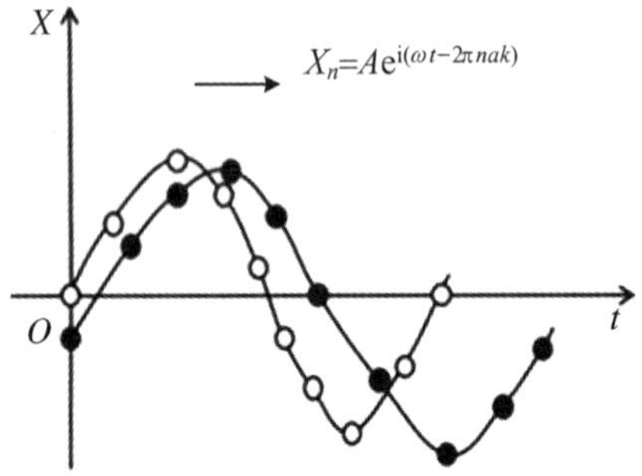

图 1.2.2　粒子群谐振

将谐波解代入式(1.2.1)，得到

$$\omega^2 = \frac{4k_\alpha}{m}\sin^2(\pi ak) = \omega_{\max}^2\sin^2(\pi ak) \tag{1.2.3}$$

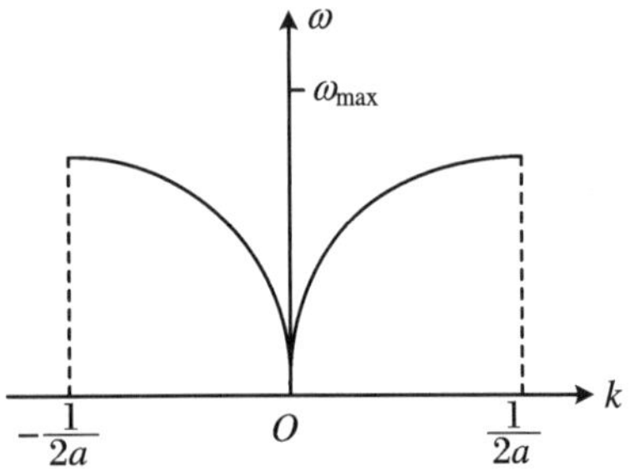

图 1.2.3　角频率与波数 k 的对应关系

图 1.2.3 给出了角频率 ω 与波数 k(或波长 λ)之间的对应关系，描述了格波传播依赖于频率的弥散现象，称为色散或弥散关系(dispersion relation)。为了使角频率 ω 是 k 的单值函数，将 k 限制在区间：$-\frac{1}{2a}<k\leqslant\frac{1}{2a}$。正的 k 对应于正向传播的格波，而负的 k 则对应于负向传播的格波。每一个 k 有一个确定的频率 ω，称为一个振型或振动模。不同的振型对应着不同波长的格波。格波中的各个振型是互相独立的，也称为简正振型(normal mode)。系统中 N 个耦合的谐振子的运动方程，其解则是解耦的简正方式的振动，即将 N 个原子相互作用下的振动问题化为了对 N 个独立的简正方式的讨论，此即量子化过程。

格波的波长有极小值 $\lambda_{\min}=2a$，对应格波的角频率有极大值：$\omega_{\max}=\sqrt{4k_\alpha/m}$。这一结论在考虑介质的微观结构时是必然的，在连续介质力学中已经把微观结构尺度(如晶格常数 a)在宏观尺度中连续化了，对应的平面波的波长可宏观地任意小，角频率不受限制。格波的

波速为

$$C = \frac{1}{k}\frac{\omega}{2\pi} = a\sqrt{\frac{k_\alpha}{m}}\frac{\sin(\pi ak)}{\pi ak} = C_0\frac{\sin(\pi ak)}{\pi ak} \tag{1.2.4}$$

式(1.2.4)表明格波是一个波速依赖于晶格特征尺寸(晶格常数 a)与波长 $\lambda(\lambda=1/k)$之比的弥散波。例如钢,晶格常数 a 约为 3 Å(埃),平均振动时间约为 10^{-13} s,则钢的格波波速约为3 km/s,这与钢的弹性波波速很接近(3.5 km/s)。当 $ka \ll 1$ 或 $\lambda \gg a$ 时,即在长波情况下,$\sin(\pi ak) \approx \pi ak$,则对应的波速为

$$C = \frac{1}{k}\frac{\omega}{2\pi} \approx a\sqrt{\frac{k_\alpha}{m}} = \sqrt{\frac{E}{\rho}} = C_0 \tag{1.2.5}$$

这时格波的波速只与材料特性有关。当波长远大于晶格常数时,晶体可以看作连续介质。

2. 关于一维复式晶格的准谐振动

进一步讨论两种不同的原子组成的一维复式晶格的热振动。如图 1.2.4 所示,周期性地相间排列着 P_1 和 P_2 两种不同的原子,相邻同种原子之间的距离为 $2a$。质量为 m_1 的 P_1 原子位于 $2n-1, 2n+1, 2n+3, \cdots$,质量为 m_2 的 P_2 原子位于 $2n-2, 2n, 2n+2, \cdots$。这样,与 P_1 原子相邻的是 P_2 原子,而与 P_2 原子相邻的是 P_1 原子,两者是互相耦合的。两种原子的运动方程分别为(不妨令 $m_2 > m_1$)

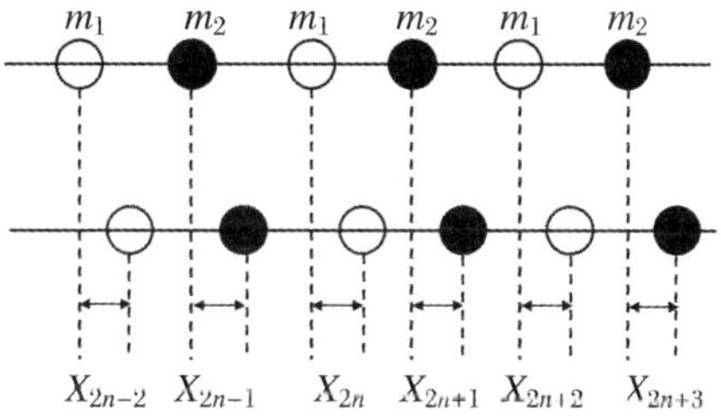

图 1.2.4　一维双原子链的振动

$$m_1\ddot{X}_{2n+1} = k_\alpha(X_{2n+2} + X_{2n} - 2X_{2n+1}) \tag{1.2.6a}$$

$$m_2\ddot{X}_{2n} = k_\alpha(X_{2n+1} + X_{2n-1} - 2X_{2n}) \tag{1.2.6b}$$

考虑微弱振动,其解采用简谐波的形式:

$$X_{2n+1} = A\mathrm{e}^{\mathrm{i}[\omega t - 2\pi k(2n+1)a]} \tag{1.2.7a}$$

$$X_{2n} = B\mathrm{e}^{\mathrm{i}[\omega t - 2\pi k(2n)a]} \tag{1.2.7b}$$

式中,A 与 B 分别是质量为 m_1 的 P_1 原子与质量为 m_2 的 P_2 原子的振幅。将它们代入式(1.2.6)中,可得

$$(m_1\omega^2 - 2k_\alpha)A + (2\alpha\cos(2\pi ka))B = 0 \tag{1.2.8a}$$

$$(2\alpha\cos(2\pi ka))A + (m_2\omega^2 - 2k_\alpha)B = 0 \tag{1.2.8b}$$

若要求 A 与 B 有非平凡解,则其系数行列式必须等于零,由此可以得到

$$\omega^2 = \frac{k_\alpha(m_1+m_2)}{m_1 m_2}\left\{1 \pm \left[1 - \frac{4m_1 m_2}{(m_1+m_2)^2}\sin^2(2\pi ka)\right]^{\frac{1}{2}}\right\} \tag{1.2.9}$$

图 1.2.5 给出了角频率 ω 与波数 k 之间的对应关系。对于每一个 k 值,有频率为 ω_+ 与 ω_- 的两类独立的振动,分别对应式(1.2.9)中取正号和取负号的值。与 ω_+ 对应的一支称为光学支(optical branch),而与 ω_- 对应的一支称为声学支(acoustic branch)。它们的长波极限的性质分别与光波和声波相关。为了使角频率 ω 是 k 的单值函数,将 k 限制在区间 $-\frac{1}{4a} < k \leqslant \frac{1}{4a}$。

对于光学支,当 $k=0$ 时(长波极限),有

$$\omega_{+}=\sqrt{2k_{\alpha}\left(\frac{1}{m_1}+\frac{1}{m_2}\right)} \tag{1.2.10a}$$

$$\left(\frac{A}{B}\right)_{+}=-\frac{m_2}{m_1} \tag{1.2.10b}$$

这时$\left(\frac{A}{B}\right)_{+}$为负意味着两种微粒的振动具有完全相反的相位(图 1.2.6),相当于质量为 m_1 的微粒形成的 Bravais 格子与质量为 m_2 的微粒形成的 Bravais 格子做整体的相对振动,但质心位置保持不动($m_1A+m_2B=0$)。对于离子晶体,这时正离子与负离子的振动方向相反,会使正、负离子发生极化,产生一定的电偶极矩,所以长光学波又称极化波(polarization wave)。实际晶体极化波的角频率在 $10^{13}\sim10^{14}\,\mathrm{s}^{-1}$ 范围(远红外光波)。极化波可以和光波相互作用,当波数和频率相同时会发生共振,即可用光来激发这种振动。离子晶体中的这种光学波激发的共振能引起远红外光的强烈吸收,是红外光谱学中的一个重要效应。当 $k=\pm\frac{1}{4a}$时,$\omega_{+}=\sqrt{2k_{\alpha}/m_1}$,$\left(\frac{B}{A}\right)_{+}=0$。这时光学支的角频率最小,质量为 $m_2(>m_1)$的微粒不动,只有质量为 m_1 的微粒振动。

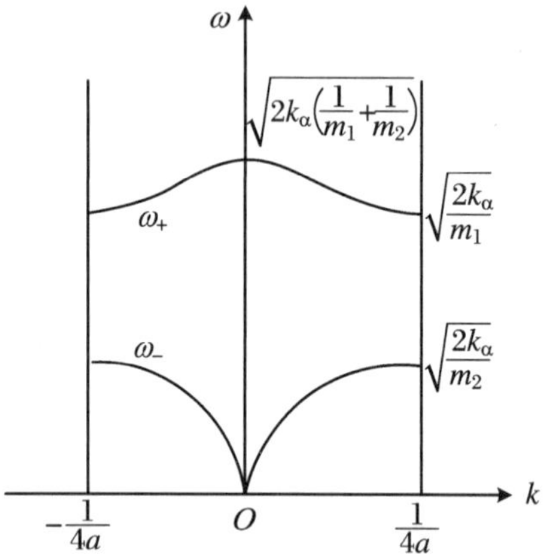

图 1.2.5 角频率与波数的对应关系

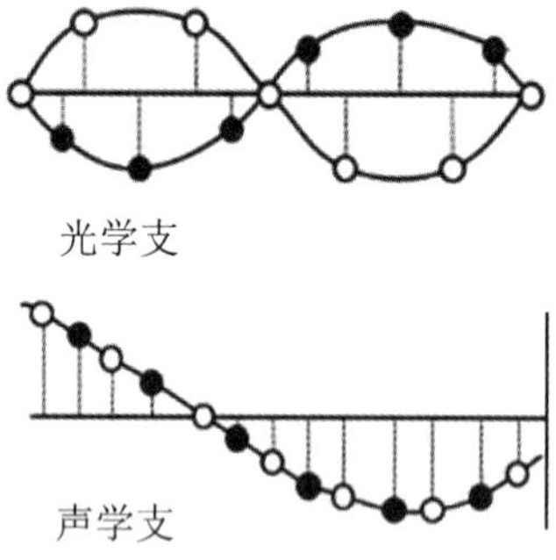

图 1.2.6 光学支与声学支的振动特点

对于声学支,当 $k=0$ 时(长波极限),有

$$\omega_{-}=0,\quad \left(\frac{A}{B}\right)_{-}=1 \tag{1.2.11}$$

这时$\left(\frac{A}{B}\right)_{-}=1$ 意味着两种微粒的振动具有完全相同的振幅和相位,代表原胞质心的振动(图 1.2.6)。当 $k=\pm\frac{1}{4a}$时,$\omega_{-}=\left(\frac{2\alpha}{m_2}\right)^{\frac{1}{2}}$,$\left(\frac{A}{B}\right)_{-}=0$。这时声学支的角频率最大,而质量为 $m_1(<m_2)$的微粒不动,只有质量为 m_2 的微粒振动。

当 $ka\ll1$ 或 $\lambda\gg a$ 时,即在长波情况下,与式(1.2.5)的分析相同,ω_{-} 支格波波速是一个与波数无关而只与材料特性有关的常数。ω_{-} 支格波因此也被称为声学支。

1.2.2 讨论爱因斯坦模型和德拜模型

爱因斯坦假定晶体中所有微粒都以相同的频率 f_0 振动,即 $f_i=f_0(i=1,2,\cdots,N)$。这相当于在热平衡时忽略了微粒间的相互作用。大多数固体的爱因斯坦特征温度在 100～300 K 范围，与此对应的频率 f_0 约为 10^{13} Hz，属于红外光范围，这相当于用频率 f_0（图 1.2.7(a)）取代了光学支振型。由于光学支属高频分支，它的频率变化又较为平缓，因此爱因斯坦模型基本上反映了光学支的特征。它在较低温度下的误差主要是由于忽略了低频部分（声学支）的作用引起的。

德拜认为在低温下低频振动对比热容和热能的贡献很大，不能忽略。低频格波是长声学波，具有弹性波的性质。因此，他把晶体看成各向同性的连续介质，把晶体振动产生的长格波看成在连续介质中传播的弹性波。格波的频率 f_i 本来都是离散的，如果频率取值十分密集，可把 f 看成连续的，则在 f 和 $f+\mathrm{d}f$ 之间的振动模数为 $g(f)\mathrm{d}f$，$g(f)$ 称为频率分布函数。根据德拜模型，可以把晶体看成各向同性弹性连续介质。一般的弹性波均由一个以纵波速 C_l 传播的纵波成分和两个以横波速 C_t 传播的横波成分组成。根据这个模型，波速为常数，即 $C=f/k=\text{const}$。这相当于用频率 f（或角频率 $\omega=2\pi f$）与波数 k 成正比的虚线取代了声学支振型（图 1.2.7(b)）。这种近似在 f 较低、波长比晶格常数大得多的情况下成立，但对于接近于最大频率 f_D 部分，其波长仅比晶格常数大一个量级，连续介质近似就会带来误差。

此部分更详细内容具体可参见《材料动力学》（王礼立 等，2016）。

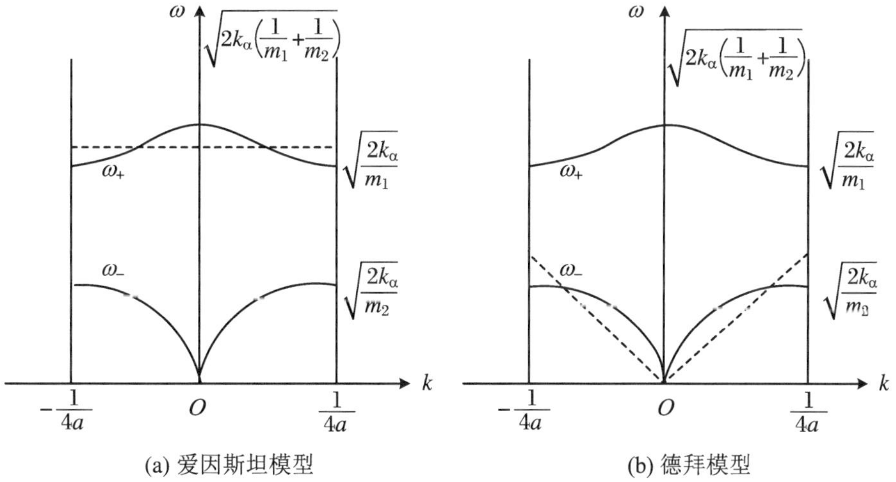

图 1.2.7　两种模型角频率与波数的关系

1.3　强间断波和连续波

波是指扰动信号的传播，受扰动介质与未受扰动介质的分界面称为波阵面。波阵面迹线如图 1.3.1 所示，其表达式为 $X=X_*(t)$。波阵面在数学上是一个奇异面（其厚度无限小，$\Delta X\to 0$，但含有物质），当跨过这个奇异面时，介质中的某些物理量发生间断，图 1.3.1 中的“+”和“−”分别表示波阵面的紧前方和紧后方。一般情况下，连续介质力学中的位移 u

是连续的。若记$[\Phi]=\Phi^{-}-\Phi^{+}$,则$[\Phi]$为物理量 Φ 跨过波阵面后的变化量。位移连续时,$[u]=0$。把跨过奇异面时发生间断的位移的导数的阶数称为波阵面的阶。由此将波阵面分为强间断波阵面和弱间断(连续)波阵面。

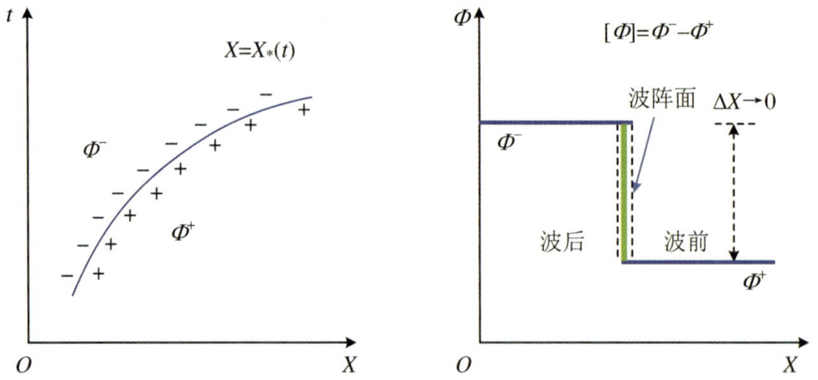

(a) 波阵面迹线 (b) 跨波阵面物理量Φ的间断

图 1.3.1 物理平面 X-t 上波阵面迹线及间断

(1) 强间断波阵面,即当跨过波阵面时位移本身保持连续,但其一阶导数(关于时间 t 或关于位置坐标 x)发生间断的波阵面,也称为一阶奇异面。位移的一阶导数为介质的质点速度 $v(=\partial u/\partial t)$、应变 $\varepsilon(=\partial u/\partial x)$,因此跨过一阶奇异面时介质的质点速度 v、应变 ε 会发生间断,即$[v]\neq 0$,$[\varepsilon]\neq 0$。这也必然带来应力 σ 的间断,$[\sigma]\neq 0$。

(2) 连续波阵面或弱间断波阵面,即当跨过波阵面时位移本身及其一阶导数保持连续,但其二阶导数发生间断的波阵面,也称为二阶奇异面。位移的二阶导数包括介质的质点加速度 $a(=\partial^2 u/\partial t^2)$、应变率 $\dot{\varepsilon}(=\partial^2 u/\partial x\partial t)$和速度梯度$\partial v/\partial x(=\partial^2 u/\partial x\partial t)$,因此跨过二阶奇异面时,$[a]\neq 0$,$[\dot{\varepsilon}]\neq 0$,$[\partial v/\partial x]\neq 0$。而质点速度、应变、应力等则保持连续,采用现在动态测试技术得到的波形是光滑的。此外,二阶及二阶以上的奇异面对应的波阵面均称为弱间断波阵面。

1.3.1 强间断波动方程——跨波阵面

1. 波阵面上的守恒条件——控制方程

(1) 波阵面上的位移连续条件

物理平面 X-t 上波阵面运动规律的拉格朗日描述为 $X=X_*(t)$,如图 1.3.1 所示。对物理量 f 在波阵面的紧前方和紧后方分别应用波阵面上的链锁法则,可以得到联系冲击波强度与物理量 f 两个偏导数的跳跃量的 Maxwell 关系如下:

$$\frac{\mathrm{d}[f_*]}{\mathrm{d}t}=\left[\frac{\partial f}{\partial t}\right]+\left[\frac{\partial f}{\partial X}\right]C \tag{1.3.1}$$

其中,$C\equiv\dfrac{\mathrm{d}X_*}{\mathrm{d}t}$,为拉格朗日波速,也称为物质波速。当式(1.3.1)中取 $f=u$,考虑到位移连续时,$[u]=0$,则式(1.3.1)关于 u 的表达式为$[u]=0=[v]+[\varepsilon]C$,即

$$[v]=-C[\varepsilon] \tag{1.3.2}$$

此式即冲击波阵面上的位移连续条件。它把跨过冲击波阵面时质点速度的跳跃量和工程应变的跳跃量联系起来了，也是质量守恒的一种反映。

(2) 冲击波阵面上的动量守恒条件(李永池，2015)

对初始面积为 A_0、介质的初始质量密度为 ρ_0 的一维杆中的纵波传播问题建立如图 1.3.2 所示的开口体系$[X_1(t), X_2(t)]$。$X_1(t), X_2(t)$随时间 t 变化。已知截面 $X_1(t)$ 处紧内侧介质的质点速度 v_1 和其对体系所作用的工程正应力 σ_1；截面 $X_2(t)$ 处紧外侧介质的质点速度 v_2 和其对体系所作用的工程正应力 σ_2。开口体系的动量守恒条件可表达为：开口体系的动量的变化率 = 该时刻体系所受外力的矢量和 + 外界向体系的动量纯流入率。对于此开口体系，则有

$$\frac{\mathrm{d}}{\mathrm{d}t}\int_{X_1(t)}^{X_2(t)} \rho_0 A_0 v(X,t)\mathrm{d}X = A_0(\sigma_2 - \sigma_1) + \rho_0 A_0 \frac{\mathrm{d}X_2(t)}{\mathrm{d}t}v_2 - \rho_0 A_0 \frac{\mathrm{d}X_1(t)}{\mathrm{d}t}v_1 \quad (1.3.3)$$

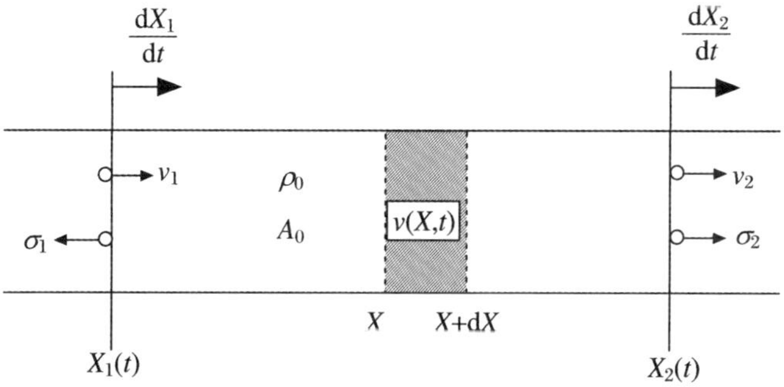

图 1.3.2　开口体系下受力情况

取开口体系为附着在冲击波阵面上的一个无限薄的薄层，此时有

$$X_2(t) \to X_*(t), \quad X_1(t) \to X_*(t) \quad (1.3.4)$$

且

$$\frac{\mathrm{d}X_2(t)}{\mathrm{d}t} = \frac{\mathrm{d}X_1(t)}{\mathrm{d}t} = \frac{\mathrm{d}X_*(t)}{\mathrm{d}t} = C \quad (1.3.5)$$

由此可得到冲击波阵面上的动量守恒条件：

$$[\sigma] = -\rho_0 C[v] \quad (1.3.6)$$

式(1.3.2)和式(1.3.6)中暗含一个条件，即 $C = \frac{\mathrm{d}X_*}{\mathrm{d}t}$，因此，这两个公式对应的是右行波。若需要考虑左行波的情况，只需取 $C = -\frac{\mathrm{d}X_*}{\mathrm{d}t}$ 即可，上述两个公式等号的右边均取正号。不论是左行波还是右行波，显然都有

$$[\sigma] = \rho_0 C^2[\varepsilon] \quad (1.3.7)$$

即材料的物质波速可表示为

$$C = \sqrt{\frac{1}{\rho_0}\frac{[\sigma]}{[\varepsilon]}} \quad (1.3.8)$$

以上都是针对应力、质点速度和应变有强间断的冲击波而言的(图 1.3.3(a))。对于连续波，可以将其看成是由无穷多个无限小的增量波依次构成的(图 1.3.3(b))。此时跨过每一个增量波的扰动量可由其微分表达，上述方程将分别成为

$$\mathrm{d}v = \pm C\mathrm{d}\varepsilon \quad (1.3.9)$$

$$d\sigma = \pm \rho_0 C dv \tag{1.3.10}$$

$$C = \sqrt{\frac{1}{\rho_0}\frac{d\sigma}{d\varepsilon}} \tag{1.3.11}$$

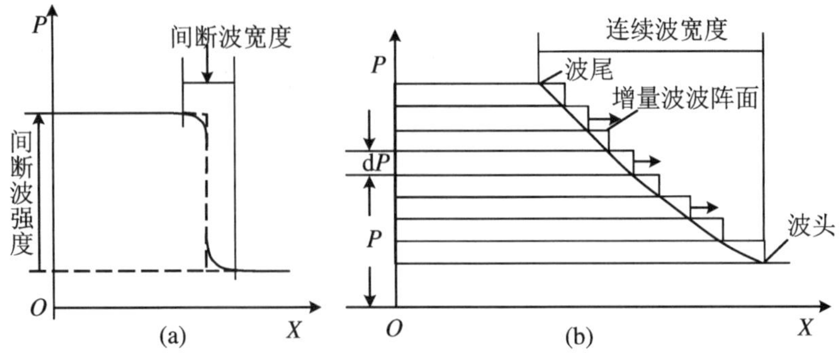

图 1.3.3 强间断波阵面和连续波阵面的强间断处理

式中,“－”和“＋”分别对应右行波和左行波。式(1.3.10)中,$\rho_0 C$ 称为介质的波阻抗,它是介质在波作用下所显现的“软”或“硬”特性的一种反映,即波阻抗较大时材料显得较“硬”,反之则较“软”;它还可以表示单位面积的波阵面在单位时间内扫过的介质的质量。

(3) 关于冲击波阵面上的能量守恒条件

对图 1.3.2 所示的体系,波阵面前后介质的比内能(单位质量的内能)分别为 e_1 和 e_2。能量守恒条件可表达为:体系的外力功 = 该时刻体系所受内能的改变量 + 体系动能的改变量。对于此体系,则有

$$(\sigma_2 v_2 - \sigma_1 v_1)A_0 dt = \rho_0 A_0 dX(e_2 - e_1) + \frac{1}{2}\rho_0 A_0 dX[v_2^2 - v_1^2] \tag{1.3.12}$$

即有能量守恒条件

$$[\sigma v] = -\rho_0 C[e] - \frac{1}{2}\rho_0 C[v^2] \tag{1.3.13}$$

引入单位体积内能 $l = \rho_0 e$,则有

$$l^- - l^+ = \frac{1}{2}(\sigma^- + \sigma^+)(\varepsilon^- + \varepsilon^+) \tag{1.3.14}$$

在冲击动力学研究中,常用压力 P(应力量纲)、比容 V(体积量纲,$V = 1/\rho$)、粒子速度 u,即 P-V-u 体系来建立上述 3 个守恒条件,相应的表达式分别为

$$u - u_0 = -\rho_0 D(V - V_0) \tag{1.3.15}$$

$$P - P_0 = \rho_0 D(u - u_0) \tag{1.3.16}$$

$$Pu - P_0 u_0 = \rho_0 D\left[(E - E_0) + \frac{1}{2}(u^2 - u_0^2)\right] \tag{1.3.17}$$

此处,u 为粒子速度;下标“0”表示冲击初始状态;D 为冲击波速度,其表达式与式(1.3.8)相同,此处用 D 表示,以与式(1.3.11)表示的连续波速度区别。

2. 冲击波阵面稳定性讨论

基于式(1.3.14),以图 1.3.4(a)所示的递减硬化本构关系($d^2\sigma/d\varepsilon^2 < 0$)和图 1.3.4(b)所示的递增硬化本构关系($d^2\sigma/d\varepsilon^2 > 0$)为例进行讨论。图中梯形 $ABCD$ 的面积为式(1.3.14)

表示的跨过波阵面材料内能的变化量，图中曲线 AB 以下所围的面积 $\int_A^B \sigma d\varepsilon$ 表示跨过波阵面材料的应变能的变化量。

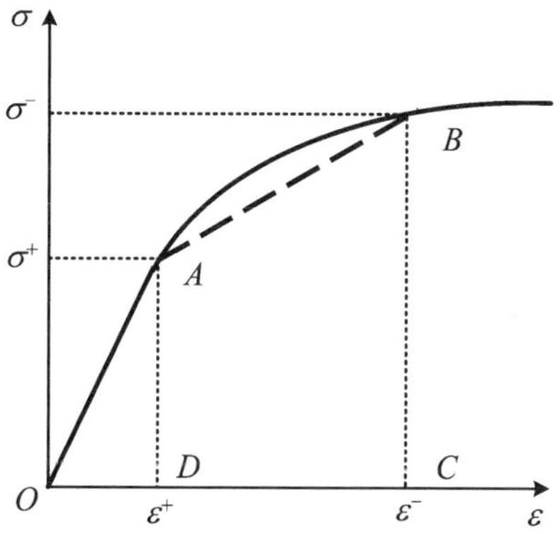

(a) 递减硬化本构模型

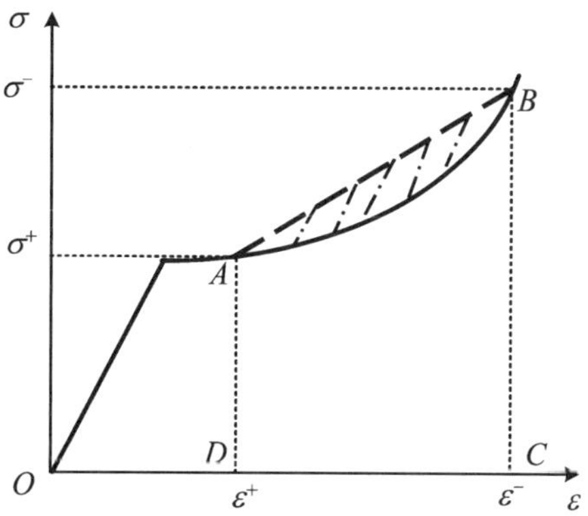

(b) 递增硬化本构模型

图 1.3.4　波阵面稳定性分析

由此可见，图 1.3.4(a) 所示的递减硬化本构关系必然导致跨过波阵面材料内能的变化量 $< \int_A^B \sigma d\varepsilon$。这与波阵面的物理过程相矛盾，因此，具有递减硬化本构特性的材料无法维持稳定的波阵面。图 1.3.4(b) 所示的递增硬化本构关系满足：跨过波阵面材料内能的变化量 $> \int_A^B \sigma d\varepsilon$，图中所示的阴影部分的面积为内能变化量较应变能变化量多出的一部分，此部分可用于材料的内耗(inner friction)。因此，具有递增硬化本构特性的材料可以维持稳定的波阵面。

3. 关于波速

波阵面的传播速度有两类，即拉格朗日波速 C 和欧拉空间波速 c。二者具有联系：$c = u + (1+\varepsilon)C$。此处讨论的拉格朗日波速，即材料的物质波速。式(1.3.8)表示的冲击波波速与式(1.3.11)表示的连续波波速均与材料的本构关系建立了联系，因此，在动力学分析中，经常以波速的表达式代替本构方程。这两种波速的差别如图 1.3.5 所示，式(1.3.8)表示的冲击波波速计算中的$[\sigma]$和$[\varepsilon]$的比值对应 AB 线的斜率，为割线斜率；式(1.3.11)表示的连续波波速计算中的 $d\sigma$ 和 $d\varepsilon$ 的比值对应 A 点的斜率，为切线斜率。图中表明，AB 之间连续波的波速随应力的增加在逐渐增大。线段 AB 一般称为激波弦，与 P-V 空间中的 Rankine-Rayleigh 弦对应。

在冲击动力学中，即在 P-V-u 体系下，冲击波波速可表示为

$$D = \sqrt{-V_0^2 \frac{P - P_0}{V - V_0}} \tag{1.3.18}$$

此式与式(1.3.8)是等价的。

式(1.3.18)对于连续波的情况，可以表示为

$$C = \sqrt{-V_0^2 \frac{\partial P}{\partial V}} \tag{1.3.19}$$

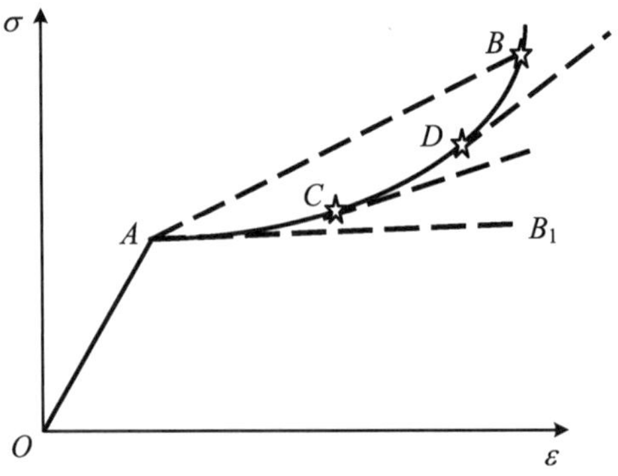

图 1.3.5 波速的计算

连续波引起的状态变化过程是等熵绝热过程,式(1.3.19)可以应用于等熵过程,并用气体和流体中习惯上采用的密度 ρ 变量代替比容 V。由于 $d\rho = -dV/V^2$,因此连续波波速公式为

$$C = \sqrt{\left(\frac{\partial P}{\partial \rho}\right)_s} \tag{1.3.20}$$

常温常压下空气是定比热容的完全气体,它的等熵方程为 $P = A(S)\rho^{\gamma}$。其中,γ 为多方气体的多方指数,为定压比热 c_p 与定容比热 c_V 的比值,即 $\gamma = c_p/c_V$。因此,可得到空气中的波速 $C = \sqrt{\gamma(P/\rho)} = \sqrt{\gamma RT}$,其中 R 为气体常数。由此可以计算:常温常压下,空气中的波速约为 330 m/s。因为空气的 P-ρ 等熵线是 P 随 ρ 单调地增高,呈凹向上的曲线,即 $\partial^2 P/\partial \rho^2 > 0$,所以等熵线的斜率和波速总是随着 P 单调地增高。

小扰动的弹性波就是固体中的声波,声波是在一定压力水平附近微小扰动的传播,是小波幅的连续波,近似以恒定速度传播。声波的波形在传播过程中基本保持不变。

4. 冲击波与连续波

如图 1.3.5 所示,冲击波把介质从状态 A 转变到状态 B。完成此过程,介质的状态并不是顺着冲击绝热线从状态 A 逐渐过渡到曲线上的 B 点,而是直接从 A 点跳到 B 点的。因此,冲击绝热线是一系列不同的冲击波达到的波阵面后方状态点,即终态的轨迹。在冲击波波阵面上所发生的冲击突跃过程是一个非平衡的不可逆过程,冲击绝热线实际上代表对于一定的平衡初态 A(称为冲击绝热线的心点)通过冲击突跃所可能达到的平衡终态 B 的轨迹,而并不表示材料在这一冲击突跃过程中所经历的各状态点。因此,冲击绝热线是对一定的平衡初态而言的,即使是同一材料,当初态点不同时,冲击绝热线也是不同的。如果从 B 点开始有一个冲击波使介质达到状态 E,那么状态 E 绝不会落在以 A 为基点的冲击绝热线上,而是落在以 B 为基点的另一条冲击绝热线上。这两条曲线并不重合。

这与等熵线在性质上存在很大差异。等熵线是一个连续波,通过介质时介质的状态从基点 A 出发逐步经过状态点 CDB 的轨迹。沿着等熵线积分可以表示连续波所造成的总的效应。然而冲击波不具有可加性,因此沿着冲击绝热线积分没有类似的意义(席道瑛 等,2016)。

1.3.2　连续波动方程——沿波阵面的表述

1. 连续性条件

由位移函数 u 的二阶偏导$\partial^2 u/\partial x\partial t$，可以得到恒等式：

$$\frac{\partial}{\partial x}\left(\frac{\partial u}{\partial t}\right) = \frac{\partial}{\partial t}\left(\frac{\partial u}{\partial x}\right)$$

即有

$$\frac{\partial v}{\partial x} = \frac{\partial \varepsilon}{\partial t} \tag{1.3.21}$$

2. 运动学方程

对材料中的微元 $\mathrm{d}x$ 应用牛顿第二定律，可以得到

$$\left(\sigma + \frac{\partial \sigma}{\partial x}\mathrm{d}x\right)A_0 - \sigma A_0 = \rho_0 A_0 \mathrm{d}x \frac{\partial v}{\partial t}$$

即有

$$\frac{\partial \sigma}{\partial x} = \rho_0 \frac{\partial v}{\partial t} \tag{1.3.22}$$

3. 能量方程

具有与式(1.3.13)相同的形式，只需将其强间断过程换成微过程即可。

式(1.3.21)、式(1.3.22)和式(1.3.11)的连续波波速的表达式等共同构成连续波的控制方程。此方程组与由式(1.3.2)、式(1.3.6)和式(1.3.8)等共同构成的强间断波的控制方程存在符号差异。但二者是统一的，强间断波的控制方程描述的是跨过波阵面各状态量的改变，而连续波的控制方程描述的是沿着波阵面各状态量的变化。以右行波为例，扰动沿着右行特征线传播时将跨过一系列的左行特征线，也就是要跨过一系列左行波的波阵面。二者正好存在这种符号差异。反之亦然。因此，为了便于理解波的作用，一般采用跨过波阵面的方法分析，而为了数学上处理方便，则采用沿波阵面的方法。

将式(1.3.11)中应力 σ 表征为应变 ε 的函数，可将连续波的控制方程转化到(v,ε)空间中，得到空间(v,ε)中的控制方程为

$$\frac{\partial v}{\partial x} = \frac{\partial \varepsilon}{\partial t} \tag{1.3.23a}$$

$$\frac{\partial v}{\partial t} = C^2 \frac{\partial \varepsilon}{\partial x} \tag{1.3.23b}$$

相应地，也可以得到空间(σ,v)中的控制方程。

将质点速度 $v(=\partial u/\partial t)$和应变 $\varepsilon(=\partial u/\partial x)$的表达式代入式(1.3.23)中，可得到关于位移 u 的一个二阶偏微分方程：

$$\frac{\partial^2 u}{\partial t^2} = C \frac{\partial^2 u}{\partial x^2} \tag{1.3.24}$$

1.4 波动方程求解

1.4.1 波动方程一般解法

波动方程一般解法主要由式(1.3.24)出发,有分离变量法、行波法等。分离变量法得到的解形式较复杂,这里不讨论,主要介绍波传播图像比较清晰的求解方法。

行波法。对式(1.3.24),达朗贝尔提出引入如式(1.4.1)给出的新变量 ξ 和 η 对原变量 x 和 t 进行代换来求解方程。

$$\xi = x - Ct \tag{1.4.1a}$$

$$\eta = x + Ct \tag{1.4.1b}$$

由此,得到式(1.3.24)关于新变量 ξ 和 η 的表达式为

$$\frac{\partial^2 u}{\partial \xi \partial \eta} = 0 \tag{1.4.2}$$

波动方程的达朗贝尔解为

$$u(x,t) = \theta_1(\xi) + \theta_2(\eta) = \theta_1(x - Ct) + \theta_2(x + Ct) \tag{1.4.3}$$

式中,θ_1 为沿 x 轴正向以速度 C 传播的平面波;θ_2 为沿 x 轴负向以速度 C 传播的平面波。这两个平面波的具体形式由初始条件和边界条件确定。

若考虑初始条件:

$$u(x,0) = f_1(x), \quad \dot{u}(x,0) = f_2(x) \tag{1.4.4}$$

由式(1.4.3),则式(1.3.24)的具体解为

$$u(x,t) = \frac{1}{2}[f_1(x - Ct) + f_2(x + Ct)] + \frac{1}{2C}\int_{x-Ct}^{x+Ct} f_2(x')\mathrm{d}x' \tag{1.4.5}$$

式(1.4.5)表示初始扰动的传播。此方法可以推广到三维平面波的情况,只需取

$$\xi = n_k x_k - Ct, \quad \eta = n_k x_k + Ct$$

其中,n_k 为波前法向的方向余弦,$k = 1,2,3$。沿此方向传播的平面波由具有纵波波速 C_{p} 和横波波速 C_{s} 的两种波组成。

若已知平面波沿 x 轴方向传播,也可采用类似洛伦兹变换法,建立相应的变换:

$$x' = \frac{x - Ct}{\beta}, \quad t' = \frac{t - \dfrac{C}{C_{\mathrm{plim}}^2}x}{\beta}, \quad \beta = \sqrt{1 - \frac{C^2}{C_{\mathrm{plim}}^2}} \tag{1.4.6}$$

可得到类似狭义相对论形式的波动解。这里应用了一个假定,即波速 C_{plim} 为此问题的极限速度。

行波法以及分离变量法等求解方法可以得到波动方程在求解域 x-t 空间上的对应状态 (v,ε),即所谓的解空间。这种解包含范围较为广泛,但是其物理图像相对不是很清晰。

1.4.2　特征线法求解

(1) 由式(1.3.23)出发进行偏微分方程组求解。此方程组是关于 v 和 ε 的一阶偏导数的方程,而且这些偏导数的系数不含任何偏导数,只是 x 和 t 的函数,因此为一阶拟线性偏微分方程组。此类方程的求解是将求解域变成特征线的集合,将解空间变成与这些特征线相对应的相容关系。如图 1.4.1 所示,方程的求解域为 x-t 空间,一般求解方法是通过式(1.3.23)得到对应任何点(x,t)的状态(v,ε),由此构成解空间,例如上述的行波法等;但在特征线解法中,求解域中的点将通过特征线进行组合,求解域变成了特征线集合,同时解空间的点也被对应的相容关系组合,从而成为相容关系集合。因此,一阶拟线性偏微分方程组的解就分解为特征线(x,t) + 相容关系(v,ε)。下面简述求解过程。

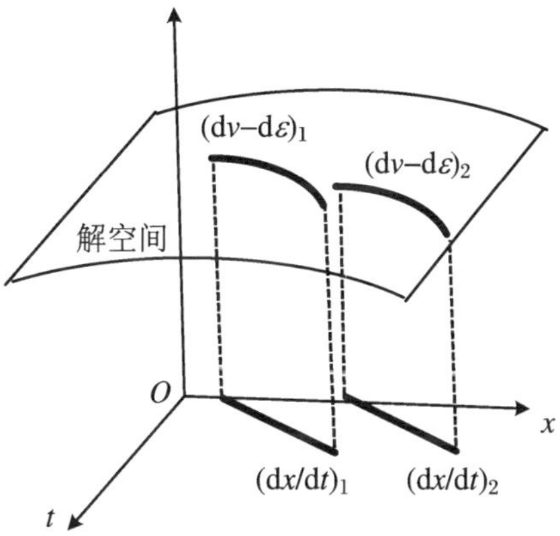

图 1.4.1　特征线和相容关系

将式(1.3.23a)加上式(1.3.23b)乘以 λ,可以得到

$$L \equiv \left(\frac{\partial v}{\partial x} + \lambda \frac{\partial v}{\partial t}\right) - \left(\lambda C^2 \frac{\partial \varepsilon}{\partial x} + \frac{\partial \varepsilon}{\partial t}\right) = 0 \tag{1.4.7}$$

此求解方法的思想是将偏微分方程转化为全微分形式,以利于求解。对于式(1.4.7),需要将两个括号内的部分分别转化成 $\mathrm{d}v$ 和 $\mathrm{d}\varepsilon$ 的形式,因此,分别要求

$$\frac{1}{\lambda} = \frac{\mathrm{d}x}{\mathrm{d}t} \tag{1.4.8a}$$

$$\frac{\lambda C^2}{1} = \frac{\mathrm{d}x}{\mathrm{d}t} \tag{1.4.8b}$$

由式(1.4.8),可以求得 $\lambda = \pm C^{-1}$。由此,可以得到特征线方程为

$$\frac{\mathrm{d}x}{\mathrm{d}t} = \pm C \tag{1.4.9}$$

式中,正号表示右行特征线,负号表示左行特征线。

将特征线方程(1.4.9)代入式(1.4.7),可以得到

$$L = \left(\frac{\partial v}{\partial x} + \frac{\mathrm{d}t}{\mathrm{d}x}\frac{\partial v}{\partial t}\right) - \left(\frac{\mathrm{d}x}{\mathrm{d}t}\frac{\partial \varepsilon}{\partial x} + \frac{\partial \varepsilon}{\partial t}\right) = \frac{1}{\mathrm{d}x}\mathrm{d}v - \frac{1}{\mathrm{d}t}\mathrm{d}\varepsilon = 0$$

故相容关系为

$$\mathrm{d}v = \pm C\mathrm{d}\varepsilon \tag{1.4.10}$$

由此,求解式(1.3.23)的一阶拟线性偏微分方程组转化为求解式(1.4.9)的特征线和式(1.4.10)的相容关系,从而由复杂的偏微分方程的求解转化为简单的全微分方程的求解,如图 1.4.1 所示。

(2) 由式(1.3.24)出发进行偏微分方程组求解。其特征线求解法的描述如下。

对于二阶偏微分方程:

$$L = A\frac{\partial^2 u}{\partial x^2} + B\frac{\partial^2 u}{\partial x\partial y} + G\frac{\partial^2 u}{\partial y^2} + F = 0 \tag{1.4.11}$$

其中,系数 A,B,G,F 为 u,x 和 y 的函数,但不含偏导数。则其特征线定义为:若式(1.4.11)中的二阶偏导数能写成沿曲线 Γ 的方向微分:$\mathrm{d}(\partial u/\partial x)$,$\mathrm{d}(\partial u/\partial y)$,则曲线 Γ 定义为式(1.4.11)的特征线。根据此定义,特征线方程为

$$\Gamma = A(\mathrm{d}y)^2 - B\mathrm{d}x\mathrm{d}y + G(\mathrm{d}x)^2 = 0 \tag{1.4.12}$$

对应的相容关系为

$$A\mathrm{d}\left(\frac{\partial u}{\partial x}\right) + D\mathrm{d}\left(\frac{\partial u}{\partial y}\right) + E = 0 \tag{1.4.13}$$

式中,$B = A\mathrm{d}y/\mathrm{d}x + D$,$G = D\mathrm{d}y/\mathrm{d}x$,$F = E/\mathrm{d}x$。

将式(1.3.24)与式(1.4.11)比较:$A=1$,$B=0$,$G=-C^2$,$F=0$;式(1.3.24)中的(x,t)与式(1.4.11)中的(y,x)对应。则特征线方程为

$$\frac{\mathrm{d}x}{\mathrm{d}t} = \frac{B \pm \sqrt{B^2 - 4AG}}{2A} = \pm C \tag{1.4.14}$$

对应的相容关系为

$$1\cdot \mathrm{d}\left(\frac{\partial u}{\partial t}\right) + G\Big/\left(\frac{\mathrm{d}x}{\mathrm{d}t}\right)\cdot \mathrm{d}\left(\frac{\partial u}{\partial x}\right) + 0 = 0$$

则

$$\mathrm{d}\left(\frac{\partial u}{\partial t}\right) = \pm C\mathrm{d}\left(\frac{\partial u}{\partial x}\right)$$

即有

$$\mathrm{d}v = \pm C\mathrm{d}\varepsilon \tag{1.4.15}$$

得到的特征线方程和相容关系与式(1.4.9)和式(1.4.10)完全一致。由于此方法可以很容易地分析与波的产生的物理过程相关的一些特性,可以得到波传播过程中清晰的物理图像,因此特征线方法是应力波分析和冲击波物理中进行波传播过程分析的基础。

1.4.3 积分变换法求解

积分变换法通过函数的变换,减少方程中自变量的个数,将偏微分方程转化为常微分方程。常用的有拉普拉斯变换、傅里叶变换等。

1. 拉普拉斯变换

拉普拉斯变换的形式如式(1.4.16)所示,将时间 t 转换为 p,以将偏微分方程转化为常微分方程。以下的量 $\overline{f}$ 表示 f 的拉普拉斯变换;反之,f 表示 $\overline{f}$ 的拉普拉斯逆变换。

$$\overline{f}(p) = \int_0^\infty f(t)\mathrm{e}^{-pt}\mathrm{d}t \tag{1.4.16}$$

将式(1.4.16)应用于波动方程式(1.3.21)和式(1.3.22),有

$$\frac{\partial \bar{v}}{\partial x} = p\bar{\varepsilon} \tag{1.4.17a}$$

$$\frac{\partial \bar{\sigma}}{\partial x} = \rho_0 p\bar{v} \tag{1.4.17b}$$

进行此类分析时,材料的本构关系一般是作为黏弹性介质引入的(周光泉 等,1996)。其应力-应变关系可用 Stieltjes 积分形式给出,则有

$$\sigma(x,t) = \int_0^t g(t-t')\mathrm{d}\varepsilon(x,t') \tag{1.4.18}$$

式中,$g(t)=\lambda(t)+2\mu(t)$,λ 和 μ 为材料的拉梅系数,是与时间有关的弛豫函数。式(1.4.18)的拉普拉斯变换形式为

$$\bar{\sigma} = p\bar{g}\bar{\varepsilon} \tag{1.4.19}$$

考虑初始条件:$\sigma(x,0)=0$,$\varepsilon(x,0)=0$,$v(x,0)=0$,以及边界条件:$\sigma(0,t)=A_1(t)$。则式(1.4.17)和式(1.4.19)的解为

$$\sigma(x,p) = \bar{A}_1\cosh(k_1x)+\bar{B}_1\sinh(k_1x) \tag{1.4.20}$$

$$v(x,p) = \frac{k_1}{\rho_0 p}[\bar{A}_1\sinh(k_1x)+\bar{B}_1\cosh(k_1x)] \tag{1.4.21}$$

式中,$k_1=\sqrt{\rho_0 p/\bar{g}}$;$\bar{A}_1=\bar{\sigma}(0,p)$;$\bar{B}_1$ 为 p 的函数。

2. 傅里叶变换

傅里叶变换可将时域函数与频域函数进行相互转换,其形式如式(1.4.22)所示,将时间 t 转换为圆频率 ω,以将偏微分方程转化为常微分方程。

$$\tilde{f}(\omega) = \int_{-\infty}^{\infty} f(t)\mathrm{e}^{-\mathrm{i}\omega t}\mathrm{d}t \tag{1.4.22}$$

由运动方程(1.3.22),则有

$$\frac{\partial \sigma}{\partial x} = \rho_0\frac{\partial v}{\partial t} = \rho_0\frac{\partial^2 u}{\partial t^2} \tag{1.4.23}$$

考虑应变的表达式 $\varepsilon=\partial u/\partial x$,将之与式(1.4.23)联立,并对其应用傅里叶变换,可得到

$$\frac{\partial^2\tilde{\sigma}(x,\omega)}{\partial x^2} = -\rho_0\omega^2\tilde{\varepsilon}(x,\omega) \tag{1.4.24}$$

对于线性黏弹性材料,在频率域中,其本构方程为

$$\tilde{\sigma}(x,\omega) = \tilde{E}(\omega)\tilde{\varepsilon}(x,\omega) \tag{1.4.25}$$

联立式(1.4.24)与式(1.4.25),则有

$$\left(\frac{\partial^2}{\partial x^2}-\gamma^2(\omega)\right)\tilde{\varepsilon}(x,\omega) = 0 \tag{1.4.26}$$

式中,$\gamma(\omega)$为传播系数,且 $\gamma^2(\omega)=-\dfrac{\rho_0\omega^2}{\tilde{E}}$。传播系数 $\gamma(\omega)$可表示为

$$\gamma(\omega) = \alpha(\omega)+\mathrm{i}k(\omega) \tag{1.4.27}$$

其实部 α 表示衰减系数。

采用短子弹撞击尼龙杆,在离杆自由端距离为 0.425 m 处用应变片可测得入射波和反射波,如图 1.4.2(a)所示(王宝珍,2010)。由此可以得到衰减系数 $\alpha(\omega)$和 $k(\omega)$的频域曲

线分别如图 1.4.2(c)和图 1.4.2(d)所示,随着频率升高,衰减系数和 $k(\omega)$均迅速增大。图 1.4.2(b)中的相速度随频率升高基本保持不变。

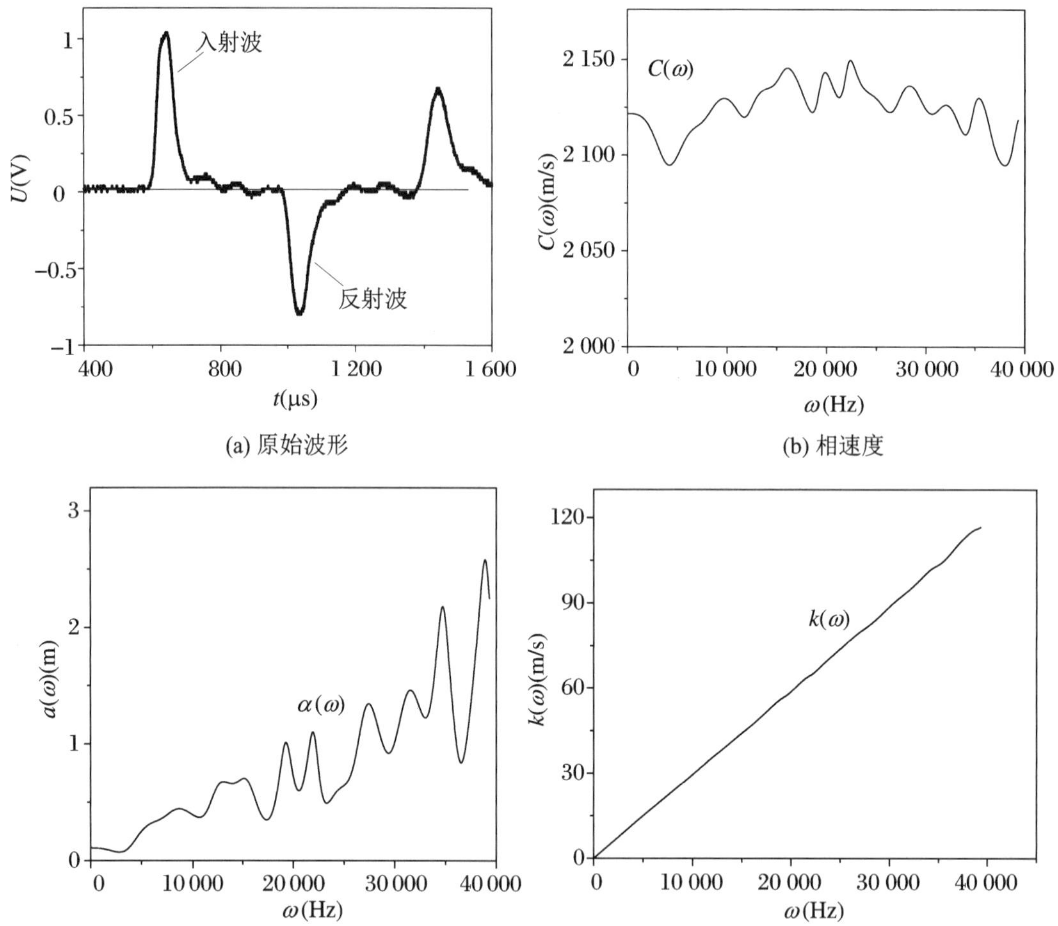

(a) 原始波形　(b) 相速度

(c) 衰减系数$\alpha(\omega)$　(d) $k(\omega)$

图 1.4.2　黏弹性材料中波动分析

积分变换法一般用于黏弹性波传播的分析。

1.4.4　格林函数法求解——细微观结构波动作用

格林函数法又称为点源法或镜像函数法。其基础在于我们常用的空间中的微分算子和积分算子之间有着密切的联系,可以通过这些联系引入格林函数,将微分方程转化为积分方程的形式,使问题得到求解。此方法的特点主要表现在:① 不受方程类型和边界条件限制,直接得到方程的特解。② 其结果一般用含有格林函数的有限积分表示,具有清晰的物理意义(张海澜 等,2004)。

采用格林函数法解波动方程,其优势在于:可以考虑材料中局部缺陷的形态,通过计算波与局部缺陷的相互作用,得到局部缺陷对于材料性能的影响,其作用如图 1.4.3 所示。基于此,以如图 1.4.4 所示的谐波与单裂纹的相互作用为例进行说明。考虑含有随机分布裂纹的无限大各向同性线弹性介质,取裂纹半长为 a,具有上边界 ΣA^+ 和下边界 ΣA^-。不考虑裂纹厚度，沿裂纹的法向和切向建立正交直角坐标系 $X_1 - X_2$。入射弹性波与裂纹切向成 θ 角。

当弹性波入射到裂纹面时将产生散射，所研究区域内总位移场 u 和总应力场 σ 分别为(Mura，1982；钟伟芳 等，1997；Achenbach，1999)

$$u_\alpha = u_\alpha^{\text{in}} + u_\alpha^{\text{sc}} \tag{1.4.28}$$

$$\sigma_{\alpha\beta} = \sigma_{\alpha\beta}^{\text{in}} + \sigma_{\alpha\beta}^{\text{sc}} \tag{1.4.29}$$

式中，u_α^{in} 为入射位移场；u_α^{sc} 为散射位移场；$\sigma_{\alpha\beta}^{\text{in}}$ 为入射应力场；$\sigma_{\alpha\beta}^{\text{sc}}$ 为散射应力场；$\alpha,\beta=1,2$ 分别表示坐标 x_1,x_2 方向。

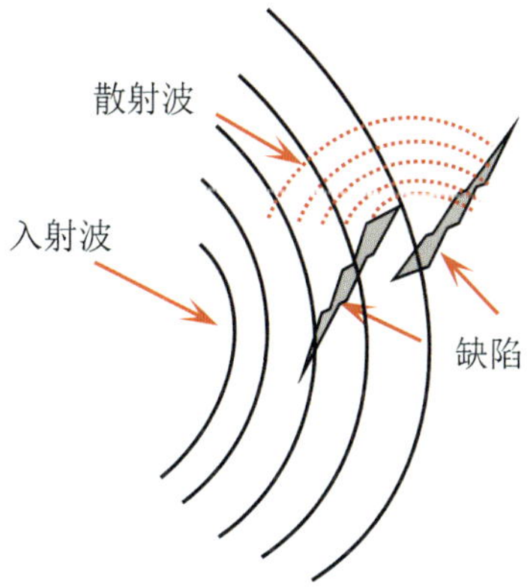

图1.4.3　弹性波与缺陷的相互作用

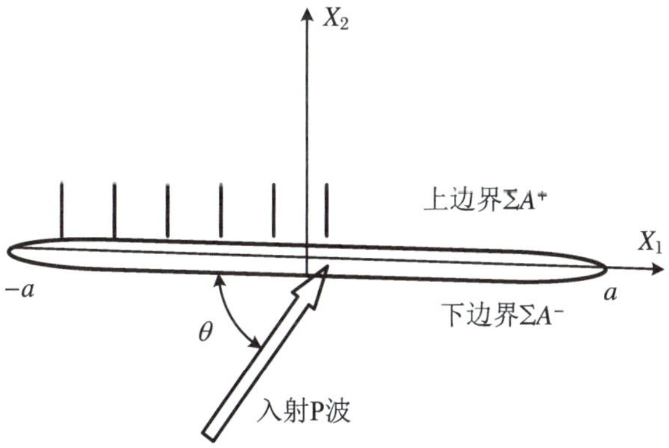

图1.4.4　平面谐波入射裂纹体

入射波为谐波，入射位移场为

$$u_\alpha^{\text{in}}(x) = U_\alpha e^{ik_L(x_1\cos\theta + x_2\sin\theta)} \tag{1.4.30}$$

$$u_\alpha^{\text{in}} = u_\alpha^{\text{in}}(x)e^{-i\omega t} \tag{1.4.31}$$

式中，k_L 为波数；ω 为圆频率；x 为任意观测点与原点的距离。

弹性本构关系：

$$\sigma_{\alpha\beta} = \lambda\delta_{\alpha\beta}u_{\gamma,\gamma} + \mu(u_{\alpha,\beta} + u_{\beta,\alpha}) \tag{1.4.32}$$

式中，λ 和 μ 为拉梅系数；δ 为克罗内克符号；下标 $\alpha,\beta=1,2$。

入射弹性波为谐波，相应入射位移场、散射位移场和总的位移场均满足运动方程：

$$\sigma_{\alpha\beta,\beta} + \rho\omega^2 u_\alpha = 0 \tag{1.4.33}$$

裂纹面上自由边界条件为

$$\sigma_{\alpha\beta}^{\text{in}} n_\beta + \sigma_{\alpha\beta}^{\text{sc}} n_\beta = 0 \tag{1.4.34}$$

式中，n_β 为裂纹面的单位法线向量，$\beta=1,2$。

当考虑裂隙内部含有流体或地应力作用时，裂隙流体将承受一定的孔隙水压力。Winkler等(1985,1986)研究表明，岩体内孔隙水压力约为外部压力水平的 1/3，但受岩体结构影响很大。当裂隙内存在流体、存在压力时，式(1.4.34)变为

$$\sigma_{\alpha\beta}^{\text{in}} n_\beta + \sigma_{\alpha\beta}^{\text{sc}} n_\beta = p \tag{1.4.35}$$

式中，p 为裂隙面压力，可认为是裂隙内所含液体产生的孔隙压力。

采用格林函数解法，控制方程的散射位移场为

$$u_\gamma^{\text{sc}}(x_p) = \int_\Gamma \sigma_{\alpha\beta\gamma}^{\text{G}}(x;x_p)\Delta u_\alpha(x) n_\beta \mathrm{d}\Gamma, \quad x_p \notin \Gamma \tag{1.4.36}$$

式中，$\sigma_{\alpha\beta\gamma}^{\text{G}}$ 为应力格林函数；Δu_α 为裂纹面位移；Γ 为裂纹边界，$\Gamma = \Sigma A^+ + \Sigma A^-$。

相应的，位移格林函数满足

$$(\lambda+\mu)u_{l\alpha,\alpha k}^{\text{G}} + \mu u_{lk,\alpha\alpha}^{\text{G}} + \rho\omega^2 u_{lk}^{\text{G}} + \delta_{lk}\delta(P,Q) = 0 \tag{1.4.37}$$

式中，u_{lk}^{G} 就是在无限大平面弹性体内某一点 P 的 x_l 方向有单位集中力作用时，在任意一点 Q 的 x_k 方向上的位移分量解，其解为

$$u_{lm}^{\text{G}}(r) = \frac{1}{4\pi\rho\omega^2 r}\left\{\beta^2\delta_{lm}\exp(\mathrm{i}\beta r) - r\frac{\partial^2}{\partial x_l \partial x_m}\left[\frac{\exp(\mathrm{i}\alpha r)}{r} - \frac{\exp(\mathrm{i}\beta r)}{r}\right]\right\} \tag{1.4.38}$$

式中，$\alpha^2 = \rho\omega^2/(\lambda+2\mu)$；$\beta^2 = \rho\omega^2/\mu$；$r=(\delta_{lm}x_l x_m)^{1/2}$；$l,m=1,2,3$。

将式(1.4.36)代入式(1.4.32)，得到相应散射应力场为

$$\sigma_{\alpha\beta}^{\text{sc}} = \int_\Gamma [\lambda\delta_{\alpha\beta}\sigma_{\delta\varepsilon\gamma,\gamma}^{\text{G}}(x;x_p) + \mu\sigma_{\delta\varepsilon\alpha,\beta}^{\text{G}}(x;x_p) + \mu\sigma_{\delta\varepsilon\beta,\alpha}^{\text{G}}(x;x_p)]\Delta u_\delta(x) n_\varepsilon \mathrm{d}s \tag{1.4.39}$$

根据基本解的定义，u_{lk}^{G} 应满足

$$(\lambda+\mu)u_{l\alpha,\alpha k}^{\text{G}} + \mu u_{lk,\alpha\alpha}^{\text{G}} + \rho\omega^2 u_{lk}^{\text{G}} + \delta_{lk}\delta(P,Q) = 0 \tag{1.4.40}$$

由此可求得位移格林函数 u_{lk}^{G} 和应力格林函数 $\sigma_{\alpha\beta\gamma}^{\text{G}}$ 的具体形式。

考虑均布法向压力边界条件，则有

$$\begin{aligned}\sigma_{12}^{\text{in}}(x_1,0) = \mu\int_{-a}^{a} \{ & [\sigma_{111}^{\text{G}}(x;y) - \sigma_{122}^{\text{G}}(x;y)]\Delta u_{1,1}(y_1) \\ & - \rho\omega^2 u_{11}^{\text{G}}(x;y)\Delta u_1(y_1)\}\mathrm{d}y_1 + p\end{aligned} \tag{1.4.41a}$$

$$\begin{aligned}\sigma_{22}^{\text{in}}(x_1,0) = \int_{-a}^{a} \{ & [(\lambda+2\mu)\sigma_{112}^{\text{G}}(x;y) - \lambda\sigma_{221}^{\text{G}}(x;y)]\Delta u_{2,1}(y_1) \\ & - \rho\omega^2(\lambda+2\mu)u_{22}^{\text{G}}(x;y)\Delta u_2(y_1)\}\mathrm{d}y_1 + p\end{aligned} \tag{1.4.41b}$$

采用边界元思想，将式(1.4.41)对裂纹面进行离散，可求得谐波作用下，裂纹张开位移 Δu(Achenbach et al.,1982;Zhang et al.,1993)。

由此，基于 Foldy(1945)的思想，可得到频率 ω 相对应的等效相速度的表达式为

$$\frac{1}{\overline{V}p(\omega)} = \frac{1}{V_0} + \frac{m}{2}\frac{\mathrm{Re}(F)}{\omega^2}V_0 + \mathrm{i}\frac{m}{2}\frac{\mathrm{Im}(F)}{\omega^2}V_0 + o\left(\left(\frac{m}{2}\frac{\mathrm{Re}(F)}{\omega^2}\right)^2\right) \tag{1.4.42}$$

式中，F 为散射幅度，与张开位移 Δu 有关；m 为裂纹密度；等式右边第一项 V_0 为不含裂纹岩石的波速，第二项反映了弹性波的频散效应，第三项反映了弹性波的衰减效应，从中可以看出弹性波的频散效应和衰减效应之间是有联系的，较大的衰减通常与较大的频散相关。

基于格林函数法结合边界积分分析，图 1.4.5 给出了两种孔隙度和两种裂纹长度时频

域中的相对波速变化趋势(徐松林 等,2012)。裂纹长度为 2 cm 的岩石,当孔隙度从 10%增加到 20%,在地震波频率范围,相对波速从 0.58 降低到 0.16;对应主频 25 kHz 声波,相对波速则从 0.85 降低到 0.70。孔隙度为 10%的岩石,当裂纹长度从 1 cm 增加到 2 cm 时,波速迅速变化的区域向低频方向移动。此理论模型可以较好地描述与岩石细微观缺陷相关的强频散现象。

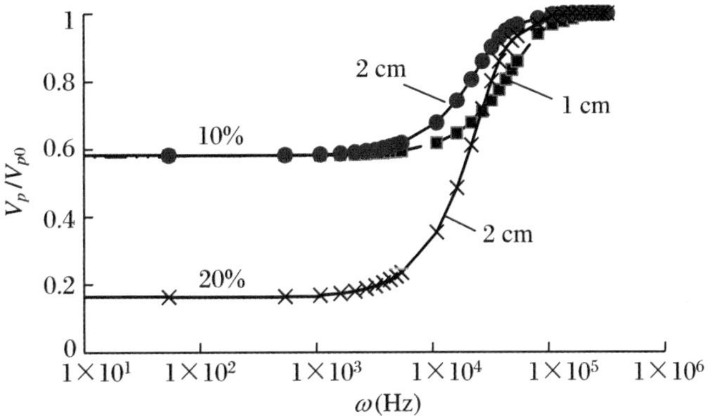

图 1.4.5　含裂纹岩石中的相对波速与频率的关系

1.5　线弹性波和黏弹性波

线弹性波和黏弹性波的差别主要与介质的本构关系相关(王礼立,2010)。当材料为线弹性介质时,材料内部传播的波为线弹性波,一般为强间断波;而当材料为黏弹性介质时,材料内部传播的波为黏弹性波,一般为弱间断的连续波。黏弹性介质的本构关系一般具有非线性弹性、滞回环、松弛和蠕变等特征,通常采用弹性元件和黏性元件组成的本构方程进行描述,如 Maxwell 体、Voigt 体、标准线性固体模型等。在这些模型中,应力和应变的响应并不同步,存在一定的相位差,这种相位差反映材料对波的衰减和弥散特性。岩石介质为典型的黏弹性介质。

以 Maxwell 体为例。Maxwell 体由一个弹性元件 E_M 和一个黏性元件 η_M 串联而成,其本构关系为

$$\dot{\varepsilon} = \frac{1}{E_M}\dot{\sigma} + \frac{\sigma}{\eta_M} \tag{1.5.1}$$

式中,E_M 和 η_M 分别为弹性模量和黏性系数。

将式(1.5.1)与式(1.3.21)和式(1.3.22)联立,可以得到

$$\frac{\partial^2 u}{\partial t^2} = C_M^2 \frac{\partial^2 u}{\partial x^2} - \frac{1}{\tau_M}\frac{\partial u}{\partial t} \tag{1.5.2}$$

式中,$\tau_M = \eta_M / E_M$ 为松弛时间;$C_M = \sqrt{E_M/\rho_0}$ 与线弹性波不同,此波动方程多出了一个弛豫项,将造成波传播过程中的衰减与弥散。

将位移 u 的谐波解的形式代入式(1.5.2),可以得到基于 Maxwell 模型的相速度表达,

以及相关的频散和衰减特性，这种频散属于一种物理上的本构频散现象。

将式(1.5.1)与式(1.3.21)和式(1.3.22)联立，采用特征线法进行求解。其特征线方程为

$$\frac{\mathrm{d}x}{\mathrm{d}t} = \pm C_{\mathrm{M}} \tag{1.5.3}$$

对应的相容关系为

$$\mathrm{d}v = \pm \frac{\mathrm{d}\sigma}{\rho_0 C_{\mathrm{M}}} + \frac{\sigma}{\eta_{\mathrm{M}}}\mathrm{d}x \tag{1.5.4}$$

分析图 1.5.1 所示的突加载荷撞击一个半无限长的黏弹性杆。沿右行的 OA 特征线有相容关系：

$$\mathrm{d}v = \frac{\mathrm{d}\sigma}{\rho_0 C_{\mathrm{M}}} + \frac{\sigma}{\eta_{\mathrm{M}}}\mathrm{d}x \tag{1.5.5}$$

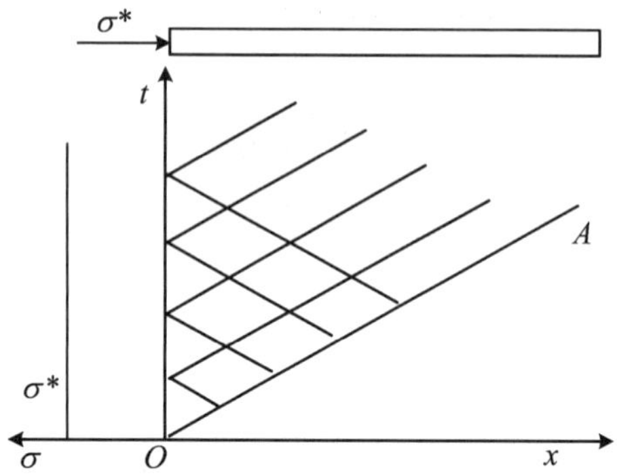

图 1.5.1　含裂纹岩石中的相对波速与频率的关系

同时，跨过右行的 OA 波阵面有相容关系：

$$[v] = -\frac{1}{\rho_0 C_{\mathrm{M}}}[\sigma] \tag{1.5.6}$$

式(1.5.6)给出的是 OA 特征线紧前方和紧后方的该变量之间的关系，紧前方的状态：$\sigma = 0$，$v = 0$。则紧后方的状态 σ 和 v 满足

$$v = -\frac{\sigma}{\rho_0 C_{\mathrm{M}}} \tag{1.5.7}$$

联立式(1.5.5)和式(1.5.7)，可以得到

$$\frac{\mathrm{d}\sigma}{\mathrm{d}x} + \frac{\rho_0 C_{\mathrm{M}}}{2\eta_{\mathrm{M}}}\sigma = 0 \tag{1.5.8}$$

则紧后方的状态 σ 的表达式为

$$\sigma = \sigma^* \exp\left(-\frac{\rho_0 C_{\mathrm{M}}}{2\eta_{\mathrm{M}}}x\right) \equiv \sigma^* \exp(-\alpha x) \tag{1.5.9}$$

式中，衰减系数 $\alpha = \dfrac{\rho_0 C_{\mathrm{M}}}{2\eta_{\mathrm{M}}} = \dfrac{1}{2C_{\mathrm{M}}\tau_{\mathrm{M}}}$。黏弹性材料的应力 σ、应变 ε、粒子速度 v 等沿 OA 特征线都是按指数衰减的，这与线弹性材料存在较大差异。在线弹性分析中，AOt 区域为简单波区。但是，在黏弹性分析中，AOt 区域不是简单波区。此时，边界上瞬时施加的载荷，需要一定的时间才能完全施加到试件内某一位置，因此，AOt 区域需要连续分布的右行波阵面来实现不断加载的目标，这也导致此区域需要逐步进行求解。

1.6　扩散过程和波动过程

波是扰动信号的传播，波动过程传播的是一种运动模式，是能量的输运。扩散则是固体中的一种传质过程，扩散过程表现为物质的定向迁移，即物质从高浓度区域向低浓度区域转移。固体中的固溶、相变、晶粒长大、蠕变等过程都表现出扩散的特性，相应的扩散速率与物质的浓度梯度成正比。热激活机制是固体扩散过程常用的机制，热振动能量的涨落可使物质获得足够的能量克服势垒而促进扩散过程。

脆性材料在较高的压力下冲击破坏，其破坏过程与冲击波的传播几乎同时进行。而在较低的冲击压力作用下，例如玻璃和陶瓷，当冲击压力低于其弹性极限(HEL)时，也会发生破坏。此时在样品中传播两道“波阵面”，速度很快的是弹性前驱波，而远远落在后面、使样品透光性能发生极大改变的是所谓的“失效波”。弹性前驱波使其后的样品处于一定的压力状态，传播的是加载模式；失效波则使其后的样品破碎，传播的是“破坏模式”，实质上传播的是剪切破坏裂纹的扩散。因此，脆性材料的冲击过程是扩散过程和波动过程并行的过程。

图 1.6.1 所示为冲击作用下有机玻璃样品中产生的冲击波和破坏波粒子速度的变化(Huang et al.，2015；黄俊宇，2016)。破坏波(图中 F 所示)并不是与冲击波(图中 S 所示)同时产生的，而是在时间上有滞后。这里存在一个孕育时间来萌生动态破坏，之后才产生破坏波。不同粒子速度时，有机玻璃样品中的孕育时间为 300～600 ns，随粒子速度的上升，孕育时间有下降的趋势。同时，随粒子速度的增加，破坏波速度的增加速率比冲击波速度的增加速率要快，因此，存在临界粒子速度使得二者速度相等。当破坏波速度赶上冲击波速度后，冲击波阵面与破坏阵面一起传播，就是通常意义的冲击破坏。

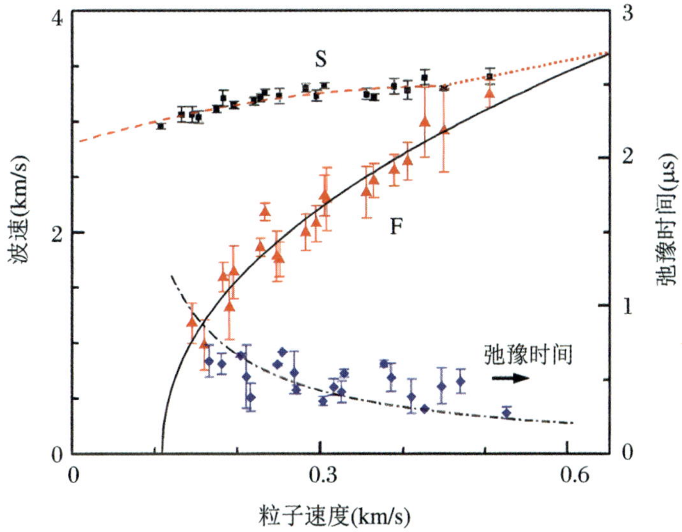

图 1.6.1　有机玻璃中的冲击波和破坏波

图 1.6.2 所示为脆性材料中的冲击波和破坏波阵面(Feng,2000)。破坏波阵面非常粗糙。在冲击载荷作用下,材料的非均匀性导致内部应力不均匀,促进了微裂纹的形成和发展。微裂纹面增大到一定程度,将产生体积膨胀。伴随此破坏模式的传播后,材料损伤发展伴有体积变化。由此可以建立关于体积 V_d 的扩散方程(Feng,2000):

$$\frac{\partial V_d}{\partial t} = \frac{\partial}{\partial x}\left[D(x,t)\frac{\partial V_d}{\partial x}\right] + f(x,t) \tag{1.6.1}$$

式中,D 为损伤扩散函数,$D(x,t) = \lambda S(x,t)$,λ 为材料参数。

$$S(x,t) = \frac{Y(x,t) - Y_{\mathrm{F}}}{Y_{\mathrm{HEL}} - Y}H(Y - Y_{\mathrm{THD}}),\quad f(x,t) = S(x,t)\frac{V_d - V_{d0}}{T_d} \geqslant 0 \tag{1.6.2}$$

式中,H 为 Heaviside 函数;$Y = |\sigma_{xx} - \sigma_{yy}|$。

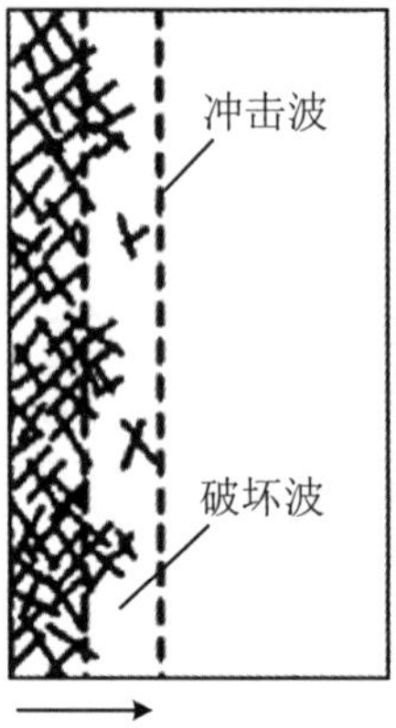

图 1.6.2 冲击波和破坏波

对于 K-8 玻璃,其计算参数如下:初始密度为 2.53 g/cm^3,纵波波速 C_l 为 5.828 km/s,横波波速 C_s 为 3.468 km/s,Hugoniot 弹性限 σ_{HEL} 为 5.95 GPa。当冲击压力为 3 GPa 时,Y_{HEL} 为 4.529 GPa,Y_{THD} 为 2.243 GPa 。模型参数如下:λ 为 6.6 m^2/s,T_d 为 150 ns,V_{d0} 为 2×10^{-7} m^3/kg。

若考虑一维空间中材料损伤的传播,材料内部单个微损伤由微损伤特征性尺度变量 c 来描述,微损伤系统的数密度分布函数为 $n(c,t)$。假定材料内部所发生的微损伤过程是统计独立的,不考虑微损伤之间的连接现象。损伤演化初期主要由成核过程和扩展过程决定。

扩展过程。认为单个微损伤的扩展速率由其当前尺度 c,系统的平均应力 σ 及材料参数 π 决定,则有

$$\dot{c} = A(c;\sigma,\pi) \tag{1.6.3}$$

成核过程。用一个表征随机过程的成核率密度函数 $n_{\mathrm{N}}(c;\sigma,\pi)$来描述。

基于以上定义,在 $t \sim t+\Delta t$ 时间内,尺度为 $c \sim c+\Delta c$ 范围内微损伤数量的增加量主要包括微损伤的扩展过程和微损伤的成核过程。其中,扩展过程带来的微损伤数量的变化主要包括尺度小于 c 的微损伤,由于扩展而进入 $c \sim c+\Delta c$ 范围内,以及尺度处于 $c \sim c+\Delta c$ 范围,由于扩展而超出此范围。由此,取极限 $\Delta c \to 0$,$\Delta t \to 0$,可得到一维空间中微损伤数密度分布函数的演化方程为(Bai et al.,1992)

$$\frac{\partial n}{\partial t} + \frac{\partial}{\partial c}(nA) = n_N \tag{1.6.4}$$

式(1.6.1)和式(1.6.4)均为典型的扩散方程，分别描述了损伤体积和损伤数密度的扩散演化过程。在这两个过程中，损伤裂纹进行了传递，与波动过程有较大差异。

实际上，表征损伤体积 V_d 扩散过程的通用的菲克(Fick)定律的表达式为

$$\frac{1}{C^2}\frac{\partial^2 V_d}{\partial t^2}+\frac{1}{D}\frac{\partial V_d}{\partial t}=\frac{\partial^2 V_d}{\partial x^2} \tag{1.6.5}$$

式中，D 为扩散系数；$C^2=D/\tau_{\mathrm{R}}$，τ_{R}为弛豫时间，C 为有限的扩散传播速度。当方程等号左边的第一项为小项，即传播速度远大于扩散速度时，可忽略，就得到式(1.6.1)和式(1.6.4)的形式，此时对应准静态扩散过程。动态扩散过程中的传播速度 C 与当前损伤体积的梯度有关。

1.7　波速和频散

在杆的撞击中，产生一维应力压缩波，波速为 $C=\sqrt{\frac{1}{\rho_0}\frac{\mathrm{d}\sigma}{\mathrm{d}\varepsilon}}$，因此，一维应力弹性波波速为 $C_0=\sqrt{E_0/\rho_0}$；一维应力塑性波波速为 $C_p=\sqrt{E_p/\rho_0}$。E_0和 E_p 分别为弹性模量和塑性模量。在杆的扭转过程中，产生一维扭转波(实质是一种剪切波)，波速为 $C_s=\sqrt{\frac{1}{\rho_0}\frac{\mathrm{d}\tau}{\mathrm{d}\gamma}}=\sqrt{\mu/\rho_0}$，$\mu$ 为剪切模量。在杆的横向撞击过程中(实际上杆变成了承受弯矩的梁)，产生弯曲波，弹性弯曲波波速为 $C=C_0/\sqrt{1+\Lambda^2/(2\pi R)^2}$。$R=\sqrt{I/A_0}$为杆(梁)截面对中性轴的回转半径，$\Lambda$ 为弹性弯曲波波长，A_0为杆(梁)截面积，I 为截面对中性轴的转动惯量。不同波长的弯曲扰动以不同的速度传播，弯曲波具有较明显的弥散现象。

在板的撞击中，产生一维应变压缩纵波，波速为 $C=\sqrt{\frac{1}{\rho_0}\frac{\mathrm{d}\sigma_x}{\mathrm{d}\varepsilon_x}}$，$x$ 为撞击方向。因此，一维应变弹性纵波波速为 $C_1=\sqrt{\left(K+\frac{4}{3}\mu\right)\Big/\rho_0}=\sqrt{\frac{1-\nu}{(1+\nu)(1-2\nu)}\frac{E_0}{\rho_0}}$；一维应变塑性纵波波速为 $C_1^p=\sqrt{\left(K+\frac{4}{3}\mu_p\right)\Big/\rho_0}$。$K$ 和ν 分别为体积模量和泊松比，μ 和μ_p 分别为剪切模量和塑性剪切模量。若板发生斜碰撞作用，板中除了产生上述的纵波外，还要产生一维应变横波，波速为 $C_s=\sqrt{\frac{1}{\rho_0}\frac{\mathrm{d}\tau}{\mathrm{d}\gamma}}$，因此，一维应变横波波速为 $C_s=\sqrt{\mu/\rho_0}$。

当泊松比为 0.25 时，$C_1/C_0=\sqrt{1.2}=1.095$；当泊松比为 0.333 时，$C_1/C_0=\sqrt{1.5}=1.225$。一维应变纵波波速比弹性波波速要大一些。对应花岗岩而言，泊松比一般约为 0.18 时，$C_1/C_0=1.042$，即纵波波速与一维应变波波速差别较小。表 1.7.1 和表 1.7.2 所示分别为典型矿物和材料的波速(Datta et al.，1968；陈颙 等，2001)。

表 1.7.1 矿物的波速

矿物与晶体	密度 ρ_0(g/cm^3)	波速 C_0(km/s)
方解石(不透明;迈索尔)	2.75	6.870
方解石(透明;迈索尔)	2.74	7.100
石英(比哈尔)	2.68	5.660
方铅矿	7.11	3.380
石墨(喀拉拉)	2.28	1.950
铝土矿(科尔巴)	2.55	3.460
磁铁矿(奥里萨)	4.50	7.200
铬铁矿(奥里萨)	4.70	7.910

表 1.7.2 材料的波速

材料	密度 ρ_0(g/cm^3)	模量 E(GPa)	波速 C_0(km/s)
铝	2.700	70.3	5.103
钢	7.850	211.4	5.189
氧化铝陶瓷	3.900	365	9.600
玄武岩	2.7～2.8	20～98	2.0～5.8
花岗岩	2.6～2.7	26～69	2.3～5.0
大理岩	2.5～2.8	59～88	3.1～4.5
砂岩	2.1～2.5	5～80	1.8～4.7

更一般的情况如图 1.7.1 所示。给半无限大介质施加一个扰动(Meyers,1994),这种扰动将沿着界面向四周传播,同时也沿着介质向介质内部传播,此过程与地震震源向四处传播的振动相似。此时,按传播方式可分为体波和面波两种类型,其中体波包括纵波(P 波)和横波(S 波)。在连续介质力学中,P 波一般指压缩波,S 波一般指剪切波(图 1.7.2(a))。但是,由于地球介质的复杂性,波传播过程中会出现压剪耦合现象,观察到的快波是压缩波耦合剪切作用形成的,是一束波,称为首波(primary wave);而观察到的慢波是剪切波耦合压缩作用形成的,是一束波,称为次波(secondary wave),如图 1.7.2(b)所示。因此,首波比压缩 P 波慢,但是次波比剪切 S 波快。

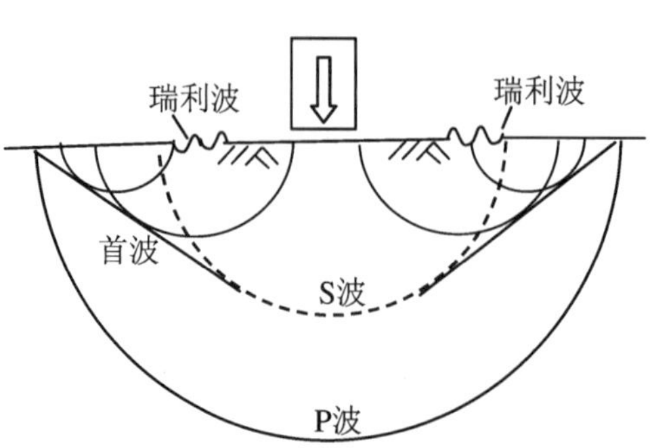

图 1.7.1 半无限体受撞击过程产生的波系

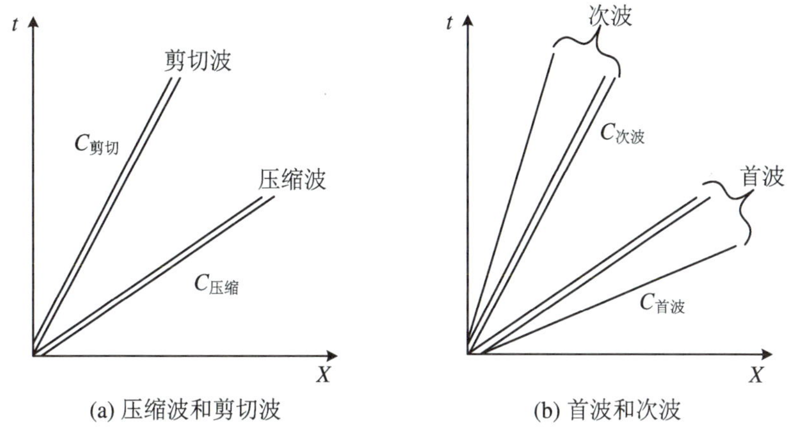

图 1.7.2　固体中的波系

纵波通过介质的体积变化即挤压和拉伸传播，是质点的振动方向与传播方向同轴的波，沿着波前进的方向出现疏密不同的部分，亦称“疏密波”。声波是纵波。横波又称作剪切波，其振动方向与传播方向垂直，通过介质的形态变化来实现。电磁波是横波。面波沿着界面向四周传播，如图 1.7.1 所示的瑞利波，其特性将在 1.8 节进行说明。

上述波速的表达均与频率无关（除了弯曲波），即没有考虑频散效应。一般而言，均质介质不会发生频散现象。岩石介质是典型的非均匀介质，频散效应是其重要特性之一。频散是指波在介质中传播的速度随频率变化的现象，可表征为波动频率与波数的关系。当有频散时，不同频率成分组成的波包会发生弥散，使得接收信号的波形相对于发射信号产生畸变。任何一种特定的波动都有其特性的频散关系，因此，频散关系也是确定波动效应的有效工具。

此时介质中多种频率的波以包络波，即波群的形式传播。由此，出现两个速度的概念，即群速度和相速度。波的群速度是指不同频率波合成的包络波传播的速度，是波实际前进的速度，代表了能量的传递。图 1.7.3(a)所示为由两个频率的波（图中虚线所示）组成的波群。群速度可表示为 $V_g = \mathrm{d}\omega/\mathrm{d}\beta$，其中，$\omega$ 为角频率，β 为相位角。波的相速度是指波系中单一频率成分所具有的相位进行传递的速度（图 1.7.3(b)）。相速度可表示为 $V_{ph} = \omega/\beta$。则群速度和相速度之间具有关系：

$$V_g = V_{ph}\Big/\left(1 - \frac{\omega}{V_{ph}}\frac{\mathrm{d}V_{ph}}{\mathrm{d}\omega}\right) \tag{1.7.1}$$

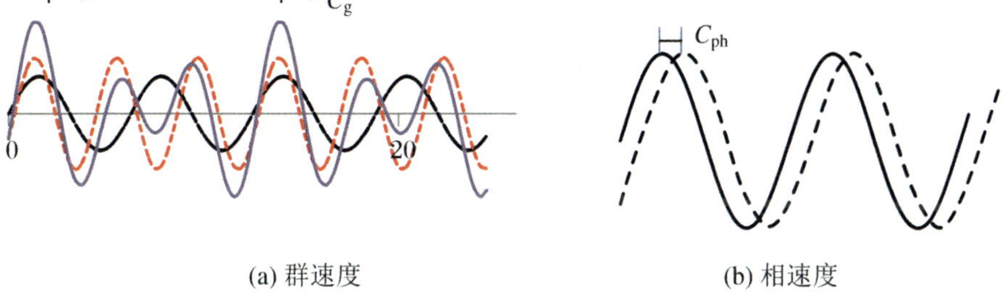

图 1.7.3　群速度和相速度

群速度和相速度一般不相同。当 $\mathrm{d}V_{\mathrm{ph}}/\mathrm{d}\omega=0$ 时，群速度和相速度相同，为非频散波，无色散；当 $\mathrm{d}V_{\mathrm{ph}}/\mathrm{d}\omega<0$ 时，相速度随频率升高而减小，此时群速度小于相速度，称为正常色散；当 $\mathrm{d}V_{\mathrm{ph}}/\mathrm{d}\omega>0$ 时，相速度随频率升高而升高，此时群速度大于相速度，称为反常色散。

格波的相速度和群速度。由于原子的不连续性，格波的相速度不再是常数，格波的群速度不等于其相速度。格波的群速度和相速度分别为

$$V_{\mathrm{g}}=\frac{\mathrm{d}\omega}{\mathrm{d}\beta}=a\sqrt{\frac{k_{\alpha}}{m}}\cos(\beta a/2) \tag{1.7.2a}$$

$$V_{\mathrm{ph}}=\frac{\omega}{\beta}=a\sqrt{\frac{k_{\alpha}}{m}}\frac{\sin(\beta a/2)}{\beta a/2} \tag{1.7.2b}$$

1.8 面　　波

1.8.1 瑞利面波

瑞利(Rayleigh)面波证明了弹性半空间与无限介质的基本区别。分析平面 SV 波以大于临界角的角度入射到自由界面时，反射 P 波成为沿自由表面传播的不均匀波。P 波和 SV 波沿 x 轴传播，位移函数的通解为

$$\Phi=A\exp(-az)\exp[\mathrm{i}(kx-\omega t)] \tag{1.8.1a}$$

$$\Psi=B\exp(-bz)\exp[\mathrm{i}(kx-\omega t)] \tag{1.8.1b}$$

式中，A，B 为待定系数。代入波动方程，得

$$\frac{\partial^2\Phi}{\partial x^2}+\frac{\partial^2\Phi}{\partial z^2}+k_{\mathrm{L}}^2u=0 \tag{1.8.2a}$$

$$\frac{\partial^2\Psi}{\partial x^2}+\frac{\partial^2\Phi}{\partial z^2}\Psi+k_{\mathrm{s}}^2u=0 \tag{1.8.2b}$$

式中，$k_{\mathrm{s}}=\frac{\omega}{C_{\mathrm{s}}}$，$k_{\mathrm{L}}=\frac{\omega}{C_0}$，$k=\frac{\omega}{C}$。相应地，$C_0=\sqrt{\frac{\lambda+2\mu}{\rho}}$，$C_{\mathrm{s}}=\sqrt{\frac{\mu}{\rho}}$。则 $a=\sqrt{k^2-k_{\mathrm{L}}^2}$，$b=\sqrt{k^2-k_{\mathrm{s}}^2}$。

若位移函数的系数 A，B 有非平凡解，则可以得到

$$[C_0^2b^2-(C_0^2-C^2)k^2][C_0^2b^2-(C_{\mathrm{s}}^2-C^2)k^2]=0 \tag{1.8.3}$$

其根为

$$b_1=k\left(1-\frac{C^2}{C_0^2}\right)^{1/2} \tag{1.8.4a}$$

$$b_2=k\left(1-\frac{C^2}{C_{\mathrm{s}}^2}\right)^{1/2} \tag{1.8.4b}$$

一般材料中，$C<C_{\mathrm{s}}<C_0$，因此，b_1，b_2 为正实数，则有

$$\left(\frac{B}{A}\right)_1=-\frac{b_1}{\mathrm{i}k} \tag{1.8.5a}$$

$$\left(\frac{B}{A}\right)_2 = \frac{\mathrm{i}k}{b_2} \tag{1.8.5b}$$

将式(1.8.5)代回到位移表达式，则方程的通解为

$$\phi = [A_1 \mathrm{e}^{-b_1 z} + A_2 \mathrm{e}^{-b_2 z}]\exp[\mathrm{i}k(x - Ct)] \tag{1.8.6a}$$

$$\varphi = \left[-\frac{b_1}{\mathrm{i}k}A_1 \mathrm{e}^{-b_1 z} + \frac{\mathrm{i}k}{b_2}A_2 \mathrm{e}^{-b_2 z}\right]\exp[\mathrm{i}k(x - Ct)] \tag{1.8.6b}$$

考虑到自由面上的边界条件，即

$$\text{正应力}: \sigma_{zz}\big|_{z=0} = \lambda\left(\frac{\partial^2 \phi}{\partial x^2} + \frac{\partial^2 \phi}{\partial z^2}\right) + 2\mu\left(\frac{\partial^2 \phi}{\partial x^2} - \frac{\partial^2 \varphi}{\partial x \partial z}\right) = 0$$

$$\text{切应力}: \sigma_{zx}\big|_{z=0} = \mu\left(2\frac{\partial^2 \phi}{\partial x \partial z} + \frac{\partial^2 \varphi}{\partial x^2} - \frac{\partial^2 \varphi}{\partial z^2}\right) = 0$$

将通解代入，则有

$$2b_1 A_1 + \left(2 - \frac{C_2}{C_{\mathrm{T}}^2}\right)k^2 \frac{A_2}{b_2} = 0 \tag{1.8.7a}$$

$$2b_2 \frac{A_2}{b_2} + \left(2 - \frac{C_2}{C_{\mathrm{T}}^2}\right)k^2 A_1 = 0 \tag{1.8.7b}$$

若方程组存在实数解，则方程组行列式系数为 0，即可得到瑞利波的相速度方程为

$$\left(2 - \frac{C_2}{C_{\mathrm{s}}^2}\right)^2 - 4\left(1 - \frac{C_2}{C_0^2}\right)^{1/2}\left(1 - \frac{C_2}{C_{\mathrm{s}}^2}\right)^{1/2} = 0 \tag{1.8.8}$$

引入 $x = (C_{\mathrm{s}}/C_{\mathrm{R}})^2 = (k/k_{\mathrm{s}})^2$，$m = (C_{\mathrm{s}}/C_0)^2 = (k_{\mathrm{p}}/k_{\mathrm{s}})^2$，此方程的一个近似表达为

$$16(1 - m)x^3 + 8(2m - 3)x^2 + 8x - 1 = 0 \tag{1.8.9}$$

式中，C_{R} 为瑞利波波速。

取 $x = 1$，式(1.8.9)左边 <0；取 $x = \infty$，式(1.8.9)左边 >0。因此，式(1.8.9)在$(1,\infty)$区间至少有一个实根，即必存在 $x>1$。这说明：$C_{\mathrm{R}}<C_{\mathrm{s}}$。瑞利波波速比剪切波波速小。

进一步分析。对于泊松固体，$\lambda = \mu$，则 $m = 1/3$，$C_0 = 3C_{\mathrm{s}}$，式(1.8.9)变为

$$32x^3 - 56x^2 + 24x - 3 = 0 \tag{1.8.10}$$

式(1.8.4)有 3 个实根，取 $x>1$ 的根，即 $x = (3+\sqrt{3})/4$。因此，泊松固体的瑞利波波速为

$$C_{\mathrm{R}} = 0.919C_{\mathrm{s}} \tag{1.8.11}$$

Kolsky(1963)，Wasley(1973)等推导出含泊松比 ν 的方程：

$$k^6 - 8k^4 + (24 - 16\alpha_1)k^2 + 16(\alpha_1^2 - 1) = 0 \tag{1.8.12}$$

式中，$k = C/C_{\mathrm{s}}$；$\alpha_1^2 = \dfrac{1-2\nu}{2-2\nu}$。式(1.8.12)的近似解为

$$C_{\mathrm{R}} = \frac{0.862 + 1.14\nu}{1 + \nu}C_{\mathrm{s}} \tag{1.8.13}$$

取泊松比 $\nu = 0.3$，则瑞利波波速 $C_{\mathrm{R}} = 0.926C_{\mathrm{s}}$。

由此可见，瑞利面波是沿自由表面传播的，其振幅随传播距离指数衰减；其传播速度比剪切波速度小。但是，理想状态的瑞利面波与频率无关，即没有频散效应。这与地震波测试结论有较大差异。

实际上，由于地层表面或者岩石层表面均存在一些风化程度较强的软弱层，这一地层的存在将造成瑞利面波具有一定的频散特性。设此层单位面积的密度为 ρ，其厚度可以忽略。

采用与前面一样的位移函数,改变其边界条件。由于 $z=0$ 处有覆盖层存在,法向应力不为零,切向应力可认为是零,即有

$$\text{正应力}:\sigma_{zz}\big|_{z=0}=\rho_0\ddot{W},\quad \text{切应力}:\sigma_{zx}\big|_{z=0}=0 \tag{1.8.14}$$

若位移函数的系数 A,B 有非平凡解,则可以得到

$$C_{\mathrm{R}}=\frac{-\rho_o\omega\pm\sqrt{(\rho_o\omega)^2+16\mu(6\mu-2\rho_o\omega)/C_0}}{2(6\mu-2\rho_o\omega)/C_0} \tag{1.8.15}$$

式(1.8.15)表明,考虑覆盖层的存在得到的瑞利面波速度具有一定的频散特性。

1.8.2 洛夫面波

洛夫(Love)面波的实质是:在弹性半空间上覆盖一层厚度为 h 的覆盖层时,在介质和覆盖层的分界面上能形成 SH 型的面波。

下面分析中,下标含"1"的参数为覆盖层的参数,下标含"2"的参数为弹性半空间介质的参数。以分界面为 z 轴起点,若覆盖层中和介质中的位移分量分别为 v_1 和 v_2,其表达式为

$$v_1=[B\exp(\mathrm{i}k_1z)+E\exp(-\mathrm{i}k_1z)]\cdot\exp[\mathrm{i}k(x-C_{\mathrm{L}}t)],\quad -h<z<0 \tag{1.8.16}$$

$$v_2=D\exp(-k_2z)\cdot\exp[\mathrm{i}k(x-C_{\mathrm{L}}t)],\quad 0<z \tag{1.8.17}$$

式中,B,E,D 为待定系数。$k_1^2=\omega^2(C_{\mathrm{s1}}^{-2}-C_{\mathrm{L}}^{-2})$,$k_2^2=\omega^2(C_{\mathrm{L}}^{-2}-C_{\mathrm{s2}}^{-2})$。$C_{\mathrm{L}}$ 为洛夫波波速。

考虑边界条件:

(1) 自由面上的

$$\text{正应力}:\sigma_{zz}\big|_{z=-h}=0,\quad \text{切应力}:\sigma_{zx}\big|_{z=-h}=\sigma_{zy}\big|_{z=-h}=0 \tag{1.8.18}$$

(2) 在分界面上位移连续、应力连续,即有

$$\sigma_{zy}\big|_{z=0}^{(1)}=\sigma_{zy}\big|_{z=0}^{(2)},\quad v_1\big|_{z=0}=v_2\big|_{z=0} \tag{1.8.19}$$

(3) 弹性半空间介质中无穷远处的边界条件。

若位移函数的系数 B,E,D 有非平凡解,则可以得到

$$\tan(k_1h)=\frac{\mu_2}{\mu_1}\frac{k_2}{k_1}=\frac{\mu_2}{\mu_1}\sqrt{\frac{1-C_{\mathrm{L}}^2/C_{\mathrm{s2}}^2}{C_{\mathrm{L}}^2/C_{\mathrm{s1}}^2-1}} \tag{1.8.20}$$

此方程即洛夫波频散方程。洛夫波在覆盖层中沿 x 轴传播,其位移做简谐振动;在弹性半空间介质中位移随 z 的增加指数衰减。洛夫波的波速介于覆盖层介质和弹性半空间介质的剪切波波速之间,即 $C_{\mathrm{s1}}<C_{\mathrm{L}}<C_{\mathrm{s2}}$。

洛夫波的波速具有频散特性,方程关于 C_{L} 有无穷多个解,即

$$k_1h=\arctan\left(\frac{\mu_2}{\mu_1}\frac{k_2}{k_1}\right)+n\pi,\quad n=0,1,2,\cdots \tag{1.8.21}$$

因此,频散曲线有无穷多支,每一支对应一种简正振型。需注意的是,在一个给定振型中存在部分复频率,此部分振型称为漏能型振型,将发射能量到下半空间。

1.8.3 斯通雷面波

斯通雷(Stoneley)面波是在两种介质的接触界面附近存在的一种广义的瑞利面波(何樵

登,1988)。

在接触界面的一侧入射一对波:P 波和 SV 波,则产生一对折射波:P 波和 SV 波。若 4 个波的位移函数分别为 Φ_1,Ψ_1,Φ' 和 Ψ',则对于擦边入射和擦边折射的情况,4 个位移函数的表达式满足

$$\Phi_1 = A_1\exp(-rz)\cdot\exp[\mathrm{i}k(x-C_xt)],\quad 0<z \tag{1.8.22a}$$

$$\Psi_1 = B_1\exp(-Sz)\cdot\exp[\mathrm{i}k(x-C_xt)],\quad 0<z \tag{1.8.22b}$$

$$\Phi' = A'\exp(r'z)\cdot\exp[\mathrm{i}k(x-C_xt)],\quad 0>z \tag{1.8.22c}$$

$$\Psi' = B'\exp(S'z)\cdot\exp[\mathrm{i}k(x-C_xt)],\quad 0>z \tag{1.8.22d}$$

式中,$k=\omega/C_x$;$r=k\sqrt{1-(C_x/C_0)^2}$;$r'=k\sqrt{1-(C_x/C_0')^2}$;$S=k\sqrt{1-(C_x/C_s)^2}$;$S'=k\sqrt{1-(C_x/C_s')^2}$。$A_1,B_1,A',B'$为待定系数。

将位移函数应用到边界条件中,若 4 个待定系数有非平凡解,则有

$$\begin{aligned}
&C_{st}^4\left[(\rho_2-\rho_1)^2-\left(\rho_1\frac{r'}{R}+\rho_2\frac{r}{R}\right)\left(\rho_1\frac{S'}{R}+\rho_2\frac{S}{R}\right)\right]\\
&+4C_{st}^2(\rho_1C_s^2-\rho_2C_s'^2)\times\left(\rho_1\frac{r'}{R}\frac{S'}{R}-\rho_2\frac{r}{R}\frac{S}{R}-\rho_1+\rho_2\right)\\
&+4(\rho_1C_s^2-\rho_2C_s'^2)\left(\frac{r}{R}\frac{S}{R}-1\right)\left(\frac{r'}{R}\frac{S'}{R}-1\right)=0
\end{aligned}\tag{1.8.23}$$

此方程的解 $C_x=C_{st}$。其中,C_{st}为斯通雷波波速。斯通雷波波速小于界面两侧介质的剪切波波速,但是大于瑞利波波速。实际上,斯通雷波只在界面两侧介质中的剪切波波速接近相等时才存在。

1.8.4　斯科尔特(Scholte)波

两种介质的接触界面上半空间为非黏性液体,液体中不存在剪切运动,则 $\mu_1=0$;Φ_1 为流体介质中的纵波势函数,Φ_2 为固体中的纵波势函数,Ψ_2 为固体中的横波势函数,k 为界面波传播波数($k=w/c$)。当平面波在流-固界面($z=0$)传播时,波动方程应满足边界条件。

(1) 界面法向速度连续:$(v_{z1})_{z=h}=(v_{z2})_{z=h}$。

(2) 点源处($z=z_0$)切应力平衡:$\sigma_{zz1}=\sigma_{zz2}$。

(3) 流-固界面 $z=h$ 处法向应力平衡:$\sigma_{zz1}=\sigma_{zz2}$。

即

$$\left.\frac{\partial\Phi_1}{\partial z}\right|_{z=z_0^+}-\left.\frac{\partial\Phi_1}{\partial z}\right|_{z=z_0^-}=2ZJ_0(kr) \tag{1.8.24}$$

式中,$Z=k\mathrm{d}k$,$J_0(kr)$为 0 阶贝塞尔函数。

根据位移、应力、势函数之间的关系,有

$$u_1=\frac{\partial\Phi_1}{\partial x},\quad v_1=\frac{\partial\Phi_1}{\partial z};\quad u_2=\frac{\partial\Phi_2}{\partial x}+\frac{\partial^2\Psi_2}{\partial x\partial z},\quad v_2=\frac{\partial\Phi_2}{\partial z}+\frac{\partial^2\Psi_2}{\partial z^2}+\frac{w^2}{C_L^2}\Psi_2$$

以及

$$\sigma_{zz1}=\lambda_1\nabla^2\Phi_1,\quad \sigma_{zz2}=\mu_1\left(\frac{\partial u_2}{\partial z}+\frac{\partial v_2}{\partial x}\right)$$

将边界条件代入上述关系式,并考虑各势函数在无穷远处辐射条件,即 $z\to\infty$时,位移应为

0,则各势函数的通解为

$$\Phi_1 = L_A\sin(b_1 z)J_0(kr),\quad \Phi_1'' = [L_B\sin(b_1 z) + L_C\cos(b_1 z)]J_0(kr)$$

$$\Phi_2 = L_D e^{-b_2 z}J_0(kr),\quad \Psi_2 = L_E e^{-b_3 z}J_0(kr)$$

式中,$L_A, L_B, L_C, L_D, L_E, L_F$ 为待定常数;$b_1 = k(1 - C^2/C_{L1}^2)^{1/2}$;$b_2 = k(1 - C^2/C_{T1}^2)^{1/2}$;$b_3 = k(1 - C^2/C_{T2}^2)^{1/2}$。

根据点源条件及分界面的边界条件,可得

$$\begin{cases} L_A\sin(b_1 z_0) - L_B\sin(b_1 z_0) - L_C\cos(b_1 z_0) = 0 \\ b_1 L_A\cos(b_1 z_0) - b_1 L_B\cos(b_1 z_0) + b_1 L_C\sin(b_1 z_0) = 2Z \\ b_1 L_B\cos(b_1 h) - b_1 L_C\sin(b_1 h) + b_2 L_D e^{-b_2 h} + \left[\left(\dfrac{w}{C_{L1}}\right)^2 b_3 - b_3^2\right] L_E e^{-b_3 h} = 0 \\ b_2 L_D e^{-b_2 h} - \left[\left(\dfrac{w}{C_{L1}}\right)^2 + 2b_3^2\right] L_E e^{-b_3 h} = 0 \\ -\rho_1 w^2 L_B\sin(b_1 h) - \rho_1 w^2 L_C\sin(b_1 h) + \left[\rho_2(C_{T2}^2 - 2C_{L2}^2)\dfrac{w^2}{C_{T2}^2} - 2\rho_2 C_{L2}^2 b_2^2\right] \\ \quad L_D e^{-b_2 h} + \left(2\rho_2 C_{L2}^2 b_3^2 + 2\rho_2 C_{L2}^2 b_3 \dfrac{w^2}{C_{L1}^2}\right) L_E e^{-b_3 h} = 0 \end{cases} \tag{1.8.25}$$

对以上方程组进行整理,得到各待定系数的分母项:

$$\tan\left(\frac{w}{C}h\sqrt{\frac{C^2}{C_{L1}^2} - 1}\right) = \frac{\rho_2}{\rho_1}\frac{C_{T2}^2}{C^2}\frac{\sqrt{\dfrac{C^2}{C_{L1}^2} - 1}}{\sqrt{1 - \dfrac{C^2}{C_{L2}^2}}}\left[4\sqrt{1 - \frac{C^2}{C_{T2}^2}}\sqrt{1 - \frac{C^2}{C_{L2}^2}} - \left(2 - \frac{C^2}{C_{T2}^2}\right)^2\right] \tag{1.8.26}$$

式(1.8.26)即斯科尔特波的特征方程。由此可知,斯科尔特波波速不仅与流体速度有关,也与频率有关,所以斯科尔特波波速具有频散特性。

1.8.5 算例

应用有限元方法建立包含波源在内的场地模型。采用二维弹性介质模型,材料纵波波速为 5 740 m/s,横波波速为 3 172 m/s。波源的加载方式为在 1/4 圆弧上施加均匀分布的压力,压力的时间分布为 $\sin(2\pi ft)$,加载周期为 $1/(2f)$。干裂缝宽度为 0.02 mm,与波源半径相同,且波源与裂缝平行放置。此条件下入射角为 90°,大于临界折射角。

图 1.8.1 所示为干裂缝表面瑞利波的产生和传播。裂缝界面处的两道波速分别 5 740 m/s、2 792 m/s(约 0.88 C_s),与瑞利波波速范围(0.87~0.95 C_s)相符。弹性波以 90° 入射角从介质入射至真空界面时,将会在界面处产生新的波形,即瑞利波。

两层固体界面。上层为材料 1,其材料参数为:密度 7 800 kg/m³,弹性模量 201 GPa,泊松比 0.28。下层为材料 2,其材料参数为:密度 1 800 kg/m³,纵波波速 1 480 m/s,横波波速 820 m/s。取两层材料交点的直角为坐标原点。在以(0,0)为中心点、半径为 0.02 mm 的半球形腔壁上加载半正弦谐波载荷 $\sin(2\pi ft)$,加载周期为 $1/(2f)$。加载频率 f 可取为 9 种,即 10 MHz,15 MHz,20 MHz,25 MHz,30 MHz,35 MHz,40 MHz,45 MHz,50 MHz。

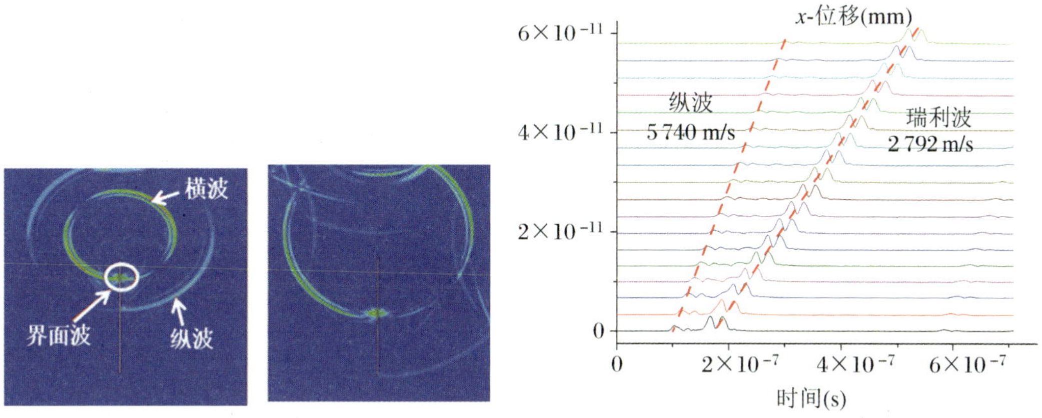

(a) 2.25 μs　(b) 4.60 μs　(c) 缝界面节点波结构

图 1.8.1　瑞利波（$f = 20$ MHz）

图 1.8.2 所示的应力波演化表明：点源激发的弹性波沿着自由面和固固界面传播时，其能量集中在界面附近。在垂直表面处产生了瑞利波，在两层介质之间产生了斯通雷波，其速度分别为 2 795 m/s 和 2 670 m/s。此过程中，随着加载频率 f 的变化，瑞利波波速变化在 0.5%范围内，斯通雷波波速变化在 1.2%范围内，没有明显的频散效应。

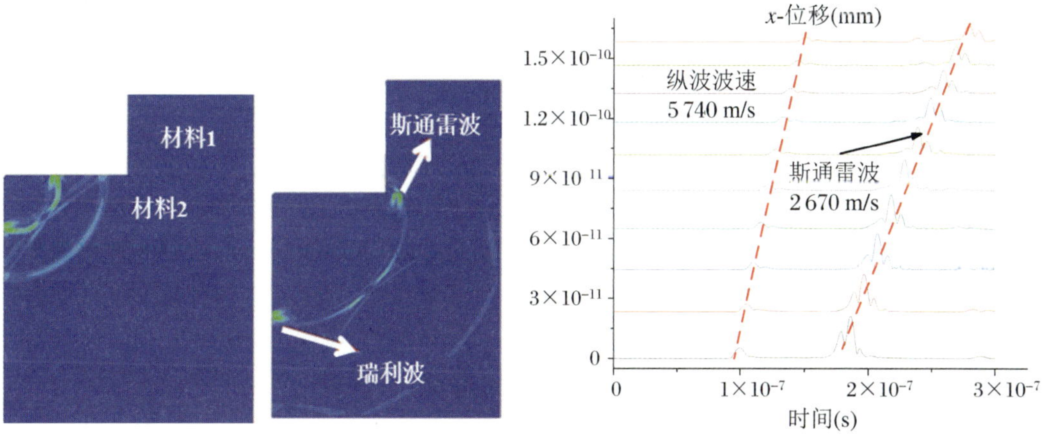

(a) 0.08 μs　(b) 0.20 μs　(c) 界面波结构

图 1.8.2　斯通雷波（$f = 20$ MHz）

流体和固体界面。上层为流体，其材料参数为：密度 1 020 kg/m^3，纵波波速 1 500 m/s，横波波速 0；下层为固体，其材料参数为：密度 2 000 kg/m^3，纵波波速 2 400 m/s，横波波速 1 200 m/s。点源位于固体上表面 10 m 处。模型四周采用完美匹配层设置无反射边界，宽为 48 m。波源为 Ricker 子波，其表达式为 $f = A(1-2\pi^2 f_0^2(t-t_0)^2)\times\exp(-\pi^2 f_0^2(t-t_0)^2)$。其中，$A$ 为幅值，取为 10^{13} N，延时 t_0 为 $1/f_0$，中心频率取为 15～60 MHz。

图 1.8.3 所示为斯科尔特波的产生和传播。图示计算频率为 15 MHz，固/液界面上斯科尔特波的传播速度为 1 038 m/s。当波源频率在 15～60 MHz 范围内变化时，界面波波速变化幅度为 3.9%，因此，斯科尔特波波速具有一定的频散特性。

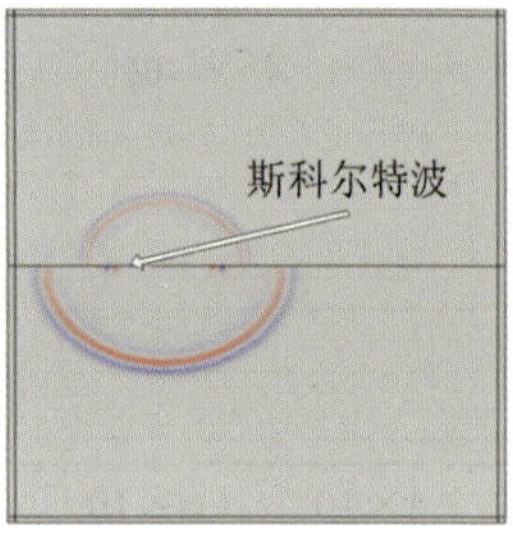

(a) 0.40 μs

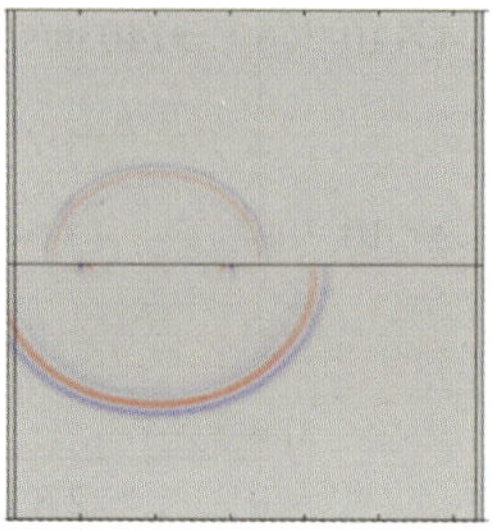

(b) 0.53 μs

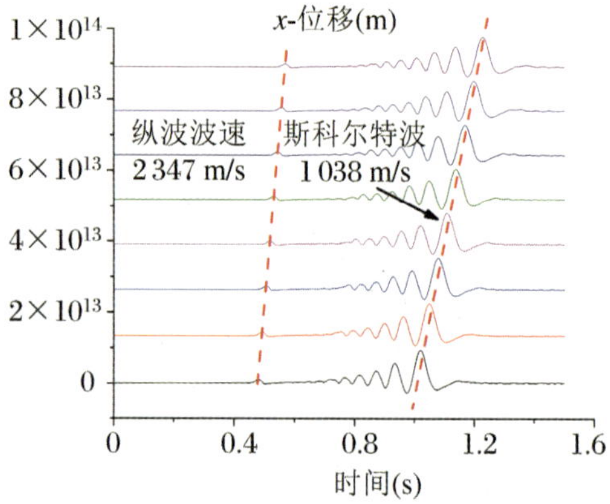

(c) 界面Mises应力波形

图 1.8.3 斯科尔特波($f = 15$ MHz)

1.9 散射——瑞利散射、拉曼散射和布里渊散射

波与所穿过的非均匀介质中的“局部散射体”发生相互作用而改变其行进方向的现象称为散射,如图 1.9.1 所示。散射将产生大量排列无规则且几何线度略小于入射波波长的非均匀区域的集合(图 1.9.1(a)),与衍射不同,散射是众多微粒的集合。

散射一般包括弹性散射和非弹性散射,其功用各不相同,因此岩石中频散效应相应地也须从两个层次进行考虑:第一个层次(图 1.9.1(b)、图 1.9.2(a))为弹性散射,通常包含米氏(Mie,共振/随机)散射和瑞利散射,其幅值相对较大,可用于探测岩石的波速和局部缺陷分布;第二个层次(图 1.9.2(b))为非弹性散射,主要包含拉曼(Raman)散射和布里渊(Brillouin)散射等,其幅值相对较小,可用于岩石高温高压矿物特性的研究。

瑞利散射是指散射体的线度(如散射直径 d_s)比入射波长 λ 小得多的时候散射体对入射波的散射作用。瑞利散射具有以下特点:① 瑞利散射定律。瑞利散射光强:$I(\omega) \propto \omega^4 \propto \lambda^{-4}$。② 瑞利散射光强分布:$I(\theta) = I_0(1 + \cos^2\theta)$,随观察方向而变。③ 瑞利散射呈对称性分布,具有偏振性,但与 θ 无关。

米氏散射是指散射体的线度与入射波长 λ 相当时散射体对入射波的散射作用。米氏散射光强:$I(\omega) \propto \lambda^{-2}$。如图 1.9.2(a)所示,马沃可等(2008)以入射波长 λ 与非均匀介质散射直径 d_s 的比值为尺度变量进行了总结:当 $\lambda \approx 6.28 d_s$ 时,谐波在岩石中传播时发生瑞利散射,相速度随尺度变量增大有一定程度的减小,具有尺度效应;当 $\lambda \approx d_s$ 时,谐波在岩石中传播时发生随机/米氏(共振)散射,相速度迅速增大。弹性散射的散射波的频率与入射波的频率相同,不会改变频率。

但是,X 射线的能量太高,探测声子能量的精度太低。一般把与光学声子相互作用的过程称为拉曼散射,把与声学声子相互作用的过程称为布里渊散射。散射频率高于入射频率的过程称为反斯托克斯过程(吸收声子),散射频率低于入射频率的过程称为斯托克斯过程(放出声子)。

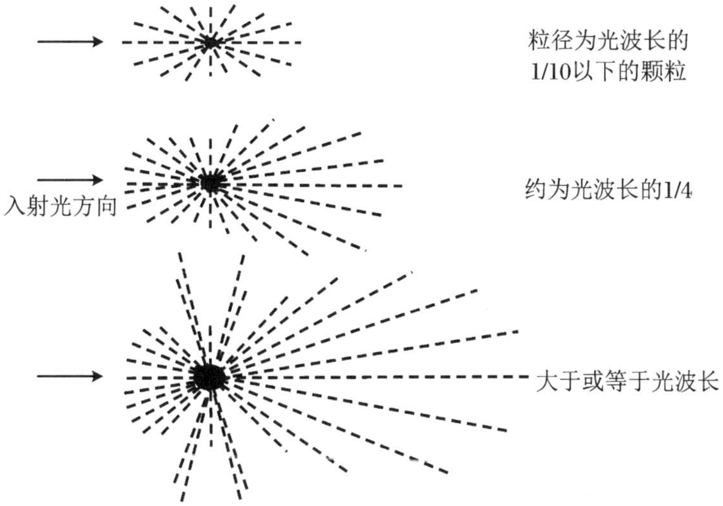

(a) 散射与波长的关系

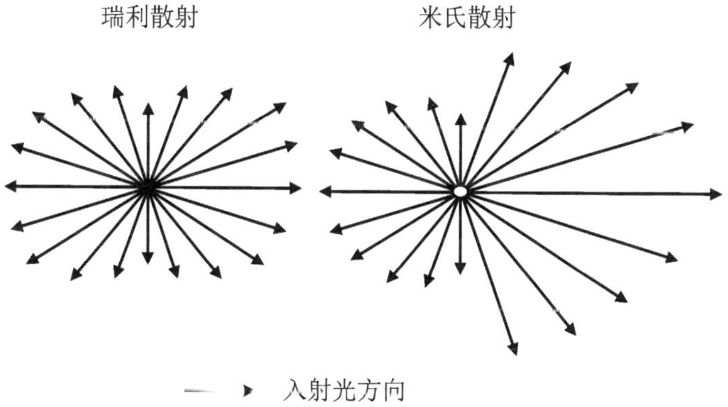

(b) 弹性散射

图 1.9.1　波的散射示意图

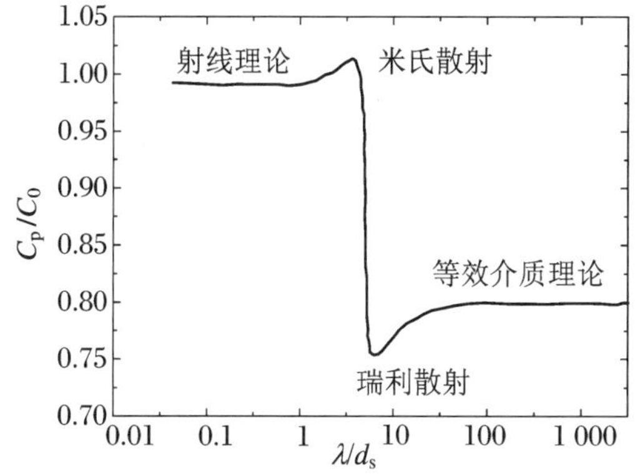

(a) 弹性散射(马沃可等, 2008)

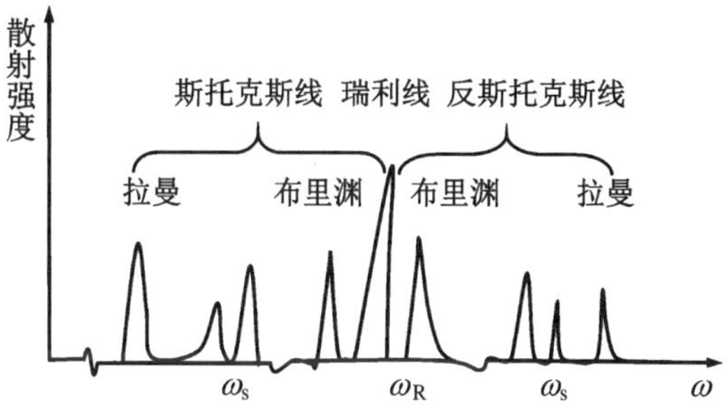

(b) 非弹性散射(程光煦, 2008)

图 1.9.2　两种散射关系

布里渊散射是介质的非线性引起的效应，尤其是与声学声子相关的非线性部分。入射的声子能够转化为一个具有更低能量的散射声子，通常是背向传播，还有另一个声子，即使在很低的光功率情况下，这一效应也会发生，然后反射产生声子场。光功率更高时，会发生受激效应，这时主要由光场产生声子。当介质中的光束超过某一临界功率时，受激布里渊散射会反射大部分入射的光功率。这时背向反射波得到很强的非线性光学增益，即初始非常弱的相反方向传播的光在某一光纤频率时会被放大很多倍。两个相反方向的波会形成一个移动的折射率光栅；反射功率越大，折射率光栅越强，有效反射率越大。

反射光的频率略小于入射光的频率，频率差 f_B 等于辐射声子的频率。该频率差称为布里渊频移，由相位匹配条件决定。只存在背向布里渊散射时，布里渊频移可以通过折射率 n、声学速度 v_a 以及真空波长 λ 计算得到：

$$f_B = 2nv_a/\lambda \tag{1.9.1}$$

通过布里渊散射频移获得矿物中的声子信息，可求出波速大小；利用拉曼和荧光光谱的谱峰移动，可对样品压力进行测定。拉曼散射和布里渊散射为研究分子结构或晶体结构提供了重要手段。借助于拉曼散射可快速定出分子振动的固有频率，并可决定分子结构的对称性、分子内部的力等。

小　结

本章介绍了岩石中声场和波动分析的基本方法。冲击波和应力波研究中我们通常考虑波动效应，采用的是特征线解法，由此可以得到非常清晰的波传播的图像和相应的物理力学状态量的关系。大多数岩石工程的研究更关注的是地震波等含有多种频率的波的作用，采用的方法主要是谐波解法，由此可以得到岩石的波速、衰减等基于等效介质假定的特性。本章试图将这些常用的概念进行连接，以形成清晰的波分析图像。实际上，回到薛定谔的观点：与"几何分析"相关的波动效应关注的是波的本源和介质的微观特性，与"宏观分析"相关的谐波振动分析关注的是具有一定尺寸规模的岩石的整体特性。二者关注对象不同，分析手段不同，但对于我们认识岩石动力学与岩石工程同样重要。1.9 节讲述的米氏散射和瑞利散射、拉曼散射和布里渊散射等测试技术则是现在地球内部、高温高压矿物等邻域研究中非常关注的方向。

参考文献

陈颙，黄庭芳，2001. 岩石物理学[M]. 北京：北京大学出版社.

程光煦，2008. 拉曼布里渊散射[M]. 北京：科学出版社.

何樵登，1988. 地震波理论[M]. 北京：地震出版社：75-82.

黄俊宇，2016. 冲击载荷下脆性颗粒材料多尺度破碎变形特性研究[D]. 合肥：中国科学技术大学：第六章.

李永池,2015.波动力学[M].合肥:中国科学技术大学出版社:1-10.

马沃可,木克基,德沃金,2008.岩石物理手册:孔隙介质中地震分析工具[M].徐海滨,戴建春,译.合肥:中国科学技术大学出版社.

王宝珍,2010.肌肉类软组织动态力学性能研究[D].合肥:中国科学技术大学.

王礼立,2010.应力波基础[M].2 版.北京:国防工业出版社.

王礼立,胡时胜,杨黎明,等,2016.材料动力学[M].合肥:中国科学技术大学出版社:33-49.

席道瑛,徐松林,2016.岩石物理与本构理论[M].合肥:中国科学技术大学出版社.

徐松林,席道瑛,刘永贵,等,2012.弹性波在含双裂纹岩体中的传播分析[J].地球物理学报,55(3):944-952.

薛定谔,2008.薛定谔讲演录[M].2 版.北京:北京大学出版社:7-8.

张海澜,王秀明,张碧星,2004.井孔的声场和波[M].北京:科学出版社.

钟伟芳,聂国华,1997.弹性波的散射理论[M].武汉:华中理工大学出版社.

周光泉,刘孝敏,1996.黏弹性理论[M].合肥:中国科学技术大学出版社.

Achenbach J D, Gautescn A K, McMaken H, 1982. Ray methods for waves in elastic solids[M]. Boston, London, Melbourne: Pitman Advanced Publishing Program.

Achenbach J D, 1999. Wave propagation in elastic solids[M]. 8th ed. Amsterdam, Lausanne, New York: Elsevier.

Bai Y, Ling Z, Luo L, et al. 1992. Initial development of micro damage under impact loading[J]. Journal of Applied Mechanics, 59(3): 622-627.

Datta S, Simha K, 1968. Elastic wave velocities in rocks[J]. Pure and Applied Geophysics, 70: 5-11.

Feng R, 2000. Formation and propagation of failure in shocked glasses[J]. Journal of Applied Physics, 87: 1693-1700.

Foldy L L, 1945. The multiple scattering of waves[J]. Physical Review, 67(3/4): 107-119.

Huang J Y, Li Y, Liu Q C, et al. 2015. Origin of compression-induced failure in brittle solids under shock loading[J]. Phys. Rev. B, 92: 144101.

Kolsky H, 1963. Stress waves in solids[M]. New York: Dover.

Meyers M A, 1994. Dynamic behaviors of materials[M]. New York: John Wiley & Sons Inc.: 21-64.

Mura T, 1982. Micromechanics of defects solids[M]. Hague, Boston, London: Matinus Nijhoff Publishers.

Wasley R J, 1973. Stress wave propagation in solids[M]. New York: M. Dekker.

Winkler K, 1985. Dispersion analysis of velocity and attenuation in Berea sandstone[J]. Journal of Geophysical Research, 90(B8): 6793-6800.

Winkler K, 1986. Estimation of velocity dispersion between seismic and ultrasonic frequencies[J]. Geophysics, 51(1): 183-189.

Zhang C, Gross D, 1993. Wave attenuation and dispersion in randomly cracked solids-Ⅰ slit cracks and Ⅱ penny-shaped cracks[J]. Int. J. Eng. Sci., 31(6): 841-872.

第2章　岩石热弛豫波动作用原理

2.1 引　　言

岩石是一种多孔介质，孔隙中常含有水和其他的液体或气体，此时岩石也称为双相或多相介质。在多孔岩石中地震波的传播可以通过地震波的衰减和相速度揭示岩石的固有特性，衰减和色散对岩石的饱和状态和环境条件非常敏感。大量实验和理论研究指出，多孔岩石的衰减和色散与频率和温度相关。这些工作主要集中在岩石的频率依赖特性方面。例如，垂直地震剖面（VSP，30～280 Hz），横波测井（200～2 300 Hz），声波测井数据（8～24 kHz）和超声实验室数据（500～900 kHz）提供了较宽广的频率范围的实验结果（Jones，Nur，1983；Quan，Harris，1997）。研究表明：岩石在千赫兹频率范围内存在吸收衰减峰；衰减和色散强烈地依赖于频率及岩石中含有的孔隙流体和孔隙液体的黏性。本章将热激活弛豫机制引入Biot模型，用品质因子的倒数 Q^{-1} 来量化波的热能损耗部分，以研究饱和岩石的频率和温度依赖性。

温度依赖性源于流体黏性和流体与岩石界面的相互作用。流体黏性具有温度依赖性（Batzle，Wang，1992），岩石的衰减可表达为液体黏性和频率的乘积（Jones et al.，1983），岩石中孔隙流体黏性的变化等同于改变测量频率（Jones，1986）。因此，由孔隙流体的温度依赖性关系可以得到衰减的频率依赖性。若衰减的频率和温度依赖的定量关系是已知的，衰减峰的频率范围可以通过在选择的频带内改变测量温度来控制峰位的移动。地震波的衰减和频散受温度的强烈影响。Wang 和 Nur（1988）观测到当温度增加 100 ℃时砂岩 P 波波速下降 6%～8%，S 波波速下降 15%～17%，Zhu 和 Pan（1993）也观察到类似结果。Jones 和 Nur（1983）及 Nur 等（1984）在温度域观测到两个比在频率域更复杂的衰减峰和速度图。这表明在温度域存在更复杂的机制值得探索。

多孔饱和岩石的这些衰减特征内在机理的揭示得到了极大关注。Biot（1956，1963）的早期工作，建立了均匀各向同性、忽略热弹性效应的孔隙介质波动理论，可以预测到 3 种波，即快 P 波、慢 P 波和 S 波。这些波在 Plona（1980a，1980b，1982）的实验中均有观测。这种机理常称为 Biot 衰减。但 Biot 理论预测结果与实验结果存在大的偏差。Dvorkin 等（1993，1994，1995）将喷射流机制引入 Biot 理论，建立了 BISQ 模型，并基于饱和与部分饱和岩石中喷射特征的差异，提出了广义的 BISQ 模型，成功地描述了 P 波的衰减和频散。Liu 和 Katsube(1990)则考虑流体和固体的质量耦合系数，提出了混合物理论，此模型除了较好地描述了这些现象之外，还预测了第二类 S 波(所谓的"慢 S 波")的存在，不过，尚需进一步的实验验证。

Pride 等(2004)进一步在统一的理论框架下，基于细观尺度的双孔隙介质模型、局部饱和模型，以及微观颗粒尺度的喷射模型，给出了 3 种 P 波衰减机制，据此研究由弹性模量的非均匀性导致的波致流动。其中，双孔隙介质模型可考虑由于岩性的变化(如沙和黏土的混合物)产生的非均匀性，只饱和单一液体；局部饱和模型可考虑单一的岩性，但饱和了两种不相容的流体(如水和空气)；喷射模型考虑由颗粒中的微裂纹造成的非均匀性。喷射流模型无法解释地震频带范围($1\sim10^4$ Hz)测得的衰减($10^{-2}\sim10^{-1}$)，但另外两种细观模型很容易产生足够大的衰减来解释现场测量结果。这里，衰减大小主要由不同组分的弹性压缩性的差别以及细微观几何形状来控制。双孔隙介质模型中，固相形态是扁长形的，而且两个固相体积模量的差异要比较大，这样才能产生比较大的衰减；局部饱和模型中，不同流体的体积模量差异也需要比较大；而喷射模型中，衰减是由单个破裂颗粒和岩块整体的模量差异来控制的。

这些讨论主要分析频率域中波的传播，本章将同时研究温度域和频率域的衰减和相速度频散。

2.2　多孔岩石中的 P 波波速

2.2.1　黏弹性介质中的纵波

根据黏弹性理论，在黏弹性介质中，弹性波纵波的传播速度 C_{p} 为

$$\frac{1}{C_{\mathrm{p}}}=\sqrt[4]{\frac{\rho^2}{(\lambda+2\mu)^2+\eta'\omega}}\cdot\cos\left(\frac{1}{2}\arctan\frac{\eta'\omega}{\lambda+2\mu}\right)\tag{2.2.1}$$

式中，ρ 为密度；$\eta'=4\eta/3$，η 为黏滞系数；λ，μ 为介质的拉梅常数；ω 为圆频率。

2.2.2　Biot 理论模型

Biot(1956，1963)从唯象理论出发，忽略微观力学的影响，将连续介质概念应用于孔隙介质(图 2.2.1)。假定：① 波长远远大于所研究的宏观体积单元，孔隙尺寸远小于宏观单元，所研究的尺度介于孔隙尺寸和波长之间；② 流体和固体相的位移均为小位移；③ 所研究的液相是连续的，低频时，孔隙中的流体为泊松流体；④ 推广到各向异性弹性体时，假设基质是各向同性的；⑤ 不考虑热力耦合等耦合现象。高频时需进行与孔隙形状有关的校正。由此得到弹性纵波的传播速度如下：

高频时

$$C_{\mathrm{p}_{1,2}} = \frac{1}{\mathrm{Re}(X_{1,2})} \tag{2.2.2}$$

式中，Re 表示相关量的实部。

$$X_{1,2} = \sqrt{Y_{1,2}},\quad Y_{1,2} = -\frac{B}{2A} \pm \sqrt{\left(\frac{B}{2A}\right)^2 - \frac{C}{A}},\quad A = \frac{\phi F M}{(\phi \rho_{\mathrm{f}})^2}$$

$$B = F\left(2\alpha - \phi - (1-\phi)\frac{\rho_{\mathrm{s}}}{\rho_{\mathrm{f}}}\right) - \left(M + F\frac{\alpha^2}{\phi}\right)\left(1 + \frac{\rho_a}{\phi\rho_{\mathrm{f}}} + \mathrm{i}\frac{\omega_c}{\omega}\right)$$

$$C = (1-\phi)\frac{\rho_{\mathrm{s}}}{\rho_{\mathrm{f}}} + \left(1 + (1-\phi)\frac{\rho_{\mathrm{s}}}{\rho_{\mathrm{f}}}\right)\left(\frac{\rho_a}{\phi\rho_{\mathrm{f}}} + \mathrm{i}\frac{\omega_c}{\omega}\right),\quad F = \left(\frac{1}{\rho_{\mathrm{f}} C_0^2} + \frac{1}{\phi Q}\right)^{-1},\quad \alpha = 1 - \frac{k}{k_{\mathrm{s}}}$$

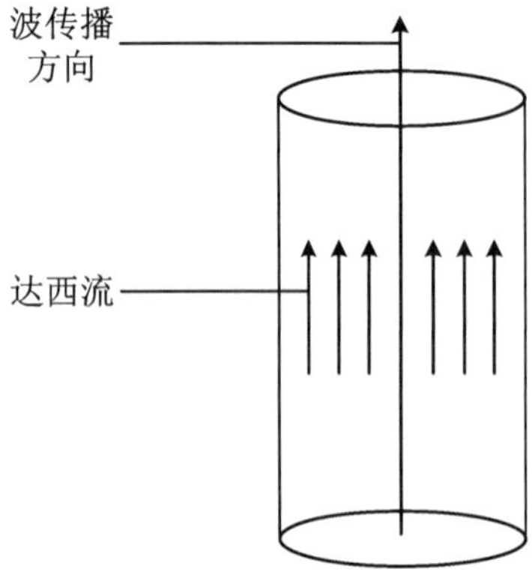

图 2.2.1 Biot 模型

式中，ϕ 为孔隙度；ρ_{s}为固体骨架的密度；ρ_{f}为流体密度；k_{s}为固体骨架的体积模量；Q 为液体的压缩性能；ω 为圆频率；$\omega_c = \mu\phi/(k\rho_f)$；$C_0$ 为声波波速。

低频时

$$C_{\mathrm{p}_{1,2}} = \frac{1}{\mathrm{Re}(X_{1,2})} \tag{2.2.3}$$

式中

$$X = \sqrt{Y},\quad Y = \frac{\rho_{\mathrm{s}}(1-\phi) + \rho_{\mathrm{f}}\phi}{M + F\alpha^2/\phi}$$

以上公式中的下标“1”和“2”分别表示快 P 波和慢 P 波。需注意的是，在低频时，纵波速度随频率的变化幅度并不是很大；Biot 模型频散效应只在临界频率附近狭窄的区域较明显，但幅度约为 1%。

2.2.3 BISQ 模型

Biot 机制（图 2.2.1）是流体受固体骨架作用发生与波传播方向同向的运动引起的。Dvorkin 和 Nur 等（1993，1994，1995）在 Biot 机制基础上同时考虑喷射机制（图 2.2.2），以及由弹性波对细小孔隙的喷射压榨导致垂直波传播方向的流体流动引起的波的衰减与色散。由此形成了 BISQ 模型，此模型去掉 Biot 模型中液体饱和的假定。可以得到如下公式：

高频时

$$C_{\mathrm{p}_{1,2}} = \frac{1}{\mathrm{Re}(X_{1,2})} \tag{2.2.4}$$

其中

$$F_{\mathrm{sq}} = F\left(1 - \frac{2J_1(\lambda R)}{\lambda R J_0(\lambda R)}\right),\quad \lambda^2 = \frac{\rho_f\omega}{F}\left(\frac{\phi + \rho_a/\rho_{\mathrm{f}}}{\phi} + \mathrm{i}\frac{\omega_c}{\omega}\right),\quad A = \frac{\phi F_{\mathrm{sq}} M}{(\phi\rho_{\mathrm{f}})^2}$$

$$B = F_{\mathrm{sq}}\left(2\alpha - \phi - (1-\phi)\frac{\rho_{\mathrm{s}}}{\rho_{\mathrm{f}}}\right) - \left(M + F_{\mathrm{sq}}\frac{\alpha^2}{\phi}\right)\left(1 + \frac{\rho_a}{\phi\rho_{\mathrm{f}}} + \mathrm{i}\frac{\omega_c}{\omega}\right)$$

$$C = (1-\phi)\frac{\rho_{\mathrm{s}}}{\rho_{\mathrm{f}}} + \left(1 + (1-\phi)\frac{\rho_{\mathrm{s}}}{\rho_{\mathrm{f}}}\right)\left(\frac{\rho_a}{\phi\rho_{\mathrm{f}}} + \mathrm{i}\frac{\omega_c}{\omega}\right)$$

低频时

$$C_{\mathrm{p}_{1,2}} = \frac{1}{\mathrm{Re}(X_{1,2})} \tag{2.2.5}$$

其中

$$X=\sqrt{Y},\quad Y=\frac{\rho_s(1-\phi)+\rho_f\phi}{M+F_{sq}\alpha^2/\phi};\quad F_{sq}=F\left(1-\frac{2J_1(\xi)}{\xi J_0(\xi)}\right);\quad \xi=\sqrt{\mathrm{i}}\sqrt{\frac{R^2\omega}{\kappa}};\quad \kappa=\frac{kF}{\mu\phi}$$

$J_k(x)$为 k 阶 Bessel 函数。

BISQ 模型频散效应在高于临界频率附近狭窄的区域较明显，幅度约在 10%。如图 2.2.3所示，在频率域衰减峰会出现双峰现象，分别由 Biot 流和喷射流引起。随着黏性增大，两峰相向移动，甚至叠加，这导致波速随频率增长总趋势上升。由于 Biot 理论引起的衰减和速度频散都较小，一般被喷射机制掩盖，对波速随频率增长的总趋势影响不大。

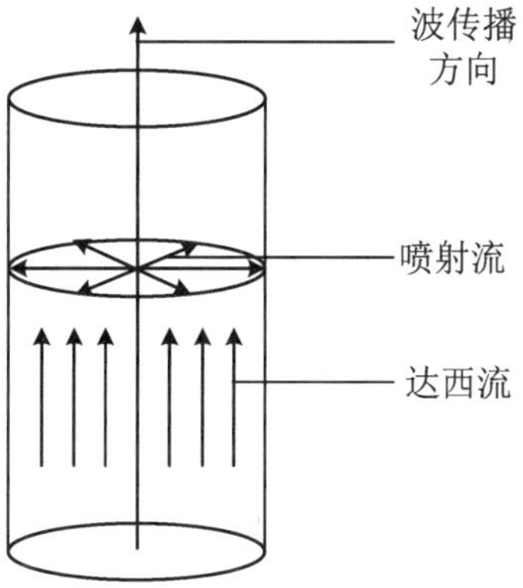

图 2.2.2　BISQ 模型

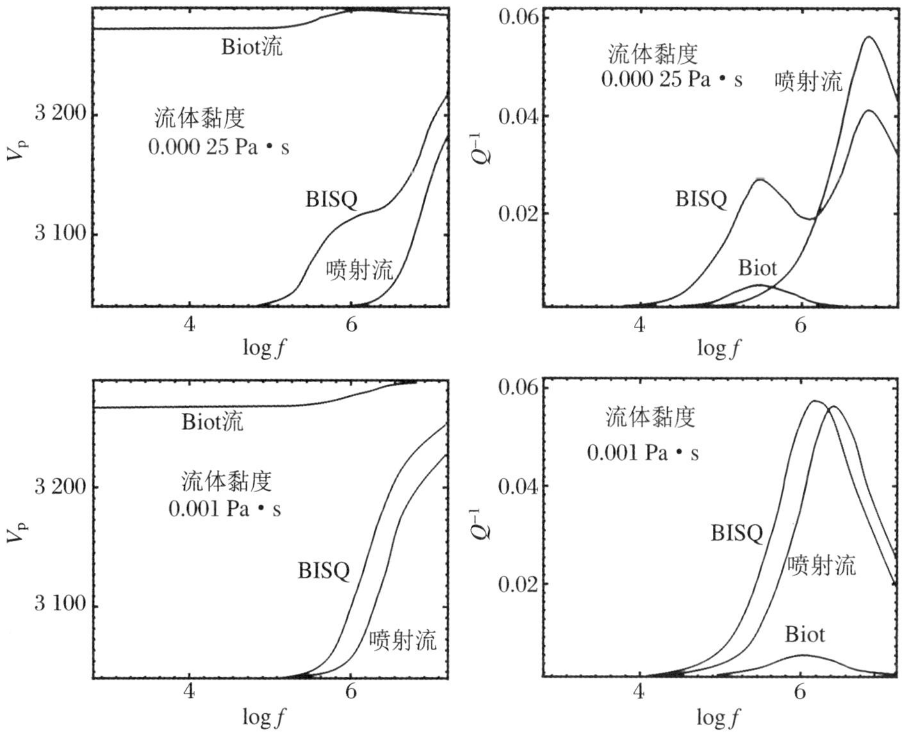

图 2.2.3　Biot 流、喷射流和 BISQ 模型在衰减频率谱上的比较（Dvorkin et al.，1994）

2.2.4 Hudson 的微扰理论

Hudson(1981)用等效介质理论，考虑具有较长波长的波在破碎岩体中的传播问题，得到由于裂隙的存在，波速和弹性常数的表达式：

$$C_p = \sqrt{C_{ipjq}} \tag{2.2.6}$$

其中

$$C_{ipjq} = C_{ipjq}^0 + \varepsilon C_{ipjq}^1 + \varepsilon^2 C_{ipjq}^2 \tag{2.2.7}$$

式中，C_{ipjq}^0 为不含裂纹的基地介质的弹性参数，且 $C_{ipjq}^0 = \lambda\delta_{ip}\delta_{iq} + \mu(\delta_{ij}\delta_{pq} + \delta_{iq}\delta_{ip})$；$C_{ipjq}^1$ 为包含 n 组裂纹(裂纹总密度为 ε，第 i 组裂纹密度为 ε^i)所形成的一阶扰动张量，且 $C_{ipjq}^1 = -\frac{\varepsilon^n}{\mu} l_{km} q_r C_{krip}^0 l_{ul} l_{st} C_{usjq}^0 \overline{U_{mlt}^n}$，$\mu$ 为基质剪切模量；C_{ipjq}^2 为裂隙与裂隙之间相互影响形成的二阶扰动，且 $C_{ipjq}^2 = \frac{1}{\mu} C_{iprs}^1 \chi_{rstu} C_{tujq}^1$。其中

$$\chi_{rstu} = \left(\delta_{ij}\delta_{pq}\left(4 + \left(\frac{V_s}{V_p}\right)^2\right) - (\delta_{ip}\delta_{jq} + \delta_{iq}\delta_{pj})\left(1 - \left(\frac{V_s}{V_p}\right)^2\right)\right)\Big/15$$

Hudson 的微扰理论模型中纵波波速在工程应用的频率范围衰减幅度一般不超过 20%。

2.3 基于时温等效原理的实验研究

2.3.1 实验技术

与岩石黏弹性行为相关的岩石样品的衰减与色散实验研究主要基于三种应力波作用模式，即压缩、扭转、弯曲加载下，测量岩石样品中与频率和温度相关的衰减。具体可参见《岩石物理手册》(马沃可 等，2008)、《岩石物理学基础》(席道瑛 等，2012e)。表 2.3.1 所示为本章研究所用的主要设备概况，黏弹谱仪和多功能内耗仪分别如图 2.3.1 和图 2.3.2 所示。目前主要转为采用 DMA 实验装置进行岩石的热稳定性研究。

表 2.3.1 实验概况

	Ⅰ	Ⅱ	Ⅲ
实验条件	应力-应变关系	共振	三点弯曲
实验设备	黏弹谱仪	多功能内耗仪	黏弹谱仪
加载模式	压缩	扭转	弯曲
频率范围(Hz)	20～80	0.1～10	0.5～5
温度范围(℃)	20～140	-60～20	10～80

续表

	Ⅰ	Ⅱ	Ⅲ
应变幅值	5$\mu\varepsilon$	2$\mu\varepsilon$	1$\mu\varepsilon$
岩石类型	砂岩	砂岩、大理岩、花岗岩	大理岩
样品尺寸(mm)	70×10×5	50×5×2	70×10×5
饱和液体	天长石油	水、天长石油 泵油、泵油＋沥青	泵油

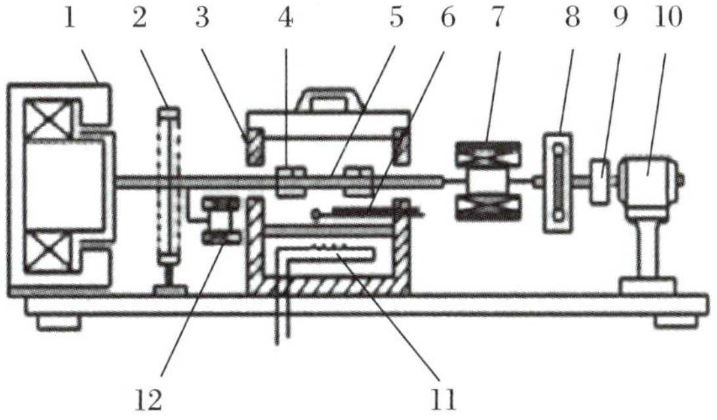

图 2.3.1　DYNASTAT 黏弹谱仪

1. 电磁振动台；2. 定位簧片；3. 温度控制盒；4. 夹头；5. 试样；6. 热电偶；7. 测量应力差动变压器；8. 测量应力簧片；9. 齿轮；10. 直流伺服电机；11. 加热索；12. 测量应变差动变压器

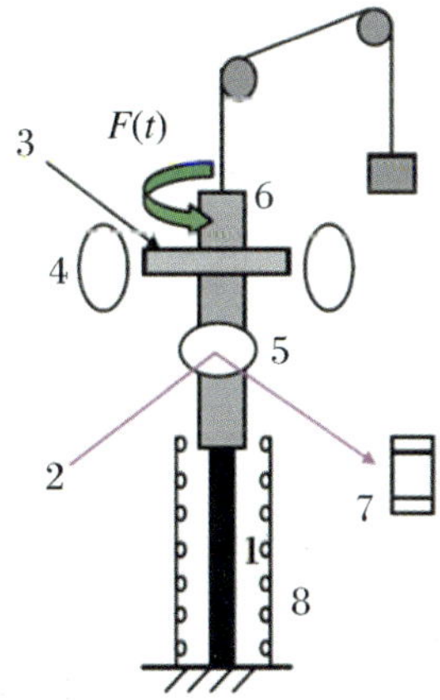

图 2.3.2　MFIFA-1 多功能内耗仪

1. 试样；2. 光源；3. 永久磁铁；4. 驱动线圈；5. 透镜；6. 摆杆；7. 光电池；8. 高温炉

2.3.2　时温等效原理

对不同饱和液体，例如泵油、石油等饱和的砂岩、大理岩和花岗岩进行黏弹性实验，研究其时温等效特性，即在温度域，衰减峰的位置随着频率的升高，向高温方向移动；在频率域，衰减峰的位置随着温度的升高，向高频方向移动；二者具有某种等效特性。这与高分子材料中的时温等效原理有相似之处。图 2.3.3 是由低频共振实验得到的泵油饱和大理岩的衰减频率谱和温度谱。由此可见，在频率域中，当温度由 −24 ℃升到 −7.1 ℃，直到 4.8 ℃时，衰减峰随温度的升高向高频方向由 0.15 Hz 移动到 1.5 Hz，直到 8.4 Hz；在温度域中，频率由 0.5 Hz 提高到 2.6 Hz，直到 8 Hz 时，相应的峰位温度由 −0.8 ℃升高到 15 ℃，直到 21 ℃。这种频率域和温度域上衰减发展的趋势均反映出岩石样品细微观结构对热激活的响应。

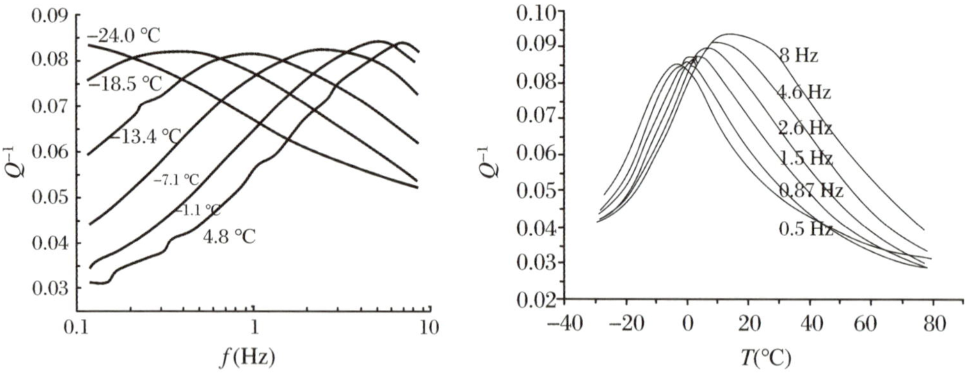

(a) 频率谱 (b) 温度谱

图 2.3.3 用共振杆加载得到的泵油饱和大理岩的衰减频率谱和温度谱

图 2.3.4 所示为采用 Metravib 热机械分析仪（DMA），基于正弦波加载得到的甘油饱和彭山砂岩（孔隙度为 16.1%）的衰减-温度谱曲线。由此可见，当频率为 10 Hz 时，衰减峰峰位在 15 ℃，衰减系数约为 0.35；当频率为 50 Hz 时，衰减峰峰位移到 35 ℃左右，峰值强度仍为 0.35；当频率从 50 Hz 提高到 100 Hz 时，峰位移到 38 ℃左右，衰减系数随频率提高开始降低到 0.33；当频率为 200 Hz 时，衰减峰峰位移到 45 ℃左右；当频率为 300 Hz 时，衰减峰峰位移到 50 ℃左右，衰减系数随频率提高继续降低；当频率最后提高到 400 Hz 时，衰减峰峰位向高温方向移到 54 ℃左右。可见，甘油饱和彭山砂岩不但存在明显的衰减峰，而且随着测量频率的提高，衰减峰的峰位是向高温方向移动的，符合热激活弛豫规律。衰减峰的峰值强度从低频到高频具有降低的趋势，结果表明：随频率提高样本的惯性效应已不能忽略，阻尼衰减也逐渐增大，这是衰减峰的峰值强度随频率提高逐渐降低的原因。

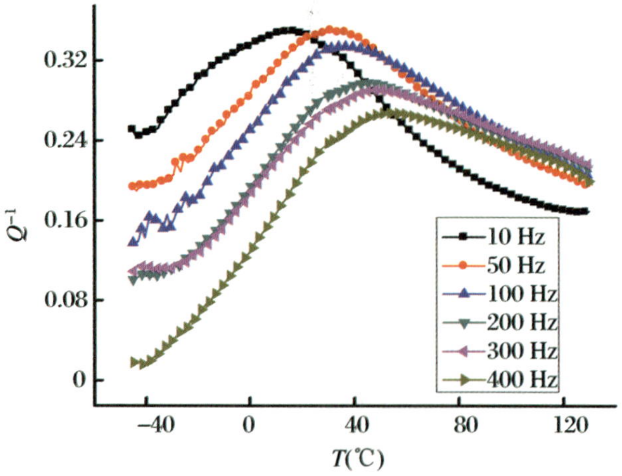

图 2.3.4 用正弦波加载得到的甘油饱和彭山砂岩 GPI-22 的衰减-温度谱曲线

基于图 2.3.3 和图 2.3.4 及席道瑛等(1995,2000)、Xi 等(2007,2011)的讨论,结果表明:在频率域中衰减的峰位随温度的升高向高频方向移动,而在温度域中衰减的峰位随频率的升高向高温的方向移动。它们都反映了同一物理实质,即符合 Arrhenius 方程的热激活弛豫机制过程。由此,应用 Arrhenius 关系,频率可表达为

$$\tau = v_0^{-1} e^{H/(kT)} \tag{2.3.1}$$

式中,τ 为实际振动频率;v_0 为分子的跃迁频率;H 为越过势垒的热激活能(eV);k 为 Boltzmann常数,$k = 1.380\,5\times10^{23}$ J/K;T 为绝对温度(K)。

在温度域中,对于给定频率 $\omega = 2\pi f$,当 $\omega\tau = 1$ 时,应用于衰减峰,则有

$$\ln\omega = -\ln\tau = \ln v_0 - \frac{H}{kT_p} = \ln(2\pi f) \tag{2.3.2}$$

基于局部流思想(O'Connell,Budiansky,1977),衰减峰对应频率满足

$$f_p \approx K\alpha^3/\eta \tag{2.3.3}$$

式中,K 为岩石的体积模量;α 为孔隙的长径比;η 为孔隙流体的黏滞系数。η 可表达为 Arrhenius形式(图 2.3.5),即 $\eta = \eta_0 e^{H/(kT)}$,η_0 为温度趋于无穷大时孔隙流体的黏滞系数。因此,可以得到衰减峰对应频率的表达式为

$$\omega_p = 2\pi f_p = 2\pi\frac{K}{\eta_0}\alpha^3 e^{-\frac{H}{kT}} = \omega_0 e^{-\frac{H}{kT}} \tag{2.3.4a}$$

$$\ln\omega_p = \ln\omega_0 - \frac{H}{kT} \tag{2.3.4b}$$

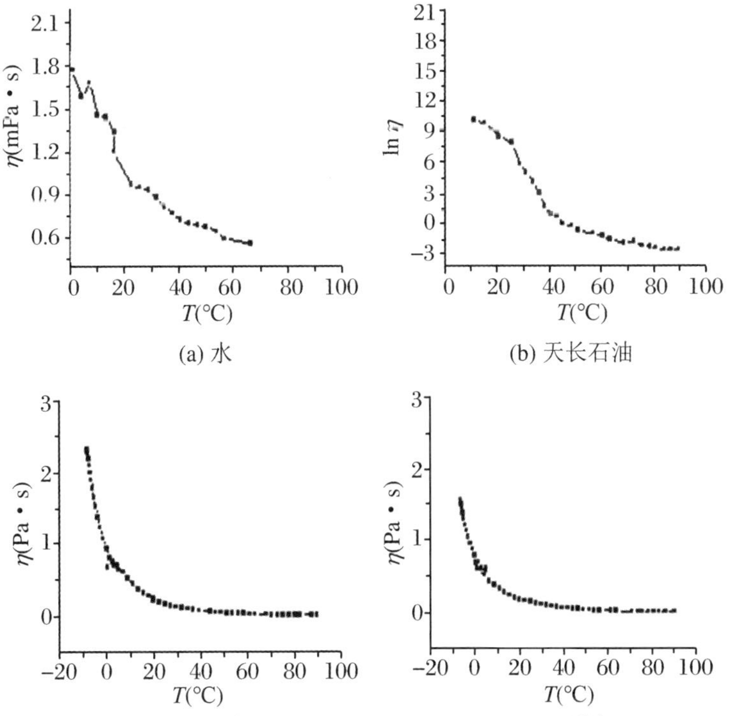

(a) 水　(b) 天长石油

(c) 泵油+沥青　(d) 泵油

图 2.3.5　孔隙流体的黏滞系数随温度的变化

进一步整理,衰减峰对应频率可表达为

$$f_{\mathrm{p}}\eta = \frac{v_0\eta_0}{2\pi}\exp\left(\frac{H_{\mathrm{liquid}}-H}{kT_{\mathrm{p}}}\right)\equiv C\exp\left(\frac{H_{\mathrm{liquid}}-H}{kT_{\mathrm{p}}}\right) \tag{2.3.5}$$

式中，T_{p}是衰减峰对应温度；H_{liquid}为孔隙流体的激活能。

图 2.3.6 所示为几类孔隙岩石的实验结果，其 $\ln f$-1 000/T 关系均表现出较好的线性关系。图中，GPS 为甘油饱和彭山砂岩(孔隙度为 17.07%和 16.08%)，PPS 为泵油饱和彭山砂岩(孔隙度为17.07%和16.08%)，PZA 为泵油饱和自贡长石砂岩(孔隙度为12.84%)，GZA 为甘油饱和自贡长石砂岩(孔隙度为 12.84%)。基于拟合线，可以确定这些样品的激活能 H。孔隙度为17.07%的GPS 和 PPS 的激活能分别为0.48 eV 和0.54 eV，而孔隙度为16.08%时，它们的激活能分别为 0.86 eV 和 0.50 eV。孔隙度为 12.84%的两个 PZA 样品的激活能分别为 0.57 eV 和 0.70 eV，而同样孔隙度的 GZA 样品的激活能为 0.61 eV。这些激活能反映了动载荷作用下样品中孔隙、流体和晶体边界的混合效应，而流体的作用没有明显的规律。这种细微观结构对外载荷的响应是时温等效的物理基础。

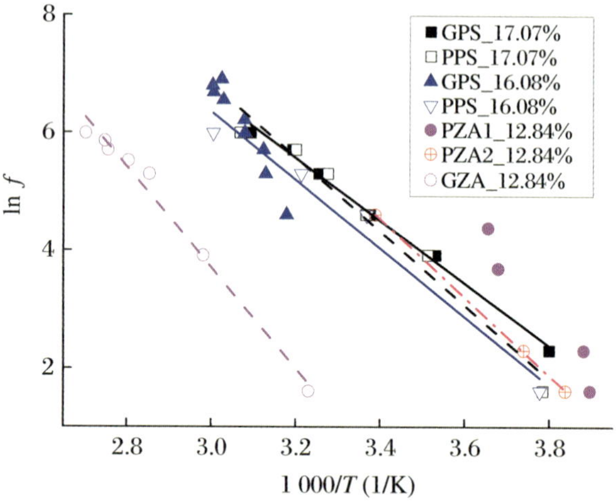

图 2.3.6 热弛豫峰的 $\ln f$-1 000/T 关系

2.4 热弛豫波动模型

2.4.1 流变模型与德拜方程

一般采用图 2.4.1(a)所示的标准线性固体模型(Zener 模型，1948)来描述黏滞成因的耗散理论(席道瑛 等，1998)。但这种模型存在一些理论缺陷，因此，图 2.4.1(b)中列出了第二种三单元模型与之做比较(易良坤，1999；易良坤 等，2003)。

1. Zener 模型

Zener 模型的应力-应变关系满足

$$\sigma + \tau\dot{\sigma} = M_{\mathrm{R}}\varepsilon + \tau M_{\mathrm{U}}\dot{\varepsilon} \tag{2.4.1}$$

式中，τ 为弛豫时间，$\tau = \eta/(E_0 + E_1)$；M_{R}为低频极限时的模量，随频率变化，可以用于评价介质是否有足够时间对动载荷进行响应，一般称为弛豫模量，$M_{\mathrm{R}} = E_0E_1/(E_0 + E_1)$；$M_{\mathrm{U}}$为高频极限时的模量，由于此时频率太高，介质来不及松弛，因此可称为未弛豫模量，$M_{\mathrm{U}} = E_0$。值得注意的是，此式中，$M_{\mathrm{R}} < M_{\mathrm{U}}$，且 $M_{\mathrm{R}} < 0.5\ M_{\mathrm{U}}$。这表明此模型在物理上存在缺陷，即弛豫模量小于未弛豫模量的 50%。

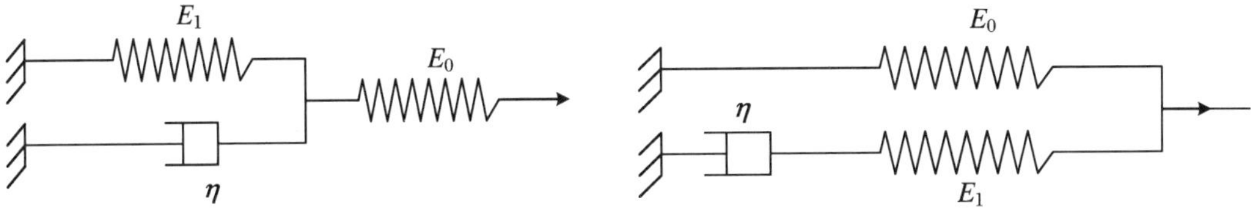

(a) Zener模型　　(b) 第二种三单元模型

图 2.4.1　两种三单元流变模型

2. 第二种三单元模型

第二种三单元模型的应力-应变关系满足

$$\sigma + \tau\dot{\sigma} = M_{\mathrm{R}}\varepsilon + \tau M_{\mathrm{U}}\dot{\varepsilon} \tag{2.4.2}$$

式中，τ 为弛豫时间，$\tau = \eta/E_1$；M_{R}为低频极限时的模量，$M_{\mathrm{R}} = E_0$；M_{U}为高频极限时的模量，$M_{\mathrm{U}} = E_0 + E_1$。此式与式(2.4.1)形式相同，$M_{\mathrm{R}} < M_{\mathrm{U}}$，但不受 $M_{\mathrm{R}} < 0.5M_{\mathrm{U}}$限制。

基于这两种流变模型，引入 Cole-Cole 分布进行分析。令应力和应变均为谐波函数的形式，考虑应变相对于应力有一个相位差 ϕ，即

$$\sigma = \sigma_0 \mathrm{e}^{\mathrm{i}\omega t} \tag{2.4.3a}$$

$$\varepsilon = \varepsilon_0 \mathrm{e}^{\mathrm{i}(\omega t - \phi)} \tag{2.4.3b}$$

将式(2.4.3)代入流变模型中，得到

$$\sigma_0(1 + \mathrm{i}\omega\tau)\mathrm{e}^{\mathrm{i}\omega t} = \varepsilon_0(M_{\mathrm{R}} + \mathrm{i}\omega\tau M_{\mathrm{U}})\mathrm{e}^{\mathrm{i}(\omega t - \phi)} \tag{2.4.4}$$

由此，可以得到复模量：

$$\widetilde{M} = \frac{\sigma}{\varepsilon} = \frac{M_{\mathrm{R}} + \mathrm{i}\omega\tau M_{\mathrm{U}}}{1 + \mathrm{i}\omega\tau} = M_{\mathrm{U}} + (M_{\mathrm{R}} - M_{\mathrm{U}})/(1 + \mathrm{i}\omega\tau) \tag{2.4.5}$$

复模量的实部和虚部分别为

$$M_{\mathrm{Re}} = M_{\mathrm{U}} + (M_{\mathrm{R}} - M_{\mathrm{U}})/(1 + \omega^2\tau^2) \tag{2.4.6a}$$

$$M_{\mathrm{Im}} = (M_{\mathrm{U}} - M_{\mathrm{R}})\omega\tau/(1 + \omega^2\tau^2) \tag{2.4.6b}$$

此方程的形式与电介质介电常数的色散关系(Cole et al.,1941)非常相似。因此，式(2.4.5)和式(2.4.6)称为德拜方程(Debye,1929;Jones,1986)。参照德拜方程的处理方法，不妨令

$$u = \widetilde{M} - M_{\mathrm{U}} \tag{2.4.7a}$$

$$v = \mathrm{i}\omega\tau(\widetilde{M} - M_{\mathrm{U}}) \tag{2.4.7b}$$

式中，u 和 v 是在复平面上正交的两个矢量，且有

$$u + v = M_{\mathrm{R}} - M_{\mathrm{U}} \tag{2.4.8}$$

由此，可以在复数平面内得到德拜理论给出的 u 和 v。但是，实验结果表明：u 和 v 并不是正交的两个矢量，存在某一角度的偏差 $(1-\beta)\pi/2$(Cole et al.,1941)。因此，上述德拜方程可修改为

$$\widetilde{M} = \frac{\sigma}{\varepsilon} = M_U + (M_R - M_U)/[1+(i\omega\tau)^{1-\beta}] \tag{2.4.9}$$

相应的实模量和虚模量分别为

$$M_{Re} = M_U + \frac{1}{2}(M_R - M_U)\left[1 - \frac{\sinh(1-\beta)x}{\cosh(1-\beta)x + \sin(\beta\pi/2)}\right] \tag{2.4.10a}$$

$$M_{Im} = \frac{\frac{1}{2}(M_R - M_U)\cosh(1-\beta)x}{\cosh(1-\beta)x + \sin(\beta\pi/2)} \tag{2.4.10b}$$

式中，$x=\ln(\omega\tau)$。由式(2.4.10)可知，当 $x=0$，即 $\omega\tau=1$ 时，衰减达到峰值。当 $\beta=0$ 时，修改后的模型回归到了德拜模型。

2.4.2 基于热激活机制波动模型

假定孔隙介质符合德拜方程和 Cole-Cole 统计分布，引入热激活弛豫机制，在此过程中介质满足 Arrhenius 关系式(2.3.1)。

1. Zener 模型

将 Arrhenius 关系代入 $\ln f$，可得到

$$\ln(\omega\tau) = \ln\left(\omega\frac{\eta_0}{E_0+E_1}e^{H/(kT)}\right) = C_0 + \ln\omega + \frac{H}{kT} \tag{2.4.11}$$

式中，$C_0 = \ln(\eta_0/(E_0+E_1))$。

考虑部分饱和情况，设 λ 为饱和度，则 $\eta' = \lambda\eta = \lambda\eta_0 e^{H/(kT)}$。式(2.4.11)变为

$$\ln(\omega\tau) = \ln\left(\frac{\lambda\eta_0}{E_0+E_1}\right) + \ln\omega + \frac{H}{kT} = \ln[\lambda\omega\eta_0(M_U - M_R)] - 2\ln M_U + \frac{H}{kT} \tag{2.4.12}$$

将式(2.4.11)代入式(2.4.10)，得到复模量的实部和虚部分别为

$$M_{Re} = M_U + \frac{1}{2}(M_R - M_U)\left[1 - \frac{\sinh(1-\beta)\left(C_0 + \ln\omega + \frac{H}{kT}\right)}{\cosh(1-\beta)\left(C_0 + \ln\omega + \frac{H}{kT}\right) + \sin(\beta\pi/2)}\right] \tag{2.4.13a}$$

$$M_{Im} = \frac{\frac{1}{2}(M_R - M_U)\cosh(\beta\pi/2)}{\cosh(1-\beta)\left(C_0 + \ln\omega + \frac{H}{kT}\right) + \sin(\beta\pi/2)} \tag{2.4.13b}$$

由 Zener 模型的应力-应变关系，可以得到 $E_0 + E_1 = M_U^2/(M_U + M_R)$，则有

$$C_0 = \ln\left(\frac{\eta_0}{E_0+E_1}\right) = \ln\left(\frac{\eta_0(M_U + M_R)}{M_U^2}\right) \tag{2.4.14}$$

2. 第二种三单元模型

将 Arrhenius 关系代入 $\ln f$，可得到

$$\ln(\omega\tau) = \ln\left(\omega\frac{\eta_0}{E_1}e^{H/(kT)}\right) = C_1 + \ln\omega + \frac{H}{kT} \tag{2.4.15}$$

式中，$C_1 = \ln(\eta_0/E_1)$。

部分饱和情况下，有

$$\ln(\omega\tau) = \ln\left(\frac{\lambda\eta_0}{E_1}\right) + \ln\omega + \frac{H}{kT} = \ln[\lambda\omega\eta_0(M_U - M_R)] - 2\ln M_U + \frac{H}{kT} \tag{2.4.16}$$

由此，可以得到与式(2.4.13)形式一样的复模量的实部和虚部表达式。由于此模型中 $E_1 = M_U - M_R$，因此 $C_1 = \ln[\eta_0/(M_U - M_R)]$，替换式(2.4.13)中的 C_0。

关于模型中实验参数的确定：① 由频率域或温度域的模量可以确定 M_U 和 M_R；② 先确定频率域或温度域的虚模量的峰值和 $M_U - M_R$ 的比值，然后求解方程可以得到 β；③ 需要反演的参数——液体的黏滞系数和激活能，也可由别的实验确定。

图 2.4.2 所示为对上述模型进行的对比分析。图中每一类有 4 根线，分别代表德拜模型及其修正模型、Zener 修正模型和第二种三单元修正模型。作为对比，图中仅标出了后两种。由此可见，这两种三单元模型存在一定的差别：在频率域中，第二种模型相对于 Zener 模型靠近低频端，模量的虚部峰值较小者为德拜修正结果；在温度域中，第二种模型相对于 Zener 模型靠近高温端，同样虚部峰值较小者为德拜修正结果。由于 Zener 模型在实际应用中被广为接受，后续的分析将以 Zener 模型为主。

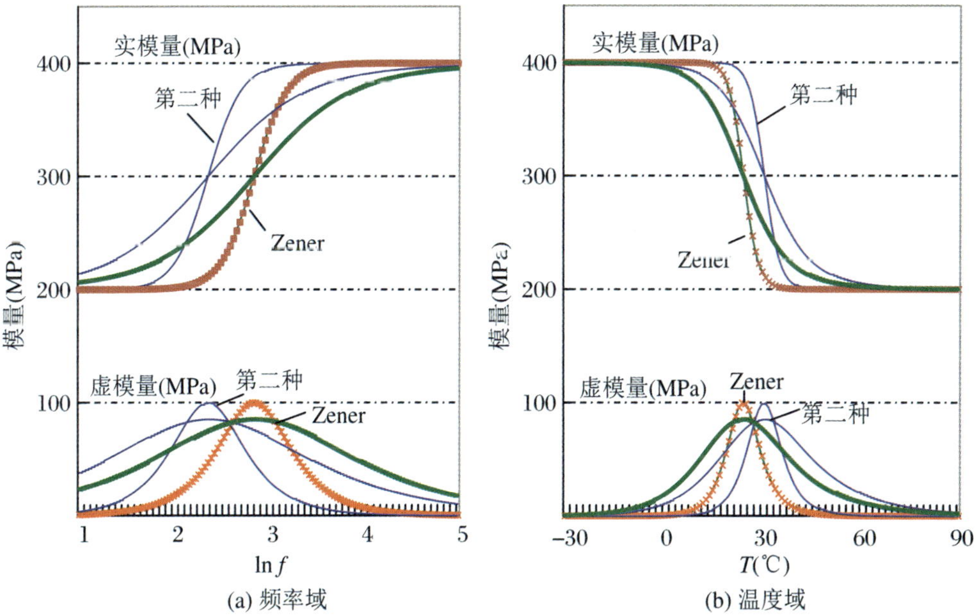

图 2.4.2　热激活弛豫模型

2.4.3　热弛豫波动模型

1. 模型

基于 Zener 模型得到复模量表达式(2.4.13)，此相应的初步计算结果如图 2.4.3 和图 2.4.4 所示。图 2.4.3 所示为频率域中的计算结果，由此可见：随着温度的升高，复模量曲线往频率增加的方向移动，相同频率下实模量随温度升高逐渐减小；虚模量的峰值随温度的升高往频率增加的方向移动，虚模量的峰值可以用来表征黏性材料的衰减特性。图 2.4.4 所示为温度域中的计算结果，随着频率的增加，复模量有相似的发展规律。这些初步计算结果与实验结果在波的衰减上存在相似的温度和频率等效特性（易良坤，1999）。

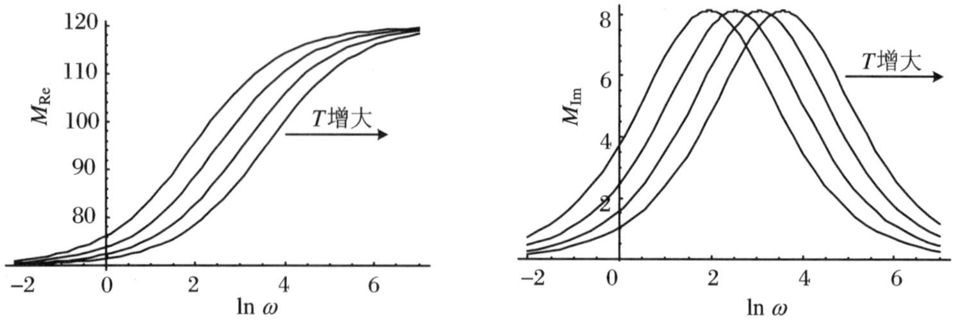

(a) 实模量　　(b) 虚模量

图 2.4.3　不同温度下复模量随圆频率的对数变化

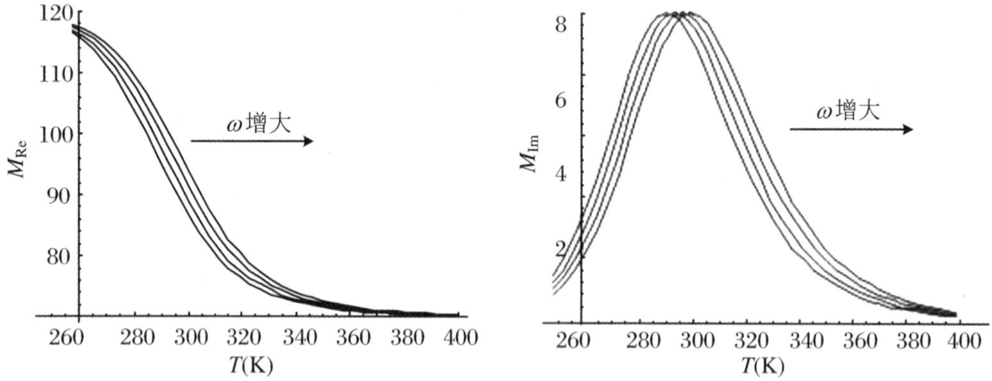

(a) 实模量　　(b) 虚模量

图 2.4.4　不同频率下复模量随温度的变化

2. 模型参数的反演

用改进的模拟退火算法程序对模型中的参数进行进一步反演分析。对于泵油饱和的长石砂岩（孔隙度为 7%）以温度谱实模量数据为例进行反演分析，实验和模拟结果的对比见图 2.4.5。其反演参数如下：$\beta = 0.695$，$T_0 = 243.8$ K，$H = 1.304$ eV，$M_U = 152.93$ MPa，$M_R = 78.99$ MPa。由此可见：实模量反演结果与实验结果非常吻合（图 2.4.5(a)）。但是对于虚模量，反演结果与实验结果有一定程度的差异（图 2.4.5(b)）。峰值前部分和峰值后部分模拟结果的差异可能源于实验条件以及饱和介质的物理和化学行为的复杂性。同时，参数反演中虚模量信息的未参与也是所得参数对虚模量本身的符合程度不够理想的原因，这也说明式(2.4.13)所表述的本构模型还存在一定缺陷。

为了在式(2.4.13)的基础上得到较好的结果，对实验数据进行实模量和虚模量的联合反演，图 2.4.6 所示为联合反演得到的泵油饱和长石砂岩（孔隙度为 5.7%）在衰减频率谱（图 2.4.6(a)）和衰减温度谱（图 2.4.6(b)）上的对比结果。其反演参数如下：$\beta = 0.69$，$\ln\tau =$

77.78，$H = 1.614$ eV，$M_U = 191.07$ MPa，$M_R = 154.48$ MPa。拟合结果与实验结果的吻合程度有很大程度的提高，尤其是在衰减峰附近吻合很好。由于岩石材料组成的复杂性和非均匀性，在温度谱上虚模量在衰减峰的两翼底端部分与实验曲线仍然存在一定程度的差异，这种差异可能源于式(2.4.13)的模型机制对客观现象描述不足。

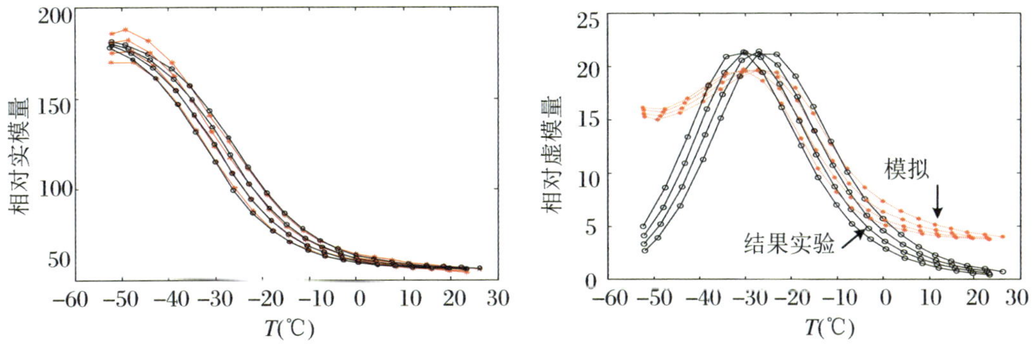

(a) 实模量　　(b) 虚模量

图 2.4.5　泵油饱和长石砂岩(孔隙度为 7%)的温度谱反演分析

关于上述模型的进一步改进，可以通过两种方式进行：① 采用多重 Cole-Cole 分布(Dias，2000)代替目前的单一 Cole-Cole 分布，这样能够处理更复杂的分布情况；② 在模型中引入弛豫尺度，刘小燕(2005)的模拟给出了非常满意的初步结果。

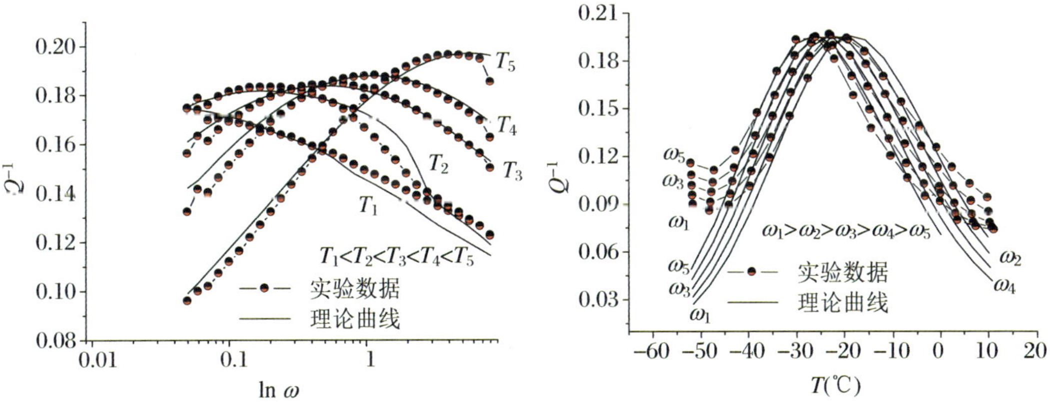

(a) 实模量　　(b) 虚模量

图 2.4.6　泵油饱和长石砂岩(孔隙度为 5.7%)的频率谱和温度谱反演分析

2.5　热弛豫波动实验现象的进一步讨论

图 2.5.1 所示为部分水饱和 Berea 砂岩的 P 波和 S 波波速-温度谱实验结果(Jones，Nur，1983)。由此可见：当温度从 20 ℃升高到 100 ℃时，P 波和 S 波波速随温度升高而减小；而当温度高于 100 ℃时，P 波和 S 波波速均随温度升高而升高；此后的降温曲线与此前的

升温曲线具有完全不同的发展过程。图 2.5.2 所示为三种甘油饱和度(100%、60%、干燥)下 Boise 砂岩的 S 波波速-温度谱实验结果 (Nur et al.,1984)。不同饱和度 Boise 砂岩的 S 波波速曲线存在很大的差异:在低温区域,干燥样品的 S 波波速远低于 60%甘油饱和与完全甘油饱和的样品;完全饱和样品的 S 波速度曲线比干燥样品的复杂得多,出现了多峰的情况。

图 2.5.3 所示为部分甘油饱和 Boise 砂岩的衰减温度谱实验结果(Nur et al.,1984)。图中 60%甘油饱和砂岩的衰减-温度谱具有双峰结构:低温段为热弛豫衰减峰,高温段为 Biot衰减峰。实际上,在 Nur 关于波衰减的工作中,所有的衰减谱均显示两个或多个峰。图 2.5.4 所示为饱和 Beford 灰岩的 P 波和 S 波衰减黏度谱实验结果(Nur,1971)。随黏滞系数增大(温度降低),在超声频段似乎也存在两个衰减峰,这也说明超声频段很难观察到双峰现象。这些实验结果表明:在温度谱上,岩石的衰减表现出较复杂的物理力学机制,需要引入合理的机制进行深入分析。下面将热弛豫机制模型引入波的传播过程中,以研究衰减-温度谱上的多峰问题,揭示相应的内在物理机制。

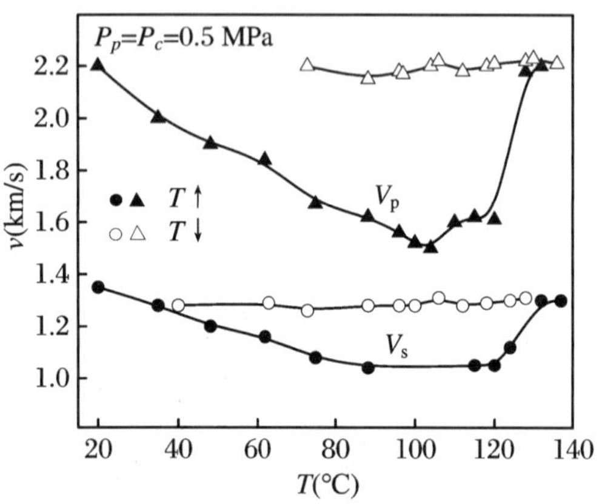

图 2.5.1 部分水饱和 Berea 砂岩波速-温度谱

图中 P_c 为侧限压力

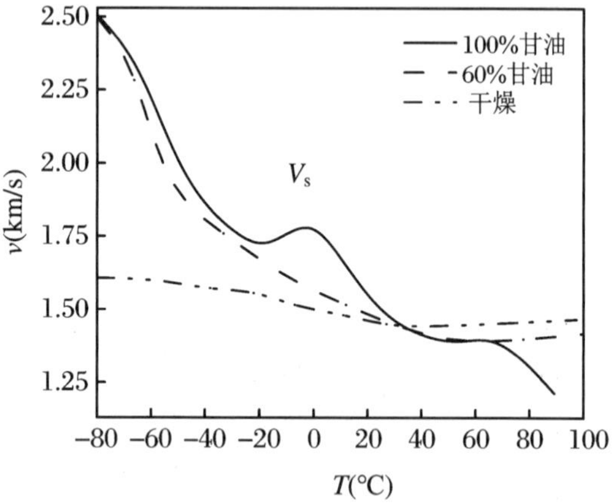

图 2.5.2 不同饱和度 Boise 砂岩 S 波温度谱

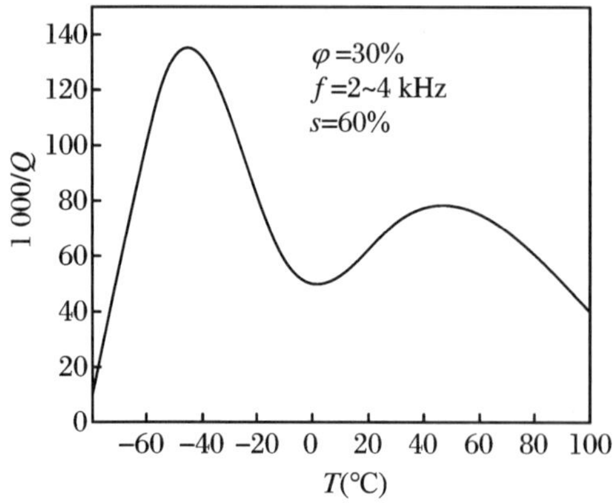

图 2.5.3 部分甘油饱和 Boise 砂岩衰减温度谱

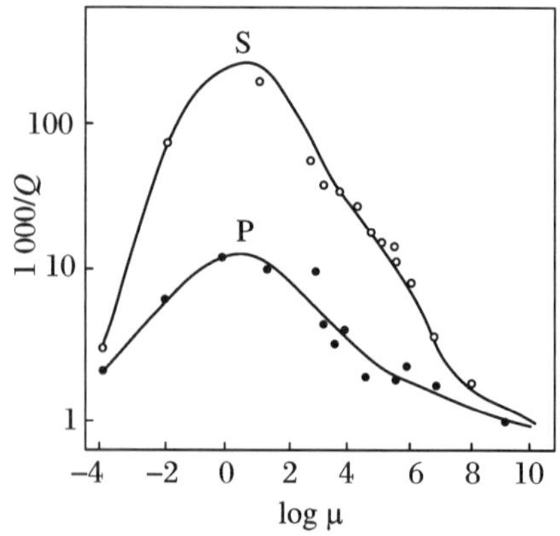

图 2.5.4 饱和 Beford 灰岩的衰减黏度谱

2.6 基于热弛豫机制的 P 波波动分析

2.6.1 P 波波速和衰减理论分析

考虑一维简化条件下的 P 波传播分析。岩石中固体相的模量一般取为常数，基于 Biot 的工作，将 2.4 节的复模量代入 Biot 方程，用来描述 P 波的传播，由此得到波动方程组为

$$\widetilde{M}u_{xx} - \alpha P_x = (1-\phi)\rho_s u_{tt} + \phi\rho_f w_{tt} \tag{2.6.1a}$$

$$-\phi P_x = \phi\rho_f w_{tt} - \rho_a(u_{tt} - w_{tt}) - bF(\kappa)(u_t - w_t) \tag{2.6.1b}$$

$$P_t = -F\left(w_{xt} + \frac{\gamma}{\phi}u_{xt}\right) \tag{2.6.1c}$$

式中，变量为时间 t 和位置 x 的唯一函数；u 和 w 分别为岩石中固体相和流体相的位移；ρ_s，ρ_f 和 ρ_a 分别为岩石中固体相密度、流体相密度和流体与固体的耦合密度；ϕ 为孔隙度；P 为流体的平均压力；$\widetilde{M}$ 为岩石的轴向复模量；α 为孔隙的弹性系数，且 $\alpha = 1 - K/K_s$，其中，K 和 K_s 分别为岩石的有效体积模量和岩石中固体相的体积模量；b 为阻尼系数，且 $b = \eta\phi^2/k$，η 和 k 分别为液体的黏性和渗透系数；$\gamma = \alpha - \phi$；$F(\kappa)$ 为 Biot 方程的高频修正函数，且

$$F(\kappa) = \frac{1}{4}\frac{\kappa T(\kappa)}{1 - \frac{2}{\mathrm{i}\kappa}T(\kappa)}, \quad T(\kappa) = \frac{\mathrm{ber}'(\kappa) + \mathrm{i}\,\mathrm{bei}'(\kappa)}{\mathrm{ber}(\kappa) + \mathrm{i}\,\mathrm{bei}(\kappa)}, \quad \kappa^2 = 8\xi\frac{\omega}{\omega_c}, \quad 1 < \xi < \frac{3}{2} \tag{2.6.2}$$

这里，$\omega_c = \mu\phi/(k\rho_f)$；ber 和 bei 分别是 1 阶和 0 阶 Kelvin 函数。

若式(2.6.1)的解具有谐波解的形式，即

$$u = u_0\exp[-\mathrm{i}(lx - \omega t)], \quad w = w_0\exp[-\mathrm{i}(lx - \omega t)], \quad p = p_0\exp[-\mathrm{i}(lx - \omega t)] \tag{2.6.3}$$

将谐波解代入式(2.6.1)，则有

$$-l^2\widetilde{M}u + \mathrm{i}\alpha lp = -\rho_1\omega^2 u - \rho_2\omega^2 w \tag{2.6.4a}$$

$$\mathrm{i}\phi lp = -\rho_2\omega^2 w + \rho_a(u - w)\omega^2 - \mathrm{i}b\omega F(\kappa)(u - w) \tag{2.6.4b}$$

$$\mathrm{i}\omega p = -F\left(w + \frac{\gamma}{\phi}u\right)l\omega \tag{2.6.4c}$$

式中，$\rho_1 = (1-\phi)\rho_s$，$\rho_2 = \phi\rho_f$。将式(2.6.4)写为矩阵形式，则有

$$\begin{bmatrix} \rho_1\omega^2 - l^2\widetilde{M} & \rho_2\omega^2 & \mathrm{i}\alpha l \\ \mathrm{i}bF\omega - \rho_a\omega^2 & \rho_2\omega^2 + \rho_a\omega^2 - \mathrm{i}bF\omega & \mathrm{i}\phi l \\ F\frac{\gamma}{\phi}l & Fl & \mathrm{i} \end{bmatrix}\begin{bmatrix} u \\ w \\ p \end{bmatrix} = \begin{bmatrix} 0 \\ 0 \\ 0 \end{bmatrix} \tag{2.6.5}$$

若上述方程组存在非平凡解，则系数行列式等于 0，即有

$$\mathrm{i}\begin{vmatrix}\rho_1\omega^2-l^2\widetilde{M} & \rho_2\omega^2\\ \mathrm{i}bF\omega-\rho_a\omega^2 & \rho_2\omega^2+\rho_a\omega^2-\mathrm{i}bF\omega\end{vmatrix}-Fl\begin{vmatrix}\rho_1\omega^2-l^2\widetilde{M} & \mathrm{i}\alpha l\\ \mathrm{i}bF\omega-\rho_a\omega^2 & \mathrm{i}\phi l\end{vmatrix}$$
$$+F\frac{\gamma}{\phi}l\begin{vmatrix}\rho_2\omega^2 & \mathrm{i}\alpha l\\ \rho_2\omega^2+\rho_a\omega^2-\mathrm{i}bF\omega & \mathrm{i}\phi l\end{vmatrix}=0 \tag{2.6.6}$$

在一维条件下，若波的传播方向沿 x 轴正向，则 $l=1$，式(2.6.6)可以展开为

$$(\rho_1\omega^2-\widetilde{M})(\rho_2\omega^2+\rho_a\omega^2-\mathrm{i}bF\omega)-\rho_2\omega^2(\mathrm{i}bF\omega-\rho_a\omega^2)$$
$$-F[(\rho_1\omega^2-\widetilde{M})-\alpha(\mathrm{i}bF\omega-\rho_a\omega^2)]+F\frac{\gamma}{\phi}[\phi\rho_2\omega^2-\alpha(\rho_2\omega^2+\rho_a\omega^2-\mathrm{i}bF\omega)]=0 \tag{2.6.7}$$

式(2.6.7)为关于 ω 的代数方程，其系数分别为

$\omega^4:\rho_1(\rho_2+\rho_a)+\rho_2\rho_a$

$\omega^3:-\mathrm{i}bF(\rho_1+\rho_2)$

$\omega^2:-M(\rho_2+\rho_a)-F(\rho_1\phi+\alpha\rho_a)+F\gamma[\rho_2\phi-\alpha(\rho_2+\rho_a)]/\phi$

$\omega^1:\mathrm{i}bFM+\mathrm{i}bF^2\alpha+\mathrm{i}F^2\gamma\alpha b/\phi$

$\omega^0:FM\phi$

式(2.6.7)两边同除以 ω^4，并令 $Z=\omega^{-2}$，则有

$$FM\phi Z^2+\left\{F[2\rho_2\alpha-\phi(\rho_1+\rho_2)]-\left(M+\frac{F\alpha^2}{\phi}\right)(\rho_2+\rho_a)\right\}Z+\rho_1(\rho_2+\rho_a)+\rho_2\rho_a$$
$$-\frac{\mathrm{i}bF(\rho_1+\rho_2)}{\omega}+\frac{\mathrm{i}bFM+\mathrm{i}bF^2\alpha+\mathrm{i}F^2\frac{\gamma}{\phi}\alpha b}{\omega}Z=0 \tag{2.6.8}$$

将 $\gamma=\alpha-\phi$，$b=\eta\frac{\phi^2}{\kappa}=\frac{\eta\phi}{k\rho_f}\phi\rho_f=\rho_2\omega_c$ 代入式(2.6.8)，化简整理得到

$$FM\phi Z^2+\left\{F[2\rho_2\alpha-\phi(\rho_1+\rho_2)]-\left(M+\frac{F\alpha^2}{\phi}\right)\left(\rho_2+\rho_a-\rho_2\frac{\mathrm{i}F\omega_c}{\omega}\right)\right\}Z$$
$$+\rho_1\rho_2+(\rho_1+\rho_2)\left(\rho_a-\rho_2\frac{\mathrm{i}F\omega_c}{\omega}\right)=0 \tag{2.6.9}$$

式(2.6.9)即

$$AZ^2+BZ+C=0 \tag{2.6.10}$$

其中

$$A=FM\phi \tag{2.6.11a}$$

$$B=F[2\rho_2\alpha-\phi(\rho_1+\rho_2)]-\left(M+\frac{F\alpha^2}{\phi}\right)\left(\rho_2+\rho_a-\mathrm{i}\rho_2\frac{F\omega_c}{\omega}\right) \tag{2.6.11b}$$

$$C=(\rho_1+\rho_2)\left(\rho_a-\mathrm{i}\rho_2\frac{F\omega_c}{\omega}\right) \tag{2.6.11c}$$

式(2.6.10)的两个解可表示为

$$Z_{1,2}(\omega,T)=-\frac{B}{2A}\pm\sqrt{\left(\frac{B}{2A}\right)^2-\frac{C}{A}} \tag{2.6.12}$$

根据波的衰减特性，由此可得 P 波波速和衰减的表达式分别为

$$V_{p1,2}=1/\mathrm{Re}[\sqrt{Z_{1,2}}] \tag{2.6.13a}$$

$$Q_{1,2}^{-1}=-2\mathrm{Im}[\sqrt{Z_{1,2}}]/\mathrm{Re}[\sqrt{Z_{1,2}}] \tag{2.6.13b}$$

式(2.6.13a)中，P 波波速 V_P 有两个解，分别对应快 P 波(即一般的 P 波)和慢 P 波的速度。慢 P 波在 Plona 等(1980a，1980b，1982)的实验中已经观测到了，其产生主要源于孔隙流体与岩石骨架边界之间的相互作用。在式(2.6.13b)中，$Q^{-1} = M_{Im}/M_{Re}$，称为第一品质因子，用来测量相应波的衰减。P 波波速和衰减均为频率和温度的函数。

2.6.2　Biot 模型、BISQ 模型和热弛豫模型比较

图 2.6.1 给出了 Biot 模型、BISQ 模型和热弛豫模型(TR)计算得到的 P 波波速和衰减的对比。岩石的孔隙度为 20%，取三种黏滞系数作为对比，即：(a) $\eta = 0.25$ cps①；(b) $\eta = 1$ cps；(c) $\eta = 10$ cps。从图中可以看出，热弛豫模型所显示的波速和衰减峰的规律与 BISQ 模型在很大程度上是一致的：随着频率升高，波速增大；随着饱和液体黏性的增大，热弛豫模型给出的波速和 BISQ 模型给出的波速都呈现增长趋势。从衰减图上可以看出，热弛豫模型与 BISQ 模型一样，也具有两个衰减峰：BISQ 模型的两个峰为 Biot 峰和喷射峰，热弛豫模型的两个峰则为 Biot 峰和热弛豫峰(即 TR 峰)。如图 2.6.1(c)所示，当热弛豫模型中两峰未叠加时，V_P 随频率升高而上升，波速曲线会出现 4 段不同上升梯度。当液体黏性发生变化时，两峰位置会发生移动：热弛豫模型中的 Biot 峰、BISQ 模型中的 Biot 峰以及 Biot 模型的衰减峰移动方向是一致的，都随黏性增大向高频方向移动；而热弛豫模型中的热弛豫峰与 BISQ 模型中的喷射峰都随黏性增大向低频方向移动，图 2.6.1(b)和图 2.6.1(a)分别对应热弛豫峰与 Biot 峰相遇和相互叠合的情况。

图2.6.1还表明热弛豫模型与 Biot 模型和 BISQ 模型相比有很大程度的不同，即：① 热弛豫模型的速度频散更明显，比 Biot 模型和 BISQ 模型要大得多，约为 BISQ 模型的 3 倍；② 热弛豫模型中 P 波发生强频散的频率范围比 BISQ 模型要大，而且热弛豫模型几乎在全频段存在频散，比较而言，BISQ 模型只在 10^4～10^8 Hz 范围有频散，Biot 模型的频散范围更小；③ 热弛豫模型的衰减比 BISQ 模型稍大，但在相同量级，二者的衰减均明显大于 Biot 模型，同时热弛豫模型的衰减峰对应频率比 BISQ 模型低大概一个量级。由此可见：热弛豫模型弥补了 Biot 模型衰减和频散小、频散范围太窄的不足；修正后的热弛豫模型在低黏性流体情况下，衰减只比 BISQ 模型稍大，而在黏性较大流体情况下，二者的衰减系数差不多，这表明热弛豫模型克服了衰减量过大的缺点。

根据席道瑛等(1995，2000a，2000b，2004，2011，2012a，2012b，2012c，2012d)、Xi 等(2007，2011)大量岩石标本测试结果，岩石在很低频率(＜10 Hz)都存在较小的频散效应。根据马沃可等(2008)弹性波散射理论，当岩石的缺陷在毫米到厘米量级，对应共振散射发生在 10^3～10^4 Hz 到 10^4～10^5 Hz 频率范围时，频散效应就开始敏感。这一频段与热弛豫模型比较吻合。这也表明：修正后的热弛豫模型与实测结果较一致。同时，P 波波速和衰减的变化与现有实验结果以及地壳介质中的情况非常接近，更符合实际情况。

2.6.3　P 波频率谱和温度谱

图 2.6.2 给出不同温度下 P 波波速和衰减随频率的变化特性。分析了 3 种孔隙度，即

① 1 cps = 1 mPa · s。

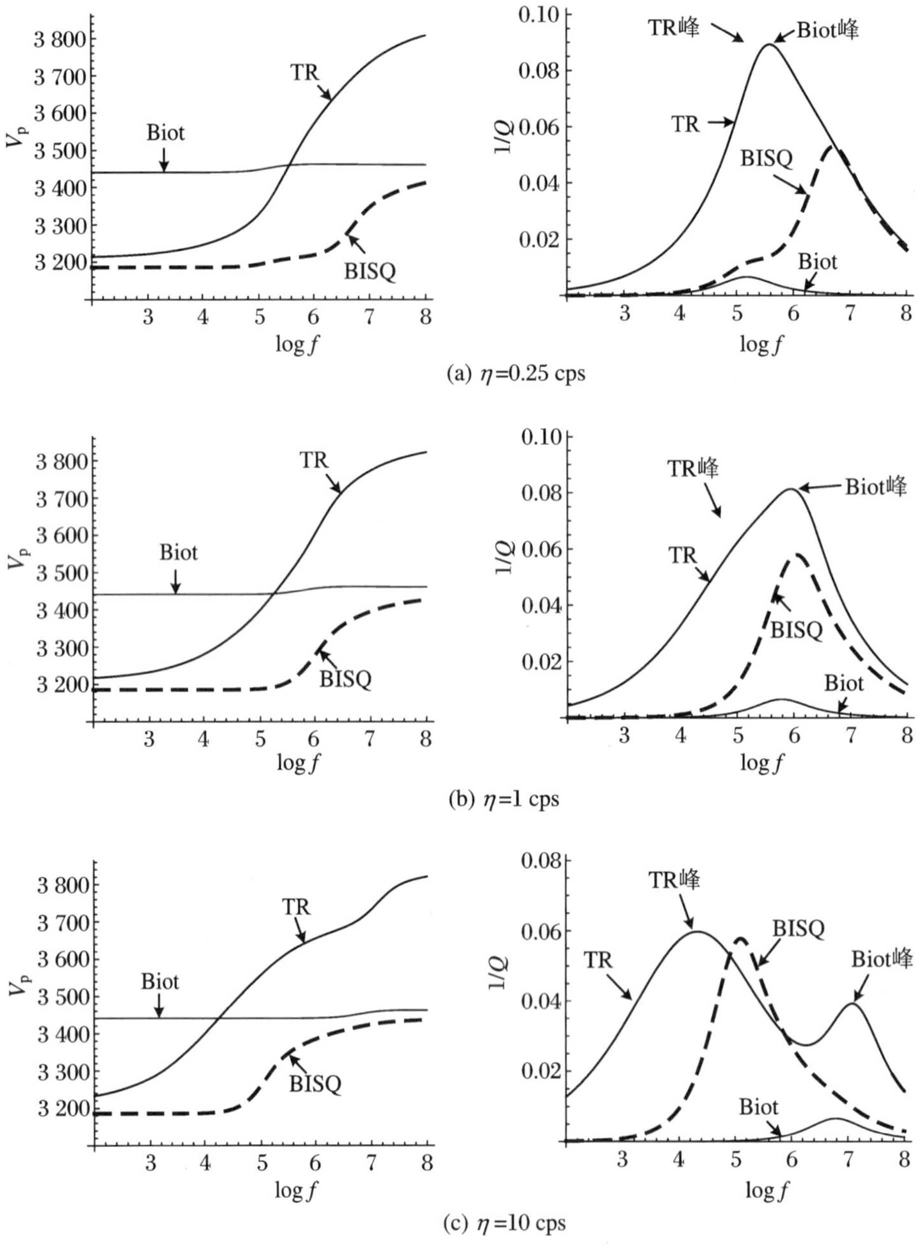

图 2.6.1　3 种模型计算得到的 P 波波速与衰减的对比(孔隙度为 20%)

10%、15%和 20%,对应分析了 5 种温度作为对比,即:(a) $T=215$ K;(b) $T=240$ K;(c) $T=273.15$ K;(d) $T=310$ K;(e) $T=373.15$ K。从图 2.6.2(a)中可见:在频率谱上,以孔隙度 20%为例,波速总体随频率升高而升高。此过程存在 4 个明显的阶段,即第一阶段,当频率低于 1 kHz 时,波速随频率增加缓慢增加;第二阶段,频率为 $10^3 \sim 10^6$ Hz,波速随频率增加快速增加;第三阶段,频率为 $10^6 \sim 10^7$ Hz,波速随频率增加的速度减慢;第四阶段,当频率高于 10^7 Hz 时,波速增加的速度再次加快。

此过程中,在频率谱上出现两个衰减峰(图 2.6.2(a)):低频区域对应的峰为热弛豫衰减峰(TR 峰),高频区域对应的为 Biot 峰。随着温度的升高,两峰的位置发生相向移动,热弛豫峰朝着高频方向移动，而 Biot 峰则朝着低频方向移动(图 2.6.2(a)、图 2.6.2(b)和图 2.6.2(c))。低频段的波速随频率升高而升高是与热弛豫衰减峰的出现相对应的，是由热激活弛豫机制导致的弛豫过程促使孔隙液体的局部流动引起的。频率为 $10^6 \sim 10^7$ Hz 时，由于热弛豫峰与 Biot 衰减峰的峰谷影响使波速上升速率减慢；当频率高于 10^7 Hz 时，由于 Biot 峰的出现，Biot 机制促进孔隙流体全局达西渗流发展，导致波速随频率上升速度又加快。

热弛豫峰和 Biot 峰的相对运动决定了岩石的波速和衰减特性。当温度升到 273.15 K 时(图 2.6.2(c))，两峰已靠得很近，两峰之间的峰谷影响甚微。当频率低于 10^7 Hz 时，只存在波速随频率增高而上升的情况；而当频率高于 10^7 Hz 时，由于两峰峰谷的关系，波速上升速度明显下降。对比图 2.6.2(a)～(e)可知，随着温度的升高，相同频率下 P 波波速稍有下降趋势。当温度升高到 310 K 时(图 2.6.2(d))，两峰基本重合，此时只能看到一个叠合后幅值较高的衰减峰。当温度升高到 373.15 K 时(图 2.6.2(e))，热弛豫峰已经移到叠加后的衰减峰的右侧，Biot 峰则移到了叠加峰的左侧。随着温度继续升高，两峰还会继续移动，不过移动速度会比在低温时慢得多，这也导致后续的两峰叠加后很难分开。此时，由于两衰减峰已移到叠加峰附近，因此，波速随频率的升高基本呈上升趋势，而频散效应显著增强。叠加峰随温度的升高一般呈对称性增强趋势。

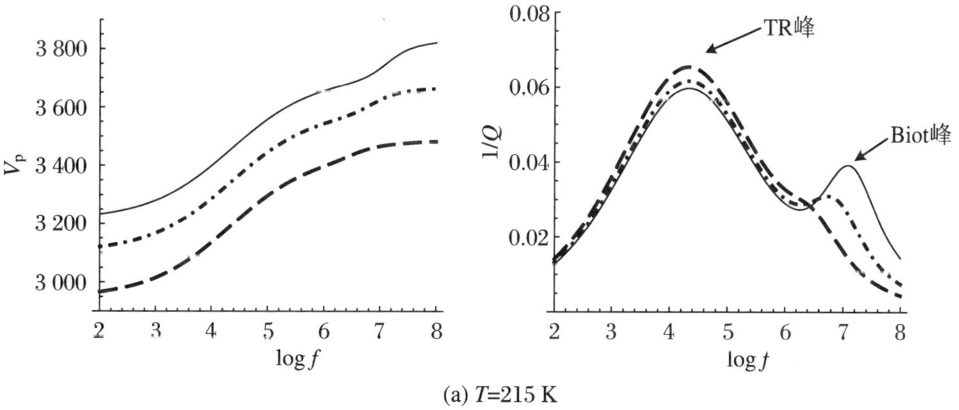

(a) T=215 K

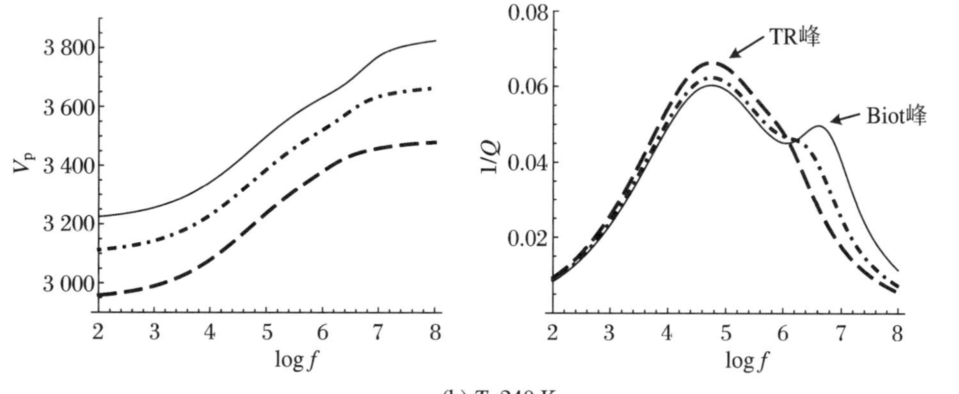

(b) T=240 K

图 2.6.2　P 波波速和衰减随频率的变化

— — — 10%孔隙度；-·-·- 15%孔隙度；—— 20%孔隙度

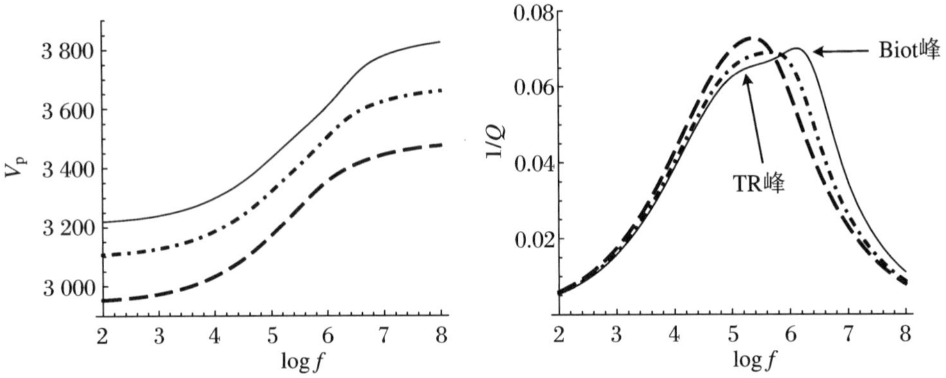

(c) T=273.15 K

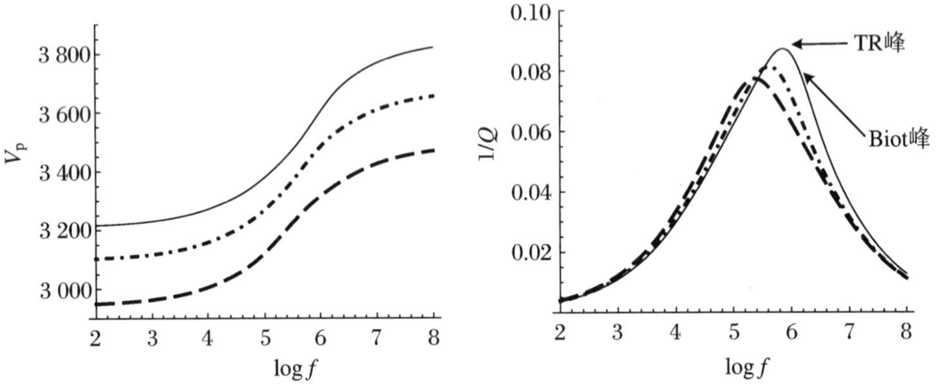

(d) T=310 K

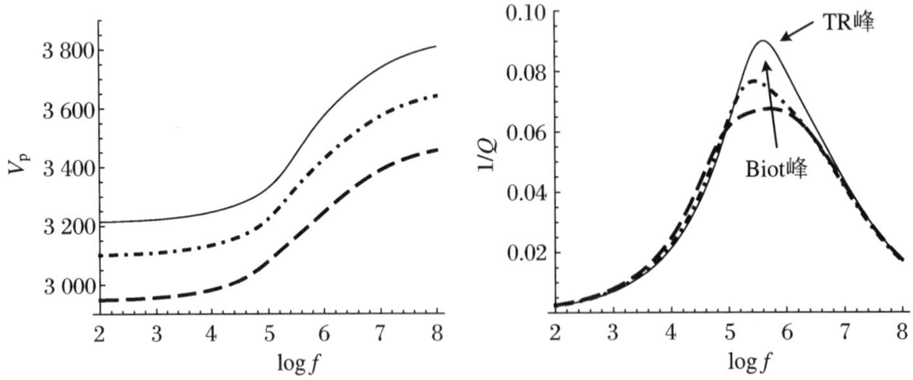

(e) T=373.15 K

图 2.6.2 P 波波速和衰减随频率的变化(续)

— — — 10%孔隙度;-·-·-·- 15%孔隙度;—— 20%孔隙度

图 2.6.2 的计算结果还表明：在低温范围，即温度低于273.15 K时（图 2.6.2(a)和图 2.6.2(b)），随着孔隙度由 20%减小到 15%、10%，热弛豫衰减峰值逐渐增大，Biot 峰值逐渐减小；随着温度的升高，热弛豫峰向高频方向移动，而 Biot 峰向低频方向移动，两峰峰位靠近，峰位移动的频率范围随温度升高而减小（图 2.6.2(a)～(c)），两种机制的耦合效应增强，这导致叠合部位衰减系数增大，带来的频散效应也增强；当温度高于 310 K 时，由于两峰的叠加，在叠加峰附近总的衰减系数虽增大，但随孔隙度减小，衰减强度也减小。

图 2.6.3 给出了不同频率下 P 波波速和衰减随温度的变化情况。分析了三种孔隙度，即 10%、15%和 20%，对应分析了 5 种频率作为对比，即：(a) $f=29$ kHz；(b) $f=0.1$ MHz；(c) $f=0.2$ MHz；(d) $f=0.5$ MHz；(e) $f=1$ MHz。从图 2.6.3(a)中可见：温度谱的衰减与频率谱一样，同样存在两个衰减峰，即处于低温区域（−60 ℃）的热弛豫峰和处于高温端（400 ℃）的 Biot 峰。随着频率的升高（图 2.6.3(a)和(b)），两峰的位置发生相向移动：热弛豫峰朝高温方向移动，而 Biot 峰朝低温方向移动。当频率为 0.2 MHz 时（图 2.6.3(c)），两峰已基本重合到一起，只显示一个叠加的具有较高幅值的衰减峰。当频率为 0.5 MHz 时（图 2.6.3(d)），两峰已完全叠加在一起，叠加峰幅值达到最大。当频率继续增加时，两峰相向移动，但移动速度缓慢，两峰很难分开（图 2.6.3(d)）。随频率升高到 1 MHz 时两衰减峰位置发生交换，处于低温段的热弛豫峰移到了叠加峰的右侧（即高温端），而处于高温段的 Biot 峰移到了叠加峰的左侧（即低温端），两峰背向移动（图 2.6.3(e)）。

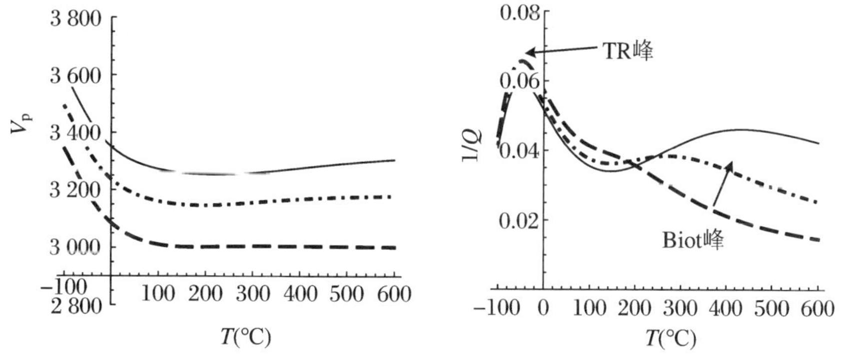

(a) $f=29$ kHz

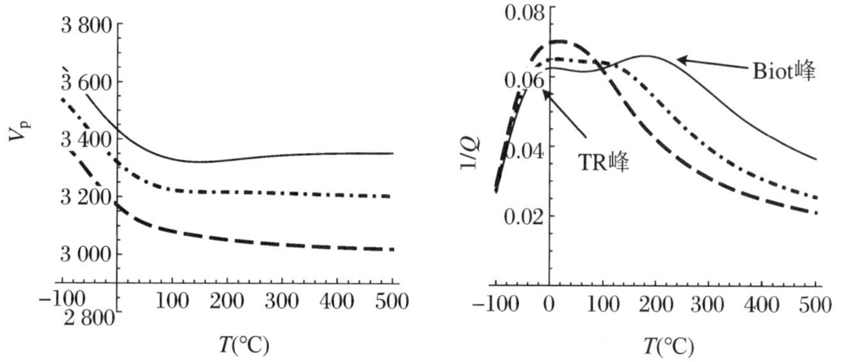

(b) $f=0.1$ MHz

图 2.6.3　P 波波速和衰减随温度的变化情况

— — — 10%孔隙度；-·-·- 15%孔隙度；—— 20%孔隙度

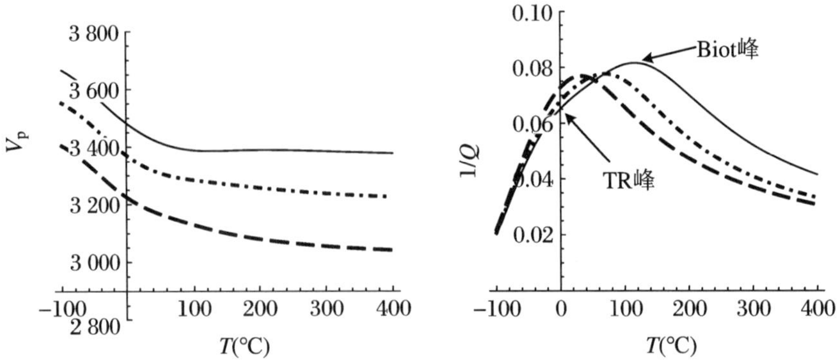

(c) f=0.2 MHz

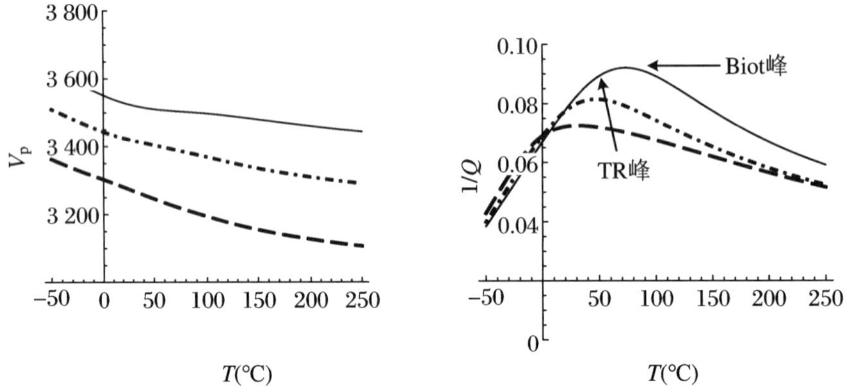

(d) f=0.5 MHz

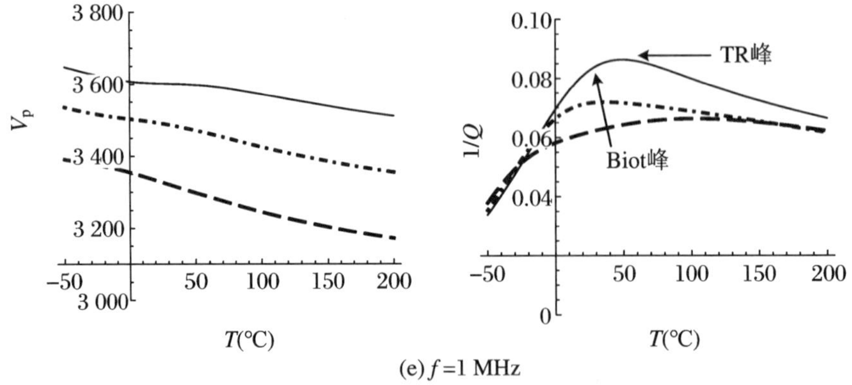

(e) f=1 MHz

图 2.6.3 P 波波速和衰减随温度的变化情况(续)

— — — 10%孔隙度;-•-•- 15%孔隙度;—— 20%孔隙度

温度谱上的波速随频率的变化要稍微复杂一些。在频率较低的时候,当温度低于 100 ℃时,波速随温度的升高迅速减小。当温度高于 200 ℃时,随温度的升高波速有一个缓慢增大的过程,如图 2.6.3(a)和图 2.6.3(b)所示,尤其孔隙度为 20%的曲线较明显。这种在同一频率下,随温度的升高波速有增大的异常现象,在其他模型中未曾报道,但是它与一些实验结果相符(Nur,1971;Nur et al.,1984)。而在较高频率时,波速随温度升高而减小,减小速率比低频时低得多。由图 2.6.3(a)~(e)的对比可以看出:在同一温度下,波速随频率升高有增大的趋势。因此，这里也存在两种机制控制着波速随温度变化的趋势。其低温端是热弛豫过程波的衰减导致的波速随温度升高迅速下降，而高温端是 Biot 机制的达西渗流导致的波速随温度升高而上升。

同时，由图 2.6.3(a)和(b)可见，低频范围，热弛豫衰减峰峰值随孔隙度减小而增大，Biot 衰减峰峰值随孔隙度减小而减小；热弛豫峰随频率增高向高温方向移动，Biot 峰则向低温方向移动，两峰峰位逐渐靠近；峰位移动的温度范围随频率升高而减小，两种机制的耦合效应增强，这促使随温度升高，波速上升效应也稍有增强，而随孔隙度降低，波速随温度升高而上升的趋势减弱。当孔隙度降到 10%时，波速上升效应似乎已不存在。当频率高于 0.2 MHz 时(图 2.6.3(c))，由于两峰叠加，总的衰减系数将随频率增高而不断增强，直到两峰完全叠加(图 2.6.3(d))。随后，随着频率增高，两峰背向移动并有分离的趋势，衰减系数会有所下降(图 2.6.3(d))。这时随孔隙度减小，衰减系数减小，叠加峰峰位向低温方向移动，波速随孔隙度减小而降低。同时，随温度升高，波速下降梯度减小。

2.7　基于热弛豫机制的 S 波波动分析

2.7.1　S 波波速和衰减理论分析

考虑一维简化条件下的 S 波传播分析。岩石中固体相的模量取为常数，与 2.6 节 P 波传播分析方法一样，将 2.4 节的复模量代入 Biot 方程，用来描述 S 波的传播，由此得到波动方程组为

$$(\rho_{11}u_{tt}+\rho_{12}w_{tt})+bF(\kappa)(u_t-w_t)=\tilde{\mu}u_{xx} \tag{2.7.1a}$$

$$(\rho_{12}u_{tt}+\rho_{22}w_{tt})-bF(\kappa)(u_t-w_t)=0 \tag{2.7.1b}$$

式中，$\rho_{11}=\rho_s(1-\phi)+\rho_a$；$\rho_{12}=-\rho_a$；$\rho_{22}=\phi\rho_f+\rho_a$。其他参数的意义与式(2.6.1)相同。

式(2.7.1)中剪切复模量类似于 P 波的复模量 $\tilde{M}$ 引进的方法，剪切复模量的实模量部分和虚模量部分分别为

$$\mu_{\mathrm{Re}}=\mu_U-\frac{1}{2}(\mu_U-\mu_R)\left[1-\frac{\sinh((1-\beta_s)(\ln(\omega v_0^{-1})+H_s/(kT)))}{\cosh((1-\beta_s)(\ln(\omega v_0^{-1})+H_s/(kT))+\sin(\beta_s\pi/2))}\right] \tag{2.7.2a}$$

$$\mu_{\mathrm{Im}}=\frac{1}{2}(\mu_U-\mu_R)\left[\frac{\cos(\beta_s\pi/2)}{\cosh((1-\beta_s)(\ln(\omega v_0^{-1})+H_s/(kT))+\sin(\beta_s\pi/2))}\right] \tag{2.7.2b}$$

式中，μ_U，μ_R 分别为未弛豫剪切模量和弛豫剪切模量；β_s，H_s分别为 S 波的 Cole-Cole 分布参数和热激活能。此时，热弛豫机制和 Biot 机制已引进。

令变量 u 和 w 具有谐波解，与 P 波的求解过程一样，可以得到

$$Z_s=\frac{\omega(\rho_{11}\rho_{22}-\rho_{12}^2)-\mathrm{i}bF(\kappa)(\rho_{11}+2\rho_{12}+\rho_{22})}{\tilde{\mu}(\omega\rho_{22}-\mathrm{i}bF(\kappa))} \tag{2.7.3}$$

根据波的衰减特性，由此可得 S 波波速和衰减的表达式分别为

$$V_s = 1/\mathrm{Re}[\sqrt{Z_s}] \tag{2.7.4a}$$

$$Q_s^{-1} = -2\mathrm{Im}[\sqrt{Z_s}]/\mathrm{Re}[\sqrt{Z_s}] \tag{2.7.4b}$$

式(2.7.4a)中,S 波波速 V_s只有一个解,在 Plona 等(1980a,1980b,1982)的实验中已经观测到了。但是,Liu 等(1990)预测的源于孔隙流体与岩石骨架边界之间相互作用的"慢 S 波"在本模型中并未预测到。S 波波速和衰减均为频率和温度的函数。

2.7.2 S 波频率谱和温度谱分析

S 波速度和衰减的频率谱和温度谱的计算结果列在图 2.7.1 和图 2.7.2 中,分析了 3 种孔隙度,即 10%、15%和 20%,在频率域对 5 种温度进行分析对比,即:(a) $T=215$ K;(b) $T=240$ K;(c) $T=273.15$ K;(d) $T=310$ K;(e) $T=373.15$ K。在温度域对 5 种频率进行分析对比,即:(a) $f=29$ kHz;(b) $f=0.1$ MHz;(c) $f=0.2$ MHz;(d) $f=0.5$ MHz;(e) $f=1$ MHz。它们的特征与 P 波类似,这里不赘述。

由图 2.7.1 可见,在频率谱上,S 波波速随频率的增高总趋势是增大的,但仍然存在几个拐点,且孔隙度越大,拐点越明显;S 波衰减存在热弛豫峰和 Biot 峰两个衰减峰,热弛豫峰比 Biot 峰强度大得多,且孔隙度越大,Biot 峰越明显。随温度升高两峰相向移动,直至温度升到 310 K 两峰叠加(图 2.7.1(d))。两峰叠加后,S 波波速随频率的增高曲线拐点减少,而其非线性增大。

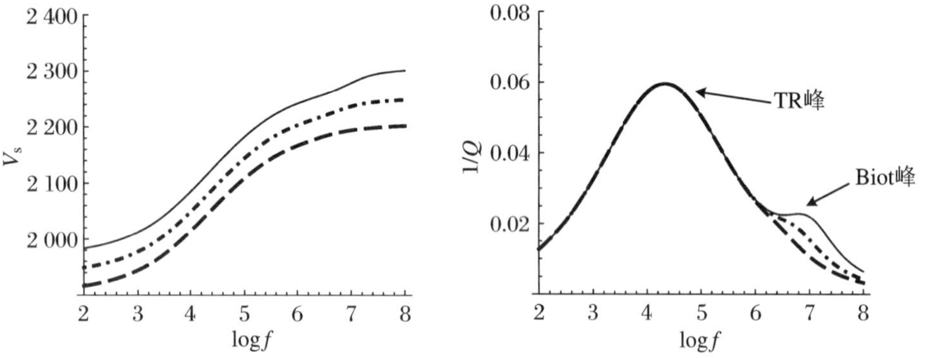

(a) T=215 K

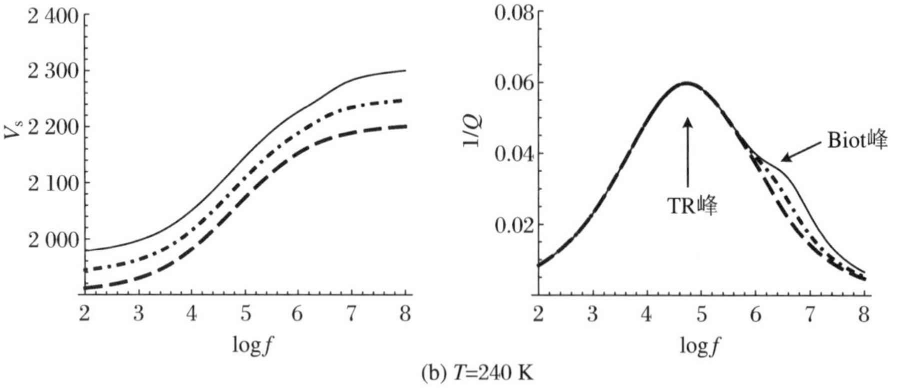

(b) T=240 K

图 2.7.1 在不同温度下 S 波的频率谱

— — — 10%孔隙度;-•-•- 15%孔隙度;—— 20%孔隙度

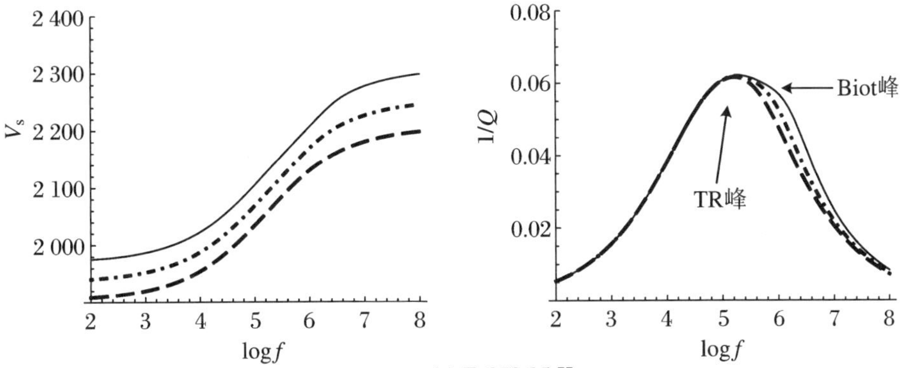

(c) T=273.15 K

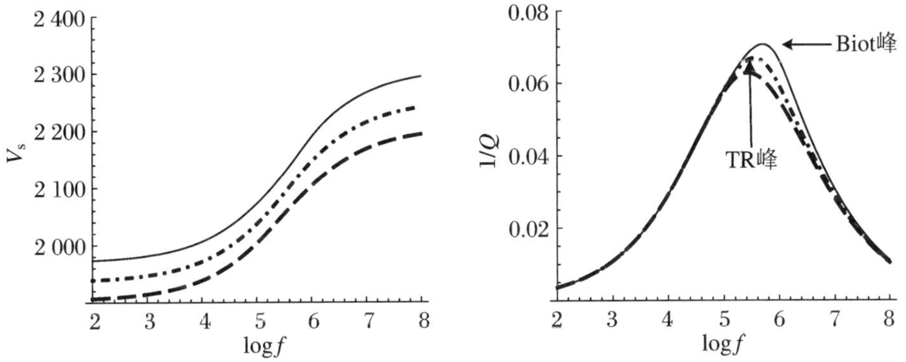

(d) T=310 K

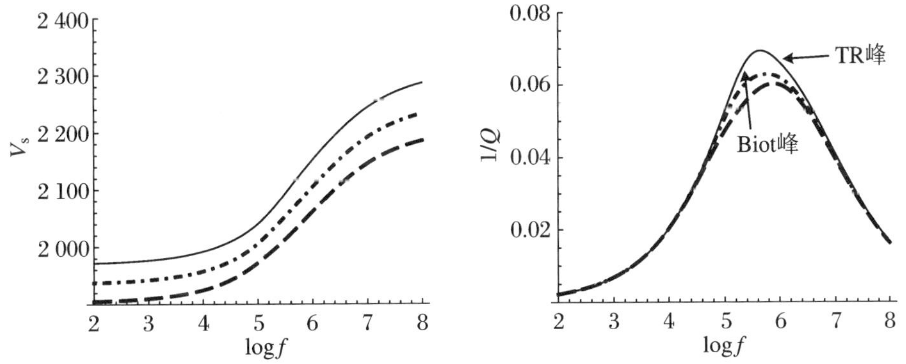

(e) T=373.15 K

图 2.7.1　在不同温度下 S 波的频率谱(续)

— — — 10%孔隙度；-·-·- 15%孔隙度；—— 20%孔隙度

由图 2.7.2 可见，S 波速度和衰减的温度谱曲线的特征也与 P 波的类似。不过，图 2.7.2(a)在 −50 ℃左右存在一个衰减值较大的热弛豫衰减峰，同时 Biot 衰减峰在 300 ℃左右，与此相对应的 S 波波速随温度升高先下降后逐渐上升；孔隙度越大，Biot 衰减峰和 S 波波速随温度升高而增大越明显；随频率增高两峰相向移动的速度比 P 波衰减峰移动快，到 0.2 MHz 时，两峰已叠加在一起，只见到 S 波波速随温度升高而下降的规律，而再也见不到 f = 29 kHz时，S 波波速随温度升高而上升的特殊情况。这个过程显然比 P 波来得快。

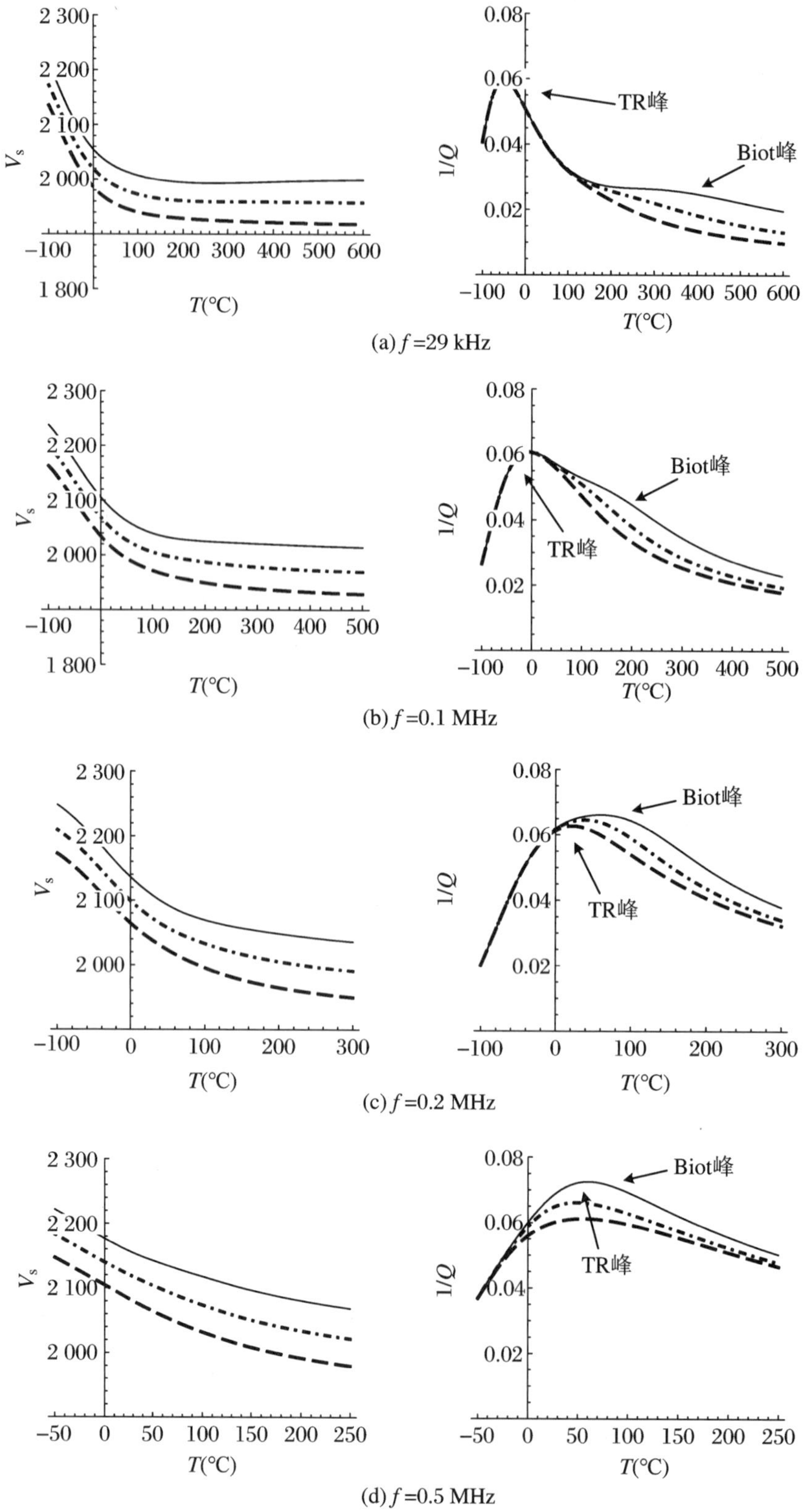

图 2.7.2　在不同频率下 S 波的温度谱

— — — 10%孔隙度；-•-•- 15%孔隙度；—— 20%孔隙度

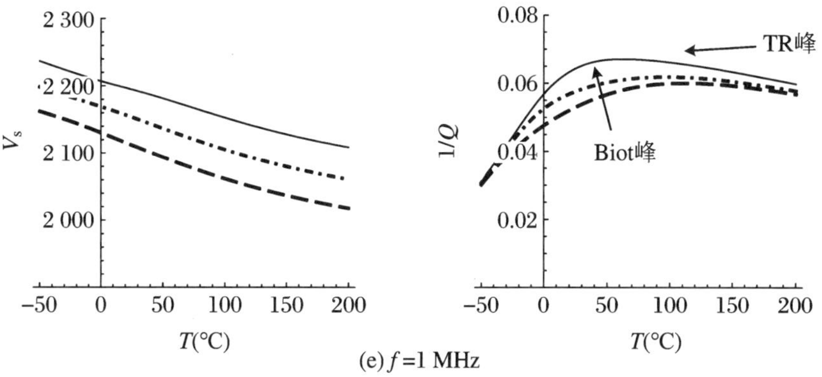

(e) f=1 MHz

图 2.7.2　在不同频率下 S 波的温度谱(续)

- - - 10%孔隙度；-·-·- 15%孔隙度；—— 20%孔隙度

2.8　宏观唯象波速的半理论分析

2.8.1　岩石中宏观波速的尺度效应和频散效应

岩石中尺度效应和频散效应是相互耦合的。Gubernatis 等(1984)通过对比弹性波波长与平均颗粒尺寸来研究这种耦合作用。马沃可等(2008)以入射波长 λ 与非均匀介质散射直径 d_s 的比值为尺度变量进行了总结。岩石的介质波速随尺度变量的变化有 4 个特征阶段：① 当 $\lambda \gg d_s$时，尺度效应不明显，非均匀介质就像一个有效均匀体，忽略散射作用。② 当 $\lambda \approx 6.28 d_s$ 时，瑞利散射区域，有一定的尺度效应，相速度略有减小。③ 当 $\lambda \approx d_s$ 时，随机/米氏(共振)散射区域，相速度迅速增大。④ 当 $\lambda \ll d_s$时，尺度效应不明显，为弱频散，但速度明显高于第①阶段对应的波速。此结果包含了不同频率和不同缺陷尺度下波速的变化，从现象上展示了岩石的波速随岩石特征尺度变化的规律。影响岩石特征尺度(或特征频率)的因素有很多，例如孔隙岩石中渗流液体的性质、岩石骨架的细微观结构等。外载荷作用可以改变岩石细微观和岩石内部的一些局部作用，工程中岩石均处于较复杂的地应力状态，因此，进行载荷作用下岩石中波传播特性的研究具有很好的工程应用价值。

2.8.2　岩石中宏观唯象波速的半理论分析

Stokes 通过考虑黏性对波传播过程系统中的能量损耗，对波动方程进行了修正，将经典波动方程改变为

$$\left(K + \frac{4}{3}\mu\right)\nabla^2 u + \left(\eta_1 + \frac{4}{3}\eta_2\right)\frac{\partial}{\partial t}\nabla^2 u = \rho\frac{\partial^2 u}{\partial t^2} \tag{2.8.1}$$

式中，K，μ 分别为体积模量和剪切模量；η_1，η_2 分别为纵向和横向黏性系数；ρ 为介质的密

度。实际上,黏性是一个抽象概念,反映岩石内部的不均匀性造成岩石内部所含不同成分在波传播过程中时间上不匹配而产生的能量损耗,从而给出的一种修正。考虑到研究对象为含节理裂隙等缺陷的岩石,波传播过程的能量损耗主要源于缺陷对波的散射,因此,可以在波动方程中采用以下两种途径来考虑:① 分析节理裂隙等缺陷的存在及岩石内部结构特征造成波传播的不匹配,建立黏性与这些因素的关系,引入到 Stokes 的修正方程中进行求解。这里涉及波与岩石内部结构的作用和宏观波动效应,是两种尺度的分析。② 引入缺陷参数 ϕ(可以是孔隙度,也可以是岩石中缺陷的特征尺度),由热力学第二不等式(Clausius 不等式),定义与之对应的广义缺陷驱动力 R。以 $\left\{f_1(R)\frac{\partial}{\partial t}+f_2(R)\frac{\partial^2}{\partial t^2}\right\}\nabla^2 u$ 或 $\left\{f_1(R)\frac{\partial}{\partial t}\right\}\nabla^2 u$ 的形式直接添加到波动方程中,所引入的广义缺陷驱动力将使系统发生能量损耗。

现基于第二种途径采用一种半理论的分析方法进行研究。引入广义缺陷驱动力 R,对波动方程的修正项取为 $R\cdot\partial(\nabla^2 u)/\partial t$,得到波动方程:

$$\left(K+\frac{4}{3}\mu\right)\nabla^2 u+R\frac{\partial}{\partial t}\nabla^2 u=\rho\frac{\partial^2 u}{\partial t^2} \tag{2.8.2}$$

以及

$$R=\partial W/\partial\phi \tag{2.8.3}$$

式中,W 为自由能密度函数。

采用谐波解求解此问题,得到的波速与入射频率相关。为得到近似的解析解,采用量纲分析的思想。可考虑的因素包括:① 物理量:密度 ρ_0、体积模量 K、剪切模量 μ 和泊松比 ν 等。② 几何量:缺陷尺寸 D_0、孔隙度 ϕ、入射波波长 λ 或圆频率 ω。③ 细观结构参数:缺陷的局部描述、接触描述等。④ 外部荷载 P、孔隙水压力 P_w 等。补充参数:① 无缺陷岩石的波速 C_0。② 含缺陷岩体的等效波速 C_u。这两个波速认为与频率无关。作为初步分析,细观结构参数和荷载部分暂不考虑。基于此,分析不同频率 ω 下的相速度 $C(\omega)$,其一般表达为

$$\begin{aligned}C(\omega)=f(&\rho_0,K_0,\mu_0,\gamma_0,D_0,\phi_0,C_0;\rho_u,K_u,\mu_u,\gamma_u,D_u,\\&\phi_u,C_u;\rho,K,\mu,\gamma,D,\phi,C;P,P_w)\end{aligned} \tag{2.8.4}$$

式中,含下标"u"的参数与缺陷岩石对应,含下标"0"的参数与完整岩石对应。

量纲分析的关键在于:根据一定的物理规律,将这些量组合成无量纲的量,尽可能建立无量纲物理量之间的联系,从而逐步减少参数,使得表达式在一定程度上简化。所考虑的物理规律包括:① 在谐波入射情况下,得到的散射位移场、应变场和应力场都是谐波。纵波散射幅度的实部与 $\omega/C(\omega)$ 相关,虚部与衰减系数相关。② 当入射波波长与岩体内特征缺陷尺度相当时,发生随机/米氏(共振)散射。此区域为强频散区域。③ 较高频率和较低频率时,频率对相速度基本无影响。④ 波速与岩石密度、对应模量间具有一定的关系。研究 P 波波速,可以将无量纲的波速表示为(徐松林 等,2011)

$$\frac{C(\omega)}{C_0}=f_1\left(\frac{C_u}{C_0},\frac{\omega}{\omega_c},\phi,\frac{P}{P_w}\right) \tag{2.8.5}$$

式中,$C_u=\sqrt{\left(K_u+\frac{4}{3}\mu_u\right)/\rho_u}$;$C_0=\sqrt{\left(K_0+\frac{4}{3}\mu_0\right)/\rho_0}$; ω_c 为参考频率,也是与岩石缺陷的特征尺度相对应的特征频率。

对式(2.8.2)采用谐波解,考虑缺陷具有 Weibull 分布形式,并考虑到式(2.8.5)的形式,进行一阶近似,可以得到

$$\frac{C(\omega)-C_0}{C_u-C_0}=\left[1+(\omega/\omega_c)^B\right]^{-S} \tag{2.8.6}$$

式中，B，S 为与岩石缺陷、应力状态等有关的参量。为了便于分析，假定它们是仅与岩石缺陷有关的无量纲参量。这些参量的确定须借助实验资料。将式(2.8.6)应用到不同频率下岩体波速的实验数据，可以得到

$$B\approx C_0/(C_0-C_u) \tag{2.8.7a}$$

$$S\approx \pi-\arctan\phi \tag{2.8.7b}$$

式中，特征频率 $\omega_c=C_0/(2\pi D_0)$；C_u 为岩石的等效波速，可根据现场实际测试得到的波速给定。在理论上，可采用马沃可等(2008)对胶结岩体或非胶结岩体的计算方法来估计。

式(2.8.6)中有3个与外载荷有关的参数：孔隙度 ϕ、特征尺寸 D_0 和含缺陷材料的等效波速 C_u。讨论波速与载荷的关系，主要分析这3个参数随载荷变化的规律。

2.8.3 宏观唯象波速半理论公式的应用

1. 参数分析

(1) 孔隙度 ϕ。如图2.8.1所示，随着压力的增大，孔隙度会由原来的 ϕ_0 逐渐降低，达到极小值 ϕ_u。Aubertin 等(2003)研究发现孔隙度 ϕ 随有效应力 P 变化有式(2.8.8)所示的关系，这种描述相对简单且应用广泛。

$$P=P_\phi \sinh\left[(\phi_0/\phi-1)P_{\phi 1}\right] \tag{2.8.8}$$

式中，P_ϕ 和 $P_{\phi 1}$ 为实验得出的材料参数；ϕ_0 为初始孔隙度。

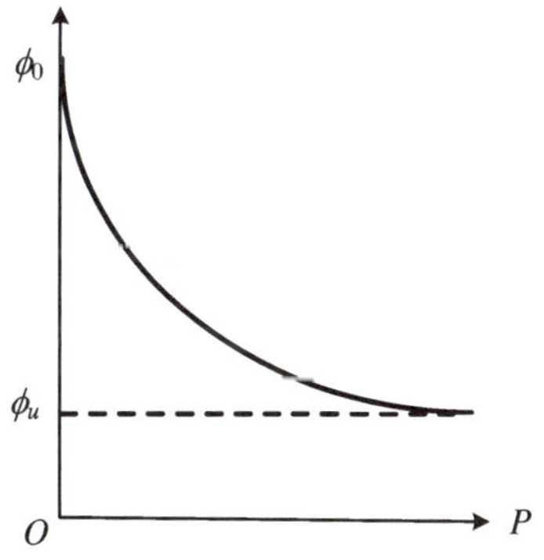

图2.8.1 孔隙度随压力的变化

(2) 特征尺寸 D_0。随着压力的增大，特征尺寸会由原来的 D_0 逐渐降低，达到极小值 D_u。可采用与式(2.8.8)相同的表达式。

(3) 等效波速 C_u。有缺陷材料的等效波速反映的是材料的可压缩性。如图2.8.2所示，复杂岩石的等效波速随着应力的增加而增大，直至极大值 C_u。其表达式可根据力学过程计算。

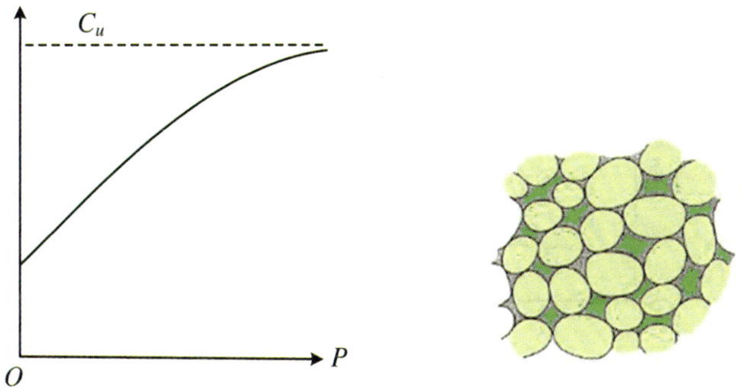

(a) 关系曲线　(b) 岩石局部形态

图2.8.2 等效波速随压力的变化

图 2.8.3 所示为控制上述 3 个参数中的一个参数变化进行模拟计算的结果。波速的频散效应具有 3 个阶段：低频端波速较低，而后经过一个快速增加的阶段，高频端则达到较高

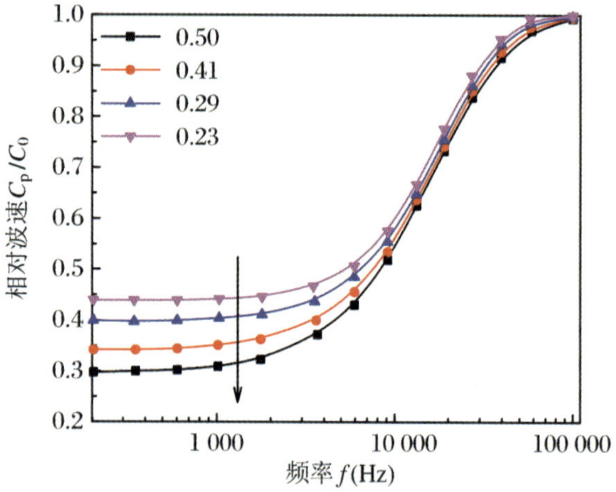

(a) 孔隙度ϕ变化

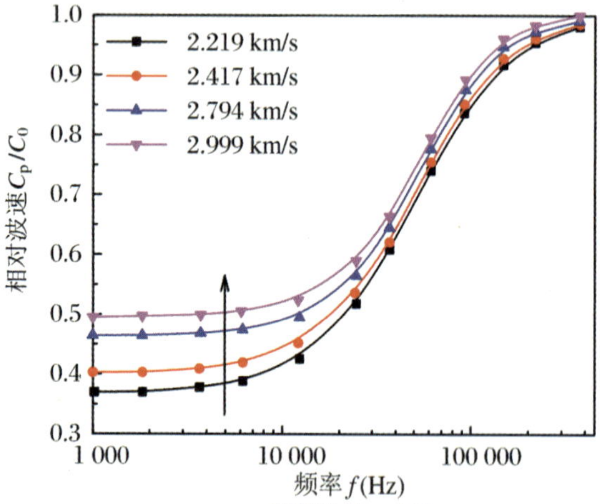

(b) 等效波速C_u变化

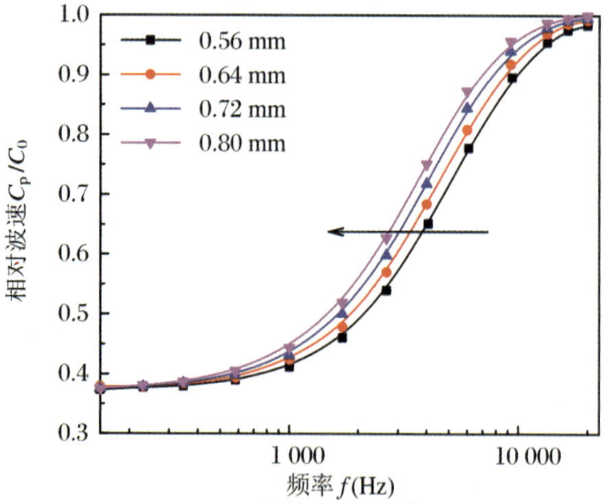

(c) 特征尺寸D_0变化

图 2.8.3 在频率域 P 波波速的计算

图中箭头方向为对应量的增加方向

的波速。图 2.8.3(a)和图 2.8.3(b)表明:孔隙度 ϕ 增加和等效波速 C_u 降低均会使低频段的波速降低,影响整个频散过程。而特征尺寸 D_0 的改变对材料不会造成波速的变化,但是,随着特征尺寸的减小,波速的剧烈变化频率范围,即共振散射区域,会往高频端移动。特征尺寸减小,与之发生共振的波的波长相对减小,导致共振波的频率增加,从而使共振区域整体移向高频端。

2. 松散岩石中的计算分析

中等风化玄武岩的基本参数如下:$\rho_0 = 2.65\ \mathrm{g/cm^3}$,$K = 36.6\ \mathrm{GPa}$,$G = 45\ \mathrm{GPa}$,$\nu = 0.18$,上覆压力为 40 MPa,孔隙压力为 20 MPa,$\phi_0 = 0.36$,缺陷(孔隙等)的连通系数为 0.9。

计算过程如下:基于附录,由孔隙度计算配位数。将配位数代入到上述基本参数代入的胶结模型和未胶结模型计算岩石相关弹性常数,两种模型具体表达式见附录。然后,基于 Reuss 和 Voigt 的上下限方法,计算岩石的弹性参数的上下限;应用 Hill 算术平均或 Kumazawa 几何平均方法,估计缺陷岩石的弹性参数。基于无量纲公式(2.8.6)计算不同压力下的相对波速。

弹性参数的 Voigt 下限和 Reuss 上限的表达式为

$$M_{\mathrm{V}} = \sum_{i=1}^{N} f_i M_i \tag{2.8.9a}$$

$$\frac{1}{M_{\mathrm{R}}} = \sum_{i=1}^{N} \frac{f_i}{M_i} \tag{2.8.9b}$$

式中,M_i 为岩石中第 i 组分的弹性参数;f_i 为岩石中第 i 组分的含量。

缺陷岩石中弹性参数的确定可采用 Hill 算术平均或 Kumazawa 几何平均方法来估计,其表达式如式(2.8.10)所示,计算结果对比如图 2.8.4 所示。由此可见:孔隙度较低的区域,两种平均方法得到的结果差别很小;孔隙度超过 0.25,两种平均方法的差异需要考虑。

$$M_{\mathrm{H}} = \frac{M_{\mathrm{V}} + M_{\mathrm{R}}}{2} \tag{2.8.10a}$$

$$M_{\mathrm{K}} = \sqrt{M_{\mathrm{V}} M_{\mathrm{R}}} \tag{2.8.10b}$$

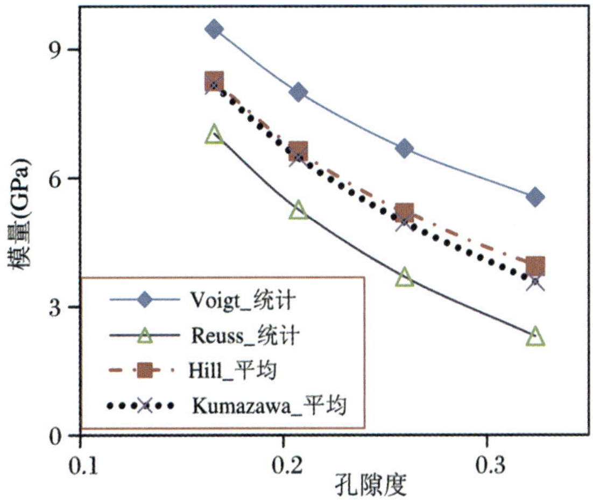

图 2.8.4　两种平均计算得到的参数的比较

图 2.8.5 所示为在 4 种孔隙度，即 0.36，0.29，0.23 和 0.184 情况下 P 波波速的频率谱。随着载荷的增加，松散岩石初始压缩程度增加，孔隙度变小，等效压缩模量增加，低频端的波速增加迅速，但高频端变化不明显。图中列出了 3 类实验技术：现场地震波测试（主频 500～1 000 Hz）、现场声波测试（主频 25 kHz）和实验室声波测试（主频 50 kHz～1 MHz）。现场测试有不同风化程度和不同卸荷状况共 7 类玄武岩，实验室测试主要为玄武岩块。由此可见：① 此模型计算得到的弱风化上段、弱风化下段和微新岩体声波波速与地震波波速的比值分别为 1.84，1.22，1.0，与现场声波和地震波测试结果比较接近。这表明，只要充分考虑岩石内部的结构特性、波与岩石结构的相互作用，可以很好地解释现场声波地震波测试的异常现象。② 此模型在分析“弱下”“弱上”岩石时与实验结果比较接近，但对“微新”岩石的描述存在一定差异。这种差异主要源于孔隙度（或节理率）ϕ 和等效波速 C_u 的选择。分析图 2.8.1 和图 2.8.2 可知，这两个量都不能无限调整，因此，实际计算中需要进一步引入可压缩机制，若能合理选取这两个参数，此模型将发挥更大的作用。

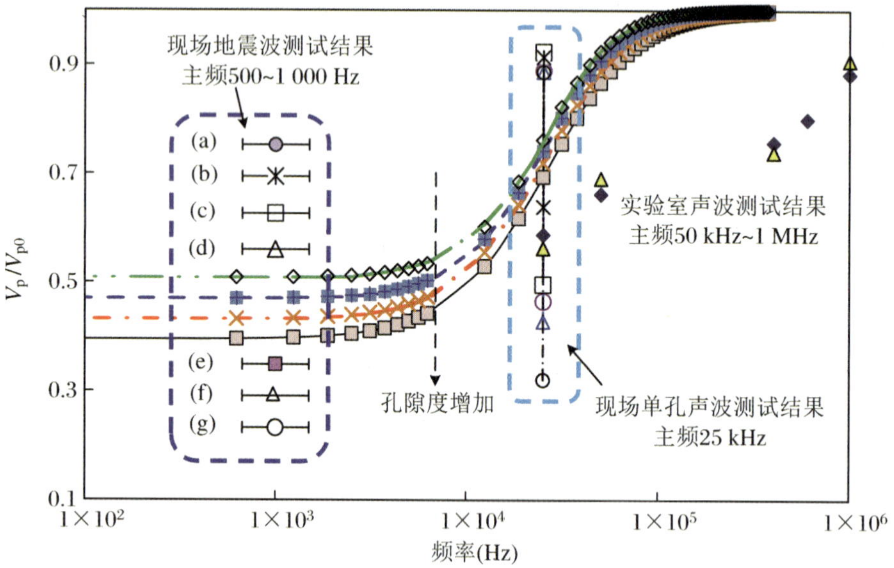

图 2.8.5　不同孔隙度计算结果与测试结果的比较

图中所示现场测试的玄武岩有 7 种，即：(a) 微风化-新鲜段无卸荷；(b) 微风化-新鲜段弱卸荷；(c) 弱风化下段无卸荷；(d) 弱风化下段弱卸荷；(e) 弱风化上段弱卸荷；(f) 弱风化下段强卸荷；(g) 弱风化上段强卸荷。

3. 胶结材料中的计算分析

与松散岩石中的分析方法不同，这里将不再使用图 2.8.4 的平均方法来估计样品的弹性参数，而是结合实验数据进行确定（周伟达，2016；周伟达 等，2017）。

未胶结模型采用 Hertz-Mindlin 模型与 Hashin-Shtrikman 下边界相结合的形式，胶结模型则采用适用低孔隙度的 Hashin-Shtrikman 上限形式（Avseth et al.，2009a，2009b）。两种模型具体表达式见附录。两种模型占的比重通过实验测得的体积模量来确定，具体计算见式(2.8.11)。

$$W = (K_M - K_{unc})/(K_{cem} - K_{unc}) \tag{2.8.11}$$

式中，K_M 为实验测到的体积模量；K_{unc} 为未胶结模型的体积模量；K_{cem} 为胶结模型的体积模量。

由此计算样品的等效体积模量K^*和剪切模量 G^* 分别为

$$K^* = WK_{cem} + (1-W)K_{unc} \tag{2.8.12a}$$

$$G^* = WG_{cem} + (1-W)G_{unc} \tag{2.8.12b}$$

其中，G_{unc}为未胶结模型的剪切模量；G_{cem}为胶结模型的剪切模量。

由此，可计算等效波速 $C_u = \sqrt{\left(K^* + \frac{4}{3}G^*\right)/\rho}$。基于无量纲公式(2.8.6)计算不同压力下的相对波速。

采用上述方法，计算得到如图 2.8.6 所示的 3 种增强相体积含量(0.5%，1.0%和3.0%)、3 种频率(50 kHz、300 kHz 和 1 MHz)下波速与压力的关系。由此可见：声波波速随着压力增大逐渐增大，在初始加载阶段增加较快，到一定载荷时，增加趋势减缓。这与实验结果相符，但相对实验结果增加幅值偏小。这是由于模型中考虑了压力增大时孔隙变化引起的波速改变，但无法考虑实际样品中孔隙尺寸具体分布特征，而且不同尺寸的孔隙对不同频率的波在衰减方面的贡献是不同的。

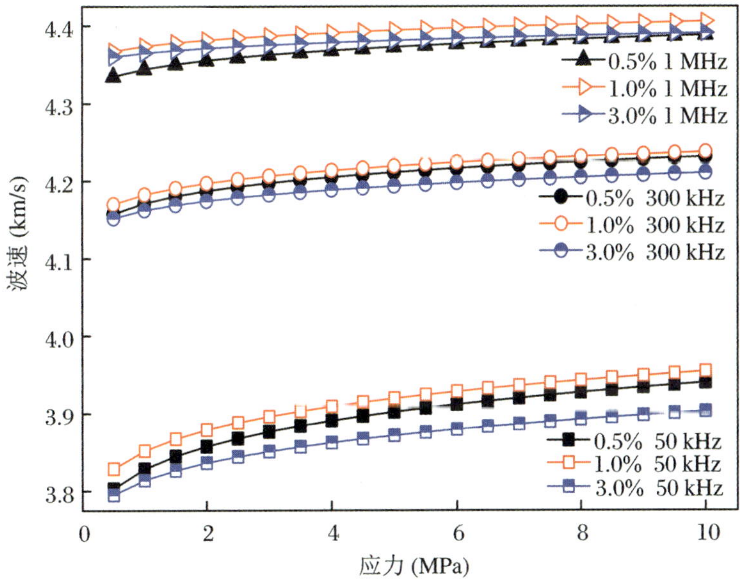

图 2.8.6　胶结材料样品的计算结果

图 2.8.7 所示为增强相体积含量 0.5%试件在不同频率下波速的实验结果和计算结果的对比。计算结果在定性上和实验结果一致，在定量上与实验结果接近。这表明模型能反映样品在外载荷作用下的压实效应和频散效应。在定量上，计算结果相对于实验结果整体偏小，波速的改变趋势也偏小。其原因是：此模型是从宏观的角度考虑孔洞和钢纤维对波速的影响，未考虑孔洞和钢纤维的细微观结构及其分布对波速的影响；模拟中 D_0 取为平均尺寸，但是真实材料中孔洞的尺寸分布从微米量级到毫米量级都有，占的比重也不同，这与模拟计算过程中只考虑单一特征尺寸对波速的影响具有较大差异。因此，更加深入的模拟分析需要结合细观结构、孔洞尺寸分布和压力对钢纤维的影响等因素进行进一步深入探讨。本模型的优点在于概念比较清楚，易于计算分析。

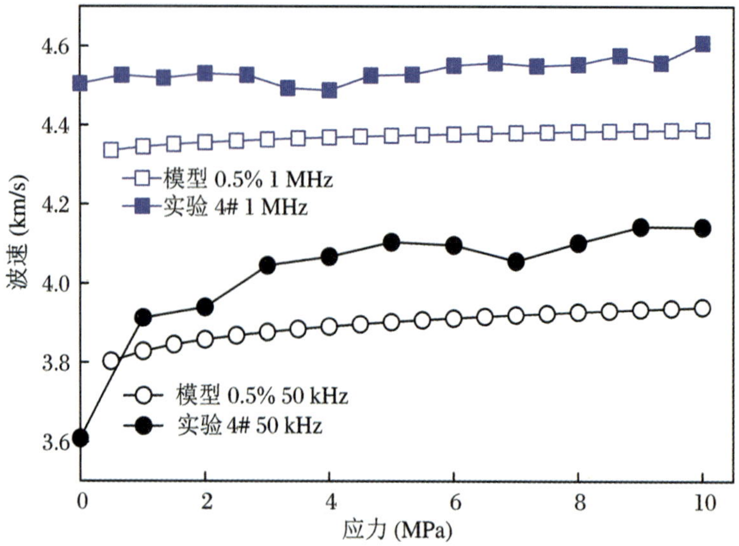

图 2.8.7 胶结材料样品实验结果和计算结果对比

小　　结

将基于饱和岩石的低频共振实验和波传播实验结果所得到的热激活弛豫机制引入 Biot 模型，得到了孔隙介质热激活弛豫波动理论。用低频共振实验数据对该模型进行了检验，数值分析与实验结果对比表明，该模型成功地拓展了 Biot 理论。热激活弛豫波动理论是 Biot 模型的延伸和发展，它将 Biot 模型由超声延伸到低频，由频率域发展到温度域，是目前适应范围最大(适于热激活机制的温度，由 0.001 Hz 到超声，适用 P 波和 S 波)，最具普适性的岩石物理模型，可普遍用于众多自然现象的频率和温度范围。

模型预测的一些新的实验结果已被实验证实，而且此模型给予某些未曾被解释的实验结果以新的更加合理的解释。根据该模型预测的结果，可根据需要设计一些能证实多孔介质衰减机理的新实验方法。例如，为观测热弛豫峰峰位不变、衰减减小的现象，可设计调节样品渗透率的实验，使 Biot 峰向高频或高温方向移动，就可观测到随温度升高波速上升的效果，等等。

此模型与目前运用最广的 BISQ 模型及它的修正模型相比，跨出了它们原有的理论框架，引进自然界普遍存在的热激活弛豫机制，所取得的热弛豫模型更接近实际，更便于描写更多的自然现象。与目前研究较热的 PM 模型相比，它克服了 PM 模型与频率和温度无关的缺点。若将岩石的细观特征引入热激活弛豫模型，可以弥补现有宏观模型的不足，进一步促进岩石物理理论模型的发展，更深入揭示相关岩石物理力学机制。

附录

1　未胶结模型

先使用 Hertz-Mindlin 模型计算等同球体的等效体积模量K_{HM}和剪切模量G_{HM}，有

$$K_{HM} = \sqrt[3]{\frac{C^2(1-\phi_0)^2G^2}{18\pi^2(1-\nu)^2}P} \tag{1a}$$

$$G_{HM} = \frac{5-4\nu}{5(2-\nu)}\sqrt[3]{\frac{3C^2(1-\phi_0)^2G^2}{2\pi^2(1-\nu)^2}P} \tag{1b}$$

式中，C，ϕ_0 分别为临界的配位数和临界的孔隙度；P 为静水压；G 为颗粒的剪切模量；ν 为材料的泊松比。

再将K_{HM}，G_{HM}代入 Hashin-Shtrikman 下边界求得不同孔隙度下的有效体积模量K_{eff}和剪切模量G_{eff}如下：

$$K_{eff} = \left(\frac{\phi/\phi_0}{K_{HM}+\frac{4}{3}G_{HM}} + \frac{1-\phi/\phi_0}{K+\frac{4}{3}G_{HM}}\right)^{-1} - \frac{4}{3}G_{HM} \tag{2a}$$

$$G_{eff} = \left(\frac{\phi/\phi_0}{G_{HM}+\frac{G_{HM}}{6}\frac{9K_{HM}+8G_{HM}}{K_{HM}+2G_{HM}}} + \frac{1-\phi/\phi_0}{G+\frac{G_{HM}}{6}\frac{9K_{HM}+8G_{HM}}{K_{HM}+2G_{HM}}}\right)^{-1} - \frac{G_{HM}}{6}\frac{9K_{HM}+8G_{HM}}{K_{HM}+2G_{HM}} \tag{2b}$$

式中，ϕ 为孔隙度；K，G 分别为颗粒的体积模量和剪切模量。

2　胶结模型

选用适用低孔隙度的 Hashin-Shtrikman 上限形式，计算得到有效体积模量 K^{HS+} 和有效剪切模量 G^{HS+}，有

$$K^{HS+} = \Lambda(G_{max}) \tag{3a}$$

$$G^{HS+} = \Gamma(\zeta(K_{max}, G_{max})) \tag{3b}$$

$$\Lambda(z) = \left\langle\frac{1}{K(r)+\frac{4}{3}z}\right\rangle^{-1} - \frac{4}{3}z \tag{4}$$

$$\Gamma(z) = \left\langle\frac{1}{G(r)+z}\right\rangle^{-1} - z \tag{5}$$

$$\zeta(K,G) = \frac{G}{6}\left(\frac{9K+8G}{K+2G}\right) \tag{6}$$

式中，括号〈·〉表示对材料的平均，即对各成分按其体积求加权平均；K，G 分别为材料的体积模量和剪切模量。

3 配位数与孔隙度的关系

Murphy(1982)给出了一组配位数与孔隙度关系的数据,见表 1 和图 1。

表 1 配位数数据

孔隙度	配位数
0.20	14.007
0.25	12.336
0.30	10.843
0.35	9.507 8
0.40	8.314 7
0.45	7.251 7
0.50	6.310 8
0.55	5.487 8
0.60	4.782 6
0.65	4.199 8
0.70	3.744 0

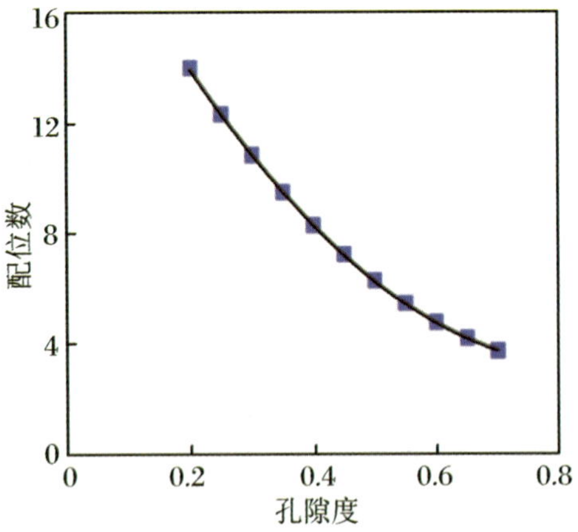

图 1 配位数与孔隙度的关系

参 考 文 献

杜赟,席道瑛,徐松林,等,2009.多孔岩石波传播的热弛豫模型修正[J].地球物理学报,52(12):3051-3060.

杜赟,2012.复杂孔隙介质中的热弛豫模型及地震岩石物理学研究[D].合肥:中国科学技术大学.

刘小燕,2005.二氧化碳深含水层隔离二相渗流模拟与岩石物理学研究[D].合肥:中国科学技术大学.

马沃可,木克基,德沃金,2008.岩石物理手册:孔隙介质中地震分析工具[M].徐海滨,戴建春,译.合肥:中国科学技术大学出版社.

席道瑛,谭啟,马延路,1995.含水花岗岩的低频衰减峰[J].科学通报,40(5):479-480.

席道瑛,张斌,易良坤,等,1998.双相介质中应力波的衰减规律[J].岩石力学与工程学报,17(4):429-433.

席道瑛,刘斌,刘卫,等,2000a.饱和多孔岩石弛豫衰减对时间和温度的依赖性[J].地球物理学报,43(6):827-834.

席道瑛,张程远,刘小燕,等,2000b.饱和岩石的时温等效关系[J].物探化探计算技术,22(2):127-131.

席道瑛,易良坤,张程远,2004.Biot 理论的唯象修正对 P 波特征的影响[J].岩石力学与工程学报,23(18):3162-3167.

席道瑛,徐松林,席军,等,2011.饱和砂岩的黏弹行为的实验研究[J].地球物理学报,54(9):2302-2308.

席道瑛,周城光,徐松林,等,2012a.饱和砂岩滞弹性弛豫衰减机理的探索[J].地球物理学报,55(7):2362-2370.

席道瑛,徐松林,周城光,等,2012b.用非强迫共振法研究饱和岩石的黏弹性响应[J].岩石力学与工程学报,31:688-695.

席道瑛,徐松林,杜赟,2012c.泵油饱和砂岩的黏弹行为的实验研究[J].物理学报,61(11):119102.

席道瑛,徐松林,刘永贵,等,2012d.饱和砂岩的滞弹性弛豫衰减特征及微观机理的探索[J].物理学报,61

(14):149101.

席道瑛,徐松林,2012e.岩石物理学基础[M].合肥:中国科学技术大学出版社.

徐松林,郑文,刘永贵,等,2011.岩体中弹性波传播尺度效应的初步分析[J].岩土工程学报,33(9):1348-1356.

易良坤,1999.唯象的孔隙介质波动理论及其实验证据[D].合肥:中国科学技术大学.

易良坤,席道瑛,刘小燕,2003.孔隙介质热激活弛豫波动理论[J].岩石力学与工程学报,22(5):803-809.

周伟达,2016.应力条件下岩体中弹性波传播研究[D].合肥:中国科学技术大学.

周伟达,张鸣,徐松林,等,2017.外载荷作用下水泥砂浆复合材料中的弹性波波速分析[J].实验力学,32(1):17-26.

Aubertin M,Li L,Simon R,et al. 2003. A general plasticity and failure criterion for materials of variable porosity[J]. Journal of Montreal Polytechnic Institute,11:20-37.

Avseth P,Bachrach R,Bersas T,et al. 2009a. Fluid and stress sensitivity in cemented sandstones[C]. SEG Annual Meeting. Society of Exploration Geophysicists:2015-2019.

Avseth P,Mukerji T,Mavko G,2009b.定量地震解释[M].北京:石油工业出版社:39-40.

Batzle M,Wang Z,1992. Seismic properties of pore fluids[J]. Geophysics,57:1396-1408.

Batzle M,Han D,Hoffman R,2006. Fluid mobility and frequency-dependent seismic velocity-direct measurements [J]. Geophysics,71(1):1-9.

Best A,Mclann C,1995. Seismic attenuation and fluid viscosity in clay rich reservoir sandstone[J]. Geophysics, 60:1386-1397.

Biot M A,1956. Theory of propagation of elastic waves in a fluid-saturated porous solid Ⅰ: Low-frequency range; Ⅱ high-frequency range[J]. J. Acoust. Soc. Am.,28(2):168-191.

Biot M A,1963. Mechanics of deformation and acoustic propagation porous media[J]. J. Appl. Phys.,33 (4):1482-1489.

Cole K S,Cole R H,1941. Dispersion and absorption in dielectrics Ⅰ. alternating current characteristics[J]. J. Chem. Phys.,9:3441-3451.

Debye,1929. Polar molecules[J]. J. Soc. Chem. Ind.,48(43):1036-1037.

Dias C A,2000. Developments in a model to describe low-frequency electrical polarization of rocks[J]. Geophysics,65(2):437-451.

Dvorkin J,Nur A,1993. Dynamic poroelasticity: a unified model with the squirt and the Biot mechanisms [J]. Geophysics,58(4):524-533.

Dvorkin J,Nolen-Hoeksema R,Nur A,1994. The squirt-flow mechanism: macroscopic description[J]. Geophysics, 59(3):428-438.

Dvorkin J,Mavko G,Nur A,1995. Squirt flow in fully saturated rocks[J]. Geophysics,60:97-107.

Gettemy G, Tobin H, Hole J, et al. 2004. Multi-scale compressional wave velocity structure of the San Gregorio fault zone[J]. Geophysical Research Letters,31:L06601.

Gist G A,1994. Fluid effect on velocity and attenuation in sandstone[J]. J. Acout. Soc. Am.,96:1158-1173.

Gubernatis J,Domany E,1984. Effects of microstructure on the speed and attenuation of elastic waves in porous materials[J]. Wave Motion,6:579-589.

Hudson J,1981. Wave speeds and attenuation of elastic waves in material containing cracks[J]. Geophys. J. R. Astr. Soc.,64:133-150.

Hudson J, 1988. Seismic wave propagation through material containing partially saturated cracks[J]. Geophysical Journal,92:33-37.

Johnson D,Plona T,1982. Acoustic slow waves and the consolidation transition[J]. J. Acoustic. Soc. Am., 72:556-565.

Jones T, Nur A, 1983. Velocity and attenuation in sandstone at elevated temperatures and pressures[J]. Geophys. Res. Let., 10: 140-143.

Jones T, 1986. Pore fluids and frequency-dependent wave propagation in rocks[J]. Geophysics, 51: 1939-1953.

Liu Q R, Katsube N, 1990. The discovery of a second kind of rotational wave in fluid-filled porous material [J]. J. Acoust. Soc. Am., 88(2): 1045-1053.

Mavko G, Nur A, 1979. Wave attenuation in partially saturated rocks[J]. Geophysics, 44: 161-178.

Mavko G, Jizba D, 1991. Estimating grain-scale fluid effects on velocity dispersion in rock[J]. Geophysics, 56(12): 1940-1949.

Müller T, Gurevich B, Lebedev M, 2010. Seismic wave attenuation and dispersion resulting from wave-induced flow in porous rocks: A review[J]. Geophysics, 75(5): 147-164.

Murphy W, 1982. Effects ofmicrostructure and pore fluids on the acoustic properties of granular sedimentary materials[D]. San Francisco: Stanford University.

Murphy W, 1984. Acoustic measure of partial gas saturation in tight sandstones[J]. Journal of Geophysical Research, 89(B13): 11549-11559.

Murphy W, Winkler K, Kleinberg R, 1986. Acoustic relaxation in sedimentary rocks: dependence on grain contacts and fluid saturation[J]. Geophysics, 51: 757-766.

Nur A, 1971. Viscous phase in rocks and the low-velocity zone[J]. Journal of Geophysical Research, 76(5): 1270-1277.

Nur A, Tosaya C, Vo-Thanh D, 1984. Seismic monitoring of thermal enhanced oil recovery process[C]. 54th SEG Meeting, Atlanta.

O'Connell R, Budiansky B, 1977. Viscoelastic properties of fluid-saturated cracked solids[J]. J. Geophys. Res., 82: 5719-5735.

Plona T, 1980a. Observation of a second bulk compression wave in a porous medium at ultrasonic frequency [J]. Appl. Phys. Lett., 36(3): 259-261.

Plona T, Johnson D, 1980b. Experimental study of the two bulk compressional modes in water-saturated porous structures[J]. Ultrasonic Symp IEEE: 868-872.

Plona T, 1982. Acoustics offluid-saturated porous media[J]. Ultrasonic Symp. IEEE 2: 1044-1048.

Pride S, Berryman J, Harris M, 2004. Seismic attenuation due to wave-induced flow[J]. J. Geophys. Res., 109: B01201.

Quan Y, Harris J, 1997. Seismic attenuation tomography using the frequency shift method[J]. Geophysics, 62: 895-905.

Spencer J, 1981. Stress relaxation at low frequencies in fluid-saturated rock attenuation and modulus dispersion [J]. J. Geophys. Res., 86: 1803-1812.

Wang Z, Nur A, 1988. Effect of temperature on wave velocities in sand and sandstone with heavy hydrocarbons [J]. SEP Reservoir Eng., 3: 158-164.

Winkler K, 1985. Dispersion analysis of velocity and attenuation in Berea sandstone[J]. Journal of Geophysical Research, 90(B8): 6793-6800.

Winkler K, 1986. Estimation of velocity dispersion between seismic and ultrasonic frequencies[J]. Geophysics, 51 (1): 183-189.

Xi D Y, Liu X Y, Zhang C Y, 2007. The frequency (or time)-temperature equivalence of relaxation in saturated rocks[J]. Pure and Applied Geophysics, 164: 2157-2173.

Xi D Y, Xu S L, Du Y, et al. 2011. Wave propagation analysis of porous rocks with thermal activated relaxation mechanism[J]. Journal of Applied Geophysics, 73(3): 289-303.

Zhu G, Pan Y, 1993. Acoustic relaxation of fluid-saturated porous samples[J]. J. Acoust. Soc. Am., 94: 537-541.

第3章　岩石细微观结构波动作用原理

3.1　引　言

岩石在宏观上含有大量的节理、裂隙；细观上含有微裂纹、微孔洞等缺陷。弹性波在地球物理探测、地震安全分析等领域具有广泛而重要的应用(楚泽涵，1987；吴如山 等，1993)：① 地震波测试，频率范围一般为 30～280 Hz。② 井间测试，频率范围一般为 200～2 300 Hz。③ 声波测井，频率范围一般为 8～24 kHz。④ 实验室岩芯声波测试，频率范围一般为 500～900 kHz。这四类实验技术在矿产勘探、石油勘探、无损检测等领域已具有非常重要的地位。这些技术的核心就是不同频率的弹性波与岩石中各种特征尺度的"缺陷"发生相互作用，由此产生的波动效应与衰减规律，以此来揭示岩石物理力学特性。

早期工作主要集中于弹性波与异质体的相互作用问题：如早期的弹性波与球状(Ying，Truell，1956；Nagase，1957)、椭球状(Knopoff，1959)、圆柱状(Tan，1976；王小民 等，2000)等规则异质体的相互作用，而后在 Curtin 变分原理(Curtin，1966)的基础上发展到分析弹性波与多个不规则异质体的相互作用(Sandhu et al.，1971；Datta et al.，1982；钟伟芳 等，1997)。相应的分析方法也得到了发展，从波特征函数展开法、积分方程法，发展到积分方程的 Born 近似、T 矩阵法、微扰法以及数值分析方法等。这些理论方法促进了地球物理正演和反演分析理论和实验技术的迅速发展。弹性波与裂纹的相互作用研究相对而言发展较慢。Hudson(1981，1990)研究了低裂纹密度下弹性波与币形裂纹的相互作用，分析了裂纹形状和分布对弹性波散射的影响；Achenbach(1973，1982)采用射线理论，在 Kramers-Kronig 关系的基础上研究了弹性固体中表面波与随机分布裂纹的相互作用。这些工作从弹性波与单裂纹的作用分析出发，裂纹基本假定为扁平或者币状。但隧道、水利等工程中所涉及的岩体，其内部所含裂纹形态复杂，裂纹内部经常含有泥土、碎屑、液体等其他介质，裂纹的分布呈现一些特殊的形式，如岩桥以及由岩桥组合成的雁型裂纹分布等，而且随着时间的推移有些裂纹会逐渐张开。岩体中的弹性波表现出强频散和强耗散的特性。因此，此结构在数学上是一个多连通域的问题，需要考虑多裂纹组成的复合体与弹性波的相互作用，将基于波动方程的 Green(格林)基本解，应用边界积分方法，探讨裂纹体系与弹性波的相互作用的分析方法。在第1章1.4.4小节，简要介绍了一种单裂纹散射模型(刘永贵 等，2010)。本章将主要介绍缺陷为单椭圆、双裂纹、双椭圆模型等三种情况。采用双裂纹、双椭圆的组合可以用来分析岩桥等更复杂的缺陷，其研究对象将从单连通域变为多连通域，可以研究孔洞等缺陷内含有充填物或饱和、非饱和的液体等情况；而且从数学上可以部分考虑多次散射造成的能量损耗的问题。采用双裂纹、双椭圆的组合比较3个或更多缺陷进行组合计算在结构排布和计算上更有优势。

3.2 基于格林函数法的双缺陷组合理论

岩石中的节理、裂隙、岩桥等缺陷的广泛分布对弹性波传播具有较大影响。基于格林函数法的理论模型就是从岩石中这些细微观的缺陷入手，研究波与细微观缺陷的相互作用。单一缺陷理论模型在计算中会带来较大的散射能量损耗，双缺陷组合理论模型将减少这种散射损耗。但是，双缺陷组合理论模型会带来较大的理论困难，需要特别处理。

图3.2.1所示为双椭圆组合模型对局部波场的影响。采用二维弹性空间，模型尺寸为70 mm×20 mm。图中单位为mm。平面波源加载方式为边界(0,0)到(0,20)范围内加载均匀压力。波源函数为$\sin(2\pi ft)$，加载时间为$1/(2f)$，波源频率f选择100 kHz、400 kHz、1 MHz、5 MHz。除荷载加载边界，其余边界均设置为无反射边界。由此可见，椭圆缺陷附近平面纵波产生绕射和向后散射，弹性波传至裂缝处时波阵面发生扭曲，导致达到同一距离的时刻不同，同时幅值发生一定的波动；随着椭圆缺陷缝距离的增大，波阵面由弯曲恢复至平面状态，如图3.2.1(b)～(d)阵面的弯曲程度较为剧烈，远离裂缝的波阵面又逐渐恢复到平面(图3.2.1(e)～(f))。这种有限元数值分析结果揭示介质中缺陷间距影响着弹性波的散射效应，其本质在于弹性波在多个缺陷间的多次散射作用。宏观上，统计平均意义下的孔隙度可作为单缺陷单次散射和多缺陷多次散射划分的依据；微细观上，缺陷间距是表征弹性波三者程度的几何量。

图3.2.2为研究思路示意图，入射波与岩体中细观缺陷相遇，要产生散射，散射是此过程中主要的能量耗散源，能量耗散则导致波传播过程中的衰减。此过程将先研究基本缺陷的频散性能，然后采取一定方式进行“组装”，来研究宏观岩石的效应。其中，细观尺度考虑裂纹、孔洞等基本缺陷，以及由这些基本缺陷组成的缺陷组合，如岩桥、雁型裂纹等与入射谐波的相互作用，研究缺陷对弹性波散射的影响；宏观尺度则在这些细观研究成果的基础上，对细观规律进行组装，假定细观缺陷是随机分布的，或者假定其按某种特定规律进行分布，由此实现从细观向宏观的过渡，得到宏观分析结果。分析过程如图3.2.3所示。

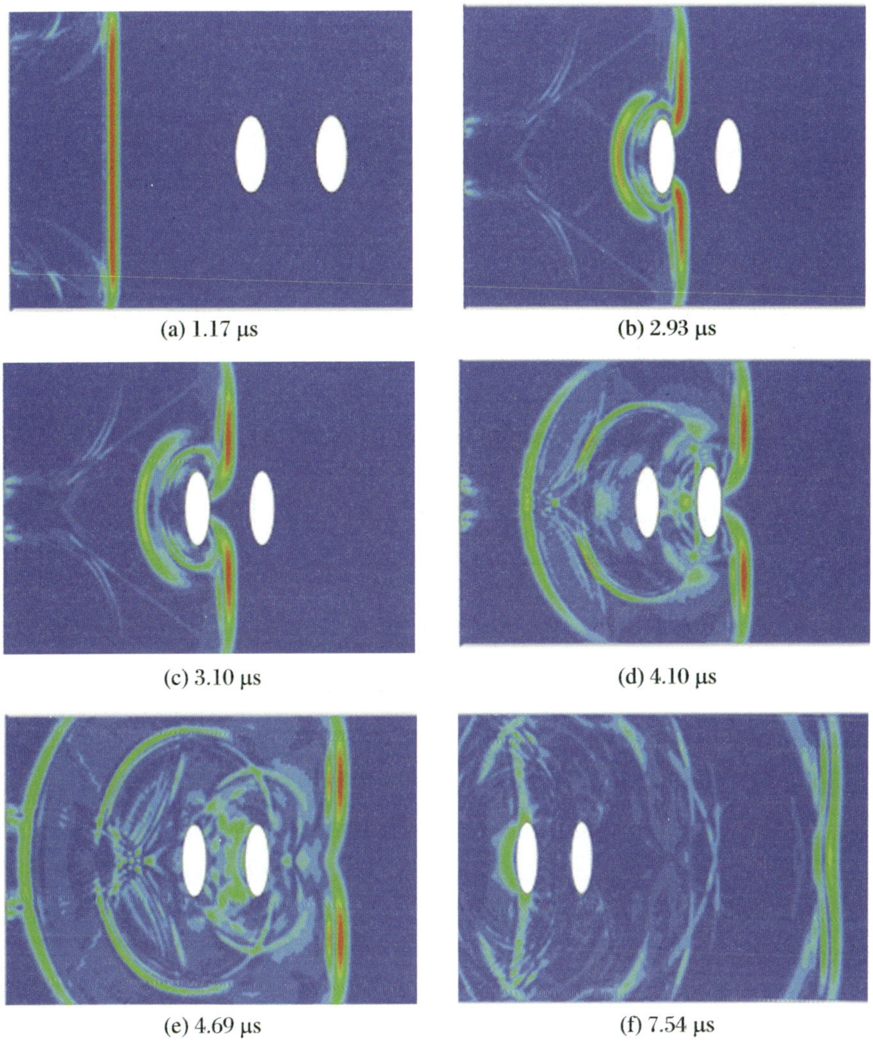

图 3.2.1　平面谐波在双缺陷介质中的演化图案(f = 5 MHz)

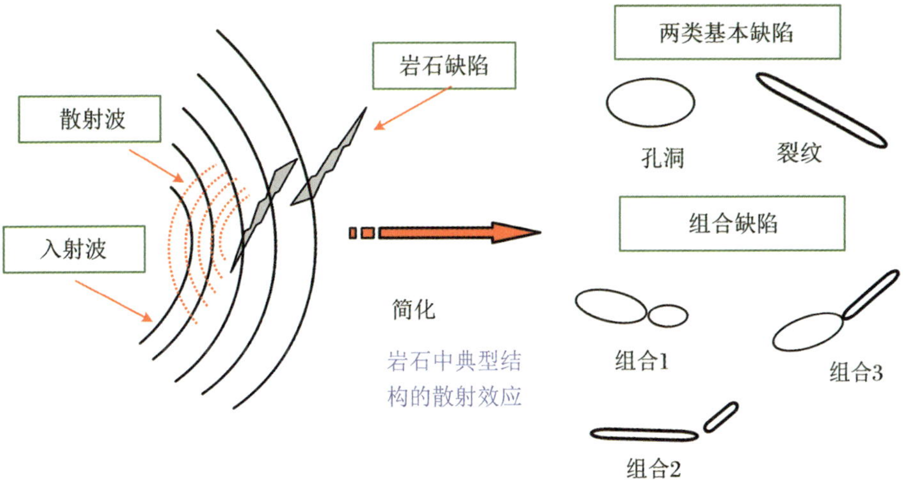

图 3.2.2　研究原理示意图

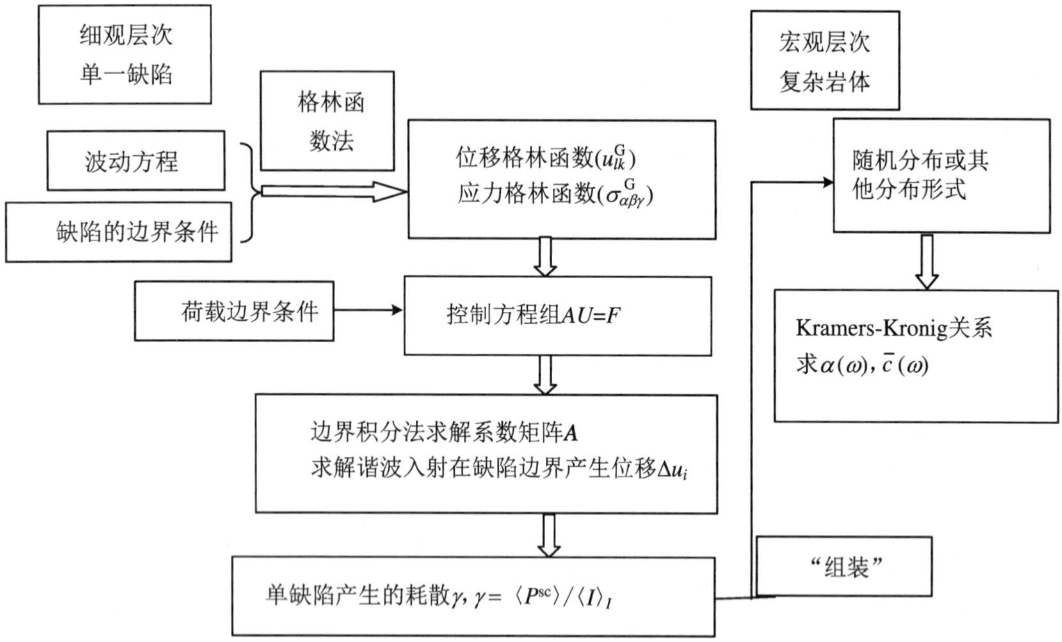

图 3.2.3 分析流程图

双缺陷组合体系物理问题描述。弹性区域含两个子域 Ω_1,Ω_2,其对应的弹性常数和质量密度分别为 c_{ijkl}^1,c_{ijkl}^2 和 ρ_1,ρ_2。整个弹性区域分成异质体和基体($\Omega-\Omega_1-\Omega_2$)两部分。基体的弹性常数和质量密度分别为 c_{ijkl} 和 ρ。两椭圆异质体均为孔洞,即 $c_{ijkl}^1=c_{ijkl}^2=0$,$\rho_1=\rho_2=0$,以它们的中心为原点建立局部坐标系(O_1,x_1,y_1)和(O_2,x_2,y_2),并以两质心连线的中心为原点建立全局坐标系(O,x,y),且坐标系(O,x,y)和(O_1,x_1,y_1)平行,坐标关系如图 3.2.4 所示。

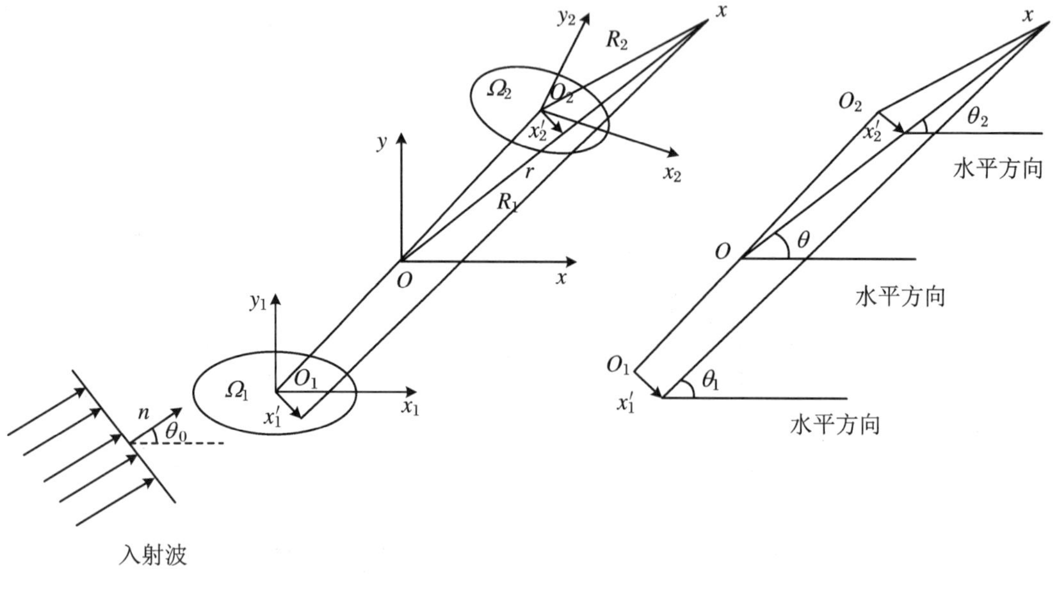

图 3.2.4 双椭圆组合缺陷坐标系

对于远场 $r\to\infty$ 的情况，有

$$R^1 \approx r - x'_{1a}l_a + \frac{1}{2}\Delta_a l_a \tag{3.2.1a}$$

$$R^2 \approx r - x'_{1a}l_a^2 - \frac{1}{2}\Delta_a l_a \tag{3.2.1b}$$

式中，Δ_a 为质心间距分量；$l_1 = x/r = \cos\theta$；$l_2 = x/r = \sin\theta$；$l_a^2 = a_{pa}l_p$，$a_{pa} = \cos(j_p, j_a^2)$，$j_p = a_{pa}j_a^2$（$a, p = 1,2$，均为哑标）。

入射纵波为谐波，即 $u^{(i)}(x) = u_0 n\mathrm{e}^{\mathrm{i}\alpha(x\cdot n)}\mathrm{e}^{-\mathrm{i}wt}$。

纵波波数：

$$K_\mathrm{L} = \alpha = \frac{w}{C_\mathrm{L}} = \sqrt{\frac{\rho w^2}{\lambda + 2\mu}} \tag{3.2.2a}$$

横波波数：

$$K_\mathrm{T} = \beta = \frac{w}{C_\mathrm{T}} = \sqrt{\frac{\rho w^2}{\mu}} \tag{3.2.2b}$$

式中，$\boldsymbol{n}$ 为沿传播方向的单位矢量，记 $\boldsymbol{n} = (n_1, n_2) = \cos\theta_0 j_1 + \sin\theta_0 j_2$，$\theta_0$ 为入射角。

整个弹性区域由于这些异质体的存在，材料呈不均匀性，C_{ijkl} 和 ρ 均为位置坐标的函数，引入二维 Heaviside 函数，当 $x\in\Omega_\alpha$ 时，$H_\alpha = 1$；当 $x\notin\Omega_\alpha$ 时，$H_\alpha = 0$。其中，$\alpha = 1,2,3,\cdots,N$。材料弹性参数为

$$C_{ijkl}(x) = C_{ijkl} + \sum_{a=1}^{N}\Delta C_{ijkl}^{a}H_a(x) \tag{3.2.3}$$

$$\rho(x) = \rho + \sum_{a=1}^{N}\Delta\rho_a H_a(x) \tag{3.2.4}$$

$$\Delta C_{ijkl}^{a} = C_{ijkl}^{a} - C_{ijkl} \tag{3.2.5}$$

$$\Delta\rho_a = \rho_a - \rho \tag{3.2.6}$$

对于二维平面（x-y）内的波动问题，纵波入射所对应的平面应变运动的微分方程为

$$[C_{ijkl}(x)u_{kl}(x)]_i + \rho(x)f_i = \rho\ddot{u}_i,\quad i,j,k,l = 1,2 \tag{3.2.7}$$

对于稳态问题，若不计体力，得到的控制方程为

$$[C_{ijkl}(x)u_{kl}(x)]_i + \rho(x)w^2u_0(x) = 0 \tag{3.2.8}$$

对应于基体介质的基本解 $G_{ia}(x;x',w)$ 应满足

$$C_{ijkl}G_{ka,lj} + \rho w^2 G_{iq} + \delta_{iq}\delta(x - x') = 0 \tag{3.2.9}$$

若基体为均匀各向同性介质，其二维基本解为

$$G_{ij}(x;x',w) = \frac{\mathrm{i}}{4\rho w^2}\{\delta_{ij}\beta^2 H_0^{(1)}(\beta R) - [H_0^{(1)}(\beta R)]_{\alpha\beta}\}G_{i3}(x;x',w) = 0 \tag{3.2.10}$$

式中，非下标 α,β 为波数，下标 $\alpha,\beta = 1,2$；$R = \sqrt{(x_1 - x_1^{'1})^2 + (y_1 - y_1^{'1})^2}$。则得到关于散射位移的积分表达式为

$$\begin{aligned} u_i^{(i)}(x) = &\sum_{n=1}^{2}\Delta\rho_n w^2\iint_{\Omega_n}G_{im}(x;x',w)u_m^{(i)}(x')\mathrm{d}s(x') \\ &+ \sum_{n=1}^{2}\Delta c_{jklm}^{n}\iint_{\Omega_n}G_{ij,k}(x;x',w)u_{l,m}^{(i)}(x')\mathrm{d}s(x') \end{aligned} \tag{3.2.11}$$

入射纵波沿 y 轴方向入射，即 $u_i^{(i)}(x) = u_0 n_1\mathrm{e}^{\mathrm{i}\alpha x_i}\mathrm{e}^{-\mathrm{i}wt}$。依据 Born 近似，将其代入式

(3.2.11)积分表达式,可得散射位移,其中散射远场位移:

$$u_i^{(s)}(x) \approx A_i\sqrt{\frac{2}{\pi\alpha r}}\mathrm{e}^{\mathrm{i}(\alpha r-\frac{\pi}{4})}+B_i\sqrt{\frac{2}{\pi\beta r}}\mathrm{e}^{\mathrm{i}(\beta r-\frac{\pi}{4})} \tag{3.2.12}$$

式中,散射远场幅度 A_i,B_i分别为

$$\begin{aligned} A_i = & \left(\frac{l_i\alpha^2 u_0}{4}\right)\left\{\left(\frac{\Delta\rho_1}{\rho}\cos\Delta\theta-\frac{\Delta\lambda^1+2\Delta\mu^1\cos^2\Delta\theta}{\lambda+2\mu}\right)S_1(\alpha,\alpha)\exp\left[\frac{\mathrm{i}\alpha(\Delta_p l_p-\Delta_1)}{2}\right]\right. \\ & \left.+\left(\frac{\Delta\rho_2}{\rho}\cos\Delta\theta-\frac{\Delta\lambda^2 a_{11}+2\Delta\mu^2 l_p a_{1p}\cos^2\Delta\theta}{\lambda+2\mu}\right)S_2(\alpha,\alpha)\exp\left[-\frac{\mathrm{i}\alpha(\Delta_p l_p-\Delta_1)}{2}\right]\right\} \end{aligned} \tag{3.2.13}$$

$$\begin{aligned} B_i = & \frac{\beta^2 u_0}{4}\left\{\left(\frac{\alpha\Delta u'}{\beta u}\sin 2\Delta\theta-\frac{\Delta\rho_1}{\rho}\sin\Delta\theta\right)S_1(\alpha,\beta)\exp\left[\frac{\mathrm{i}(\beta\Delta_p-\alpha\Delta_1)}{2}\right]\theta_i\right. \\ & +\left[\frac{\alpha\Delta u^2}{\beta u}(2a_{1p}l_p\cos\Delta\theta-\delta_{1i}a_{1p}l_p-a_{1i}\cos\Delta\theta)-\frac{\Delta\rho_2}{\rho}\theta_i\right] \\ & \left.\cdot S_2(\alpha,\beta)\exp\left[-\frac{\mathrm{i}(\beta\Delta_p l_p-\alpha\Delta_1)}{2}\right]\right\} \end{aligned} \tag{3.2.14}$$

式中,$\theta_i=\left(l_i-\frac{l_\beta n_\beta}{l_1}\right)\Big/\sin(\Delta\theta)$,$\Delta\theta=\theta-\theta_0$;$S(\alpha,\alpha)$,$S(\alpha,\beta)$为缺陷的形状因子,如式(3.2.15)所示:

$$S_n(\alpha,k)=\iint_{\Omega_n}\mathrm{e}^{\mathrm{i}(\alpha j_1-kl^n)^*x'^n}\mathrm{d}S_n(x) \tag{3.2.15}$$

不失一般性,考虑双缺陷组合模型中两个异质体形状大小相同,平行放置,入射波沿 y 轴方向入射,椭圆长半轴为 a,离心率为 e,如图 3.2.5 所示。则散射远场幅度 A_i,B_i为

$$A_i=\frac{l_i\alpha^2 u_0}{2}\left(\frac{\Delta\rho}{\rho}\cos\Delta\theta-\frac{\Delta\lambda_1+2\Delta\mu_1\cos^2\Delta\theta}{\lambda+2\mu}\right)S(\alpha,\alpha)\cos\left(\frac{\alpha\Delta}{2}(1-\cos\Delta\theta)\right) \tag{3.2.16}$$

$$B_i=\frac{\theta_i\beta^2 u_0}{2}\left(\frac{\alpha\Delta\mu'}{\beta\mu}\sin 2\Delta\theta-\frac{\Delta\rho_1}{\rho}\sin\Delta\theta\right)S(\alpha,\beta)\cos\left(\frac{\alpha\Delta}{2}(1-\frac{\beta}{\alpha}\cos\Delta\theta)\right) \tag{3.2.17}$$

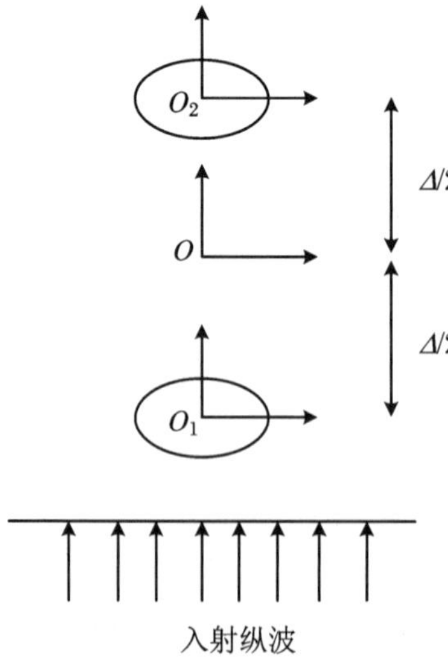

图 3.2.5 含平行裂缝模型示意图

若散射远场幅度 A_i，B_i 的表达式中，$\Delta=\Delta\rho_2=\Delta\lambda_2=\Delta\mu_2=0$，则可等效为含一个缺陷介质中的散射远场位移，散射远场幅度为

$$A_i=\frac{l_i\alpha^2u_0}{4}\left(\frac{\Delta\rho}{\rho}\cos\Delta\theta-\frac{\Delta\lambda_1+2\Delta\mu_1\cos^2\Delta\theta}{\lambda+2\mu}\right)S(\alpha,\alpha) \tag{3.2.18}$$

$$B_i=\frac{\theta_i\beta^2u_0}{4}\left(\frac{\alpha\Delta\mu'}{\beta\mu}\sin 2\Delta\theta-\frac{\Delta\rho_1}{\rho}\sin\Delta\theta\right)S(\alpha,\beta) \tag{3.2.19}$$

将散射位移公式(3.2.12)代入本构方程：$\sigma_{ij}=\lambda\varepsilon_{kk}\delta_{ij}+2\mu\varepsilon_{ij}$，则有

$$\sigma_{ij}^{(s)}=\mathrm{i}\lambda\alpha l_kA_k\delta_{ij}\frac{\mathrm{e}^{\mathrm{i}\alpha r}}{r}+\mathrm{i}\mu\alpha(l_iA_i+l_jR_j)\frac{\mathrm{e}^{\mathrm{i}\alpha r}}{r}+\mathrm{i}\mu\beta(l_iB_i+l_jB_j)\frac{\mathrm{e}^{\mathrm{i}\beta r}}{r} \tag{3.2.20}$$

由上述散射应力场分布可以得到，纵波入射下某一散射角方位观察，综合度量两个异质体之间耦合效应的散射微分横截面($\mathrm{d}P/\mathrm{d}\Omega$)及总的散射剖面($P$)分别为

$$\frac{\mathrm{d}P}{\mathrm{d}\Omega}=\left|\frac{A_i}{u_0}\right|^2+\frac{\alpha}{\beta}\left|\frac{B_i}{u_0}\right|^2 \tag{3.2.21}$$

$$P=\int_\Omega\frac{\mathrm{d}P}{\mathrm{d}\Omega}\mathrm{d}\Omega \tag{3.2.22}$$

图 3.2.6 给出了含一个和两个缺陷的散射截面随 l_2(椭圆间距与长半轴 a 的比值)变化的曲线。

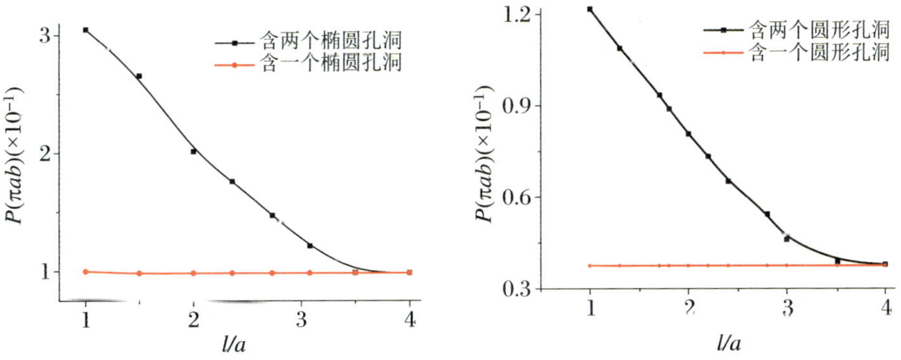

(a) 椭圆缺陷　(b) 圆缺陷

图 3.2.6　单一缺陷和双缺陷的 P-l_2 关系曲线

由图 3.2.6 可知，当两个缺陷间距 $\Delta\leqslant 3.5a\sim 4a$ 时，散射横截面远大于含单个缺陷的结果，即说明 $l_2<1.75\sim 2$ 时，缺陷之间存在强烈的耦合效应；当两个缺陷之间的间距 $\Delta>3.5a\sim 4a$ 时，缺陷对弹性波的综合散射效应与单个缺陷的作用效果相同。此外，球形孔洞对弹性波的散射效应更加强烈。

图 3.2.7 所示为散射微分横截面的大小随散射角度的变化曲线。缺陷介质中弹性波的散射效应具有明显的各向异性。在 0°～90°范围内随着散射角的增大，缺陷间的相互作用减弱。宏观尺度上，根据 Foldy 方程对包含多个缺陷的介质中散射场幅值 $F_{\mathrm{L/T}}$ 采用线性叠加原理，得到有效波数：

$$K=k+\frac{1}{2k}\sum_{i=1}^{n}m_i\mathrm{Re}((F_{\mathrm{L/T}})_i)+\mathrm{i}\frac{1}{2k}\sum_{i=1}^{n}m_i\mathrm{Im}((F_{\mathrm{L/T}})_i)+o(m_i) \tag{3.2.23}$$

$$\alpha(w)=\frac{1}{2k}\sum_{i=1}^{n}m_i\mathrm{Im}((F_{\mathrm{L/T}})_i) \tag{3.2.24}$$

其中，式(3.2.23)第一项 k 为不含裂隙岩石中的横波或纵波波数，F 为纵波或横波的散射远

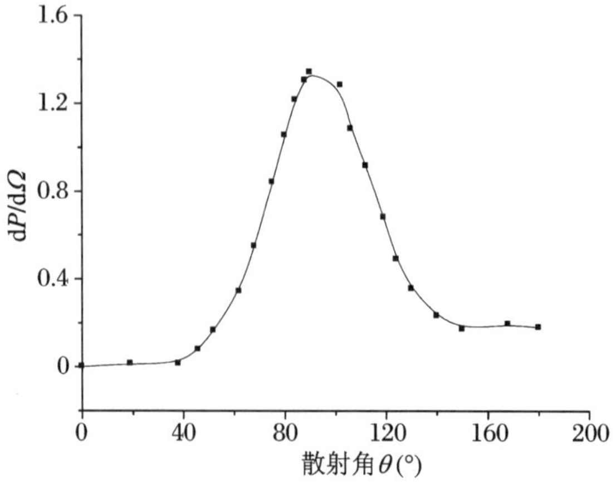

图 3.2.7 双椭圆形孔洞 $dP/d\Omega$-散射角θ关系曲线

场幅度(A_i,B_i),第二项是度量弹性波频散效应的相关参数,第三项为度量弹性波应力衰减程度的相关系数。由散射位移场式(3.2.12)、远场幅度 A_i 式(3.2.18)和 B_i 式(3.2.19)、式(3.2.13)和式(3.2.14)可看出,散射波幅不仅含有横波和纵波(A_i,B_i),且幅值与波长相关量(α,β)、传播距离 x($l_i=x/r$)、方位 $\Delta\theta$、裂隙形状尺寸 S_n(α,k)及裂隙间距 Δ 有关,因此宏观尺度上度量弹性波频散效应和衰减程度的系数也与上述参量有关。

图 3.2.8 所示为弹性波应力波幅值随椭圆缺陷间距的变化规律。随着缺陷间距的增大,衰减系数逐渐降低,当降至约 6 倍椭圆长轴时,其衰减效果同单椭圆模型一致。这说明每个椭圆缺陷的影响区域约为 6 倍长轴的圆域,这与散射截面法得到的结果基本是一致的。若邻近区域的缺陷在这个范围内,则需要充分考虑缺陷之间的相互作用的影响而导致的多次散射作用;反之,则可采用单缺陷模型简化处理。这同时也说明,在统计平均意义下,随着孔隙度的增大,缺陷间的平均距离减小,缺陷群产生的频散和衰减效应增强的同时,多次散射波的相互作用也愈来愈重要。即当孔隙度较大时,单缺陷的线性叠加模式将不再合适,而须采用双缺陷的强相互作用的分析模型。

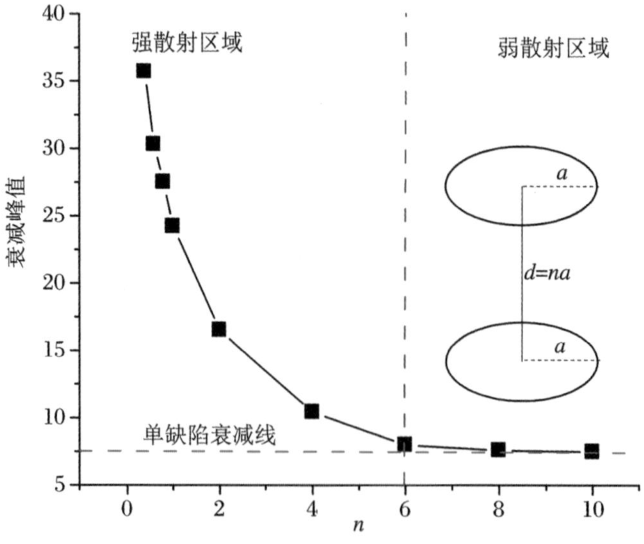

图 3.2.8 椭圆缺陷间距离的影响

3.3　双裂纹组合模型

图 3.3.1 为弹性波与双裂纹相互作用分析模型。单裂纹的半长为 a，具有上下表面 ΣA^{+}，ΣA^{-} 和左右表面 Σ_l，Σ_r（图 1.4.4）。对无厚度裂纹，Σ_l，Σ_r 可忽略，但当考虑裂纹内含夹杂物时，须考虑 Σ_l，Σ_r。组成双裂纹体系的两个裂纹的半长分别为 a，b，裂纹方向夹角为 β，间距为 d，裂纹尖端点相对角度为 α。Γ_1，Γ_2 分别为两个裂纹的边界面。以其中裂纹 1 中心为参考点，建立坐标系。基体为各向同性、线弹性的岩石；弹性谐波 P 波入射角为 θ。

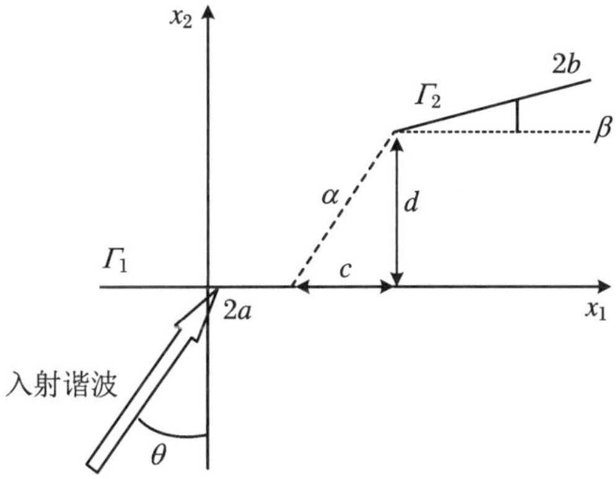

图 3.3.1　双裂纹组合模型

双裂纹模型的基本方程与单裂纹模型（1.4.4 节）相似，只要将单裂纹模型中的上下表面和左右表面扩展为两个裂纹的边界面 Γ_1 和 Γ_2 进行积分即可。具体分析的时候可分两种模式，即考虑裂纹相互作用的“强相互作用”模式和弱化裂纹相互作用的“线性叠加”模式。

在裂纹面自由边界条件下，由式（1.4.30）和式（1.4.31）有 $\sigma_{\alpha\beta}^{\text{in}}(x_p) = -\sigma_{\alpha\beta}^{\text{sc}}(x_p)$。将式（1.4.39）代入可得

$$\sigma_{\alpha\beta}^{\text{in}}(x_p) = -\int_{\Gamma}[\lambda\delta_{\alpha\beta}\sigma_{\delta\varepsilon\gamma,\gamma}^{\text{G}}(r) + \mu\sigma_{\delta\varepsilon\alpha,\beta}^{\text{G}}(r) + \mu\sigma_{\delta\varepsilon\beta,\alpha}^{\text{G}}(r)]\Delta u_{\delta}(x)n_{\varepsilon}\text{d}s \tag{3.3.1}$$

式中，$r = |x - x_p|$；x_p 为观测点。如果观测点 x_p 和边界上的点 x 重合，则会导致 $\sigma_{\delta\varepsilon\gamma}^{\text{G}}(r) \rightarrow \infty$，导致积分的奇异性。为解决奇异性的问题，采用边界元方法，沿双裂纹边界 $\Gamma_1 + \Gamma_2$ 进行单元离散，式（3.3.1）化为

$$\sigma_{\alpha\beta}^{\text{in}}(x_p) = -n_{\beta}\sum_{j=1}^{N}\int_{s_j}^{s_{j+1}}[\lambda\delta_{\alpha\beta}\sigma_{\delta\varepsilon\gamma,\gamma}^{\text{G}}(x;x_p) + \mu\sigma_{\delta\varepsilon\alpha,\beta}^{\text{G}}(x;x_p) + \mu\sigma_{\delta\varepsilon\beta,\alpha}^{\text{G}}(x;x_p)]\Delta u_{\delta}(x)n_{\varepsilon}\text{d}s \tag{3.3.2}$$

式中，S_j 和 S_{j+1} 为第 j 个单元的两个节点在裂纹面上的局部坐标；N 为单元总数。

“强相互作用”模式认可双裂纹体系中裂纹间的相互作用对弹性波传播的影响，认为任一裂纹面上点的位移不仅受该裂纹面上其他点的作用，还受其他裂纹面上点的位移的影响。这种考虑裂纹间相互影响的处理方式可以应用到整个求解域内所有的裂纹，因此将其称为“强相互作用”。此时有

$$\sigma_{12}^{\text{in}}(x_p) = n_1(\beta)\Big\{\frac{1}{2}\mu L_1^Q\sum_{Q=1}^{N_1}\frac{\Delta u_1^{Q+1}-\Delta u_1^Q}{L_1^Q}\sum_{g=1}^{4}[\sigma_{111}^{\text{G}}(r_g)-\sigma_{122}^{\text{G}}(r_g)]s_g$$

$$-\mu\rho\omega^2\frac{1}{2}L_1^Q\sum_{Q=1}^{N_1}\Delta u_1^Q\sum_{g=1}^{4}u_{11}^{\text{G}}(r_g)s_g\Big\}$$

$$+n_2(\beta)\Big\{\frac{1}{2}\mu L_2^Q\sum_{Q=1}^{N_2}\frac{\Delta u_1^{Q+1}-\Delta u_1^Q}{L_2^Q}\sum_{g=1}^{4}[\sigma_{111}^{\text{G}}(r_g)-\sigma_{122}^{\text{G}}(r_g)]s_g$$

$$-\mu\rho\omega^2\frac{1}{2}L_2^Q\sum_{Q=1}^{N_2}\Delta u_1^Q\sum_{g=1}^{4}u_{11}^{\text{G}}(r_g)s_g\Big\} \tag{3.3.3}$$

$$\sigma_{22}^{\text{in}}(x_p) = n_1(\beta)\Big\{\sum_{Q=1}^{N_1}\frac{\Delta u_2^{Q+1}-\Delta u_2^Q}{L_1^Q}\frac{1}{2}L_1^Q\sum_{g=1}^{4}[(\lambda+2\mu)\sigma_{112}^{\text{G}}(r_g)-\lambda\sigma_{221}^{\text{G}}(r_g)]s_g$$

$$-(\lambda+2\mu)\rho\omega^2\frac{1}{2}L_1^Q\sum_{Q=1}^{N_1}\Delta u_2^Q\sum_{g=1}^{4}u_{22}^{\text{G}}(r_g)s_g\Big\}$$

$$+n_2(\beta)\Big\{\sum_{Q=1}^{N_2}\frac{\Delta u_2^{Q+1}-\Delta u_2^Q}{L_2^Q}\frac{1}{2}L^Q\sum_{g=1}^{4}[(\lambda+2\mu)\sigma_{112}^{\text{G}}(r_g)-\lambda\sigma_{221}^{\text{G}}(r_g)]s_g$$

$$-(\lambda+2\mu)\rho\omega^2\frac{1}{2}L_2^Q\sum_{Q=1}^{N_2}\Delta u_2^Q\sum_{g=1}^{4}u_{22}^{\text{G}}(r_g)s_g\Big\} \tag{3.3.4}$$

式中，N_1，N_2 为裂纹 1 和 2 所划分的单元数；L_1，L_2 为裂隙 1 和 2 单元的长度，满足关系：$L_i=2a_i/N_i$；$i=1,2$；r_g 为高斯四点积分中积分点的整体坐标，满足关系：$r_g=r_g(L_i,d,Q)$。强相互作用下，根据式(3.3.3)、式(3.3.4)求得裂纹的张开位移，可得到此条件下的频散关系。

"线性叠加"模式考虑到现场岩石中，每一个裂纹的影响区域是有限的，其影响区域只在 3～5 倍裂纹长度范围以内，松散岩石中这个区域更小。因此，需要对这种相互作用进行弱化，"线性叠加"模式是最极端的一种模式，即忽略裂纹间的相互作用。在"线性叠加"模式下，双裂纹体系中每一点的散射位移场均为每条裂纹单独散射的"线性叠加"，一条裂纹上的张开位移不受另外一条裂隙的影响，即 $r_g=r_g(L_i,Q)$。这种假定对于相隔较远的裂纹比较合适，但对于相隔较近的裂纹，裂纹中的相互影响不能忽略。实际岩石中弹性波与裂纹的相互作用的结果应该是上述两种模式的有机组合。

3.4 双椭圆孔洞组合模型

3.4.1 单椭圆孔洞模型

将 Betti-Rayleigh 动力互易定理应用于图 3.4.1(a)中的含任意形状缺陷的岩石散射模型中，缺陷空腔的体积为 V，其边界面积为 S；而缺陷包含于足够大的半径为 R、表面积为 S_R、体积为 V_R 的球形区域。在弹性球体区域的另一子区域 D 则作为波源激发入射波作用于空隙区域 V，这样空隙充当了散射体，充当次声波源激发散射场。如图 3.4.1(b)所示，简

谐纵波以 θ 角入射到一个以 a 为长半轴、b 为短半轴的椭圆裂纹上，建立坐标系 x_1-x_2。椭圆外表面的单位法向量为 $\boldsymbol{n}$，其分量为 $\boldsymbol{n}_1$ 和 $\boldsymbol{n}_2$。则其参数方程为(谭子翰，2013)

$$x_1 = a\cos\varphi,\quad x_2 = b\sin\varphi \tag{3.4.1}$$

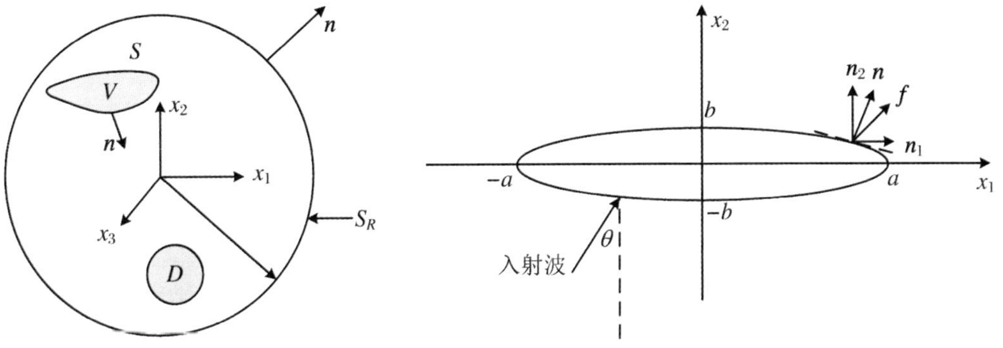

(a) 计算域　　(b) 单椭圆计算模型

图 3.4.1　单椭圆模型

其外单位法向量分量参数方程为

$$n_1(\varphi) = \frac{b\cos\varphi}{\sqrt{(a\sin\varphi)^2 + (b\cos\varphi)^2}},\quad n_2(\varphi) = \frac{a\sin\varphi}{\sqrt{(a\sin\varphi)^2 + (b\cos\varphi)^2}} \tag{3.4.2}$$

入射波形式为

$$u_\alpha^{\text{in}} = u_\alpha^{\text{in}}(x)\mathrm{e}^{-\mathrm{i}\omega t} \tag{3.4.3}$$

式中，非时间依赖项 $u_\alpha^{\text{in}}(x) = U_\alpha \mathrm{e}^{\mathrm{i}k_{\mathrm{L}}(x_1\cos\theta + x_2\sin\theta)}(x=(x_1,x_2))$，$U_\alpha$ 为位移幅值，k_{L} 为纵波波数；ω 为角频率。根据边界积分方程的形式，需要得到弧长的微元表达：

$$\mathrm{d}s = \sqrt{(\mathrm{d}x_1)^2 + (\mathrm{d}x_2)^2} = \sqrt{a^2\sin^2\varphi + b^2\cos^2\varphi}\,\mathrm{d}\varphi \tag{3.4.4}$$

引入内边界条件方程(1.4.30)和方程(1.4.31)，对边界积分方程(1.4.39)进行适当的分块和积分变换，可化为

$$\begin{aligned} T_\alpha^{\text{in}}(x_p) = n_\beta(x_p)\sum_{j=1}^{N}\Big[& H_{\alpha\beta\gamma}(x;x_p)\Delta u_\eta(x)\,\Big|_{s_j}^{s_{j+1}} + \int_{s_j}^{s_{j+1}} J_{\alpha\beta\gamma}(x;x_p)\Delta u_\eta(x)\mathrm{d}s \\ & - \int_{s_j}^{s_{j+1}} H_{\alpha\beta\gamma}(x;x_p) \in_{\lambda\mu} \Delta u_{\eta,\lambda} n_\mu \mathrm{d}s\Big] \end{aligned} \tag{3.4.5}$$

式中，$H_{\alpha\beta\eta} = \lambda\delta_{\alpha\beta}\,\varepsilon_{\gamma\varepsilon}\sigma_{\eta\varepsilon\gamma}^{\mathrm{G}} + \mu(\varepsilon_{\beta\varepsilon}\sigma_{\eta\varepsilon\alpha}^{\mathrm{G}} + \varepsilon_{\alpha\varepsilon}\sigma_{\eta\varepsilon\beta}^{\mathrm{G}})$，$J_{\alpha\beta\eta} = -\rho\omega^2[\lambda\delta_{\alpha\beta}n_\gamma u_{\eta\gamma}^{\mathrm{G}} + \mu(n_\beta u_{\eta\varepsilon\alpha}^{\mathrm{G}} + n_\alpha u_{\eta\beta}^{\mathrm{G}})]$，其中，指标 $\alpha,\beta,\eta=1,2$。

由于入射应力矢量分量已知，有

$$\begin{aligned} T_1^{\text{in}}(\varphi^p) &= n_1(x_p)\sigma_{11}^{\text{in}}(x^p) + n_2(x_p)\sigma_{12}^{\text{in}}(x^p) \\ &= n_1(\varphi^p)\sigma_{11}^{\text{in}}(\varphi^p) + n_2(\varphi^p)\sigma_{12}^{\text{in}}(\varphi^p) \\ &= -\frac{b\cos\varphi^p}{\sqrt{(a\sin\varphi^p)^2 + (b\cos\varphi^p)^2}}(\lambda + 2\mu\sin^2\theta)\mathrm{i}k_{\mathrm{L}}U\mathrm{e}^{\mathrm{i}k_{\mathrm{L}}(a\cos\varphi^p\sin\theta + b\sin\varphi^p\cos\theta)} \\ &\quad - \frac{a\sin\varphi^p}{\sqrt{(a\sin\varphi^p)^2 + (b\cos\varphi^p)^2}}2\mu\sin\theta\cos\theta\mathrm{i}k_{\mathrm{L}}U\mathrm{e}^{\mathrm{i}k_{\mathrm{L}}(a\cos\varphi^p\sin\theta + b\sin\varphi^p\cos\theta)} \end{aligned} \tag{3.4.6}$$

$$\begin{aligned} T_2^{\text{in}}(\varphi^p) &= n_1(x_p)\sigma_{21}^{\text{in}}(x^p) + n_2(x_p)\sigma_{22}^{\text{in}}(x^p) \\ &= n_1(\varphi^p)\sigma_{21}^{\text{in}}(\varphi^p) + n_2(\varphi^p)\sigma_{22}^{\text{in}}(\varphi^p) \end{aligned}$$

$$= -\frac{b\cos\varphi^p}{\sqrt{(a\sin\varphi^p)^2+(b\cos\varphi^p)^2}}2\mu\sin\theta\cos\theta \mathrm{i}k_{\mathrm{L}}U\mathrm{e}^{\mathrm{i}k_{\mathrm{L}}(a\cos\varphi^p\sin\theta+b\sin\varphi^p\cos\theta)}$$
$$-\frac{a\sin\varphi^p}{\sqrt{(a\sin\varphi^p)^2+(b\cos\varphi^p)^2}}(\lambda+2\mu\cos^2\theta)\mathrm{i}k_{\mathrm{L}}U\mathrm{e}^{\mathrm{i}k_{\mathrm{L}}(a\cos\varphi^p\sin\theta+b\sin\varphi^p\cos\theta)} \quad (3.4.7)$$

式中，x^p，φ^p 表示椭圆边界上异于 x 和 φ 角的观测位置。联立方程(3.4.5)、方程(3.4.6)和方程(3.4.7)，可解得扁平椭圆的裂纹张开位移，进而得到频散关系。

3.4.2 双椭圆孔洞组合模型

图 3.4.2 所示为考虑两个椭圆形裂纹间多重散射而建立的双缺陷模型。在主椭圆孔洞 Γ_1 的附近配置另一个椭圆孔洞 Γ_2。以椭圆 Γ_1 的中心与长短轴 a_1，b_1 确立参考坐标系 1：x_1-x_2。对椭圆 Γ_2 及 a_2，b_2 确立参考坐标系 2：x_1'-x_2'；两坐标系的中心距离为 d。x_1 方向上的距离为 d_1，x_2 方向上的距离为 d_2，相对于坐标轴 x_1 成 β 角。建立第二个椭圆在第一个椭圆坐标系中的位置表达。由平面直角坐标变换公式，在参考坐标系 2 内任一点$(x_1', x_2')=(a_2\cos\varphi_2, b_2\sin\varphi_2)$在坐标系 1 中可以表示为(周伟达，2016)

$$\begin{bmatrix}x_1\\x_2\end{bmatrix}=\underbrace{\begin{bmatrix}\cos\alpha & -\sin\alpha\\ \sin\alpha & \cos\alpha\end{bmatrix}}_{\text{旋转矩阵}}\begin{bmatrix}x_1'\\x_2'\end{bmatrix}+\underbrace{\begin{bmatrix}R\cos\beta\\R\sin\beta\end{bmatrix}}_{\text{变换矩阵}}=\begin{bmatrix}a_2\cos\varphi_2\cos\alpha-b_2\sin\varphi_2\sin\alpha+d_1\\a_2\cos\varphi_2\sin\alpha+b_2\sin\varphi_2\cos\alpha+d_2\end{bmatrix} \quad (3.4.8)$$

式中，φ_2 表示参考坐标系 2 中的椭圆参数方程角变量；α 为图 3.4.2 中坐标系 2 与辅助坐标系所成的夹角。

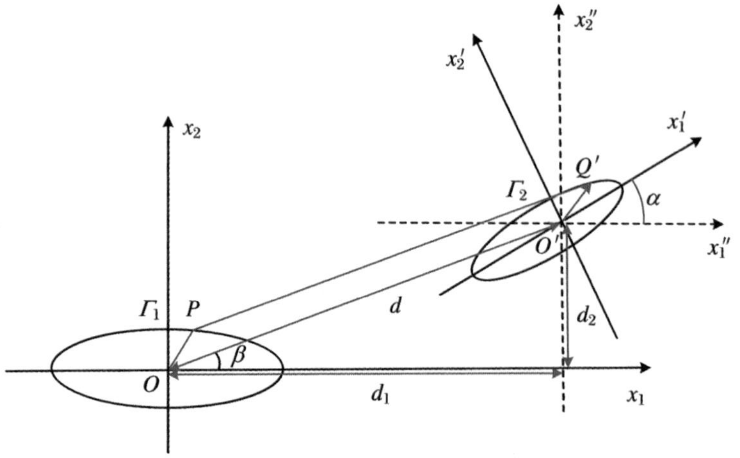

图 3.4.2 双椭圆孔洞模型

法向量：$n_1(x)$为椭圆边界任意一点 x_1 方向的法向量分量，$n_2(x)$为椭圆边界任意一点 x_2 方向的法向量分量。则两个椭圆上的法向量可表示为

椭圆 Γ_1 上：

$$\begin{cases}n_1^{(1)}(\varphi)=\dfrac{b\cos\varphi}{\sqrt{(a\sin\varphi)^2+(b\cos\varphi)^2}}\\ n_2^{(1)}(\phi)=\dfrac{a\sin\varphi}{\sqrt{(a\sin\varphi)^2+(b\cos\varphi)^2}}\end{cases}，\quad \varphi \text{ 取 } 0\sim\pi \quad (3.4.9)$$

在椭圆 Γ_2 上：

$$\begin{cases} n_1^{(1)}(\varphi_2) = \dfrac{b_2\cos\varphi_2}{\sqrt{(a_2\sin\varphi_2)^2+(b_2\cos\varphi_2)^2}}\cos\alpha - \dfrac{a_2\sin\varphi_2}{\sqrt{(a_2\sin\varphi_2)^2+(b_2\cos\varphi_2)^2}}\sin\alpha \\ n_2^{(2)}(\varphi_2) = \dfrac{a_2\sin\varphi_2}{\sqrt{(a_2\sin\varphi_2)^2+(b_2\cos\varphi_2)^2}}\cos\alpha + \dfrac{b_2\cos\varphi_2}{\sqrt{(a_2\sin\varphi_2)^2+(b_2\cos\varphi_2)^2}}\sin\alpha \end{cases} \tag{3.4.10}$$

入射应力矢量：当入射波为简谐波时，椭圆 Γ_1 上1方向入射应力矢量：

$$\begin{aligned} T_1^{\text{in}}(\varphi^p) &= n_1(x_p)\sigma_{11}^{\text{in}}(x^p) + n_2(x_p)\sigma_{12}^{\text{in}}(x^p) = n_1(\varphi^p)\sigma_{11}^{\text{in}}(\varphi^p) + n_2(\varphi^p)\sigma_{12}^{\text{in}}(\varphi^p) \\ &= \frac{b\cos\varphi^p}{\sqrt{(a\sin\varphi^p)^2+(b\cos\varphi^p)^2}}[\lambda(\cos\theta+\sin\theta)+2\mu\sin\theta]\mathrm{i}k_{\mathrm{L}}U\mathrm{e}^{\mathrm{i}k_{\mathrm{L}}(a\cos\varphi^p\sin\theta+b\sin\varphi^p\cos\theta)} \\ &\quad + \frac{a\sin\varphi^p}{\sqrt{(a\sin\varphi^p)^2+(b\cos\varphi^p)^2}}\mu(\sin\theta+\cos\theta)\mathrm{i}k_{\mathrm{L}}U\mathrm{e}^{\mathrm{i}k_{\mathrm{L}}(a\cos\varphi^p\sin\theta+b\sin\varphi^p\cos\theta)} \end{aligned} \tag{3.4.11}$$

椭圆 Γ_1 上2方向入射应力矢量：

$$\begin{aligned} T_2^{\text{in}}(\varphi^p) &= n_1(x_p)\sigma_{21}^{\text{in}}(x^p) + n_2(x_p)\sigma_{22}^{\text{in}}(x^p) = n_1(\varphi^p)\sigma_{21}^{\text{in}}(\varphi^p) + n_2(\varphi^p)\sigma_{22}^{\text{in}}(\varphi^p) \\ &= \frac{a\sin\varphi^p}{\sqrt{(a\sin\varphi^p)^2+(b\cos\varphi^p)^2}}[\lambda(\cos\theta+\sin\theta)+2\mu\cos\theta]\mathrm{i}k_{\mathrm{L}}U\mathrm{e}^{\mathrm{i}k_{\mathrm{L}}(a\cos\varphi^p\sin\theta+b\sin\varphi^p\cos\theta)} \\ &\quad + \frac{b\cos\varphi^p}{\sqrt{(a\sin\varphi^p)^2+(b\cos\varphi^p)^2}}\mu(\sin\theta+\cos\theta)\mathrm{i}k_{\mathrm{L}}U\mathrm{e}^{\mathrm{i}k_{\mathrm{L}}(a\cos\varphi^p\sin\theta+b\sin\varphi^p\cos\theta)} \end{aligned} \tag{3.4.12}$$

椭圆 Γ_2 上1方向入射应力矢量：

$$\begin{aligned} f_1^{\text{in}}(\varphi^p) &= n_1(x_p)\sigma_{11}^{\text{in}}(x^p) + n_2(x_p)\sigma_{12}^{\text{in}}(x^p) = n_1(\varphi^p)\sigma_{11}^{\text{in}}(\varphi^p) + n_2(\varphi^p)\sigma_{12}^{\text{in}}(\varphi^p) \\ &= \left[\frac{b_2\cos\varphi_2}{\sqrt{(a_2\sin\varphi)^2+(b_2\cos\varphi)^2}}\cos\alpha - \frac{a_2\sin\varphi_2}{\sqrt{(a_2\sin\varphi)^2+(b_2\cos\varphi)^2}}\sin\alpha\right] \\ &\quad \cdot [\lambda(\cos\theta+\sin\theta)+2\mu\sin\theta]\mathrm{i}k_{\mathrm{L}}U\mathrm{e}^{\mathrm{i}k_{\mathrm{L}}(x_1'\sin\theta+x_2'\cos\theta)} \\ &\quad + \left[\frac{b_2\cos\varphi_2}{\sqrt{(a_2\sin\varphi_2)^2+(b_2\cos\varphi_2)^2}}\sin\alpha + \frac{a_2\sin\varphi_2}{\sqrt{(a_2\sin\varphi_2)^2+(b_2\cos\varphi_2)^2}}\cos\alpha\right] \\ &\quad \cdot \mu(\sin\theta+\cos\theta)\mathrm{i}k_{\mathrm{L}}U\mathrm{e}^{\mathrm{i}k_{\mathrm{L}}(x_1'\sin\theta+x_2'\cos\theta)} \end{aligned} \tag{3.4.13}$$

椭圆 Γ_2 上2方向入射应力矢量：

$$\begin{aligned} f_2^{\text{in}}(\varphi^p) &= n_1(x_p)\sigma_{21}^{\text{in}}(x^p) + n_2(x_p)\sigma_{22}^{\text{in}}(x^p) = n_1(\varphi^p)\sigma_{21}^{\text{in}}(\varphi^p) + n_2(\varphi^p)\sigma_{22}^{\text{in}}(\varphi^p) \\ &= \left[\frac{b_2\cos\varphi_2}{\sqrt{(a_2\sin\varphi)^2+(b_2\cos\varphi)^2}}\cos\alpha - \frac{a_2\sin\varphi_2}{\sqrt{(a_2\sin\varphi)^2+(b_2\cos\varphi)^2}}\sin\alpha\right] \\ &\quad \cdot \mu(\sin\theta+\cos\theta)\mathrm{i}k_{\mathrm{L}}U\mathrm{e}^{\mathrm{i}k_{\mathrm{L}}(x_1'\sin\theta+x_2'\cos\theta)} \\ &\quad + \left[\frac{b_2\cos\varphi_2}{\sqrt{(a_2\sin\varphi_2)^2+(b_2\cos\varphi_2)^2}}\sin\alpha + \frac{a_2\sin\varphi_2}{\sqrt{(a_2\sin\varphi_2)^2+(b_2\cos\varphi_2)^2}}\cos\alpha\right] \\ &\quad \cdot [\lambda(\cos\theta+\sin\theta)+2\mu\cos\theta]\mathrm{i}k_{\mathrm{L}}U\mathrm{e}^{\mathrm{i}k_{\mathrm{L}}(x_1'\sin\theta+x_2'\cos\theta)} \end{aligned} \tag{3.4.14}$$

式中，x_1' 和 x_2' 为椭圆 Γ_2 上任意一点在参考坐标系1中的表达。

运用 Betti-Rayleigh 动力互易定理和格林函数基本解得到散射场，结合自由边界条件得到入射应力场：

$$T_\alpha^{\text{in}(i)}(x_p)=n_\beta^{(i)}(x_p)\left\{\sum_{j=1}^{N_1}\left[\int_{s_j}^{s_{j+1}}J_{\alpha\beta\delta}(x;x_p)\Delta u_\delta(x)\mathrm{d}s-\int_{s_j}^{s_{j+1}}H_{\alpha\beta\delta}(x;x_p)\in_{\lambda\mu}\Delta u_{\delta,\lambda}n_\mu\mathrm{d}s^{(1)}\right]\right.$$
$$\left.+n_\beta^{(i)}(x_p)\right\}\left\{\sum_{j=1}^{N_2}\left[\int_{s_j}^{s_{j+1}}J_{\alpha\beta\delta}(x;x_p)\Delta u_\delta(x)\mathrm{d}s-\int_{s_j}^{s_{j+1}}H_{\alpha\beta\delta}(x;x_p)\in_{\lambda\mu}\Delta u_{\delta,\lambda}n_\mu\mathrm{d}s^{(2)}\right]\right\}\tag{3.4.15}$$

式中，$T_\alpha^{\text{in}(i)}(x_p)$为椭圆 Γ_i 上观测点 x_p 的入射应力矢量，上标“(1)”和“(2)”分别表示在椭圆 Γ_1 和 Γ_2 上的物理量；等号右边第一项表示椭圆 Γ_1 边界的影响，第二项表示椭圆 Γ_2 边界的影响。N_i 表示将第 i 个椭圆的边界划分为 N_i 段。通过四点高斯积分对式(3.4.15)进行离散，由于考虑临近裂纹的影响，公式离散后的形式发生变化。

椭圆 Γ_1 上 1 方向入射应力矢量也可表示为

$$\begin{aligned}T_1^{\text{in}(1)}(\varphi^{p(1)})=&\sum_{j=1}^{N_1}\Delta u_1^{j(1)}(\varphi_1)\sum_{g=1}^{4}[n_1^{(1)}(\varphi^{p(1)})\cdot J_{111}^{(1)}(r_g)+n_2^{(1)}(\varphi^{p(1)})\cdot J_{121}^{(1)}(r_g)]\cdot\Lambda_1\cdot s_g\cdot\Delta\varphi_1/2\\&+\sum_{j=1}^{N_2}\Delta u_1^{j(2)}(\varphi_2)\sum_{g=1}^{4}[n_1^{(1)}(\varphi^{p(1)})\cdot J_{111}^{(2)}(r_g)+n_2(\varphi^{p})\cdot J_{121}^{(2)}(r_g)]\cdot\Lambda_2\cdot s_g\cdot\Delta\varphi_2/2\\&+\sum_{j=1}^{N_1}[\Delta u_1^{j+1(1)}(\varphi)-\Delta u_1^{j(1)}(\varphi)]\sum_{g=1}^{4}[n_1^{(1)}(\varphi^{p(1)})\cdot H_{111}(r_g)+n_1^{(1)}(\varphi^{p(1)})\cdot H_{121}(r_g)]\cdot s_g\\&+\sum_{j=1}^{N_2}[\Delta u_1^{j+1(2)}(\varphi_2)-\Delta u_1^{j(2)}(\varphi_2)]\sum_{g=1}^{4}[n_1^{(1)}(\varphi^{p(1)})\cdot H_{111}(r_g)+n_1^{(1)}(\varphi^{p(1)})\cdot H_{121}(r_g)]\cdot s_g\\&+\sum_{j=1}^{N_1}\Delta u_2^{j(1)}(\varphi_1)\sum_{g=1}^{4}[n_1^{(1)}(\varphi^{p(1)})\cdot J_{112}^{(1)}(r_g)+n_2^{(1)}(\varphi^{p(1)})\cdot J_{122}^{(1)}(r_g)]\cdot\Lambda_1\cdot s_g\cdot\Delta\varphi_1/2\\&+\sum_{j=1}^{N_2}\Delta u_2^{j(2)}(\varphi_2)\sum_{g=1}^{4}[n_1^{(1)}(\varphi^{p(1)})\cdot J_{112}^{(2)}(r_g)+n_2^{(1)}(\varphi^{p(1)})\cdot J_{122}^{(2)}(r_g)]\cdot\Lambda_2\cdot s_g\cdot\Delta\varphi_2/2\\&+\sum_{j=1}^{N_1}[\Delta u_2^{j+1(1)}(\varphi_1)-\Delta u_2^{j(1)}(\varphi_1)]\sum_{g=1}^{4}[n_1^{(1)}(\varphi^{p(1)})\cdot H_{112}^{(1)}(r_g)+n_2^{(1)}(\varphi^{p(1)})\cdot H_{122}^{(1)}(r_g)]\cdot s_g\\&+\sum_{j=1}^{N_2}[\Delta u_2^{j+1(2)}(\varphi_2)-\Delta u_2^{j(2)}(\varphi_2)]\sum_{g=1}^{4}[n_1^{(1)}(\varphi^{p(1)})\cdot H_{112}^{(2)}(r_g)+n_2^{(1)}(\varphi^{p(1)})\cdot H_{122}^{(2)}(r_g)]\cdot s_g\end{aligned}\tag{3.4.16}$$

椭圆 Γ_1 上 2 方向入射应力矢量表示为

$$\begin{aligned}T_1^{\text{in}(2)}(\varphi^{p(2)})=&\sum_{j=1}^{N_1}\Delta u_1^{j(1)}(\varphi_1)\sum_{g=1}^{4}[n_1^{(2)}(\varphi^{p(2)})\cdot J_{111}^{(1)}(r_g)+n_2^{(2)}(\varphi^{p(2)})\cdot J_{121}^{(1)}(r_g)]\cdot\Lambda_1\cdot s_g\cdot\Delta\varphi_1/2\\&+\sum_{j=1}^{N_2}\Delta u_1^{j(2)}(\varphi_2)\sum_{g=1}^{4}[n_1^{(2)}(\varphi^{p(2)})\cdot J_{111}^{(2)}(r_g)+n_2^{(2)}(\varphi^{p(2)})\cdot J_{121}^{(2)}(r_g)]\cdot\Lambda_2\cdot s_g\cdot\Delta\varphi_2/2\\&+\sum_{j=1}^{N_1}[\Delta u_1^{j+1(1)}(\varphi)-\Delta u_1^{j(1)}(\varphi)]\sum_{g=1}^{4}[n_1^{(2)}(\varphi^{p(2)})\cdot H_{111}^{(1)}(r_g)+n_2^{(2)}(\varphi^{p(2)})\cdot H_{121}^{(1)}(r_g)]\cdot s_g\\&+\sum_{j=1}^{N_2}[\Delta u_1^{j+1(2)}(\varphi_2)-\Delta u_1^{j(2)}(\varphi_2)]\sum_{g=1}^{4}[n_1^{(2)}(\varphi^{p(2)})\cdot H_{111}^{(2)}(r_g)+n_2^{(2)}(\varphi^{p(2)})\cdot H_{121}^{(2)}(r_g)]\cdot s_g\\&+\sum_{j=1}^{N_1}\Delta u_2^{j(1)}(\varphi_1)\sum_{g=1}^{4}[n_1^{(2)}(\varphi^{p(2)})\cdot J_{112}^{(1)}(r_g)+n_2^{(2)}(\varphi^{p(2)})\cdot J_{122}^{(1)}(r_g)]\cdot\Lambda_1\cdot s_g\cdot\Delta\varphi_1/2\\&+\sum_{j=1}^{N_2}\Delta u_2^{j(1)}(\varphi_2)\sum_{g=1}^{4}[n_1^{(2)}(\varphi^{p(2)})\cdot J_{112}^{(2)}(r_g)+n_2^{(2)}(\varphi^{p(2)})\cdot J_{122}^{(2)}(r_g)]\cdot\Lambda_2\cdot s_g\cdot\Delta\varphi_2/2\end{aligned}$$

$$
\begin{aligned}
&+\sum_{j=1}^{N_1}\left[\Delta u_2^{j+1(1)}(\varphi_1)-\Delta u_2^{j(1)}(\varphi_1)\right]\sum_{g=1}^{4}\left[n_1^{(2)}(\varphi^{p(2)})\cdot H_{112}^{(1)}(r_g)+n_2^{(2)}(\varphi^{p(2)})\cdot H_{122}^{(1)}(r_g)\right]\cdot s_g \\
&+\sum_{j=1}^{N_2}\left[\Delta u_2^{j+1(2)}(\varphi_2)-\Delta u_2^{j(2)}(\varphi_2)\right]\sum_{g=1}^{4}\left[n_1^{(2)}(\varphi^{p(2)})\cdot H_{112}^{(2)}(r_g)+n_2^{(2)}(\varphi^{p(2)})\cdot H_{122}^{(2)}(r_g)\right]\cdot s_g
\end{aligned}
\tag{3.4.17}
$$

椭圆 Γ_2 上 1 方向入射应力矢量：

$$
\begin{aligned}
T_2^{\mathrm{in}(1)}(\varphi^{p(1)}) = &\sum_{j=1}^{N_1}\Delta u_1^{j(1)}(\varphi_1)\sum_{g=1}^{4}\left[n_1^{(1)}(\varphi^{p(1)})\cdot J_{211}^{(1)}(r_g)+n_2^{(1)}(\varphi^{p(1)})\cdot J_{221}^{(1)}(r_g)\right]\cdot \Lambda_1\cdot s_g\cdot \Delta\varphi_1/2 \\
&+\sum_{j=1}^{N_2}\Delta u_1^{j(2)}(\varphi_2)\sum_{g=1}^{4}\left[n_1^{(1)}(\varphi^{p(1)})\cdot J_{211}^{(2)}(r_g)+n_2^{(1)}(\varphi^{p(1)})\cdot J_{221}^{(2)}(r_g)\right]\cdot \Lambda_2\cdot s_g\cdot \Delta\varphi_2/2 \\
&+\sum_{j=1}^{N_1}\left[\Delta u_1^{j+1(1)}(\varphi_1)-\Delta u_1^{j(1)}(\varphi_1)\right]\sum_{g=1}^{4}\left[n_1^{(1)}(\varphi^{p(1)})\cdot H_{211}^{(1)}(r_g)+n_2^{(1)}(\varphi^{p(1)})\cdot H_{221}^{(1)}(r_g)\right]\cdot s_g \\
&+\sum_{j=1}^{N_2}\left[\Delta u_1^{j+1(1)}(\varphi_2)-\Delta u_1^{j(1)}(\varphi_2)\right]\sum_{g=1}^{4}\left[n_1^{(1)}(\varphi^{p(1)})\cdot H_{211}^{(2)}(r_g)+n_2^{(1)}(\varphi^{p(1)})\cdot H_{221}^{(2)}(r_g)\right]\cdot s_g \\
&+\sum_{j=1}^{N_1}\Delta u_2^{j(1)}(\varphi_1)\sum_{g=1}^{4}\left[n_1^{(1)}(\varphi^{p(1)})\cdot J_{212}^{(1)}(r_g)+n_2^{(2)}(\varphi^{p})\cdot J_{222}^{(1)}(r_g)\right]\cdot \Lambda_1\cdot s_g\cdot \Delta\varphi_1/2 \\
&+\sum_{j=1}^{N_2}\Delta u_2^{j(2)}(\varphi_2)\sum_{g=1}^{4}\left[n_1^{(1)}(\varphi^{p(1)})\cdot J_{212}^{(2)}(r_g)+n_2^{(2)}(\varphi^{p})\cdot J_{222}^{(2)}(r_g)\right]\cdot \Lambda_2\cdot s_g\cdot \Delta\varphi_2/2 \\
&+\sum_{j=1}^{N_1}\left[\Delta u_2^{j+1(1)}(\varphi_1)-\Delta u_2^{j(1)}(\varphi_1)\right]\sum_{g=1}^{4}\left[n_1^{(1)}(\varphi^{p(1)})\cdot H_{212}^{(1)}(r_g)+n_2^{(2)}(\varphi^{p})\cdot H_{222}^{(1)}(r_g)\right]\cdot s_g \\
&+\sum_{j=1}^{N_2}\left[\Delta u_2^{j+1(2)}(\varphi_2)-\Delta u_2^{j(2)}(\varphi_2)\right]\sum_{g=1}^{4}\left[n_1^{(1)}(\varphi^{p(1)})\cdot H_{212}^{(2)}(r_g)+n_2^{(2)}(\varphi^{p})\cdot H_{222}^{(2)}(r_g)\right]\cdot s_g
\end{aligned}
\tag{3.4.18}
$$

椭圆 Γ_2 上 2 方向入射应力矢量：

$$
\begin{aligned}
T_2^{\mathrm{in}(2)}(\varphi^{p(2)}) = &\sum_{j=1}^{N_1}\Delta u_1^{j(1)}(\varphi_1)\sum_{g=1}^{4}\left[n_1^{(2)}(\varphi^{p(2)})\cdot J_{211}^{(1)}(r_g)+n_2^{(2)}(\varphi^{p(2)})\cdot J_{221}^{(1)}(r_g)\right]\cdot \Lambda_1\cdot s_g\cdot \Delta\varphi_1/2 \\
&+\sum_{j=1}^{N_2}\Delta u_1^{j(2)}(\varphi_2)\sum_{g=1}^{4}\left[n_1^{(2)}(\varphi^{p(2)})\cdot J_{211}^{(2)}(r_g)+n_2^{(2)}(\varphi^{p(2)})\cdot J_{221}^{(2)}(r_g)\right]\cdot \Lambda_2\cdot s_g\cdot \Delta\varphi_2/2 \\
&+\sum_{j=1}^{N_1}\left[\Delta u_1^{j+1(1)}(\varphi_1)-\Delta u_1^{j(1)}(\varphi_1)\right]\sum_{g=1}^{4}\left[n_1^{(2)}(\varphi^{p(2)})\cdot H_{211}^{(1)}(r_g)+n_2^{(2)}(\varphi^{p(2)})\cdot H_{221}^{(1)}(r_g)\right]\cdot s_g \\
&+\sum_{j=1}^{N_2}\left[\Delta u_1^{j+1(2)}(\varphi_2)-\Delta u_1^{j(2)}(\varphi_2)\right]\sum_{g=1}^{4}\left[n_1^{(2)}(\varphi^{p(2)})\cdot H_{211}^{(2)}(r_g)+n_2^{(2)}(\varphi^{p(2)})\cdot H_{221}^{(2)}(r_g)\right]\cdot s_g \\
&+\sum_{j=1}^{N_1}\Delta u_2^{j(1)}(\varphi_1)\sum_{g=1}^{4}\left[n_1^{(2)}(\varphi^{p(2)})\cdot J_{212}^{(1)}(r_g)+n_2^{(2)}(\varphi^{p(2)})\cdot J_{222}^{(1)}(r_g)\right]\cdot \Lambda_1\cdot s_g\cdot \Delta\varphi_1/2 \\
&+\sum_{j=1}^{N_2}\Delta u_2^{j(2)}(\varphi_2)\sum_{g=1}^{4}\left[n_1^{(2)}(\varphi^{p(2)})\cdot J_{212}^{(2)}(r_g)+n_2^{(2)}(\varphi^{p(2)})\cdot J_{222}^{(2)}(r_g)\right]\cdot \Lambda_2\cdot s_g\cdot \Delta\varphi_2/2 \\
&+\sum_{j=1}^{N_1}\left[\Delta u_2^{j+1(1)}(\varphi_1)-\Delta u_2^{j(1)}(\varphi_1)\right]\sum_{g=1}^{4}\left[n_1^{(2)}(\varphi^{p(2)})\cdot H_{212}^{(1)}(r_g)+n_2^{(2)}(\varphi^{p(2)})\cdot H_{222}^{(1)}(r_g)\right]\cdot s_g \\
&+\sum_{j=1}^{N_2}\left[\Delta u_2^{j+1(2)}(\varphi_2)-\Delta u_2^{j(2)}(\varphi_2)\right]\sum_{g=1}^{4}\left[n_1^{(2)}(\varphi^{p(2)})\cdot H_{212}^{(2)}(r_g)+n_2^{(2)}(\varphi^{p(2)})\cdot H_{222}^{(2)}(r_g)\right]\cdot s_g
\end{aligned}
\tag{3.4.19}
$$

式中，$\Delta\varphi_i$ 表示第 i 个椭圆划分的角度单元：$\Lambda_i = \sqrt{(a_i \sin\varphi_i)^2 + (b_i \cos\varphi_i)^2}$。区别于单椭圆裂纹模型，在双椭圆裂纹模型中，观测点和高斯积分点可能分布于两个椭圆边界上，H 和 J 要随两者的距离变化做相应调整。

3.5 双缺陷组合模型的数值计算

3.5.1 通过散射远场求解频散与衰减

通过边界积分方程可以求得裂纹张开位移的值进而得到散射场。为了建立波速、衰减系数与频率之间的关系，通常引入散射远场的极坐标公式：

$$U_R^{sc}(R,\Psi) = \frac{e^{i(k_L+\pi/4)}}{(8\pi k_L R)^{1/2}} F_L(\Psi), \quad R \to \infty \tag{3.5.1}$$

$$U_\Psi^{sc}(R,\Psi) = \frac{e^{i(k_T+\pi/4)}}{(8\pi k_T R)^{1/2}} F_{TV}(\Psi), \quad R \to \infty \tag{3.5.2}$$

$$U^{sc}(x^Q) = U_R^{sc}(R,\Psi) + U_\Psi^{sc}(R,\Psi) \tag{3.5.3}$$

式中，$F_L(\Psi)$ 和 $F_{TV}(\Psi)$ 表示散射位移场的幅值，Ψ 为角度，且

$$F_L(\Psi) = -ik_L[2k^{-2}\tilde{x}_\alpha\tilde{x}_2 + (1-2k^{-2})\delta_{\alpha 2}]\int_{\Gamma^+} e^{-ik_L\tilde{x}_\gamma x_\gamma}\Delta u_\alpha(x_1)ds \tag{3.5.4}$$

$$F_{TV}(\Psi) = -ik_T(\tilde{h}_\alpha\tilde{x}_2 + \tilde{h}_2\tilde{x}_\alpha)ds\int_{\Gamma^+} e^{-ik_T\tilde{x}_\gamma x_\gamma}\Delta u_\alpha(x_1)ds \tag{3.5.5}$$

其中

$$k = k_T/k_L, \quad \tilde{x} = \begin{Bmatrix} \cos\Psi \\ \sin\Psi \end{Bmatrix}, \quad \tilde{h} = \begin{Bmatrix} -\sin\Psi \\ \cos\Psi \end{Bmatrix} \tag{3.5.6}$$

宏观上考虑多个同种尺寸缺陷的简单“线性叠加”，由 Foldy(1945)提出有效波数的方程：

$$K = k + \frac{m}{2}\frac{\mathrm{Re}(F)}{k} + i\frac{m}{2}\frac{\mathrm{Im}(F)}{k} + o\left\{\left[\frac{m}{2}\frac{\mathrm{Re}(F)}{k}\right]^2\right\} \tag{3.5.7}$$

式中，K 为缺陷岩体的有效波数；k 为完整岩体的波数；F 为散射幅值；m 为裂纹数密度，即单位面积内的裂纹数。

有效波数定义为

$$K_{L/T}(\omega) = \frac{\omega}{\overline{C_{p_{L/T}}}(\omega)} + i\alpha(\omega) \tag{3.5.8}$$

式中，α 为衰减系数(attenuation coefficient)，表示与缺陷作用后得到的相应的波的振幅与 $e^{-\alpha x}$ 成比例，随传播距离呈指数衰减；$\overline{C_{p_{L/T}}}(\omega)$ 为缺陷岩体的波速(相速度)。同时

$$\alpha(\omega) = \frac{1}{2}m\gamma = \frac{1}{2}m\frac{\mathrm{Im}(F_{L/T})}{k_{L/T}} \tag{3.5.9}$$

由此可以求出相对波速和频率之间的关系：

$$\frac{C_{0_{\mathrm{L/T}}}}{C_{p_{\mathrm{L/T}}}(\omega)} = 1 + \frac{m}{2}\frac{\mathrm{Re}(F_{\mathrm{L/T}})}{\omega^2}C_{0_{\mathrm{L/T}}}^2 + o\left[\left(\frac{m}{2}\frac{\mathrm{Re}(F_{\mathrm{L/T}})}{\omega^2}\right)^2 C_{0_{\mathrm{L/T}}}\right] \tag{3.5.10}$$

式中，$C_{0_{\mathrm{L/T}}}$ 为完整岩体的波速。

3.5.2　边界积分方法

边界积分方程中包含的格林函数具有奇异性。为了消除奇异性，对边界积分方程借用“边界元”思想，利用四点高斯积分法将椭圆边界进行离散。边界元中常用的离散方法是配点法。由于其实用性与方便可行性，这种方法被很多工程应用领域的边界元著作推荐。在二维边界下进行边界单元的划分，用划分的单元来表示边界的形状和单元上的函数值。边界单元上的函数值和函数法向导数值，则可以通过插值函数（形函数）和边界单元上有限个点（节点）的函数值进行多项式近似。

如图 3.5.1 所示，将边界 Γ 离散为 N 段互无重叠的曲线段 Γ_i（$i=1,2,\cdots,N$），问题就转化为求边界单元函数的积分了。离散后的单元分为两种：一种是裂纹尖端单元，一种是除裂纹尖端外的单元。裂纹尖端的分析一般较复杂，若精确计算，须考虑应力集中引起的单元上位移非线性分布。若考虑扁平椭圆裂纹尖端光滑性，和其他单元一样，认为在单元上位移值一定，离散单元为常数单元。边界单元积分值采用四点高斯积分方法求解（Sladak et al.，1992）。四点高斯积分方法如图 3.5.2 所示，任意连续函数 $f(x)$ 在 $[a,b]$ 上的积分可以转化为在区间 $[-1,1]$ 上由四点高斯积分点加权得到的函数值，即

$$\int_a^b f(x)\mathrm{d}x = \frac{b-a}{2}\int_{-1}^1 f(\xi)\mathrm{d}\xi = \frac{b-a}{2}\sum_{g=1}^{4} s_g f(\xi_g) \tag{3.5.11}$$

式中，ξ 为新坐标系上的局部坐标。采用四点高斯积分时，ξ_g 为积分节点的局部坐标，s_g 为积分节点的加权系数，其值可查阅蔡倩倩、许履瑚、梁在中等编的《实用数学手册》（科学出版社，2004）。需要注意，这里之所以采用四点高斯积分，是因为边界单元的节点（中点）与四个高斯积分节点错开，就能消除积分方程中格林函数项的奇异性。

在 3.4 节双椭圆组合模型中，式（3.4.16）～式（3.4.19）就是对式（3.4.15）进行边界元离散后的表达式。

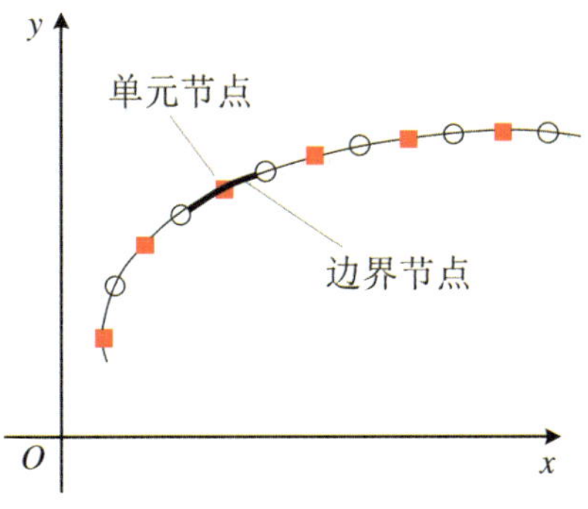

图 3.5.1　边界单元划分与单元节点

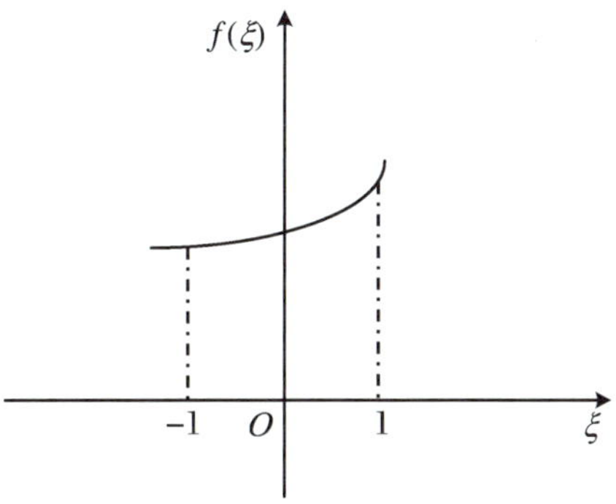

图 3.5.2　高斯积分方法

3.5.3　以双椭圆模型为例

双椭圆模型的入射应力方程可写为

$$\begin{bmatrix} G_{111}+2K_{111}P & G_{311}+2K_{311}P & G_{112}+2K_{112}P & G_{312}+2K_{312}P \\ G_{411}+2K_{411}P & G_{211}+2K_{211}P & G_{412}+2K_{412}P & G_{212}+2K_{212}P \\ G_{121}+2K_{121}P & G_{311}+2K_{311}P & G_{122}+2K_{122}P & G_{322}+2K_{322}P \\ G_{421}+2K_{421}P & G_{211}+2K_{211}P & G_{422}+2K_{422}P & G_{222}+2K_{222}P \end{bmatrix} \cdot \begin{bmatrix} \Delta U_1^{(1)} \\ \Delta U_1^{(2)} \\ \Delta U_2^{(1)} \\ \Delta U_2^{(2)} \end{bmatrix} = \begin{bmatrix} f_1^{(1)} \\ f_1^{(2)} \\ f_2^{(1)} \\ f_2^{(2)} \end{bmatrix} \tag{3.5.12}$$

式中

$$P = \begin{bmatrix} 2 & & & & \\ & -1 & 1 & & \\ & & \ddots & \ddots & \\ & & & -1 & 1 \\ & & & & -2 \end{bmatrix}_{N_i \times N_i}, \quad G_{kij} = n_\delta(\varphi^p)^{(k)} J_{i\delta j}(r_g) \Lambda \Delta\varphi_1$$

$$K_{kij} = n_\delta(\varphi^p)^{(k)} H_{i\delta j}(r_g)$$

考虑到 $\boldsymbol{J}$ 和 $\boldsymbol{H}$ 存在 4 种不同情况，张量 $\boldsymbol{G}$ 和 $\boldsymbol{K}$ 需要增加 1 个下标变成四阶张量，这里第一个下标为增加的，表示 X_p 和 X 所在的相应位置：① $k=1$ 时，均在椭圆 Γ_1 上。② $k=2$ 时，均在椭圆 Γ_2 上。③ $k=3$ 时，X_p 点在椭圆 Γ_1 上，X 点在椭圆 Γ_2 上。④ $k=4$ 时，X_p 点在椭圆 Γ_2 上，X 点在椭圆 Γ_1 上。

式(3.4.16)～式(3.4.19)可简写为

$$\begin{bmatrix} A_{111} & A_{311} & A_{112} & A_{312} \\ A_{411} & A_{211} & A_{412} & A_{212} \\ A_{121} & A_{321} & A_{122} & A_{322} \\ A_{421} & A_{221} & A_{422} & A_{222} \end{bmatrix} \cdot \begin{bmatrix} \Delta U_1^{(1)} \\ \Delta U_1^{(2)} \\ \Delta U_2^{(1)} \\ \Delta U_2^{(2)} \end{bmatrix} = \begin{bmatrix} f_1^{(1)} \\ f_1^{(2)} \\ f_2^{(1)} \\ f_2^{(2)} \end{bmatrix} \tag{3.5.13}$$

考虑到次裂纹在主裂纹一侧，其对主裂纹的影响不可能作用在整个主裂纹上，而主要是对部分单元有作用，所以在相应的方程上乘以对应的影响系数矩阵。同样，主裂纹对次裂纹的影响也是一样的。在计算中，假设只有距另外一个椭圆裂纹较近的半椭圆边界受到影响，其影响矩阵为

$$\boldsymbol{L}_1 = \begin{bmatrix} 0 & & & & \\ & \ddots & & & \\ & & 0 & & \\ \hdashline & & & 1 & \\ & & & & \ddots & \\ & & & & & 1 \end{bmatrix}_{N_1 \times N_1} N_1/2, \quad \boldsymbol{L}_2 = \begin{bmatrix} 1 & & & & \\ & \ddots & & & \\ & & 1 & & \\ \hdashline & & & 0 & \\ & & & & \ddots & \\ & & & & & 0 \end{bmatrix}_{N_2 \times N_2} N_2/2 \tag{3.5.14}$$

其中，$\boldsymbol{L}_1$ 为次裂纹对主裂纹的影响矩阵，$\boldsymbol{L}_2$ 为主裂纹对次裂纹的影响矩阵。

式(3.5.13)可化为

$$\begin{bmatrix} A_{111} & A_{311} & A_{112}\boldsymbol{L}_1 & A_{312}\boldsymbol{L}_1 \\ A_{411} & A_{211} & A_{412}\boldsymbol{L}_1 & A_{212}\boldsymbol{L}_1 \\ A_{121}\boldsymbol{L}_2 & A_{321}\boldsymbol{L}_2 & A_{122} & A_{322} \\ A_{421}\boldsymbol{L}_2 & A_{221}\boldsymbol{L}_2 & A_{422} & A_{222} \end{bmatrix} \cdot \begin{bmatrix} \Delta U_1^{(1)} \\ \Delta U_1^{(2)} \\ \Delta U_2^{(1)} \\ \Delta U_2^{(2)} \end{bmatrix} = \begin{bmatrix} f_1^{(1)} \\ f_1^{(2)} \\ f_2^{(1)} \\ f_2^{(2)} \end{bmatrix} \tag{3.5.15}$$

通过上述方程解得椭圆裂纹 Γ_1 和 Γ_2 的张开位移，将其代入散射远场的幅值，通过

Foldy 方程即可得到波速和衰减。散射远场的幅值表达式为

$$
\begin{aligned}
F_{\mathrm{L}}(\Psi) &= -\mathrm{i}k_{\mathrm{L}}[2k^{-2}\tilde{x}_{\alpha}\tilde{x}_{2} + (1-2k^{-2})\delta_{\alpha 2}]\int_{A_{+}^{1}+A_{+}^{2}} \mathrm{e}^{\mathrm{i}k_{\mathrm{L}}\tilde{x}_{\gamma}x_{\gamma}}\Delta u_{\alpha}(\varphi)\mathrm{d}s \\
&= -\mathrm{i}k_{\mathrm{L}}[2k^{-2}\cos\Psi\cdot\sin\Psi]\cdot\sum_{i}^{N_1}\Delta\varphi_1\sqrt{(a_1\cos\varphi)^2+(b_1\sin\varphi)^2} \\
&\quad\cdot\exp[-\mathrm{i}k_{\mathrm{L}}(\cos\Psi\cdot a_1\cdot\cos\varphi_1+\sin\Psi\cdot b_1\cdot\sin\varphi_1)(\Delta u_1(\varphi_1))_i] \\
&\quad+(-\mathrm{i}k_{\mathrm{L}})[2k^{-2}\sin^2\Psi+(1-2k^{-2})]\cdot\sum_{i}^{N_1}\Delta\varphi_1\sqrt{(a_1\cos\varphi_1)^2+(b_1\sin\varphi_1)^2} \\
&\quad\cdot\exp[-\mathrm{i}k_{\mathrm{L}}(\cos\Psi\cdot a\cdot\cos\varphi_1+\sin\Psi\cdot b\cdot\sin\varphi_1)(\Delta u_2(\varphi_1))_i] \\
&\quad-\mathrm{i}k_{\mathrm{L}}(2k^{-2}\cos\Psi\cdot\sin\Psi)\cdot\sum_{i}^{N_2}\Delta\varphi_2\sqrt{(a_2\cos\varphi_2)^2+(b_2\sin\varphi_2)^2} \\
&\quad\cdot\exp[-\mathrm{i}k_{\mathrm{L}}(\cos\Psi\cdot x_1'+\sin\Psi\cdot x_2')(\Delta u_1(\varphi_1))_i] \\
&\quad+(-\mathrm{i}k_{\mathrm{L}})[2k^{-2}\sin^2\Psi+(1-2k^{-2})]\cdot\sum_{i}^{N_2}\Delta\varphi_2\sqrt{(a_2\cos\varphi_2)^2+(b_2\sin\varphi_2)^2} \\
&\quad\cdot\exp[-\mathrm{i}k_{\mathrm{L}}(\cos\Psi\cdot x_1'+\sin\Psi\cdot x_2')(\Delta u_2(\varphi_1))_i]
\end{aligned} \tag{3.5.16}
$$

3.6 缺陷内部应力边界条件

以上讨论都是建立在自由边界条件的基础之上，即孔隙内不含任何物质。天然岩石的孔洞和裂纹内不可避免地有液体或气体的存在，如水、天然气等，更有一些软弱夹层存在。这些内含物使孔隙内边界为非自由状态，对弹性波的传播有着重要的影响。因此，需要通过改变缺陷内部应力边界条件来模拟相应的内含物，主要有以下3种（周伟达，2016）：

（1）静水压边界条件。其代表的物理意义是岩石内部孔隙内充满某种液体或者气体（水、石油、天然气等），则相应的边界方程为

$$\sigma_{\alpha\beta}n_{\beta} = \sigma_{\alpha\beta}^{\mathrm{in}}n_{\beta} + \sigma_{\alpha\beta}^{\mathrm{sc}}n_{\beta} = F_{n}n_{\beta} \tag{3.6.1}$$

（2）纯剪切作用边界条件。其代表的物理意义是岩石内部孔隙内含有软弱夹层时岩石内边界受软弱夹层的剪切限制，则相应的边界方程为

$$\sigma_{\alpha\beta}n_{\beta} = \sigma_{\alpha\beta}^{\mathrm{in}}n_{\beta} + \sigma_{\alpha\beta}^{\mathrm{sc}}n_{\beta} = F_{s}n_{\beta} \tag{3.6.2}$$

（3）压剪复合作用边界条件。其代表的物理意义是岩石内部孔隙内含有较硬的夹层时岩石内边界受法向力和剪切力同时限制，则相应的边界方程为

$$\sigma_{\alpha\beta}n_{\beta} = \sigma_{\alpha\beta}^{\mathrm{in}}n_{\beta} + \sigma_{\alpha\beta}^{\mathrm{sc}}n_{\beta} = F_{n}n_{\beta} + F_{s}n_{\beta} \tag{3.6.3}$$

3.6.1 均匀应力分布边界条件

当边界条件中的压力和剪切应力都为常数，不随裂纹位移变化而变化，则原入射应力方程（对于双椭圆模型）可写为

$$\begin{aligned}T_1^{\text{in}}(\varphi^p) = &-\frac{b\cos\varphi^p}{\sqrt{(a\sin\varphi^p)^2+(b\cos\varphi^p)^2}}[\lambda(\cos\theta+\sin\theta)+2\mu\sin\theta]\\&\cdot \mathrm{i}k_{\mathrm{L}}U\mathrm{e}^{\mathrm{i}k_{\mathrm{L}}(a\cos\varphi^p\sin\theta+b\sin\varphi^p\cos\theta)}\\&-\frac{a\sin\varphi^p}{\sqrt{(a\sin\varphi^p)^2+(b\cos\varphi^p)^2}}\mu(\sin\theta+\cos\theta)\mathrm{i}k_{\mathrm{L}}U\mathrm{e}^{\mathrm{i}k_{\mathrm{L}}(a\cos\varphi^p\sin\theta+b\sin\varphi^p\cos\theta)}\\&+\frac{b\cos\varphi^p}{\sqrt{(a\sin\varphi^p)^2+(b\cos\varphi^p)^2}}F_n-\frac{a\sin\varphi^p}{\sqrt{(a\sin\varphi^p)^2+(b\cos\varphi^p)^2}}F_s\end{aligned}\tag{3.6.4}$$

$$\begin{aligned}T_2^{\text{in}}(\varphi^p) = &-\frac{a\sin\varphi^p}{\sqrt{(a\sin\varphi^p)^2+(b\cos\varphi^p)^2}}[\lambda(\sin\theta+\cos\theta)+2\mu\cos\theta]\\&\cdot \mathrm{i}k_{\mathrm{L}}U\mathrm{e}^{\mathrm{i}k_{\mathrm{L}}(a\cos\varphi^p\sin\theta+b\sin\varphi^p\cos\theta)}\\&-\frac{b\cos\varphi^p}{\sqrt{(a\sin\varphi^p)^2+(b\cos\varphi^p)^2}}\mu(\sin\theta+\cos\theta)\mathrm{i}k_{\mathrm{L}}U\mathrm{e}^{\mathrm{i}k_{\mathrm{L}}(a\cos\varphi^p\sin\theta+b\sin\varphi^p\cos\theta)}\\&+\frac{a\sin\varphi^p}{\sqrt{(a\sin\varphi^p)^2+(b\cos\varphi^p)^2}}F_n+\frac{b\cos\varphi^p}{\sqrt{(a\sin\varphi^p)^2+(b\cos\varphi^p)^2}}F_s\end{aligned}\tag{3.6.5}$$

式中，当 F_s 为 0 时，为静水压边界；当 F_n 为 0 时，为纯剪切边界；两者都不为 0 时，为压剪混合边界。

3.6.2 等刚度系数应力边界条件

考虑边界剪切应力或压应力随裂纹位移变化，引入法向刚度 K_n 和切向刚度 K_s。当这两个系数为常数时，接触面的应力和位移成线性关系。压应力 F_n 和剪切应力 F_s 可表示为

$$\begin{aligned}F_s &= K_s\Delta u_s = K_s n_2\Delta u_1 + K_s n_1\Delta u_2\\F_n &= K_n\Delta u_n = K_n n_1\Delta u_1 + K_n n_2\Delta u_2\end{aligned}\tag{3.6.6}$$

则有

$$\begin{aligned}T_1^{\text{in}}(\varphi^p) = &\sum_{j=1}^{N}\Delta u_1^j(\varphi)\sum_{g=1}^{4}[n_1(\varphi^p)\cdot(J_{111}(r_g)\cdot\Lambda\cdot s_g\cdot\Delta\varphi/2+K_n)\\&+n_2(\varphi^p)\cdot(J_{121}(r_g)\cdot\Lambda\cdot s_g\cdot\Delta\varphi/2+K_s)]\\&+\sum_{j=1}^{N}[\Delta u_1^{j+1}(\varphi)-\Delta u_1^j(\varphi)]\sum_{g=1}^{4}[n_1(\varphi^p)\cdot H_{111}(r_g)+n_2(\varphi^p)\cdot H_{121}(r_g)]\cdot s_g\\&+\sum_{j=1}^{N}\Delta u_2^j(\varphi)\sum_{g=1}^{4}[n_1(\varphi^p)\cdot J_{112}(r_g)+n_2(\varphi^p)\cdot J_{122}(r_g)]\cdot\Lambda\cdot s_g\cdot\Delta\varphi/2\\&+\sum_{j=1}^{N}[\Delta u_2^{j+1}(\varphi)-\Delta u_2^j(\varphi)]\sum_{g=1}^{4}[n_1(\varphi^p)\cdot H_{112}(r_g)+n_2(\varphi^p)\cdot H_{122}(r_g)]\cdot s_g\end{aligned}\tag{3.6.7}$$

$$\begin{aligned}T_2^{\text{in}}(\varphi^p) = &\sum_{j=1}^{N}\Delta u_1^j(\varphi)\sum_{g=1}^{4}[n_1(\varphi^p)\cdot J_{211}(r_g)+n_2(\varphi^p)\cdot J_{221}(r_g)]\cdot\Lambda\cdot s_g\cdot\Delta\varphi/2\\&+\sum_{j=1}^{N}[\Delta u_1^{j+1}(\varphi)-\Delta u_1^j(\varphi)]\sum_{g=1}^{4}[n_1(\varphi^p)\cdot H_{211}(r_g)+n_2(\varphi^p)\cdot H_{221}(r_g)]\cdot s_g\\&+\sum_{j=1}^{N}\Delta u_2^j(\varphi)\sum_{g=1}^{4}[n_1(\varphi^p)\cdot(J_{212}(r_g)\cdot\Lambda\cdot s_g\cdot\Delta\varphi/2+K_s)\end{aligned}$$

$$+ n_2(\varphi^p)\cdot(J_{222}(r_g)\cdot\Lambda\cdot s_g\cdot\Delta\varphi/2+K_n)]$$
$$+\sum_{j=1}^{N}[\Delta u_2^{j+1}(\varphi)-\Delta u_2^{j}(\varphi)]\sum_{g=1}^{4}[n_1(\varphi^p)\cdot H_{212}(r_g)+n_2(\varphi^p)\cdot H_{222}(r_g)]\cdot s_g \tag{3.6.8}$$

式中,当 K_s 为 0 时,为等法向刚度边界;当 K_n 为 0 时,为等切向刚度边界;两者都不为 0 时,为法向刚度和切向刚度混合边界。

3.6.3　计算结果

模型计算参数如下:拉梅系数 $\lambda=30.64$ GPa,$\mu=21.8$ GPa,密度 $\rho=2.65$ g/cm³。划分单元数为 80。模型中可以调整的参数有入射角 θ、裂纹长轴 a、纵横比 b/a、裂纹密度 m、远场散射观测角 Ψ、孔隙度 ϕ 等。作为算例,取入射角 θ 为 0°,裂纹密度 m 为 50 000 条,裂纹长轴 a 为 0.005,纵横比 b/a 控制为 0.1。为简化问题,采用单椭圆孔洞模型进行分析。

图 3.6.1(a)为不同静水压下的频散曲线。曲线可以分为:低频区域的等效介质理论区、瑞利散射区和高频区域的共振散射区、射线理论区。在静水压边界条件作用下,孔隙压力增大主要影响区域处在低频区,且频率越小,影响越大,对高频区影响较小。随着压力增大,频散变强。这是因为在低频时处于等效介质理论描述区域,而等效介质理论中岩体的力学性能与岩体骨架、孔隙、孔隙内液体等相关;而高频时,射线理论比较合适,其理论认为岩体的性能主要与岩体骨架相关。衰减系数随频率变化的关系如图 3.6.1(b)所示。在低频区域,衰减系数较小,这是因为等效介质区域为弱频散,衰减较小;随着频率增加,衰减系数急剧增大,在增大过程中,在 100 kHz 左右出现一个小峰,这是由于其处在瑞利散射和共振散射相交处,两者相互作用出现振荡;衰减系数在高频段逐渐下降保持振荡并维持在一定值左右。静水压的改变主要影响了低频区域的衰减系数,静水压增大,会引起更大的衰减。但是由于其处在弱频散区域,衰减系数改变较小。

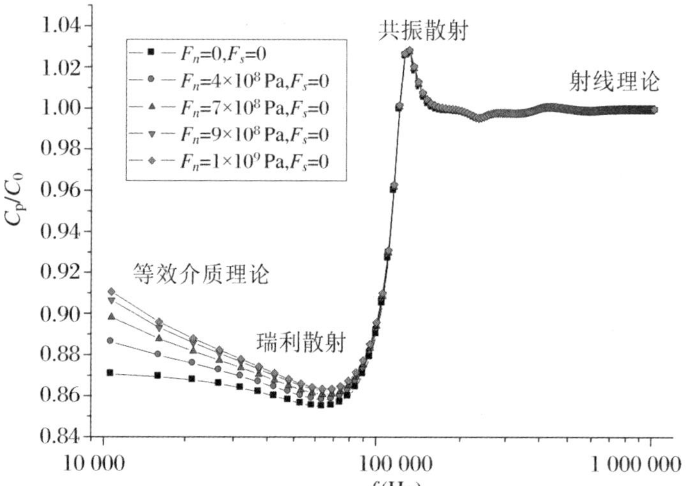

(a) 频散关系

图 3.6.1　静水压对波传播的影响

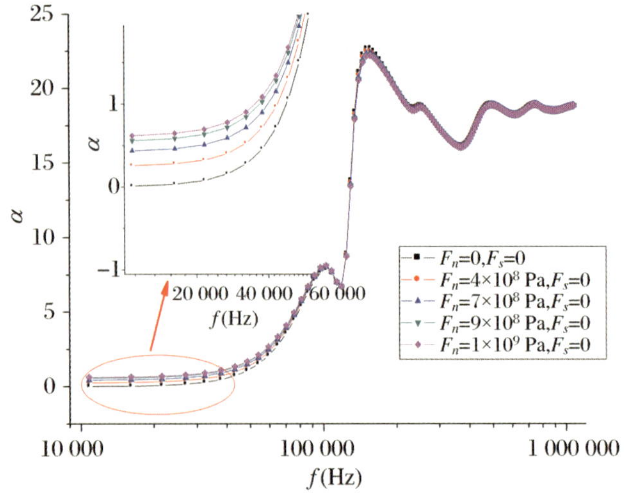

(b) 衰减系数

图 3.6.1 静水压对波传播的影响(续)

图 3.6.2(a)为不同纯剪切边界条件下的频散曲线。剪切边界对波速的影响与静水压的影响相似。主要影响区域在低频区,且频率越低,受到的影响越大。随着剪切应力增大,频散增强。但是同等应力水平下,剪切应力对波速的影响比压应力更大。同时,剪切应力对波速的影响范围更大,对共振散射区域也有一定影响。图 3.6.2(b)为不同剪切应力下的衰减系数曲线。剪切应力增大时,衰减系数也会随之增大。且剪切应力对弹性波的影响区域较压应力更大,压应力只对等效介质理论区域有作用,而剪切应力则对等效介质理论到共振散射区域都有一定影响。

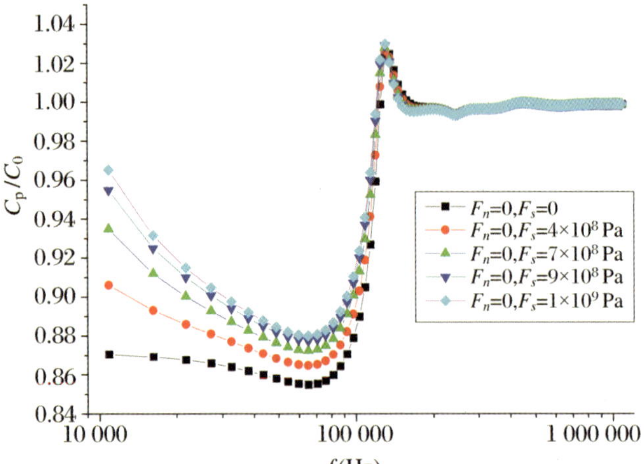

(a) 频散关系

图 3.6.2 纯剪切作用对波传播的影响

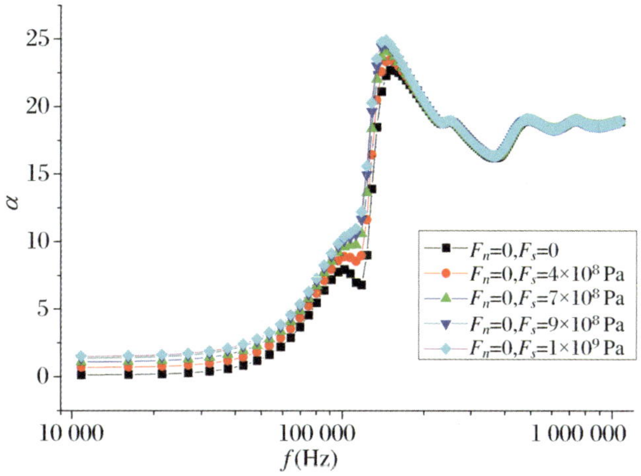

(b) 衰减系数

图 3.6.2　纯剪切作用对波传播的影响(续)

图 3.6.3(a)为压剪复合边界条件下的频散曲线。压应力与剪切应力共同作用下，频散趋势更明显，这表明在岩体含有内含物时对波速的影响会很大；当剪切应力和压应力增加相同量值时，剪切应力对应的波速改变更大。图 3.6.3(b)为压剪复合边界条件下的衰减系数曲线。当压剪共同作用时，对衰减系数影响较大，覆盖等效介质理论区域和共振散射区域；比较改变剪切应力和改变压应力的衰减曲线，可见剪切应力的影响更大，这与剪切应力对波速的影响是一致的；改变剪切应力时，衰减的共振峰出现变化；改变压应力时，共振峰几乎不变。

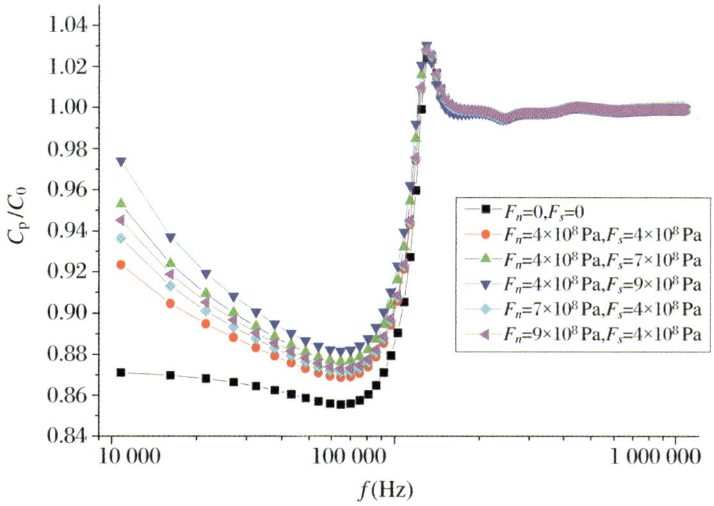

(a) 频散关系

图 3.6.3　压剪复合作用对波传播的影响

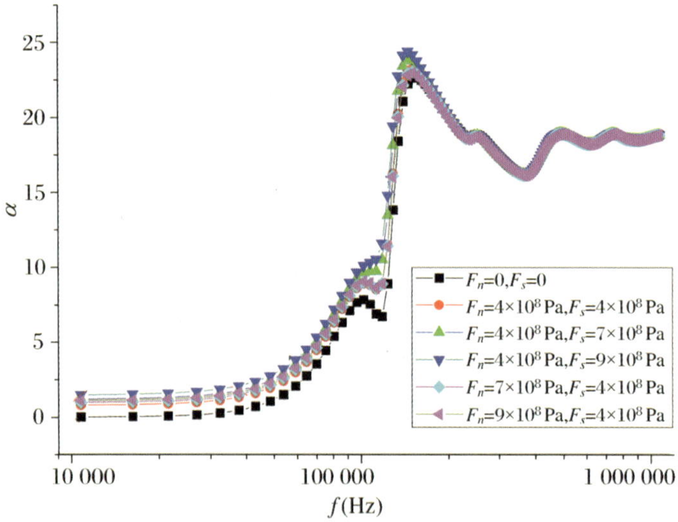

(b) 衰减系数

图 3.6.3　压剪复合作用对波传播的影响(续)

3.7　含多种尺寸缺陷的岩石弹性波传播

3.7.1　多种尺寸裂纹系的 Foldy 方程

在一个包含多种尺寸裂纹的系统中,对于第 i 种尺寸裂纹数密度 m_i,以及散射场幅值 $(F_{\mathrm{L/T}})_i$,采用“线性叠加”原理,Foldy 方程可改写为

$$K = k + \frac{1}{2k}\sum_i m_i \cdot \mathrm{Re}((F_{\mathrm{L/T}})_i) + \mathrm{i}\frac{1}{2k}\sum_i m_i \cdot \mathrm{Im}((F_{\mathrm{L/T}})_i) + o(m_i) \tag{3.7.1}$$

衰减系数为

$$\alpha(a) = \frac{1}{2k}\sum_i m_i \cdot \mathrm{Im}((F_{\mathrm{L/T}})_i) \tag{3.7.2}$$

3.7.2　裂纹系的特征频率

对于扁平椭圆模型,固定椭圆裂纹的纵横比 $b/a=0.1$,计算不同椭圆长度 $2a$ 的频散曲线。如图 3.7.1(a)所示,一方面,当数密度一定时,随着裂纹长度的增长,频散效应明显增大。另一方面,随着裂纹长度的增长,其相对波速剧烈变化的频率范围向低频移动,该频率范围的中心对应所谓的“特征频率”,与 $f_c=kC_0/D$ 相近,即图中的虚线,k 与材料相关。式中,C_0为完整岩石弹性波速,D 为岩体中缺陷的特征长度。此时,相对波速随频率剧烈变化的机制为共振散射(resonant scattering)。由此计算特征频率随裂纹长度的变化关系,如图

3.7.1(b)所示。特征频率与裂纹长度的关系与公式 $f_c = kC_0/D$ 相符合，式中，k 为 1/5。

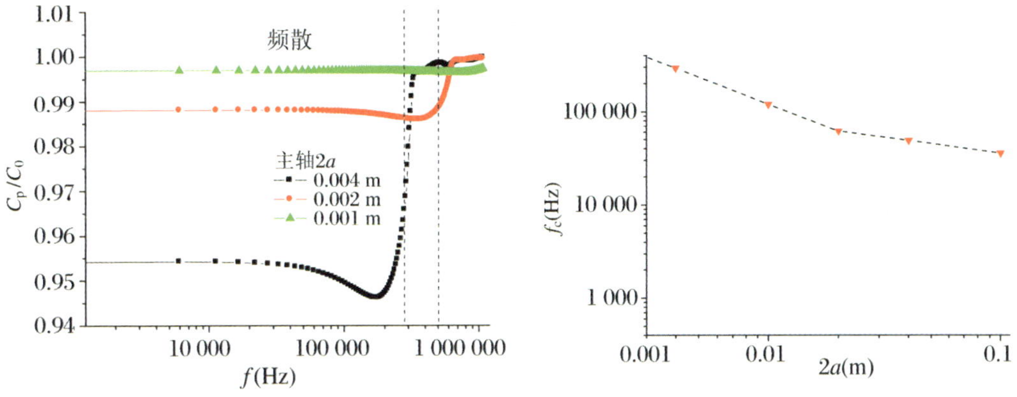

(a) 不同裂纹尺寸下的频散曲线　(b) 特征频率与椭圆长轴的关系

图 3.7.1　裂纹尺寸对频散的影响

3.7.3　含两种尺寸的裂纹系

考虑岩体内部含有两种分布尺寸的扁平椭圆裂纹的情况。为了计算方便，不妨取较大尺寸的裂纹长轴为 10 mm，较小尺寸的裂纹长轴为 2 mm，控制小尺寸裂纹密度是大尺寸裂纹密度的 5 倍，其计算结果如图 3.7.2 所示。

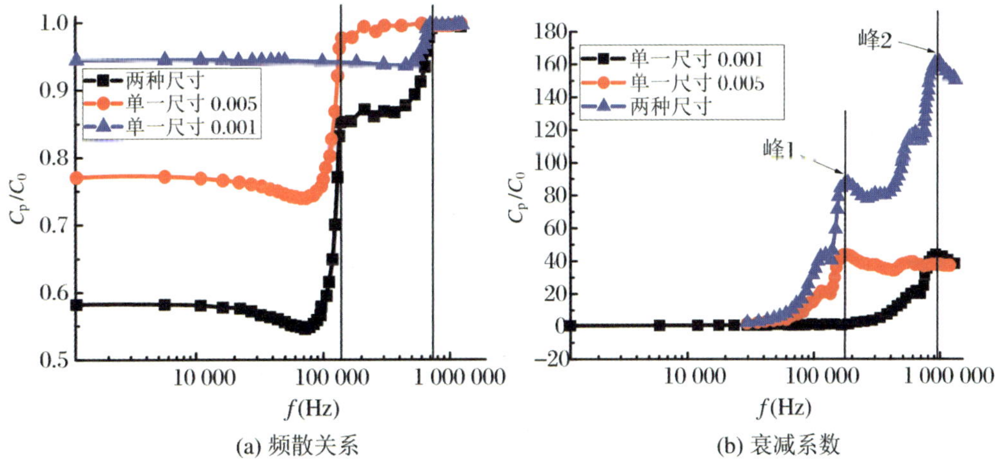

(a) 频散关系　(b) 衰减系数

图 3.7.2　含两种尺寸的裂纹系中的频散与衰减

0.001 和 0.005 分别代表两种裂纹尺寸

图 3.7.2(a)为含两种尺寸的裂纹与分别含这两种尺寸裂纹的岩石中频散效应的对比。含两种尺寸(10 mm 与 2 mm)裂纹系的频散效应是两种裂纹共同贡献的结果。但不同尺寸的裂纹具有不同的特征频率，10 mm 裂纹的特征频率 $f_{c1} \approx 1.2 \times 10^5$ Hz，2 mm 裂纹的特征频率 $f_{c2} \approx 6 \times 10^5$ Hz。这两个特征频率在含两种尺寸裂纹系的频散曲线中分别得到了体现，须特别说明的是，当两种尺寸比较接近时，互相影响，这种阶梯跳跃不明显。图 3.7.2(b)为相应的衰减系数变化关系。单种尺寸的衰减系数值先增加再趋于平坦，而两种尺寸共同起作

用时衰减曲线出现明显的两个峰(共振峰),分别对应于两种尺寸的衰减峰。

由此,两种或者两种以上的尺寸作用的频散效应可以统一地体现在同一条频散曲线上;每一种尺寸的裂纹对应一个特征频率,当各种尺寸裂纹的数密度分配合理时,相应地由等效介质理论到射线理论的过渡段都能表现出来,出现一定程度的阶梯跳跃性。同时,尺寸种数越多,裂纹分布覆盖越广,这种阶梯性跳跃会相互叠加。

3.7.4 含连续分布尺寸的裂纹系

考虑岩石内部含有连续分布尺寸的裂纹的情况。以某一裂纹长度为平均值,在裂纹总数相同的情况下,采用两种情况的统计。如图 3.7.3(a)所示,长轴尺寸区间$[2a_{\min}, 2a_{\max}]$服从均匀分布和高斯分布,$a_{\min} = 0.000\ 25$ m,$a_{\max} = 0.05$ m。其对半长轴的分布函数解析式为:

(1) $f_1(a) = \dfrac{1}{\sigma\sqrt{2\pi}}\exp\left(-\dfrac{(a-a_0)^2}{2\sigma^2}\right)$,其中,平均值 $a_0 = (a_{\min} + a_{\max})/2$,标准差 $\sigma = (a_{\max} - a_{\min})/6$。

(2) $f_2(a) = 1/(a_{\max} - a_{\min})$。

两种情况下的频散和衰减特性曲线如图 3.7.3 所示。与单一尺寸 $a_0 = (a_{\min} + a_{\max})/2$ 的裂纹情况相比,由于系统的裂纹总数目相等,其频散和衰减系数整体上比较接近,但由于不同尺寸的裂纹对应不同的特征频率,而数目分配差异会造成一些差别。总体上可分为 4 个阶段:Ⅰ阶段属于等效介质理论区,频散系数比较(ⅰ)<(ⅲ)<(ⅱ);Ⅳ阶段属于射线理论区,其相对波速均在“1”附近保持稳定;Ⅱ和Ⅲ阶段为波速急剧变化的过渡段,相比单种尺寸的频散曲线,其变化区域明显拓宽了,这是多种尺寸对应的特征频率段相互叠加后的最终结果(谭子翰 等,2013)。

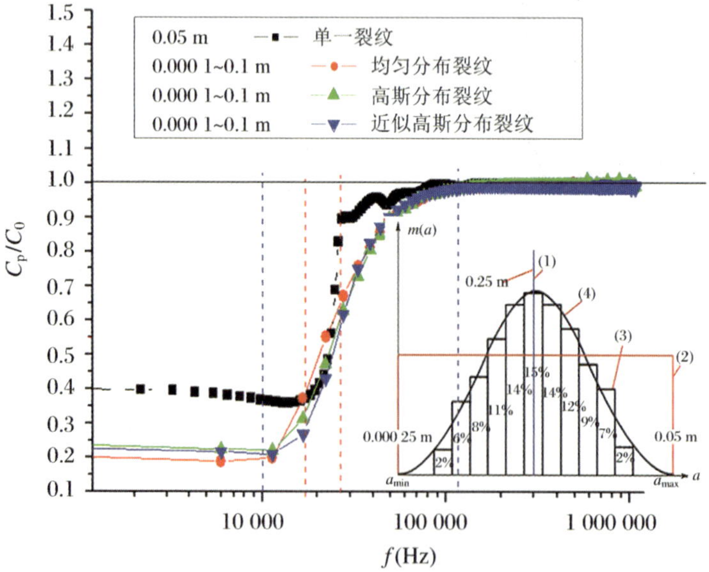

(a) 频散关系

图 3.7.3 含连续分布尺寸的裂纹系中的频散与衰减

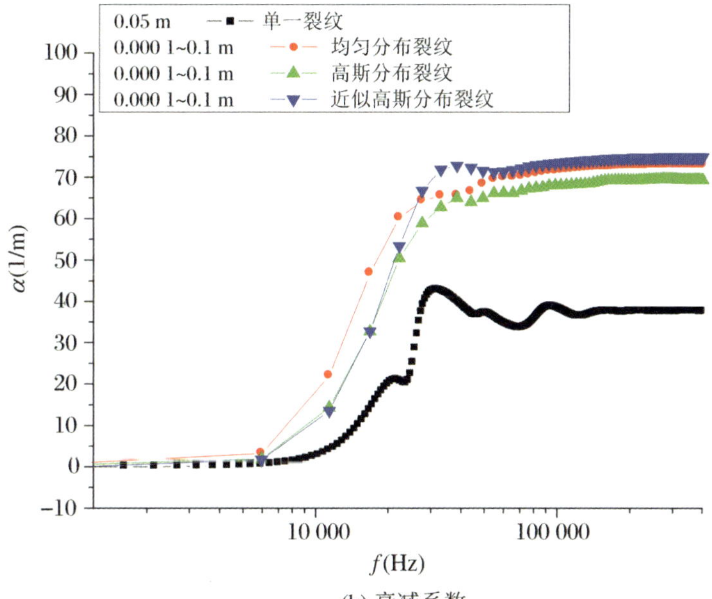

(b) 衰减系数

图 3.7.3　含连续分布尺寸的裂纹系中的频散与衰减(续)

3.7.5　实验验证

图 3.7.4 所示玄武岩试件含有两种缺陷尺寸，即玄武岩本身含有的 mm 和亚 mm 量级的微缺陷以及人为预制的 cm 量级的缺陷。对其进行频率范围 20～1 000 kHz的声波测试，得到波速与频率的关系，见图中的数据点(邓向允 等，2009a)。测试结果表明，在频率 10 kHz～1 MHz 频段内，波速具有明显的频散现象，而且出现了明显的"阶梯跳跃"趋势。取长度为 2 cm 和 2 mm 的两种裂纹进行数值计算，其结果见图 3.7.4 中的曲线。由此可见，两种尺寸的缺陷可以很好地模拟实验结果，这与岩石试样结构符合较好。

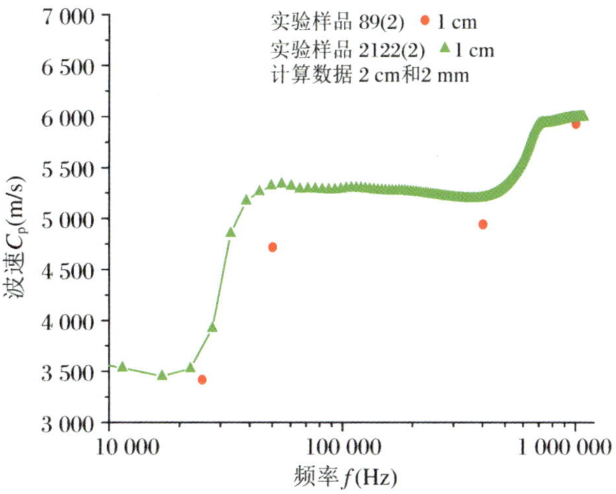

图 3.7.4　含两种尺寸裂纹系的玄武岩频散计算

图 3.7.5 中的虚线所示为 Aggelis 等(2005)对一种新鲜水泥砂浆进行 20 kHz～1 MHz 频率的声波测试得到的衰减曲线。衰减信号明显地分为低频部分和高频部分。但 Aggelis 等仅从内含孔洞或者弹性体的多次散射理论对该低高频段频散衰减特性进行了理论解释。事实上,新鲜水泥砂浆是由水、水泥、砂颗粒以及骨料组成的混合物,在制作过程和养护过程中都会形成很多的细微观缺陷,典型的有发泡造成的气泡,砂粒与水泥、水之间结合界面处形成的孔洞。这些不同尺寸的孔洞会在衰减曲线上有所体现。由此估算此材料内部至少含有 1.6 cm 和 0.3 cm 的缺陷,分别为对应于引起 150 kHz 处的衰减峰值的"气泡"和对应于引起 400 kHz 处的衰减峰的微孔洞。取这两种尺寸的孔洞对两种含砂量的试样进行数值模拟,计算结果见图 3.7.5 中的实线,其中,(c)与(a)对应,试样的含砂量为 27.5%,(a)与(b)对应,试样的含砂量为 37.5%,其拟合结果较好。需要注意的是,在高频段,拟合结果比实验结果低,这说明可能还存在更小尺寸的微缺陷,如水泥砂浆结合产生的凝胶孔。因此,利用多种尺寸分布缺陷散射理论,对 Aggelis 等的实验结果做出了合理解释。

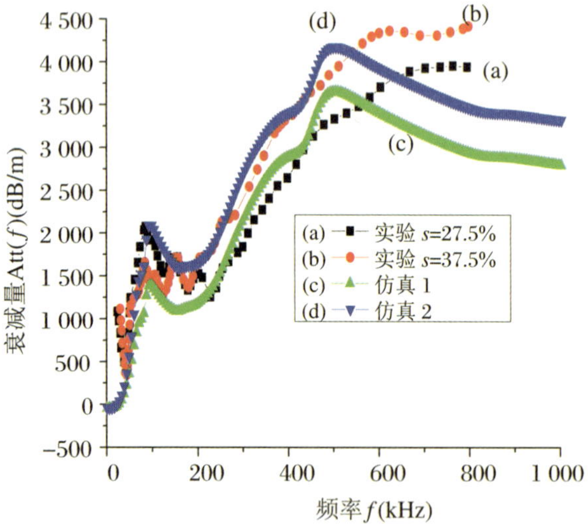

图 3.7.5 含两种尺寸裂纹系的水泥砂浆衰减计算

3.8 弹性波传播与地应力状态

3.8.1 开挖卸荷对岩石声波、地震波速度的影响

声波和地震波波速测试是现场岩石完整性评价和岩石质量评价非常重要的依据。由于其测试方法相对较简便,已成为评价现场岩体特性的重要手段。现场岩石一般处于一定的应力作用之下,其内所含隐微节理裂隙处于压紧状态,在开挖卸荷过程中,应力状态进行调整,随着时间的推移,岩石中微结构的有些裂纹会逐渐张开,这些微结构的演变必然引起弹

性波波速的变化。这给现场声波和地震波测试结果的分析带来了困难,但也为工程设计和施工提供了即时的动态数据。

以金沙江上游某水电站坝区为例。该区主要赋存柱状节理玄武岩、隐晶玄武岩、杏仁玄武岩、角砾玄武岩及含斑玄武岩等五种玄武岩。在开挖试验平硐内,每种玄武岩主要有微风化段、弱风化下段和弱风化上段三种风化程度,以及未卸荷、弱卸荷和强卸荷三种卸荷状态。未卸荷区岩体比较密实,但存在可见隐微节理裂隙。卸荷区岩体表层和侧面可见明显的张开裂隙。这种裂隙的张开程度随开挖暴露时间的推移,逐渐有所发展。在较强卸荷区域,暴露时间较长,裂隙张开位移可达 cm 量级以上。

图 3.8.1 所示为平硐沿开挖深度方向岩石节理裂隙分布调查。"0"表示平硐口,"153.8 m"表示平硐底部深度 153.8 m 处。随着平硐深度的增加,硐壁节理裂隙分布条数逐渐减少。沿硐室深度增加方向,岩石有 3 种卸荷程度和 3 种风化程度之分。对现场不同岩性各风化带 5 m 段结构面区间条数统计,柱状节理玄武岩:① 微风化段,节埋面条数<70 条;② 弱风化下段条数 70～100 条;③ 弱风化上段条数>100 条。隐晶玄武岩:① 微风化段,节理面条数<60 条;② 弱风化下段条数 60～80 条;③ 弱风化上段条数>80 条。含斑玄武岩:① 微风化段,节理面条数<60 条;② 弱风化下段条数 60～90 条;③ 弱风化上段条数>90 条。杏仁玄武岩:① 微风化段,节理面条数<40 条;② 弱风化下段条数 40～80 条;③ 弱风化上段条数>80 条。角砾玄武岩节理面条数较少。

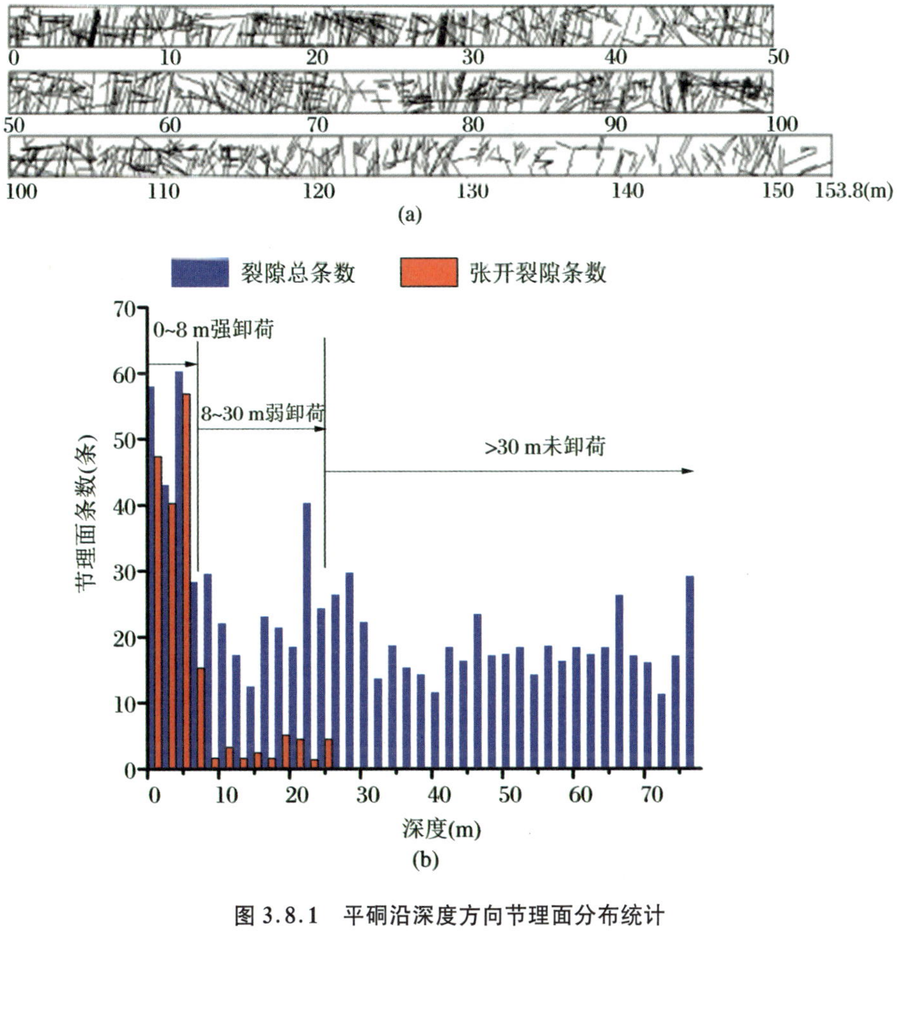

图 3.8.1　平硐沿深度方向节理面分布统计

不同卸荷程度对岩体微结构的影响主要反映在岩体中节理面的张开比例和张开位移。图 3.8.1(b)对平硐节理面分布及张开情况进行了统计。强卸荷区,不仅节理条数较多,而且张开节理所占的比例也较大;到未卸荷区,这种张开节理比较难统计,但也有一定数量。未卸荷区域,节理面张开比例为 0～3%,节理面张开位移为 0～0.5 mm;弱卸荷区域,节理面张开比例为 20%～30%,节理面张开位移为 0.5～2 mm;强卸荷区域,节理面张开比例超过 50%,节理面张开位移>4 mm。此 3 个区域是沿硐室开挖方向空间分布的,同时也可近似看作某一区段开挖后的 3 个不同时间段的变化(徐松林 等,2011b)。

风化程度严重的岩体,开挖卸荷后声波、地震波的减小幅度更大。开挖卸荷对波速有影响,相对而言,声波受开挖卸荷的影响较小,地震波受开挖卸荷的影响较大。图 3.8.2 基于双裂纹模型计算结果将四种岩石不同卸荷程度对波速的影响进行了对比说明,该计算波速对应于主频 1 kHz 的地震波波速。结果表明:主频 1 kHz 的地震波波速受开挖卸荷的影响比较大,其影响幅度达到了 50%,即随着开挖卸荷的时间增加,地震波波速可以降低到开始时的一半。若考虑地应力和周围岩体在开挖过程中的应力状态调整,开挖卸荷对波速的影响会有所降低。基于此,地震波测试对岩体卸荷过程比较敏感,若条件许可,地震波测试是对岩体开挖卸荷后进行测试的有效工具。声波波速对岩体卸荷过程敏感程度相对较弱。

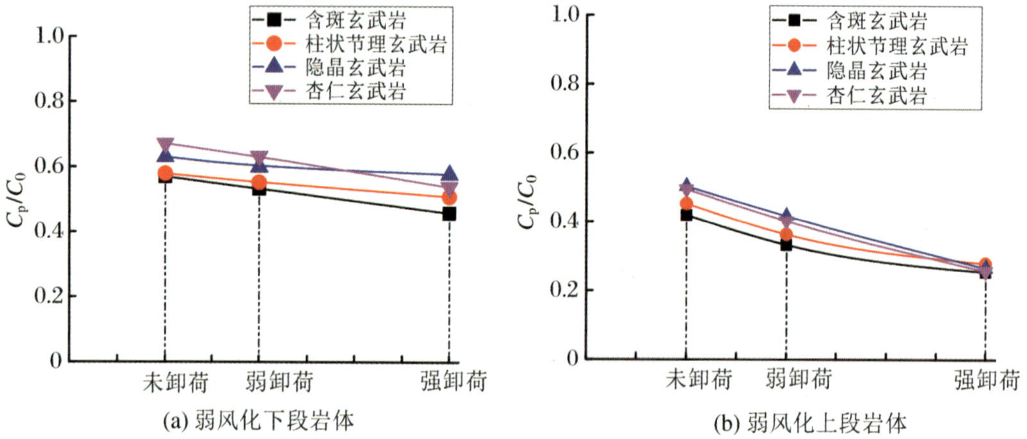

图 3.8.2　岩石频散效应对比

3.8.2　开挖卸荷过程中的岩石波速

图 3.8.3 所示为浙江华东工程安全技术有限公司在平硐内对不同深度处结合载荷板实验进行声波测试的结果。声波测试在载荷板周围进行,采用单孔反射/双孔透射法测试。在平硐内较深处,如图 3.8.3(b)所示的 188 m 处,开挖卸荷对波速的影响深度在 0.6 m 以内。随着载荷的增加,声波测试的波形大为改善、更为光滑。随着压力增加,载荷影响区域内的节理和裂隙闭合,导致波速增加;尤其对于破碎-较破碎或者松弛程度较强的岩石,随着压力的增加,节理裂隙闭合,波速增加明显,如图 3.8.3(c)中的 3.5 m 深度处所示。但是整体来看,声波速度的变化幅度不是很大,变化较大的是低频的地震波波速。外加载荷是岩石松弛卸荷的逆过程。同时,根据现场荷载板实验得到的压缩曲线可计算岩石的原位变形模量 E_s,可计算原位岩石的等效波速 C_u,即 $C_u=\sqrt{E_s/\rho_0}$。

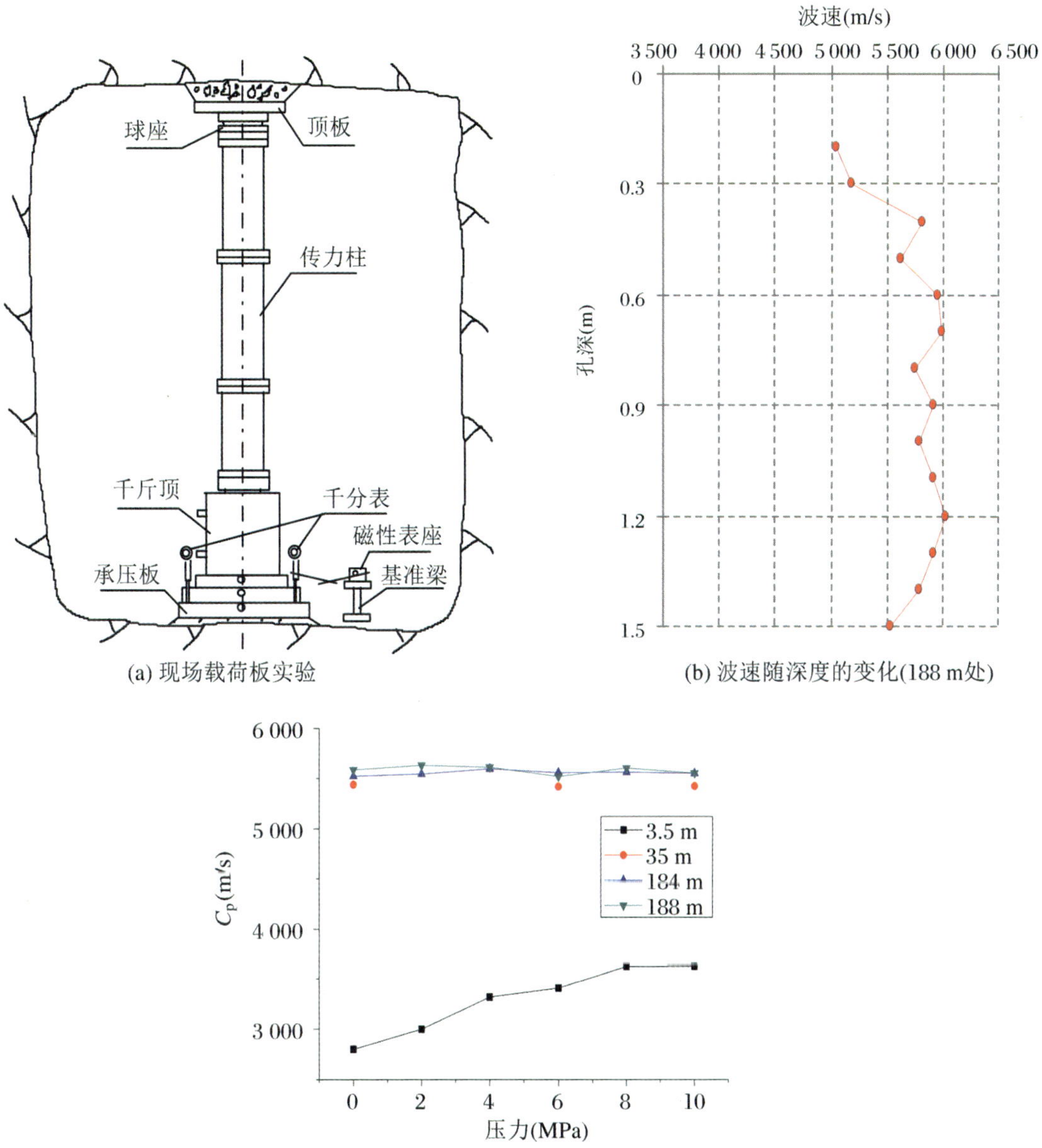

(a) 现场载荷板实验

(b) 波速随深度的变化(188 m处)

(c) 波速随载荷的变化

图 3.8.3　现场载荷对波速影响的实验

基于 2.8 节和 3.7 节的讨论，岩石弹性波波速随入射频率、岩石中缺陷的特征尺寸变化而变化，其实质是弹性波与岩石中散射体的相互作用。开挖卸荷过程中岩石结构中裂纹孔洞张开，增加了散射体的尺寸，带来了弹性波速的变化，主要是波速降低；对卸荷后的岩石进行加载，则使得岩石结构中裂纹孔洞闭合，减小了散射体的尺寸，波速相应会升高。理论上可利用这两个过程对原位地应力水平进行估计。但是，由于这两个过程并不是相互可逆的过程，因此，卸荷后的岩石的再加载所反映的波速变化仅供参考。此问题由此就归结为应用卸荷过程中弹性波波速的变化来评估当地的地应力水平，这里需要考虑卸荷过程的时间效应。图 3.8.4 所示为平硐内一观测点开挖后 4 年的地震波波速和裂纹张开位移的演化。

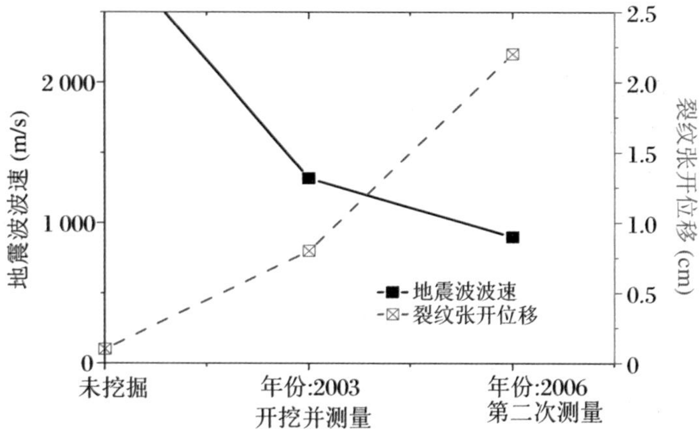

图 3.8.4 地震波波速和裂纹张开位移随时间的演化

3.8.3 几何结构变化对声波波形的影响

(1) Mukerji(1995)采用图 3.8.5 所示的一种简单的实验来研究频散和尺度效应。图中格栅状物体由约 20 片不同属性的金属薄片构成(主要为两种金属材料)。对金属薄片进行不同的组合,并分别采用长波长的声波(EMT,50 kHz)和短波长的声波(RT,500 kHz)进行测试,得到了不同频率下的波形图和频散图。从实验上揭示了频散效应和尺度效应的存在,但并未给出机制分析。应用 Foldy(1945)的思想也可以进行解释。

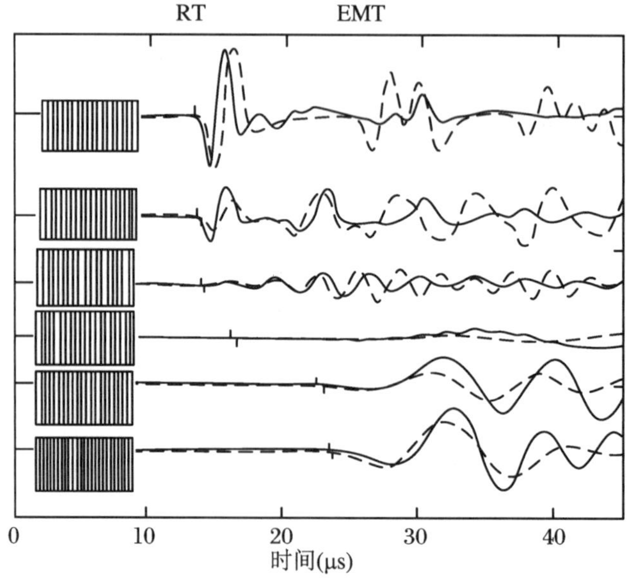

图 3.8.5 不同结构形式的声波测试波形(Mukerji,1995)

(2) 对于破碎岩石,随着压力的增加,声波波形幅值增强,波形结构逐渐完整,信噪比逐渐改善。图 3.8.6 所示为破碎岩石埋深 0.6 m 的测点在不同压力下的波形。在初始状态下,声波波形非常弱,看不到完整的脉冲形态,信噪比低,首波无法准确判读;随着压力的增加，声波波形幅值增强，脉冲形态逐渐清晰，信噪比大为改善，能较好判读首波。完整性比较好的岩石埋深 0.6 m 的测点在不同压力下的声波波形变化不是很大，信噪比和波速几乎无变化。压力作用改变了岩石的几何结构，促使声波传播特性发生变化。此数据来自浙江华东工程安全技术有限公司。

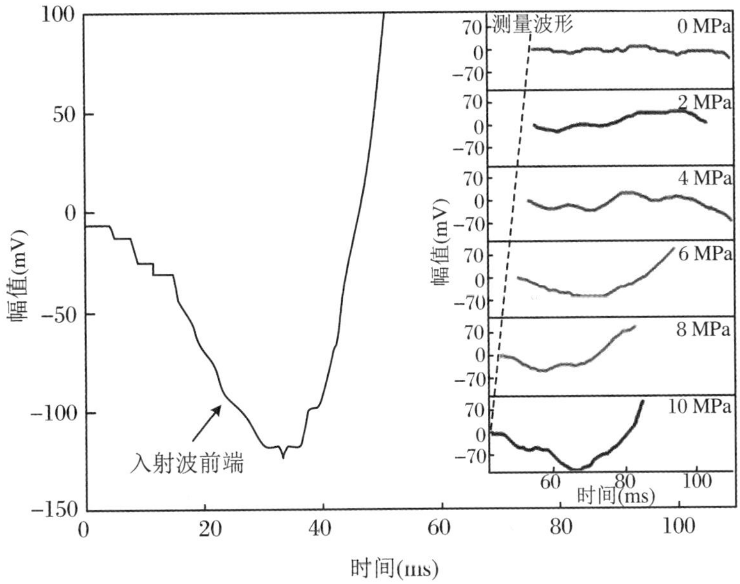

图 3.8.6　不同压力下原位岩石声波测试波形

3.8.4　声波和地震波波速与地应力评估

基于 2.8 节和 3.7 节的分析，无量纲的波速可进一步表示为

$$\frac{C(\omega)}{C_0}=f_1\left(\frac{C_u}{C_0},\frac{\omega}{\omega_c},\frac{\phi}{\phi_0},\frac{P}{P_w}\right)$$

此式基于量纲理论分析，可以得到式(2.8.6)和式(2.8.7)的半理论解。也可以基于 3.5 节和 3.6 节的计算模型得到数值分析解。对于实际工程而言，很难得到详备的工程信息进行计算，因此，需要结合一些动态演化过程进行分析，例如上述的开挖卸荷过程。为讨论方便，令 $\pi_1=C_u/C_0$，$\pi_2=\omega/\omega_c$，$\pi_3=\phi/\phi_0$，$\pi_4=P/P_w$，则波速的变化满足

$$\mathrm{d}\left(\frac{C(\omega)}{C_0}\right)=\frac{\partial f_1}{\partial \pi_1}\mathrm{d}\pi_1+\frac{\partial f_1}{\partial \pi_2}\mathrm{d}\pi_2+\frac{\partial f_1}{\partial \pi_3}\mathrm{d}\pi_3+\frac{\partial f_1}{\partial \pi_4}\mathrm{d}\pi_4 \tag{3.8.1}$$

这些无量纲的物理量中，π_1 和 π_3 是与卸载时间相关的，分别对应裂纹张开引起的等效变形模量的减小和孔隙度的增加，由此

$$\mathrm{d}\pi_1=\frac{\mathrm{d}\pi_{11}}{\mathrm{d}t}\mathrm{d}t=\frac{\mathrm{d}\pi_{11}}{\mathrm{d}D}\frac{\mathrm{d}D}{\mathrm{d}t}\mathrm{d}t,\quad \mathrm{d}\pi_3=\frac{\mathrm{d}\pi_3}{\mathrm{d}t}\mathrm{d}t=\frac{\mathrm{d}\pi_3}{\mathrm{d}D}\frac{\mathrm{d}D}{\mathrm{d}t}\mathrm{d}t \tag{3.8.2}$$

式中，D 为岩石中的特征尺寸，其表达式可采取如下形式：

$$D(t)=D_0+(D_u-D_0)[1-\exp(-\lambda t/\tau_0)] \tag{3.8.3}$$

式中，D_0 和 D_u 分别为初始特征尺寸和极限特征尺寸；τ_0 为松弛时间；λ 为系数。

在全频率域进行上述分析是比较困难的，需进行相应简化。考虑到载荷影响主要集中

在低频段，对高频段影响不大，由此采用声波和地震波测试技术分别对高频段和低频段进行测试。将波速的载荷无关假定用于声波波速计算，波速的载荷相关假定用于地震波波速计算。此过程中，式(3.8.1)中的 f_1 可采用如下形式(徐松林 等，2011a)：

$$\frac{C(\omega) - C_0}{C_u - C_0} = [1 + (\omega/\omega_c)^B]^{-S} \tag{3.8.4}$$

式中，B，S 为与岩石缺陷、应力状态等有关的参量，可根据测试结果进行确定，也可借用如下形式：

$$B \approx C_0/(C_0 - C_u), \quad S \approx \pi - \arctan \phi \tag{3.8.5}$$

由此，可根据开挖卸载(包括 3 种开挖方向)过程中不同时间测试的声波和地震波波速确定相应的模型参数，由此确定相应的应力；最后综合分析 3 种开挖方向的应力，求解实际地应力水平。

小　结

结合弹性波波动方程的格林函数解，应用边界积分方法，可以充分考虑岩石中细微观缺陷的局部形态，由此可以研究岩石内部缺陷对弹性波传播的影响。对岩石中细微观缺陷进行简化，形成了双裂纹组合模型、椭圆孔洞模型、双椭圆孔洞组合模型，由此建立了三类内边界(如静水压、纯剪切、压剪复合加载等)条件下的边界积分计算方法及“强相互作用”和“线性叠加”等两类处理技术。这些模型计算弥补了单裂纹模型中只考虑弹性波单次散射而造成过度能量损耗的缺陷，以及单裂纹模型中考虑多次散射的困难，部分地考虑了多次散射。散射耗散能量得到了较好的控制，从而在理论上具有更好的适用性。针对原位岩石中含多种尺寸分布的缺陷的情况，利用上述理论模型进行了不同尺寸分布的缺陷与弹性波的相互作用的计算分析。其结论对于原位地应力的确定提供了一种新的思路。

参考文献

楚泽涵，1987. 声波测井原理[M]. 北京：石油工业出版社.

邓向允，徐松林，李广场，等，2009a. 缺陷对玄武岩中声波波速影响的实验研究[J]. 实验力学，24(1)：13-20.

邓向允，徐松林，李广场，等，2009b. 玄武岩中裂隙分布形式对声波传播的影响[J]. 实验力学，24(5)：421-425.

Haberman R，2007. 实用偏微分方程[M]. 4 版. 北京：机械工业出版社.

刘永贵，徐松林，席道瑛，等，2010. 节理玄武岩体弹性波频散效应研究[J]. 岩石力学与工程学报，29(S1)：3314-3320.

谭子翰，2013. 复杂岩体中弹性波的频散与衰减规律研究[D]. 合肥：中国科学技术大学.

谭子翰，徐松林，刘永贵，等，2013. 含多种尺寸缺陷岩体中的弹性波散射[J]. 应用数学和力学，34(1)：38-48.

王小民，应崇福，2000. 表面局部开裂圆柱夹塞物对 SH 型导波的散射[J]. 中国科学，30(9)：856-864.

吴如山,安艺敬一,1993.地震波的散射与衰减[M].北京:地震出版社.

徐松林,郑文,刘永贵,等,2011a.岩体中弹性波传播尺度效应的初步分析[J].岩土工程学报,33(9):1348-1356.

徐松林,刘永贵,席道瑛,等,2011b.卸荷过程岩体中弹性波波速变化分析[J].岩土力学,32(10):2907-2915.

钟伟芳,聂国华,1997.弹性波的散射理论[M].武汉:华中理工大学出版社.

周伟达,2016.应力条件下岩石中弹性波传播研究[D].合肥:中国科学技术大学.

周伟达,徐松林,张磊,等,2016.载荷作用下泡沫铝的波速与变形关系的实验研究[J].实验力学,31(3):323-331.

Achenbach J D,1973. Wave propagation in elastic solids[M]. Amsterdam: North Holland.

Achenbach J D,1982. Ray methods for waves in elastic solids[M]. Boston: Pitman Press.

Aggelis D G, Polyzos D, Philippidis T P, 2005. Wave dispersion and attenuation in fresh mortar: theoretical predictions vs. experimental results[J]. Journal of the Mechanics and Physics of Solids, 53(4): 857-883.

Curtin M E, 1966. Variational principles for linear initial value problems[J]. Quart. J. Appl. Math., 12 (3): 252-256.

Datta S K, Shah A H, 1982. Scattering of SH waves by embedded cavities[J]. Wave Motion, 4: 265-283.

Foldy L L, 1945. The multiple scattering of waves[J]. Physical Review, 67(34): 107-119.

Hudson J A, 1981. Wave speeds and attenuation of elastic waves in material containing cracks[J]. Geophys. J. R. Astr. Soc., 64: 133-150.

Hudson J A, 1990. Overall elastic properties of isotropic materials with arbitrary distribution of circular cracks[J]. Geophys., 102: 465-469.

Knopoff F, 1959. Scattering of compressional waves by spherical obstacles[J]. Geophysics, 24(1): 30.

Mukerji T, 1995. Waves and scales in heterogeneous rocks[D]. San Francisco: Stanford University.

Mura T, 1982. Mechanics of elastic and inelastic solids 3: micromechanics of defects in solids[M]. San Francisco: Martinus Nijhoff Publishers.

Nagase M, 1957. Diffraction of elastic wave by a spherical surface[J]. Phys. Soc. Japan, 11(3): 279.

Sandhu R, Pister K, 1971. Variational principles for boundary value and initial-boundary value problems in continuum mechanics[J]. Int. J. Solids Structures, 7(7): 639-654.

Sladak V, Sladek J, 1992. On a new BEM formulation for 3D problems in liner elasticity[J]. Engineering Analysis with Boundary Elements, 9: 273-275.

Tan T, 1976. Diffraction of time-harmonic elastic waves by a cylindrical obstacle[J]. Appl. Sci. Res., 32: 97-144.

Ying C F, Truell R, 1956. Scattering of a plane longitudinal wave by a spherical obstacle in an isotropically elastic solid[J]. J. Applied Physics, 27(9): 1086-1097.

第 4 章　岩石微界面动力学

4.1 引　　言

固体表面一般是不规则而且粗糙的，在细微观尺度上存在着无数台阶、裂缝、凹凸不平的峰谷和峰顶。这些复杂的几何形态对固体表面性质产生较大的影响，其中最重要的是表面粗糙度和微裂纹分布规律。固体表面的粗糙度影响到固体比表面积，影响到材料的强度、密度、渗透性能等相关物理力学特性，对接触界面的动力学特性也有重要的影响。固体表面微裂纹分布规律同样影响材料的强度等诸多物理力学特性。

动载荷作用下岩石节理面的运动可分为 3 个阶段：① “波致摩擦”阶段：动载荷作用初期，节理面的摩擦行为主要由应力波决定，当切向应力大于界面的剪切强度时即发生局部滑移，此时的滑移位移量级约为 0.01 mm。② “惯性摩擦”阶段：当应力波传播几个来回后，节理面的摩擦行为主要由试件的惯性力控制，具体表现为试件整体的加/减速运动，此时的滑移位移量级为 1～10 mm。③ “滑动摩擦”阶段：节理面的摩擦滑移表现为整体的匀速滑移。目前的研究结果多集中于大位移下的滑动摩擦领域，针对摩擦发生前期的内在机制以及相应的物理力学特性的变化情况并没有给予足够的重视，这对于认识动摩擦机制、建立动摩擦过程中“黏”“滑”转换的临界状态描述等是极大的挑战。因此，建立新的研究方法，探索微界面摩擦过程中的声、热等物理力学信息显得尤为重要。

4.2 界面有限断裂的波动效应

4.2.1 2004 年苏门答腊地震破裂过程——地质尺度

2004 年 12 月 26 日，苏门答腊地震起始较慢，滑移距离及破裂速度在前 40～60 s 内较小。然后破裂以 2.5 km/s 的速度向西北端运动，破裂距离为 1 200～1 300 m。最大位错量在尼古拉岛处达到 15 m。滑移在北段 400～500 km 处较小。2004 年的苏门答腊地震提供了有史以来最多的地震研究数据，本节包括 Ammon 等(2005)和 Ni 等(2005)关于苏门答腊地震的研究。

地震滑动在破裂前缘产生，其传播速度比周围 S 波速度要小。破裂的整体传播及每个点处的位移都会影响地震波的辐射能量及频率。地震波的激发源于破裂前缘的应力降。随着破裂的传播，应力会在破裂前缘处降低，同时激发出 P 波与 S 波。这些信号可以用来计算出破裂前缘。地震的破裂速度与释放的能量分配有关。地震的破裂能量主要包括地震波、破裂能及摩擦热能。不同地震能量分配不一样。破裂较快的地震其地震波释放效率较高。大多数研究过的地震，地震的破裂速度为 70%～95%的 S 波速度。

1. 短周期体波的周期性

在苏门答腊地震发生之后，通过使用 10～50 s 周期的 P 波研究发现破裂发生在 400 km 的断层上(图 4.2.1(a))。这种使用 P 波部分来研究震源破裂过程，由于地震持续时间太长，导致 PP 震相进入 P 波时间窗口，因此，其测量存在问题。图 4.2.1(b)所示为一个靠近震中主震的 7.1 级地震(2002 年 11 月 2 日发生)。从宽频地震仪记录到的信号可以看到有明显的 PP 与 PPP 震相，而在高通(2～4 Hz)滤波后那两个震相就相当微弱了。这是由于 PP 及 PPP 震相在地幔中运行距离较长从而被吸收了，而 P 震相就在高频保存了下来。因此通过平滑后振幅包络线可以用来确定地震的持续时间。图 4.2.1(c)所示为主震(红线)及较小的前震或余震的包络线，从图中可以清楚地看到不同地震持续时间的差异性。图 4.2.1(d)所示为苏门答腊地震不同方位角上振幅的包络线，可以看到每个包络线都有一个快速的增大过程，然后就是一个比较平整持续的信号，最后是 P 波结束的一段衰减。红点所显示的地震持续时间明显反映出地震破裂的方向性。地震破裂方向从 400 s 变化到 590 s。从持续时间关于方位角的变化(190 s)可以推断出破裂的长度为 1 200 km，为迄今为止破裂长度最长的地震。然后利用平均持续时间(约 500 s)可以推断出平均破裂速度为 2.5 km/s。该地震破裂的时间要显著大于 1960 年智利大地震(340 s)，而且该地震的震级也较大，达到 9.5 级。但是苏门答腊地震的发震构造与智利地震的发震构造非常不一样。智利俯冲板片非常年轻，仅为 1 500 万年，而且俯冲的方向基本与海沟垂直。苏门答腊处的俯冲板片则较老，为 6 000 万年，而且俯冲的方向基本不与海沟垂直，特别是在地震破裂的北段。这种差异决定了两次地震显著的破裂过程的不同。高频 P 波仅反映了地震破裂的前端，因此并不能用其确定破裂滑移分布。通过长周期面波及地球自由震荡才能最终确定滑移的时空分布情况。高频 P 波方法虽然有局限性，但用它能快速准确地确定破裂传播速度与方向。

2. 长周期面波的方向性

一般而言，20 s 周期的面波可以完整感知到震级达到 7.5 级的地震。但是对于苏门答腊地震，由于其破裂长度过长，即使是 500 s 周期的面波也不能完整采样到全部断层。由于瑞利波的群速度与破裂速度较为接近，这使得其对地震的破裂方向性很敏感。短周期的瑞利波使用 R1 路径进行测量，长周期的瑞利波使用 R3 路径进行测量。如果没有断层有限性的影响，则振幅比应当都接近于 1，走时差应当接近于 0。对于一个均匀破裂、单侧破裂的断层而言，理论上短周期的面波会比长周期的面波表现出更强的破裂方向性。对于 150 s 左右的面波与 300 s 左右的面波，可以看到确实是长周期破裂方向性弱一点。然而对于更长周期的面波而言，破裂方向性并没有明显地减弱，这说明该地震并不是非常均匀地破裂。

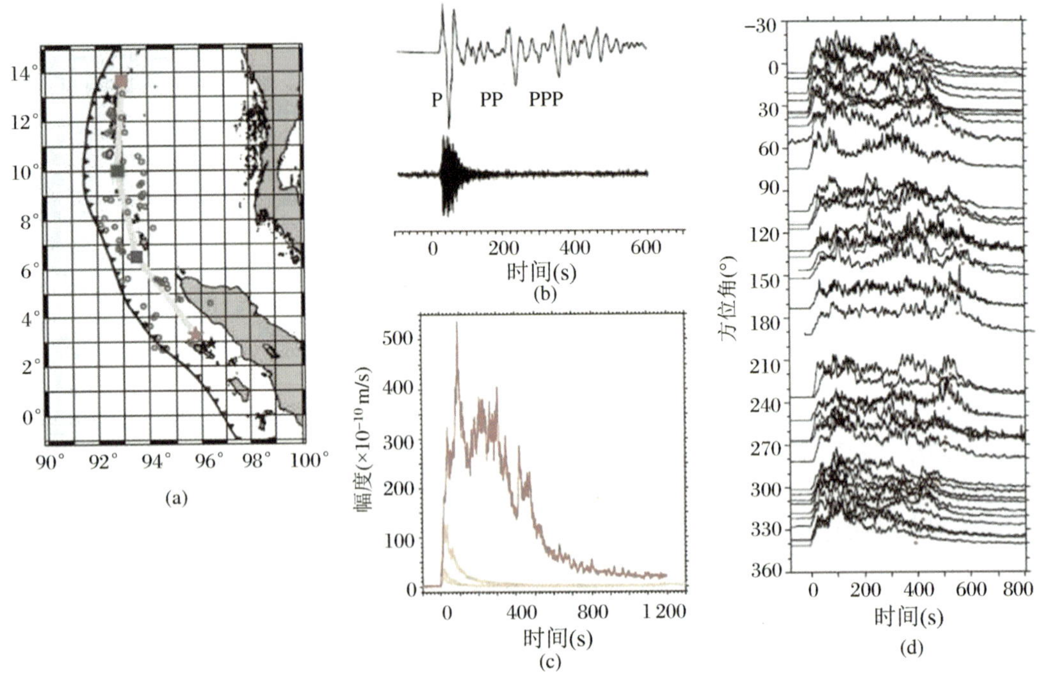

图 4.2.1 高频 P 波的周期性

全球台网记录到的苏门答腊地震信号能量主要来自 80～500 s 的面波。这里通过反卷积点源对应的合成地震图来去除面波的频散效应，合成过程使用了标准地球模型、USGS 提供的起始时刻及发震时刻。反卷积使用时间域与空间域方法。每个反卷积的结果是震源时间函数，表明了瑞利波在某个方位上的辐射过程。瑞利波的震源时间函数以 330°N 方向为标准有着很大的不同。反卷积得到了 172 个震源时间函数，将其分配到 30 个以方位角分配的区间中。台站并不是完全均匀分布的，从图 4.2.2 中可以看到在南半球台站分布较少。对于接近破裂方向，震源时间函数比较窄且高。当随着相对破裂方向的方位角增加的时候，可以看到虚线标出的一个小的波峰后移，波峰并不是在所有的方位上都存在的。通过使用逆随机变换(inverse radon transform，IRT)这些中等周期的瑞利波，震源时间函数可以用来反演断层上一维的滑移分布。一维的滑移分布是二维滑移分布的基础，且其断层时间关系不需要反演。反演结果显示破裂起始 60 s 断层上只有较小的位移，最大的位移在 100～200 km 范围，发生在 60 s 之后。当大的破裂发生后，破裂开始以 3 km/s 的速度向北破裂。在破裂了几百千米之后，这个频段的能量释放逐渐减小，表明大多数的滑移都在破裂的前七八百千米内产生。在超过 800 km 之后一定的滑移也被反演出来，但是由于较小(小于 2 m)，因此并没有被很好地解析。从短周期与长周期的能量来看，地震破裂应该到了更北的地方，推断地震破裂到了安达曼岛的附近，约在起始破裂点北边 1 300 km，但在这个区域破裂比较平缓，能量释放较少。

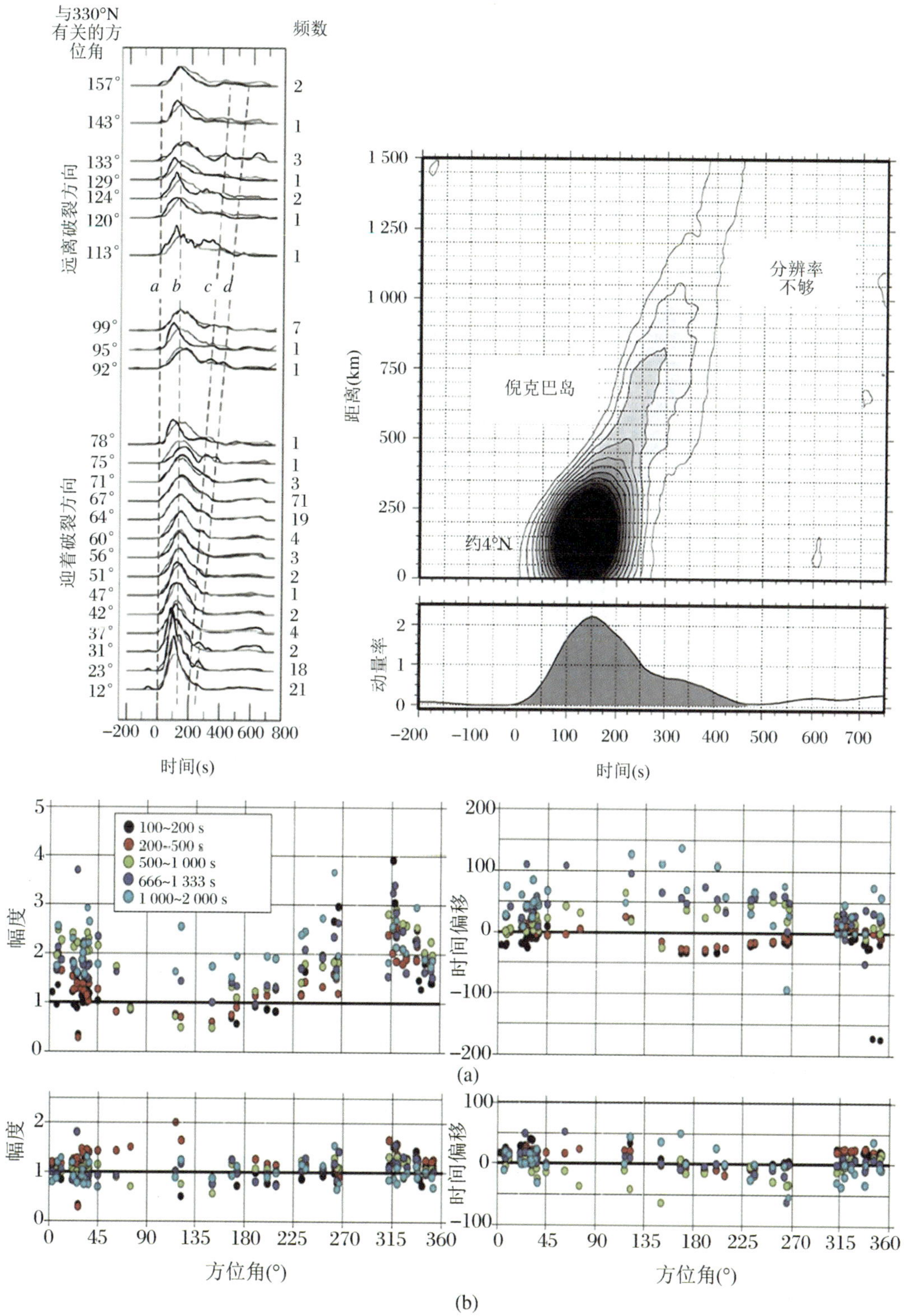

图 4.2.2　瑞利面波的方向性

3. 有限破裂的滑移

由余震反映出的地震破裂信息表明破裂具有相当大的宽度(150～200 km)。图 4.2.3 使用 3 种方法研究破裂的滑动情况。3 种反演方法都把断层参数化为几个子断层,每种方法都对断层破裂前缘的传播有一定的约束。在参数化断层的滑移过程中,对不同的子断层使用了不同的升时去刻画在一个点处的滑移情况。

图 4.2.3(a)采用了两个子断层上的走向角与倾角的差异性,而且其南部的断层参数由一次 6 级余震参数确定。断层上的每个小单元尺寸为 40 km×40 km,震源时间函数分成 15 个 12 s 的片段。每个单元可以在一定时间内滑动,破裂速度不超过 P 波速度。总的地震矩限定为接近哈佛地震目录和震源机制(CMT)给出的地震矩。图 4.2.3(a)中反演结果表明:在地震起始破裂点至少有 10 m 的滑移量。这与锡默卢岛处实地观察到的位移情况相符。在尼古拉岛附近有着最大位移,达到 20 m。滑移集中在海沟较深的位置,这表明大多数的短周期 SH 波是从断层深部辐射出来的。起始破裂速度较慢,约为 1.3 km/s,在往尼古拉岛传播的过程中破裂速度增加到了 3.3 km/s。

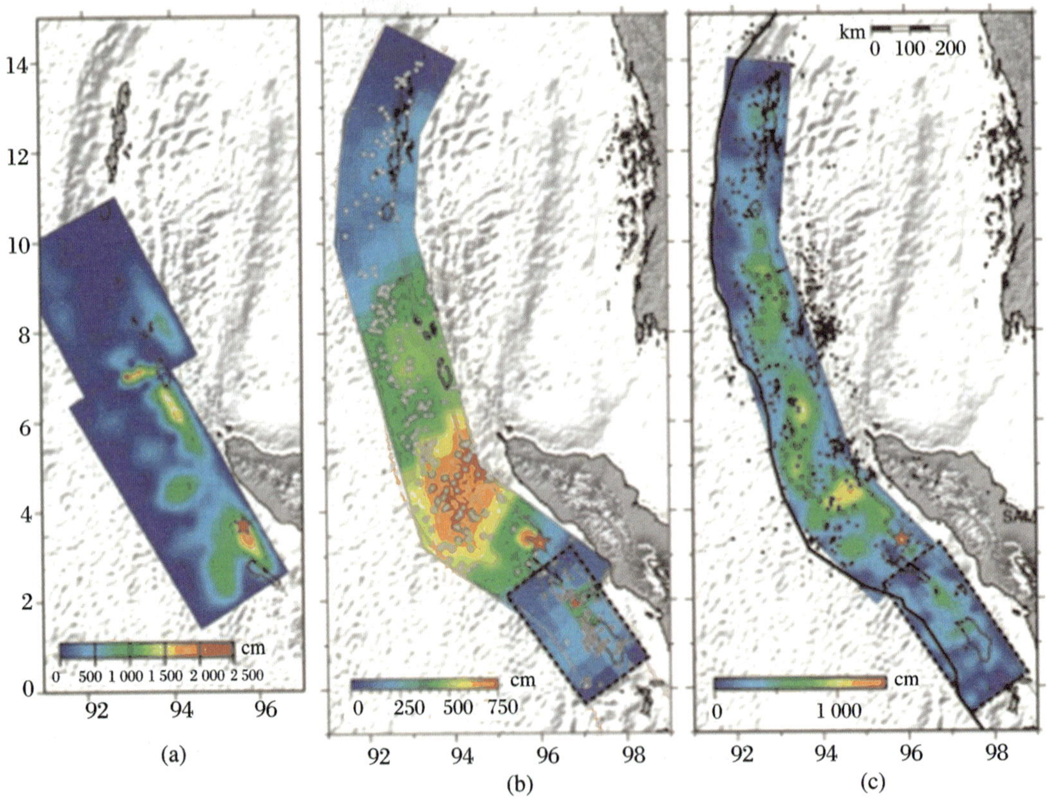

图 4.2.3 有限断裂滑移

图 4.2.3(b)采用了区域台站远震面波的结果进行计算。计算网格尺寸为 50 km×50 km,每个节点的震源时间函数长度为 40 s。这个模型得出在断层的很大区域上的最大位移在 3°～6°范围。在起始破裂点处滑移量较大,但在其周围很快减小。在尼古拉岛处有较大的滑移。滑移在 9°与 10°处减小,模型的地震矩释放量比全球地震目录和震源机制(GCMT)的结果要大 1.5 倍。

图 4.2.3(c)采用了远震体波(20～200 s)、中等周期(50～500 s)区域全波形、长周期远震体波(R1 与 R2,周期为 250～2 000 s)进行反演。3 个子断层面使用的参数由海沟的几何形态决定。断层上的单元尺寸为 20 km×16 km。使用全局模拟退火算法来计算每个子断层上的滑动大小、滑动方向,以及破裂起始、破裂产生和破裂停止时间。破裂开始时间允许有从破裂通过子断层时 150 s 的变化。在这个模型中,积累的滑移量分布于 3 个子断层上,总的持续时间为 550 s,产生的总的地震矩为 6.5×1 022 N·m,其对应的震级为 9.1 级。滑移总体分布在 9.5°N 南侧,但是滑移向北侧延伸直到安达曼岛。最大的滑移位置与信息反馈理论(IRT)及第二个模型反演得到的结果一致。与图 4.2.3(a)中 SH 波反演的结果相比,起始破裂点处的位移比较小。这个模型预测了 3°到 10°N 区域内有 1～5 m 的位移,位于海沟边上的最大抬升位于 4°～5°的区域内。

1960 年的智利地震、1964 年的阿拉斯加地震、1952 年的堪察加地震和 2004 年的苏门答腊地震都是单侧破裂的。虽然不同的破裂模型有一定差异,但在一阶的特征是一样的。矩率函数表明地震起始破裂缓慢,但在 40～60 s 后破裂加速,地点位于3°N～4°N 之间。矩率的迅速增加以及伴随的短周期能量爆发表明破裂在此时刻破裂断层部分较为坚固。在这个区域的滑移量也是整个断层上最大的,滑移量接近 15 m。

4.2.2　块体相对滑移的波动效应——实验室尺度 (Shmuel et al.,2004)

为了描述接触界面的局部特征,模型实验采用具有随机分布微触点组成的粗糙界面的两个透明有机玻璃(PMMA)板。如图 4.2.4(a)所示,施加的法向和剪切应力分别为 0～6 MPa 和 0～3 MPa。滑块尺寸为 150 mm × 75 mm × 6 mm,基体尺寸为 300 mm × 270 mm × 30 mm。实验中以明显大于 PMMA/空气界面全反射临界角的角度照射该界面,从而使入射光在未接触界面处发生全发射,而在滑块和基体微凸点接触区发生透射,如图 4.2.4(b)所示。

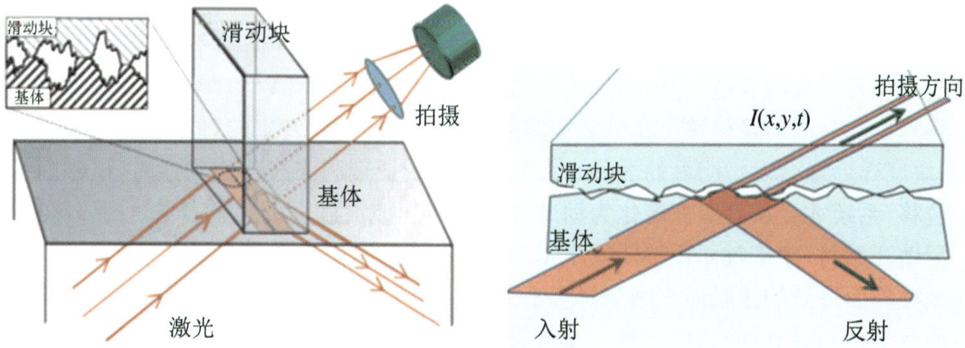

(a) 整体构型　　(b) 测试光路

图 4.2.4　块体摩擦滑移测试

实验中观察到 3 种不同类型的破裂波阵面。破裂过程是由单个快速的"亚瑞利波"引起的,该波阵面沿界面以低于 v_R 的速度传播,并快速增加到瑞利波速 C_R。然后分岔形成两个明显不同类型的破裂波阵面,即一个是信号比较微弱的跨音速波阵面(intersonic),它以超出 C_s的速度传播,另一个是速度较慢的破裂波阵面,它以比 C_R 慢一个数量级的速度沿界面传播,如图 4.2.5 所示。在 $t=0$ 时刻,沿着界面没有运动,界面破裂首先从作用有剪切应力的试样后缘处($x=0$)开始(剪切应力是由滑块上施加的推力在局部接触凸点处的力矩引起的)。最初的在 $x=0$ 处破裂由亚瑞利波造成,然后迅速加快直至达到 C_R(PMMA 中 $C_s=930$ m/s),随即发生分叉。亚瑞利波到跨声速波的转变已被观测到,但这些研究未能观察到伴随而来的缓慢破裂波阵面。对于跨声速波阵面,传播速度范围为(1 200~1 700)±200 m/s。

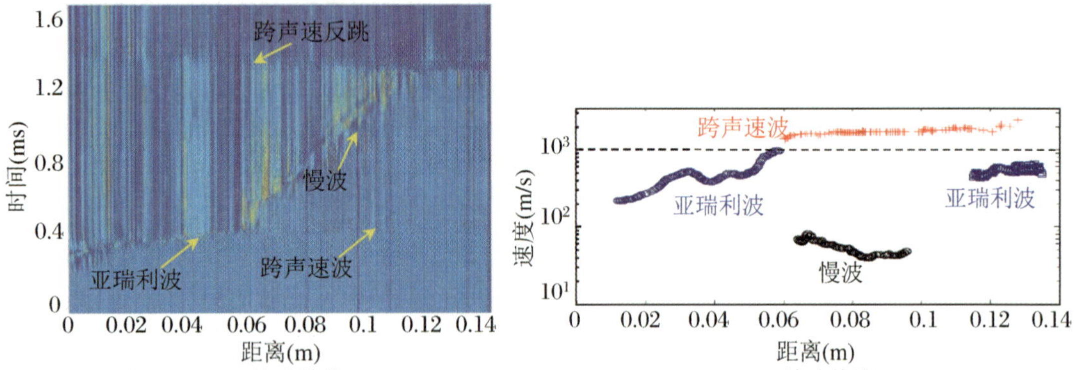

(a) 波形结构 (b) 波速统计

图 4.2.5 滑动之前的 3 种不同类型的波阵面

值得注意的是,在裂纹尖端具有点状应力场奇异性的剪切裂纹能以小于 C_R 的速度传播到极限速度 C_R。当速度超过 C_R 时,则需以剪切波速的$\sqrt{2}$倍传播才能满足这种应力场奇异性模型。对于在$\sqrt{2}C_s$与纵波速度之间的速度进行传播的情形,仅发生在断裂前端存在有限尺寸的耗散区时。图 4.2.4(b)中的速度(在 40~80 m/s 范围)是缓慢破裂波阵面的典型速度。这些速度比其他类型波前慢一个数量级,比驱动速度快 3~6 个数量级。慢波波阵面并没有到达试样的前缘,而是经历了一次急剧的反向转变,变回到亚瑞利波。

因此,伴随滑动开始的另一个特征是"反弹"波阵面的出现,即所谓的回弹波。它在亚瑞利波波阵面和慢波波阵面到达试样前缘时出现。回弹波以跨声速波波速(1300±150 m/s)沿界面向后传播。前向传播的跨音速波阵面会引起接触点沿界面的不规则运动,而回弹波则会造成这种现象的衰退,起到相反的作用。

虽然大部分的后缘位移是在破裂波阵面完全穿过样品后发生的,但是,当接触面积减小时,滑块试样后缘会发生明显的滑移。在慢速阵面或亚瑞利波波阵面到达时,试样前缘才会发生位移,系统才会从静摩擦转化为动摩擦。跨声速波波阵面的传播产生小于 10 μm 的滑移。滑动开始时,净接触面积整体减小 12%,标志着静摩擦向动摩擦的转变。此过程中,跨声速波波阵面导致的接触面积减少只有不到 2%,可以忽略。虽然跨声速波波阵面确实会引起界面波动,但它们可能只会导致一小部分接触点的破裂。亚音速波阵面和慢速破裂波阵面均能有效减小界面的局部接触面积,慢速破裂波阵面的作用是亚瑞利波波阵面的两倍,减少了 20%的接触面积。

整个滑块运动时,摩擦过程一般被认为是由较慢时间尺度的过程控制的。所以,尽管观察到了向摩擦滑动转化的开始,但对这些复杂过程的完整描述还涉及比这里所描述时间尺度更大的时间尺度。破裂波阵面由于速度太快,在大多数摩擦研究中都无法探测到。这些快速过程是断层成核和地震动力学滑移发生的基础。通过一些大地震的地震记录推断发现,亚瑞利波扰动在地壳(浅层)地震中以(0.7~0.8)C_s 的速度传播,在深部地震中以(0.2~0.6)C_s 的速度传播。

4.3 岩石界面微动摩擦行为

4.3.1 杆束实验

实验装置如图 4.3.1 所示(张磊,2016)。采用直径为 37 mm、长度分别为 200 mm 和 2 000 mm的圆形钢杆作为子弹和过渡杆,并采用 4 根边长为 8 mm、长度为 800 mm 的方形钢杆和铝合金套筒形成杆束作为入射杆束和透射杠束。

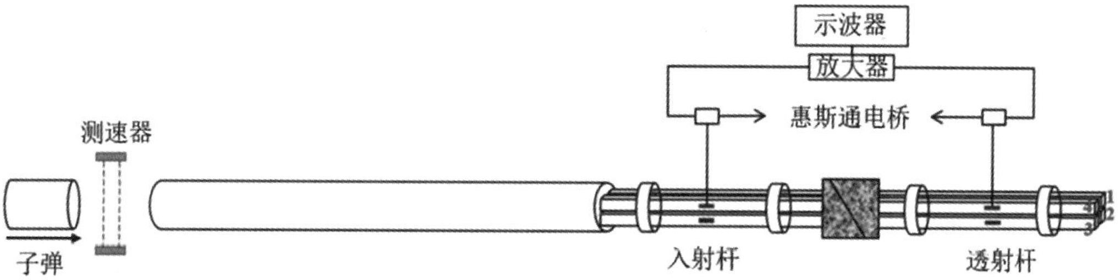

图 4.3.1 SHPB 杆束实验系统

1. 实验原理

节理面微动滑移实验原理如图 4.3.2 所示。当节理面不发生滑移时,入射信号将完全穿透节理面,此时接收到的入射信号与透射信号一致,对应的状态如图 4.3.2(b)中 A 点(σ_τ)所示。当节理面发生滑移时,入射信号作用到节理面上,将产生沿节理面和垂直节理面的波动。节理面的滑移是由沿节理面方向的波动作用超过节理面的承载能力(τ_s)引起的,因此,入射波作用到节理面上时,沿节理面方向的波动将只有部分信号能够透射过节理面而继续向右传播。这样,入射波与滑移的节理面相作用时,将产生法向透射信号 σ_n^{T} 和切向透射信号σ_τ^{T},以及法向反射信号 σ_n^{R} 和切向反射信号σ_τ^{R},如图 4.3.2(a)所示。由于波阻抗在法向无变化,因此,法向发射信号 $\sigma_n^{\mathrm{R}}\to 0$,即入射波沿垂直节理面方向的分量将完全穿过节理;而且切向分量将部分透射(σ_τ^{T})和部分反射(σ_τ^{R}),对应的状态分析如图 4.3.2(b)中的 B 点和 C 点所示。此时节理面左侧的运动速度将从开始的 V_0 逐渐降低到 V^{R}(C 点),而节理面右侧的运动速度将从初始的静止状态逐渐上升到 V^{T}(B 点),这样在节理面间形成速度差异($V^{\mathrm{R}}-V^{\mathrm{T}}$)的相对滑移。由于压缩波与剪切波传播速度不同,在节理面发生滑移时,透射信号的幅值将发生一定程度的降低,记录到的反射信号和透射信号中将分别有反射剪切信号(σ_τ^{R})和透射剪切信号(σ_τ^{T})的干扰。

入射杆上应变片测试到的信号包含入射波、入射杆与试样界面的反射波、节理面滑移产生的反射剪切信号等,透射杆上应变片测试到的信号包含由于节理面滑移产生的透射压缩信号、透射剪切信号等。与平板撞击实验中可以测试到各类波的传播历程不同,SHPB 实验中测试到的是应力波在节理面非线性压缩区域多次反射后达到应力均衡的结果。因此，在法向动态压缩渐趋均匀化的过程中也交织有切向动态变形的逐步均匀化过程。由此可根据波形进行动态压缩和剪切行为的分析。

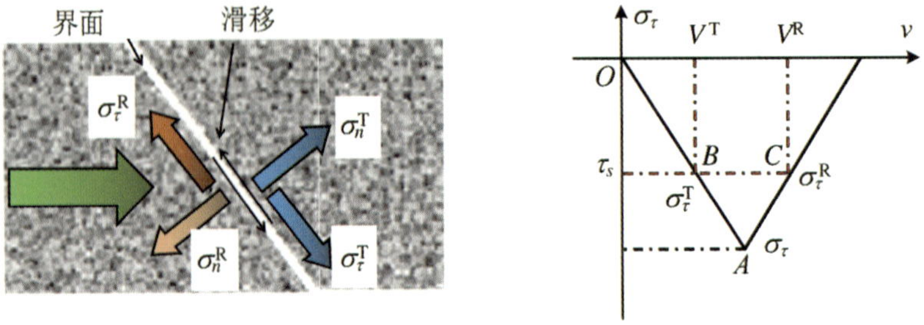

(a) 节理面滑动　　(b) 节理面滑动时状态分析

图 4.3.2　节理面微动滑移分析

2. 节理面微动滑移启动点的确定

当节理面发生滑移的时候，纵向应力仍然按照未发生滑移时的对应关系进行传递，而剪切应力的传递则相应地发生变化。应力的传递系数 δ（为图 4.3.3(a)所示透射幅值与入射幅值的比值，即 $\delta(t)=U_t/U_i$）与节理面上固有的物理参数以及相应的力学参数有关。当节理面上发生滑移时，传递系数 δ 会有明显的变化（图 4.3.3(b)），由此可找出相应的转折点为图 4.3.3(a)中的 A 点，即冲击加载过程中节理面发生滑移的启动位置。

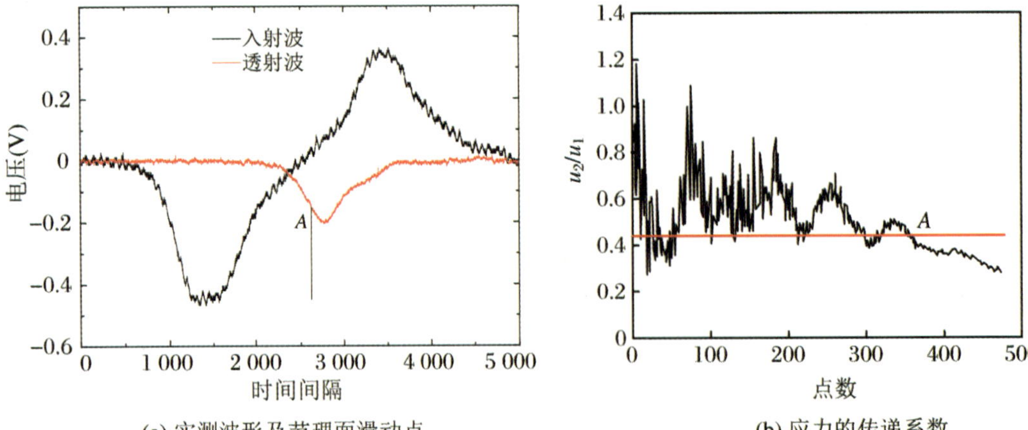

(a) 实测波形及节理面滑动点　　(b) 应力的传递系数

图 4.3.3　节理面微动滑移启动位置的确定

4.3.2　界面微动滑移特性

为表征界面上的微动滑移特征，定义界面上切向应力 $\tau(t)$与法向应力 $\sigma(t)$之比为微动滑移系数 μ：$\mu=\tau(t)/\sigma(t)$。图 4.3.4 所示为 30°界面在 5.5 m/s 冲击速度下应力比随位移变化的曲线。由此可见，界面上 3 个位置微动滑移的历程存在较大差异；界面不同位置处的微动滑移位移一般为 90～140 μm，差异较大；根据此历程确定的微动滑移启动位置与图

4.3.3 确定的位置基本一致。

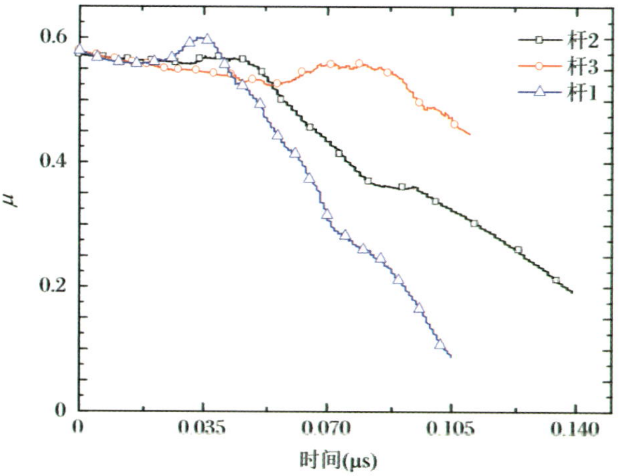

图 4.3.4　30°界面上的微动滑移系数

图 4.3.5 为加载脉冲宽度对节理面微动滑移系数的影响。加载脉冲宽度由子弹长度控制。子弹长度分别为 5 cm，15 cm，30 cm，50 cm，对应脉宽分别为 20 μs，60 μs，120 μs，200 μs。微动滑移过程基本分为两个阶段：微动滑移系数稳定阶段和微动滑移系数快速下降阶段。微动滑移启动时需要一定的切向力作用，即滑移启动时微动滑移系数具有一个临界值。图 4.3.5(a)所示为初始微动滑移系数较小时，较短脉冲作用下界面没有产生足够的变形以弱化接触性能，在 3 种较短脉冲作用下没有发生界面滑移；而当脉冲宽度足够长的时候，后期会发生界面滑移。作为对比，图 4.3.5(b)列出了当初始微动滑移系数较大时，即便是很短的加载脉冲也可以使界面发生滑移。这一现象与 Sone 等(2009)基于大位移的滑动摩擦实验结果相似。

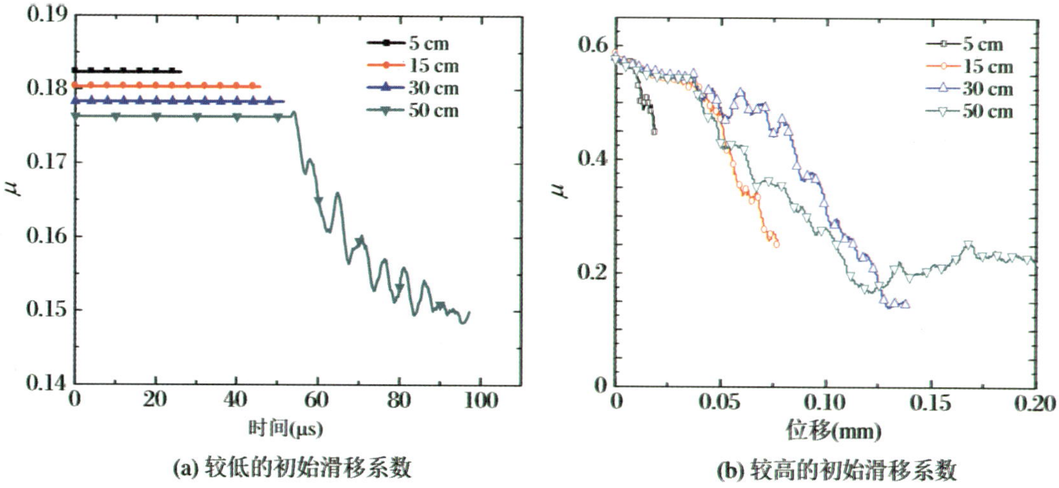

图 4.3.5　加载脉冲宽度对微动滑移系数的影响

图 4.3.6(a)为节理面角度对微动滑移系数的影响。在冲击加载的初期，四种角度均没有发生滑移；随着加载时间的增长，节理面两侧的相对位移逐渐发展以至于弱化了接触面，

较大的两个节理面(30°和 20°)依次发生滑移,而后 15°节理也发生滑移,直到加载结束 10°节理尚没有发生滑移。图 4.3.6(b)为润滑对节理面微动滑移系数的影响。润滑节理面比没有润滑节理面发生滑移的时间要早,而且节理面滑移初期,没有润滑过的节理面上微动滑移系数下降的速度比润滑过的节理面要慢。在滑移后期,润滑作用减弱,节理面微动滑移系数比较接近。润滑界面的微动摩擦系数出现较大的波动,反映的是粗糙表面凹凸点的硬接触与润滑垫层的软接触在局部滑移过程中交替发挥作用。这种微动滑移发展可参见图 4.3.7 所示的试件表面的位移场演化过程。结合数值散斑技术,采用高速摄影监测试件表面位移场的演化,可监测界面微动摩擦过程中试件表面变形的发展(图 4.3.7 所示以 20°界面为例)。数值散斑系列图像反映出试件表面的界面两侧应变场演化,以及变形场穿过界面的传播过程。全场应变场的发展反映了界面的局部动摩擦的形成过程:第二帧图中在左下角局部发生相对滑移,第三帧图中相对滑移发展到界面的右上角,第四帧图中界面整体发生滑移。

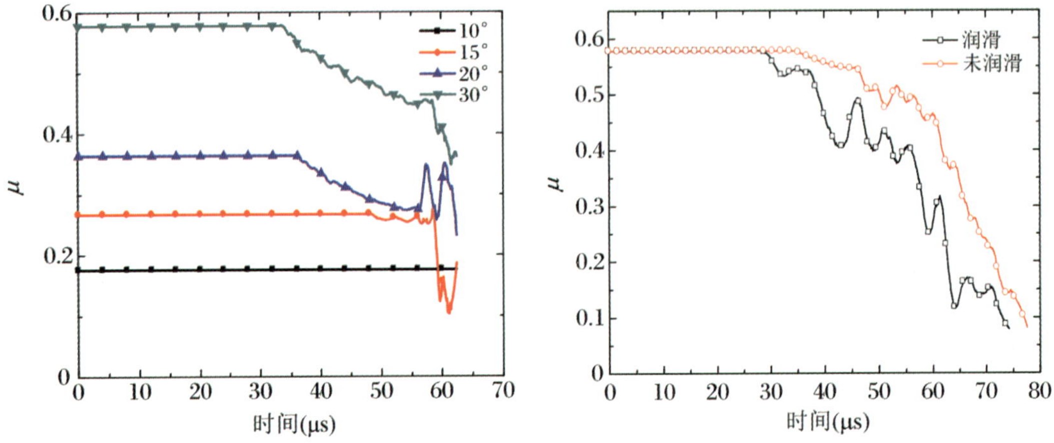

(a) 节理面角度　　(b) 表面润滑

图 4.3.6　节理面因素对微动滑移系数的影响

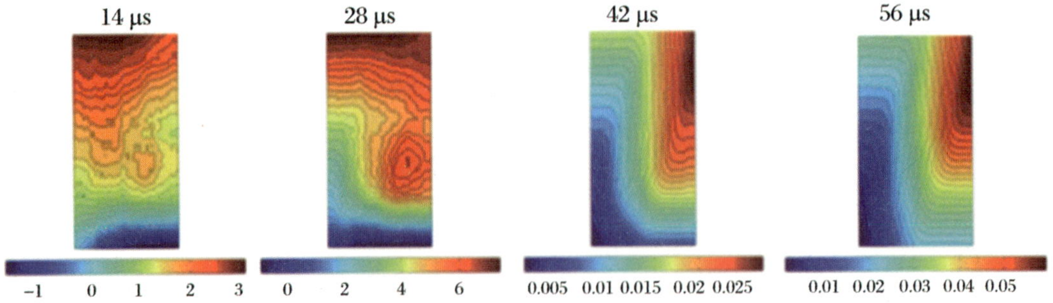

图 4.3.7　20°节理面 x 方向的位移场演化

图中前两幅色度的单位为 0.001,后两幅为 1.0

4.3.3 界面微动滑移过程的声发射和温升

1. 微动滑移过程的声发射特征

岩石的均匀性、节理面的表面粗糙度等情况导致节理面滑移初期不同位置存在较大差异。图 4.3.8 为滑移初期的声发射原始信号及其高频分解信号。A1 和 A2 沿冲击方向布置，分别位于界面的前部和后部；A3 位于试样侧面的界面附近。节理面开始滑移时，原始声发射信号的幅值：A1＞A2＞A3，A1 和 A2 信号为正值，A3 信号为负值。A1 声发射信号处于峰值前一刻，A2 和 A3 声发射信号均处于信号增强阶段。同一频带范围内出现第一个突发信号的时间顺序依次为 A2，A1，A3，且 A2 信号已经经历了一个完整的突发信号，A3 基本无信号变化；细节信号的幅值关系为 A2＞A1＞A3；A1 的信号波形相比 A2 和 A3 更为复杂。在滑移初期，A1 传感器的信号包括应力脉冲加载下花岗岩试件入射端面发生的局部变形和节理面相对滑移所产生的声发射；A2 和 A3 传感器的信号主要来源于节理面滑移所产生的声发射。实验所得的 3 个位置处的声发射状态与计算所得到的滑移开始时 3 个声发射探头对应位置的应力关系基本一致。

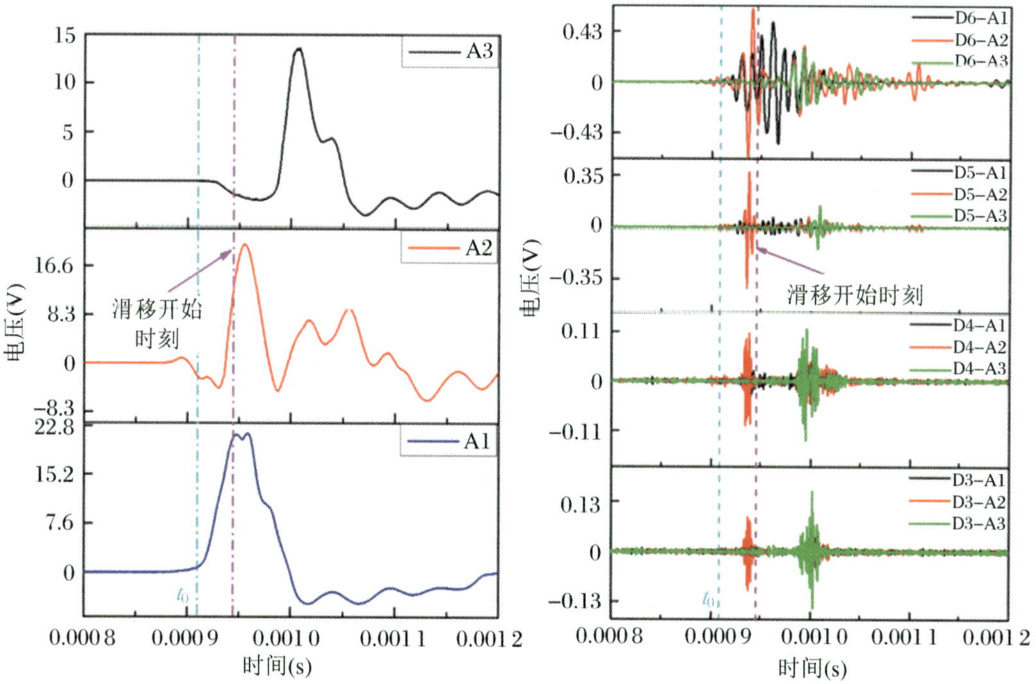

(a) 声发射信号　　(b) 小波分解信号

图 4.3.8 滑移初期声发射信号

如图 4.3.9 所示为 30°节理花岗岩试件的位移场和声发射信号的时间对应关系图，其中白色实线表示对应时刻下节理面的位置。节理面动摩擦全过程可分为未滑移、开始滑移、滑移发展、较大位移的滑移等阶段。滑移初期节理面相对滑移的位移大小约为 0.01 mm 量级。选择不同阶段的位移场和声发射信号进行对比分析，根据位移场中不同时间内波阵面的传播距离，可求得不同摩擦阶段对应的滑移扰动的传播速度分别为 370 m/s，200 m/s，10 m/s 和 55 m/s，速度的波动反映局部微动摩擦的黏-滑现象。此时对应声发射信号的高频信号 D5～D6，可得到不同阶段的声发射频率分别为 100 kHz，100 kHz，85 kHz 和 90 kHz。

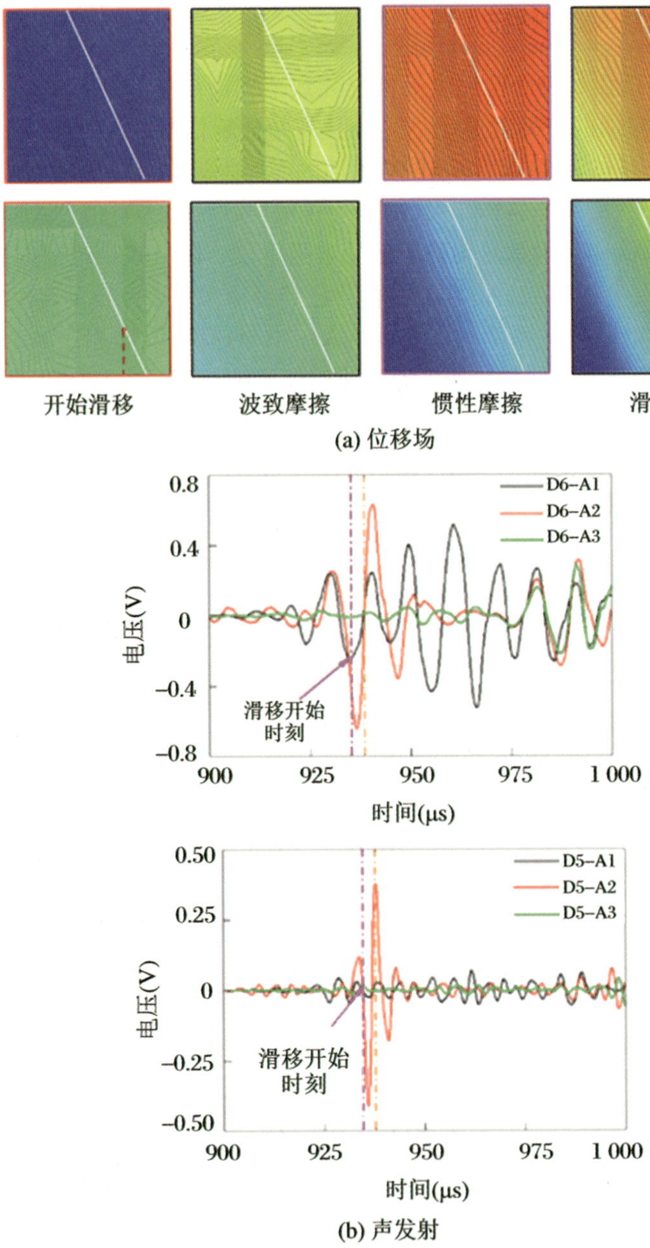

图 4.3.9　滑移初期数值散斑结果(即位移场)与声发射信号

在节理微动滑移初期，其滑移扰动属于一种慢波，是多个局部滑移扰动组合形成的一个扰动波群。与节理面微动滑移相关的声发射信息主要分布在 78.25～312.5 kHz 频率范围内的高频部分。不同节理角度的花岗岩节理面初始滑移对应的声发射频率约为 100 kHz；不同位置处的声发射信号幅值相差较大，通常最靠近入射端处的声发射信号幅值最大。

2．微动滑移的产热特征

将红外测温系统测点置于界面上，图 4.3.10 所示为冲击下节理面的温度信号及其小波分解信号。图 4.3.10(a)为傅里叶滤波（截止频率为 62.5 kHz）后的结果，其他的图形为用 db5 小波基进行 8 层离散小波变换后的低频信号。通过小波分解，可以得到不同频段范围所对应的温度信号。比较 8 层信号，发现频率范围为 0～39.062 5 kHz 时，可以较为清楚地分辨出温度信号的变化特征。温度的低频信号表征了花岗岩的热辐射信息；温度的高频部分基本为系统的固有噪声信号。

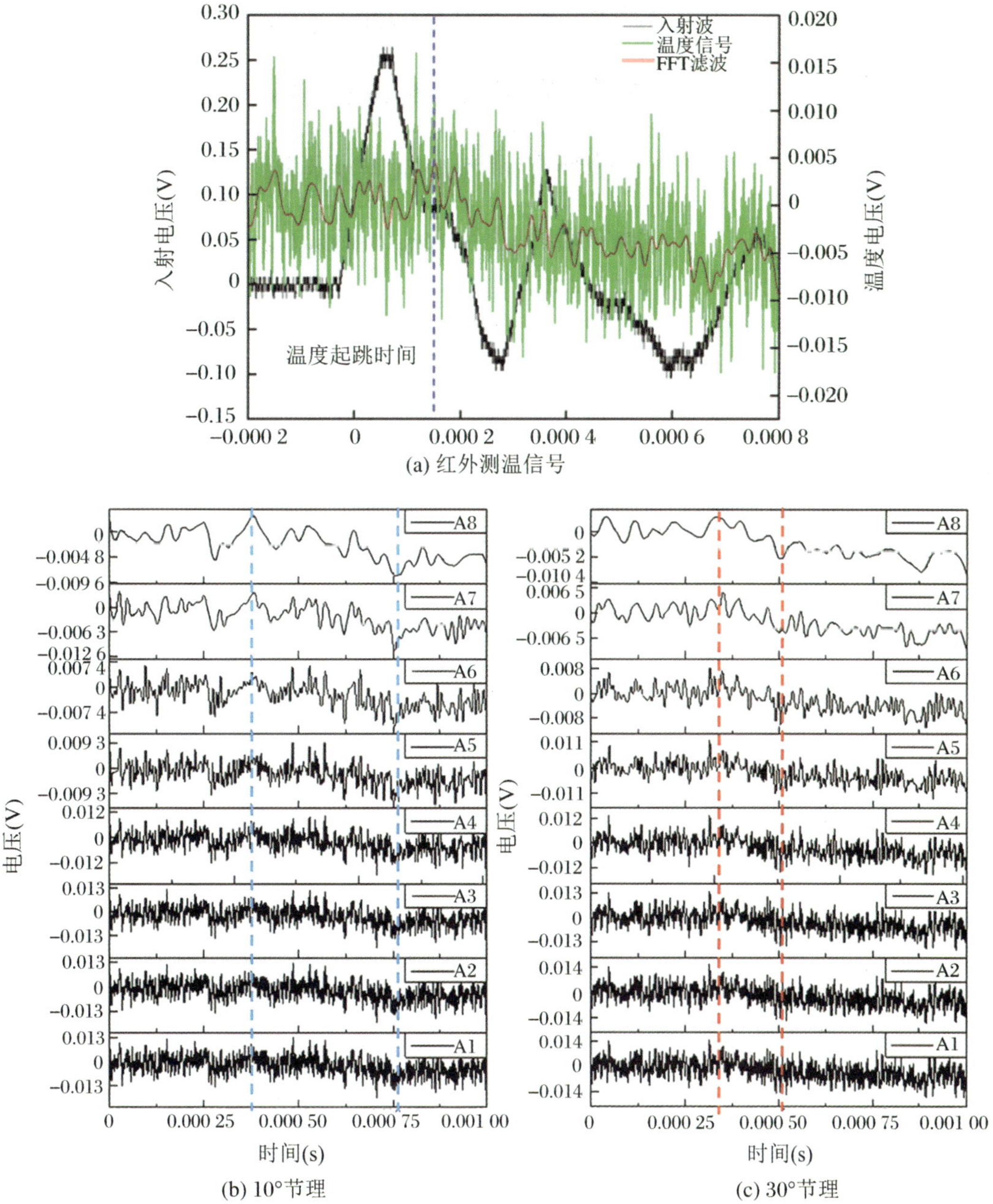

(a) 红外测温信号

(b) 10°节理

(c) 30°节理

图 4.3.10　滑移初始时刻的温度信号及其小波分解信号

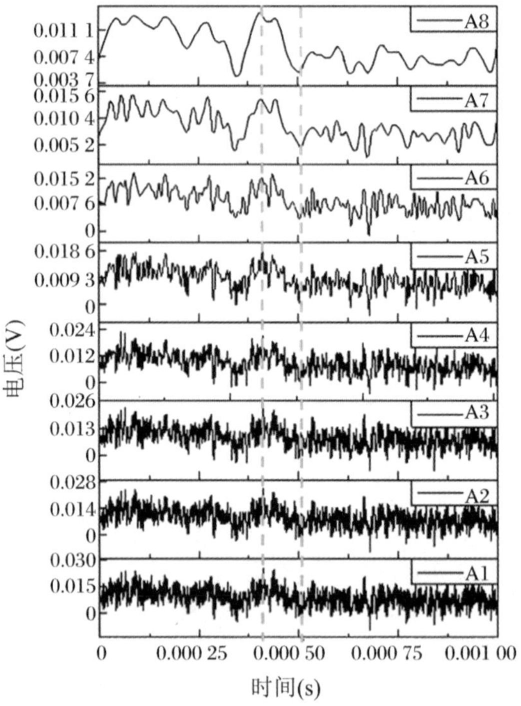

(d) 40°节理

图 4.3.10 滑移初始时刻的温度信号及其小波分解信号(续)

以 30°花岗岩节理的温度信号为例。有限元计算表明:从花岗岩试件开始受加载脉冲作用到节理面发生相对滑移的时间间隔为 42 μs,实验中 30°节理花岗岩试件的温度信号的实际起跳点时间为 51 μs。二者比较接近,这说明温度信号的产生与节理面开始滑移的时间基本一致,但略有滞后,这源于局部摩擦产热需要一定时间。

图 4.3.10(b)～(d)所示为 3 种角度节理面的温度变化,图中虚线为温度变化区域。随着节理角度的增大,节理面发生滑移的规模越大,节理面所产生的温度变化越明显,局部摩擦滑移产生的热量也随之增大。3 种节理面的微动滑移温升分别为 0.022 ℃,0.045 ℃,0.044 ℃。David 等(1983)利用 150 cm×150 cm×40 cm 的对角节理花岗岩样品进行双向围压实验,测得节理面发生黏滑时所产生的温升可达 0.01 ℃;当滑移速度为 0.09～9.1 μm/s,温升与滑移速度成比例且小于 0.1 ℃。本章的实验结果与之量级相当。

3. 节理面微动滑移的局部形态

分别采用光学显微镜和台阶仪对花岗岩界面粗糙形态进行测试,研究较大视场(毫米尺度)和较小视场(亚毫米尺度)下动摩擦过程带来的表面形态的变化。图 4.3.11 所示为采用光学显微镜拍摄的 30°界面冲击前后的形态。每幅图由 50 多张小图片拼成,图中小的白框为局部滑移的标记信息。由此可见,冲击前清晰的局部棱状凸起(图 4.3.11(a))在冲击后基本被推平(图 4.3.11(b))。对局部摩擦形态进行放大,界面形态的变化主要可分为两类:局部凸起剪切断裂(图 4.3.11(c))和局部滑移(图 4.3.11(d))。这种局部断裂和局部滑移的尺寸一般为 300～400 μm,比杆束测得的微动滑移位移要大一些,其原因在于局部凸起在冲击过程发生整体断裂。由于是微动滑移,较大的局部凸起(例如尺寸为 mm 量级的)不会发生明显的断裂，因此局部断裂和滑移的尺寸反映了粗糙表面的某种特征尺寸。同时，通过显微镜景深调整得到产生滑移的坑深一般为 30～50 μm。由于此过程界面的相对滑移位移非常小，动摩擦过程对表面的磨损只发生在局部较大的棱状凸起接触部位，因此，所观察到的表面虽然没有大的凸起，但是仍非常粗糙，分布有丰富的小规模的凸起，其高程幅值约为 50 μm，很难观察到大位移滑移时的光滑滑移面。

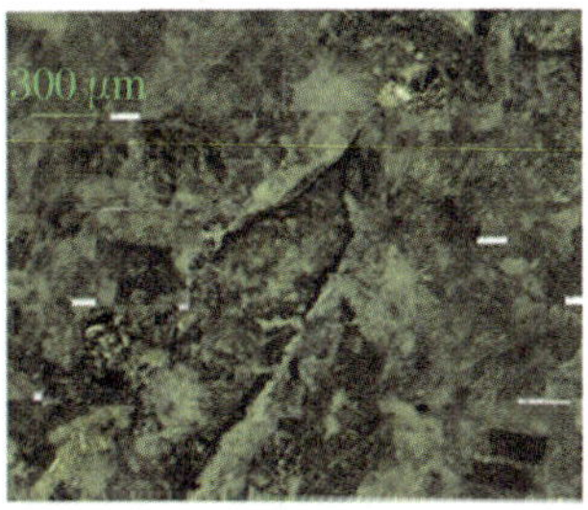

(a) 撞击前

(b) 撞击后

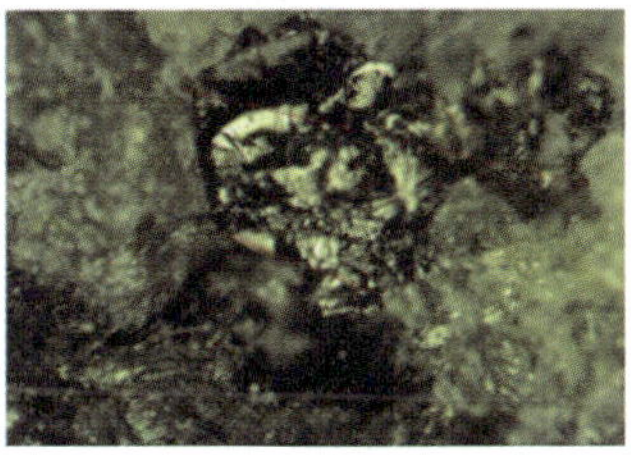

(c) 局部断裂

(d) 局部滑移

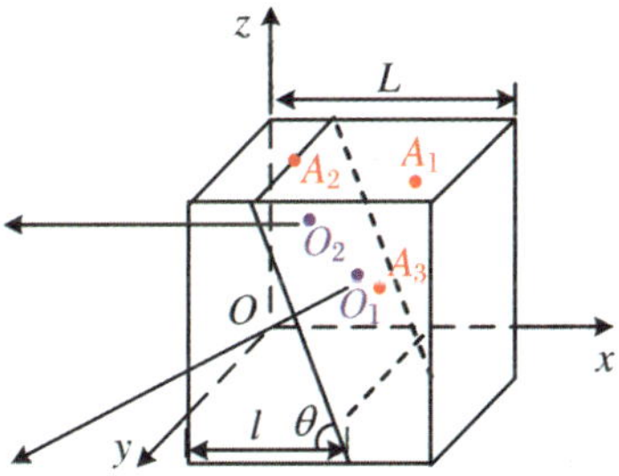

图 4.3.11　光学显微镜下的局部摩擦形态(30°界面)

采用光学显微镜对节理微动滑移的局部形态进行观察，图 4.3.11 所示为局部微动滑移后节理表面的形态，图 4.3.11(c)和图 4.3.11(d)所示为右边节理示意图上的两个位置处的局部详图，二者的滑移规模大致相当，在 400 μm 左右，产生滑移的局部坑深为 30～50 μm。

4.4　界面形态描述及动摩擦演化

4.4.1　随机抽样法界面形态描述

实际粗糙表面的轮廓线是一条连续且处处不可微的复杂曲线。可假设表面轮廓曲线的高度服从高斯分布，其概率密度分布函数为

$$\Psi(z) = \frac{1}{\sigma\sqrt{2\pi}}\exp\left(-\frac{z^2}{2\sigma^2}\right) \tag{4.4.1}$$

式中，z 为粗糙表面轮廓曲线高度；σ 为轮廓平均高度的均方根。高斯分布曲线的范围为 $-\infty \sim +\infty$，但实际上在 $-3\sigma \sim 3\sigma$ 区间已包含了分布的 99.73%。因此，以 $\pm 3\sigma$ 作为高斯分布的极限，在其以外所产生的误差可以忽略不计，从而使计算得以简化（许志倩 等，2012）。然后以 $z_1, z_2, \cdots, z_i$ 为随机变量，根据 Monte Carlo 随机正态分布抽样得到轮廓曲线高度的样本数列；最后将该数列点依次用直线连接起来，即形成一条高低不平的粗糙表面轮廓曲线。抽样表达式为

$$x_1 = \mu + \beta\sqrt{-2\ln r_1}\cos(2\pi r_2), \quad x_2 = \mu + \beta\sqrt{-2\ln r_1}\sin(2\pi r_2) \tag{4.4.2}$$

式中，μ, β 分别为样本的均值和标准差；r_1, r_2 为区间[0,1]均匀分布的随机数列。

判断依据为

$$\varepsilon_y = \left|(z_{\max}(x) - z_{\min}(x)) - R_y\right|/R_y, \quad \varepsilon_\mu = \left|1/N\sum_{i=1}^{N} z(x_i) - R_a\right|/R_a$$

式中，$z_{\max}$，$z_{\min}$ 分别为粗糙表面轮廓曲线的最大高度和最小高度；R_y 为最大的峰谷距；R_a 为轮廓的算术平均偏差。图 4.4.1 为基于此方法计算得到的样本容量 2 500 时，某一粗糙表面的轮廓曲线。

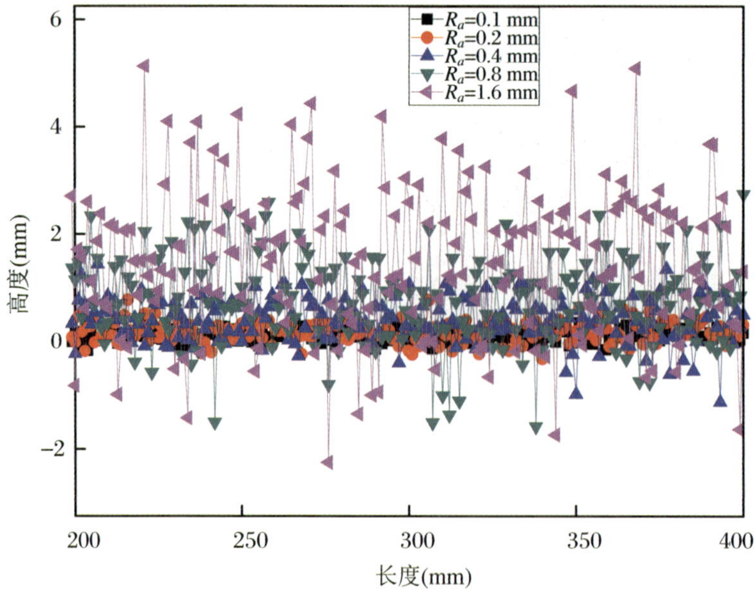

图 4.4.1 不同表面粗糙度下的轮廓表面曲线(样本容量为 2 500)

4.4.2 基于激光扫描的三角形不规则网格描述(BG 法)

由于缺乏能够进行三维(3D)测量的工具，对岩石、混凝土等脆性材料表面粗糙度的评估一般基于二维剖面的测量和分析，而非三维表面。近年来，出现了几种光学和激光扫描测量工具，它们能够快速准确地生成定义三维表面的高分辨率云点图。但是，这些云点图本身只是表面空间点的集合，并不提供表面粗糙度的“度量”。粗糙度的客观参数化需要对云点图进行进一步的处理和分析。因此，需要基于激光扫描结果进行粗糙表面描述，其方法如下

(Tatone, Grasselli, 2009, 2013)：首先基于激光三维扫描技术得到 3D 表面形貌，转化成不规则三角形网格图；然后建立一个参考平面系统，去定位每个网格三角形的视倾角(θ)和方位角(α)；最后基于网格三角形面积建立表面粗糙度的表征方式。

Bryan 和 Giovanni 提出了一种方法(简称 BG 法，Tatone，2014)来描述积累的标准化三角形网格面积 A_{θ^*} 与视倾角阈值 θ^* 之间的关系，其表达式为

$$A_{\theta^*} = A_0\left(\frac{\theta^*_{\max} - \theta^*}{\theta^*_{\max}}\right)^C \tag{4.4.3}$$

式中，A_{θ^*} 表征当表面的视倾角大于选定的阈值 θ^* 时的表面积与总面积 A_t 的比值；A_0 表征当表面的视倾角大于选定的阈值 0 时的表面积与总面积 A_t 的比值；$\theta^*_{\max}$ 为最大视倾角；C 为无量纲的拟合参数，用来控制粗糙表面的凹陷程度。对一个花岗岩样品的 3D 三角表面进行统计分析，得到 A_{θ^*} 与视倾角阈值 θ^* 的关系如图 4.4.2 所示(Huang et al., 2014；黄俊宇，2016；张磊，2022)。

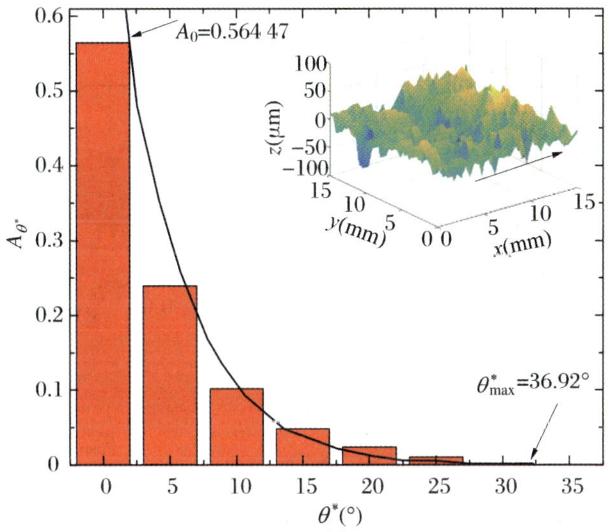

(a)

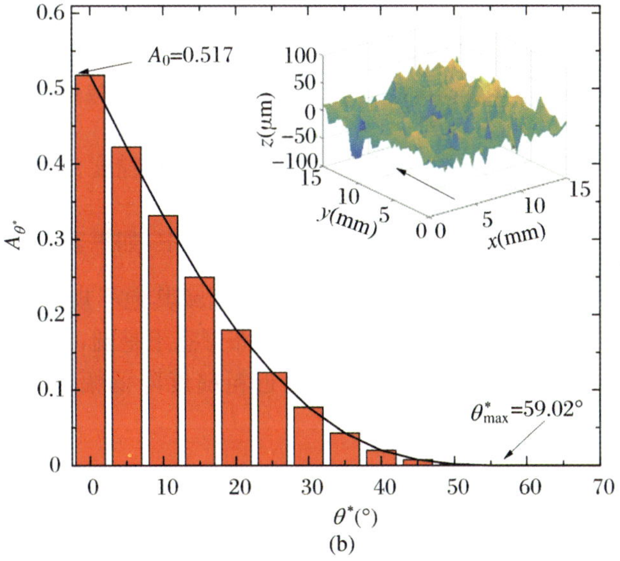

(b)

图 4.4.2　在不同分析方向(如箭头显示)下，标准化面积 A_{θ^*} 与视倾角阈值 θ^* 的关系图

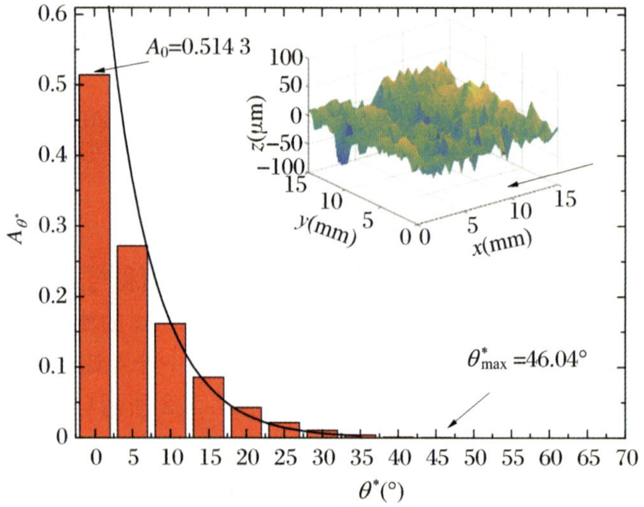

(c)

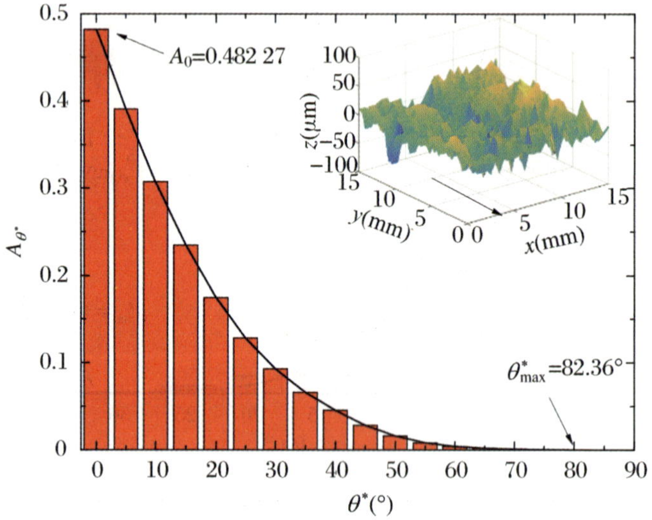

(d)

图 4.4.2 在不同分析方向(如箭头显示)下,标准化面积 A_{θ^*} 与视倾角阈值 θ^* 的关系图(续)

对式(4.4.3)进行积分后,可以用$\frac{\theta^*_{max}}{C+1}$来表征表面的粗糙度。另外,为了量化表面粗糙度的各向异性,将$\frac{\theta^*_{max}}{C+1}$与不同方向的角度画在极坐标图中,如果表面粗糙度为各向同性,曲线为圆形;如果表面粗糙度为各向异性,则曲线为椭圆或其他不规则形状。对 30°节理面进行计算,结果如图 4.4.3 所示。节理表面粗糙度分布形态不是圆,表面粗糙度存在一定的各向异性。冲击前后进行比较,滑移方向即 0°附近粗糙度降低幅度较大,垂直于滑移方向(90°)的变化相对较小。

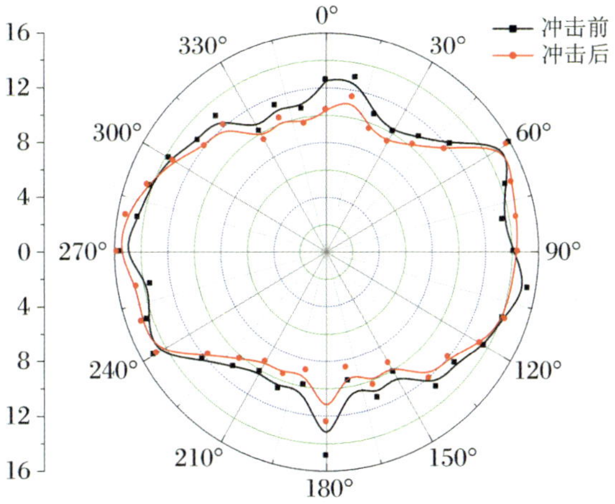

图 4.4.3 30°节理面冲击前后粗糙度的各向异性(张磊,2022)

4.4.3 粗糙表面的对称群描述及演化

为描述岩石粗糙节理表面形态的演化,引入对称群进行节理表面粗糙形状的表征。初始的矩形区域为 $\Omega=\{(x,y,z)\in R^3 \mid -L_x/2\leqslant x\leqslant L_x/2,-L_y/2\leqslant y\leqslant L_y/2\}$。其中,$L_x$ 和 L_y 分别为矩形表面的 x 方向和 y 方向的长度,随外载荷 τ 变化而变化:$L_x=L_x(\tau)$,$L_y=L_y(\tau)$。

在压缩加载情况下,矩形区域关于 x 轴和 y 轴对称,其对称群表示为

$$G_0 = C_{1v}\times \widetilde{C}_{1v} \tag{4.4.4}$$

式中,x 方向对称群 $C_{1v}=\langle\sigma_x\rangle=\{e,\sigma_x\}\cong Z_2$,$y$ 方向对称群 $\widetilde{C}_{1v}=\langle\sigma_y\rangle=\{e,\sigma_y\}\cong Z_2$。其中,$x$ 方向对称 $\sigma_x:x\mapsto -x$,y 方向对称 $\sigma_y:y\mapsto -y$,e 为恒等变换元,$Z_2=\{1,-1\}$,"$\cong$"表示同态。将式(4.4.4)应用于作用域的局部,采用一种"无限阶段性区域逼近"的思想来描述作用域局部沿 x 方向和 y 方向的阶段性对称,此时矩形作用域的对称群表示为(Ikeda et al.,1994;Murota et al.,1999)

$$G_1 = C_{\infty v}\times \widetilde{C}_{\infty v} \tag{4.4.5}$$

式中,$C_{\infty v}=\langle\sigma,r(\Psi)\rangle$;$\widetilde{C}_{\infty v}=\langle\widetilde{\sigma},\widetilde{r}(\widetilde{\Psi})\rangle$;$\sigma=\sigma_x$,$\widetilde{\sigma}=\sigma_y$,$r(\Psi)=t_x(L_x\Psi)=t_x(l_x)$,$\widetilde{r}(\widetilde{\Psi})=t_y(L_y\widetilde{\Psi})=t_y(l_y)$。其中,$x$ 方向局部对称群 $t_x(l_x):x\mapsto x+l_x$,y 方向局部对称群 $t_y(l_y):y\mapsto y+l_y$。l_x 和 l_y 分别为 x 方向和 y 方向的局部长度:$0\leqslant l_x<L_x$,$0\leqslant l_y<L_y$。$\Psi=l_x/L_x$,$\widetilde{\Psi}=l_y/L_y$。$\xi=x/L_x+1/2$,$\widetilde{\xi}=y/L_y+1/2$,$0\leqslant\xi,\widetilde{\xi},\Psi,\widetilde{\Psi}<1$。

在剪切加载情况下,矩形区域具有反对称性质,其反对称群表示为

$$G_0' = D_1 = \langle\sigma_x\sigma_y\rangle \tag{4.4.6}$$

式中,$\sigma_x\sigma_y$ 表示绕 z 轴的半旋转。将式(4.4.5)应用于作用域的局部,矩形作用域的反对称群表示为

$$G_1' = D_\infty = \langle\sigma_x\sigma_y,r(\Psi),\widetilde{r}(\widetilde{\Psi})\rangle \tag{4.4.7}$$

上述两类群是描述矩形作用域的基本群。对称群对应于对称载荷作用,反对称群对应于剪切载荷作用。外载荷作用的结果使得矩形作用域的对称性发生变化,称为对称性破缺,

需要采用相应的对称群进行描述。在本节中,由矩形作用域演化而来的对阵子群主要有 3 类:钻石型、斜条型、雁型等,如图 4.4.4 所示。

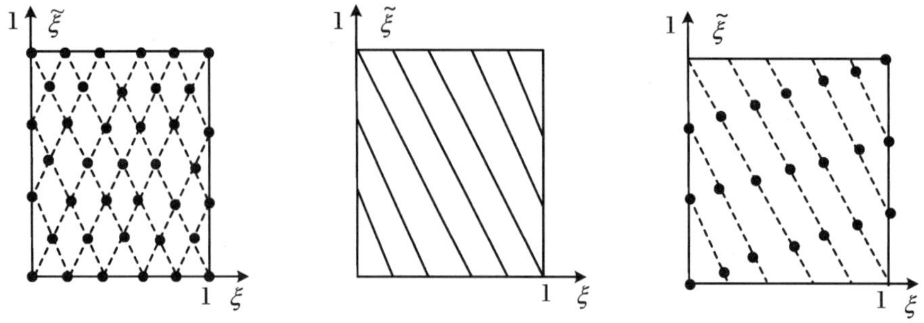

$\mathrm{DI}_{n\tilde{n}}(n=5, \tilde{n}=3)$ (a) 钻石型　$\mathrm{OB}^+_{n\tilde{n}}(n=5, \tilde{n}=3)$ (b) 斜条型　$\mathrm{EC}^+_{n\tilde{n}kl}(n=5, \tilde{n}=3, k=18, l=0)$ (c) 雁型

图 4.4.4　矩形作用域的 3 种对称子群

(1) 钻石型子群。如图 4.4.4(a)所示,钻石型子群可用于描述岩石节理表面具有均匀分布的粗糙凸起的情况,其表达式为

$$\mathrm{DI}_{n\tilde{n}} = \left\langle \sigma, \tilde{\sigma}, r\left(\frac{1}{2n}\right)\tilde{r}\left(\frac{1}{2\tilde{n}}\right), r\left(\frac{1}{2n}\right)\tilde{r}\left(\frac{-1}{2\tilde{n}}\right)\right\rangle \tag{4.4.8}$$

(2) 斜条型子群。如图 4.4.4(b)所示,斜条型子群可用于描述岩石节理表面具有条状分布的粗糙凸起的情况,其表达式为

$$\mathrm{OB}^+_{n\tilde{n}} = \langle \sigma\tilde{\sigma}, \{ r(\Psi)\tilde{r}(\tilde{\Psi}) \mid n\Psi + \tilde{n}\tilde{\Psi} \in \mathbf{Z} \} \rangle \tag{4.4.9}$$

式中,$\mathbf{Z}$ 表示整数集。

(3) 雁型子群。如图 4.4.4(c)所示,雁型子群可用于描述岩石节理表面主要为条状分布的粗糙凸起、局部磨损的情况,其表达式为

$$\mathrm{EC}^+_{n\tilde{n}kl} = \left\langle \sigma\tilde{\sigma}, r\left(-\frac{\tilde{n}}{dk}\right)\tilde{r}\left(\frac{n}{dk}\right), r\left(\frac{1}{d}\left(p - \frac{\tilde{n}l}{dk}\right)\right)\tilde{r}\left(\frac{1}{d}\left(p + \frac{nl}{dk}\right)\right)\right\rangle \tag{4.4.10}$$

式中,$d = \gcd(n, \tilde{n})$ 表示 n 和 $\tilde{n}$ 的最大公约数。

依托这种对称性,外载荷作用下,岩石节理表面的位移场可采用双傅里叶级数的形式描述,即位移场 $u(x, y) = (v_1, v_2)$,式中

$$\begin{cases} v_1 = \sum_{n=0}^{\infty}\sum_{\tilde{n}=0}^{\infty} A_{1n\tilde{n}}\cos(2\pi n\xi)\cos(2\pi\tilde{n}\tilde{\xi}) + A_{2n\tilde{n}}\sin(2\pi n\xi)\sin(2\pi\tilde{n}\tilde{\xi}) \\ v_2 = \sum_{n=0}^{\infty}\sum_{\tilde{n}=0}^{\infty} B_{1n\tilde{n}}\cos(2\pi n\xi)\cos(2\pi\tilde{n}\tilde{\xi}) + B_{2n\tilde{n}}\sin(2\pi n\xi)\sin(2\pi\tilde{n}\tilde{\xi}) \end{cases} \tag{4.4.11}$$

分别为 x 方向和 y 方向的位移。

【例 1】 岩石在不是很高的围压作用下,随着轴向压力的增加,试样的变形将从初始的矩形作用域变为明显的斜条型,最后形成宏观破裂面(徐松林 等,2001,2002a)。其变形过程的对称群演化为

$$C_{\infty v} \times \tilde{C}_{\infty v} \Rightarrow \mathrm{OB}^-_{4,5} \Rightarrow \mathrm{EC}^-_{4,5,7,0} \tag{4.4.12}$$

此过程如图 4.4.5 所示。图(a)为矩形作用域,图(b)为斜条型变形,图(c)为雁型分布表征最终破裂面形态。此演化过程描述的是几何形态的变化过程,可将其与物理力学过程

建立联系，从而将几何描述与物理描述有机结合。

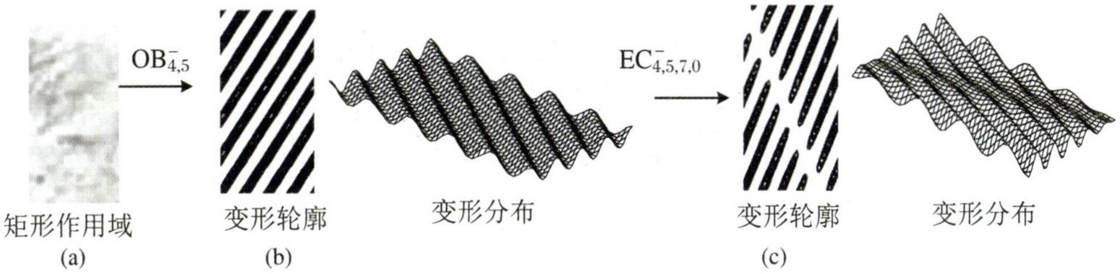

图 4.4.5　压缩下矩形作用域的对称子群演化

【例 2】　岩石在剪切载荷作用下，随着剪切应力的增加，试样的变形将从初始的矩形作用域变为明显的斜条型，最后形成宏观剪切破裂面（徐松林 等，2002b）。其变形过程的对称群演化为

$$D_{\infty\infty} \Rightarrow OB^{-}_{3,14} \Rightarrow EC^{-}_{3,14,6,0} \tag{4.4.13}$$

此过程如图 4.4.6 所示。图(a)为矩形作用域，图(b)为斜条型变形，图(c)为雁型分布表征最终破裂面形态。此演化过程可实现几何描述与物理描述的有机结合。

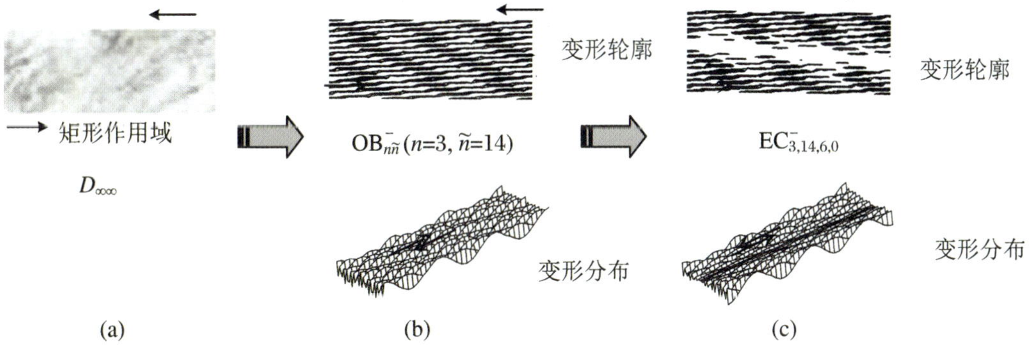

图 4.4.6　剪切作用下矩形作用域的对称子群演化

【例 3】　利用斜条型有限子群对界面粗糙度进行拟合。图 4.4.7(a)为 30°原始粗糙度界面形态。($n=5, \tilde{n}=5$)和($n=7, \tilde{n}=7$)的拟合结果分布如图 4.4.7(b)和图 4.4.7(c)所示。由于界面形态较为复杂，使用单一的有限子群进行拟合效果不太理想。较为有效的方法则是对岩石表面进行分区，再根据不同片区的形貌选择合适的有限子群分别进行描述。

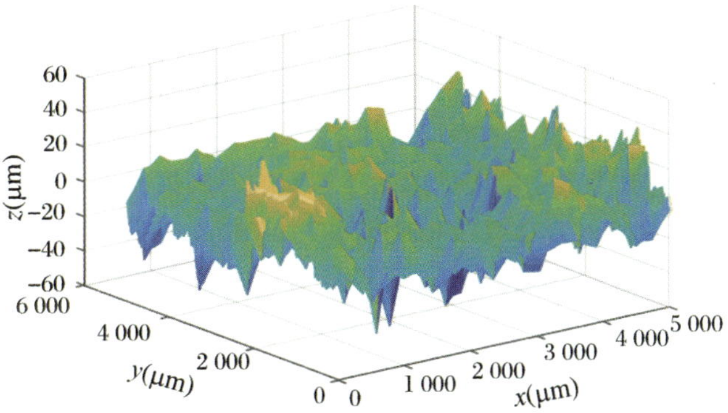

(a) 原始粗糙界面形态

图 4.4.7　30°粗糙节理面的斜条型子群拟合

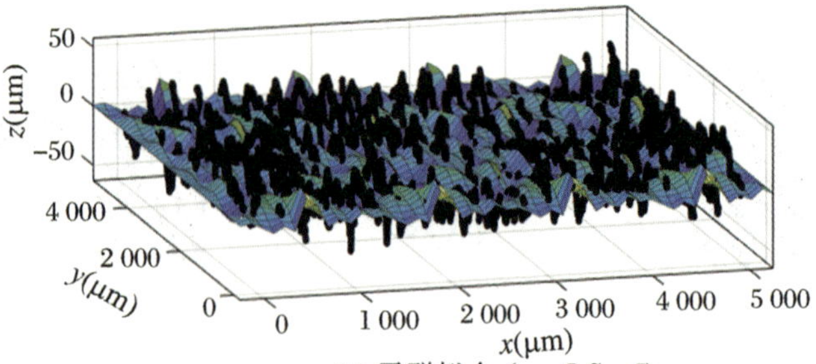

(b) 子群拟合 ($n=5,\tilde{n}=5$)

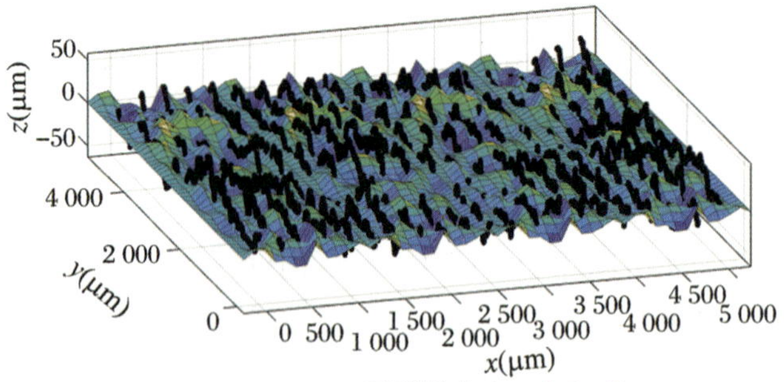

(c) 子群拟合 ($n=7,\tilde{n}=7$)

图 4.4.7　30°粗糙节理面的斜条型子群拟合(续)

4.5　界面微动摩擦演化

4.5.1　岩石节理面微动摩擦过程

基于岩石表面微动摩擦过程，建立与 4.4.3 小节中对称群几何变形演化相联系的物理转化关系，以更好地描述微动摩擦的演化过程。为描述节理岩石从“波致摩擦”到“惯性摩擦”再到“滑动摩擦”的微动摩擦全过程，基于广义 Dick 定律，建立相应的理论模型。

岩石接触界面实际是由无数随机分布的“微接触”组成的，其总表面积比岩石的横截面接触面积要小几个数量级。初始施加法向力时，其尖端巨大的初始压力使每一个微接触部位发生变形。这种弹性的或者塑性的变形增加了界面的接触面积，由此降低了产生的压力。基于此思想，引入一个经验状态变量来描述摩擦界面的时间依赖性，形成了速率和状态变量本构定律，即 Dieterich-Ruina 定律(Dieterich，1979；Ruina，1983)。

$$\tau = \left[\mu_0 + a\ln\left(\frac{V}{V_0}\right) + b\ln\left(\frac{V_0\theta}{L}\right)\right]\bar{\sigma} \tag{4.5.1}$$

$$\frac{\mathrm{d}\theta}{\mathrm{d}t} = 1 - \frac{V\theta}{L} \tag{4.5.2}$$

式中，$\bar{\sigma}$ 为有效正应力；τ 为界面剪切应力；V_0 与 μ_0 分别为参考滑动速率以及相对应的参考摩擦系数；V 为滑动速率；θ 为代表两个摩擦表面接触体平均存在时间的状态变量；a，b

为无量纲参数，分别表征滑动速率对摩擦系数的影响和状态变量对摩擦系数的影响；L 为状态变量演化的特征长度。当 $\mathrm{d}\theta/\mathrm{d}t=0$ 时，滑动处于稳定状态：$\tau=[\mu_0+(a-b)\ln(V/V_0)]\bar{\sigma}$。此方程较好地描述了低速、稳定滑移时节理面的摩擦行为。

需要描述节理岩石从“波致摩擦”到“惯性摩擦”再到“滑动摩擦”的全过程，尤其是从“波致摩擦”到“惯性摩擦”这一动摩擦初始阶段的行为。为描述“波致摩擦”的过程，基于图 4.5.1(a)所描述的岩石节理面，可简化为图 4.5.1(b)，用 $f_0(x)$来描述岩石节理面的初始起伏形态。在远场应力 σ_0和 τ_0的作用下，若摩擦过程中发生局部破碎，则假定岩石节理面破碎后的起伏形态可用 $f_1(x)$来描述。取 s 为上下节理面的相对滑移位移，随着动力学作用的发展，相对滑移逐渐发展。由此，对图 4.5.1(b)进行广义 Dick 扩散方程(generalized Dick's diffusion equation)改进，得到微界面相对滑移位移 s 的控制方程如式(4.5.3)所示。下一小节将具体讨论此方程。

$$\tau_R\frac{\partial^2 s}{\partial t^2}+\frac{\partial s}{\partial t}=\frac{\partial}{\partial x}\left(D(x,t)\frac{\partial s}{\partial x}\right)+F(x,t)\tag{4.5.3}$$

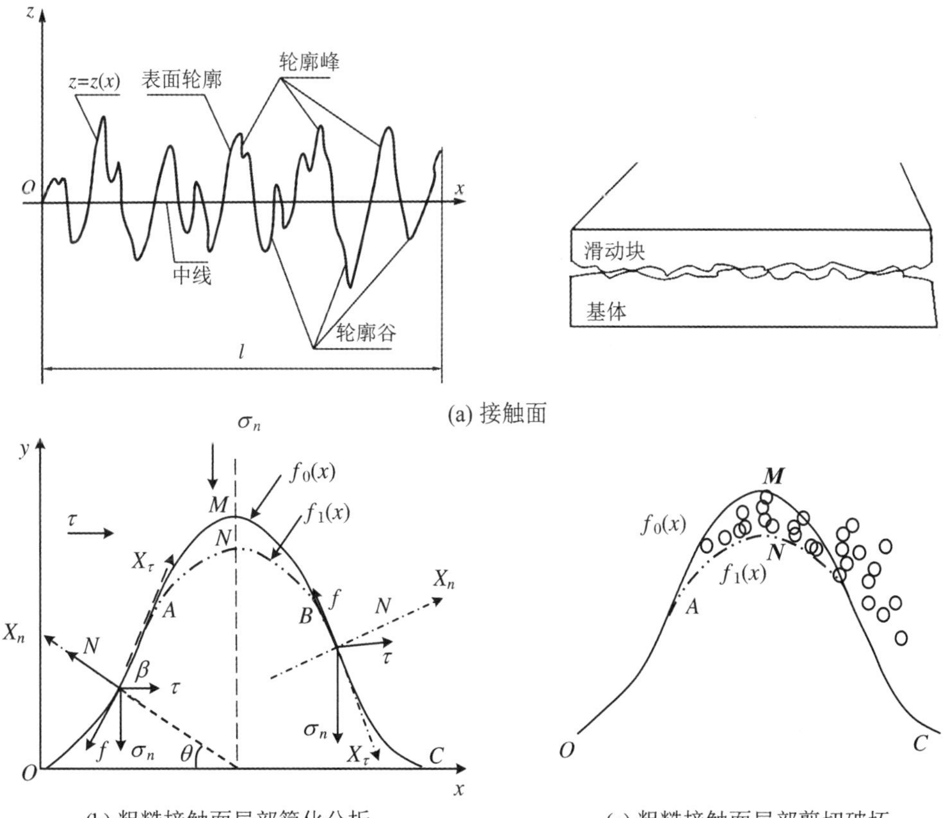

(b) 粗糙接触面局部简化分析　　(c) 粗糙接触面局部剪切破坏

图 4.5.1　岩石粗糙接触界面分析

式中

$$D(x,t)=\lambda P(x,t)\tag{4.5.4}$$

$$P(x,t)=\frac{\tau(x,t)-\tau_F}{\tau_M-\tau_F}H(\tau-\tau_{THD})\tag{4.5.5}$$

$$F(x,t)=\frac{s(x,t)-s_{\mathrm{THD}}}{t_d}\cdot\frac{\tau(x,t)-\tau_{\mathrm{THD}}}{\tau_{\mathrm{M}}-\tau_{\mathrm{THD}}} \tag{4.5.6}$$

λ，τ_{M}，τ_{THD}，t_d，s_{THD} 为材料参数；H 为 Heaviside 函数；$\tau=|\tau_0(\cos\beta-\mu\sin\beta)-\sigma_0(\sin\beta+\mu\cos\beta)|$。其中，初始接触界面未发生破裂时的滑移，$\tan\beta=f_0'(x)$；当接触界面发生破裂时(图 4.5.1(b)和图 4.5.1(c))，$\tan\beta=f_1'(x)$。$f_0(x)$和 $f_1(x)$均可取为余弦函数形式，即 $f_0(x)=A_0\cos x$，$f_1(x)=A_1\cos x$。式(4.5.4)中，D 为扩散系数。$\tau_R=D/C^2$，τ_R为弛豫时间，C 为有限的扩散传播速度。动态扩散过程中的传播速度 C 与当前滑移位移以及广义驱动力有关。此时，可描述“波致摩擦”过程。

当方程左边的第一项为小项，即传播速度远大于扩散速度时，可忽略，就得到经典的 Dick 扩散方程的形式，此时对应惯性扩散过程，即可用于描述“惯性摩擦”过程。

边界条件和初始条件(发生界面滑移时)：

$$s(x,t+\Delta t)=s(x,t)\left(1+\frac{\Delta t}{t_\alpha}\frac{s(x,t)-s_{\mathrm{THD}}}{s(x,t)}\right) \tag{4.5.7}$$

式中，t_α 为材料参数。

温度的作用。温升速率($\mathrm{d}T/\mathrm{d}t$)是一个关键参数：如果很短的时间内在局部产生大量的热/功，热的扩散会被限制在非常小的区域内，将导致局部温度大幅度上升。在滑移区，一旦有较大的摩擦应力降(用热滑移距离 D_{th}来描述)，则此过程中的温升具有式(4.5.8)的形式(Di Toro et al.，2011)。

$$\Delta T(t_{\mathrm{th}}=D_{\mathrm{th}}/V)=\frac{\tau_e V}{\rho c_p}\sqrt{\frac{D_{\mathrm{th}}}{\pi k V}} \tag{4.5.8}$$

式中，ρ 为岩石密度；c_p 为定压比热容；k 为热扩散率。这种热若集中在短时间(1 μs～1 ms)内形成，将激活热软化、局部物理化学变化等复杂现象和过程，在摩擦滑移过程中的局部(1 μm)会出现少量的反应产物，诱导塑性变形、破碎和非晶化等现象。

此温升将影响到式(4.5.3)中隐含的 λ，τ_{M}，τ_{THD}，t_d，s_{THD}等材料参数，将式(4.5.3)与各参数的温度演化方程，以及式(4.5.8)联立，得到考虑局部温升的摩擦滑移分析控制方程。

4.5.2 微动摩擦表面变形的控制方程

由表面摩擦变形分布表示的控制方程可表示为

$$F_0(u,\tau)=0 \tag{4.5.9}$$

式中，$u=u(x,y)$描述变形状态；τ 为载荷参数。若 $g\cdot F_0(u,\tau)=F_0(g\cdot u,\tau)$，且 g 与 $g\cdot u\in G$，则 F_0为 G 等变的。由此根据等变条件确定解的形式。为了使分析过程简便，引入变量 $Z_1=\omega_1+\mathrm{i}\omega_2$ 和 $Z_2=\omega_3+\mathrm{i}\omega_4$，用 Z_1 和 Z_2 表达变形分布变量 ω_1，ω_2 和 ω_3，ω_4，即有

$$F_1(\omega_1,\omega_2;\tau)=F_2(\omega_3,\omega_4;\tau)=0 \tag{4.5.10}$$

在式(4.4.4)所定义的不变体系 $G_1=C_{\infty v}\times\widetilde{C}_{\infty v}$中，映射(对称性)可以重新定义如下：

$$r(\Psi):\ Z_1\mapsto\omega_0 Z_1,\ Z_2\mapsto\omega_0 Z_2;\quad \sigma:\ Z_1\mapsto\bar{Z}_2,\ Z_2\mapsto\bar{Z}_1 \tag{4.5.11a}$$

$$\widetilde{r}(\widetilde{\Psi}):\ Z_1\mapsto\xi_0 Z_1,\ Z_2\mapsto\xi_0 Z_2;\quad \widetilde{\sigma}:\ Z_1\mapsto Z_2,\ Z_2\mapsto Z_1 \tag{4.5.11b}$$

式中，$\omega_0=\exp(\mathrm{i}2\pi n\Psi)$，$\xi_0=\exp(\mathrm{i}2\pi\widetilde{n}\widetilde{\Psi})$。式(4.5.10)可展开为

$$F_1 = Z_1 \sum_{a=0}^{\infty} \sum_{b=0}^{\infty} A_{ab}(\tau) Z_1^{2a} Z_2^{2b}, \quad F_2 = Z_2 \sum_{a=0}^{\infty} \sum_{b=0}^{\infty} A_{ab}(\tau) Z_1^{2b} Z_2^{2a} \tag{4.5.12}$$

式中，A 为与外载荷有关的系数。相应的等变条件为：$\omega F_0(Z;\tau) = F_0(\omega Z;\tau)$，$\bar{F}_0(Z;\tau) = F_0(\bar{Z};\tau)$，$-F_0(Z;\tau) = F_0(-Z;\tau)$。

1. 矩形作用域的对称性演化——式(4.5.10)的 4 种解

(1) $Z_1 = Z_2 = 0$，对应方程的平凡解。

(2) $Z_1 \neq 0, Z_2 \neq 0$，则有

$$\sum_{a=0}^{\infty} \sum_{b=0}^{\infty} A_{ab}(\tau) Z_1^{2a} Z_2^{2b} = 0, \quad \sum_{a=0}^{\infty} \sum_{b=0}^{\infty} A_{ab}(\tau) Z_1^{2b} Z_2^{2a} = 0$$

其解具有形式：$|Z_1| = |Z_2| = \Phi(\tau)$。令 $Z_1 = Z_2$，其解为下述(钻石型)子群不变的：

$$\left\langle \sigma, \tilde{\sigma}, r\left(\frac{1}{2n}\right) \tilde{r}\left(\frac{1}{2\tilde{n}}\right), r\left(\frac{1}{2n}\right) \tilde{r}\left(\frac{-1}{2\tilde{n}}\right) \right\rangle \tag{4.5.13}$$

(3) $Z_1 \neq 0, Z_2 = 0$，则有

$$\sum_{a=0}^{\infty} \sum_{b=0}^{\infty} A_{ab}(\tau) Z_1^{2a} Z_2^{2b} = 0$$

对应一种斜条型解，其解是 $OB_{n\tilde{n}}^{-}$ 不变的，其斜条具有如下形式：

$$n\xi - \tilde{n}\tilde{\xi} - N, \quad N = 0, \pm 1, \pm 2, \cdots \tag{4.5.14}$$

(4) $Z_1 = 0, Z_2 \neq 0$，则有

$$\sum_{a=0}^{\infty} \sum_{b=0}^{\infty} A_{ab}(\tau) Z_1^{2b} Z_2^{2a} = 0$$

对应一种斜条型解，其解是 $OB_{n\tilde{n}}^{+}$ 不变的，其斜条具有如下形式：

$$n\xi + \tilde{n}\tilde{\xi} = N, \quad N = 0, \pm 1, \pm 2, \cdots \tag{4.5.15}$$

2. 斜条型对称群的演化

斜条型对称群，例如 $OB_{n\tilde{n}}^{+} = \langle \sigma\tilde{\sigma}, \{ r(\Psi)\tilde{r}(\tilde{\Psi}) \mid n\Psi + \tilde{n}\tilde{\Psi} \in \mathbf{Z} \} \rangle$ 的演化主要有两类，即更局部化的斜条型对称子群和雁型对称子群。其实质是在原始的斜条型对称群基础上发生对称性破缺，形成局部对称的变形分布。关于雁型对称子群可参见图 4.4.4(c)。

钻石型对称子群的变形分布表达式可简化为 $A\sin(n\pi\xi)\sin(\tilde{n}\pi\tilde{\xi})$。斜条型对称子群的变形分布表达式可简化为 $A\cos(n\pi\xi)\cos(\tilde{n}\pi\tilde{\xi}) + B\sin(n\pi\xi)\sin(\tilde{n}\pi\tilde{\xi})$。雁型对称子群的变形分布可由钻石型对称子群进行斜条型子群演化而来，也可以由斜条型子群进行另一种斜条型子群演化而来，即

$$A\sin(n\pi\xi)\sin(\tilde{n}\pi\tilde{\xi}) \cdot [A_1\cos(n_1\pi\xi)\cos(\tilde{n}_1\pi\tilde{\xi}) + B_1\sin(n_1\pi\xi)\sin(\tilde{n}_1\pi\tilde{\xi})]$$

或

$$[A\cos(n\pi\xi)\cos(\tilde{n}\pi\tilde{\xi}) + B\sin(n\pi\xi)\sin(\tilde{n}\pi\tilde{\xi})] \cdot [A_1\cos(n_1\pi\xi)\cos(\tilde{n}_1\pi\tilde{\xi}) + B_1\sin(n_1\pi\xi)\sin(\tilde{n}_1\pi\tilde{\xi})]$$

式中，$n_1 = -\tilde{n}/k$；$\tilde{n}_1 = n/k$；k 为待定系数。

调整系数可以得到不同粗糙度的岩石表面。以斜条型子群描述初始粗糙面，对于动态摩擦过程，用方程(4.5.3)控制的粗糙表面磨损过程对应的后续斜条型子群对初始斜条型子群进行演化。在外载荷作用下，粗糙表面局部发生滑移，上下表面间形成新的界面。这种新的界面的发展与后续斜条型子群的发展基本同步，其传播速度 V_s 可以表示为

$$V_s = \frac{\mathrm{d}x}{\mathrm{d}t} = \left[\frac{\partial}{\partial x}\left(D(x,t)\frac{\partial s}{\partial x}\right) + F(x,t)\right] \Big/ \frac{\partial s}{\partial x} \tag{4.5.16}$$

因此，磨损过程中新的对称子群的表达式为

$$\left[A\cos(n\pi\xi)\cos(\tilde{n}\pi\tilde{\xi}) + B\sin(n\pi\xi)\sin(\tilde{n}\pi\tilde{\xi})\right]$$

$$\cdot\left[A_1\cos(n_1\pi\xi_1)\cos(\tilde{n}_1\pi\tilde{\xi}_1) + B_1\sin(n_1\pi\xi_1)\sin(\tilde{n}_1\pi\tilde{\xi}_1)\right]$$

式中，$\xi_1 = V_s t \cdot \cos\alpha$；$\tilde{\xi}_1 = V_s t \cdot \sin\alpha$；$\alpha$ 为滑移方向与 x 方向的夹角；t 为时间。计算结果如图 4.5.2 所示，初始状态((a1)为轮廓图；(a2)为表面形态图)为具有一定粗糙度的起伏表面；在平面摩擦过程中，试件表面局部被部分磨损，见图(b1)和(b2)中的左下角部分；随着摩擦过程的进行，试件磨损部分进一步扩大，见图(c1)和(c2)中的左半部分。

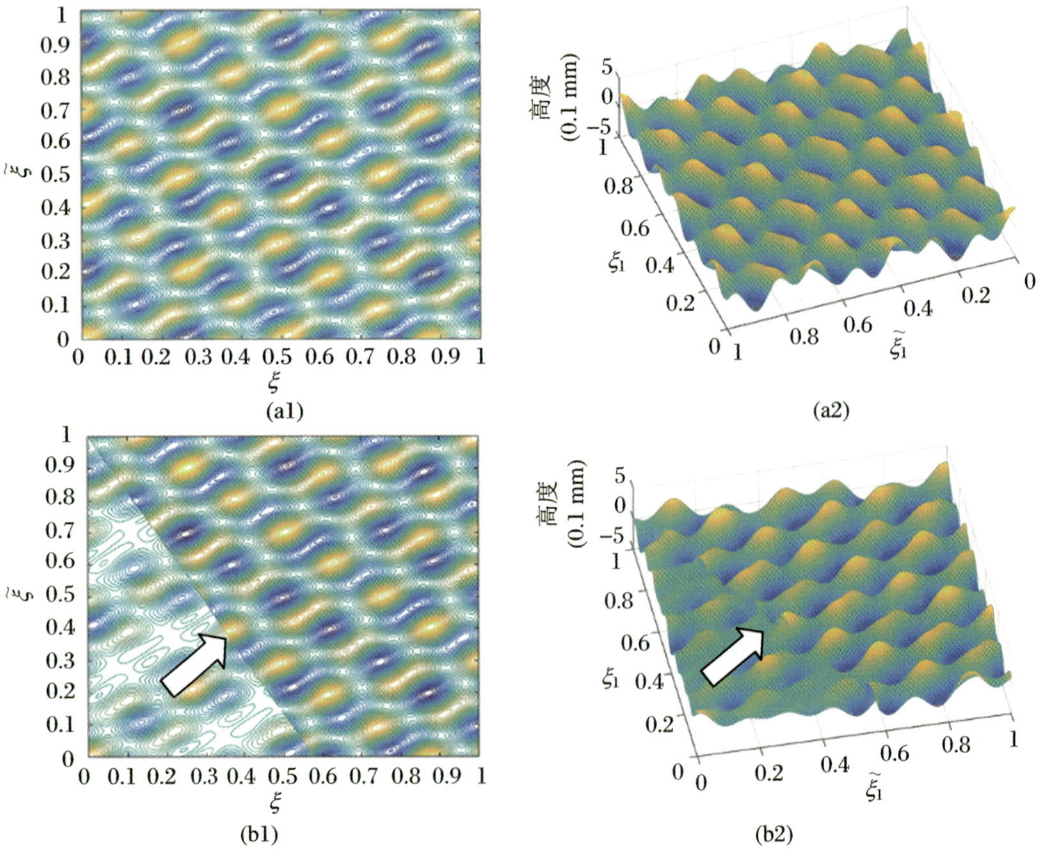

图 4.5.2 粗糙表面的动态演化

图中箭头为微动滑移方向

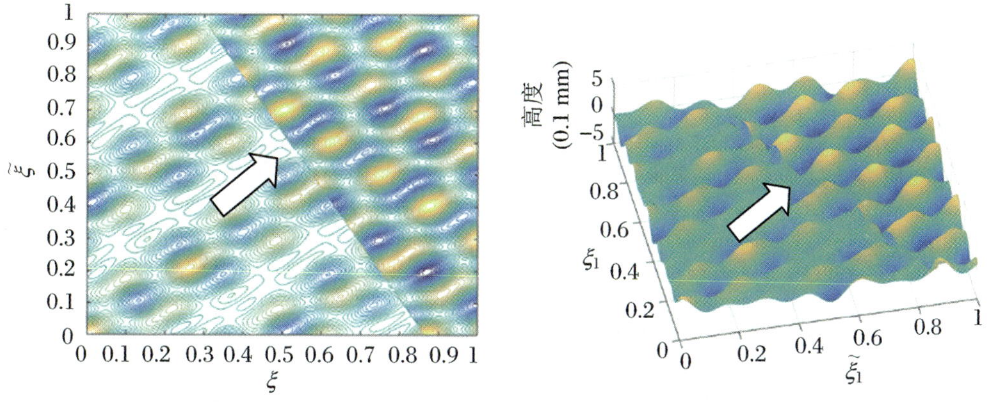

(c1)　(c2)

图 4.5.2　粗糙表面的动态演化(续)

图中箭头为微动滑移方向

图 4.5.3 所示为考虑界面粗糙度各向异性演化过程。其界面凹凸体的破坏演化过程以椭圆的形式向四周扩展,见图(b1)和(b2),其中椭圆长轴方向为摩擦方向,通过控制长轴和短轴参数可以模拟不同程度的粗糙度各向异性。随着滑移位移的增加,凹凸体的破坏逐渐扩展到整个界面,见图(c1)和(c2)。此过程中,摩擦破碎扩展的程度与界面粗糙度的各向异性以及滑移方向等均有较大关系。

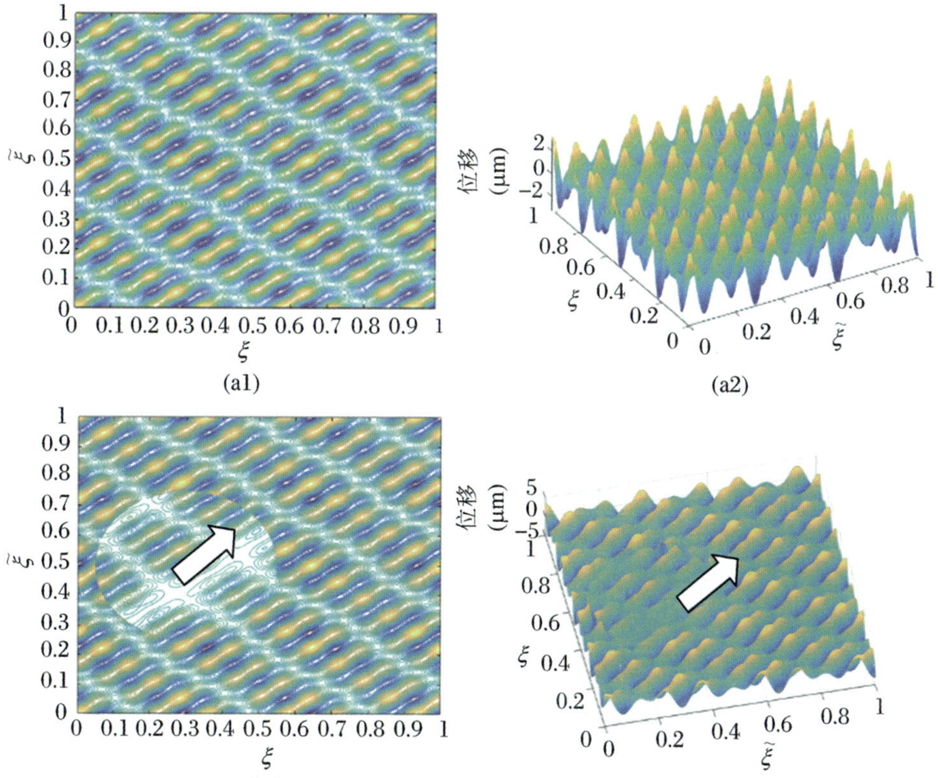

(b1)　(b2)

图 4.5.3　粗糙表面的各向异性动态演化

图中箭头为微动滑移方向

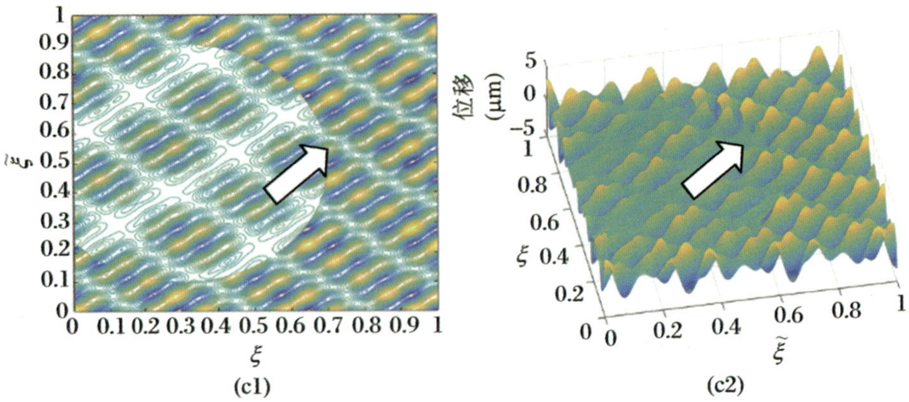

图 4.5.3 粗糙表面的各向异性动态演化(续)

图中箭头为微动滑移方向

4.6 界面微动摩擦弛豫扩散

4.6.1 弛豫扩散方程

冲击载荷下岩石破坏主要由局部剪切开裂引起，通常伴随局部剪切膨胀过程，其膨胀体积与破坏程度直接相关。Feng(2000)将剪切诱导的孔隙体积 V_p 作为扩散变量，建立扩散方程描述在平面冲击波压缩实验中观察到的玻璃材料中破坏阵面的传播。岩石界面微动摩擦过程中，界面上凹凸体被剪断、碾压，形成碎屑粉末。界面微动摩擦运动伴随的是整个界面上碎屑粉末的形成和发展过程，即可简化为在静水压力和颗粒旋转、滑动作用下碎屑粉末孔隙体积 V_p 的演化过程。孔隙体积 V_p 作为广义质量的浓度变量可以表示为

$$u = \frac{V_p}{V_0} = \frac{V_{p0} - \Delta V_p}{V_0} = \frac{V_{p0}}{V_0} - \frac{\Delta V_p}{V_0} = \text{const} - \varepsilon_V \tag{4.6.1}$$

式中，V_0 为材料的初始体积；V_{p0}为材料的初始孔隙体积；ε_V 为体积应变。

传统的扩散定律，即 Fick 定律可写为 $\boldsymbol{q} = D \cdot \nabla u$。其中，$\boldsymbol{q}$ 为截面上单位时间单位面积内 V_p 的流量，D 为扩散系数。值得注意的是，Fick 定律仅仅是一个近似定律，它认为扩散过程中扰动的传播速度是无穷大的，这显然与物理实际相背离。考虑到实际情况下物质中的扩散速度是有限的，对传统扩散理论引入了弛豫时间 T_R，可得到通用的 Fick 定律为

$$T_R \frac{\partial \boldsymbol{q}}{\partial t} + \boldsymbol{q} = D \cdot \nabla u \tag{4.6.2}$$

简化到一维的情况，即 $\boldsymbol{q} \to q$。由式(4.6.1)和式(4.6.2)，可以得到

$$T_R \frac{\partial q}{\partial t} + q = - D \frac{\partial \varepsilon_V}{\partial x} \tag{4.6.3}$$

同时，扩散过程中的质量守恒可写为

$$\frac{\partial \varepsilon_V}{\partial t} + \frac{\partial q}{\partial x} = 0 \tag{4.6.4}$$

联立式(4.6.4)和式(4.6.3)，可以得到双曲型的弛豫扩散方程为

$$\frac{T_R}{D}\frac{\partial^2 \varepsilon_V}{\partial t^2} + \frac{1}{D}\frac{\partial \varepsilon_V}{\partial t} = \frac{\partial^2 \varepsilon_V}{\partial x^2} \tag{4.6.5}$$

此式存在扩散频率限制。弛豫过程的固有频率可表达为 $f_R = 1/T_R$，而孔隙体积变化过程的固有频率可表达为 $f = \frac{1}{V_d}\frac{\partial V_d}{\partial t}$。需要足够长的弛豫时间 T_R，否则扩散会在极小的时间尺度内传播到介质的所有区域，而导致无法观察到扩散行走的过程，因此扩散阵面存在的必要条件是 f 要高于 f_R。准静态实验中，由于加载速率极低，$f \ll f_R$，无法从实验结果中读出扩散的传播过程。冲击实验的加载速率达到 10 m/s，可以确保 $f > f_R$，式(4.6.5)是合适的。由于低速冲击下固体材料中的这种破碎扩散不会自主完成，需要由一些特殊的机制进行驱动，如颗粒旋转、应变率场($\dot{\varepsilon}_{xy} = \omega$)等，因此，上述模型中应存在扩散的驱动力。大多数固体材料中破碎的驱动由剪切行为控制，可进一步将式(4.6.5)中的体积应变替换为剪切应变(ε_{xy})。令 $C = \sqrt{D/T_R}$，式(4.6.5)可以改写为关于具有驱动力的率型弛豫扩散方程：

$$\frac{1}{C^2}\frac{\partial^2 \dot{\varepsilon}_{xy}}{\partial t^2} + \frac{1}{D}\frac{\partial \dot{\varepsilon}_{xy}}{\partial t} = \frac{\partial^2 \dot{\varepsilon}_{xy}}{\partial x^2} + F(x,t) \tag{4.6.6}$$

式中，C 为扩散阵面的传播速度。$F(x,t)$ 定义为剪切扩散阻力，它是一种广义驱动力，可作为系统的扩散源。短期而言，方程左边的第一项很重要，使得方程表现出波动传播特性；长期来看，方程左边的第一项相对较小，可以忽略，使得方程表现出扩散特性。

4.6.2　弛豫扩散方程参数确定

1. 扩散系数 D

(1) 基于物理机制的确定方法

在粒子尺度上，不规则运动粒子的扩散系数 D 可以表示为 $D = \bar{v}l/3$。其中，$\bar{v}$ 为运动粒子的平均速度，l 为平均自由程的长度。为了简化，选择试件长度 l_0 作为正常平均自由程，剪切平均自由程可以表示为 $l = l_0\dot{\gamma}_c/\bar{\dot{\varepsilon}}_{xx}$（这里，$\dot{\gamma}_c$ 是等效剪切应变率）。移动粒子的平均速度 $\bar{v}_{xx}$ 与加载速度 v_0 相同。有研究认为颗粒的旋转速度与颗粒尺寸成反比。假设剪切速度与破碎粉末的密度成反比。值得注意的是，颗粒运动速度与当地局部应变率成正比。考虑到剪切激活形成扩散源，可以得到

$$\bar{v} = v_0 \frac{\dot{\gamma}_{\mathrm{thd}}}{\bar{\dot{\varepsilon}}_{xx}} \frac{\rho_A}{\rho} \tag{4.6.7}$$

式中，ρ 为破碎粉末的密度；ρ_A 为参考密度。冲击加载下，$\bar{\dot{\varepsilon}}_{xx}$ 为压缩应变率场的平均值，$\dot{\gamma}_{\mathrm{thd}}$ 为等效剪切应变率阈值。

下面确定等效剪切应变率阈值 $\dot{\gamma}_{\mathrm{thd}}$。破碎阵面的形成和扩展主要由等效剪切过程驱动。与 Arrhenius 关系类似，引入了剪切激活破碎概率(p)的描述如下：

$$p(\dot{\gamma}) = \exp\left[-\left(\frac{\dot{\gamma}}{\dot{\gamma}_0}\right)^m\right] \tag{4.6.8}$$

式中，$\dot{\gamma}$ 为等效剪切应变率，$\dot{\gamma} = \sqrt{2\dot{\varepsilon}_{xx}^{\ 2} + \dot{\varepsilon}_{xy}^{\ 2}}$；$\dot{\gamma}_0$ 为特征等效剪切应变率；m 为形状参数。式(4.6.8)描述了破碎阵面成核的剪切激活概率。将式(4.6.8)对 $\dot{\gamma}$ 求导，可以得到 $\dot{\gamma}$ 的 Weibull 概率密度分布，其表达式为

$$f(\dot{\gamma}) = \frac{m}{\dot{\gamma}_0}\left(\frac{\dot{\gamma}}{\dot{\gamma}_0}\right)^{m-1}\exp\left[-\left(\frac{\dot{\gamma}}{\dot{\gamma}_0}\right)^m\right] \tag{4.6.9}$$

图 4.6.1 所示为应变率场中 $\dot{\gamma}$ 的统计分析，其中蓝点代表 $\dot{\gamma}$ 的概率密度分布，红色曲线代表使用式(4.6.9)对概率密度分布进行 Weibull 函数拟合的结果。Weibull 函数拟合参数为：$\dot{\gamma}_0 = 1.1 \times 10^3$，$m = 1.6$。其中，$m$ 代表 Weibull 模量，m 值越小，说明 Weibull 分布不均匀性越高。图 4.6.1 表明，由于冲击加载中应变局部化的作用，应变率场中部分区域拥有高于 $\dot{\gamma}_{\text{thd}}$ 的等效剪切应变率 $\dot{\gamma}$，这些区域激活了破碎过程。假设 $\dot{\gamma}$ 应变率场中最大的前 20%($P = 0.2$)应变率所在区域是破碎阵面的成核区域，通过式(4.6.9)可以得到等效剪切激活阈值为

$$\dot{\gamma}_{\text{thd}} = \dot{\gamma}_0 \sqrt[m]{\ln 5} \tag{4.6.10}$$

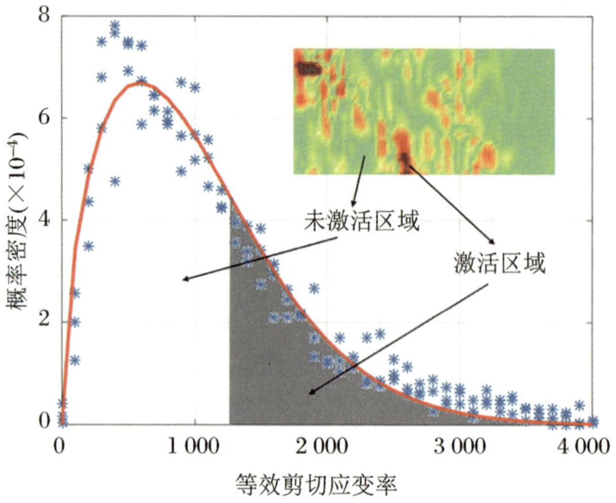

图 4.6.1 概率密度分布与等效剪切应变率的关系以及概率为 20%的剪切激活机制示意图

由于等效剪切应变分布的不均匀性，应变场上具有局部应变的区域自身 $\dot{\gamma}$ 高于 $\dot{\gamma}_{\text{thd}}$。这些区域的破碎过程将被激活。现在，将式(4.6.10)代入式(4.6.7)，可以得到

$$\bar{v} = v_0 \frac{\dot{\tau}_c}{\dot{\varepsilon}_{xx}} \frac{\rho_A}{\rho} \sqrt[m]{\ln 5} \tag{4.6.11}$$

进一步，用 $S = \frac{\dot{\tau}_c}{\dot{\varepsilon}_{xx}}$ 代表剪切变形程度；$H = \sqrt[m]{\ln 5}$ 代表应变局部化(非均匀变形)的程度；$R = \frac{\rho_A}{\rho}$ 代表破碎颗粒密度的影响。则扩散系数 D 可表示为

$$D = \frac{1}{3} v_0 l_0 S^2 HR \tag{4.6.12}$$

弛豫时间是粒子以平均速度在平均自由路径上移动的持续时间，即 $T_R = \frac{l}{\bar{v}} = \frac{l_0}{v_0 HR}$。由此，扩散速度 $C(C = \sqrt{D/T_R})$的表达式为

$$C = v_0 SHR/\sqrt{3} \tag{4.6.13}$$

式(4.6.12)和式(4.6.13)说明：D 和 C 都会随着粒子的旋转和滑移导致的剪切变形和应变局部化程度的增强以及密度的减小而提升；弛豫时间则会随着变形非均匀性的提升而减小。Xie 等(2022)对密度为 1.22 g/cm^3 的碳化硼颗粒材料进行研究，其参数为：S 约等于 10，弛豫-扩散参数为 $D_A = 1.9$，$T_{RA} = 430$ μs 以及 $C_A = 67$ m/s。理论计算得出的阵面传播速度与实验观测较为一致。值得注意的是，试样冲击过程会存在轻微的阵面传播现象，这是颗粒压缩扩散前应力波在颗粒材料中的传播，由波动方程控制；而后才是扩散阵面的传播。这也说明弛豫扩散理论模型的适用性。

(2) 基于力学机制的确定方法

阵面的移动速度 C 可以通过高速摄影图像来估计。根据 Feng(2000)的工作，扩散过程受局部等效剪切应变和剪切应变率的影响，因此，为简化问题，D 表示为

$$D(x,t) = \lambda_1[\dot{\gamma}(x,t) - \dot{\gamma}_{thd}] \tag{4.6.14}$$

式中，λ_1 为材料参数。

2. 广义扩散驱动力 $F(x,t)$

(1) 基于物理机制的确定方法

随着扩散阵面的移动，局部密度和剪切力增大，局部剪切加速度减小。因此，扩散阵面的进一步移动需要更高的驱动力。当将冲击作用下的材料作为类牛顿体时，驱动力与扩散阵面移动速度 C 的关系可以表示为

$$F_{dri} - F_{thd} = \eta_1 \cdot C \tag{4.6.15}$$

式中，F_{dri}和 F_{thd}分别为阵面扩散的驱动力和阈值；η_1 为弹塑性流体的剪切黏性系数。

引入等效剪切应变率 $\dot{\gamma}$ 来描述扩散阵面的影响，考虑到剪切扩散引起的孔隙度的演化是阵面扩散发展的原因，则式(4.6.15)可以简化为

$$\dot{\gamma} - \frac{G_0}{\bar{G}}\dot{\gamma}_{thd} = \eta_0 \cdot C \tag{4.6.16}$$

式中，G_0 和 $\bar{G}$ 分别为初始剪切模量和等效剪切模量；η_0 为广义的剪切黏性系数。$\bar{G}$ 可基于广义自洽原理进行估计(Budiansky，1965)：$\frac{1}{\bar{G}} = \frac{1}{G_0} + \sum_{i=0}^{1} c_i\left(1 - \frac{G_i}{G_0}\right)\Big/\left(\frac{\bar{\gamma}_i}{\tau_0}\right)$。其中，$c_i$ 和 G_i分别为体积百分比和对应的剪切模量；τ_0 和 $\bar{\gamma}_i$ 分别为局部剪应变和局部剪切应力。

(2) 基于力学机制的确定方法

阵面驱动力受局部等效剪切应力和剪切应变率的影响。根据 Feng(2000)的工作，广义驱动力可以表示为

$$F(x,t) = \frac{\dot{\gamma}(x,t) - \dot{\gamma}_{thd}}{t_d} \cdot \frac{Y(x,t) - Y_{thd}}{Y_M - Y_{thd}} \tag{4.6.17}$$

式中，$Y(x,t)$表示试样内部在 x 位置处 t 时刻对应的偏应力；Y_M和 Y_{thd}则分别表示颗粒试样的极限强度以及处于局部扩散临界状态时对应的偏应力；λ 和 t_d 均为材料参数。

由式(4.6.6)，广义驱动力可以表示为

$$F(x,t)=\frac{1}{C^2}\frac{\partial^2\dot{\varepsilon}_{xy}}{\partial t^2}+\frac{1}{D}\frac{\partial\dot{\varepsilon}_{xy}}{\partial t}-\frac{\partial^2\dot{\varepsilon}_{xy}}{\partial x^2} \tag{4.6.18}$$

此式给出了基于高速摄影 DIC 技术得到的 $\dot{\varepsilon}_{xy}$ 场进行广义驱动力计算的公式。由此，基于式(4.6.17)和式(4.6.18)可对材料内部的广义扩散的驱动力进行对比(Xie et al.，2022)，结果如图 4.6.2 所示。

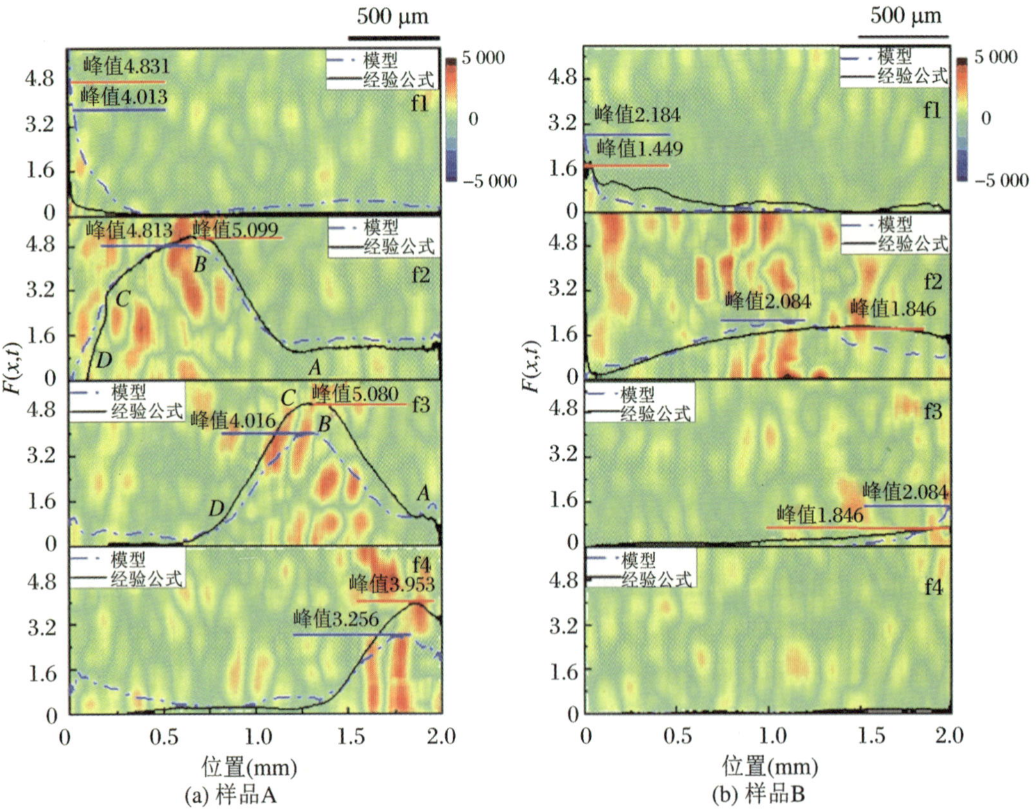

图 4.6.2 剪切应变率场计算的广义驱动阻力与模型计算结果的比较

图 4.6.2 中的黑色曲线所示为剪切扩散阻力 F 的演化。对于图 4.6.2(a)中所示的样品 A，驱动力在帧 f1 的左侧开始形成，并在帧 f2、f3 的右侧移动，这与图中所示的平均旋转度的演变相似。驱动力“脉冲”可分为 3 个阶段，即 AB、BC 和 CD。驱动力在 AB 阶段迅速增加，样品通过剪切驱动颗粒旋转而扩散。扩散带的宽度在 BC 阶段增加，颗粒旋转和滑移处于稳定状态。当冲击脉冲的卸载部分到达时，驱动力在阶段 CD 迅速减小。值得注意的是，由于颗粒旋转和滑动的能量消耗，BC 阶段的宽度随着扩散带的移动而减小，如帧 f2 和 f3 所示。驱动力也可以通过基于式(4.6.17)所表达的力学模型进行模拟，模拟结果显示出类似的趋势，如图 4.6.2(a)中的虚线曲线所示。

图 4.6.2(b)所示为样品 B 中驱动力的演变。由于样品 B(1.11 g/cm^3)比样品 A(1.22 g/cm^3)松散，所以样品 B 中的驱动力比样品 A 中的低得多，甚至无法清楚地观察到驱动力“脉冲”。样品 A 的扩散阵面更加稳定。这表明：剪切扩散阻力可以作为描述颗粒冲击压实度的内变量。

4.7　多界面材料中的波动传播

4.7.1　梯度密度黏弹性材料中的波动传播

1. 控制方程

这类材料一般含有黏性特征。在连续梯度密度黏弹性介质中，密度 ρ 是位置 x 的函数，即 $\rho=\rho(x)$。其变形连续条件、动量守恒条件分别为

$$\frac{\partial v}{\partial x}=\frac{\partial \varepsilon}{\partial t} \tag{4.7.1}$$

$$\frac{\partial \sigma}{\partial x}=\rho(x)\frac{\partial v}{\partial t} \tag{4.7.2}$$

式中，σ，v，ε 分别为介质内的应力、粒子速度和应变。

初始条件为

$$\sigma(x,0^-)=v(x,0^-)=\varepsilon(x,0^-)=0$$

边界条件为

$$\bar{\sigma}(0,s)=\bar{N}(s)$$

应力-应变关系用 Stieltjes 卷积形式表示为

$$\sigma(x,t)=\int_{0^-}^{t} g(x,t-t')\mathrm{d}\varepsilon(x,t') \tag{4.7.3}$$

其中，弛豫模量 $g(x,t)=\lambda(x,t)+2\mu(x,t)$，$\lambda$ 和 μ 为拉梅系数。

式(4.7.1)～式(4.7.3)组成了求解连续梯度密度黏弹性介质中波传播特性的偏微分方程组。对于这种方程组的求解，可以采用 Fourier 变换和 Laplace 变换的方式，把方程组简化。本节将基于 Ting 等(1979)的方法，选用 Laplace 变换，对波动方程进行求解。Laplace 变换的形式为 $\bar{f}(s)=\int_{0^-}^{\infty} f(t)\mathrm{e}^{-st}\mathrm{d}t$。其中，$f(t)$是 Laplace 变换的原函数，$\bar{f}(s)$是变换后的像函数，$s$ 为 Laplace(L 氏)变量。将上述方程组及边界条件进行 Laplace 变换后，可以得到

$$\frac{\partial \bar{\sigma}_i}{\partial x}=s\rho_i\bar{v}_i \tag{4.7.4}$$

$$\frac{\partial \bar{v}_i}{\partial x}=s\bar{\varepsilon}_i \tag{4.7.5}$$

$$\bar{\sigma}_i=s\bar{g}_i\bar{\varepsilon}_i \tag{4.7.6}$$

$$\bar{\sigma}(0,s)=\bar{N}(s) \tag{4.7.7}$$

其中，下标 i 代表第 i 层介质，在半无限长介质中，$i=1$。联立上述方程，可以得到如下的微分方程：

$$\rho\frac{\partial^2\bar{\sigma}}{\partial x^2}-\frac{\mathrm{d}\rho}{\mathrm{d}x}\frac{\partial\bar{\sigma}}{\partial x}-\frac{s\rho^2}{\bar{g}}\bar{\sigma}=0 \tag{4.7.8}$$

式中，$\frac{\mathrm{d}(\cdot)}{\mathrm{d}x}=(\cdot)'$；$\rho$ 为密度；g 为弛豫模量；含上标“－”的变量为其 Laplace 变换形式。对于一维问题，式(4.7.8)为常微分方程。这种微分方程的一般形式比较难以求解，本节将采用 Euler 方程的形式$\left(y''+\frac{a}{u}y'+\frac{b}{u^2}y=0\right)$进行近似求解。方程中含有 ρ 和 g 两个黏弹性相关的系数，可以采用这两个系数来表现材料的黏弹性特点。对比式(4.7.8)和 Euler 方程，当密度 ρ 和弛豫模量 g 的关系为

$$\rho=A(x+\delta)^p \tag{4.7.9}$$

$$\bar{g}=\bar{B}(x+\delta)^{p+2} \tag{4.7.10}$$

时，式(4.7.8)具有 Euler 方程的形式：

$$(x+\delta)^2\bar{\sigma}''-p(x+\delta)\bar{\sigma}'-\frac{As}{\bar{B}}\bar{\sigma}=0 \tag{4.7.11}$$

式中，A，$\bar{B}$，δ，p 为材料的参数，这 4 个参数反映了材料梯度密度的分布情况。参数 A 为当 $x=0$ 时材料起点端部密度的初始值。参数 $\bar{B}$ 为当 $x=0$ 时材料起点端弛豫模量的初始值。p 为材料的指数，它反映了材料沿 x 方向密度的增减情况：当 $p>0$ 时，密度和弛豫模量随 x 的增加而增加，此时材料是正梯度密度材料，同时材料的黏性随 x 的增加而减弱；当 $p<0$ 时，密度和弛豫模量随 x 的增加而减小，此时材料是负梯度密度材料，同时材料的黏性随 x 的增加而增加。参数 δ 是一个补充参数，目的是使材料在 $x=0$ 的位置处，密度不为 0。一般在计算时，把 δ 取为 1，这样很多关于 δ 的幂次项就都为 1，可以简化计算过程。

微分方程(4.7.11)的两个特征根 ξ_1 和 ξ_2 为

$$\xi_1=\frac{p+1+\sqrt{(p+1)^2+4As/\bar{B}}}{2} \tag{4.7.12a}$$

$$\xi_2=\frac{p+1-\sqrt{(p+1)^2+4As/\bar{B}}}{2} \tag{4.7.12b}$$

可得到介质内部的应力在拉氏变换下的解为

$$\bar{\sigma}(x,s)=\bar{C}(s)(x+\delta)^{\xi_1}+\bar{D}(s)(x+\delta)^{\xi_2} \tag{4.7.13}$$

其中，$\bar{C}$ 和 $\bar{D}$ 为经过 L 氏变换的积分常量，它们都是 L 氏变量 s 的函数。在时间域内，C 和 D 都是时间 t 的函数。式(4.7.13)即梯度密度材料波传播过程中，应力变化的一个近似解。值得注意的是，为了获得令人满意的结果，x 要比 δ 低一个数量级；密度 ρ 和弛豫模量 g 需要满足式(4.7.9)和式(4.7.10)，即 $\bar{g}/\bar{B}=(\rho/A)^{1+\frac{2}{|p|}}$。实际上，材料的模量与密度之间没有明确的关系，只在一些较松散的岩石中认为近似满足线性关系。当 $|p|\gg 2.0$ 时，二者满足线性关系；当 $|p|<2.0$ 时，二者之间的关系是非线性的。

考虑到扰动信号的传播具有衰减特征，则 $\bar{C}(s)=0$，方程可以简化为

$$\bar{\sigma}(x,s)=\bar{D}(s)(x+\delta)^{\xi_2} \tag{4.7.14}$$

当黏弹性介质是均匀介质时，这个解可以退化为 Ting 等(1979)的形式：

$$\bar{\sigma}(x,s)=D(s)\mathrm{e}^{-x\sqrt{\frac{\rho s}{\bar{g}}}} \tag{4.7.15}$$

算例。当幅度为 σ_0 的载荷突然施加在 $x=0$ 处，其边界条件表达为 $N(0,t)=\sigma_0 H(t)$。其中，$H(t)$ 为 Heaviside 函数。边界条件的 L 氏表达为 $\bar{N}(0,s)=\sigma_0/s$。由式(4.7.14)可得 $\bar{D}(s)=\sigma_0\delta^{-\xi_2}/s$。相应的应力表达为

$$\bar{\sigma}(x,s)=\frac{\sigma_0}{s}\left(\frac{x+\delta}{\delta}\right)^{\frac{-2As}{\bar{B}}\cdot\frac{1}{p+\delta+\sqrt{(p+\delta)^2+\frac{4As}{\bar{B}}}}} \tag{4.7.16}$$

图 4.7.1 所示为数值分析结果。其计算参数为：$\delta=1.0$，$A=1\ 150\ \mathrm{kg/m^3}$；$B(t)=B_0\exp(-t/\tau_0)$，$\bar{B}(s)=B_0/(s+1/\tau_0)$，$B_0=1.3\ \mathrm{GPa}$，$\tau_0=1\ \mu\mathrm{s}$。梯度递增材料 $p=2$；梯度递减材料 $p=-3$。图中显示了 4 个位置，即 $x=1$ mm，$x=3$ mm，$x=5$ mm 和 $x=7$ mm 处的应力分布，结果表明：应力幅度随着距离的增加而衰减。密度递增介质（$p=2$）中的应力衰减低于恒定密度介质，而密度递减介质（$p=-3$）中的应力衰减量要高得多。变密度和恒定密度之间的应力衰减差异随着距离的增加而增加。

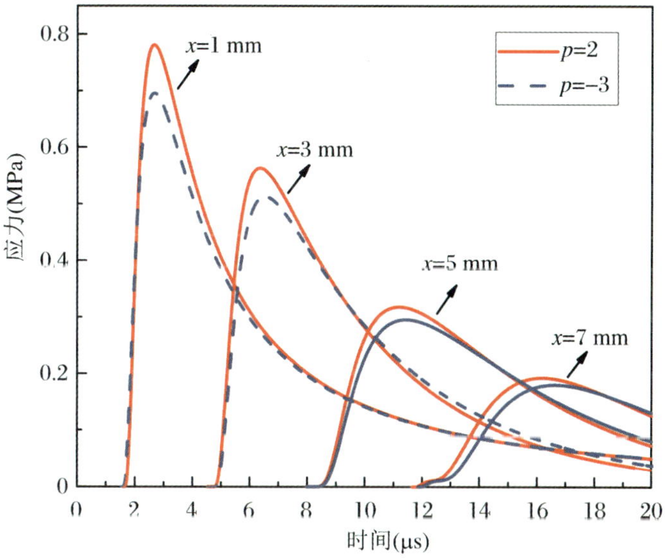

图 4.7.1　梯度密度材料中不同位置的应力分布

4.7.2　双层梯度黏弹性材料中的波动传播

如图 4.7.2 所示为双层材料经过多个周期叠合组成的多层梯度密度介质。在双层梯度密度材料中，其厚度分别为 h_1 和 h_2。密度和弛豫模量分别为

$$\rho_i=A_i(x+\delta_i)^{p_i} \tag{4.7.17a}$$

$$\bar{g}_i=\bar{B}_i(x+\delta_i)^{p_i+2} \tag{4.7.17b}$$

式中，A_i，$\bar{B}_i$，p_i 和 $\delta_i(i=1,2)$ 为对应层的材料参数。由式(4.7.13)，双层材料中各层的应力分别表示为

$$\bar{\sigma}_1(x,s)=\bar{C}_1(x+\delta_1)^{T_1}+\bar{D}_1(x+\delta_1)^{Q_1} \tag{4.7.18a}$$

$$\bar{\sigma}_2(x,s)=\bar{C}_2(x-h_1+\delta_2)^{T_2}+\bar{D}_2(x-h_1+\delta_2)^{Q_2} \tag{4.7.18b}$$

式中，$\bar{C}_1$，$\bar{C}_2$，$\bar{D}_1$ 和 $\bar{D}_2$ 都是 L 氏变量 s 的函数，T_1，T_2，Q_1 和 Q_2 为双层材料中各层对应

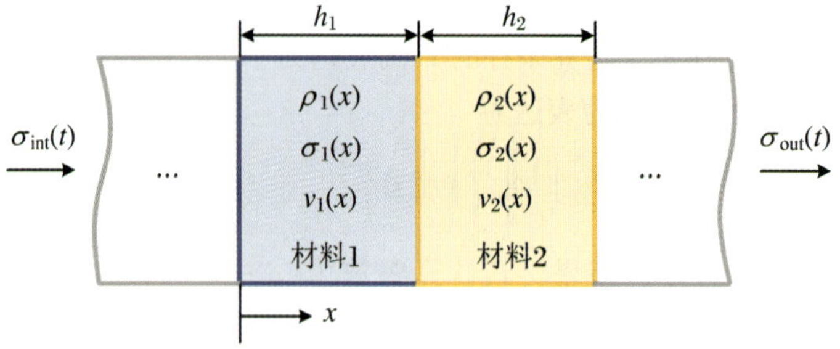

图 4.7.2 垂直入射双层周期性叠合介质示意图

的特征根，即

$$\begin{cases} T_i = \dfrac{p_i + 1 + \sqrt{(p_i + 1)^2 + 4A_i s/\bar{B}_i}}{2} \\ Q_i = \dfrac{p_i + 1 - \sqrt{(p_i + 1)^2 + 4A_i s/\bar{B}_i}}{2}, \quad i = 1,2 \end{cases} \tag{4.7.19}$$

双层材料中粒子速度可表示为

$$\bar{v}_1(x,s) = \frac{1}{A_1 s}\left[\bar{C}_1 T_1 (x + \delta_1)^{T_1 - p_1 - 1} + \bar{D}_1 Q_1 (x + \delta_1)^{Q_1 - p_1 - 1}\right] \tag{4.7.20a}$$

$$\bar{v}_2(x,s) = \frac{1}{A_2 s}\left[\bar{C}_2 T_2 (x - h_1 + \delta_2)^{T_2 - p_2 - 1} + \bar{D}_2 Q_2 (x - h_1 + \delta_2)^{Q_2 - p_2 - 1}\right] \tag{4.7.20b}$$

应力波传播到层间界面时，满足应力和位移连续条件：

$$\bar{\sigma}_2(h_1,s) = \bar{\sigma}_1(h_1,s) \tag{4.7.21a}$$

$$\bar{v}_2(h_1,s) = \bar{v}_1(h_1,s) \tag{4.7.21b}$$

两种材料组成的周期性介质中，最左端与最右端的应力和速度分别满足 Floquet 理论，即

$$\bar{\sigma}_i(n(h_1 + h_2) + x,s) = \bar{\sigma}_i(x,s)\mathrm{e}^{-n(h_1+h_2)\kappa}, \quad i = 1,2 \tag{4.7.22a}$$

$$\bar{v}_i(n(h_1 + h_2) + x,s) = \bar{v}_i(x,s)\mathrm{e}^{-n(h_1+h_2)\kappa}, \quad i = 1,2 \tag{4.7.22b}$$

式中，n 为双层材料的周期数，即总层数的一半。当材料只有两层，即一个周期内，在第二层材料的右端部，有

$$\bar{\sigma}_2(h_1 + h_2,s) = \bar{\sigma}_1(0,s)\mathrm{e}^{-(h_1+h_2)\kappa} \tag{4.7.23a}$$

$$\bar{v}_2(h_1 + h_2,s) = \bar{v}_1(0,s)\mathrm{e}^{-(h_1+h_2)\kappa} \tag{4.7.23b}$$

式中，κ 是结构的特征指数，$\kappa = \sqrt{\rho s/\bar{g}}$；$\rho$ 是双层材料的等效密度，也就是把两层材料看作均匀黏弹性介质的平均密度，$\rho = \dfrac{h_1\rho_1 + h_2\rho_2}{h_1 + h_2}$；$g$ 是双层材料的等效弛豫模量，由式(4.7.24)确定，也就是把两层材料看作均匀黏弹性介质的等效弛豫模量。

将式(4.7.18)与式(4.7.20)代入到式(4.7.21)和式(4.7.23)，可以得到关于材料的 4 个系数 $\bar{C}_1$，$\bar{C}_2$，$\bar{D}_1$ 和 $\bar{D}_2$ 的齐次线性方程组。方程组有解的充要条件是：4 个系数的矩阵行列式为 0。由此，可以得到如下方程：

$$R_1\mathrm{e}^{-2(h_1+h_2)\kappa} + R_2\mathrm{e}^{-(h_1+h_2)\kappa} + R_3 = 0 \tag{4.7.24}$$

其中

$$R_1 = \delta_1^{Q_1+T_1-p_1-1}\delta_2^{Q_2+T_2-p_1-1}(Q_1 - T_1)(Q_2 - T_2)$$

$$R_2 = \frac{(H_1 - H_2)(S_1 - S_2)(A_1^2 Q_2 T_2 C_1^{p_1+1} + A_2^2 Q_1 T_1 C_2^{p_2+1})}{A_1 A_2 \delta_1^{p_1+1}\delta_2^{p_2+1} C_1^{p_1+1} C_2^{p_1+1}} - \frac{(Q_1 H_2 - T_1 H_1)(Q_2 S_2 - T_2 S_1)}{C_1^{p_1+1} C_2^{p_1+1}} - \frac{(Q_1 H_1 - T_1 H_2)(Q_2 S_1 - T_2 S_2)}{\delta_1^{p_1+1}\delta_2^{p_1+1}}$$

$$R_3 = C_1^{Q_1+T_1-p_1-1} C_2^{Q_2+T_2-p_1-1}(Q_1 - T_1)(Q_2 - T_2) \tag{4.7.25}$$

式中，$H_1 = \delta_1^{Q_1}(h_1+\delta_1)^{T_1}$，$H_2 = \delta_1^{T_1}(h_1+\delta_1)^{Q_1}$；$S_1 = \delta_2^{Q_2}(h_2+\delta_2)^{T_2}$，$S_2 = \delta_2^{T_2}(h_2+\delta_2)^{Q_2}$；$C_1 = h_1+\delta_1$，$C_2 = h_2+\delta_2$。

根据式(4.7.24)与式(4.7.25)，可以求解材料的等效弛豫模量 g。由于 L 式变换后的 $\bar{g}$ 是 L 氏变量 s 隐函数，可以采用数值 Laplace 逆变换法求出弛豫模量 $\bar{g}$ 关于 s 的函数方程。将离散后积分区间内的函数视为常量，从而得到原函数的数值。

图 4.7.3 所示为不同介质厚度下，采用 Laplace 数值逆变换方法，计算出的材料弛豫模量与无限长时间的弛豫模量之比随时间的变化关系。随着时间的推移，计算得到的弛豫模量随着时间呈波动下降的趋势，这个趋势与 Ting 等(1979)的趋势相似。这是由于介质内部是层状的，并且层间结构呈周期性变化，所以弛豫模量会随着介质的周期，表现出一种振荡的情况；而且，材料具有黏弹性，密度随着距离的变化而变化，对应力波具有衰减作用，所以弛豫模量会随着时间的增加而不断下降。

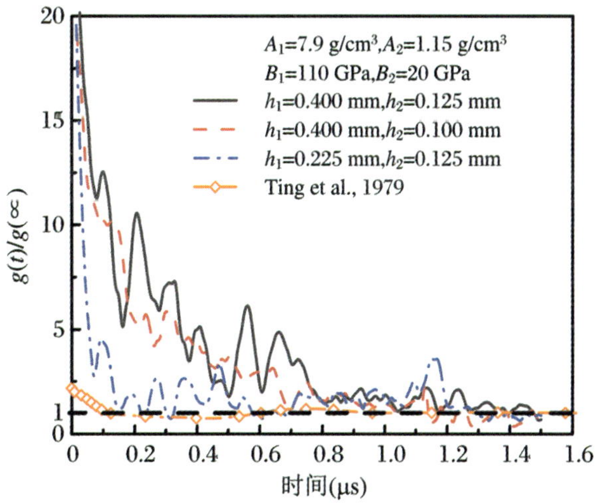

图 4.7.3 弛豫模量 g 随时间的变化

结合 SHPB 实验波形信号，可以确定 $\bar{C}_1$，$\bar{C}_2$，$\bar{D}_1$ 和 $\bar{D}_2$ 4 个系数。考虑波的传播过程，选择试件左端的入射波 $\sigma_{\text{int}}(t)$和右端的透射波 $\sigma_{\text{out}}(t)$作为边界条件，则有

$$\bar{\sigma}_1(0,s) = \bar{\sigma}_{\text{int}}(s) \tag{4.7.26a}$$

$$\bar{\sigma}_2(L,s) = \bar{\sigma}_{\text{out}}(s) \tag{4.7.26b}$$

式中，L 为试件的长度。由式(4.7.18a)，有

$$\bar{\sigma}_2(L,s) = \bar{\sigma}_2(h_2,s)\mathrm{e}^{-[L-(h_1+h_2)]\kappa} \tag{4.7.27}$$

由此，联立式(4.7.18)、式(4.7.26)和式(4.7.27)，就可以根据入射波和透射波的信号，

求出 $\bar{C}_1,\bar{C}_2,\bar{D}_1$ 和 $\bar{D}_2$ 4 个系数如式(4.7.28)所示。由此,可得到实验的冲击条件下,双层材料的动态力学响应,进而通过双层材料的特征,研究由其组成的周期性多层介质的动态力学行为。

$$
\begin{aligned}
\bar{C}_1 &= \frac{\bar{\sigma}_{\text{int}}\{A_1 C_1^{Q_1+p_1+1}(T_2S_2 - Q_2S_1) + A_2Q_1\delta_2^{p_2+1}C_1^{Q_1}(S_1 - S_2)\} + \bar{\sigma}_{\text{out}}A_1C_1^{p_1+1}\delta_1^{Q_1}\delta_2^{T_2+Q_2}(Q_2 - T_2)}{A_1(H_1C_1^{p_1+1} - H_2C_1^{p_1+1})(Q_2S_1 - T_2S_2) + A_2(\delta_2^{p_2+1}S_1 - \delta_2^{p_2+1}S_2)(Q_1H_2 - T_1H_1)} \\
\bar{D}_1 &= \frac{\bar{\sigma}_{\text{int}}\{A_1 C_1^{T_1+p_1+1}(Q_2S_1 - T_2S_2) + A_2T_1\delta_2^{p_2+1}C_1^{T_1}(S_2 - S_1)\} + \bar{\sigma}_{\text{out}}A_1\delta_1^{T_1}\delta_2^{T_2+Q_2}C_1^{p_1+1}(T_2 - Q_2)}{A_1(H_1C_1^{p_1+1} - H_2C_1^{p_1+1})(Q_2S_1 - T_2S_2) + A_2(\delta_2^{p_2+1}S_1 - \delta_2^{p_2+1}S_2)(Q_1H_2 - T_1H_1)} \\
\bar{C}_2 &= \frac{\bar{\sigma}_{\text{out}}\{A_1Q_2\delta_2^{Q_2}C_1^{p_1+1}(H_1 - H_2) + A_2\delta_2^{Q_2+p_2+1}(Q_1H_2 - T_1H_1)\} + \bar{\sigma}_{\text{int}}A_2\delta_2^{p_2+1}C_2^{Q_2}C_1^{Q_1+T_1}(Q_1 - T_1)}{A_1(H_1C_1^{p_1+1} - H_2C_1^{p_1+1})(Q_2S_1 - T_2S_2) + A_2(\delta_2^{p_2+1}S_1 - \delta_2^{p_2+1}S_2)(Q_1H_2 - T_1H_1)} \\
\bar{D}_2 &= \frac{\bar{\sigma}_{\text{out}}\{A_1T_2\delta_2^{T_2}C_1^{p_1+1}(H_2 - H_1) + A_2\delta_2^{T_2+p_2+1}(T_1H_1 - Q_1H_2)\} + \bar{\sigma}_{\text{int}}A_2\delta_2^{p_2+1}C_2^{T_2}C_1^{T_1+Q_1}(T_1 - Q_1)}{A_1(H_1C_1^{p_1+1} - H_2C_1^{p_1+1})(Q_2S_1 - T_2S_2) + A_2(\delta_2^{p_2+1}S_1 - \delta_2^{p_2+1}S_2)(Q_1H_2 - T_1H_1)}
\end{aligned}
\tag{4.7.28}
$$

式中,$H_1 = \delta_1^{Q_1}(h_1 + \delta_1)^{T_1}$,$H_2 = \delta_1^{T_1}(h_1 + \delta_1)^{Q_1}$;$S_1 = \delta_2^{Q_2}(h_2 + \delta_2)^{T_2}$,$S_2 = \delta_2^{T_2}(h_2 + \delta_2)^{Q_2}$;$C_1 = h_1 + \delta_1$,$C_2 = h_2 + \delta_2$。

4.7.3 多层梯度黏弹性材料中的波动传播

对于 N 层介质,单层的密度为 $\rho_i(x)$,弛豫模量为 $g_i(x,t)$,厚度为 $h_i(i=1,\cdots,N)$,如图 4.7.4 所示。内部结构也就不具有周期性,所以不能采用式(4.7.24)的形式进行分析。N 层介质中间有 $N-1$ 个界面,需要求解 $2N$ 个系数,即 $\bar{C}_i$ 和 $\bar{D}_i(i=1,\cdots,N)$。求解中,方程组的组成如下:

(1) 连续条件:$N-1$ 个界面处的应力和位移连续方程,共 $2N-2$ 个。

(2) 边界条件:试件两端分别满足:$\bar{\sigma}_1(0,s) = \bar{\sigma}_{\text{int}}(s)$,$\bar{\sigma}_N(h_1 + \cdots + h_N, s) = \bar{\sigma}_{\text{out}}(s)$。

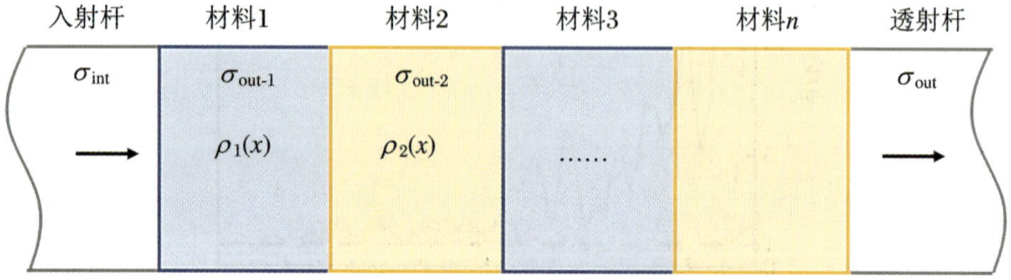

图 4.7.4 垂直入射多层梯度介质示意图

联立上述的 $2N$ 个方程,来求解系数 $\bar{C}_i$ 和 $\bar{D}_i$。每层中的应力和弛豫模量采用相似的形式,即 $\rho_i = A_i(x+\delta_i)^{p_i}$,$\bar{g}_i = \bar{B}_i(x+\delta_i)^{p_i+2}$。其中,$A_i,\bar{B}_i,p_i$ 和 δ_i 为第 i 层材料的参数。第 i 层的应力可以表示为

$$
\bar{\sigma}_i(x,s) = \bar{C}_i\left(x - \sum_{j=1}^{i-1}h_j + \delta_i\right)^{T_i} + \bar{D}_i\left(x - \sum_{j=1}^{i-1}h_j + \delta_i\right)^{Q_i} \tag{4.7.29}
$$

其中,$\bar{C}_i$ 和 $\bar{D}_i$ 是待求解的系数,它们都是 s 的函数。T_i 和 Q_i 是第 i 层材料的特征根,表示为

$$T_i = \frac{p_i + 1 + \sqrt{(p_i + 1)^2 + \dfrac{4A_i s}{\overline{B}_i}}}{2}, \quad Q_i = \frac{p_i + 1 - \sqrt{(p_i + 1)^2 + \dfrac{4A_i s}{\overline{B}_i}}}{2}, \quad i = 1, \cdots, N \tag{4.7.30}$$

第 i 层的粒子速度可以表示为

$$\bar{v}_i(x, s) = \frac{1}{A_i s}\left[\overline{C}_i T_i \left(x - \sum_{j=1}^{i-1} h_j + \delta_i\right)^{T_i - p_i - 1} + \overline{D}_i Q_i \left(x - \sum_{j=1}^{i-1} h_j + \delta_i\right)^{Q_i - p_i - 1}\right] \tag{4.7.31}$$

在第 i 层与第 $i+1$ 层界面位置处($x = h_i$)的连续条件为

$$\sigma_i(h_1 + \cdots + h_i, t) = \sigma_{i+1}(h_1 + \cdots + h_i, t) \tag{4.7.32}$$

$$v_i(h_1 + \cdots + h_i, t) = v_{i+1}(h_1 + \cdots + h_i, t) \tag{4.7.33}$$

在 SHPB 实验过程中，介质的边界条件为：入射信号为 $\sigma_1(0, t) = \sigma_{\text{int}}(t)$，透射信号为 $\sigma_N\left(L = \sum_{j=1}^{N} h_j, t\right) = \sigma_{\text{out}}(t)$。对上述方程组进行 Laplace 变换，组装后可以得到

$$\widetilde{M}_{2N\times 2N} \cdot \widetilde{P}_{2N\times 1} = \widetilde{F}_{2N\times 1} \tag{4.7.34}$$

式中的变量都是以矩阵的形式表示的：

$\widetilde{P}_{2N\times 1}^T = \{\overline{C}_1, \overline{D}_1, \overline{C}_2, \overline{D}_2, \cdots, \overline{C}_N, \overline{D}_N\}_{2N\times 1}$，$\widetilde{F}_{2N\times 1}^T = \{\bar{\sigma}_{\text{int}}, 0, \cdots, 0, \bar{\sigma}_{\text{out}}\}_{2N\times 1}$

$$\widetilde{M}_{2N\times 2N} = \begin{bmatrix} \delta_1^{T_1} & \delta_1^{Q_1} & 0 & 0 & 0 & 0 & \cdots & 0 \\ (h_1+\delta_1)^{T_1} & (h_1+\delta_1)^{Q_1} & -\delta_2^{T_2} & -\delta_2^{Q_2} & 0 & 0 & \cdots & 0 \\ \dfrac{T_1}{A_1}(h_1+\delta_1)^{T_1-p_1-1} & \dfrac{Q_1}{A_1}(h_1+\delta_1)^{Q_1-p_1-1} & \dfrac{-T_2}{A_2}\delta_2^{T_2-p_2-1} & \dfrac{-Q_2}{A_2}\delta_2^{Q_2-p_2-1} & 0 & 0 & \cdots & 0 \\ 0 & 0 & (h_2+\delta_2)^{T_2} & (h_2+\delta_2)^{Q_2} & -\delta_3^{T_3} & \delta_3^{Q_3} & \cdots & 0 \\ 0 & 0 & \dfrac{T_2}{A_3}(h_2+\delta_2)^{T_2-p_2-1} & \dfrac{Q_2}{A_2}(h_2+\delta_2)^{Q_2-p_2-1} & \dfrac{-T_3}{A_3}\delta_3^{T_3-p_3-1} & \dfrac{-Q_3}{A_3}\delta_3^{Q_3-p_3-1} & \cdots & 0 \\ \cdots & \cdots & \cdots & \cdots & \cdots & \cdots & \cdots & \cdots \\ \cdots & \cdots & \cdots & \cdots & \cdots & \cdots & \cdots & \cdots \\ 0 & 0 & 0 & 0 & \cdots & \cdots & \delta_N^{T_N} & \delta_N^{Q_N} \end{bmatrix}_{2N\times 2N} \tag{4.7.35}$$

参数 $\overline{C}_1, \overline{D}_1, \overline{C}_2, \overline{D}_2, \cdots, \overline{C}_N, \overline{D}_N$ 的矩阵形式表示为

$$\widetilde{P}_{2N\times 1} = \widetilde{M}_{2N\times 2N}^{-1} \cdot \widetilde{F}_{2N\times 1} \tag{4.7.36}$$

其中，当 $N = 1$ 时，式(4.7.36)描述的就是单层变密度材料的波传播情况；当 $N = 2$ 时，式(4.7.36)描述的是双层梯度密度材料的波传播情况。介质中的应力和粒子速度分别由式(4.7.29)和式(4.7.31)确定。

4.7.4　斜入射多层梯度黏弹性材料

1. 梯度密度黏弹性介质中的斜入射

图 4.7.5 所示为冲击方向与材料界面不垂直时，须进行作用力的分解。为简化问题，进

行分析前,假定黏弹性材料密度沿 y 轴方向均匀分布,但是沿 x 轴方向具有梯度密度特性。沿 x 轴方向与沿 y 轴方向的边界条件分别为

$$\sigma_x(0,t) = N_x(t) \tag{4.7.37a}$$

$$\sigma_y(0,t) = N_y(t) \tag{4.7.37b}$$

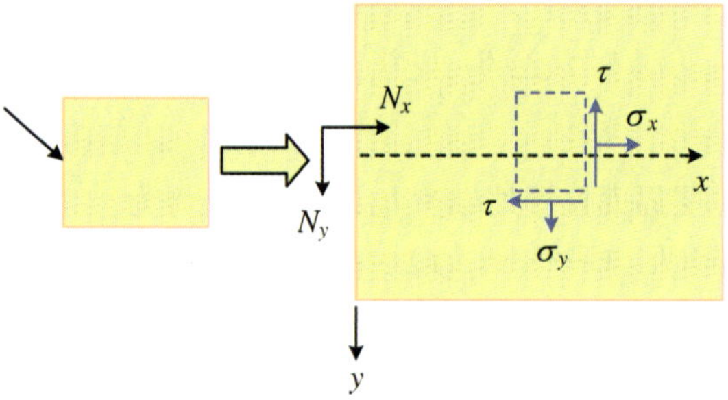

图 4.7.5 应力波传播方向与界面不垂直

运动方程和位移连续条件可以表示为如式(4.7.38)和式(4.7.39)所示:

$$\frac{\partial \sigma_x}{\partial x} + \frac{\partial \tau}{\partial y} = \rho(x,y)\frac{\partial v_x}{\partial t} \tag{4.7.38a}$$

$$\frac{\partial \tau}{\partial x} + \frac{\partial \sigma_y}{\partial y} = \rho(x,y)\frac{\partial v_y}{\partial t} \tag{4.7.38b}$$

$$\frac{\partial v_x}{\partial x} = \frac{\partial \varepsilon_x}{\partial t} \tag{4.7.39a}$$

$$\frac{\partial v_y}{\partial y} = \frac{\partial \varepsilon_y}{\partial t} \tag{4.7.39b}$$

$$\frac{\partial v_x}{\partial y} + \frac{\partial v_y}{\partial x} = \frac{\partial v}{\partial t} \tag{4.7.39c}$$

式中,τ 为介质中的切应力。对上述运动方程、位移连续条件,以及边界条件进行 Laplace 变换,可以得到

$$\frac{\partial \bar{\sigma}_x}{\partial x} + \frac{\partial \bar{\tau}}{\partial y} = s\rho\bar{v}_x \tag{4.7.40a}$$

$$\frac{\partial \bar{\tau}}{\partial x} + \frac{\partial \bar{\sigma}_y}{\partial y} = s\rho\bar{v}_y \tag{4.7.40b}$$

$$\frac{\partial \bar{v}_x}{\partial x} = s\bar{\varepsilon}_x \tag{4.7.41a}$$

$$\frac{\partial \bar{v}_y}{\partial y} = s\bar{\varepsilon}_y \tag{4.7.41b}$$

$$\frac{\partial \bar{v}_x}{\partial y} + \frac{\partial \bar{v}_y}{\partial x} = 2s\bar{\gamma} \tag{4.7.41c}$$

$$\bar{\sigma}_x(0,s) = \bar{N}_x(s) \tag{4.7.42a}$$

$$\bar{\sigma}_y(0,s) = \bar{N}_y(s) \tag{4.7.42b}$$

式中,$\bar{\sigma}_x$,$\bar{\sigma}_y$,$\bar{v}_x$,$\bar{v}_y$,$\bar{\tau}$,$\bar{\varepsilon}_x$,$\bar{\varepsilon}_y$ 和 $\bar{\gamma}$ 分别为对应变量进行 Laplace 变换后的变量。黏弹性本构方程的 Laplace 变换可表示为

$$\bar{\sigma}_x = s\bar{g}(x,y,s)\bar{\varepsilon}_x \tag{4.7.43a}$$

$$\bar{\sigma}_y = s\bar{g}(x,y,s)\bar{\varepsilon}_y \tag{4.7.43b}$$

$$\bar{\tau} = s\bar{g}_u(x,y,s)\bar{\gamma} \tag{4.7.43c}$$

式中，$\bar{g}_u$是剪切松弛模量，$\bar{g}_u=\mu(x,t)$。联立式(4.7.40)～式(4.7.43)，可以得到

$$\frac{\partial^2\bar{\sigma}_x}{\partial x^2}-\frac{\partial^2\bar{\sigma}_y}{\partial y^2}=s\rho\left(\frac{\bar{\sigma}_x}{\bar{g}}-\frac{\bar{\sigma}_y}{\bar{g}}\right)+s\rho'\bar{v}_x \tag{4.7.44a}$$

$$\frac{\partial^2\bar{\sigma}_x}{\partial x\partial y}+\frac{\partial^2\bar{\sigma}_y}{\partial x\partial y}+\frac{\partial^2\bar{\tau}}{\partial x^2}+\frac{\partial^2\bar{\tau}}{\partial y^2}=2\rho s\frac{\bar{\tau}}{\bar{g}_1}+\rho s\bar{v}_y \tag{4.7.44b}$$

因此，可以推出切应力 τ 在L氏变换域内的偏导数为

$$\frac{\partial\bar{\tau}}{\partial y}=\left(\frac{\rho}{\rho'}\frac{\partial^2\bar{\sigma}_x}{\partial x^2}-\frac{\partial\bar{\sigma}_x}{\partial x}-\frac{\rho^2}{\bar{g}\rho'}s\bar{\sigma}_x\right)-\left(\frac{\rho}{\rho'}\frac{\partial^2\bar{\sigma}_y}{\partial y^2}-\frac{\rho^2}{\bar{g}\rho'}s\bar{\sigma}_y\right) \tag{4.7.45a}$$

$$\frac{\partial\bar{\tau}}{\partial x}=\frac{\rho}{\rho'}\frac{\partial^2}{\partial x\partial y}(\bar{\sigma}_x+\bar{\sigma}_y)-\frac{\rho'}{\rho}\frac{\partial\bar{\sigma}_y}{\partial y}+\frac{\rho}{\rho'}\left(\frac{\partial^2}{\partial x^2}+\frac{\partial^2}{\partial y^2}\right)\bar{\tau}-2\frac{\rho^2}{\bar{g}_1\rho'}s\bar{\tau} \tag{4.7.45b}$$

基于前面的讨论，假定沿 x 轴方向梯度密度黏弹性介质的应力表达式为

$$\sigma_x=\bar{A}_1(x+\delta_1)^{\xi_1}+\bar{B}_1(x+\delta_2)^{\xi_2} \tag{4.7.46}$$

式中，$\bar{A}_1$，$\bar{B}_1$，δ_1 和 δ_2 为材料沿 x 轴方向的参数；ξ_1 和 ξ_2 为材料的两个特征根。沿 y 轴方向均匀黏弹性介质的应力表达采用Ting等(1979)的形式：

$$\sigma_y=\bar{A}_2\cosh\left(\sqrt{\frac{\rho s}{\bar{g}}}y\right)+\bar{B}_2\sinh\left(\sqrt{\frac{\rho s}{\bar{g}}}y\right) \tag{4.7.47}$$

其中，$\bar{A}_2$ 和 $\bar{B}_2$ 为材料沿 y 轴方向的材料参数。考虑到 $\bar{\tau}=\bar{\tau}(x,y,s)$，以及 $\mathrm{d}\bar{\tau}=\frac{\partial\bar{\tau}}{\partial x}\mathrm{d}x+\frac{\partial\bar{\tau}}{\partial y}\mathrm{d}y+\frac{\partial\bar{\tau}}{\partial s}\mathrm{d}s$，可以得到

$$\begin{aligned}\bar{\tau}=&\bar{A}_1\left[\frac{x+\delta}{p}\xi_1(\xi_1-1)-\xi_1(x+\delta_1)-\frac{A}{p\bar{B}(x+\delta)}s(x+\delta_1)^2\right](x+\delta_1)^{\xi_1-2}y\\&+\bar{B}_1\left[\frac{x+\delta}{p}\xi_2(\xi_2-1)-\xi_2(x+\delta_2)-\frac{A}{p\bar{B}(x+\delta)}s(x+\delta_2)^2\right](x+\delta_2)^{\xi_2-2}y\\&+\bar{A}_2\sinh\left(\sqrt{\frac{\rho s}{\bar{g}}}y\right)\left[\sqrt{\frac{\bar{g}s}{\rho}}\frac{A}{p\bar{B}(x+\delta)}-\sqrt{\frac{\rho s}{\bar{g}}}\frac{x+\delta}{p}\right]\\&+\bar{B}_2\cosh\left(\sqrt{\frac{\rho s}{\bar{g}}}y\right)\left[\sqrt{\frac{\bar{g}s}{\rho}}\frac{A}{p\bar{B}(x+\delta)}-\sqrt{\frac{\rho s}{\bar{g}}}\frac{x+\delta}{p}\right]\end{aligned} \tag{4.7.48}$$

采用Laplace数值逆变换的方法，可以得到介质内部不同位置处，切应力随时间的变化情况，如图4.7.6所示。计算参数为：$A=4.5\ \mathrm{g/cm^3}$，$\delta_1=1.0$，$B=210$ GPa，以及 $p=2.0$。随着位置的变化，材料中的切应力也随之变化：沿 x 轴方向，介质内的切应力随距离的增加而衰减；沿 y 轴方向也具有相同的规律，表明介质的黏弹性特征。在相同的 x 位置，沿 y 轴方向不同位置处的切应力-时间的波形基本相似；在相同的 y 位置，沿 x 轴方向不同位置处的切应力-时间波形差别较大，表明此方向的梯度密度黏弹性特征。同时，随着时间的增长，

试件不同位置处的切应力均出现了振荡衰减现象。进一步推导，可得到$\sqrt{\frac{\bar{g}s}{\rho}\frac{A}{p\,\bar{B}\,(x+\delta)}}=\sqrt{\frac{\rho s}{\bar{g}}\frac{x+\delta}{p}}\Rightarrow\frac{A}{\bar{B}}=\frac{\rho}{\bar{g}}(x+\delta)^2$。这表明：在考虑切应力之后，在 y 轴方向采用 Ting 等(1979)的应力分布形式后，可以推出本小节所假定的 x 轴方向的梯度密度分布形式。

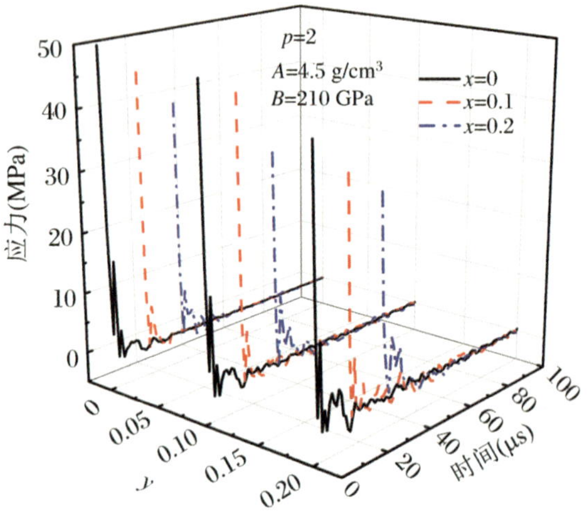

图 4.7.6　不同位置处切应力 τ 随时间的变化

2. 双层梯度密度黏弹性介质中的斜入射

多层梯度介质中界面倾斜时波传播的分析，与界面垂直时的分析过程相似。其差别主要在于：接触界面满足的应力和位移连续条件需要进行改变。如图 4.7.7 所示，图中的 θ 为接触界面与波传播方向的夹角。当应力波跨过倾斜的接触界面时，考虑到材料的黏性特性，垂直于界面的正应力可以直接传递($\sigma_n'=\sigma_n$)，平行于界面的切应力只有一部分得以传递到后面的介质中($\sigma_\tau'=\beta\sigma_\tau$，$\beta$ 为切应力的传递系数，$0\leqslant\beta\leqslant1$)。此时，两层材料接触界面的应力和位移的条件变为

$$\bar{\sigma}_2(h_1,s)=\bar{\sigma}_1(h_1,s)\cdot(\sin^2\theta+\beta\cos^2\theta) \tag{4.7.49a}$$

$$\bar{v}_2(h_1,s)=\bar{v}_1(h_1,s)\cdot(\sin^2\theta+\beta_1\cos^2\theta) \tag{4.7.49b}$$

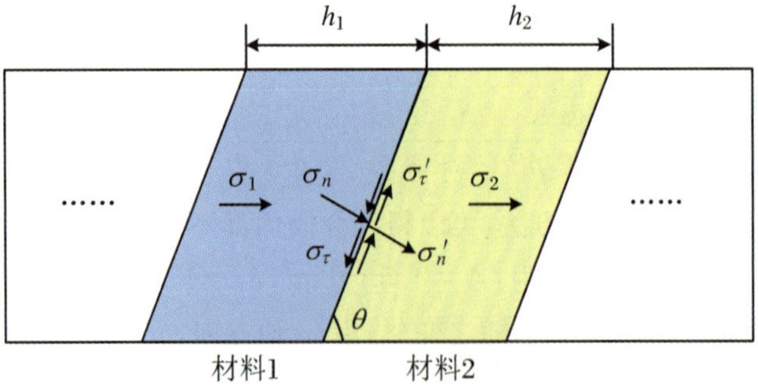

图 4.7.7　双层倾斜介质示意图

其中，β_1 为切向位移的传递系数，$0\leqslant\beta_1\leqslant1$。$\beta$ 和 β_1 一般不相等，往往具有一定的相位差。为了简化问题，可以取传递系数为 $\beta=\beta_1$，取

$$k_\theta = \sin^2\theta + \beta\cos^2\theta \tag{4.7.50}$$

此参数可用来表征倾斜接触面的影响。对于两层材料周期性叠合组成的多层介质来说，两层材料的等效密度为 $\rho=(h_1\rho_1+h_2\rho_2)/(h_1+h_2)$，两层材料的等效弛豫模量 g 仍由式(4.7.24)确定。基于入射波信号 $\sigma_{\text{int}}(t)$ 和透射波信号 $\sigma_{\text{out}}(t)$，来确定材料的4个系数 $\bar{C}_1$，$\bar{C}_2$，$\bar{D}_1$ 和 $\bar{D}_2$，方程组的组成如下：

(1) 试件两端的边界条件满足式(4.7.26)。

(2) 材料界面位置、应力和位移的连续条件满足式(4.7.21)。

(3) 如果考虑介质内部每个接触界面具有不同的倾角 θ_i，则需要引入传递系数：$k_{\theta i}=\sin^2\theta_i+\beta_i\cos^2\theta_i$，传递系数 β_i 随倾斜角度的增大而减小，则有

$$\bar{\sigma}_2(L,s) = \bar{\sigma}_2(h_2,s)\mathrm{e}^{-[L-(h_1+h_2)]\kappa}\cdot\prod_{i=1}^{2n-1}k_{\theta i} \tag{4.7.51}$$

根据上述关系，就可以基于入射波信号和透射波信号求解 $\bar{C}_1$，$\bar{C}_2$，$\bar{D}_1$ 和 $\bar{D}_2$ 4个系数。对于双层倾斜介质，可以写出两层材料中的应力与粒子速度的表达式为

$$\bar{\sigma}_1(x,s) = \bar{C}_1(x+\delta_1)^{T_1} + \bar{D}_1(x+\delta_1)^{Q_1} \tag{4.7.52a}$$

$$\bar{\sigma}_2(x,s) = \bar{C}_2(x-h_1+\delta_2)^{T_2} + \bar{D}_2(x-h_1+\delta_2)^{Q_2} \tag{4.7.52b}$$

$$\bar{v}_1(x,s) = \frac{1}{A_1 s}[\bar{C}_1 T_1(x+\delta_1)^{T_1-p_1-1} + \bar{D}_1 Q_1(x+\delta_1)^{Q_1-p_1-1}] \tag{4.7.53a}$$

$$\bar{v}_2(x,s) = \frac{1}{A_2 s}[\bar{C}_2 T_2(x-h_1+\delta_2)^{T_2-p_2-1} + \bar{D}_2 Q_2(x-h_1+\delta_2)^{Q_2-p_2-1}] \tag{4.7.53b}$$

在接触界面处，应力与位移传递系数可以写为

$$k_\theta = \sin^2\theta + \beta\cos^2\theta \tag{4.7.54a}$$

$$k_{\theta 1} = \sin^2\theta + \beta_1\cos^2\theta \tag{4.7.54b}$$

将式(4.7.54)中的传递系数代入连续条件(4.7.51)，同时使用SHPB实验当中的应力边界条件，入射波信号记为 $\bar{\sigma}_{\text{int}}(s)$，透射波信号记为 $\bar{\sigma}_{\text{out}}(s)$。当 $x=0$ 时，试件左端应力为 $\bar{\sigma}_{\text{int}}(s)$，将其代入式(4.7.52a)；当 $x=L$ 时，试件右端应力为 $\bar{\sigma}_{\text{out}}(s)$，将其代入式(4.7.52b)。这样，可以得到连续方程为式(4.7.55)，边界条件方程为式(4.7.56)：

$$\bar{\sigma}_2(h_1,s) = k_\theta\bar{\sigma}_1(h_1,s) \tag{4.7.55a}$$

$$\bar{v}_2(h_1,s) = k_{\theta 1}\bar{v}_1(h_1,s) \tag{4.7.55b}$$

$$\bar{\sigma}_1(0,s) = \bar{C}_1\delta_1^{T_1} + \bar{D}_1\delta_1^{Q_1} = \bar{\sigma}_i(s) \tag{4.7.56a}$$

$$\bar{\sigma}_2(L,s) = \bar{C}_2(h_2+\delta_2)^{T_2} + \bar{D}_2(h_2+\delta_2)^{Q_2} = \bar{\sigma}_t(s) \tag{4.7.56b}$$

将式(4.7.52)与式(4.7.53)代入连续条件(4.7.55)，可以得到

$$\bar{C}_1 k_\theta(h_1+\delta_1)^{T_1} + \bar{D}_1 k_\theta(h_1+\delta_1)^{Q_1} = \bar{C}_2\delta_2^{T_2} + \bar{D}_2\delta_2^{Q_2} \tag{4.7.57a}$$

$$\frac{1}{A_1 s}[\bar{C}_1 k_{\theta 1} T_1(h_1+\delta_1)^{T_1-p_1-1} + \bar{D}_1 k_{\theta 1} Q_1(h_1+\delta_1)^{Q_1-p_1-1}] = \frac{1}{A_2 s}[\bar{C}_2 T_2\delta_2^{T_2-p_2-1} + \bar{D}_2 Q_2\delta_2^{Q_2-p_2-1}] \tag{4.7.57b}$$

联立式(4.7.56)与式(4.7.57)，可以得到SHPB实验条件下，双层倾斜梯度密度黏弹性

材料的 4 个参数为

$$\bar{C}_1=\frac{\bar{\sigma}_{\text{int}}\{A_1k_\theta C_1^{Q_1+p_1+1}(T_2S_2-Q_2S_1)+A_2k_{\theta1}Q_1\delta_2^{p_2+1}C_1^{Q_1}(S_1-S_2)\}+\bar{\sigma}_{\text{out}}A_1C_1^{p_1+1}\delta_1^{Q_1}\delta_2^{T_2+Q_2}(Q_2-T_2)}{A_1k_\theta(H_1C_1^{p_1+1}-H_2C_1^{p_1+1})(Q_2S_1-T_2S_2)+A_2k_{\theta1}(\delta_2^{p_2+1}S_1-\delta_2^{p_2+1}S_2)(Q_1H_2-T_1H_1)}\tag{4.7.58a}$$

$$\bar{D}_1=\frac{\bar{\sigma}_{\text{int}}\{A_1k_\theta C_1^{T_1+p_1+1}(Q_2S_1-T_2S_2)+A_2k_{\theta1}T_1\delta_2^{p_2+1}C_1^{T_1}(S_2-S_1)\}+\bar{\sigma}_{\text{out}}A_1\delta_1^{T_1}\delta_2^{T_2+Q_2}C_1^{p_1+1}(T_2-Q_2)}{A_1k_\theta(H_1C_1^{p_1+1}-H_2C_1^{p_1+1})(Q_2S_1-T_2S_2)+A_2k_{\theta1}(\delta_2^{p_2+1}S_1-\delta_2^{p_2+1}S_2)(Q_1H_2-T_1H_1)}\tag{4.7.58b}$$

$$\bar{C}_2=\frac{\bar{\sigma}_{\text{out}}\{A_1k_\theta Q_2\delta_2^{Q_2}C_1^{p_1+1}(H_1-H_2)+A_2k_{\theta1}\delta_2^{Q_2+p_2+1}(Q_1H_2-T_1H_1)\}+\bar{\sigma}_{\text{int}}A_2k_\theta k_{\theta1}\delta_2^{p_2+1}C_2^{Q_2}C_1^{Q_1+T_1}(Q_1-T_1)}{A_1k_\theta(H_1C_1^{p_1+1}-H_2C_1^{p_1+1})(Q_2S_1-T_2S_2)+A_2k_{\theta1}(\delta_2^{p_2+1}S_1-\delta_2^{p_2+1}S_2)(Q_1H_2-T_1H_1)}\tag{4.7.58c}$$

$$\bar{D}_2=\frac{\bar{\sigma}_{\text{out}}\{A_1k_\theta T_2\delta_2^{T_2}C_1^{p_1+1}(H_2-H_1)+A_2k_\theta\delta_2^{T_2+p_2+1}(T_1H_1-Q_1H_2)\}+\bar{\sigma}_{\text{int}}A_2k_\theta k_{\theta1}\delta_2^{p_2+1}C_2^{T_2}C_1^{T_1+Q_1}(T_1-Q_1)}{A_1k_\theta(H_1C_1^{p_1+1}-H_2C_1^{p_1+1})(Q_2S_1-T_2S_2)+A_2k_{\theta1}(\delta_2^{p_2+1}S_1-\delta_2^{p_2+1}S_2)(Q_1H_2-T_1H_1)}\tag{4.7.58d}$$

式中，$H_1=\delta_1^{Q_1}(h_1+\delta_1)^{T_1}$，$H_2=\delta_1^{T_1}(h_1+\delta_1)^{Q_1}$；$S_1=\delta_2^{Q_2}(h_2+\delta_2)^{T_2}$，$S_2=\delta_2^{T_2}(h_2+\delta_2)^{Q_2}$；$C_1=h_1+\delta_1$，$C_2=h_2+\delta_2$。

根据求得的 4 个参数，将其代入式(4.7.52)，入射波和透射波信号选择正弦脉冲。采用数值 Laplace 逆变换的方法，可以计算出材料左、中、右 3 个不同位置处的应力随时间的变化如图 4.7.8 所示，算例中包括两种入射脉冲，即矩形脉冲(图 4.7.8(a))和正弦脉冲(图 4.7.8(b))。计算参数为：$A_1=4.56\ \text{g/cm}^3$；$A_2=1.35\ \text{g/cm}^3$；$B_1=B_2=1.2\ \text{GPa}$。在倾斜介质中，当试件的黏性较大时，可以得到比较明显的应力衰减情况。其中，密度较大的左层黏性稍弱，应力波的幅值衰减程度较少；密度较小的右层黏性较强，应力波的幅值衰减比较明显。当改变角度 θ 与传递系数 β 和 β_1 时，计算结果会有所差别：当角度 θ 减小时，介质内部的倾斜程度增大，得到的应力峰值会有所降低，说明界面角度的变化会影响介质内应力波的传播；当传递系数 β 和 β_1 增大时，应力波在界面当中的传播效率会增加，因此应力的峰值会比较大。计算结果说明，在倾斜介质当中，介质的密度、黏性、界面角度、传递系数等众多参数，都会对应力波的传播产生影响。这两种入射脉冲表现出相似的规律。值得注意的是，傅里叶数值逆变换分析使得矩形脉冲加载过程(图 4.7.8(a))的下降沿出现数值振荡。

对于 N 层的多层倾斜介质，其内部结构不具有周期性，需要求解 $2N$ 个系数($\bar{C}_i$ 和 $\bar{D}_i$)，方程组的组成如下：

(1) 介质内部有 $N-1$ 个接触界面，可建立应力和位移条件方程 $2(N-1)$ 个。

(2) 试件两端的边界条件须满足：$\bar{\sigma}_1(0,s)=\bar{\sigma}_{\text{int}}(s)$，$\bar{\sigma}_N(h_N,s)=\bar{\sigma}_{\text{out}}(s)$。式中，$h_N$ 为第 N 层的厚度。

联立上述的 $2N$ 个方程来求解系数 $\bar{C}_i$ 和 $\bar{D}_i$。

4.7.5 应用于贝壳黏弹性参数的确定

1. 牡蛎壳材料和激光辐照实验

牡蛎壳材料具有与贝壳相似的“砖泥”结构特性和力学性质，其由珍珠层(Nacre)和粉末层(Chalk)组成，其中的 $CaCO_3$ 含量在 95% 以上。但是，牡蛎壳结构复杂，不同部位的珍珠

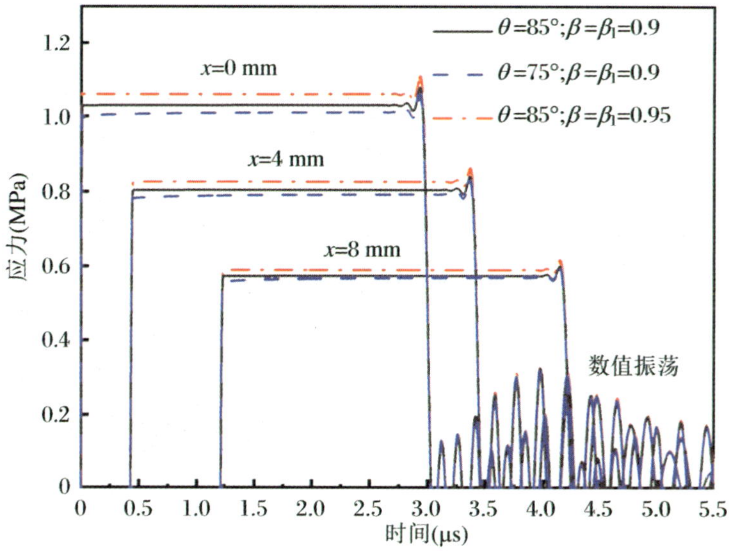

(a) 矩形脉冲加载

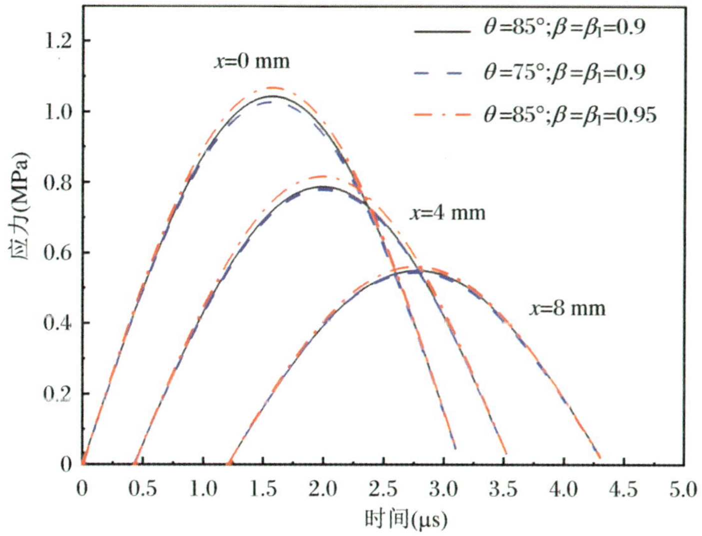

(b) 正旋波加载

图 4.7.8　双层倾斜梯度介质不同位置处的应力-时间曲线

层和粉末层含量和厚度差异大。粉末层具有多孔的细观结构特性，放大的粉末层结构剖面可以看到排列不规则的片状和丝状的方解石成分；珍珠层结构相对比较光滑，具有平整的纹理，放大的珍珠层结构剖面可以看到排列整齐的方解石柱。其中，珍珠母内单个文石片的平均厚度约为 0.45 μm，各文石片层边沿之间的间距平均约为 2.35 μm，具有典型的砖泥结构特征(图 4.7.9(a))。使用带有空心钻孔的电钻在牡蛎上钻下圆柱形试样，然后分别采用电磨机、砂纸逐次进行打磨。制备得到圆片形牡蛎壳试样，其尺寸为：直径 13 mm ± 0.5 mm、厚度在 0.4～1 mm 范围。图 4.7.9(b)所示为对应的牡蛎壳试样纵剖面的扫描电镜(SEM)照片。

由于制备的牡蛎壳试样密度分布变异性很大，采用常规 SHPB 技术较大的杆径进行实验(即便采用微型 SHPB 杆，其杆径也有 4～6 mm)，不能很好地反映牡蛎壳试样结构的局部动态力学性能。因此,本书应用 CO_2 脉冲激光加载技术,将其光斑聚集到直径 1 mm,对牡蛎壳试样进行加载,结合激光干涉测速(VISAR)装置进行自由表面粒子速度波形的测量。

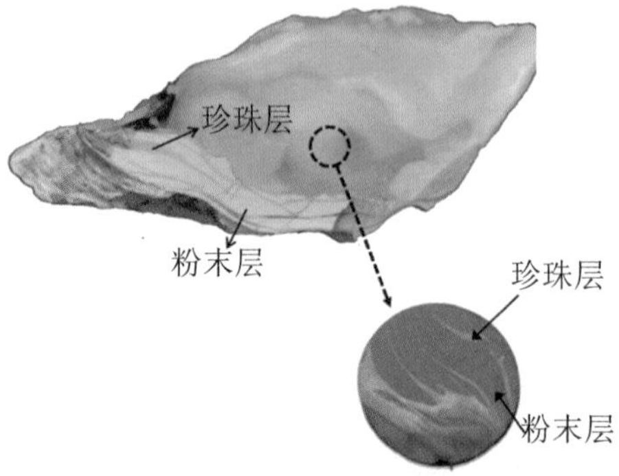

(a) 牡蛎壳

(b) SEM图像

图 4.7.9 牡蛎壳试样及 SEM 照片

2. 基于波传播确定黏弹性参数

为了简化问题,对试样两个位置(即 $x = h_1$ 和 $x = h_2$)的速度分布通过正弦函数拟合,例如,$v(h_1, t) = v_{10}\sin\omega_1(t - t_1)$和 $v(h_2, t) = v_{20}\sin\omega_2(t - t_2)$。式中,$\omega_1$ 和 ω_2 是圆形频率;t_1 和 t_2 分别为入射波的时间。因此

$$\bar{v}(0,s) = \bar{v}_{\text{int}}(s) = \frac{\bar{D}Q}{As} = v_0 \frac{\omega_1}{\omega_1^2 + s^2} \tag{4.7.59}$$

$$\bar{v}(h_i,s) = \frac{\bar{v}_{i\text{out}}(s)}{2} = \frac{\bar{D}Q}{As}(1 + h_i)^{Q-1} = v_{i0}\exp(-st_i)\frac{\omega_i}{\omega_i^2 + s^2} \tag{4.7.60}$$

式中,$i = 1,2$;v_0为入射波速度振幅,且 $v(0, t) = v_0\sin\omega_0 t$,$\omega_0$ 为拟合圆频率。当将 $x = h_1$ 和 $x = h_2$ 代入式(4.7.60)时,可以得到 $\bar{v}_{\text{int}}(s)$。Q 可以基于式(4.7.61)确定:

$$Q_i = \ln\frac{\bar{v}_{i\text{out}}(s)}{2\bar{v}_{\text{int}}(s)} \Big/ \ln(1 + h_i) + 1 \tag{4.7.61}$$

由式(4.7.13),$\bar{B}$ 可以表示为

$$\bar{B} = \frac{As}{Q^2 - Q} \tag{4.7.62}$$

计算结果如图 4.7.10(a)和图 4.7.10(b)所示。材料参数 $B(t)$的确定,如图 4.7.11 所示。采用两种模型,即 Maxwell 模型(4.7.11(a))和 Zener 模型(4.7.11(b))来描述材料。以 Zener 模型为例,当样品密度从 0.76 g/cm^3 增加到 1.02 g/cm^3 和 1.84 g/cm^{3}时,E_0和 τ_∞分别为 3.41 GPa 和 133.23 ns,5.11 GPa 和 136.29 ns,以及 11.64 GPa 和 72.57 ns。瞬时模量 E_0随着密度的增加而增加,高于 Aragonite(即 50 MPa),低于珍珠层的 51 GPa。E_∞接近 Aragonite 的模量。尽管粉末层的刚性模量较弱,但复合材料的刚度比理论预期的要强得多。因此,很难将珍珠层/粉末层的力学参数与复合材料的力学参数区分开来,应进一步揭示其机理。

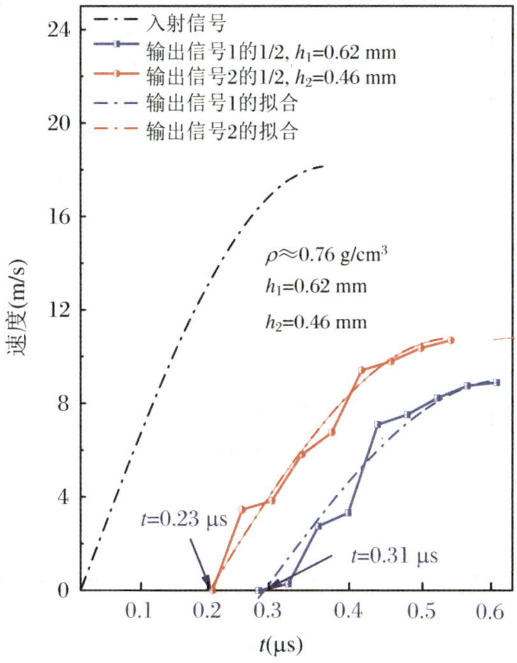

(a) 波形

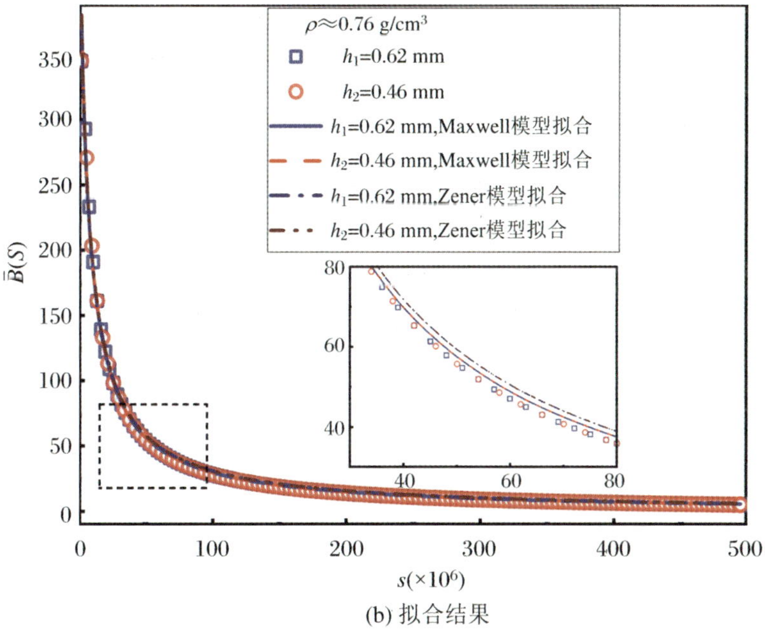

(b) 拟合结果

图 4.7.10　密度为 0.76 g/cm³ 试样的实测波形拟合和模型模拟结果

图 4.7.11 列出了密度约为 1.84 g/cm³ 的样品的 3 个比较结果。其中，$h_1 = 0.84$ mm，$h_2 = 0.40$ mm，0.42 mm 和 0.50 mm。计算的 E_0 范围为 11.33～11.73 GPa，计算的 E_∞ 范围为 0.04～0.05 GPa，计算的 τ_∞ 范围为 41.57～72.57 ns。计算模量比较稳定，拟合的弛豫时间 τ_∞ 由于样品中细观结构的不均匀性，呈现出一些分散的性质。由于入射脉冲的持续时间相对较短，激活弛豫时间 τ_∞ 远低于 SHPB 装置激活的值。

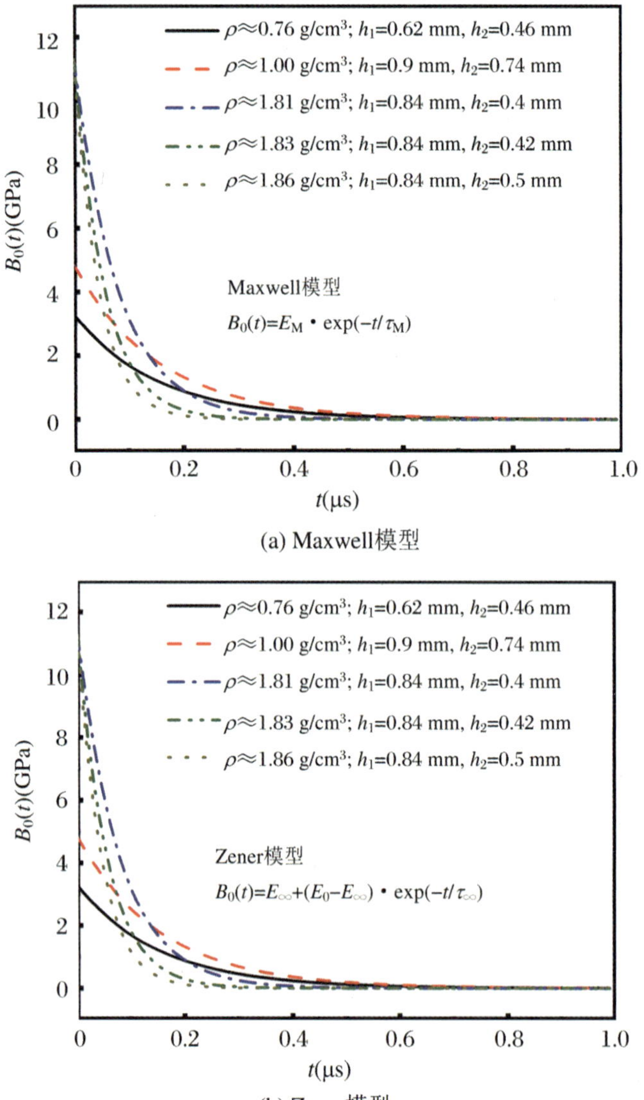

图 4.7.11 两种模型模拟结果

3. 基于波传播确定牡蛎材料的分数阶黏弹性参数

图 4.7.12 所示为不同密度、不同厚度的牡蛎壳试样在脉冲激光冲击下的速度时间信号。透射信号的幅值随着试样厚度的增大而变小，这反映了牡蛎壳试样的黏弹性特性。比较特别的是：试样密度越大，其粒子速度的幅值衰减得也越大。这与一般认为的密度越大，材料黏弹性越小相反。其原因在于：CO_2 激光脉冲器发射的激光波长约为 1.064 μm，产生的冲击脉冲宽度为几微米，这与珍珠层中文石片边沿的平均间距(2.35 μm)比较接近，即与砖泥结构间的缝隙尺寸相近，使得激光脉冲在珍珠层中发生较大的散射，产生更大的能量损耗。

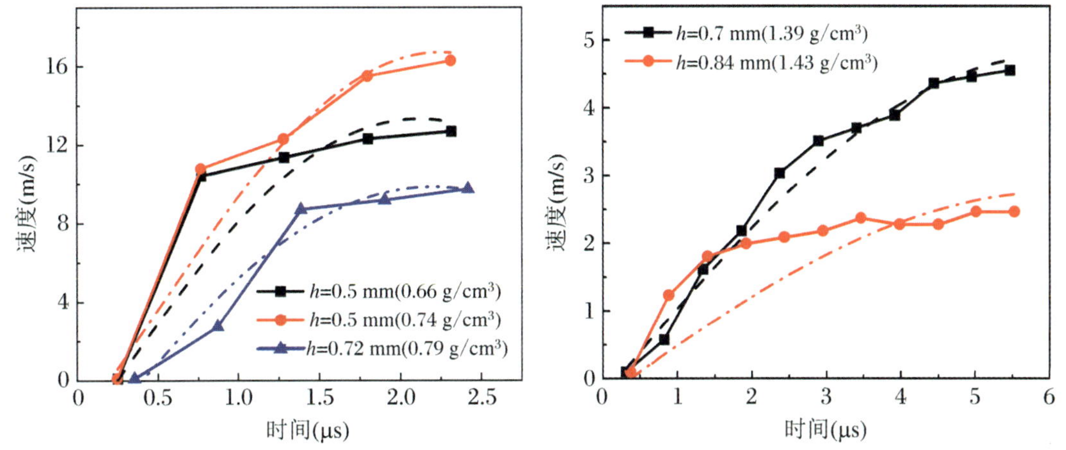

(a) ρ=0.7 g/cm³　　(b) ρ=1.4 g/cm³

图 4.7.12　不同密度下牡蛎试样的速度信号及拟合曲线

以 Abel 黏壶模型为例。根据$\dfrac{\partial\sigma}{\partial x}=\rho\dfrac{\partial v}{\partial t}$的 Laplace 变换$\dfrac{\partial\bar{\sigma}}{\partial x}=\rho s\bar{v}$及应力表达式,可以得到

$$\bar{v}(x,s)=\frac{1}{s\rho}\frac{\partial\bar{\sigma}}{\partial x}=\frac{1}{s\rho}A(s)\left(-\sqrt{\frac{\rho}{\eta}s^{2-\alpha}}\right)\mathrm{e}^{-\sqrt{\frac{\rho}{\eta}s^{2-\alpha}}\cdot x}\tag{4.7.63}$$

由边界条件,有

$$x=0,\quad \bar{v}(0,s)=\frac{1}{s\rho}A(s)\left(-\sqrt{\frac{\rho}{\eta}s^{2-\alpha}}\right)=\bar{v}_{\text{int}}(s)\tag{4.7.64}$$

式中,$\bar{v}_{\text{int}}(s)$为输入信号的 Laplace 逆变换。

假定在相同的冲击信号下,对于相同密度的牡蛎壳试样,其分数阶黏弹性系数相同,并且输入信号也相同。则对于相同密度ρ、不同厚度($h_1,h_2,\cdots,h_n$)的一系列实验来说,其输出信号端满足方程组(4.7.65):

$$\begin{cases} x=h_1, & \bar{v}(h_1,s)=\dfrac{1}{s\rho}A(s)\left(-\sqrt{\dfrac{\rho}{\eta}s^{2-\alpha}}\right)\mathrm{e}^{-\sqrt{\frac{\rho}{\eta}s^{2-\alpha}}\cdot h_1}=\bar{v}_{\text{int}}(s)\mathrm{e}^{-\sqrt{\frac{\rho}{\eta}s^{2-\alpha}}\cdot h_1}=\bar{v}_{\text{out},1}(s) \\ x=h_2, & \bar{v}(h_2,s)=\dfrac{1}{s\rho}A(s)\left[-\sqrt{\dfrac{\rho}{\eta}s^{2-\alpha}}\right]\mathrm{e}^{-\sqrt{\frac{\rho}{\eta}s^{2-\alpha}}\cdot h_2}=\bar{v}_{\text{int}}(s)\mathrm{e}^{-\sqrt{\frac{\rho}{\eta}s^{2-\alpha}}\cdot h_2}=\bar{v}_{\text{out},2}(s) \\ & \cdots\cdots \\ x=h_n, & \bar{v}(h_n,s)=\dfrac{1}{s\rho}A(s)\left[-\sqrt{\dfrac{\rho}{\eta}s^{2-\alpha}}\right]\mathrm{e}^{-\sqrt{\frac{\rho}{\eta}s^{2-\alpha}}\cdot h_n}=\bar{v}_{\text{int}}(s)\mathrm{e}^{-\sqrt{\frac{\rho}{\eta}s^{2-\alpha}}\cdot h_n}=\bar{v}_{\text{out},n}(s) \end{cases}\tag{4.7.65}$$

式中,$\bar{v}_{\text{out},1}(s),\bar{v}_{\text{out},2}(s),\cdots,\bar{v}_{\text{out},n}(s)$分别为厚度$h_1,h_2,\cdots,h_n$对应试样的输出速度信号拟合函数的 Laplace 逆变换。整理式(4.7.65),可得

$$\bar{v}_{\text{int}}(s)=\bar{v}_{\text{out},1}(s)\mathrm{e}^{\sqrt{\frac{\rho}{\eta}s^{2-\alpha}}\cdot h_1}=\bar{v}_{\text{out},2}(s)\mathrm{e}^{\sqrt{\frac{\rho}{\eta}s^{2-\alpha}}\cdot h_2}=\cdots=\bar{v}_{\text{out},n}(s)\mathrm{e}^{\sqrt{\frac{\rho}{\eta}s^{2-\alpha}}\cdot h_n}\tag{4.7.66}$$

对于同一密度下,不同试样厚度的任意两组实验,即对式(4.7.66)中的第k和k'个信号而言,满足

$$\bar{v}_{\text{out},k}(s)\mathrm{e}^{\sqrt{\frac{\rho}{\eta}s^{2-\alpha}}\cdot h_k}=\bar{v}_{\text{out},k'}(s)\mathrm{e}^{\sqrt{\frac{\rho}{\eta}s^{2-\alpha}}\cdot h_{k'}} \tag{4.7.67}$$

即有

$$\frac{\rho}{\eta}\frac{1}{s^{2+\alpha}}=\frac{1}{s^4(h_k-h_{k'})^2}\left[\ln\left(\frac{\bar{v}_{\text{out},k'}(s)}{\bar{v}_{\text{out},k}(s)}\right)\right]^2 \tag{4.7.68}$$

根据 $L\{t^m\}=\dfrac{\Gamma(m+1)}{s^{m+1}}$，对式(4.7.68)进行 Laplace 逆变换，可得到

$$\frac{\rho}{\eta}\frac{t^{\alpha+1}}{\Gamma(\alpha+2)}=L^{-1}\left\{\frac{1}{s^4(h_k-h_{k'})^2}\left[\ln\left(\frac{\bar{v}_{\text{out},k'}(s)}{\bar{v}_{\text{out},k}(s)}\right)\right]^2\right\} \tag{4.7.69}$$

利用式(4.7.69)等号右侧和拟合得到的相同密度、不同厚度牡蛎壳试样的速度时间曲线，用数值 Laplace 进行计算，得到一组数据后，用式(4.7.69)等号左侧$\left(即\dfrac{\rho}{\eta}\dfrac{t^{\alpha+1}}{\Gamma(\alpha+2)}\right)$对其进行拟合可得到对应密度牡蛎壳试样的 Abel 黏壶模型参数 α 和 η。

同理，可以得到分数阶 Maxwell 模型参数的拟合式为

$$\frac{\rho}{E}t+\frac{\rho}{\eta}\frac{t^{\alpha+1}}{\Gamma(\alpha+2)}=L^{-1}\left\{\frac{1}{s^4(h_k-h_{k'})^2}\left[\ln\left(\frac{\bar{v}_{\text{out},k'}(s)}{\bar{v}_{\text{out},k}(s)}\right)\right]^2\right\} \tag{4.7.70}$$

与获取 Abel 黏壶模型参数的方法相同，可得到分数阶 Maxwell 模型参数 α，η 和 E。

值得注意的是，由于式(4.7.69)和式(4.7.70)中含有$\dfrac{1}{(h_k-h_{k'})^2}$项，因此需要选择相近密度下厚度不同的牡蛎壳试样的速度信号进行分数阶模型参数的拟合。并且为了统一实验信号的拟合条件，设定信号范围从 0 开始，至峰值点结束，且同一密度的牡蛎壳试样的实验信号的时间范围均取一致。图 4.7.12 所示的不同密度、不同厚度牡蛎壳试样的输出速度信号，其形状类似正弦形，因此，在单个正弦函数的基础上乘一个时间衰减项 e^{at}，可得到类比的结果，即

$$v_{\text{out},k}(t)=\mathrm{e}^{a_k t}\sigma_{m,k}\left[\sin w_k t\cdot u(t)+\sin w_k\left(t-\frac{\pi}{w_k}\right)\cdot u\left(t-\frac{\pi}{w_k}\right)\right] \tag{4.7.71}$$

其 Laplace 变换为

$$\bar{v}_{\text{out},k}(s)=\frac{\sigma_{m,k}w_k}{(s-a_k)^2+w_k^2}\left(1+\mathrm{e}^{-\frac{\pi}{w_k}\cdot(s-a_k)}\right) \tag{4.7.72}$$

式中，$\sigma_{m,k}$，w_k 分别为第 k 个输出信号的正弦函数幅值和频率，a_k 为衰减系数。则式(4.7.69)和式(4.7.70)分别表达为

$$\frac{\rho}{\eta}\frac{t^{\alpha+1}}{\Gamma(\alpha+2)}=L^{-1}\left\{\frac{1}{s^4(h_k-h_{k'})^2}\left[\ln\left(\frac{\sigma_{m,k'}w_{k'}}{\sigma_{m,k}w_k}\frac{(s-a_k)^2+w_k^2}{(s-a_{k'})^2+w_{k'}^2}\frac{1+\mathrm{e}^{-\frac{\pi}{w_{k'}}\cdot(s-a_{k'})}}{1+\mathrm{e}^{-\frac{\pi}{w_k}\cdot(s-a_k)}}\mathrm{e}^{-s\cdot\Delta t}\right)\right]^2\right\} \tag{4.7.73a}$$

$$\frac{\rho}{E}t+\frac{\rho}{\eta}\frac{t^{\alpha+1}}{\Gamma(\alpha+2)}=L^{-1}\left\{\frac{1}{s^4(h_k-h_{k'})^2}\left[\ln\left(\frac{\sigma_{m,k'}w_{k'}}{\sigma_{m,k}w_k}\frac{(s-a_k)^2+w_k^2}{(s-a_{k'})^2+w_{k'}^2}\frac{1+\mathrm{e}^{-\frac{\pi}{w_{k'}}\cdot(s-a_{k'})}}{1+\mathrm{e}^{-\frac{\pi}{w_k}\cdot(s-a_k)}}\mathrm{e}^{-s\cdot\Delta t}\right)\right]^2\right\} \tag{4.7.73b}$$

式中，$\Delta t = \dfrac{\Delta x}{C} = \dfrac{h_{k'} - h_k}{C}$ 为波在厚度分别为 $h_{k'}$ 和 h_k 的牡蛎壳试样中传播的时间差；C 为波速，根据李毅(2021)对牡蛎壳试样的研究，C 可取为$(0.369\ \mathrm{m^4 \cdot s^{-1} \cdot kg^{-1}}) \cdot \rho + (1\,744\ \mathrm{m \cdot s^{-1}})$。

应用式(4.7.73a)和式(4.7.73b)对密度为 0.5 g/cm³，0.7 g/cm³，1.2 g/cm³，1.4 g/cm³ 的牡蛎壳试样分别进行 Abel 黏壶模型和分数阶 Maxwell 模型的参数拟合，记式(4.7.73a)和式(4.7.73b)等号右侧为 $1/a_{\mathrm{L}}^2$(单位为 $\mathrm{s^4/m^2}$)。

图 4.7.13(a)和图 4.7.13(b)为牡蛎壳试样分数阶黏弹性拟合结果。对于 0.5 g/cm³，0.7 g/cm³ 等较低密度的牡蛎壳试样，拟合得到的分数阶阶数小于 1，此时材料的性质表现为黏弹性特性；对于 1.2 g/cm³，1.4 g/cm³ 等密度较高的牡蛎壳试样，拟合得到的分数阶阶数大于 1，此时材料的性质逐渐向"惯性"靠拢。

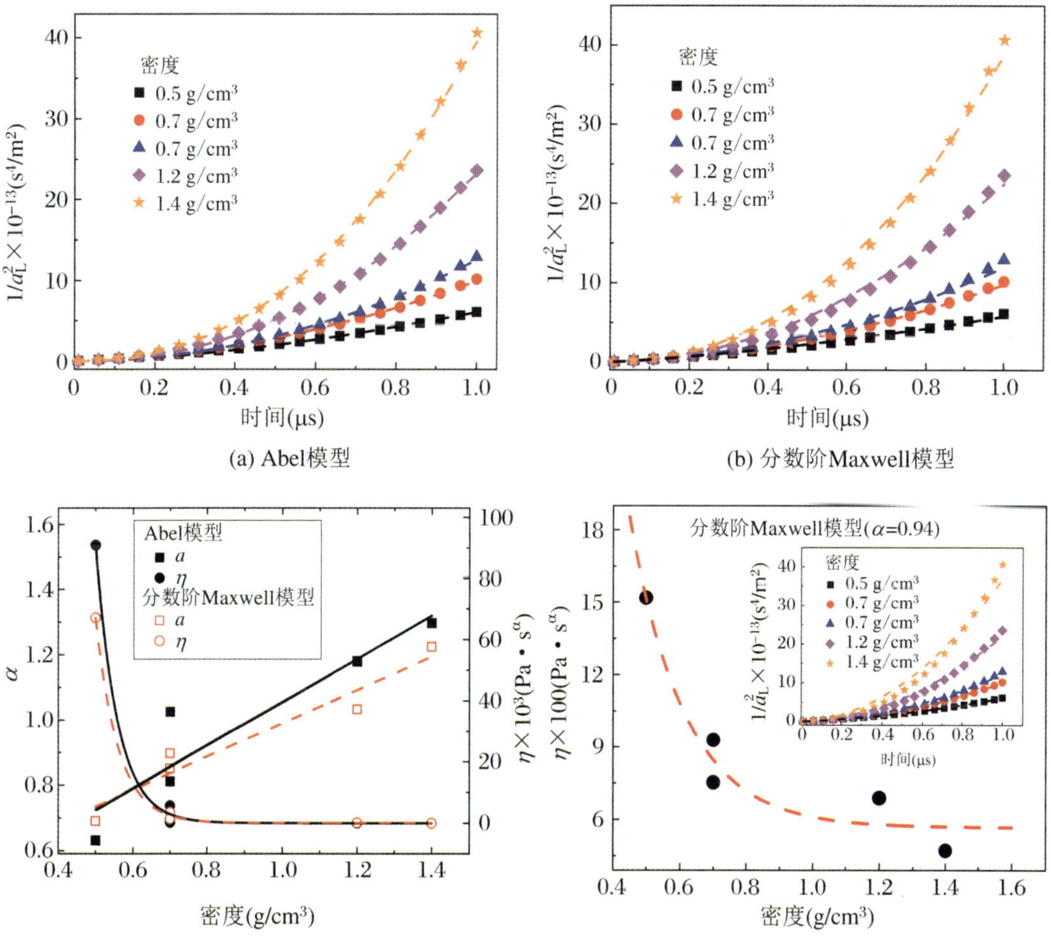

(a) Abel模型　(b) 分数阶Maxwell模型

(c) 参数与密度的关系　(d) 固定分数阶，η与密度的关系

图 4.7.13　牡蛎试样分数阶模型的拟合曲线及参数与牡蛎试样密度的关系

分数阶阶数、黏性系数随密度变化的趋势如图 4.7.13(c)所示，阶数与密度的关系近似呈线性关系，而黏性系数与密度的关系近似呈指数衰减关系。牡蛎壳试样的珍珠层占比与试样的密度是成正比的，这说明拟合得到的阶数 α 可以侧面反映牡蛎壳试样的结构特性。

由于不同密度试样对应的分数阶阶数和黏性系数均不同，无法对不同密度的牡蛎壳试样的黏弹性进行定量的比较。因此采用固定分数阶阶数 α 的方法，来对不同密度的牡蛎壳试样的黏弹性参数进行拟合。对于Abel黏壶模型来说，固定的分数阶阶数为1.0；对于分数阶Maxwell模型来说，其值为0.94。由于当$\alpha = 1.0$时，Abel黏壶模型变为牛顿黏壶模型，此时模型没有了弹性部分，故对此种情形不进行拟合。当$\alpha = 0.94$时，用分数阶Maxwell模型得到拟合的结果如图4.7.13(d)所示。可以看出，在固定分数阶阶数的情况下，随着牡蛎壳试样的密度的增大，分数阶模型的黏性系数在减小，试样的黏性增大。并且黏性系数与试样密度的关系并不是线性关系，而是近似呈现指数衰减关系，在牡蛎壳试样的密度达到1.2～1.6 g/cm^{3}时，黏性系数的数值趋于平稳。这进一步说明了牡蛎壳试样的密度越大，或者说牡蛎壳试样中珍珠层的占比越高，试样的黏性越大；但当密度达到一定数值后，或者说珍珠层占比达到一定阈值后，珍珠层占比的增加对波衰减的提升将不再显著。这对复合材料的结构设计具有一定的指导性意义。

小　结

岩石细微观节理具有粗糙表面，这导致岩石节理的摩擦过程具有3个典型的阶段，即波致摩擦阶段、惯性摩擦阶段和滑动摩擦阶段。这3个阶段反映了应力扰动与粗糙表面的作用过程。本章基于群论方法，进行了节理面形态演化分析；基于杆束技术，进行了节理面微动摩擦过程中声发射信息和产热信息的研究。这些结果反映了波和界面相互作用引起的界面微扰动、微滑移，以及它们在频率和温度域上的表现。初步研究表明：微动滑移启动时的滑移扰动属于一种慢波，是多个局部滑移扰动组合形成的一个扰动波群，与之相关的声发射信息主要分布在78.25～312.5 kHz频率范围内的高频部分；微动滑移过程的产热信息较启动时间略有滞后，其温度变化量级为0.01 ℃，对应于温度信号的低频部分。

为建立这种微界面表面粗糙形态在摩擦运动过程中的磨损和相关波形结构特征，引入了弛豫扩散理论进行分析，探讨了局部破裂发展的广义扩散驱动力。为研究含复杂界面岩石中的传播特性，进行了垂直入射和斜入射节理面的岩石中黏弹性波分析，并给出了基于波传播理论确定材料黏弹性参数的方法。

参 考 文 献

黄俊宇，2016. 冲击载荷下脆性颗粒材料多尺度破碎变形特性研究[D]. 合肥：中国科学技术大学.

李毅，苗春贺，徐松林，等，2021. 梯度密度黏弹性材料的波传播研究[J]. 爆炸与冲击，41(1)：66-76.

李毅，2021. 梯度密度黏弹性材料的冲击响应研究[D]. 合肥：中国科学技术大学.

刘永贵，唐志平，崔世堂，2014. 冲击载荷下瞬态温度的实时测量方法[J]. 爆炸与冲击，34(4)：471-475.

单俊芳，徐松林，张磊，等，2020. 岩石节理动摩擦过程中的声发射和产热特性研究[J]. 实验力学，35(1)：41-57.

施春英，2017. 节理岩体动摩擦过程的声发射和产热特性研究[D]. 合肥：中国科学技术大学.

徐松林，吴文，李廷，等，2001. 三轴压缩大理岩局部化变形的实验研究及其分岔行为[J]. 岩土工程学报，23

(3):296-301.

徐松林,吴文,张华,等,2002a.直剪条件下大理岩局部化变形研究[J].岩石力学与工程学报,21(6):766-771.

徐松林,吴文,张奇华,等,2002b.大理岩有限变形分岔分析[J].岩土工程学报,24(1):42-46.

许志倩,闫相祯,杨秀娟,等,2012.随机抽样在粗糙表面接触力学行为分析中的应用[J].西安交通大学学报,46(5):102-108.

袁良柱,陆建华,苗春贺,等,2023.基于分数阶模型的牡蛎壳动力学特性研究[J].爆炸与冲击,43(1):3-17.

周李姜,2018.动态加载下脆性材料非均匀变形演化研究[D].合肥:中国科学技术大学.

张磊,2016.冲击载荷下节理面动摩擦特性研究[D].合肥:中国科学技术大学.

张磊,王文帅,苗春贺,等,2021.花岗岩粗糙表面动摩擦形态演化[J].高压物理学报,35(3):031201.DOI:10.11858/gywlxb.20200640.

张磊,2022.应力波驱动岩石节理面微动摩擦特性研究[D].合肥:中国科学技术大学.

Ammon C J,et al.2005.Rupture process of the 2004 Sumatra-Andaman earthquake[J]. Science,308(5725):1133-1139.

Budiansky B,1965.On the elastic moduli of some heterogeneous materials[J]. Journal of the Mechanics and Physics of Solids,13(4):223-227.

Craig S J,Gaskell D R,Rockett P,et al.1994.An experimental technique for measuring the temperature rise during impact testing[J].Le Journal de Physique IV,4(C8):C8-41-C8-46.

David A L, Paul G O, 1983. Measurements of frictional heating in granite[J]. Journal of Geophysical Research,88(B5):4313-4320.

Di Toro G,Goldsby D L,Tullis T E,2004.Friction falls towards zero in quartz rock as slip velocity approaches seismic rates[J].Nature,427(6973):436-439.

Di Toro,Han R,Hirose T,et al.2011.Fault lubrication during earthquakes[J].Nature,471:494-498.

Dieterich J,1979.Modeling of rock friction 1:experimental results and constitutive equations[J].JGR Solid Earth,84:2161-2168.

Feng R,2000.Formation and propagation of failure in shocked glasses[J].J.Appl.Phys.,87(4):1693-1700.

Huang J Y,Xu S L,Hu S S,2014.Numerical investigations of the dynamic shear behavior of rough rock joints[J].Rock Mechanics and Rock Engineering,47:1727-1743.

Ikeda K,Murota K,Nakano M,1994. Echelon modes in uniform materials[J].Int.J.Solids Struct.,31(19):2709-2733.

Jiang H,Xu S,Shan J,et al.2019.Dynamic breakage of porous hexagonal boron nitride ceramics subjected to impact loading[J].Powder Technology,353:359-371.

Marchand A,Duffy J,1988.An experimental study of the formation process of adiabatic shear bands in a structural steel[J].Journal of the Mechanics and Physics of Solids,36(3):251-283.

Mason J J,Rosakis A J,Ravichandran G,1994.On the strain and strain rate dependence of the fraction of plastic work converted to heat:an experimental study using high speed infrared detectors and the Kolsky bar[J].Mechanics of Materials,17(2/3):135-145.

Murota K,Ikeda K,1999.Bifurcation mechanism underlying echelon-mode formation[J].Comput. Methods Appl. Engrg.,107:423-448.

Ni Sidao,Hiroo Kanamori,Don Helmberger,2005.Seismology:Energy radiation from the Sumatra earthquake[J].Nature,434(7033):582-582.

Ruina A L,1983.Slip instability and state variable friction[J].JGR Solid Earth,88:10359-10370.

Shmuel M,Rubinstein,Cohen G,et al.2004.Detachment fronts and the onset of dynamic friction[J].Nature,430:1005-1009.

Sone H, Shimamoto T, 2009. Frictional resistance of faults during accelerating and decelerating earthquake slip[J]. Natural Geoscience, 2: 705-708.

Tatone B S, Grasselli G, 2009. A method to evaluate the three-dimensional roughness of fracture surfaces in brittle geomaterials[J]. Review of Scientific Instruments, 80: 125110.

Tatone B S, Grasselli G, 2013. An investigation of discontinuity roughness scale dependency using high-resolution surface measurements[J]. Rock Mech. Rock Eng., 46(4): 657-681.

Tatone B S, 2014. Investigating the evolution of rock discontinuity asperity degradation and void space morphology under direct shear[D]. Toronto: University of Toronto.

Ting T C T, Mukunoki I, 1979. A theory of viscoelastic analogy for wave propagation normal to the layering of a layered medium[J]. J. Applied Mechanics, 46: 329-336.

Xie Y S, Xu S L, Huang J Y, et al. 2022. Dynamic compaction induced heterogeneity in boron carbide powder[J]. Ceramics International, 48(23): 34999-35010.

Yuan L Z, Miao C H, Xu S L, et al. 2022. Stress-wave propagation in multilayered and density-graded viscoelastic medium[J]. International Journal of Impact Engineering, 173: 104415.

Zehnder A T, Kallivayalil J A, 1991. Temperature rise at the tip of dynamically propagating cracks[C]. 1991 SEM Spring Conference on Experimental Mechanics: 363-369.

第5章 复杂应力状态下的岩石波动效应

5.1 引　　言

复杂应力状态 $\sigma_{ij}(i,j=1,2,3)$下，波动效应分析主要基于以下3组方程进行。

(1) 运动方程或平衡方程，建立应力场 σ_{ij} 与位移场 u_i 之间的关系：

$$\sigma_{ij,j} = \rho\frac{\partial^2 u_i}{\partial t^2} \tag{5.1.1}$$

(2) 几何关系，建立应变场 ε_{ij} 与位移场 u_i 之间的关系：

$$\varepsilon_{ij} = \frac{1}{2}(u_{i,j} + u_{j,i}) \tag{5.1.2}$$

(3) 物理关系，也称本构关系，建立材料的应力与应变的关系，只与材料物性相关：

$$\sigma \equiv \sigma(\varepsilon, T, \dot{\varepsilon}, \cdots) \tag{5.1.3}$$

上述三式建立了应力场 σ_{ij}、位移场 u_i 与应变场 ε_{ij} 的闭合关系，由此可以得到相应问题的通解，具有广泛的适用意义。将之与相应的初始条件和边值条件联立，可得到具体问题的解。若假定材料的本构关系满足胡克定律，即

$$\sigma_{ij} = \lambda\cdot \mathrm{tr}(\varepsilon)\cdot\delta_{ij} + 2\mu\varepsilon_{ij} \tag{5.1.4}$$

式中，λ 和 μ 为拉梅系数。

由此，联立式(5.1.1)、式(5.1.2)和式(5.1.4)，可得

$$(\lambda + 2\mu)\cdot \mathrm{grad}[\mathrm{div}(u)] - \mu\cdot \mathrm{curl}[\mathrm{curl}(u)] = \rho\frac{\partial^2 u}{\partial t^2} \tag{5.1.5}$$

式中，div(·)，grad(·)和 curl(·)分别表示相关量的散度、梯度和旋度。

(1) 对于由势 Φ 定义的无旋运动，即 $u=\mathrm{grad}(\Phi)$，$\mathrm{curl}(u)=0$。则式(5.1.5)变为 $\nabla^2\Phi = \frac{1}{C_{\mathrm{p}}^2}\ddot{\Phi}$，其中，波速 $C_{\mathrm{p}} = \sqrt{(\lambda+2\mu)/\rho}$。此为膨胀波，以胀缩的形式传播。

小应变时，体积应变 $\Delta = \varepsilon_V$ 对应于位移梯度，即 $\Delta = \mathrm{div}(u)$，满足无旋运动，因此，应用式(5.1.5)，则有 $\nabla^2(\Delta) = \frac{1}{C_{\mathrm{p}}^2}(\ddot{\Delta})$。一般而言，这种波是介质中传播最快的波，因此，在地学中也称为首波(primary wave，P 波)。

(2) 对于由势 Ψ 定义的等体积运动，即 $u=\mathrm{curl}(\Psi)$，且 $\Delta = \mathrm{div}(\mathrm{curl}(\Psi))=0$。则式

(5.1.5)变为$\nabla^2 \Psi = \frac{1}{C_s^2}\ddot{\Psi}$，其中，波速 $C_s = \sqrt{\mu/\rho}$。此为畸变波，以剪切的形式传播。因其比首波传播慢，在地学中称为次波(secondary wave，S 波)。

这两种波是理想岩石中最常见的体波，两种波速的比值仅与(动态)泊松比 ν 有关，即 $C_p/C_s = \sqrt{2(1-\nu)/(1-2\nu)}$。若泊松比 $\nu = 0.2$，则 $C_s = 0.612C_p$。考虑三维坐标系下更一般的本构关系 $\sigma_{ij} = C_{ijkl}\varepsilon_{ij}$，其中，$C_{ijkl}$ 为弹性张量。结合式(5.1.1)和式(5.1.2)，可以得到

$$C_{ijkl}\frac{\partial^2 u_j}{\partial x_k \partial x_l} = \rho\frac{\partial^2 u_i}{\partial t^2} \tag{5.1.6}$$

若 A 点处有一波阵面，波阵面的单位法向量为 $\boldsymbol{n}(\boldsymbol{n}_1, \boldsymbol{n}_2, \boldsymbol{n}_3)$，沿法线以波速 C 传播。令位移 u 的分量跨波阵面的变化量表示为

$$[u_k] = \Delta_k \tag{5.1.7}$$

则$\left[\frac{\partial^2 u_j}{\partial x_k \partial x_l}\right] = \frac{n_k n_l}{C_2}\Delta_j$，$u_{j,k} = \frac{-n_k}{C}\Delta_j$。由此，式(5.1.6)变为

$$C_{ijkl}n_k n_l \Delta_j - \rho C^2 \Delta_i = 0 \tag{5.1.8}$$

式(5.1.8)存在解，即要求

$$\det(C_{ijkl}n_k n_l - \rho C^2 \delta_{ij}) = 0 \tag{5.1.9}$$

这表明，在波阵面的任何点上，存在 3 个相互垂直的方向，且每个方向都有一个纵波速度和两个横波速度，这些波速与弹性张量的对应分量有关。对于各向异性情况，情况非常复杂。

对于横观各向同性情况，弹性张量 C_{ijkl} 中独立的分量只有 5 个(席道瑛 等，2016)，即 $C_{1111}(=C_{2222})$，C_{3333}，C_{1122}，$C_{1133}(=C_{2233})$，C_{1313}，$C_{1212}\left(=\frac{1}{2}(C_{1111}-C_{1122})\right)$。因此，由式(5.1.9)有(布尔贝 等，1994)：

纵波解：$\Delta_j = \eta \cdot n_j$($\eta$ 为标量)。当 $\boldsymbol{n} = \boldsymbol{n}_3$ 时，$C_p = \sqrt{C_{3333}/\rho}$；当 $\boldsymbol{n} \cdot \boldsymbol{n}_3 = 0$ 时，$C_p = \sqrt{C_{1111}/\rho}$。

横波解：$\boldsymbol{\Delta} \cdot \boldsymbol{n} = 0$。当 $\boldsymbol{\Delta} = \boldsymbol{n}_3$ 时，$C_s = \sqrt{C_{1313}/\rho}$；当 $\boldsymbol{n} \cdot \boldsymbol{n}_3 = 0$，$\boldsymbol{\Delta} = \eta \cdot \boldsymbol{n}_3$ 时，$C_s = \sqrt{C_{1313}/\rho}$。

当 $\boldsymbol{n} \cdot \boldsymbol{n}_3 = 0$，$\boldsymbol{\Delta} = \eta \cdot \boldsymbol{n} \cdot \boldsymbol{n}_3$ 时，$C_s = \sqrt{C_{1212}/\rho}$。

对于各向同性情况，上述方程退化到式(5.1.5)的形式。

在复杂应力状态 σ_{ij} 下进行波传播的分析非常困难。工程中的岩石处于三向应力状态(σ_x，σ_y，σ_z)，其力学性质表现出各向异性等特点。复杂应力状态下的岩石动静态强度和变形特性的研究是岩土工程、矿山工程、水利工程等应用领域以及固体地球物理等基础研究领域一致关注的热点问题，具有重要的研究意义。现场爆炸一般研究球面波或柱面波在岩体中的传播，分析结果均基于数值分析得到。常规 SHPB 实验可进行应变率 $10^2 \sim 10^3\ \mathrm{s}^{-1}$ 时材料在强度、变形特性以及波传播规律方面的研究，轻气炮实验技术则可进行更高加载速率下材料中波传播规律和变形特性的研究。下面将主要介绍复杂应力状态下岩石的动态实验及其强度分析。

5.2　主动和被动围压动态实验

关于复杂应力状态下岩石在动态载荷作用下的强度与变形特性的研究，目前国内外主要采用基于霍普金森压杆原理的主动围压和被动围压装置来实现。动态等围压三轴实验，属于主动围压实验，该类设备通过高压液体（油或水）对圆柱形试件的侧向施加围压，而后在轴向施加冲击载荷，其初始的静载为侧向等围压状态，即 $\sigma_y=\sigma_z$。Gran 等（1989）采用爆炸加载的方式对长度为 300 mm、直径为 150 mm 的圆柱形试件进行围压为 0～124 MPa、应变率为 0.5～10 s^{-1}的冲击加载实验，其冲击载荷和试件上的横向载荷采用石英压电应力计进行监测。Li H B 等（1999）基于岩石高压动三轴装置系统研究了花岗岩的动态三轴强度。Frew 等（2010）对印第安纳石灰岩进行围压为 100～400 MPa、应变率为 10^2 s^{-1}和 4×10^2 s^{-1}的冲击加载实验。Li X B 等（2008）介绍了一种动静组合加载岩石力学实验装置，该装置在已有的霍普金森压杆主动围压装置上增加了轴向加载油缸，可分别对试件进行围压和轴压的预加载。进一步改进，通过在液压系统中串联接入大容量均衡油缸同步对试件施加围压和轴压，以减少冲击加载过程中围压缸内油压波动。此类装置在冲击加载的同时，试件周围的油压会在预加围压的基础上瞬时急剧增加，而后再逐渐降低。因此，在冲击过程中试件的围压是变化的，根据常规处理方法得到的动态三轴强度往往偏高。基于此技术得到的实验数据具有一定的不确定性。

被动围压实验是近年来较广泛应用的一种实验技术（Chen et al.，1996，1997；Song et al.，2009），此技术采用圆环对岩石试件进行侧向限定，测试侧限条件下材料的动态响应（图 5.2.1）。在加载过程中，试件的围压随金属侧限圆环的变形而发生变化，其应力状态介于一维应力和一维应变的某种中间状态，这种状态可采用不同材料制作的金属侧限圆环来进行适当调整，在大尺寸混凝土试件、干燥石英砂、单晶硅等材料的测试中得到了很好的应用。这种技术的优势在于可以部分降低由于试件尺寸较大带来的横向惯性效应（Forquin et al.，2008）。但是，此实验技术中试件侧限压力和摩擦力的测试和计算尚不完善，而且侧限应力状态一直是波动的。因此，其应用尚处于定性阶段。值得注意的是，以上装置无法反映工程中的三轴应力状态（$\sigma_x\neq\sigma_y\neq\sigma_z$）。

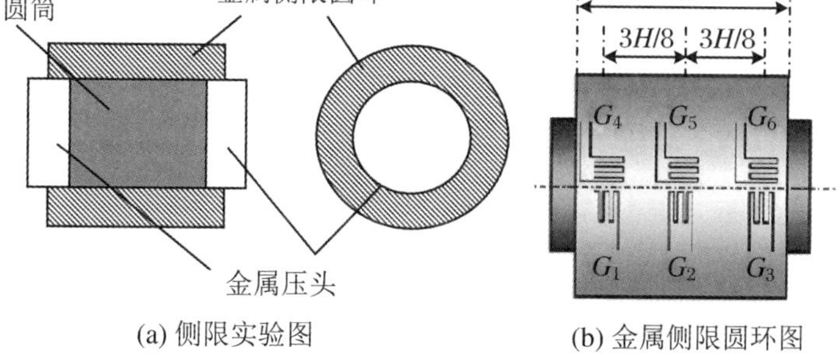

(a) 侧限实验图　　(b) 金属侧限圆环图

图 5.2.1　侧限实验图和金属侧限圆环图（Forquin et al.，2008）

5.3 动态压剪实验

5.3.1 实验原理

基于SHPB的动态压剪实验装置如图5.3.1所示，主要部分是由子弹、入射杆、透射杆等组成的载荷产生和传递系统，其中虚线框内的斜端面垫块和试件是此实验装置的主要改进。斜端面垫块与入射杆和透射杆为相同材料，试件部分长度远小于撞击杆的长度。此实验技术的思想是：试件和斜切口构成可满足SHPB实验的"样品"(图5.3.1中虚线框所示)，对此"样品"进行SHPB冲击实验，然后对"样品"的实验结果进行压剪分析。使用的杆材为钢材，子弹直径为37 mm，长度为300 mm；入射杆为变截面锥杆，直径由37 mm渐变为74 mm，总长度为3 200 mm，其中锥形段长度为370 mm；透射杆直径为74 mm，长度为1 800 mm。采用变截面杆是为了使用更大尺寸的试样。同时，使用Phantom V12.1高速相机全程跟踪拍摄，以进行动态加载过程的变形场的测试分析，并监测加载过程岩石试件与垫块之间的接触界面是否发生滑动，以评价实验的有效性。

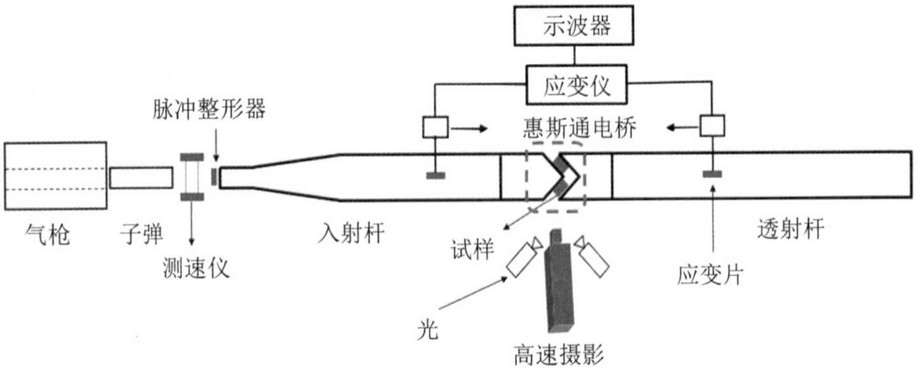

图5.3.1 岩石压剪联合加载实验

所用的斜端面垫块结构如图5.3.2(a)所示(郑文 等，2012)，每个垫块都包含两个相互对称的斜面，定义垫块的倾角 θ 为斜面与底面的夹角。MTS实验中"组合试件"受力平衡，动态实验中因为应力均匀性假定，"组合试件"的内部也处于"平衡"状态。若"组合试件"受到压力 F_0 作用，岩石试件受到的轴向压力 F_n 和切向剪力 F_s 可根据载荷平衡得到：

$$\frac{1}{2}F_0 = F_n\cos\theta + F_s\sin\theta \tag{5.3.1}$$

再对试件进行变形分析(图5.3.2(b))。垫块长度为 d_s，轴向变形为 d。考虑小变形情况，若试件与垫块不发生相对滑动，则试件上的轴向应变 ε 和切向应变 γ 应满足

$$\varepsilon = d\cos\theta/d_s,\quad \gamma = \alpha \approx \tan\alpha \approx d\sin\theta/d_s \tag{5.3.2}$$

试件应力-应变关系可简单表示为

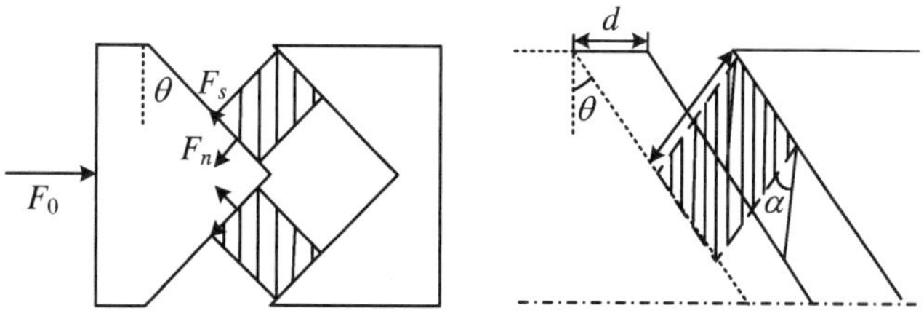

图 5.3.2　受力分析图和位移关系图

$$F_n = \sigma A_s = E\varepsilon A_s,\quad F_s = \tau A_s = G\gamma A_s \tag{5.3.3}$$

式中，A_s为试件截面积；E 和 G 分别为试件的压缩模量和剪切模量，它们之间满足关系：$E=2G(1+\nu)$。ν 为试件的泊松比。联立式(5.3.2)和式(5.3.3)，可得

$$\frac{F_n}{F_s} = \frac{\sigma A_s}{\tau A_s} = \frac{E\varepsilon}{G\gamma} = 2(1+\nu)\cot\theta = \tan\beta \tag{5.3.4}$$

定义 β 为等效应力路径角。将式(5.3.4)代入式(5.3.1)可得到最终的轴向力与切向力的表达式：

$$F_n = \frac{(1+\nu)\cos\theta}{(1+2\nu)\cos^2\theta+1}F_0,\quad F_s = \frac{\sin\theta}{2[(1+2\nu)\cos^2\theta+1]}F_0 \tag{5.3.5}$$

进一步可以得到切向应力与轴向应力的表达式

$$\sigma = F_n/A_s,\quad \tau = F_s/A_s$$

对于非线性变形，应力增量和应变增量之间可采用切线模量进行联系，即对于非线性变形段，式(5.3.3)和 $E=2G(1+\nu)$仍成立。不过 E,G,ν 不再是一个恒定的值，而是与当时的应力状态相关，即 $E(\sigma)=2G(\sigma)[1+\nu(\sigma)]$。由此，可得到切向应力与轴向应力的增量表达式(章超 等，2014；徐松林 等，2015)：

$$\Delta\sigma = \frac{[1+\nu(\sigma)]\cos\theta\cdot\Delta F_0}{\{[1+2\nu(\sigma)]\cos^2\theta+1\}A_s},\quad \Delta\tau = \frac{\sin\theta\cdot\Delta F_0}{2\{[1+2\nu(\sigma)]\cos^2\theta+1\}A_s} \tag{5.3.6}$$

式中，泊松比 $\nu=\nu(\sigma)$。考虑到此式中 ν 的影响通过$(1+2\nu)\cos^2\theta+1$ 和 $1+\nu$ 的形式表现出来，因此，此项的影响不是很大。在非线性变形段，泊松比的变化对结果的影响很小，可近似假定泊松比不变。由此，可形成由入射波 ε_i、反射波 ε_r 和透射波 ε_t 表征的“三波法”的数据处理公式。

(1) 试件上的法向应力增量和切向应力增量：

$$\Delta\sigma(t) = \frac{A_0E_0(1+\nu(\sigma))\cos\theta}{2A_s[(1+2\nu(\sigma))\cos^2\theta+1]}[\Delta\varepsilon_i(t)+\Delta\varepsilon_r(t)+\Delta\varepsilon_t(t)] \tag{5.3.7a}$$

$$\Delta\tau(t) = \frac{A_0E_0\sin\theta}{4A_s[(1+2\nu(\sigma))\cos^2\theta+1]}[\Delta\varepsilon_i(t)+\Delta\varepsilon_r(t)+\Delta\varepsilon_t(t)] \tag{5.3.7b}$$

(2) 试件上的法向应变增量和切向应变增量：

$$\Delta\varepsilon(t) = \frac{C_0}{d_s}\sin\theta\int_0^t[\Delta\varepsilon_i(t)-\Delta\varepsilon_r(t)-\Delta\varepsilon_t(t)]\mathrm{d}t \tag{5.3.8a}$$

$$\Delta\gamma(t) = \frac{C_0}{d_s}\cos\theta\int_0^t[\Delta\varepsilon_i(t)-\Delta\varepsilon_r(t)-\Delta\varepsilon_t(t)]\mathrm{d}t \tag{5.3.8b}$$

式中，C_0为杆的波速；A_0 为杆的截面积。

5.3.2 花岗岩压剪动特性

以花岗岩为例说明岩石压剪动特性。所选用的岩石为山东花岗岩，细颗粒、均匀性比较好，主要成分为石英、长石和云母，孔隙度小于 1%。试件的长径比为 0.5～1.0，随垫块倾斜角度增加，适当减小。试件基本尺寸为 25 mm×25 mm×20 mm。

压缩/剪切应力-应变关系均具有 4 个阶段（图 5.3.3），即初期的非线性密实阶段（*OA*）、拟线性阶段（*AB*）、非线性阶段（*BC*）和破坏阶段（*CD*）。最明显的特征为：① 随着倾角的增加，无论是准静态加载过程，还是动态加载过程，应力-应变关系越来越偏离单轴压缩曲线，曲线的斜率越来越小；倾角在 0°～45°范围内，拟线性阶段压缩/剪切应力-应变关系曲线斜

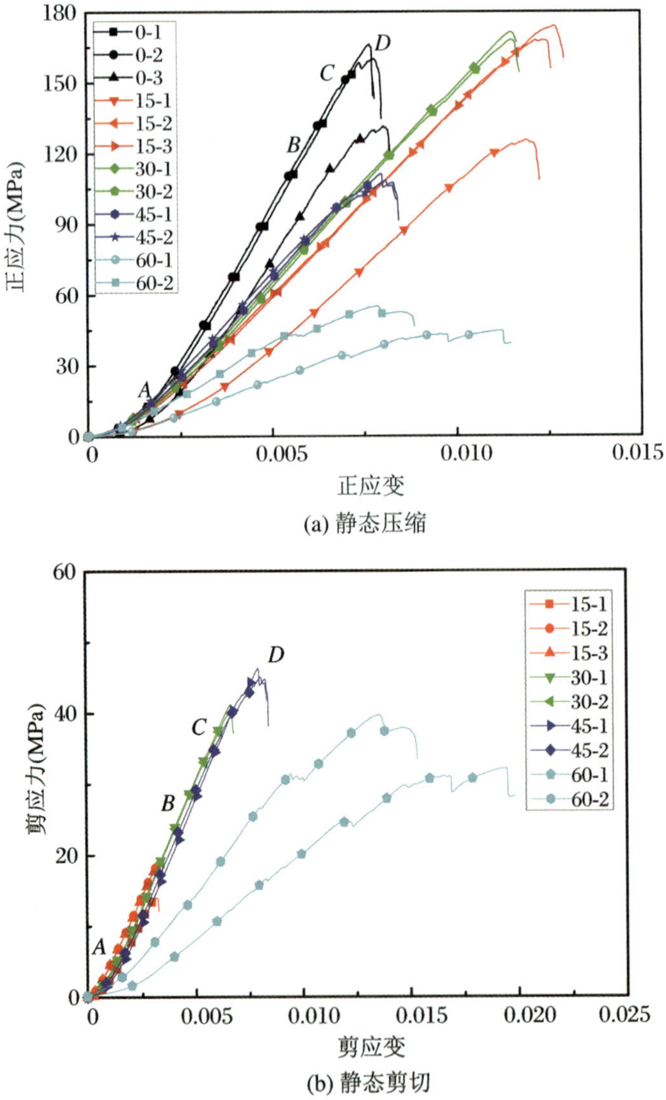

(a) 静态压缩

(b) 静态剪切

图 5.3.3 花岗岩动静态压剪联合加载实验曲线

15-1 中：15 表示倾角，1 表示试样编号。其他类推

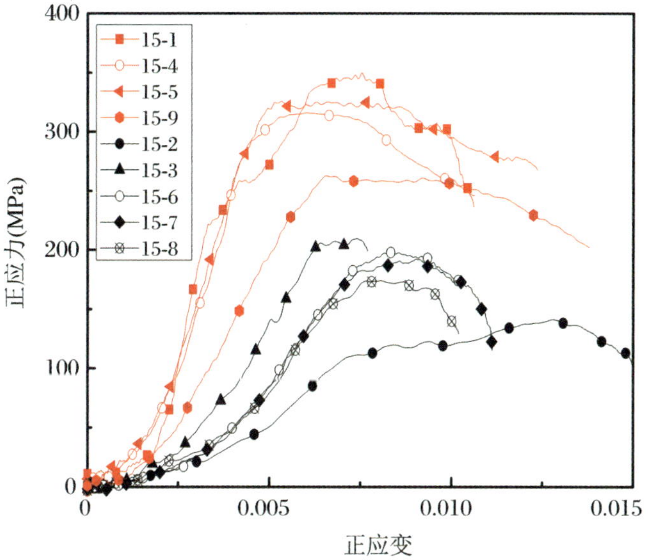

(c) 动态压缩

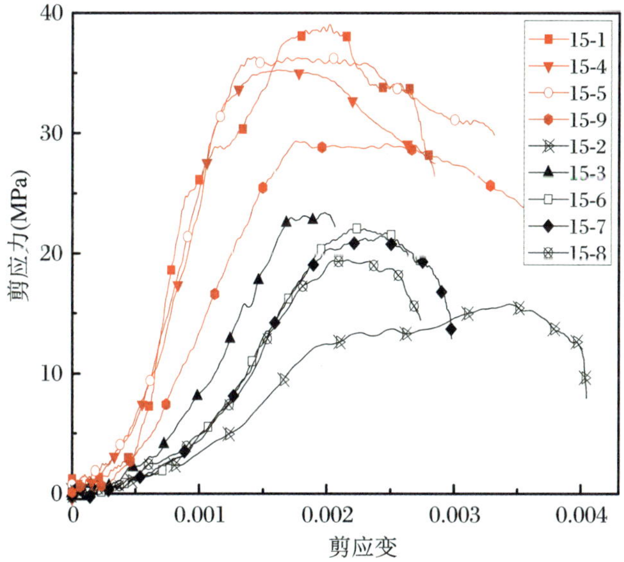

(d) 动态剪切

图 5.3.3　花岗岩动静态压剪联合加载实验曲线(续)

15-1 中:15 表示倾角,1 表示试样编号。其他类推率有一定变化，但变化不大；但是当倾角较大(超过 45°)时，应力-应变关系曲线斜率有较大的差异。当倾角超过 60°时，差异尤其显著；当试样较软且含有较多孔洞和裂纹等细微观缺陷时，这种差异性就更大。② 随着倾角的增加，无论是准静态加载过程还是动态加载过程，其法向强度逐渐减小，对应的切向强度逐渐增加。③ 随着倾角增加，破坏应变逐渐增大。④ 同一倾角下，动态加载过程与准静态加载过程比较，无论是在应力-应变关系曲线的斜率，还是在极限强度方面都有较大的差异，动态加载过程明显要高得多。因此，在岩石的强度和应力-应变曲线的斜率两个方面均表现出明显的加载速率效应和加载路径相关性，这是岩石材料与金属材料最大的差异。值得注意的是，倾角为 60°的数据，在高速摄影监控下，准静态加载时，实验过程试件与垫块之间未发现明显的滑动；但是动态加载过程，借助人工散斑场可以监测到接触界面有一定的滑移。动态加载下，倾角为 60°的数据都反映出试件有多次压缩的过程，是一种"黏-滑"(stick-slip)运动交替发展的结果。这涉及界面微滑移等机制，须深入探讨。

5.3.3 花岗岩压剪耦合特性

Olsson 等(2000)监测岩石加载过程的声发射信息，发现初始加载阶段较多的声发射信号发生在试件的端部。由于岩石是有天然细微观缺陷的材料，在初始加载过程试件端部微缺陷要压缩闭合。McCall 等(1994)引进了 P-M 空间模型来描述岩石加卸载循环中的滞回环。岩石试样由一定数量的张开裂纹和闭合裂纹组成，张开裂纹和闭合裂纹的数量随外载荷变化而发生调整，岩样宏观力学性能与这些张开裂纹和闭合裂纹的数量变化相联系。剪切应力越大，张开裂纹越多；压应力越大，闭合裂纹越多。岩体宏观力学性能表现出对剪切载荷较强的敏感性；同样的原因，岩石对拉伸载荷更为敏感。由于细微观裂纹的存在，即便在简单的单轴加载条件下，岩样内裂纹局部均有剪切应力或拉应力等存在，而不是单纯的压应力。因此，通常实验得到的单轴压缩强度也是复杂应力共同作用的结果。岩石加载路径效应就是这些细微观裂纹的张开和闭合数量随不同剪切应力变化而调整的过程。岩样中初始缺陷越多，剪切应力影响越大，加载路径效应越明显。

1. 压剪耦合效应对模量的影响

不同加载速率下花岗岩法向和切向应力-应变关系曲线的斜率随倾角的变化如图 5.3.4 所示。一般而言，SHPB 实验得到的应力-应变关系的开始阶段不能直接用于模量的计算，为了与图 5.3.4(a)中准静态性能进行对比分析，动态实验的法向/切向斜率取为对应应力-应变关系曲线中应力超过 60%极限强度时拟线性阶段的斜率。因数据点较多，为了说明变化趋势，图中趋势线采用指数函数拟合得到。由图 5.3.4 可见，同一加载速率下，法向斜率随倾角增加基本呈指数衰减趋势；同一倾角下，法向斜率随加载速率增加呈递增趋势。图 5.3.4(c)中所示的切向斜率与此规律相同。由于倾角为 60°时，试件与垫块的接触界面可能发生滑移，数据点与其他倾角差别较大，因此，拟合趋势线的时候没有包含进去。由此可见，花岗岩的法向和切向模量均有较强的加载速率效应，且与加载路径有关。

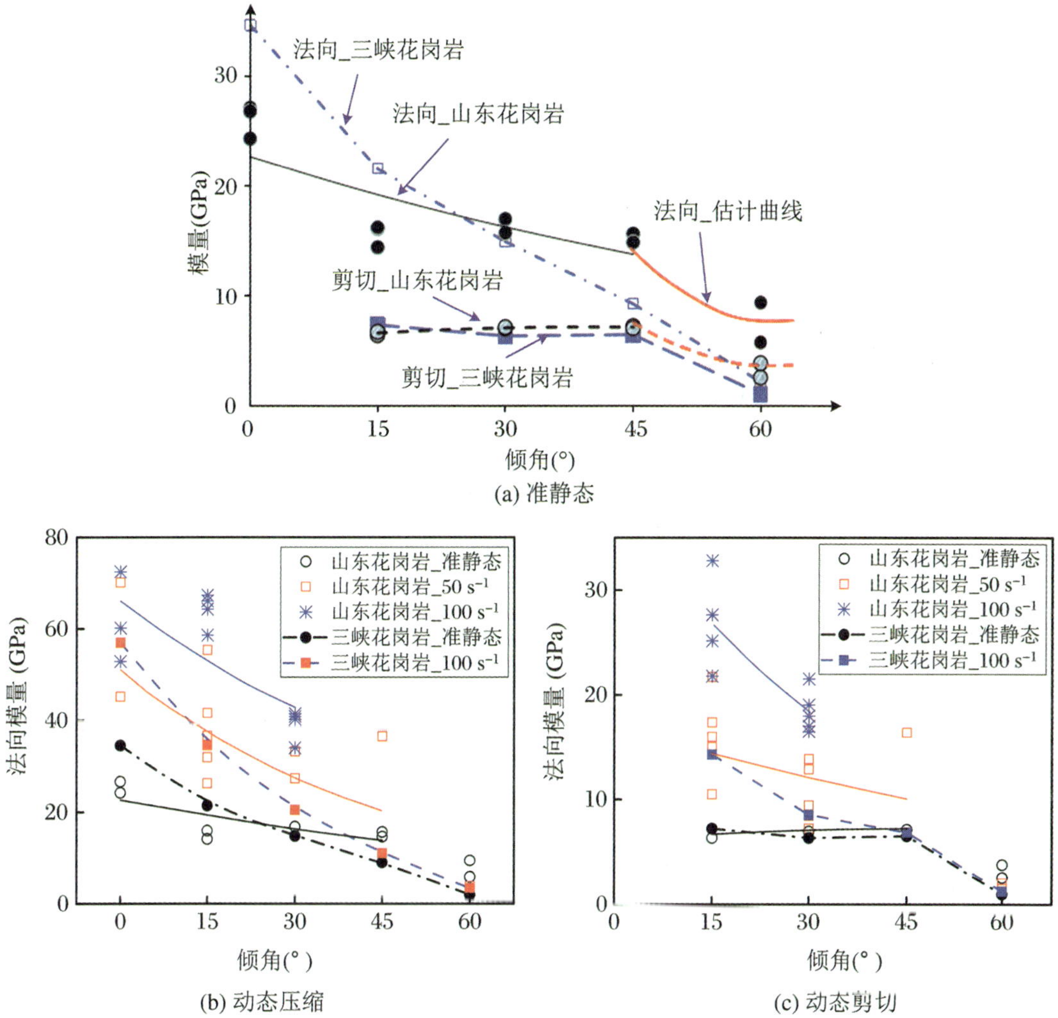

图 5.3.4　花岗岩动静态模量随倾角的变化

由于岩土材料一般具有剪胀效应,剪切应力作用会引起试样体积的变化,因此,具有较复杂的对应关系,即具有压剪耦合效应。Nelson 等引入变模量模型来描述土的体积模量和剪切模量。在变模量模型中,体积模量是静水压力的函数,剪切模量则是静水压力与等效剪切应力的函数。这种假定有一定缺陷,尤其是在体积模量方面。基于以上实验数据,可认为体积模量和剪切模量均为静水压力与等效剪切应力的函数。由此,弹性模量也是静水压力与等效剪切应力的函数。基于以上分析,考虑应变率效应和加载路径影响的弹性模量和剪切模量可表示为

$$\begin{aligned} E &\equiv E(\sigma,\tau,\dot{\varepsilon}) = E(\sigma,\theta,\dot{\varepsilon}) \\ &= E_0(\sigma)\cdot \exp(-k_\sigma \tan\theta)\cdot(A_\sigma + B_\sigma \ln\dot{\varepsilon}) \end{aligned} \tag{5.3.9}$$

$$\begin{aligned} G &\equiv G(\sigma,\tau,\dot{\varepsilon}) = G(\tau,\theta,\dot{\varepsilon}) \\ &= G_0(\sigma)\cdot \exp(-k_\tau \tan\theta)\cdot(A_\tau + B_\tau \ln\dot{\varepsilon}) \end{aligned} \tag{5.3.10}$$

式中,θ 为倾角,其正切为试样切向应力 τ 与正应力 σ 的比值,反映加载路径效应;$\dot{\varepsilon}$ 为应变率;E_0 为单轴压缩下的弹性模量,与应力有关;G_0 为小倾角时的剪切模量;k_σ,k_τ 分别为法

向和切向模量的倾角敏感性参数；A_σ，B_σ 和 A_τ，B_τ 分别为法向和切向模量的应变率敏感性参数。图 5.3.4 中实线为趋势线，是采用式(5.3.9)和式(5.3.10)进行拟合的，拟合结果表明：k_σ 和 k_τ 也有应变率敏感性。以山东花岗岩的切向斜率为例，准静态时 k_τ 为 -0.107，对倾角不是很敏感；应变率为 50 s^{-1} 和 100 s^{-1}，k_τ 逐渐增加为 0.413 和 1.195，对倾角敏感性增强，耦合效应明显；同时，耦合效应随应变率增加的趋势也很明显。大理岩和砂岩等岩石具有更丰富的细微观缺陷，其加载路径效应和应变率敏感性更强。

2. 压剪耦合效应对强度的影响

为讨论压剪联合加载下的岩石强度准则，将实验数据分别列于 σ-τ 平面和 I_1-$\sqrt{J_2}$ 平面，其中 I_1 为应力张量的第一不变量，J_2 为应力偏张量的第二不变量，表征等效剪切应力。采用 Drucker-Prager 强度准则(以下简称 D-P 准则)。在压剪联合加载状态下，第一应力不变量(I_1)和第二应力偏量不变量(J_2)分别可以表示为 $I_1=\sigma$，$J_2=\dfrac{1}{3}(\sigma^2+3\tau^2)$。则 D-P 准则在 I_1-$\sqrt{J_2}$ 平面和 σ-τ 平面分别表示为

$$\sqrt{J_2}=\alpha I_1+k,\quad \sqrt{\frac{1}{3}\sigma^2+\tau^2}=\alpha\sigma+k \tag{5.3.11}$$

式中，α 和 k 为材料参数，与内摩擦角(φ)和内黏聚力(c)有关，即

$$\alpha=\frac{2\sin\varphi}{\sqrt{3}(3-\sin\varphi)}=\frac{1}{\sqrt{3}}\frac{\sigma_c-\sigma_t}{\sigma_t+\sigma_c},\quad k=\frac{6c\cos\varphi}{\sqrt{3}(3-\sin\varphi)}=\frac{2}{\sqrt{3}}\frac{\sigma_t\sigma_c}{\sigma_t+\sigma_c} \tag{5.3.12}$$

式中，σ_c 和 σ_t 为单轴压缩强度和单轴拉伸强度。

采用规划求解进行参数最优化拟合。在 I_1-$\sqrt{J_2}$ 平面内，D-P 准则的表达式为线性关系。但是，仅在 I_1-$\sqrt{J_2}$ 平面内线性拟合得到的参数在 σ-τ 平面内与实验数据有很大的误差，拟合时需要兼顾两个平面。最优化拟合的结果为：准静态、应变率 50 s^{-1} 与应变率 100 s^{-1} 时，α 和 k 分别为 0.368 0 和 33.5 MPa、0.327 4 和 52.5 MPa 以及 0.379 1 和 55.5 MPa。计算得到 3 种应变率下内黏聚力和内摩擦角分别为 31.9 MPa 和 46.5°、47.3 MPa 和 41.5°以及 53.9 MPa 和 47.9°。这些参数均有一定的应变率效应：内黏聚力随应变率增加的趋势比较明显，而内摩擦角随应变率增加略有增加，幅度不是很大。其整体趋势与徐松林等(2001)在准静态范围内的实验结果相似，Zhao(2000)在基于 Mohr-Coulomb 准则和 Hoek-Brown 准则进行岩石动态强度分析的时候也假定内摩擦角不随应变率变化。拟合结果表明(图 5.3.5 中的虚线)：由于 D-P 准则考虑了岩石的拉压强度不对称性，可以同时考虑静水压(I_1)和等效剪切载荷($\propto\sqrt{J_2}$)的作用，在倾角小于 45°范围，其拟合结果较好；但是，由于 D-P 准则没有考虑压剪耦合效应，因此，在倾角较大的区域，其拟合结果并不是很好。对于较大倾角范围的屈服面描述需要进行相应的修正。因此，增加一个压剪耦合项 $\sqrt{I_1\sqrt{J_2}}$ 对 D-P 准则进行修正，在 I_1-$\sqrt{J_2}$ 平面和 σ-τ 平面内修正 D-P 准则表达式分别为

$$\sqrt{J_2}=\alpha_1 I_1+\beta_1\sqrt{I_1\sqrt{J_2}}+k_1,\quad \sqrt{\frac{1}{3}\sigma^2+\tau^2}=\alpha_1\sigma+\beta_1\sqrt{\sigma\sqrt{\frac{1}{3}\sigma^2+\tau^2}}+k \tag{5.3.13}$$

式中，α_1，β_1 和 k_1 为材料参数。可根据 3 种简单加载条件进行确定。综合考虑纯剪切加载、单轴压缩情况和单轴拉伸情况，可以得到

$$\alpha_1 = \frac{\tau_y}{2}\left(\frac{1}{\sigma_t} - \frac{1}{\sigma_c}\right), \quad \beta_1 = \frac{1}{\sqrt[4]{3}} - \frac{\sqrt[4]{3}\tau_y}{2}\left(\frac{1}{\sigma_t} + \frac{1}{\sigma_c}\right), \quad k_1 = \tau_y \tag{5.3.14}$$

式中，τ_y 为纯剪切时的剪切强度。对实验数据采用修正的 D-P 准则进行拟合。图 5.3.5 中的实线为采用修正的 D-P 准则拟合的结果。拟合结果中 β_1 的取值范围为 0.07～0.09，耦合项在倾角较大的区域可以起到一定的作用。对于大理岩和砂岩等岩石（徐松林 等，2016），其 β_1 的值相对比较大，可以达到 0.5～0.6。岩石的强度有较明显的压剪耦合效应；岩性不同，耦合效应存在较大差异。

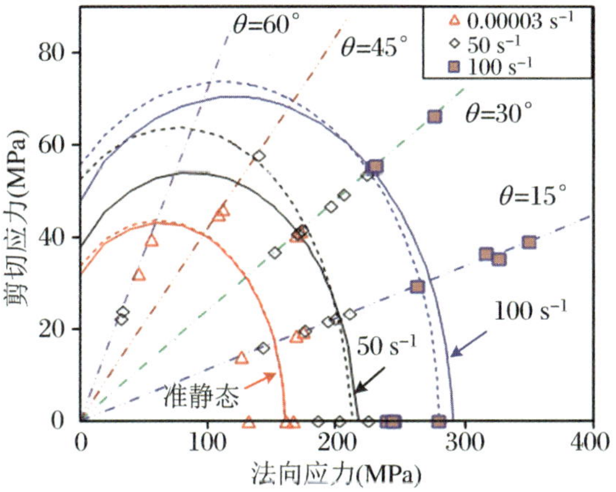

(a) σ-τ 平面

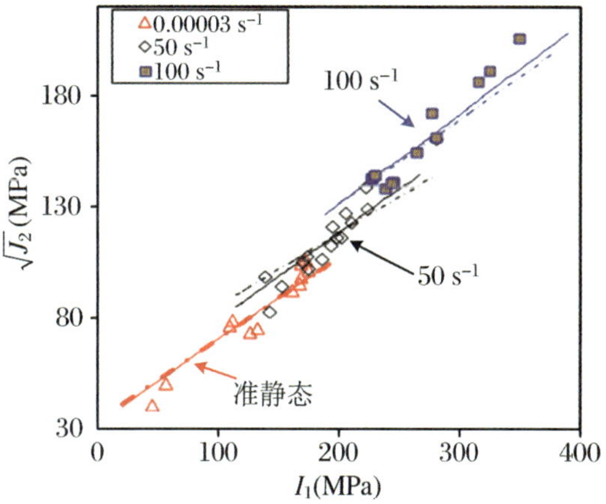

(b) I_1-$\sqrt{J_2}$ 平面

图 5.3.5　花岗岩动态强度随应变率的变化

5.4　真三轴应力状态下动态冲击实验

准静态加载条件下，试件的真三轴加载技术已经比较成熟，但是动载荷作用下试件的真三轴加载技术尚处于初级阶段。Hummeltenberg 等（2012）用正交的两套 SHPB 装置同时撞击试件，以实现对试件的双向同时冲击加载。由于同步性很难实现，尚未见到有效的实验数据。Cadoni 等（2011，2013）提出了真三轴静载与 SHPB 装置结合的实验设想，即试件初始由静载加载到真三轴应力状态，而后在某一个方向施加冲击载荷。这种设想具有一定的科学性：真三轴应力状态可模拟岩石所处的真实的地应力水平，在某一个方向而不是在两个或多个方向同时加载，则是基于一个事实，即深埋岩石所受的地震等载荷主要来自于某一个方向。从这个意义上来说，双向或三向同时施加冲击载荷具有一定的理论意义，但是实现起来太困难，工程上则可以用“真三轴静载，而后在某一个方向施加冲击载荷”来替代。Zhang 等（2014）和 Zhao 等（2013）多次介绍了此实验思想在深埋岩石工程中的重要作用。在 Zhao 教授的主持下研制了第一代真三轴静载岩石动态实验系统。

5.4.1 实验原理

图 5.4.1 所示为实验原理图(徐松林 等,2017;徐松林 等,2018)。试件采用 50 mm×50 mm×50 mm 的立方体。冲击加载之前,在立方体试件的 x 方向、y 方向和 z 方向分别施加静载 σ_x,σ_y 和 σ_z。冲击加载过程在 x 方向施加冲击信号(ε_i),经过立方体试件,将在立方体试件的 x 方向后端面产生透射信号(ε_t);由于泊松效应,同时将在 y 方向左端面产生信号(ε_{yleft}),在 y 方向右端面产生信号(ε_{yright}),在 z 方向上端面产生信号(ε_{zup}),在 z 方向下端面产生信号(ε_{zdown})。此实验系统的关键在于:需要完整记录冲击过程中立方体试件 6 个面的动态响应。

此实验系统包括:冲击方向(x 方向):高压气炮、入射方杆、透射方杆、x 方向空心液压缸、吸收杆;垂直于冲击方向的水平方向(y 方向):y 方向右输出方杆、y 方向左输出方杆、y 方向液压缸;垂直于冲击方向的竖直方向(z 方向):z 方向下输出方杆、z 方向上输出方杆、z 方向液压缸;以及伺服液压系统泵站和实验系统控制台等组件。冲击实验之前,试样的 3 个主方向采用液压伺服控制系统同时施加各自所需要的静载;加到预定的应力状态后,液压伺服控制系统保持稳定的真三轴静载状态。冲击过程中立方体试件 6 个面的动态响应通过 6 根方杆上粘贴的应变片记录波形,以监测试件的破坏演化。冲击方向(x 方向)应用蝶形弹簧、空心液压缸和吸收杆来分化冲击能量,确保冲击方向液压缸的安全。

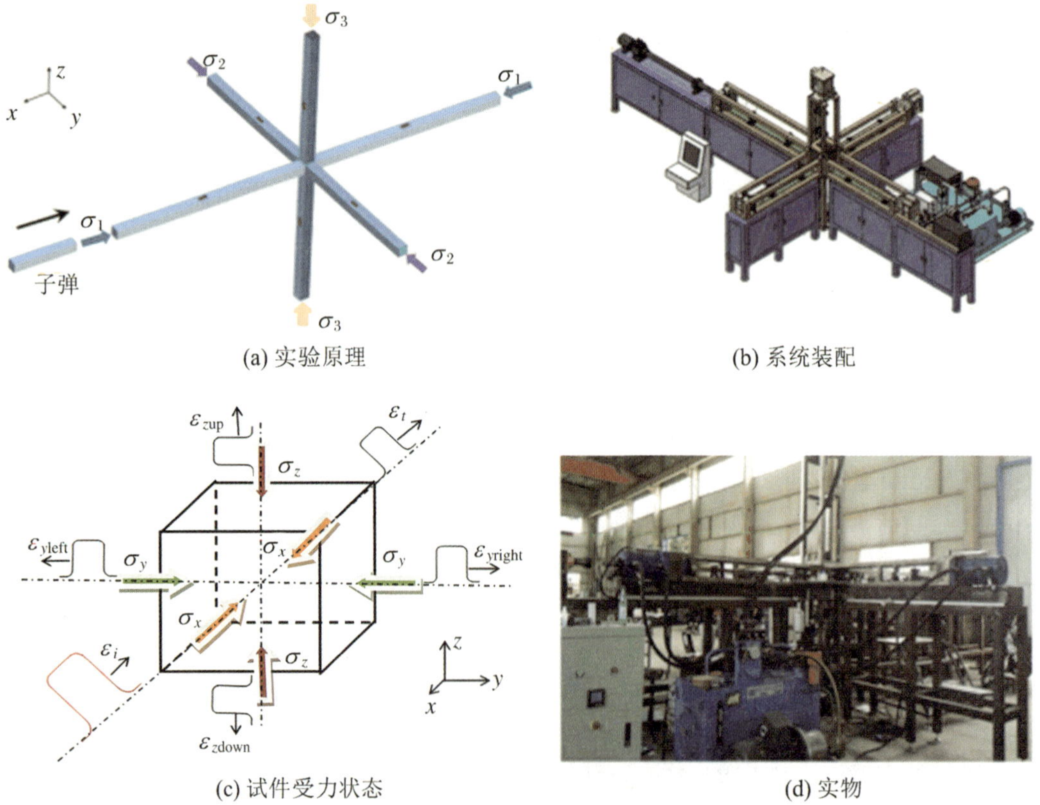

(a) 实验原理　(b) 系统装配

(c) 试件受力状态　(d) 实物

图 5.4.1　真三轴静载岩石动态实验设备

此实验系统6根方杆截面边长为50 mm，3个方向上方杆的长度不同：x 方向入射杆长度为2 500 mm，透射杆长度为2 000 mm；y 方向两根杆的长度均为2 000 mm；z 方向两根杆的长度均为1 500 mm。其中，x 方向方杆长度的选择原则与常规SHPB相同；y 方向和 z 方向方杆长度的选择以确保当子弹长度为500 mm时，在杆上能记录到完整的波形。为确保系统的安全性，3个液压缸的设计载荷均为60 t。实验系统3个方向的设计静载均为100 MPa，x 方向设计冲击速度为50 m/s。

试件上作用的实际载荷为对应方向的静载荷 σ_{sta} 和动载荷 σ_{dyn} 之和。静载荷 σ_{sta} 按实际施加的载荷计算。3个方向上的动载荷根据各方向的实验记录波形分别独立处理：冲击方向的动载荷的计算遵循SHPB冲击实验的两个基本假定，即一维应力波假定和试件应力/变形均匀性假定；其他的两个方向则假定在动态实验过程中处于一种动态的应力均衡状态。由此，动载荷 σ_{dyn} 的计算方法如下：

当冲击方向的入射波、透射波和反射波信号基本满足动态平衡条件时，试件在冲击方向的应变率 $\dot{\varepsilon}_{\mathrm{dyn}\_x}$、应变 $\varepsilon_{\mathrm{dyn}\_x}$ 和应力 σ_{dyn_x} 的计算公式为

$$\dot{\varepsilon}_{\mathrm{dyn}\_x}(t)=\frac{C_0}{L_{s\_x}}[\varepsilon_i(t)-\varepsilon_r(t)-\varepsilon_t(t)] \tag{5.4.1}$$

$$\varepsilon_{\mathrm{dyn}\_x}(t)=\frac{C_0}{L_{s\_x}}\int_0^t[\varepsilon_i(t)-\varepsilon_r(t)-\varepsilon_t(t)]\mathrm{d}t \tag{5.4.2}$$

$$\sigma_{\mathrm{dyn}\_x}(t)=\frac{A_0}{2A_{s\_x}}E_0[\varepsilon_i(t)+\varepsilon_r(t)+\varepsilon_t(t)] \tag{5.4.3}$$

式中，A_0 为方杆的截面积；E_0 和 C_0 分别为方杆的杨氏模量和弹性波速度；A_{s_x} 和 L_{s_x} 分别为冲击方向试件的初始截面积和长度；ε_i，ε_r，ε_t 分别为冲击方向方杆的入射波信号、反射波信号、透射波信号。

试件在垂直于冲击方向的水平 y 轴上和垂直于冲击方向的竖直方向 z 轴上的应变 $\varepsilon_{\mathrm{dyn}\_k}$ 和应力 σ_{dyn_k} 的计算公式为(其中，k 为 y 轴或 z 轴)

$$\varepsilon_{\mathrm{dyn}\_k}(t)=\frac{C_0}{L_{s\_k}}\int_0^t[\varepsilon_{kl}(t)+\varepsilon_{kr}(t)]\mathrm{d}t \tag{5.4.4}$$

$$\sigma_{\mathrm{dyn}\_k}(t)=\frac{A_0}{2A_{s\_k}}E_0[\varepsilon_{kl}(t)+\varepsilon_{kr}(t)] \tag{5.4.5}$$

式中，A_{s_k} 和 L_{s_k} 分别为 k 方向试件的初始截面积和长度；ε_{kl}，ε_{kr} 分别为：k 为 y 轴方向时，y 轴方向左、右方杆上的信号；或 k 为 z 轴方向时，z 轴方向上、下方杆上的信号。

5.4.2　混凝土三轴动特性

1. 应力-应变关系

图5.4.2所示为试件在 x、z 轴加静载(30 MPa)，且 y 轴两根方杆不与试件接触下的动态应力-应变关系。如图5.4.2(a)所示，分离式霍普金森杆动态加载的 x 轴应力随着冲击速度的增加而增加，试件尚未破坏。当速度达到14.23 m/s时，试件破坏失效。z 轴上受到试件泊松比的影响，也会产生一些信号，此应力值随着冲击速度的增加而不断提高，如图5.4.2(b)所示。

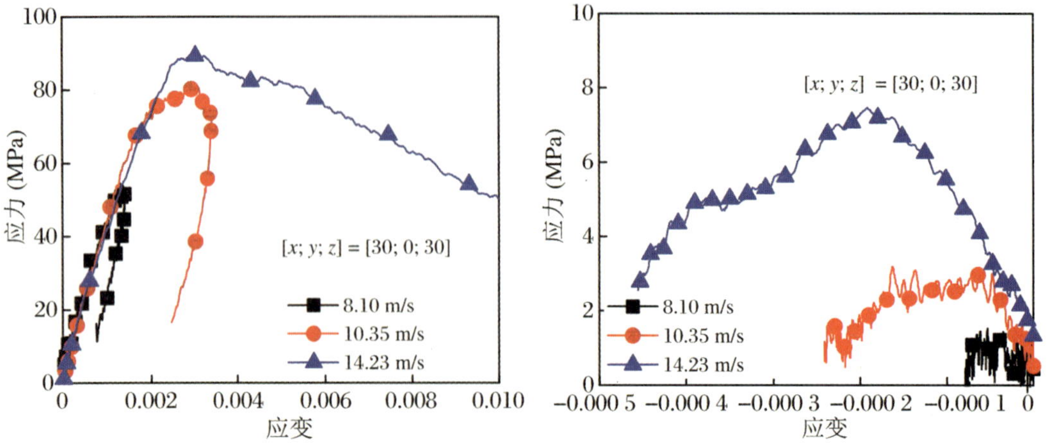

(a) x轴方向　　(b) z轴方向

图 5.4.2　在 x、z 双轴静载下[30;0;30]的动态应力-应变曲线

图 5.4.3(a)所示在传统的一维霍普金森杆加载下(无三轴静载),较低的冲击速度(13.0 m/s)即可使试件破坏失稳。随着静载的应力状态由无静载到三轴静载(60 MPa),x 方向的动态应力-应变关系由线性阶段,而后发展到有较长的“塑性变形”阶段。这也表明:在真三轴静载状态下材料的“屈服阶段”变得比较复杂。三轴静载下的样品在单轴施加冲击载荷,由于动态泊松效应,必然引起试件在 y、z 方向的变形。y 轴和 z 轴的静载力相等时,实验得到 y、z 方向的应力-应变关系基本重合,如图 5.4.3(b)所示。当 y 轴和 z 轴的静载力不相等时,其对应的应力-应变关系也会不一致。此实验系统可以提供不同的静载条件,得到试件在 3 个方向上的动态应力-应变关系,可以测试材料在动态加载下的各向异性特性。

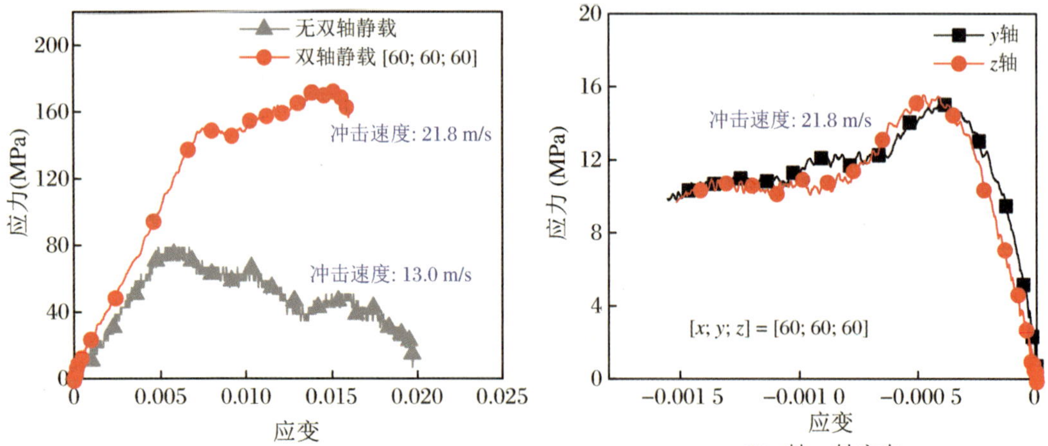

(a) x轴方向　　(b) y轴、z轴方向

图 5.4.3　试件在三轴静载[60;60;60]、单轴冲击(21.8 m/s)下的应力-应变曲线

当无静载作用时,试件周围处于自由状态,冲击加载下混凝土发生较严重的碎裂。当试件在 x 和 y 方向施加双向静载时,此时试件 z 方向的两个面处于自由状态,当在 x 方向冲击加载试件,试件的破坏呈现明显的层状剥离现象,碎块剥离的层面与 z 轴垂直。这种层状剥

离破坏面的存在揭示试件破坏模式对应力状态的依赖性，即破裂面一般垂直于最小主应力的方向，这与高地应力区域（二滩等）岩芯饼状碎裂的机制相同，可为岩爆的模拟提供一种新的物理模拟方法。当在试件的 3 个方向都施加一定的真三轴静载时，试件在受单向冲击力的作用下一般不会产生明显的破坏。由于试样各个面都受到限制，其失效发生在材料的内部，集中于混凝土类材料内部存在缺陷处。

2. 等效应力-应变关系

为了得到更直观的认识，下面进行等效应力 $\bar{\sigma}$ 和等效应变 $\bar{\varepsilon}$ 的分析。等效应力 $\bar{\sigma}=\sqrt{3J_2}$，等效应变 $\bar{\varepsilon}=\sqrt{4J_2'/3}$，其中，$J_2$ 为应力偏张量的第二不变量，J_2' 为应变偏张量的第二不变量。

$$J_2=\frac{1}{6}\left[(\sigma_{x\text{-dyn}}+\sigma_{x\text{-static}}-\sigma_{y\text{-dyn}}-\sigma_{y\text{-static}})^2+(\sigma_{y\text{-dyn}}+\sigma_{y\text{-static}}-\sigma_{z\text{-dyn}}-\sigma_{z\text{-static}})^2+(\sigma_{z\text{-dyn}}+\sigma_{z\text{-static}}-\sigma_{x\text{-dyn}}-\sigma_{x\text{-static}})^2\right] \tag{5.4.6}$$

$$J_2'=\frac{1}{6}\left[(\varepsilon_{x\text{-dyn}}+\varepsilon_{x\text{-static}}-\varepsilon_{y\text{-dyn}}-\varepsilon_{y\text{-static}})^2+(\varepsilon_{y\text{-dyn}}+\varepsilon_{y\text{-static}}-\varepsilon_{z\text{-dyn}}-\varepsilon_{z\text{-static}})^2+(\varepsilon_{z\text{-dyn}}+\varepsilon_{z\text{-static}}-\varepsilon_{x\text{-dyn}}-\varepsilon_{x\text{-static}})^2\right] \tag{5.4.7}$$

图 5.4.4(a)所示为应变率为 50 s^{-1}时的等效应力-应变的关系。y 轴和 z 轴上的围压保持在 7.5 MPa，当 x 轴静载从 7.5 MPa 增加到 30 MPa 时，等效强度从 93.79 MPa 增加到 111.18 MPa，峰值点的等效应变从 0.469%下降到 0.315%。图 5.4.4(b)所示为 3 种应变速率下等效应力-应变的关系。三轴静载保持为[30；0；30]，当应变率从 20 s^{-1} 增加到 200 s^{-1}时，强度表现出明显的应变率依赖性。

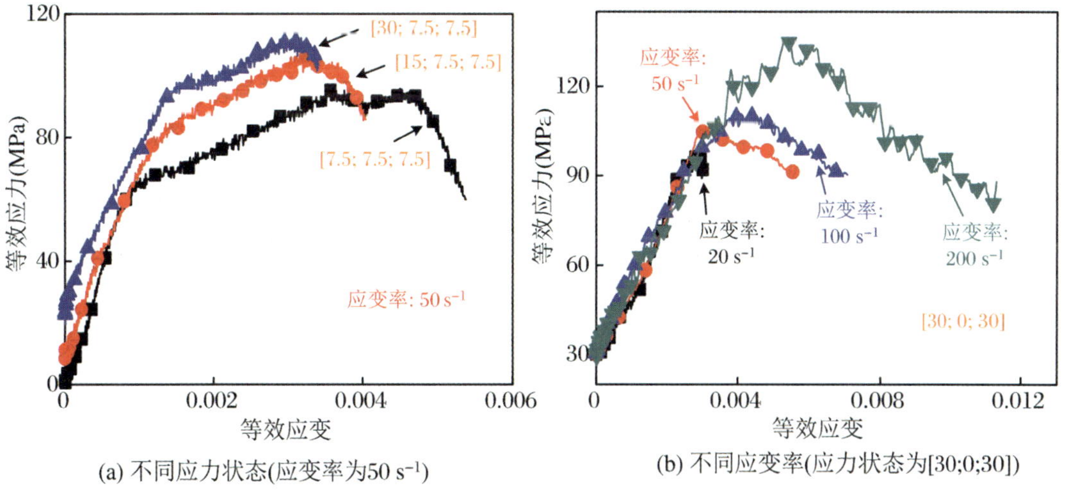

图 5.4.4　等效应力-应变关系曲线

图 5.4.5(a)所示为应变率为 50 s^{-1}时的等效剪切应力-应变的关系，图 5.4.5(b)所示为三种应变速率下等效剪切应力-应变的关系。其中，等效剪切应力 $\bar{\tau}=\sqrt{J_2}$，等效剪切应变 $\bar{\gamma}=\sqrt{4J_2'}$。与图 5.4.4 所示规律相似，剪切强度表现出明显的应变率依赖性。

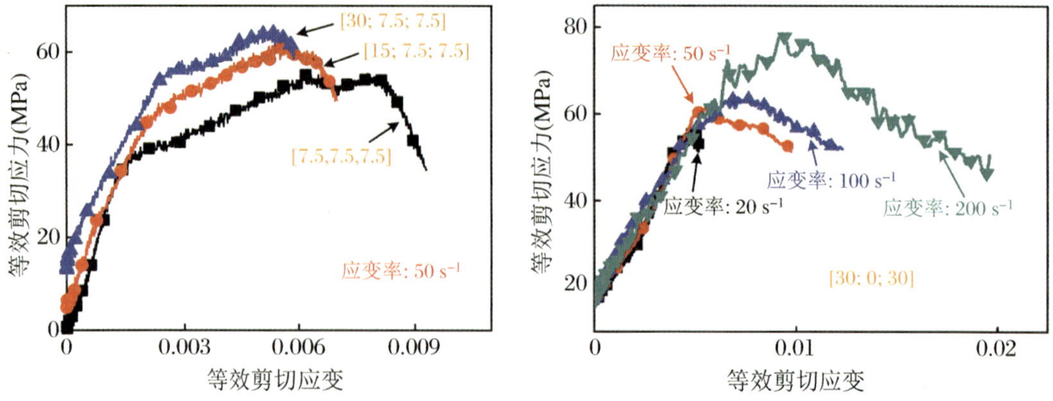

(a) 不同应力状态(应变率为50 s^{-1})　　(b) 不同应变率(应力状态为[30;0;30])

图 5.4.5　等效剪切应力-应变关系曲线

5.4.3　混凝土三轴动态强度

1. 动态应力增强系数(DIF)

对混凝土试样在 50～200 s^{-1}范围、0～60 MPa 的三轴约束下动态强度进行统计。定义基于等效强度的 DIF 为 $\bar{\sigma}_{cd}/\sigma_{cs}$。其中 $\bar{\sigma}_{cd}$是动态等效强度，而 σ_{cs}是准静态加载下的单轴抗压强度。DIF 统计结果如图 5.4.6(a)所示。表 5.4.1 列出了图 5.4.6(a)中所列的 DIF 计算公式。作为对比，基于传统 SHPB 压缩加载下的实验数据点也在图中用空心点标出。

表 5.4.1　DIF 计算公式

参考文献	DIF 计算公式	实验材料
European CEB, Malvern et al., 1985	$\mathrm{DIF}=\begin{cases}(\dot{\varepsilon}/\dot{\varepsilon}_s)^{1.026\alpha_s}, & \dot{\varepsilon}\leqslant 30\ \mathrm{s}^{-1}\\ \gamma_s(\dot{\varepsilon}/\dot{\varepsilon}_s)^{0.33}, & \dot{\varepsilon}>30\ \mathrm{s}^{-1}\end{cases}$ 其中，$\alpha_s=1/(5+9f_{cs}/f_{co})$，$\gamma_s=10^{(6.156\alpha_s-2)}$	混凝土
Tedesco, Ross, 1998	$\mathrm{DIF}=\begin{cases}1+0.00965(\log\dot{\varepsilon}+6.0)\geqslant 1, & \dot{\varepsilon}\leqslant 63.1\ \mathrm{s}^{-1}\\ 1+0.758(\log\dot{\varepsilon}-0.938)\leqslant 2.5, & \dot{\varepsilon}>63.1\ \mathrm{s}^{-1}\end{cases}$	混凝土
Grote et al., 2001	$\mathrm{DIF}=\begin{cases}1+0.0157(\log\dot{\varepsilon}+3.0), & \dot{\varepsilon}\leqslant 266\ \mathrm{s}^{-1}\\ 0.383(\log\dot{\varepsilon})^2+0.226\log\dot{\varepsilon}+1.765, & \dot{\varepsilon}>266\ \mathrm{s}^{-1}\end{cases}$	砂浆 ∅10.1～18 mm
Li, Meng, 2003	$\mathrm{DIF}=\begin{cases}1+0.034(\log\dot{\varepsilon}+3.0), & \dot{\varepsilon}\leqslant 100\ \mathrm{s}^{-1}\\ 1.729(\log\dot{\varepsilon})^2-7.137\log\dot{\varepsilon}+8.530, & \dot{\varepsilon}>100\ \mathrm{s}^{-1}\end{cases}$	砂浆 ∅30 mm
Xu et al., 2020	$\mathrm{DIF}=\begin{cases}1+0.02192(\log\dot{\varepsilon}+3.771), & \dot{\varepsilon}\leqslant 25.7\ \mathrm{s}^{-1}\\ 2.147(\log\dot{\varepsilon})^2-5.408\log\dot{\varepsilon}+4.466, & \dot{\varepsilon}>25.7\ \mathrm{s}^{-1}\end{cases}$	混凝土 50 mm×50 mm×50 mm

混凝土试样无论是处于无侧限、双向侧限，还是处于三向侧限状态，它们的等效动态强度均表现明显的应变率依赖性，并且远远高于传统 SHPB 压缩下的结果。其中，三向侧限状态下的 DIF 最高，无侧限下的 DIF 最低。通常，当应变率高于 10～100 s^{-1}的临界值时，类混

凝土材料会表现出明显的强度增强特性(Li,Meng,2003)。从图 5.4.6 可以看出:等效强度在超出某一个临界应变率值后,也呈现明显的应变率增强效应。通过对数据点进行拟合分析发现,这个临界应变率为 25.7 s^{-1},接近欧洲 CEB(1998)提出的应变率,即 30 s^{-1}。

尽管双向侧限下的 DIF 随着应变率的增加而增加,但它们(绿色实心圆点)与三向侧限下的 DIF 有较大的偏差,这反映出中间应力效应和加载路径效应的影响。为了得到更为可靠的速率关系,引入静水压力($p = I_1/3 = \sigma_{kk}/3$)以及动态等效强度与静水压力之比($\xi = \sigma_e/(I_1/3)$)等两个参量,分别得到静水压力随应变率的变化和 ξ 随应变率的变化,如图 5.4.6(b)和图 5.4.6(c)所示。

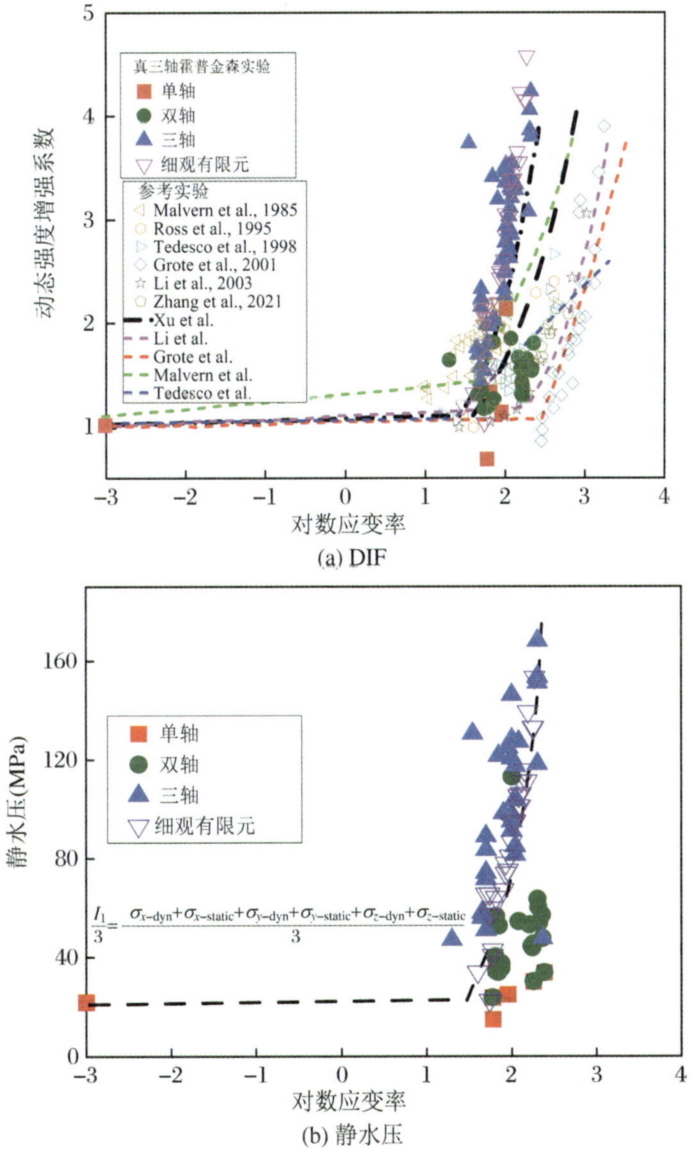

图 5.4.6　侧限条件下的动态强度与应变率的关系

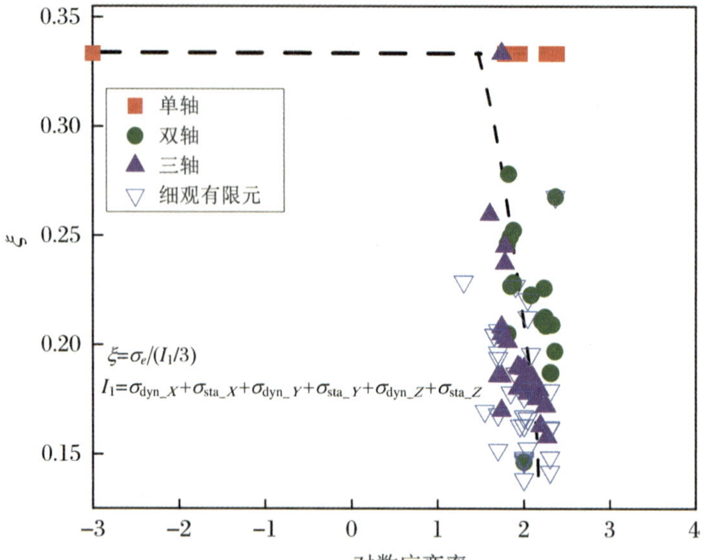

(c) ξ

图 5.4.6 侧限条件下的动态强度与应变率的关系(续)

图 5.4.6(b)所示 p 随应变率的增加而增加,与 DIF 所示的情况类似。双向侧限下的静水压力发展规律与三向侧限下比较接近。图 5.4.6(c)所示 ξ 随应变率的增加而减小,双向侧限下 ξ 的发展规律与三向侧限下基本一致。值得注意的是,$1/\xi$ 表示应力三轴度。这可能表明,应力三轴度可以反映中间应力效应和加载路径效应。

2. 动态三轴强度

采用 D-P 准则(Akjano et al.,2012)来描述混凝土的动态强度。在此准则中用到 I_1 和 J_2 等两个不变量的表达式。此时,应力张量的第一不变量表达为式(5.4.8)。结合式(5.3.11)和式(5.3.12)进行三轴动态强度分析。

$$I_1 = \sigma_{\mathrm{dyn\_}X} + \sigma_{\mathrm{sta\_}X} + \sigma_{\mathrm{dyn\_}Y} + \sigma_{\mathrm{sta\_}Y} + \sigma_{\mathrm{dyn\_}Z} + \sigma_{\mathrm{sta\_}Z} \tag{5.4.8}$$

为说明试件侧面动载荷对于材料动态强度的影响,对实验数据分别进行两种应力状态的计算分析,即应力状态 1 如式(5.4.9)所示,模拟主动围压实验过程,此时只在冲击方向同时考虑静载荷和冲击载荷作用,而在侧向仅考虑静载荷的作用,由此得到的数据点如图 5.4.7 中空心标记所示;应力状态 2 如式(5.4.10)所示,此时在冲击方向和试件的侧向均同时考虑静载荷和冲击载荷作用,由此得到的数据点如图 5.4.7 中实心标记所示。

$$\sigma_X = \sigma_{\mathrm{sta\_}X} + \sigma_{\mathrm{dyn\_}X}, \quad \sigma_Y = \sigma_{\mathrm{sta\_}Y}, \quad \sigma_Z = \sigma_{\mathrm{sta\_}Z} \tag{5.4.9}$$

$$\sigma_X = \sigma_{\mathrm{sta\_}X} + \sigma_{\mathrm{dyn\_}X}, \quad \sigma_Y = \sigma_{\mathrm{sta\_}Y} + \sigma_{\mathrm{dyn\_}Y}, \quad \sigma_Z = \sigma_{\mathrm{sta\_}Z} + \sigma_{\mathrm{dyn\_}Z} \tag{5.4.10}$$

图 5.4.7(a)中包含 4 种应变率,即 20 $\mathrm{s^{-1}}$,50 $\mathrm{s^{-1}}$,100 $\mathrm{s^{-1}}$ 和 200 $\mathrm{s^{-1}}$ 下的 $\sqrt{J_2}$-I_1 关系。由于从准静态压缩到较低的应变速率冲击没有明显的速率影响,因此将应变速率低于 20 $\mathrm{s^{-1}}$ 的数据分为一组作为参考。随着应变率的增加,上述两种计算方法得到的强度差异不断增加。例如,应变率达到 200 $\mathrm{s^{-1}}$ 时,强度差异增加到约 20%。在主动围压动态实验中,在较高应变率的轴向冲击下,侧向围压保持不变的假设会导致动态强度的高估。同时,由于侧向动载荷的存在,这些结果还揭示横向惯性效应对动态强度的影响。

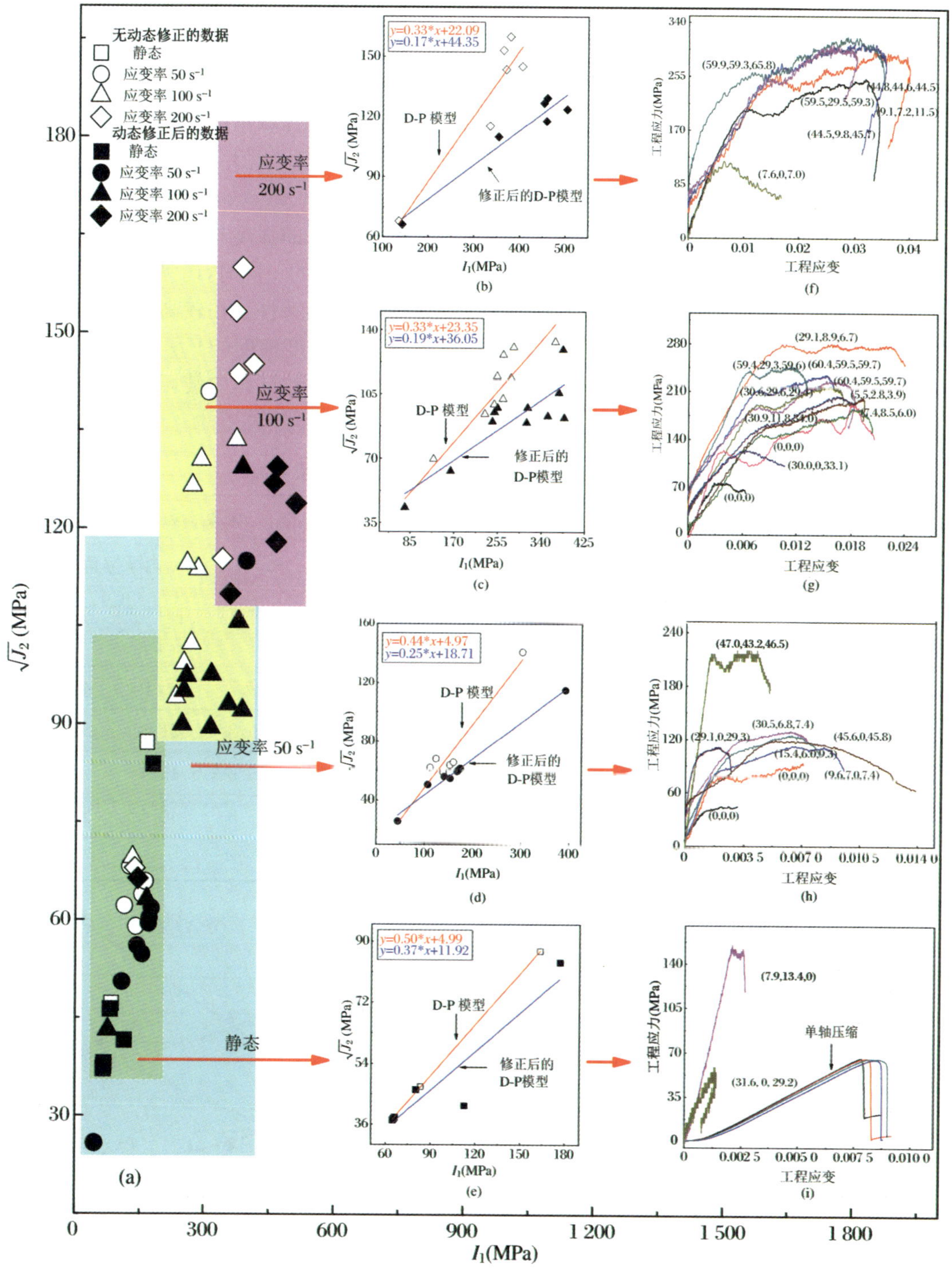

图 5.4.7　$\sqrt{J_2}$-I_1 平面的强度统计

图 5.4.7(b)～(e)中分别列出了 4 种应变率条件下，利用两种计算方法分别计算得到的 $\sqrt{J_2}$ 与 I_1 之间的关系；图 5.4.7(f)～(i)分别列出了 4 种应变率条件下混凝土试样的工程

应力与工程应变的关系。同时，图 5.4.7(b)～(e)中采用 D-P 强度准则对 $\sqrt{J_2}$与 I_1 关系进行了拟合，拟合的 D-P 材料参数(α_0和 k_0)见表 5.4.2 和图 5.4.8(a)。表 5.4.2 中，“1”表示由式(5.4.9)计算出的材料参数，“2”表示由式(5.4.10)计算出的材料参数。随着应变率的增加，参数 α_0减小，而参数 k_0增大。由于 D-P 准则在某种程度上是平滑的 M-C 准则，因此材料参数(α_0和 k_0)可以由内黏聚力(c)和内摩擦角(φ)表示。计算出的内黏聚力和内摩擦角见表 5.4.2 和图 5.4.8(b)。随着应变率的增加，内摩擦角(φ)增大，内黏聚力(c)减小。花岗岩在动态复合压缩和剪切载荷作用下也得到了类似的结果(Xu et al.，2015；Zhou et al.，2018)。随着应变率的增加，由式(5.4.9)和式(5.4.10)计算出的强度参数的差异性也在增加。因此，考虑轴向冲击过程中产生的侧向动态载荷是很重要的。同时，内黏聚力和内摩擦角随着应变率的增加而变化，揭示了混凝土材料的局部化变形特性。在较高的应变速率载荷下，根据连续性条件$\partial V/\partial x=\partial \varepsilon/\partial t$，试样中会产生较大的速度梯度($\partial V/\partial x$，此处 x 表示冲击方向)，这是由于当局部梯度足够大时，局部剪切破坏会导致试样的破坏(Zhou et al.，2018)。

表 5.4.2 D-P 准则材料参数和 M-C 准则强度参数

应变率(s^{-1})	D-P 模型				强度参数			
	α_0		k_0		内黏聚力 c(MPa)		内摩擦角 φ(°)	
	1	2	1	2	1	2	1	2
<20	0.500	0.340	4.90	13.90	7.0	12.7	65.0	43.0
50	0.410	0.250	6.87	18.20	7.1	15.3	51.8	32.3
100	0.343	0.210	19.36	32.20	17.8	26.6	43.4	27.5
200	0.320	0.171	22.00	44.35	19.7	36.3	40.6	22.8

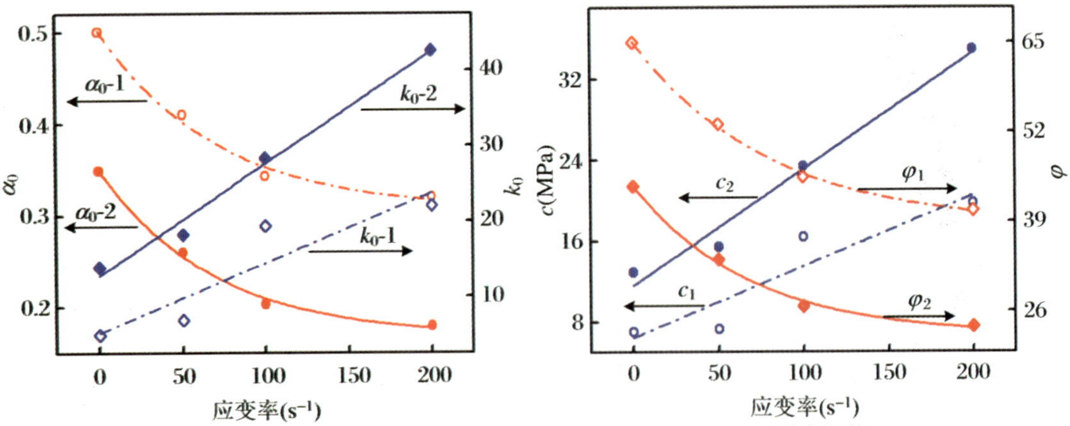

(a) D-P模型参数　(b) 强度参数

图 5.4.8 在不同应变率下的 D-P 准则中的参数和强度参数

Mogi(1967，1971)在准静态真三轴压缩下进行了一系列岩石实验，以分析岩石的静态强度。根据 Mogi 的方法，将当前在应变率 50 s^{-1}和 100 s^{-1}下的动态强度实验数据绘制在

σ_1-σ_2 平面中，如图 5.4.9 所示。该数据分布在直线 $\sigma_1=\sigma_2$ 和曲线 $\sigma_2=\sigma_3$ 之间。应用D-P准则计算得到材料参数（α_0 和 k_0），其结果如图 5.4.9 中的虚线所示。它与实验数据具有很好的一致性。与静态三轴压缩相似，D-P 模型可以很好地用于中等和较小主应力附近，从而可以获得较好的模型的参数。由于 D-P 模型的局限性，预测值与实验结果之间的差异会随着 $\sigma_2-\sigma_3$ 值的增加而增加。

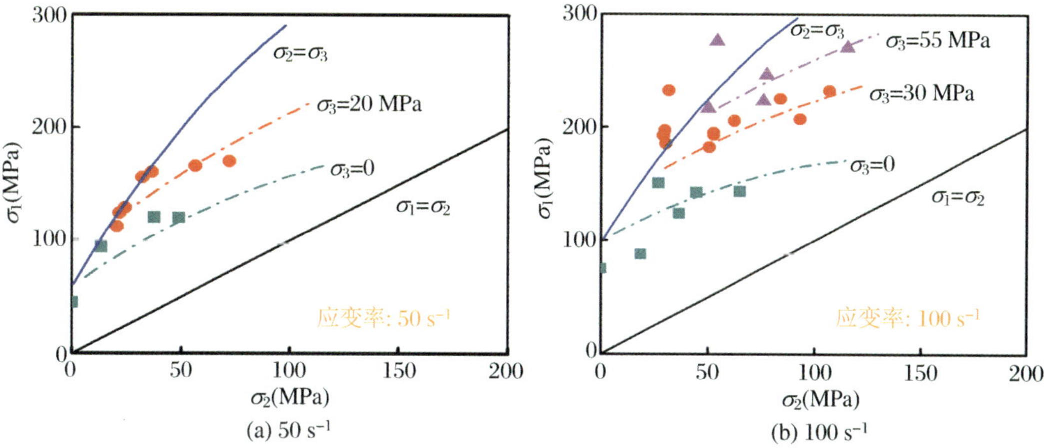

(a) 50 s^{-1} (b) 100 s^{-1}

图 5.4.9 不同围压下，应变率分别为 50 s^{-1} 和 100 s^{-1} 时，在 σ_1-σ_2 平面内的强度统计

3. 考虑中间主应力影响的修正 D-P 模型

图 5.4.10 所示为应变率为 160 s^{-1} 时的动态三轴强度分析。如图 5.4.10(a) 所示的 σ_1-σ_2 平面内，黑色实线表示 M-C 模型，两条虚线分别表示拟合的外接和内切的 D-P 模型。实验数据位于外接和内切的 D-P 模型之间。如图 5.4.10(b) 所示的 π-平面内，所得到的规律与之相似。这种数据拟合的不足是由于两个模型中没有考虑中间应力效应。因此，引入中间应力效应对改进拟合模型具有重要意义。这里将引入洛德角来修改 D-P 模型。

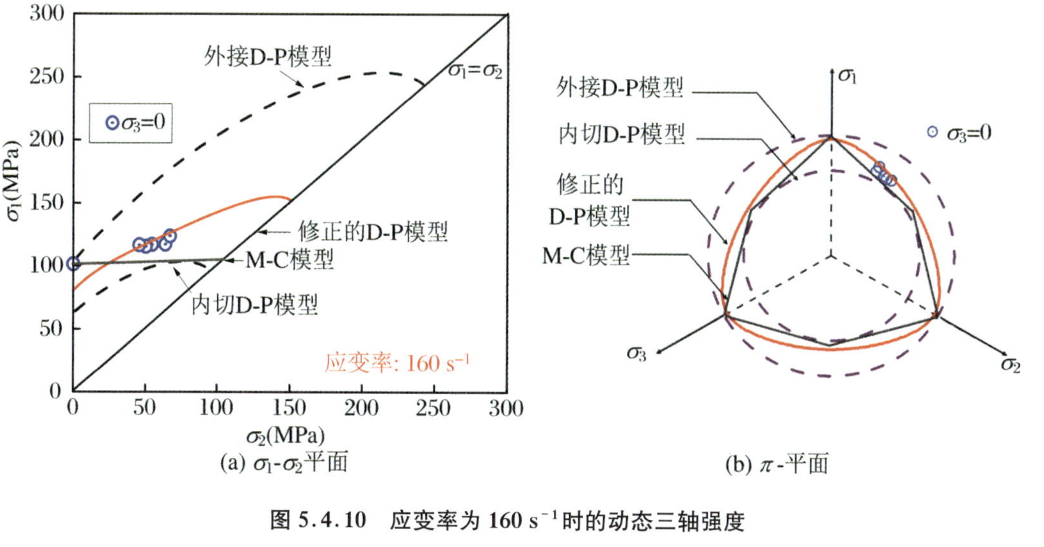

(a) σ_1-σ_2 平面 (b) π-平面

图 5.4.10 应变率为 160 s^{-1} 时的动态三轴强度

基于 Bai 等(2008)的讨论，考虑极坐标系中，径向坐标表示等效应力，周向坐标为洛德角(θ)。在 π-平面内,M-C 准则为六边形;两个 D-P 准则均为圆,分别外接和内切在 M-C 准则的六边形上。动态强度包含塑性硬化、应变率强化和洛德角相关等 3 种机制,可表示为

$$\sigma_{ed} = \sigma_e(\varepsilon_{ep}) \cdot f(\dot{\varepsilon}) \cdot g(\theta) \tag{5.4.11}$$

其中,$\sigma_e(\varepsilon_{ep})$,$f(\dot{\varepsilon})$ 和 $g(\theta)$ 分别为描述塑性硬化、应变率强化和洛德角相关等 3 种机制的函数。洛德角(θ)表示为

$$\tan\theta = \frac{1}{\sqrt{3}}\frac{2\sigma_2 - \sigma_1 - \sigma_3}{\sigma_1 - \sigma_3} = \frac{2b-1}{\sqrt{3}} \tag{5.4.12a}$$

以及

$$\sin 3\theta = \frac{-\sqrt{27}}{2}\frac{J_3}{J_2^{3/2}} \tag{5.4.12b}$$

式中,为简化问题,$\sigma_1 = \sigma_{\text{sta\_}X} + \sigma_{\text{dyn\_}X}$,$\sigma_2 = \sigma_{\text{sta\_}Z} + \sigma_{\text{dyn\_}Z}$,$\sigma_3 = \sigma_{\text{sta\_}Y} + \sigma_{\text{dyn\_}Y}$。Bishop 系数表达为:$b = (\sigma_2 - \sigma_3)/(\sigma_1 - \sigma_3)$。$J_3$为应力偏量张量的第三不变量,表达为

$$J_3 = \frac{1}{27}(2\sigma_1 - \sigma_2 - \sigma_3)(2\sigma_2 - \sigma_1 - \sigma_3)(2\sigma_3 - \sigma_1 - \sigma_2) \tag{5.4.13}$$

在式(5.4.11)中,考虑应变率强化,则有

$$\sigma_e(\varepsilon_{ep}) \cdot f(\dot{\varepsilon}) = \sigma_e(\varepsilon_{ep}) \cdot (C + D\ln(\dot{\varepsilon}/\dot{\varepsilon}_{\text{ref}})) \tag{5.4.14}$$

式中,C 和 D 为材料参数;$\dot{\varepsilon}_{\text{ref}}$为参考应变率。对 D-P 准则进行应变率修正,则有

$$\sqrt{J_2} = \alpha_0 \cdot (C_1 + D_1\ln(\dot{\varepsilon}/\dot{\varepsilon}_{\text{ref}})) \cdot I_1 + k_0 \cdot (C_2 + D_2\ln(\dot{\varepsilon}/\dot{\varepsilon}_{\text{ref}})) \tag{5.4.15}$$

式中,C_1和 D_1,C_2 和 D_2分别为 α_0和 k_0的应变率相关系数,如图 5.4.8 所示。

在式(5.4.11)中,考虑洛德角的影响,则 $g(\theta)$表示为

$$g(\theta) = c_\theta^s + (c_\theta^{as} - c_\theta^s) \cdot G(\gamma) \tag{5.4.16}$$

其中,c_θ^s 和c_θ^{as} 为材料参数。基于 Bai 等(2008)的讨论,γ 为无量纲化的洛德角,表示为

$$\gamma = \frac{\cos(\pi/6)}{1-\cos(\pi/6)}\left[\frac{1}{\cos(\theta - \pi/6)} - 1\right] = 6.464 \cdot [\sec(\theta - \pi/6) - 1] \tag{5.4.17}$$

式中,$0 \leqslant \gamma \leqslant 1$。其中,$\gamma = 0$ 对应平面应变和剪切加载情况;$\gamma = 1$ 对应轴对称加载情况。$G(\gamma)$采用一种 Weibull 类型的函数来表达,即

$$G(\gamma) = \gamma \mathrm{e}^{-\left(\frac{\gamma}{\lambda}\right)^k} \tag{5.4.18}$$

式中,λ 和k 为材料参数。

应变率为 160 s^{-1}时的修正 D-P 模型如图 5.4.10 中的实线所示。计算参数如下:$\alpha_0 = 0.35$,$k_0 = 14.0$,$C_1 = 0.645$,$D_1 = -0.008$,$C_2 = 0.745$,$D_2 = 0.880$,$c_\theta^s = 0.78$,$c_\theta^{as} = 1$,$\lambda = 1.3$,$k = 7$,$\dot{\varepsilon}_{\text{ref}} = 1.0\ \mathrm{s}^{-1}$。修正 D-P 模型反映出中间主应力影响,可以很好地描述实验数据。

应变率为 50 s^{-1}下的修正 D-P 模型如图 5.4.11 中的实线所示。α_0,k_0保持恒定,其他参数随应变率和侧向约束条件变化。侧向限制 $\sigma_{\text{sta\_}Y} = 0$ 时,拟合参数为:$C_1 = 0.645$,$D_1 = -0.008$,$C_2 = 0.745$,$D_2 = 0.880$,$c_\theta^s = 0.94$,$c_\theta^{as} = 1$,$\lambda = 1.2$,$k = 4$。侧向限制 $\sigma_{\text{sta\_}Y} = 30$ MPa时,拟合参数为:$C_1 = 0.645$,$D_1 = -0.008$,$C_2 = 0.745$,$D_2 = 0.880$,$c_\theta^s = 0.90$,$c_\theta^{as} = 1$,$\lambda = 1.2$,$k = 4$。由此可见,考虑洛德角后,修改的 D-P 模型可以很好地拟合实验数据。高应变率下也得到相同的结论。这些拟合参数随着应变速率和侧向约束的增加而略有变化。因此,修正 D-P 模型可以反映中间应力效应。

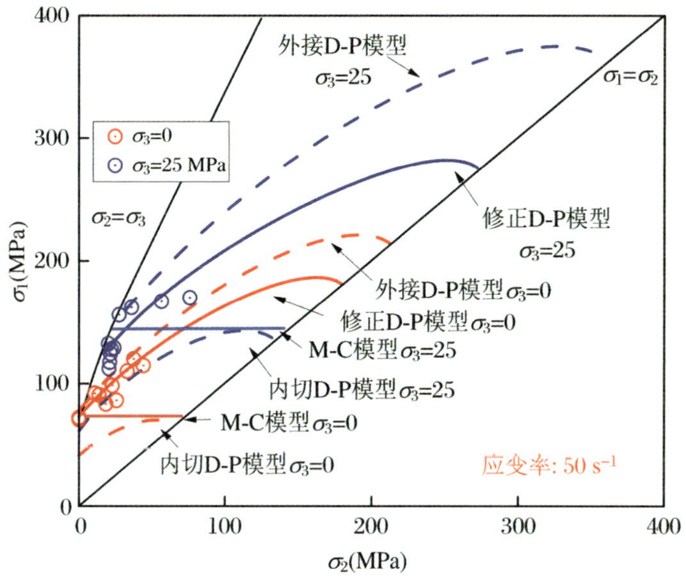

图 5.4.11　应变率为 50 s^{-1}时的动态三轴强度

5.4.4　讨论——横向效应

由于局部横向惯性约束，混凝土类材料的动态强度对流体静力应力敏感（Li et al.，2002；Meng et al.，2003a，2003b）。Grote 等（2001）将 SHPB 实验结果与平板撞击实验结果进行比较，分别评估了速率依赖性和静水压力依赖性的影响。Forquin 等（2008）采用金属圆环减小径向位移，限制混凝土试件的横向惯性。在本实验中，横向惯性的影响可以部分地通过在横向杆中测量的波形轮廓来评估。

当试样轴向受到冲击时，产生局部横向惯性，其效应可能传播到试样的侧面。当侧向约束载荷很小时（趋于零），可以记录到侧向杆中的应变波形，由此进行相应分析。当冲击速度为 133 m/s 时，x 轴应变速率为 50 s^{-1}，y 轴的动载荷达到 13.3 MPa。它主要包括两种效应：泊松效应和侧向摩擦效应。专门的测试实验结果表明侧向摩擦力很小。因此，y 轴上的动载荷主要是由横向惯性引起的泊松效应产生的。采用有效强度（σ_e）描述强度特性，$\sigma_e = \sqrt{(\sigma_x-\sigma_y)^2+(\sigma_y-\sigma_z)^2+(\sigma_z-\sigma_x)^2}/\sqrt{2}$，计算出的动态强度为 87.55 MPa，比 x 轴动载荷（93.5 MPa）约低 6%。当冲击速度为 20.8 m/s 时，x 轴应变速率为 100 s^{-1}，y 轴和 z 轴的动态应力分别达到 22.5 MPa 和 27.4 MPa。动态强度计算值为 164.59 MPa，比 x 轴动载荷（192.5 MPa）低 14.5%。这两个结果说明横向惯性对动态强度的影响随应变率的增加而增加。Grote 等（2001）在平板碰撞实验中（应变率高达 10^4 s^{-1}）报道的影响值为 58%。

Forrestal 等（2007）推导了混凝土横向应力的表达式：$\sigma_r = \dfrac{\nu(3-2\nu)}{8(1-\nu)}\rho_0 \ddot{\varepsilon}_x (r^2-a_0^2)$。式中，$r$ 和 a_0 分别为试样的柱坐标和半径；ρ_0 和 ν 分别是样品的密度和泊松比；$\ddot{\varepsilon}_x$ 是沿冲击方向的应变速率。试样在侧限作用下的横向应力可以基于此方法得到。将边界条件替换为

$$u^1(r=0)=0,\quad \sigma_r(r=a_0)=-p$$

式中，p 为施加在样品上的静水压力。由此，可以得到横向位移 u^1 和横向应力 σ_r 的计算公式为

$$u^1=\frac{\nu(1+\nu)(1-2\nu)}{8(1-\nu)E}r\left[\rho_0\ddot{\varepsilon}_x(r^2-(3-2\nu)a_0^2)+p\frac{8(1-\nu)}{\nu}\right] \tag{5.4.19}$$

$$\sigma_r=\frac{\nu(3-2\nu)}{8(1-\nu)}\rho_0\ddot{\varepsilon}_x(r^2-a_0^2)+p \tag{5.4.20}$$

式(5.4.20)可以用于估计试样的横向惯性效应。图5.4.12为基于不同围压和应变率下的应变率实验曲线而计算得到的横向应力分布。横向应力随着围压和应变率的增加而增加。Forquin 等(2008)使用金属环对试件进行限制，以减少横向位移；式(5.4.19)表明这种限制可以降低混凝土试样的横向惯性效应。Zhang 等(2014)使用管状试件来减小横向惯性，对于管状结构而言，r 和 a_0 较小，可以降低试样的横向惯性效应，这可以由式(5.4.20)进行解释。上述公式从理论上解释了这些特殊处理方法可以很好地解决横向惯性对动态强度的影响。

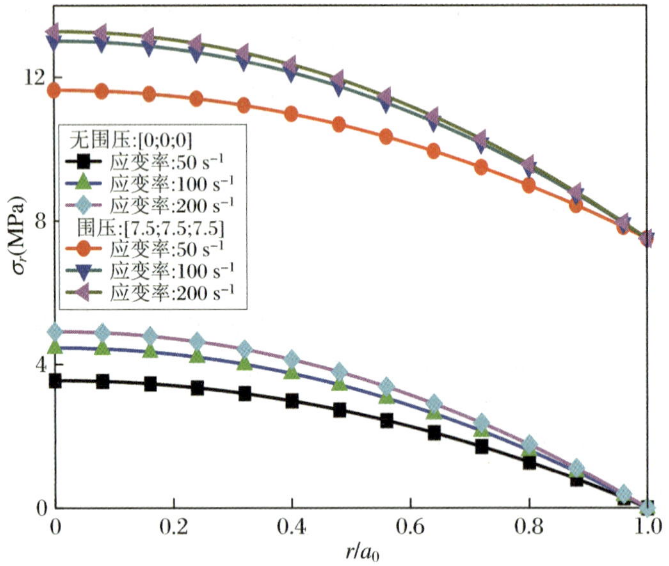

图 5.4.12 横向应力分布

图5.4.13为考虑混凝土试样中粗骨料分布的细观有限元计算得到的纵向和横向应力分布。式(5.4.20)可以较好地模拟等效均匀有限元的计算结果，但是，由于分布的粗骨料带来试样的非均匀性，此式不能反映细观有限元计算结果。考虑这种局部非均匀性，引入 Weibull 函数来修正上述关于径向应力 σ_r 的表达式，则有

$$\sigma_r=\frac{\nu(3-2\nu)}{8(1-\nu)}\rho_0\ddot{\varepsilon}_x(r^2-a_0^2)\cdot f(\chi)+p \tag{5.4.21}$$

其中，$f(\chi)=f_0\cdot\frac{m}{n}\left(\frac{\chi+2}{n}\right)^{m-1}e^{-\left(\frac{\chi+2}{n}\right)^m}$，$\chi=\frac{r}{a_0}\in[-1,1]$，$f_0$，$m$ 和 n 为材料参数。图5.4.13下半部分表明：修正公式可以较好地反映这种材料局部非均匀性带来的异常应力分布。计算参数为：$f_0=17.37$，$m=3.799$，$n=2.196$。值得注意的是，式(5.4.21)的定义将使得 $\varepsilon_z+\varepsilon_r+\varepsilon_\theta>0$，即此修正公式可用于描述剪胀现象。

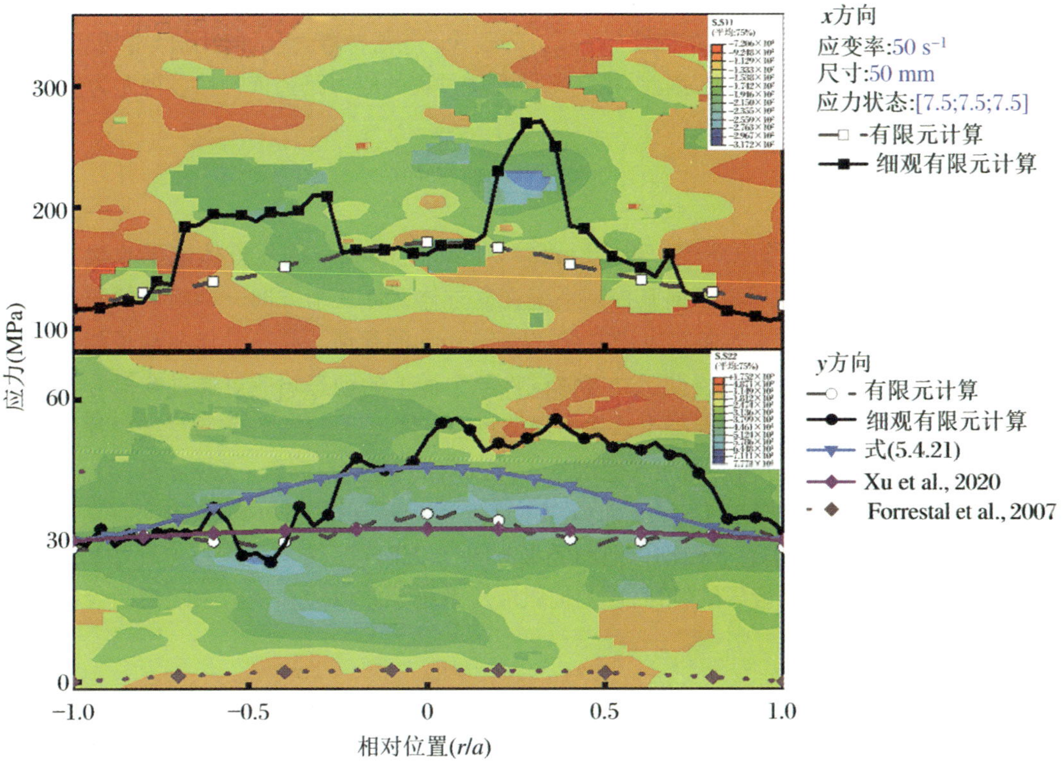

图 5.4.13 纵向和横向应力分布

5.5 三轴应力状态下侵彻性能

混凝土侵彻问题的研究主要集中于侵彻阻力、侵彻深度、开坑半径、穿透速度等方面。从较早的侵彻深度的经验公式——Petry 公式，到 ACE 公式和 NDRC 公式以及计算浅层和中等厚度侵彻半经验公式——修正 NDRC 公式，混凝土侵彻过程的侵彻阻力与深度的时间历程等都得到了很好的研究。美国 Sandia 实验室总结了 Young 公式(1997)、Forrestal 等(1996)的侵彻实验，由实验数据反推得到了侵彻深度半经验公式，认为开坑深度约为 2 倍弹径；Qian 等(2000)则认为开坑深度是弹体直径的 1.5～2.5 倍。Li 和 Chen(2003)引入了两个无量纲量，将 Forrestal 总结的深层侵彻半经验公式无量纲化，应用滑移场理论将公式的适用性推广到浅层和中等深度的侵彻，提出开坑深度与弹头形状的关系，并由此形成分析侵彻阻力的计算方法。这些结果在一定程度上很好地解决了相应的工程问题。

混凝土侵彻初期，即靶体表面的开坑过程，由于其是整个过程研究的起点，而且所涉及的力学过程复杂，具有重要的研究意义。沈河涛(1996)利用剪切理论解释了混凝土靶面的成坑现象。Backman 等(1978)基于应力波理论，认为靶体表面漏斗坑的形成与激波和反射波在弹靶交互界面的多次反射作用有关。薛建峰等(2016)基于应力波损伤理论分析了混凝土开坑区的侵彻特性，利用应力波反射形成层裂解释了靶面成坑机理，并建立了计算开坑区弹头表面阻力的新模型。由于侵彻初期的开坑过程是与惯性作用（密度 ρ）、靶体材料的强度特性（屈服强度 σ_y），以及压缩特性（v_p/C_t，弹速 v_p 与靶材声速 C_t 的比值）密切相关的，且以靶体材料的强度特性为主，因此，揭示靶体开坑过程的应力路径依赖性显得尤为重要。

5.5.1 实验原理

图 5.5.1 所示为实验原理图。将 50 mm×50 mm×50 mm 的立方体置于 6 根方杆中间。在侵彻实验之前，采用液压伺服控制系统在立方体试件 3 个方向分别施加预先设计的应力状态：σ_x，σ_y 和 σ_z。y 方向右边杆中空，设有 6 mm 的弹道。高压气体驱动子弹通过该弹道射出，对立方体试件进行侵彻。立方体试件 6 个面上的动态响应可通过 6 根方杆上的应变信号进行分析，由此分析混凝土试件的侵彻特性。图 5.5.1(c) 为实验系统照片。实验系统包括：侵彻方向（y 方向）：高压气炮(1)、子弹入射的中空方杆(2)、支撑方杆(3)、y 方向液压缸(4)；垂直于侵彻方向的水平方向（x 方向）：x 方向左支撑方杆(6)、x 方向右支撑方杆(7)、x 方向液压缸(8)；垂直于侵彻方向的竖直方向（z 方向）：z 方向下支撑方杆(9)、z 方向上支撑方杆(10)、z 方向液压缸(11)；以及伺服液压系统泵站(12)和实验系统控制台(13)等组件。

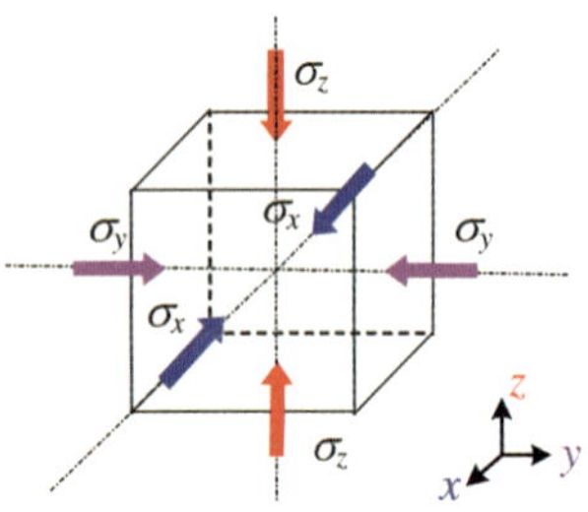

(a) 试件的应力状态

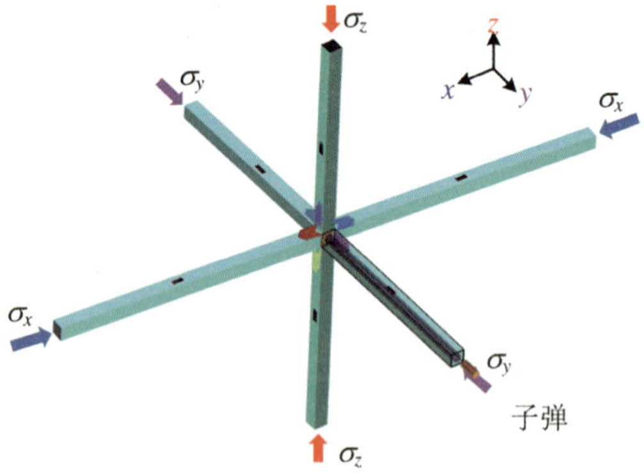

(b) 侵彻测试

(c) 实验装置

1. 高压气炮；2. 子弹入射的中空方杆；3. 支撑方杆；4. y方向液压缸；5. 高压气炮；
6. x方向左支撑方杆；7. x方向右支撑方杆；8. x方向液压缸；9. z方向下支撑方杆；
10. z方向上支撑方杆；11. z方向液压缸；12. 伺服液压系统泵站；13. 实验系统控制台

图 5.5.1　三轴应力状态下混凝土侵彻实验系统

实验系统中6根方杆的截面尺寸均为50 mm×50 mm，x 方向的2根方杆的长度均为2 000 mm；y 方向的2根方杆的长度均为1 500 mm；z 方向的2根方杆的长度均为1 000 mm。可确保杆上记录到完整的波形。3个液压缸可独立地给实验系统的3个方向提供最大180 MPa的静载。利用高压气炮驱动子弹，弹速最大可达300 m/s。实验子弹为平头实心弹，其直径为5 mm，长度为20 mm。弹体材料采用合金结构钢30CrMnSi。y 方向右边杆靠近试件部位预设有5个穿透孔，其中2个孔穿透激光进行子弹速度测量，其余孔释放子弹前方的压缩空气。实验结束后，对靶体的破坏情况进行拍摄和测量，记录开坑深度和表面直径等，以评估开坑效果。

子弹开坑过程的端部作用主要包括端部阻力、侧向扩孔阻力以及侧面摩擦阻力。因为采用平头弹进行侵彻实验，因此，端部阻力可根据 y 方向左边杆上的应力波形来分析，侧向扩孔阻力可根据 x 方向和 z 方向的四根杆上的应力信号进行分析，而侧面摩擦力的测试相对较复杂。利用 x 方向和 z 方向方杆进行立方体试件侧面阻力测试的计算原理如图5.5.2所示。以 z 方向为例，试件与杆接触面上的剪力（Q_{zy}）的表达式为

$$Q_{zy} = \frac{\mathrm{d}M}{\mathrm{d}z} + \rho_0 I \frac{\mathrm{d}\omega}{\mathrm{d}t} \tag{5.5.1}$$

式中，M 为截面弯矩；I 为绕 z 轴的转动惯量；ω 为截面转动的角速度。

如图5.5.2(a)所示，在杆前后表面对称贴有应变计 $zy1$ 和 $zy2$，它们的应变值基本对称，即$|\varepsilon_{zy1}|\approx|\varepsilon_{zy2}|$。则截面的弯矩为 $M=\frac{E_0L^3}{6}\varepsilon_{zy1}$。其中，$L$ 为杆的边长，E_0 为杆的弹性模量。因此，可以得到

$$\frac{\mathrm{d}M}{\mathrm{d}z} = \frac{\mathrm{d}M}{\mathrm{d}t}\frac{\mathrm{d}t}{\mathrm{d}z} = \frac{E_0L_s^3}{6C_\mathrm{f}}\frac{\mathrm{d}\varepsilon_{zy1}}{\mathrm{d}t} \tag{5.5.2}$$

式中，C_f 为弯曲波速度，$C_\mathrm{t}\equiv \mathrm{d}z/\mathrm{d}t$。

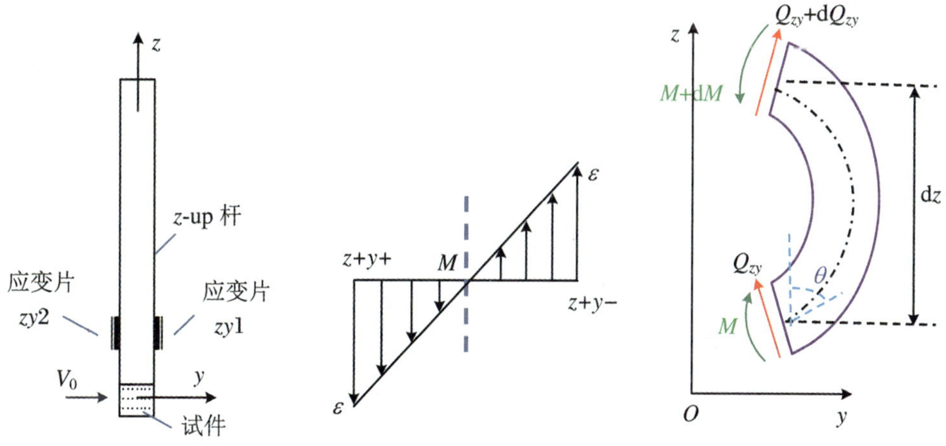

(a) 示意图　(b) 截面弯矩图　(c) 杆中剪力与弯矩

图5.5.2　侧向阻力的计算原理

由于 $\omega=\frac{\mathrm{d}\theta}{\mathrm{d}t}$以及 $\mathrm{d}\theta=\frac{M}{E_0I}\mathrm{d}s=\frac{M}{E_0I}(1+\varepsilon_{zy1})\mathrm{d}z$（$\mathrm{d}s$ 为杆弯曲后的弧长），可以得到

$$\omega = \frac{\mathrm{d}\theta}{\mathrm{d}t} = \frac{M}{E_0I}(1+\varepsilon_{zy1})C_\mathrm{f} \tag{5.5.3}$$

由式(5.5.1)～式(5.5.3),可以得到侧向剪力(Q_{zy})和剪切应力($\tau_{zy\text{-up}}$)的表达式如下:

$$Q_{zy} = \frac{E_0 L^3}{3C_f}(1 + \varepsilon_{zy1})\frac{d\varepsilon}{dt} \tag{5.5.4}$$

$$\tau_{zy\text{-up}} = \frac{Q_{zx}}{A} = \frac{E_0 L}{3C_f}(1 + \varepsilon_{zy1})\frac{d\varepsilon}{dt} \tag{5.5.5}$$

式中,A 为杆的截面积。由此,可以基于 z 杆前后表面的应变信号计算杆与试件接触界面的阻力。

5.5.2 三轴静载下的侵彻响应

实验过程主要由三轴应力状态的施加和 y 方向侵彻两个阶段组成。首先采用液压伺服控制对试件分别同步施加无静载、双轴静载以及三轴静载等三种应力状态的静载值,再利用高压气炮驱动子弹,在 y 方向进行真三轴应力状态下的侵彻实验。通过 6 根杆上的应变片,适时记录子弹开坑过程中的应变波形。

1. 实验波形

真三轴静载下的侵彻实验实测到的原始波形如图 5.5.3(a)～(d)所示。试样为 C30 混凝土。子弹侵彻方向,即 y 方向有 2 个波:子弹端部开坑阻力信号 ε_{penet} 和带弹道的杆上信号

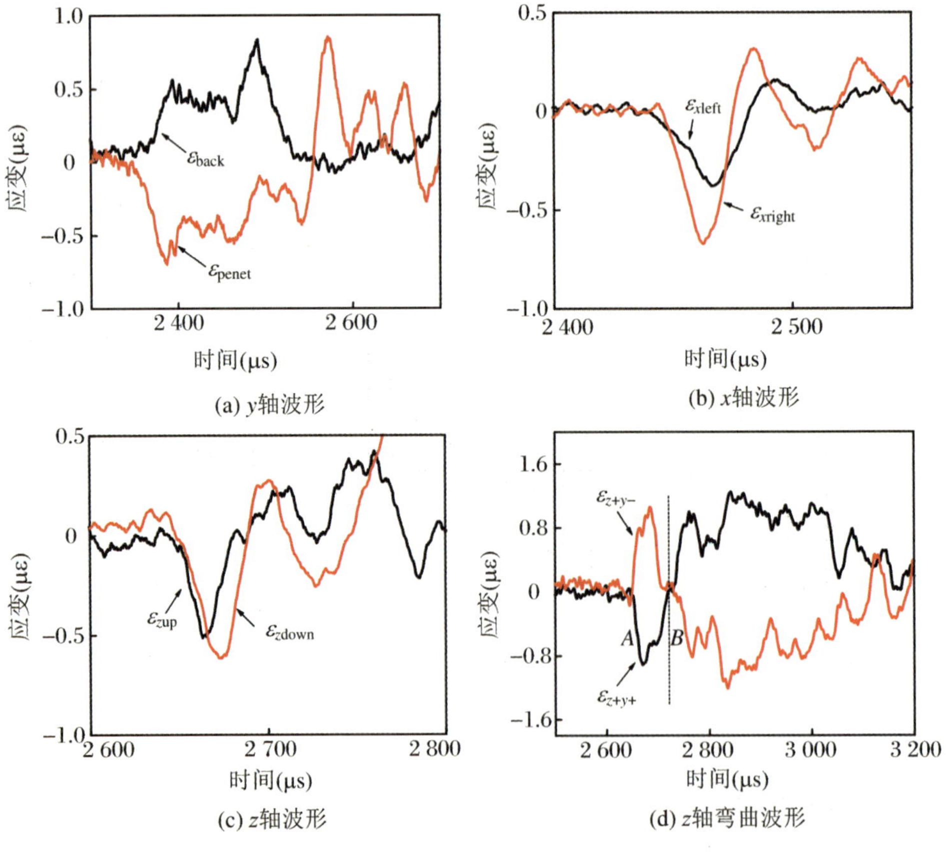

(a) y轴波形

(b) x轴波形

(c) z轴波形

(d) z轴弯曲波形

图 5.5.3 试件在静载[0;0;0]、冲击速度 53.8 m/s 下 6 根杆上的典型信号

ε_{back}。前者用于跟踪弹丸端阻力的演变，分析弹坑形成过程，计算端部阻力；后者没有明确的规律，随应力状态变化，可正可负。图 5.5.3(a)所示 ε_{penet} 信号中弹丸撞击目标的过程大致可分为 3 个阶段，即加速开坑阶段、减速开坑阶段以及侵入阶段。当弹坑和侵彻深度较浅时，弹丸会反弹，减速弹坑阶段后的波信号会出现明显的振荡。x 方向的 2 个波（ε_{xleft}，ε_{xright}，见图 5.5.3(b)）和 z 方向的 2 个波（ε_{zup}，ε_{zdown}，见图 5.5.3(c)）在加载历程上具有较好的一致性，用于计算侧向扩孔阻力，其幅值的差异表明开坑过程混凝土的非均匀性。图 5.5.3(d)所示为按照图 5.5.2(a)布置的应变片测试得到的信号。应变片离试件预设一段距离，AB 段为 z 方向方杆前后截面上的压缩信号，对其进行平均，与 ε_{zup} 信号基本一致；B 点后面信号为弯曲波信号，可基于式(5.5.5)进行接触界面摩擦阻力的计算，对应的弯曲波速 C_f 约为 2 400 m/s。

2. 侵彻阻力

图 5.5.4 为冲击速度 190 m/s 下 C30 混凝土试件在 4 种静载，即[0;0;0]，[0;8;0]，[0;8;8]，[8;8;8]下各杆上的应力波形。着弹点试件表面明显开坑，开坑附近有分布裂纹，试件未破碎。随着冲击速度和侧限条件的改变，试件表面开坑，这些应力会产生一些规律性的变化，即相同冲击速度下，侧限应力的增加会降低端部侵彻阻力的幅值及其脉宽，如图 5.5.4(a)所示。实验得到 x，z 方向的侧向阻力（图 5.5.4(b)和图 5.5.4(c)）和摩擦力（图 5.5.4(d)只列出 x 方向，z 方向与之相似）具有较好的规律，即在不同侧限条件下，其侧向阻

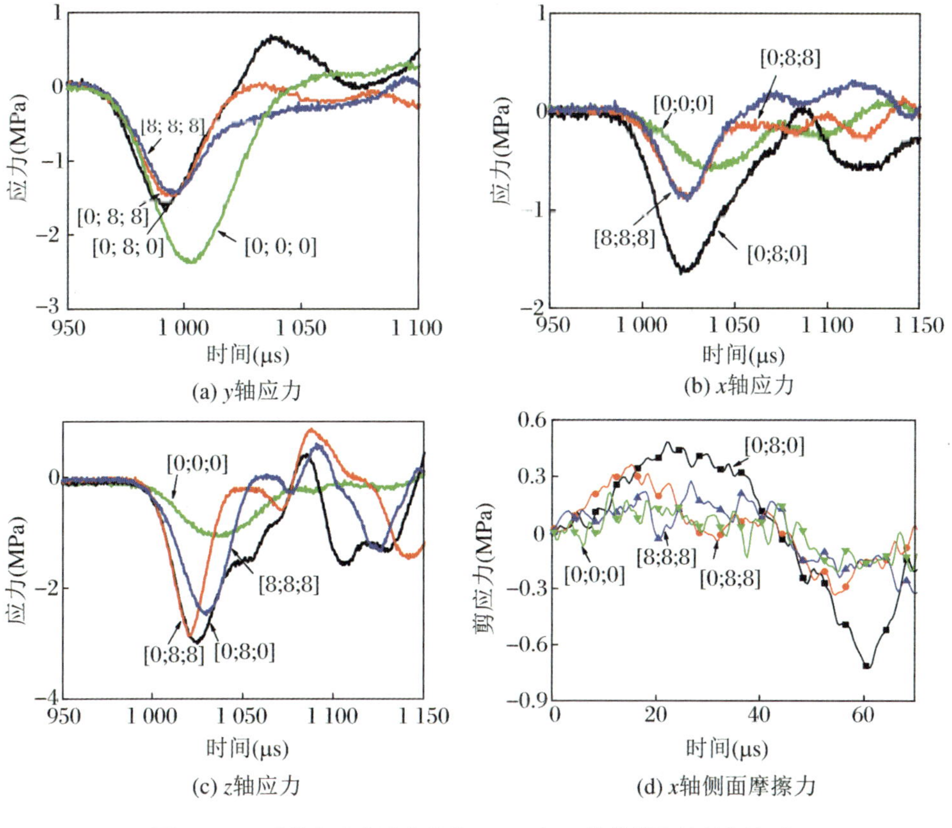

(a) y轴应力 (b) x轴应力

(c) z轴应力 (d) x轴侧面摩擦力

图 5.5.4 试件在冲击速度约为 190 m/s、4 种静载下的侵彻波形

力及脉宽会发生很大变化，并且侧面摩擦力会随着侧限约束的增加而减小：当 x 轴和 z 轴的静载力不相等时，其对应的阻力也不一致，但有序发展。因此，可以测试材料在侵彻下的各向异性特性，以及应力状态对侵彻性能的影响。

如图 5.5.5 所示，C30 混凝土试件在一维侵彻下（无三轴静载，[0;0;0]），端部阻力幅值较高，且脉宽较宽，表明具有较长的开坑过程。如图 5.5.5(a)所示，随着静载的应力状态由无静载到 y 轴静载（12 MPa），侵彻阻力脉宽较窄，幅值有所增强，曲线更加光滑；如图 5.5.5(b)所示，随着静载的应力状态由无静载到三轴静载（12 MPa），侵彻阻力脉宽较窄，幅值增强。这也表明：真三轴静载状态对混凝土侵彻性能的影响机制发生较大的改变。

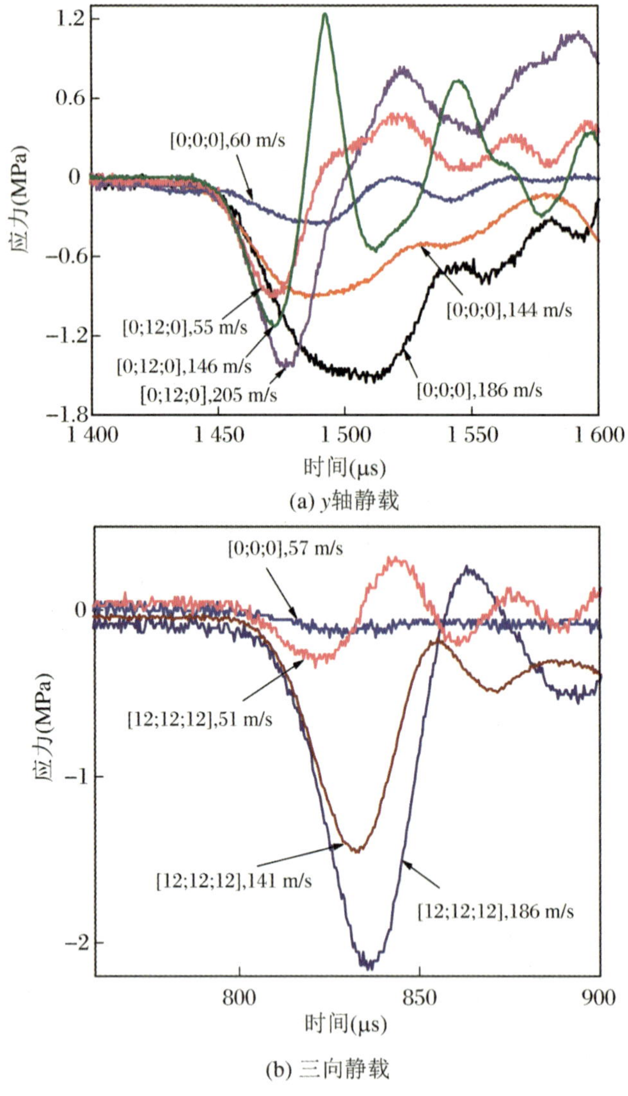

图 5.5.5 静载条件和冲击速度对试件侵彻阻力的影响

在无静载、y 轴静载、xy 轴静载以及 xyz 轴静载等四种应力状态下，混凝土试样侵彻破坏的形貌如图 5.5.6 所示。无静载作用时，试件周围处于自由状态，侵彻作用下混凝土发生较严重的碎裂（图 5.5.6(a)），y 轴静载情况与之相似（图 5.5.6(b)）。当试件在 x 和 y 方向施加双向静载时，此时试件 z 方向的两个面处于自由状态，当在 x 方向冲击加载试件，试件的破坏呈现明显的层状劈裂现象，层状劈裂的层面与 z 轴垂直(图 5.5.6(c))。这种层状破坏面表现出试件破坏模式对应力状态的依赖性。当在试件的 3 个方向都施加一定的真三轴静载时，试件在侵彻作用下不会产生较大规模的显著破坏(图 5.5.6(d))。其失效发生在内部，如图 5.5.6(d)中的白色条带。这些侵彻破坏模式表明混凝土侵彻性能对应力状态的依赖性。

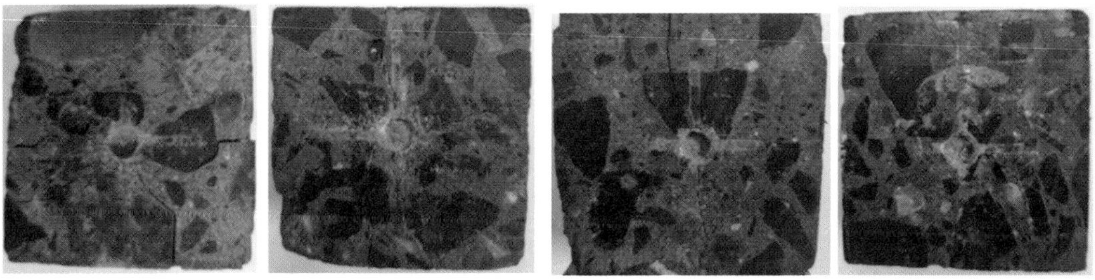

(a) 无静载　(b) y轴静载　(c) xy轴静载　(d) xyz轴静载

图 5.5.6　不同静载条件下混凝土试样破坏形态

冲击方向的两根杆上测试得到的 σ_{y+} 和 σ_{y-} 可用于估计侵彻过程的弹丸开坑的端部阻力。弹丸的直径远小于立方体靶体的边长 L_t，因此，作用于弹丸的冲击力可以近似简化为如图 5.5.7 所示的集中力 Q 的作用，可应用 Boussinesq 解估计靶体中应力场和杆中的应力。图中的 σ_{yQ}可由 $y=L_t$处的集中力 Q 除以作用面积确定。基于 Boussinesq 解的 σ_{yQ}表达式为$\sigma_{yQ}=\dfrac{3Q}{2\pi}\dfrac{y^3}{(x^2+z^2+y^2)^{5/2}}$，则 $y=L_t$处应力 σ_{y-} 满足

$$\sigma_{y-}L_t^2 = 4\int_{y=0}^{L_t/2}\int_{x=0}^{L_t/2}\frac{3Q}{2\pi}\frac{y^3}{(x^2+z^2+y^2)^{5/2}}\mathrm{d}x\mathrm{d}z \tag{5.5.6}$$

由此，集中力 Q 与应力σ_{y-}的关系如下：

$$Q = A\sigma_{y-} \tag{5.5.7}$$

其中，$A^{-1}=\dfrac{1}{\pi L_t^2}\left[\dfrac{4m^2\sqrt{2m^2+1}}{2m^2+m^4+1}\left(\dfrac{m^2+1}{2m^2+1}\right)+\arctan\left(\dfrac{2m^2\sqrt{2m^2+1}}{2m^2-m^4+1}\right)\right]$，$m=\dfrac{L_t}{2y}$。因此，当 $y=L_t$时，有

$$Q\Big/\frac{\pi}{4}D_p^2 = \frac{4}{\pi}2.976\left(\frac{L_t}{D_p}\right)^2\sigma_{y-} = 378.9\sigma_{y-} \tag{5.5.8}$$

式中，D_p 为子弹直径。分析中取 $L_t=50$ mm，$D_p=5$ mm。

由上述公式计算得到的端部阻力的演化与实验结果相似。以侧限条件[- ;8; -]为例，弹丸的端部阻力在冲击速度为 50.9 m/s 时为 242.5 MPa，在冲击速度为 146.2 m/s 时为 386.5 MPa，而在冲击速度为 204.7 m/s 时为 560.8 MPa。通过弹丸撞击混凝土靶的过程来估计，端部阻力计算公式为 $\sigma_{\mathrm{end}}=-\dfrac{Z_pZ_tV_p}{Z_p+Z_t}$。其中，$Z_p$，$Z_t$分别是弹丸和混凝土靶的波阻抗，$Z_p=\rho_pC_p$，$Z_t=\rho_tC_t$。在侧限条件[- ;8; -]下的端部阻力估算为：冲击速度为 50.9 m/s时为 375.6 MPa，冲击速度为 146.2 m/s 时为 1 044.6 MPa，冲击速度为 204.7 m/s 时为1 510.7 MPa。由此，两种情况下得到的应力的比值随着冲击速度的增加，分别为 0.64，0.37 和 0.36。该比值低于 1.0，其原因在于弹靶界面的冲击过程中会发生破坏，而且随着撞

击速度的增加破坏程度更加严重，比值也随之减小。另外，这种比值随着侧限应力的增加而增加。其原因在于：在较高约束条件下，混凝土靶很难破坏。

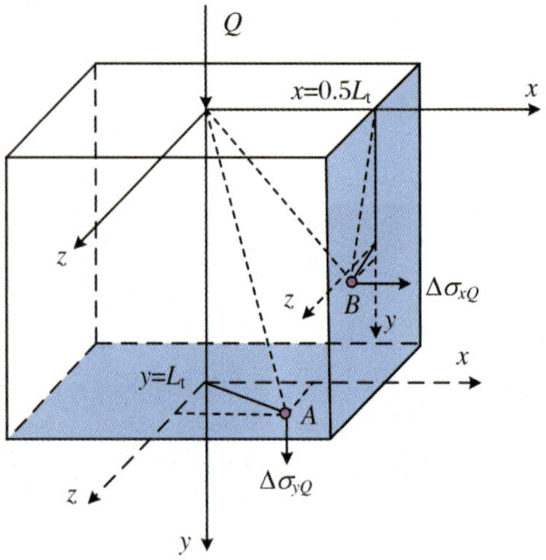

图 5.5.7 靶体作用力分析示意图

周围四根杆上测试得到的 σ_{x+}，σ_{x-}，σ_{z+} 和 σ_{z-} 可用于估计侵彻过程的侧向效应。例如，σ_{x-} 可由杆上信号 ε_{x-} 进行计算，主要包含两部分，即侧向开坑作用力 σ'_{x-} 和侧向挤压力 σ''_{x-}。其中 σ''_{x-} 传递到侧面为图 5.5.7 所示的 σ_{xQ}，可应用 Boussinesq 解进行估计。基于 Boussinesq 解的 σ_{yQ} 表达式为 $\sigma_{xQ}=\dfrac{3Q}{2\pi}\dfrac{x^2y}{(x^2+z^2+y^2)^{5/2}}$，则 $y=0.5L_t$ 处应力 σ''_{x-} 满足

$$\sigma''_{x-}L_t^2 = 2\int_{z=0}^{L_t/2}\int_{y=0}^{L_t}\frac{3Q}{2\pi}\frac{x^2z}{(x^2+y^2+z^2)^{5/2}}\mathrm{d}y\mathrm{d}z \tag{5.5.9}$$

由此公式计算得到的由集中力 Q 产生的 σ''_{x-} 比测试得到的 σ_{x-} 要低一个数量级。因此，侧向杆上的信号主要反映的是弹丸的侧向开坑效应。

3. 侵彻深度

水泥砂浆试件开坑形态规律较混凝土的要好，对 M10 水泥砂浆试件进行分析。基于修正 NDRC 公式的形式，根据实验曲线形态，采用下述表达式进行侵彻深度分析：

$$\frac{X}{d} = \frac{CN_NMV_0^n}{f^{*0.5}d^{2.8}} \tag{5.5.10}$$

式中，X 为弹丸侵彻深度；C 和 n 为由实验确定的经验常数；M 为弹丸的质量；V_0 为弹丸的冲击速度（弹速）；d 为弹丸的直径；N_N 为弹头形状因子，平头弹取 $N_N=0.72$。考虑到不同的初始应力状态，f^* 由原来的单轴抗压强度扩展为靶体的动态强度，与应力状态有关，是一种三轴强度。

表 5.5.1 和图 5.5.8 所示为 M10 水泥砂浆的实验数据采用式（5.5.10）拟合的结果。侵彻深度随弹速的增大而增大，随侧限的增加而减小。弹速是与应力状态无关的量，n 值的拟合结果应不随应力状态改变，拟合结果为 $n=2.0$，即无量纲侵彻深度是与弹丸初始动能相关的量。C 值较 Li 等（2003）在修正 NDRC 公式中的值略大，这与水泥砂浆材料本身的强度有关。拟合结果表明：侧限作用下，靶体的侵彻强度具有一定的增强效应：双向侧限时的强度最高，达到 25.8 MPa；无侧限时的强度最低，为 14.7 MPa。无侧限时的拟合强度与

边长为50 mm的M10水泥砂浆试样的单轴压缩强度相当。拟合结果还表明，初始应力状态对于侵彻过程具有较大影响，这也为混凝土靶抗侵彻行为和防护机理的研究提供了新的思路。

表5.5.1　侵彻深度公式参数

应力状态	C	n	f^*(MPa)
无侧限	4.2×10^{-5}	2.0	14.7
单向侧限	4.2×10^{-5}	2.0	17.6
双向侧限	4.2×10^{-5}	2.0	25.8

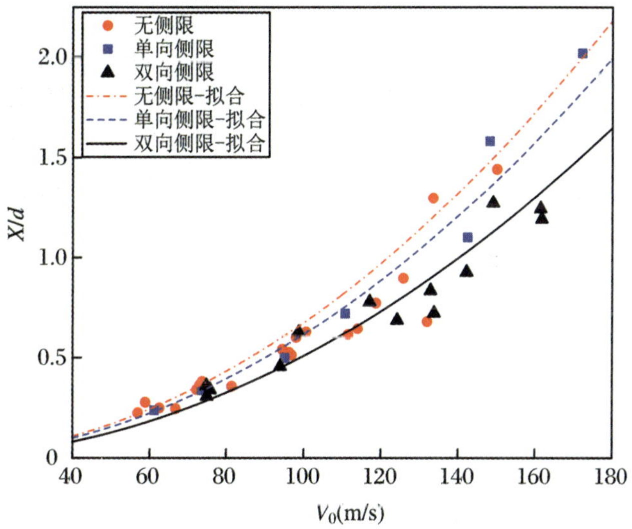

图5.5.8　不同应力状态下的无量纲侵彻深度与冲击速度的关系

5.6　岩石矿物静高压研究

Bridgman使用烧结碳化钨代替硬质钢，使静高压装置达到当时最高的10 GPa。高压压机的发展经过了对顶砧(带)式压机、四面体压机、立方体压机和六-八面体压机4个阶段的演化。目前，静态超高压大腔体实验装置，高压腔体的容积($1\sim10^6$ mm^3)比DAC的容积($10^{-6}\sim10^{-2}$ mm^3)大得多，最高压力可以达到70 GPa。利用大腔体压机研究的对象既可以是矿物，又可以是岩石、熔体及含流体的矿物、岩石等体系；可装入岩石或多种矿物的混合物进行其高压下的熔融-结晶、水-岩相互作用、含水矿物的脱水等多种实验。

多面顶压机可以分为单级和多级压机(杜建国 等，2010)。单级压机各个加压臂是独立的，包括立方体压机和四面体压机。多级压机主要由滑动系统和模块构成，包括立方体压腔和八面体压腔两种。立方体压机分为DIA式和圆筒式；八面体压机可分为分割球形式、DIA式、圆筒式和分割圆筒(split cylinder)式。上下模框内面形成一个对称的正四面锥体，

6 个压砧中的两个压砧沿四面锥体的中轴线固定在上下模框上；另外的 4 个压砧水平地位于锥体的正方形棱上；这样 6 个压砧顶面就形成一个立方体腔室。

腔室由 4 个三角形的顶砧组成，它们对一个四面体传压介质进行挤压；六面顶高压装置的主要特点是由 6 个顶砧同时从 3 个方向相对推进。样品被封装在四面体传压介质中，传压介质一般由叶蜡石制作。样品为圆柱状，装放时使圆柱体试样的轴摆在四面体传压介质对边之间。用搭在试样支棱缺口上的金属片与顶砧接通电流来进行加热。在这种装置中，还可以使用二级顶砧，使腔体中产生更高压力。在顶砧与顶砧之间的平面间隙处，安放 X 射线衍射测量窗口。因而此种装置能对高压下的样品进行 X 射线衍射分析，如图 5.6.1(a)所示。

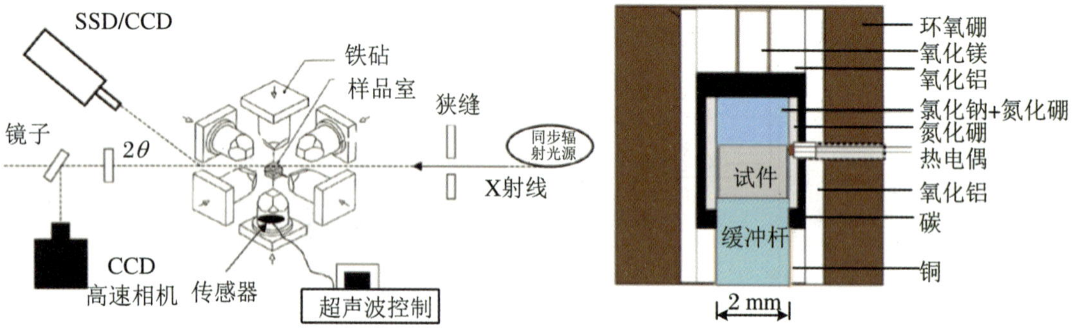

(a) 同时超声测试和同步辐射测试 (b) 样品组装

图 5.6.1 静高压二级加载和测试(Li et al.,2004)

传压介质具备以下特性：① 高压下易于形变。② 有较低的内摩擦系数。③ 具有良好的热稳定性和绝缘性。大量实践证明，用叶蜡石类材料作为大腔体高压装置的传压介质优于其他材料(如滑石、云母、金属等)。由于叶蜡石粉压块的内摩擦系数小(0.25)，天然叶蜡石块内摩擦系数较高(0.47)，前者抗剪切强度低，传压性能好；叶蜡石粉压块在使用前经高温处理后可使其完全脱水，在高温高压下性质稳定，不发生相变。二级高压装置也常用氯化钠做传压介质。

高压矿物的测试目前最有效的技术为超声波测试。常用的方法有柱状样品脉冲透射测量法、柱状样品脉冲反射-透射测量法和六面体样品脉冲透射测量法。柱状样品脉冲反射-透射测量法：样品长度约为 1 mm，两端装上适当的缓冲棒，获得理想的声阻抗匹配。为提高时间测量精度，采用反射和透射声波的接收。声波测定通过样品和缓冲棒的走时以及通过上下缓冲棒的往返走时，可以计算声波经过样品的走时，再对压力作用下样品长度进行校正，从而可求得样品的声波速度。声波速度测量值的误差约为 1.5%。大腔体压机与同步辐射 X 射线衍射结合，可以测定样品的晶体结构和相变。利用大腔体研究与同步辐射 X 射线连用技术测量样品波速时的样品组装如图 5.6.1(b)所示。圆筒形石墨炉放入 MgO 八面体内，样品与石墨炉之间用 NaCl 和 10% BN 混合物以及 MgO 充填。样品的一端与 WC 压砧之间放 Al_2O_3 缓冲棒，缓冲棒用黄铜箔包裹，黄铜箔起到连接石墨和 WC 压砧、导电的作用。石墨炉的另一端用钼合金作为电极。八面体腔体内剩余空间用 ZrO_2 充填。

超声波测试分析原理如图 5.6.2 所示(Spetzler et al.,1993)。入射波作用在不同材料的界面时会产生透射波和发射波。当材料较薄的时候，在界面上可以接收到多次透反射的波，形成较复杂的波形结构。要得到准确的超声波在试件内的传播时间(travel time)，以计

算试件的波速，需要将波形结构进行合理分离。考虑谐波入射，则入射波函数、反射波函数和透射波函数可表示为

$$\phi_{\text{inc}} = e^{i\omega t},\quad \phi_r = A_r e^{i\omega t},\quad \phi_t = A_t e^{i\omega t} \tag{5.6.1}$$

式中，ϕ 为波函数；A_r，A_t分别为复反射系数和复透射系数。

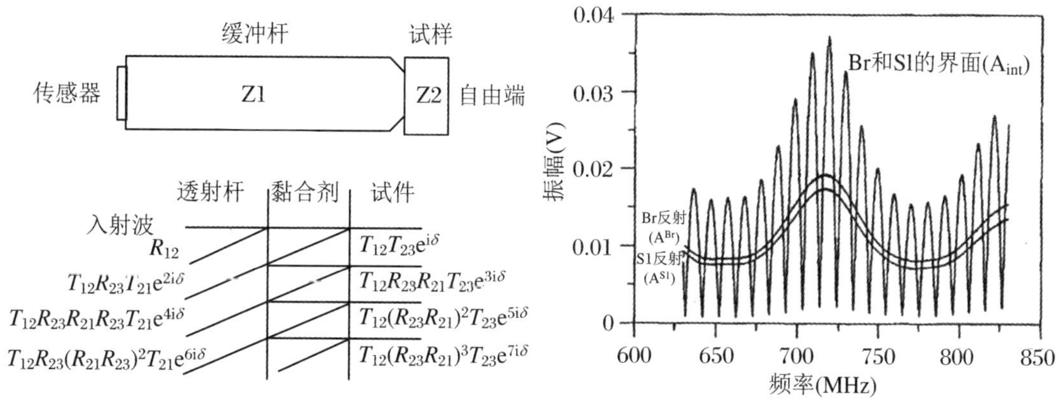

(a) 超声波的传播　　(b) 超声波形

图5.6.2　超声波形结构与分析

R 表示反射系数；T 表示透射系数

定义第 i 种材料的波阻抗为$Z_i=(\rho_0 C_0)_i$，则第 i 种材料和第j 种材料接触界面上有如下结论。

应力反射系数

$$R_{ij}^{\sigma} = \frac{Z_j - Z_i}{Z_i + Z_j}$$

应力透射系数

$$T_{ij}^{\sigma} = \frac{2Z_j}{Z_i + Z_j}$$

粒子速度反射系数

$$R_{ij}^{v} = \frac{Z_i - Z_j}{Z_i + Z_j}$$

粒子速度透射系数

$$T_{ij}^{v} = \frac{2Z_i}{Z_i + Z_j}$$

如图5.6.2所示，图中缓冲杆为第1种材料，黏合剂为第2种材料，试样为第3种材料。分析第2种材料前后表面的复反射系数 A_r和复透射系数 A_t。第2种材料长度为 L，声速为 C。

$$\begin{aligned} A_r &= R_{12} + T_{12}R_{23}T_{21}e^{2i\omega L/C} + T_{12}R_{23}(R_{21}R_{23})T_{21}(e^{2i\omega L/C})^2 + T_{12}R_{23}(R_{21}R_{23})^2T_{21}(e^{2i\omega L/C})^3 + \cdots \\ &= R_{12} + T_{12}R_{23}T_{21}e^{2i\omega L/C}[1 + R_{21}R_{23}e^{2i\omega L/C} + (R_{21}R_{23}e^{2i\omega L/C})^2 + \cdots] \end{aligned} \tag{5.6.2}$$

实验中，$|R_{21}R_{23}e^{2i\omega L/C}| = \left|\dfrac{Z_2 - Z_1}{Z_2 + Z_1}\dfrac{Z_2 - Z_3}{Z_2 + Z_3}\right| < 1$，且 $T_{12}T_{21} - R_{12}R_{21} = 1$，$R_{ij} = -R_{ji}$。令 $\delta = \omega L/C$，有

$$A_r = R_{12} + \frac{T_{12}R_{23}T_{21}e^{2i\delta}}{1 - R_{21}R_{23}e^{2i\delta}} = \frac{R_{12} - R_{32}e^{2i\delta}}{1 - R_{21}R_{23}e^{2i\delta}} \tag{5.6.3}$$

同样可得到

$$A_t = \frac{T_{12}T_{23}e^{2i\delta}}{1 - R_{12}R_{32}e^{2i\delta}} \tag{5.6.4}$$

引入衰减系数 Q 来考虑第 2 种材料的衰减特性，则第 2 种材料声速 C 在参考频率 ω^r 下改变为

$$C \to C^r\left[1 + \frac{1}{\pi Q}\ln\left(\frac{\omega}{\omega^r}\right) - \frac{i}{2Q}\right] \tag{5.6.5}$$

相应地，第 2 种材料波阻抗的表达式要进行修正，即 $Z_2 = Z_z^r\left[1 + \frac{1}{\pi Q}\ln\left(\frac{\omega}{\omega^r}\right)\right]$。因此，复反射系数 A_r和复透射系数 A_t改变为

$$A_r = \frac{R'_{12} - R'_{32}e^{-\delta/Q}e^{2i\delta}}{1 - R'_{12}R'_{32}e^{-\delta/Q}e^{2i\delta}} \tag{5.6.6}$$

$$A_t = \frac{T'_{12}T'_{23}e^{-\delta/2Q}e^{i\delta}}{1 - R'_{12}R'_{32}e^{-\delta/2Q}e^{i\delta}} \tag{5.6.7}$$

对于图 5.6.2 所示的系统，为分析试样中的信号，引入两个信号，即由缓冲杆-黏合剂-试样界面反射的应力信号 ϕ_{br}，以及缓冲杆-黏合剂-试样界面透射到试样，并从试样的自由面发射的信号 ϕ_s。采用式(5.6.1)的入射波形式，则

$$\phi_{br} = a_r A_r e^{i\omega t} \tag{5.6.8}$$

其中，a_r为缓冲杆-黏合剂-试样系统的调制值，复反射系数 A_r如式(5.6.6)所示。

$$\phi_s = a_t A_t A'_t e^{i(\theta_s+\pi)}e^{i\omega t} \tag{5.6.9}$$

其中，a_t为缓冲杆-黏合剂-试样系统的调制值，复透射系数 A_t如式(5.6.7)所示，复透射系数 A'_t与 A_t 入射方向相反，从试件方向入射，如式(5.6.10)所示；θ_s为两个波在试件中的相位差；π 为自由面反射造成的相位差。

$$A'_t = \frac{T'_{32}T'_{21}e^{-\delta/2Q}e^{i\delta}}{1 - R'_{12}R'_{32}e^{-\delta/2Q}e^{i\delta}} \tag{5.6.10}$$

由此，上述两个应力信号的相互作用为

$$\phi_{int} = \phi_{br} + \phi_s = a_r A_r e^{i\omega t} + a_t A_t A'_t e^{i(\theta_s+\pi)}e^{i\omega t}$$

进行组合计算，有

$$\phi_{int} = \left[A' e^{i\theta_r} + A'' e^{i(\theta_s+\theta_t+\pi)}\right]e^{i(\theta_{sys}+\omega t)} \tag{5.6.11}$$

式中，$A' = |a_r A_r|$；$A'' = |a_t A_t A'_t|$；θ_r为 A_r的相位；θ_t为 $A_t A'$的相位；θ_{sys}为系统的相位调制。

将上述响应应用到正弦波，即

$$\phi_{int} = A'\sin(\omega t + \theta_{sys} + \theta_r) + A''\sin(\omega t + \theta_{sys} + \theta_s + \theta_t + \pi) = A_{int}\sin(\omega t + \theta_{sys} + \vartheta) \tag{5.6.12}$$

式中

$$A_{int} = \sqrt{(A')^2 + (A'')^2 + 2A'A''\cos(\theta_s + \theta_t - \theta_r + \pi)} \tag{5.6.13}$$

$$\tan\vartheta = [A'\sin\theta_r + A''\sin(\theta_s + \theta_t)]/[A'\cos\theta_r + A''\cos(\theta_s + \theta_t)] \tag{5.6.14}$$

式(5.6.13)即示波器得到的相互作用信号的幅值，式(5.6.14)为相互作用信号的调制相位。

基于此分析思想，Li 等(2002,2004)在采用超声波技术进行高温高压作用下矿物的弹性参数测试中，提出了一种非常有效的脉冲回波叠合(pulse echo overlap,PEO)法。其核心思

想是:找出单一频率的入射信号和对应的单一频率的透射信号或反射信号脉冲,然后进行比对。

若发射探头发射的入射波信号为 $x(t)$,接收探头接收到的信号为 $y(t)$,试件系统的响应为 $h(t)$,则它们满足关系式 $y(t)=x(t)*h(t)$,即接收到的信号 $y(t)$ 为入射波信号 $x(t)$ 与系统响应 $h(t)$ 的卷积。对其进行快速傅里叶变换(FFT),可以得到 $Y(f)=X(f)H(f)$,其中 f 为频率。因此,试件系统的响应为 $H(f)=Y(f)/X(f)$。实验中设定入射信号 $x(t)$ 为正弦波,则其傅里叶变换值为 1,由此有 $H(f)=Y(f)$。此时系统响应在频率域与接收到的信号相同。因此,反过来对入射信号的 FFT 和传递函数进行卷积可以得到系统的响应。由此可以重建主频附近区域任意单一频率的信号传播的过程,然后由此确定此频率下材料的波速。图 5.6.3(a)为实测波形,包含较多的频率,对其进行重构,基于式(5.6.12)～式(5.6.14)可以得到缓冲杆和试样中的信号,以及在试样中来回传播的相互作用信号,如图 5.6.3(b)所示。规整后的波形如图 5.6.3(c)所示,将此信号进行 PEO 法分析,可以得到入射波在试样内的传播时间,计算在此压力条件下样品的声速。图 5.6.4 所示为采用此技术得到的 P 波和 S 波波速与相对比容 V/V_0 的关系,由此可以进行样品的高压状态方程的分析。

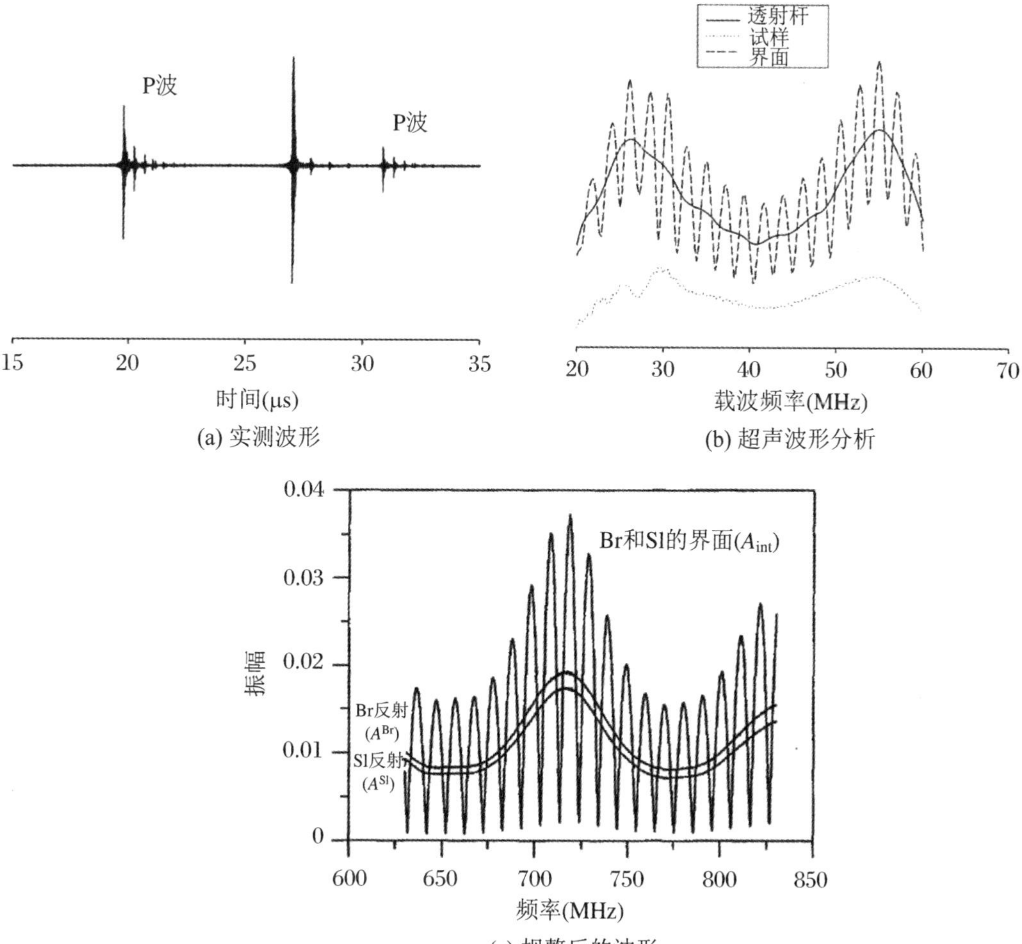

(a) 实测波形

(b) 超声波形分析

(c) 规整后的波形

图 5.6.3　超声波实测波形与分析(Li et al.,2004)

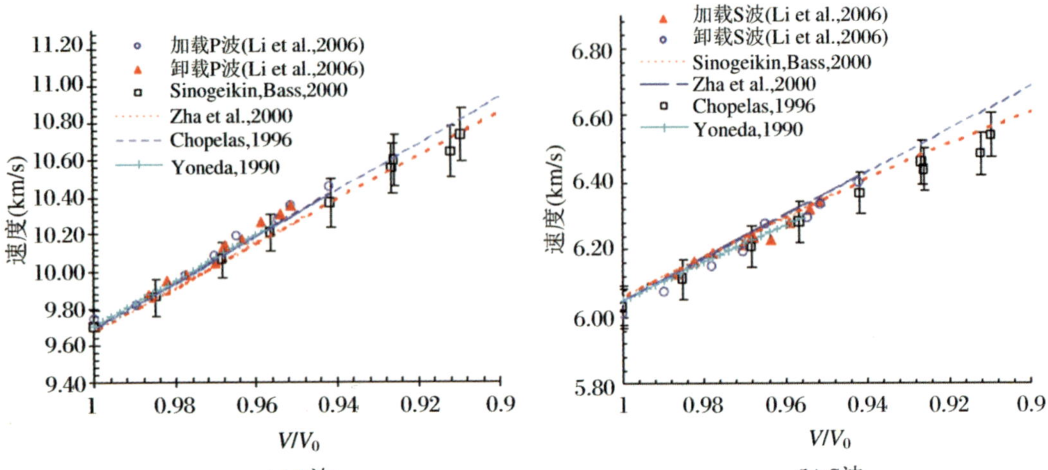

(a) P波　　(b) S波

图 5.6.4　P 波和 S 波波速与相对比容的关系(Li et al.，2006)

小　　结

岩石具有复杂的细微观结构，其宏观力学性能表现出明显的加载路径敏感性和应变率效应。基于改进的 SHPB 装置，对岩石进行了不同倾角压剪联合加载实验，结果表明，岩石的法向、切向模量和破坏强度都有一定的压剪耦合效应(即加载路径敏感性)和明显的应变率效应；法向模量对剪切分量更为敏感。基于改进的 SHPB 装置，建立真三轴静载作用下的混凝土、岩石动态实验系统，该系统采用液压伺服控制系统对试件施加三向独立的静载，采用 SHPB 冲击加载对试件施加冲击动载，得到了混凝土材料在真三轴静载条件下的三向独立的动态应力-应变关系、动态体积应变等相关动态性能。应用 D-P 准则分析这些实验数据，研究了岩石的内黏聚力和内摩擦角等强度参数的应变率效应，结果表明这两种技术可以很好地揭示复杂应力状态下岩石的动静态力学性能。

在此基础上，研制了三轴应力状态作用下混凝土侵彻实验装置。采用液压伺服控制系统对立方体试件施加三向独立的静载，采用高压气炮驱动子弹侵彻混凝土试件，得到了立方体试件在无侧限、单向侧限、双向侧限下的侵彻差异，揭示出应力状态对侵彻性能的影响。可结合上面的动态性能实验技术更深入地研究岩石的率效应和加载路径效应，这也是上述技术的一种推广应用。

为更好地说明岩石独特的复杂应力状态，即静水压的作用，本章最后介绍了纽约州立大学石溪分校矿物物理研究所 Li 教授的工作：采用超声波技术(P 波主频率 50 MHz，S 波主频率 30 MHz)进行高温高压下岩石矿物状态方程的测试研究。

参考文献

布尔贝,库索,甑斯纳,1994.孔隙介质声学[M].许方,译.北京:石油工业出版社:第二章.

陈丽娜,2020.应力状态对水泥砂浆抗弹性能的影响研究[D].合肥:中国科学技术大学.

陈丽娜,单俊芳,周李姜,等,2020.应力状态对水泥砂浆侵彻性能的影响[J].振动与冲击,39(15):32-40.

杜建国,李营,王传远,等,2010.高压地球科学[M].北京:地震出版社:第一章.

苗春贺,陈丽娜,单俊芳,等,2021.水泥砂浆抗弹性能研究[J].高压物理学报,35(2):024205. DOI:10.11858/gywlxb.20200609.

沈河涛,1996.弹丸侵彻混凝土介质效应的研究[D].北京:北京理工大学.

席道瑛,徐松林,2016.岩石物理与本构理论[M].合肥:中国科学技术大学出版社:第三章.

徐松林,吴文,张华,等,2001.大理岩单轴压缩过程的强度确定及其应变率影响[J].地下空间,21(4):272-275.

徐松林,章超,黄俊宇,等,2015.花岗岩压剪联合冲击特性与细观力学机制研究[J].岩石力学与工程学报,34(10):1945-1958.

徐松林,周李姜,黄俊宇,等,2016.岩石类脆性材料动态压剪耦合特性研究[J].振动与冲击,35(10):9-17.

徐松林,王鹏飞,赵坚,等,2017.基于三维 Hopkinson 杆的混凝土动态性能研究[J].爆炸与冲击,37(2):180-185.

徐松林,王鹏飞,单俊芳,等,2018.真三轴静载作用下混凝土的动态力学性能研究[J].振动与冲击,37(15):59-67.

薛建峰,沈培辉,王晓鸣,2016.弹体侵彻混凝土开坑阶段阻力计算[J].高压物理学报,30:499-504.

章超,徐松林,王道荣,等,2014.花岗岩动静态压剪复合加载实验研究[J].固体力学学报,35(2):115-122.

郑文,徐松林,胡时胜,2012.基于 Hopkinson 压杆的动态压剪复合加载实验研究[J].力学学报,44(1):124-131.

Akjano L, Bober A, 2012. Drucker-Prager criterion[J]. Rock Mechanics and Rock Engineering, 45: 995-999.

Backman M, Goldsmith W, 1978. The mechanics of penetration of projectiles into targets[J]. Int. J. Eng. Sci., 16(1): 1-99.

Bai Y, Wierzbicki T, 2008. A new model of metal plasticity and fracture with pressure and Lode dependence [J]. International Journal of Plasticity, 24(6): 1071-1096.

Cadoni E, Albertini C, 2011. Modified Hopkinson bar technologies applied to the high strain rate rock tests [C]//Advances in Rock Dynamics and Application. Hoboken: CRC Press: 79-104.

Cadoni E, 2013. Mechanical characterization of rock materials at high strain-rate[C]//Rock Dynamics and Applications-States of Art. Hoboken: CRC Press: 137-148.

Chen M, Xu S, Yuan L, et al. 2023. Influence of stress state on dynamic behaviors of concrete under true triaxial confinements[J]. International Journal of Mechanical Sciences, 253: 108399.

Chen W, Ravichandran G, 1996. An experimental technique for imposing dynamic multi-axial compression with mechanical confinement[J]. Experimental Mechanics, 36: 155-158.

Chen W, Ravichandran G, 1997. Dynamic compressive failure of a glass ceramic under lateral confinement [J]. Journal of the Mechanics and Physical Solids, 45: 1303-1328.

Chopelas A, 1996. The fluorescence sideband method for obtaining acoustic velocities at high compressions:

application to MgO and $MgAl_2O_4$[J]. Phys. Chem. Miner., 23: 25-37.

Forquin P, Gary G, Gatuingt F, 2008. A testing technique for concrete under confinement at high rates of strain[J]. Int. J. Impact Engineering, 35: 425-446.

Forrestal M J, Frew D, Hanchak S, et al. 1996. Penetration of grout and concrete targets with ogive-nose steel projectile[J]. Int. J. Impact Eng., 18(5): 465-476.

Forrestal M J, Wright T W, Chen W, 2007. The effect of radial inertia on brittle samples during the Split Hopkinson pressure bar test[J]. Int. J. Impact Eng., 34: 405-411.

Frew D, Akers S, Chen W, et al. 2010. Development of a dynamic triaxial Kolsky bar[J]. Meas. Sci. Technol., 21: 105704.

Gran J K, Florence A L, Colton J D, 1989. Dynamic triaxial tests of high-strength concrete[J]. Journal of Engineering Mechanics, 115(5): 891-904.

Grote D L, Park S W, Zhou M, 2001. Dynamic behavior of concrete at high strain rates and pressures: Ⅰ. experimental characterization[J]. Int. J. Impact Engineering, 25: 869-886.

Hummeltenberg A, Curbach M, 2012. Design and construction of a biaxial Split-Hopkinson-bar[J]. Beton and Stahlbetonbau, 107(6): 394-400.

Li B S, Chen K, et al. 2002. Sound velocity measurement using transfer function method[J]. J. Phys.: Condens. Mater., 14: 11337-11342.

Li B S, Kung J, et al. 2004. Modern techniques in measuring elasticity of Earth materials at high pressure and high temperature using ultrasonic interferometry in conjunction with synchrotron X-radiation in multi-anvil apparatus[J]. Physics of the Earth and Planetary Interiors, 143-144: 559-574.

Li B S, Woody K, Kung J, 2006. Elasticity of MgO to 11 GPa with an independent absolute pressure scale: implications for pressure calibration[J]. Journal of Geophysical Research, 111: B11206.

Li H B, Zhao J, Li T J, 1999. Triaxial compression tests of a granite at different strain rates and confining pressures[J]. International Journal of Rock Mechanics and Mining Science, 36: 1057-1063.

Li Q M, Chen X W, 2003. Dimensionless formulae for penetration depth of concrete target impacted by a non-deformable projectile[J]. Int. J. Impact Eng., 28: 93-116.

Li Q M, Meng H, 2003. About the dynamic strength enhancement of cement-like materials in a split Hopkinson pressure bar test[J]. International Journal of Solids and Structure, 40(2): 343-360.

Li X B, Zhou Z L, Lok T S, et al. 2008. Innovative testing technique of rock subjected to coupled static and dynamic loads[J]. International Journal of Rock Mechanics and Mining Sciences, 45(5): 739-748.

Malvern L E, Jenkins D A, Tang T, et al. 1985. Dynamic compressive testing of concrete[C]//Proceedings of Second Symposium on the Interaction of Non-Nuclear Munitions with Structures. Florida: U. S. Dept. Defense: 194-199.

McCall K, Guyer R, 1994. Equation of state and wave propagation in hysteretic nonlinear elastic materials [J]. Journal of Geophysical Research, 99(B12): 23887-23897.

Meng H, Li Q M, 2003a. Correlation between the accuracy of a SHPB test and stress uniformity based on numerical experiments[J]. International Journal of Impact Engineering, 28(5): 537-555.

Meng H, Li Q M, 2003b. Modification of SHPB set-up to minimize wave dispersion and attenuation effects [J]. International Journal of Impact Engineering, 28(6): 677-696.

Mogi K, 1967. Effect of the intermediate principal stress on rock failure[J]. J. Geophysical Research, 72: 5117-5131.

Mogi K, 1971. Fracture and flow of rocks under high triaxial compression[J]. J. Geophysical Research, 76: 1255-1269.

Olsson W, Holcomb D, 2000. Compaction localization in porous rock[J]. Geophys Res. Lett., 27(21): 3537-

3540.

Qian L, Yang Y, Liu T, 2000. A semi-analytical model for truncated ogive-nose projectiles penetration into semi-analytical concrete targets[J]. Int. J. Impact Eng., 24(9): 947-955.

Ross C A, Tedesco J W, Kuennen S T, 1995. Effects of strain rate on concrete strength[J]. ACI Mater. J., 92(1): 37-47.

Sinogeikin S V, Bass J D, 2000. Single-crystal elasticity of pyrope and MgO to 20 GPa by Brillouin scattering in the diamond anvil cell[J]. Phys. Earth Planet. Inter., 120: 43-62.

Song B, Chen W, Luk V, 2009. Impact compressive response of dry sand[J]. Mechanics of Materials, 41(6): 777-785.

Spetzler H A, Chen G, Whitehead S, et al. 1993. A new ultrasonic interferometer for the determination of equation of state parameters of sub-millimeter single crystals[J]. Pure and Applied Geophysics, 141(2/3/4): 341-377.

Tedesco J, Ross C, 1998. Strain-rate-dependent constitutive equations for concrete[J]. ASME. J. Pressure Vessel Technol., 120(4): 398-405.

Xu S L, Huang J Y, Wang P F, et al. 2015. Investigation of rock material under combined compression and shear loading: an experimental technique[J]. International Journal of Impact Engineering, 86: 206-222.

Xu S L, Shan J F, Zhang L, et al. 2020. Dynamic compression behaviors of concrete under true triaxial confinement: an experimental technique[J]. Mechanics of Materials, 140: 103220.

Yoneda A, 1990. Pressure derivatives of elastic constants of single crystal MgO and $MgAl_2O_4$[J]. J. Phys. Earth, 38: 19-55.

Young C W, 1997. Penetration equations[R]. SAND 97-2426.

Zha C S, Mao H K, Hemley R J, 2000. Elasticity of MgO and a primary pressure scale to 55 GPa[J]. Proc. Natl. Acad. Sci. USA, 97: 13494-13499.

Zhang L, Shan J F, Miao C H, et al. 2021. The cratering performance of concrete target under true triaxial confinements[J]. International Journal of Mechanical Sciences, 210: 106714.

Zhang Q, Zhao J, 2014. A review of dynamic experimental techniques and mechanical behavior of rock material[J]. Rock Mechanics and Rock Engineering, 47(4): 1411-1478.

Zhao J, 2000. Applicability of Mohr-Coulomb and Hoek-Brown strength criteria to the dynamic strength of brittle rock[J]. Int. J. Rock Mech Mining Sci., 37(3): 1115-1121.

Zhao J, Wu W, Zhang Q, et al. 2013. Some recent developments on rock dynamic experiments and modeling [C]//Rock Dynamics and Applications-States of Art. Hoboken: CRC Press: 25-40.

Zhou L J, Xu S L, Shan J F, et al. 2018. Heterogeneity in deformation of granite under dynamic combined compression/shear loading[J]. Mechanics of Materials, 123: 1-18.

第6章　岩石非均匀性与波动原理

6.1　引　言

岩石由矿物颗粒构成的固体骨架、节理裂隙及各类填充物组成，具有多组元非均质的跨尺度的复杂结构，其结构天然具有强烈的非均匀性。在经受外部载荷作用时，这种非均匀性将会演化而影响到宏观物理力学性能。岩石内部存在大量的张开/闭合微裂纹，在载荷作用下，微裂纹成核、扩展和聚合为宏观裂纹，造成岩石整体破坏：在单轴压缩下，由于微裂纹的随机取向和矿物、骨料颗粒等的异质性，存在局部的拉伸和剪切应力集中，而岩石对拉伸和剪切更为敏感，这种敏感性体现在外部的拉伸和剪切载荷相对于压缩载荷能够诱发更多的微裂纹被激活，即拉伸和剪切会加重内部结构非均匀性，从而产生非均匀性程度更加严重的变形。不同应变率加载也能促进脆性材料非均匀性的演化：较低应变率加载时，其破坏以少数裂纹贯穿整体的解离性破坏为主；较高应变率加载时，Denoual 等(2002)对脆性材料中微裂纹的成核概率进行了研究，发现加载速率的增加能够显著提升材料中的激活裂纹密度，大量扩展的裂纹连接形成裂纹网络，可以造成脆性材料粉碎性破坏。固体骨架和孔隙组成了内部高度非均匀的细观结构。在外部载荷的作用下，固体骨架会发生弹塑性变形和破碎，而碎粒之间也会存在旋转和滑移，其力学行为很大程度上受加载速率和碎块堆积密度的影响：当堆积密度较低或加载速率较高时，存在压缩阵面传播，且压实区域变形非均匀性通常较高，压实阵面的传播模式随加载速率变化而变化。

6.2　实验技术

6.2.1　X射线成像与衍射

X射线对材料具有较强的穿透性能，不同物质、不同密度的材料对X射线的吸收能力

不同。X 射线在材料中的强度呈指数衰减趋势，其表达式为

$$I = I_0 \exp(-\mu l) \tag{6.2.1}$$

式中，I_0 为 X 射线初始强度；μ 为衰减系数；l 为 X 射线在材料中传播的距离。X 射线穿透材料时，得益于材料内部非均匀结构引起的局部密度分散性，可以生成明暗相间、具有一定灰度分布的图像。利用 X 射线相衬成像（XPCI）技术结合高速成像相机，可以在动态加载实验中实时获得具有良好空间和时间分辨率的材料内部结构二维图像，极大地提高了对材料变形和损伤演化观测的准确度。

相对于 X 射线成像，X 射线衍射技术具有更高的空间分辨率。衍射角度 θ 与晶面间距 d 之间满足布拉格定律，因此，X 射线衍射方法可以获得材料中晶格量级的变形和损伤数据。单晶材料中所有晶胞取向相同，X 射线衍射结果为二维平面上聚集的衍射斑；对于多晶材料，晶胞的取向在三维空间中随机分布，生成衍射斑的位置可能处于平面上的任何角度，所有角度的衍射斑可以构成衍射环。同时原位 X 射线衍射技术的发展使得研究者们能够在动静态加载过程中，实时监测材料衍射斑或衍射环的变化，为材料微观变形机理的分析建立了基础。

图 6.2.1 展示了霍普金森压杆（SHPB）装置结合同时原位 X 射线成像和衍射系统的设计图（Huang et al.，2016a）。单色或包含多种波长的 X 射线穿过非均匀材料后，绝大部分继续沿直线传播，另有一小部分由于衍射作用偏折一定角度传播，利用闪烁体将 X 射线转化为可见光，并被成像或衍射相机记录。在高速冲击实验中，相机的触发时间延迟需要精确到毫秒甚至微秒，以确保拍摄所需的材料变形阶段。目前相机的拍摄速率能达到微秒量级，分辨率能达到数百 dpi（点每英寸①），可以记录到足量的材料动态变形信息。

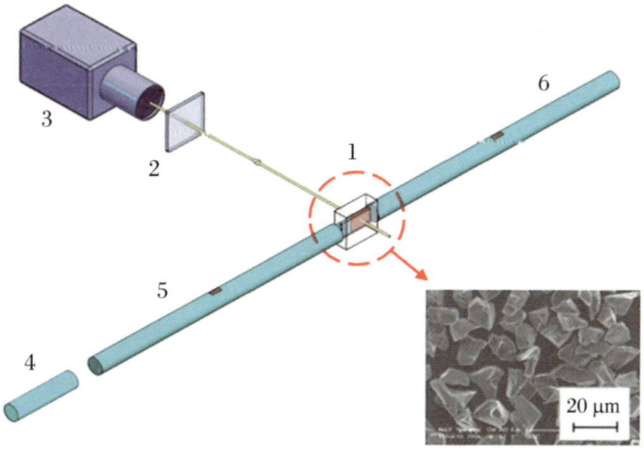

图 6.2.1　动态压缩同时原位 X 射线成像系统图

1. 试样；2. 闪烁体探测器阵列；3. 高速相机；4. 撞击杆；5. 入射杆；6. 透射杆；插图为 B_4C 颗粒的 SEM 显微图像

图 6.2.2 所示为同时原位 X 射线成像与衍射系统（Huang et al.，2016b），包含单轴冲击压缩加载系统、X 射线成像系统以及 X 射线衍射系统。其中，单轴冲击压缩加载装置（小型 SHPB）和 X 射线成像系统与第 3 章中的基本相同，唯一的区别在于 B_4C 块体试样的波阻

① 1 英寸 = 2.54 厘米。

抗远远高于其粉末样品，透射杆上使用电阻应变片就足以测得信噪比符合要求的应变信号，因此这里不作赘述。在 X 射线衍射成像系统中，实验时会有一束横截面积为 2 mm×1.7 mm的单色 X 射线穿透试样，在试样中不同方向的晶面上发生反射，引起衍射现象，投射光线的方向会向空间的各个角度发生偏折。其中一部分衍射角度的 X 射线被一块衍射用闪烁体探测器阵列(4)采集，经过微通道板(5)放大之后，被高速衍射相机(6)记录下来。高速衍射相机的记录间隔为 10 μs，图像尺寸为 2 mm×0.94 mm，分辨率为 544×256 像素。

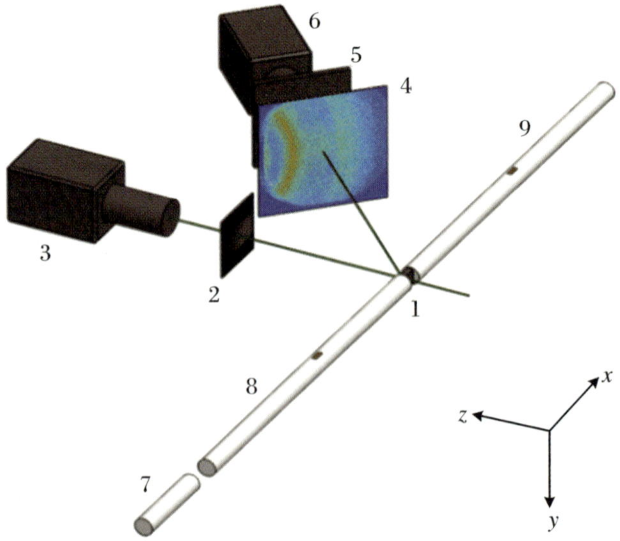

图 6.2.2　同时原位 X 射线成像与衍射系统

1. 试样；2. 成像用闪烁体探测器阵列；3. 高速相机；4. 衍射用闪烁体探测器阵列；5. 微通道板；6. 高速衍射相机；7. 撞击杆；8. 入射杆；9. 透射杆

X 射线的掠射角度(入射线或反射线与晶面之间的夹角)满足布拉格定律，其表达式为

$$2d\sin\theta = n\lambda \tag{6.2.2}$$

式中，d 为晶面间距；θ 为掠射角度；λ 为射线波长。根据式(6.2.2)，若已知掠射角度和射线波长，就能推断出晶面间距。由于不同晶体材料的晶面间距不同，通过 X 射线衍射结果可以确定照射材料对应晶体的特定的相。具体到本实验中，实验材料是已知的，试样变形过程中若 X 射线衍射角度发生变化，则最有可能来自两方面：试样中发生相变；或试样的弹性变形造成晶面间距发生变化。实验中衍射用闪烁体探测器阵列所能记录到的衍射角度(衍射光线与入射光线所成角度，2θ)为 10°～20°。

6.2.2　数字散斑相关方法

数字图像相关技术(DIC)又称为数字散斑相关方法(DSCM)，是目前应用最广的测量位移和应变场的方法，其原理是基于光流法，通过变形前后图像的配准算法得到物体的位移场和应变场。它具有传统光学方法和电测法所不能比拟的优点：① 实验简单。该方法对实验环境和设备要求较低，光路简单，试件的预处理只需要进行表面喷漆。② 非接触测试。③ 全场测量。对于岩石类非均质材料，其变形具有非均匀性，单点测量不足以说明问题，需要得到位移场和应变场。④ 测量量程范围广。该方法在 1%～400%的应变范围内均可实现高精度测量，解决了电测法量程小的问题。⑤ 测量时间范围大。该方法借助于相机进行拍摄，只要控制相机的拍摄速率即可实现从蠕变（$10^{-6}\ s^{-1}$）到超高应变率（$10^{4}\ s^{-1}$）下的测量。

基于 MTS 伺服试验机对其进行准静态实验，应变率是 $3\times10^{-5}s^{-1}$（图 6.2.3）。在准静态实验的同时使用 CCD 对实验过程进行记录，CCD 采用 Balser 公司生产的 8 位 CCD，型号为 A622f，试验中用到的分辨率为 1 280×960 像素，传感器尺寸为 2/3 英尺①，最大帧率为 25 fps(frame per second，帧每秒)，一般使用的帧率是 1 fps。为了减少离面位移带来的误差，使用远心镜头替代普通镜头。远心镜头为 Navitar 公司生产的定焦远心镜头 1-17805，放大倍数为 0.18，视场面积的直径为 37.1 mm。拍摄图像的分辨率为 1 280×960 像素，试样表面散斑场从图像中裁剪提取出来后分辨率为 646×520 像素。为了消除灯光对试件引起的温升，实验中采用了冷光源。同时使用了透光性好且有一定强度的有机玻璃板放在远心镜头前，对破坏过程中的岩石碎片飞溅和岩爆有很好的保护作用，同时良好的透光性不影响图像的质量。CCD 与微型计算机连接，使用图像采集卡进行采集，也可以同时在微型计算机的屏幕上实时观测试件加载下的变形状况。

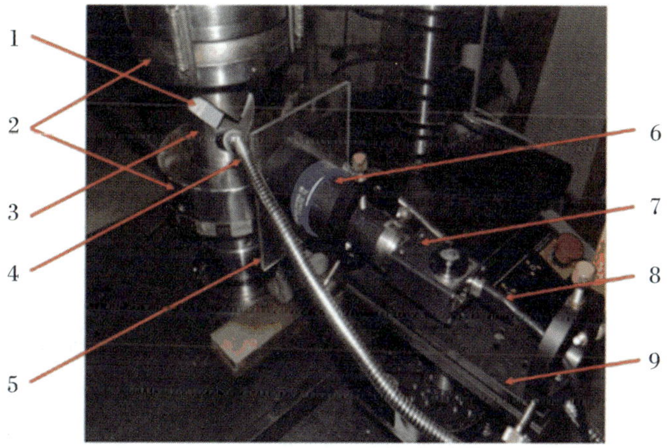

图 6.2.3　准静态实验装置图

1. 试件；2. MTS 压块；3. 斜垫块；4. 冷光源；5. 有机玻璃板；
6. 远心镜头；7. CCD；8. 数据线；9. 底座

动态实验是在分离式 SHPB 上进行的。图 6.2.4 中入射杆长度为 3 200 mm，锥形段长度为 370 mm，透射杆长度为 1 800 mm，子弹长度为 300 mm。同准静态实验一样，在相机前面应该放置有保护作用的有机玻璃板。综合考虑 SHPB 实验中应力均匀性的要求和花岗岩试样的材料均匀性要求，经过 SHPB 实验中“三波法”对波，选择动态实验试件的长径比为 0.5～1.0。

对试样的表面进行平滑抛光处理，并在拍摄面上用哑光漆喷涂黑白相间的散斑用来拍摄成像和进行 DIC 计算。动态加载过程中，使用高速摄像机（Phantom V12.1）来对岩石试样的表面散斑场进行拍摄，拍摄方向垂直于杆的方向（加载方向）。将一块透明有机玻璃板放置在花岗岩试样和高速摄像机的镜头之间，以防止试样破坏后飞溅出的碎屑损伤镜头。

① 1 英尺＝30.48 厘米。

由于在高速摄像机的拍摄帧率极高时，每帧的曝光时间极短，所以拍摄过程中使用了两台高强度新闻灯照射试样表面，以增加进入镜头的进光量，使得最终得到的图像亮度足够，便于后续对散斑场进行处理。高速摄像机的拍摄帧率为 14 μs 每帧，拍摄图像的分辨率为 256×256 像素，具体的大小与不同的实验有关。试样表面散斑场处在图像的中间，需要从图像中裁剪提取出来。然后使用 MATLAB 编写的 DIC 程序对散斑场进行计算，得到花岗岩试样表面的二维应变场。

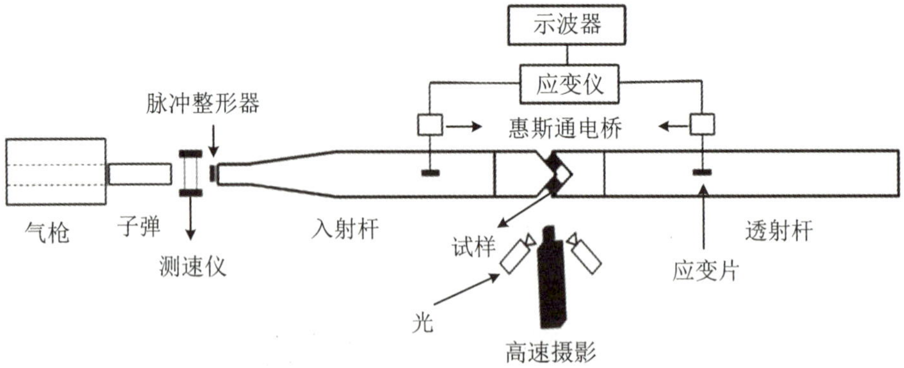

图 6.2.4 变截面锥杆的装置示意图

较好的数字图像质量要求被测物体的表面要有随机灰度分布的散斑场，因此，试件表面散斑场的制作或选取非常重要。对于天然岩石，其表面一般具有天然散斑场，如图 6.2.5(a1)所示。但是这种天然的散斑场并不具有好的灰度分布(图 6.2.5(a2))，容易带来

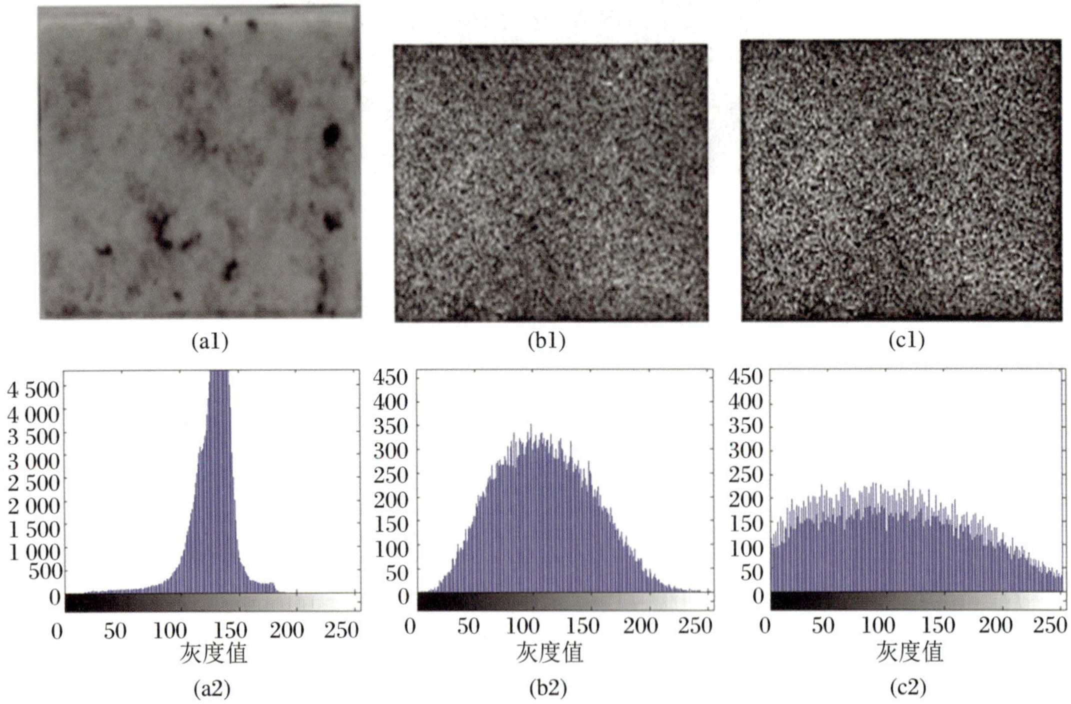

图 6.2.5 散斑场与灰度统计

(a) 天然散斑，(b)人工散斑 1，(c) 人工散斑 2。上图为散斑场，下图为对应的灰度直方图

较大的分析误差。因此，一般采用人工散斑场来改善灰度分布。应用砂纸将试件表面打磨出纹路，选择玻璃微珠漆或者哑光漆类黑漆均匀地喷在试件的表面，待漆干后再喷同类的白漆，使得试件表面黑漆与白漆随机分布。喷漆时先使漆雾化并远离试件，所得到散斑颗粒的大小在3～5个像素时的质量较好。若一次不成，可重复上述喷漆过程。得到的人工散斑场如图6.2.5(b1)和图6.2.5(c1)所示，相应的灰度分布如图6.2.5(b2)和图6.2.5(c2)所示，包括两种喷漆颗粒的散斑，即喷漆颗粒较大的人工散斑场(图6.2.5(b1))、喷漆颗粒较细的人工散斑场(图6.2.5(c1))。结果表明：天然散斑场质量很差，计算结果误差较大；喷漆增强过的图像其灰度直方图分布均匀，灰度梯度平方和的值远远大于没有增强的图像，而且喷漆颗粒较细的人工散斑场(图6.2.5(c1))的灰度分布(图6.2.5(c2))更好，其计算精度更高。相应数字图像相关技术的程序基于MATLAB编写，分别应用爬山法和Newton-Raphson迭代算法进行整像素和亚像素搜索，而相关系数函数的描述则采用零均值标准差平方和函数(ZNSSD)。经过5×5、11×11、21×21、31×31、41×41、51×51、101×101(像素×像素)等情况的比较，一般可采用51×51(像素×像素)进行分析。

6.2.3　岩石中的位移场和应变场

对准静态加载实验，将应变场与加载曲线结合，结果如图6.2.6所示。岩石试件的压缩分为非线性压缩密实阶段(图中A点以前)、线性压缩变形阶段(图中AB段)、非线性压缩变形阶段(图中BC段)和破坏阶段(图中CDE段)等4个阶段。而试件的变形分为均匀变形阶段、局部化变形阶段、裂纹发展阶段和崩溃阶段等4个阶段。试件变形特征与压缩曲线的特征大致相对应。开始阶段，试件变形相对较均匀，图中所示A点以前应变场中的应变分布存在随机分布高或低的区域。AB段之间试件中的应变场有一个逐渐变化的过程：从较均匀的应变场开始，逐渐过渡到在试件的左上角局部出现拉应变集中的区域，然后拉应变越来越大，出现明显的局部化变形带和拉应变较大的集中。在AB段后期这种局部化变形逐渐演化成宏观裂纹，宏观压缩曲线斜率逐渐降低。进入非线性加载阶段(BC段)，变形进一步发展，试件出现宏观裂纹。此阶段岩石内发生数次后继屈服，与试件宏观裂纹的产生在时间上有很好的对应关系。此过程揭示了岩石加载各阶段的变形机制。

图6.2.7所示为应变率50 s^{-1}时花岗岩试件的应力-时间曲线与应变场的发展对比，得到的应变场的发展规律与准静态基本相似：岩石试件的压缩分为4个阶段，试件的变形相应也分为4个阶段。与准静态不同的是，50 s^{-1}应变率下试件变形的不均匀性程度更高。对比图6.2.6和图6.2.7中的应变场，可以发现50 s^{-1}应变率时试件的局部化变形主要是沿着加载方向的带状拉应变集中区域，这些区域在后期形成了宏观裂纹。须注意的是，随着应变率的增加，试件的破坏机制要发生一定的转变，即局部的拉伸破坏和剪切破坏的转变，后面将会进行分析。由此，数字图像相关技术能够定量测量动静态下花岗岩试件中裂纹的发展过程，对于研究脆性材料中裂纹的发展可提供很好的依据。

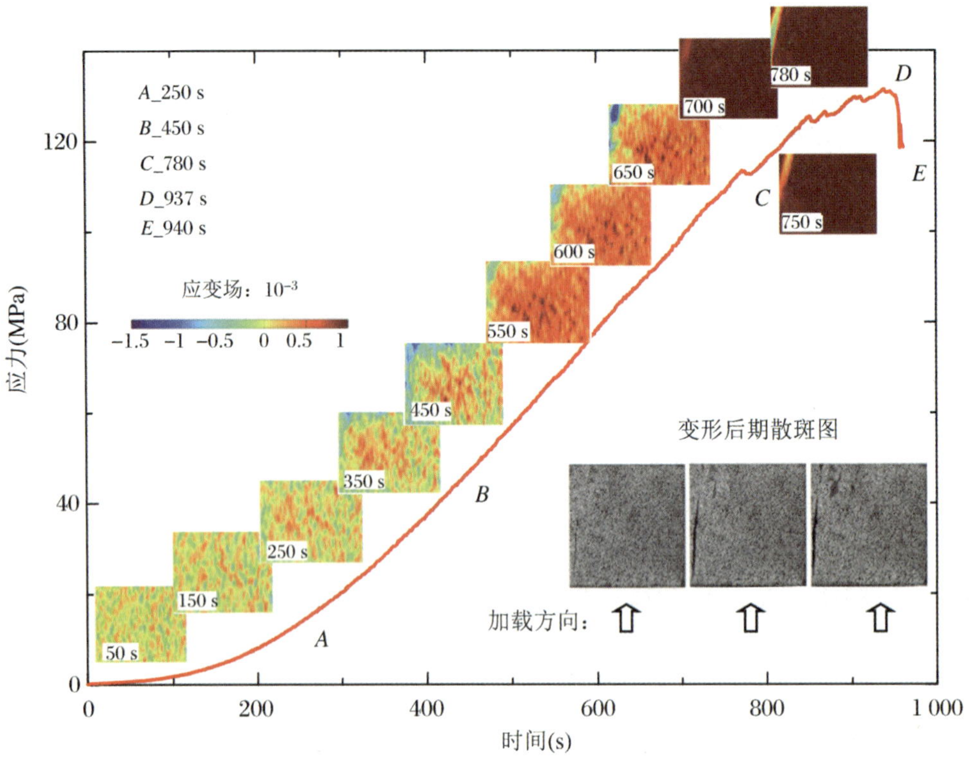

图 6.2.6 准静态加载下花岗岩试件的应力-时间(应变)曲线

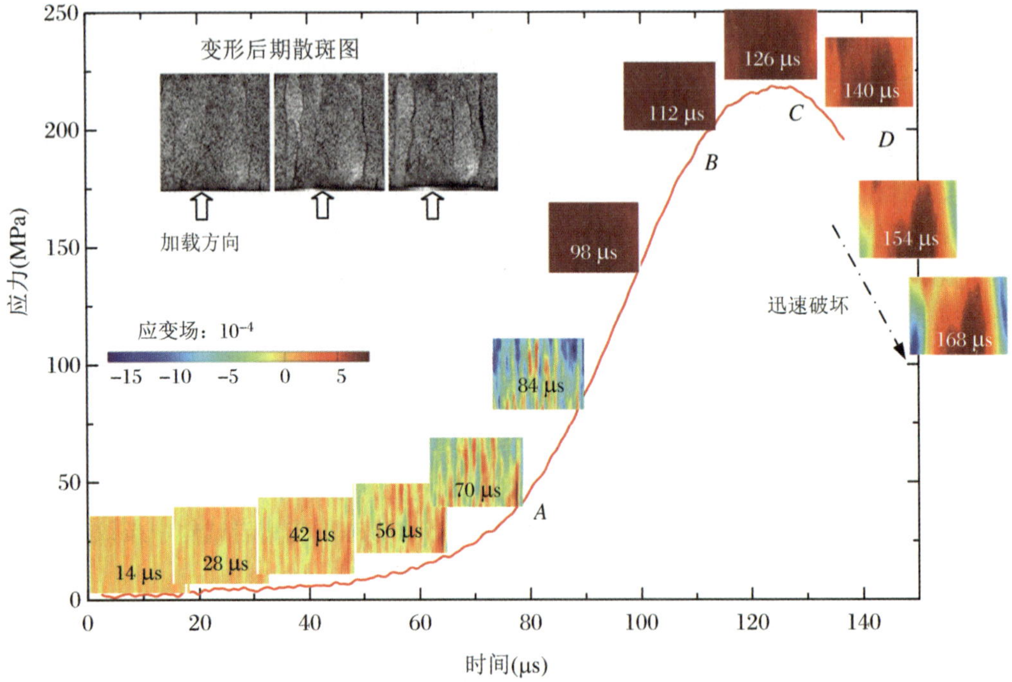

图 6.2.7 应变率 50 s^{-1} 时花岗岩试件的应力-时间曲线

6.3　岩石非均匀性的表征和演化

6.3.1　同时 X 射线成像与衍射

1. 单晶硅的动态变形演化

图 6.3.1(a)所示为单晶硅沿晶向〈110〉上的应力-时间曲线，以及达到应力平衡后的应变率历史(黄俊宇，2016)。其压缩响应表现出弹脆性特性，有两个明显的拐点，即 A 点和 C 点，分别对应于 $t=9\ \mu s$ 和 22 μs 处。其中，A 点附近的应变率基本保持不变，随时间的增加，应力的速率减小对应材料模量在劣化；在超过破坏强度(B 点)后，样品的破坏过程分为两个阶段，第一段(BC)的应力释放率较低，这在应变率历史过程中也清楚显示，第二段(C 点以后)应力迅速衰减到 0。

结合压缩曲线，利用超快 X 射线成像和衍射技术原位实时记录单晶硅的动态变形、损伤和破坏过程。实验所用的光源为美国物理学会(American Physical Society，APS)的"线栈 A"在间距 23 mm 处产生的 X 射线，入射光的光谱是准单色光，含有 3 个谐波，谐波强度依次减弱。样品对应的 X 射线成像和衍射图像如图 6.3.1(b)～(e)所示，图中左侧为 X 射线成像，右侧为衍射图像。成像和衍射相机的拍摄频率都设在 15 万帧/s，成像曝光时间为 1 μs，衍射曝光时间为 0.4～0.6 μs。成像和衍射图像的空间分辨率分别为每个像素 4 μm 和 60 μm。样品的成像面积为中心区域的面积(0.67 mm×0.51 mm)，衍射信号来自于入射光斑所照射的整个材料区域(2 mm×1.7 mm)。实验系统如图 6.2.2 所示。

由图 6.3.1(b)～(e)所见，第一幅 f1 样品产生弹性变形。此时衍射斑保持规则的形状，随着载荷的增加，衍射峰向较高的衍射(2θ)角方向上少许移动。可以计算相应的峰移、晶格应变、晶面的弹性压缩量等。在第三幅 f3 图像时，图片中观察到水平主裂纹，对应着宏观压缩曲线上的模量软化。衍射斑沿着相同的方向移动，其形状发生了改变，即峰变高，半高宽变小。第一幅和第三幅之间的峰移为 0.128°，可计算得到晶格正应变为 0.47%，小于弹性极限时的晶格应变 0.59%。可能的原因是主裂纹萌生和扩展导致晶格内发生应力松弛，晶体变形已经偏离了弹性变形；另外，晶体开裂也可能诱导轻微的晶体旋转，从而导致衍射斑对应的波长发生轻微的改变。在第四幅 f4 图像时，更多的水平劈裂裂纹出现在样品中，而且微型雁形裂纹开始沿着垂直主裂纹的方向萌生和扩展，引起了压缩曲线上的应力降，并为材料提供了释放能量的途径。随后，雁形裂纹开始联合并形成宏观裂纹或者损伤带，导致样品最终破坏。衍射斑的形状逐渐扭曲。样品在第六幅 f6 图像时发生破碎，相应的衍射斑也发生破碎。

利用 X 射线图片的灰度分布来量化单晶硅的损伤程度。在透射模式下，X 射线图片的平均强度基本保持不变，但是灰度值分布随着时间增加而变得越来越不均匀。图 6.3.1(f)～(i)显示灰度值分布在第一幅 f1 图像时基本均匀。在第三幅 f3 图像时出现了两条亮带，对应着样品区域的两条主裂纹，裂纹边界则形成两条暗带。在第四幅 f4 图像时样品中出现雁形裂纹，灰度图像因此变得非常不均匀。在第六幅 f6 图像时水平和雁形裂纹持续扩展，在灰度图像中形成了明暗相间的峰和谷。进一步，可用图像灰度分布的标准差来量化样品的损伤程度。

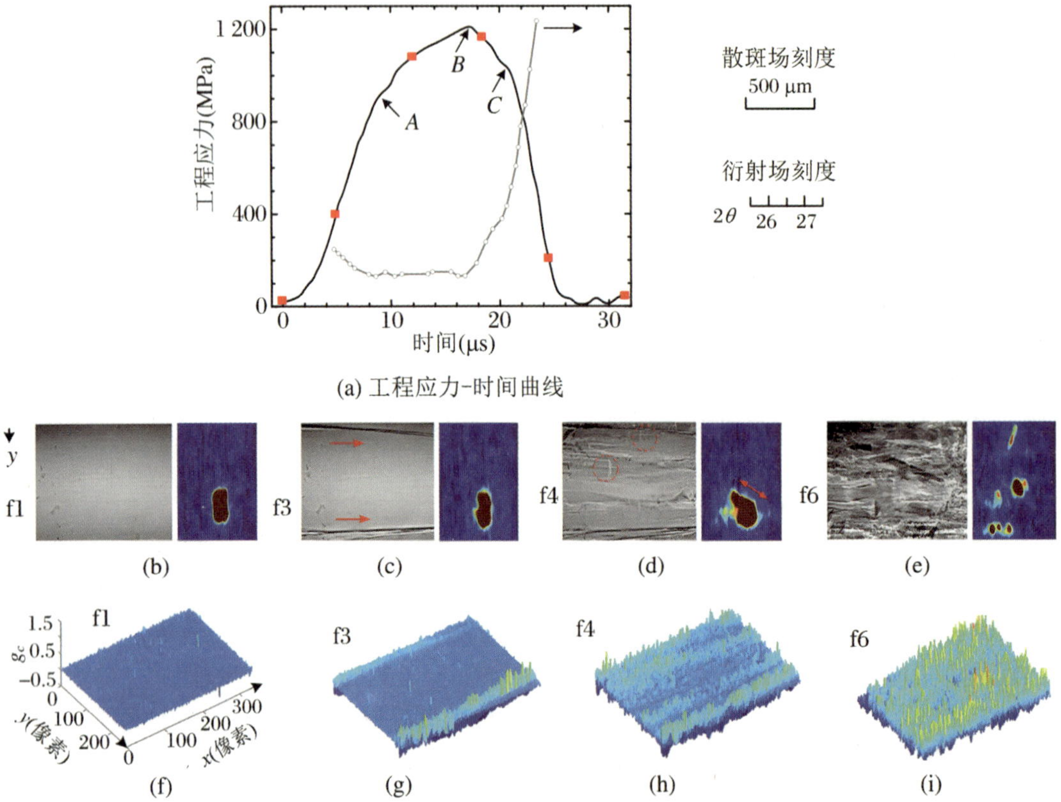

图 6.3.1 单晶硅动态变形过程

图(a)上的矩形标记对应衍射拍摄，圆形标记对应 X 射线拍摄；图(g)～(i)的坐标系与图(f)相同

2. 碳化硼陶瓷的动态变形演化

应力-时间曲线如图 6.3.2(a)所示(周李姜，2018)。加载过程分为两个阶段：10 μs 之前试样处于准弹性变形阶段，应力随着加载时间近似线性上升；10 μs 之后，应力值基本维持恒定，呈现一段较长的平台。

对试样的 X 射线图像进行灰度修正，其修正图像如图 6.3.2(c1)、图 6.3.2(d1)和图 6.3.2(e1)所示。计算每幅图像对应的灰度空间分布曲面，如图 6.3.2(c2)、图 6.3.2(d2)和图 6.3.2(e2)所示。在第一幅 f1 图像，6.1 μs 处，弹性加载阶段，X 射线图像灰度分布比较均匀，只在局部，由于材料的非均质特性已经在产生裂纹。在第三幅 f3 图像至第六幅 f6 图像中，曲线维持在应力平台阶段直至卸载，X 射线图像中可见裂纹演化，图像灰度分布的不均匀性持续增加，贯穿视场的裂纹也逐渐明显，裂纹周围也出现了一些次生裂纹。

由于 B_4C 样品属于多晶，其晶粒/晶面的取向是随机的，X 射线经过一种取向的晶粒/晶面衍射会在某个角度形成二维衍射斑，这种衍射斑叠加作用形成平面上 360°分布的衍射环。由闪烁体阵列传感器记录的衍射角(2θ)10°～20°的衍射环图样，如图 6.3.2(c3)、图

6.3.2(d3)和图 6.3.2(e3)所示。利用 HiSPoD 软件对衍射环图样进行处理，扣除背景衍射之后对各角度的衍射强度分别积分，得到不同加载时刻的衍射峰曲线，如图 6.3.2(b)所示。B_4C 的衍射峰主要集中在 2θ 角为 10°～15°范围内，顶峰的初始位置在 12°附近。随着加载过程的进行，衍射峰的位置和峰宽几乎没有变化。衍射峰的位置由晶面间距决定，这说明晶粒变形很小，可忽略。然而衍射峰随着加载过程进行，其强度逐渐降低，其峰发生劈裂，主峰逐渐分离为两个单独的衍射次峰。晶粒/晶面旋转会引起衍射角的改变，由此可以通过衍射次峰偏离角度定量地获得样品局部剪应变 γ。

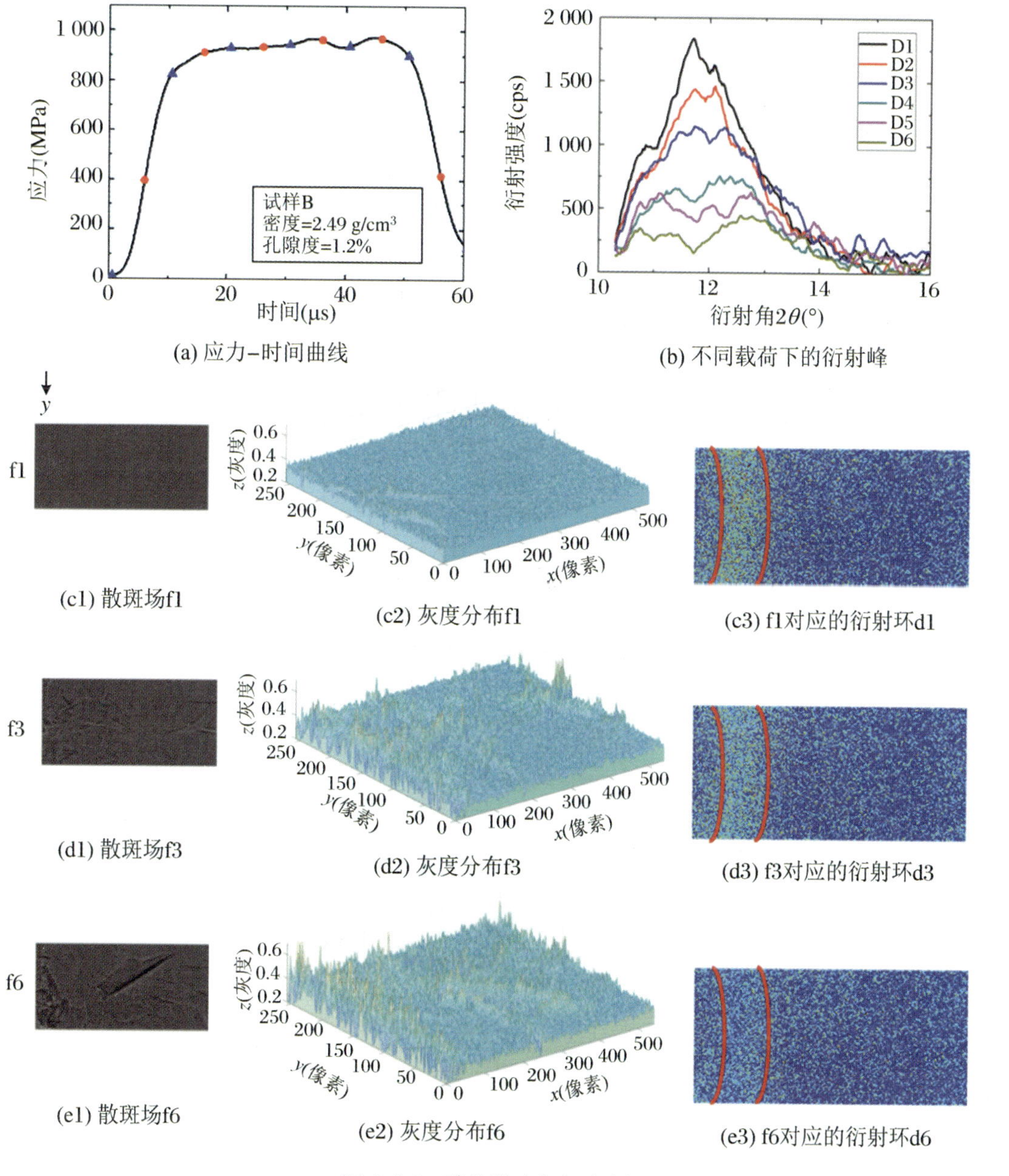

(a) 应力-时间曲线　(b) 不同载荷下的衍射峰

(c1) 散斑场f1　(c2) 灰度分布f1　(c3) f1对应的衍射环d1

(d1) 散斑场f3　(d2) 灰度分布f3　(d3) f3对应的衍射环d3

(e1) 散斑场f6　(e2) 灰度分布f6　(e3) f6对应的衍射环d6

图 6.3.2　碳化硼动态变形过程

图(a)上的三角形标记对应衍射拍摄，圆形标记对应 X 射线拍摄；
cps 表示每秒接收到的光子数

6.3.2 数字散斑结果与 Weibull 分布统计

为更好地激发岩石的非均匀性质，采用动态压剪复合加载实验技术。同时应用高速摄像机（Phantom V12.1）来对花岗岩试样的表面散斑场进行全程跟踪拍摄。实验技术描述参见 5.3 节。图 6.3.3 所示为花岗岩试样在 4 种加载方式，即单轴准静态压缩、单轴动态压缩、准静态压剪复合加载，以及动态压剪复合加载，这些加载过程均包含 3 个阶段：拟线性加载、非线性加载和失稳阶段。图中应力-应变关系曲线上的红色圆点对应高速摄像机成像时刻。应力-应变关系曲线的左边部分为散斑场，其右边部分为对应的横向拉伸应变场和最大剪切应变场。在 4 种加载过程中，应变场色彩图像都会随着加载过程进行变得越来越复杂和不均匀，这表明应变场的非均匀性在逐渐增强。应变场的局部会形成大的应变集中区域，宏观裂纹由此产生。

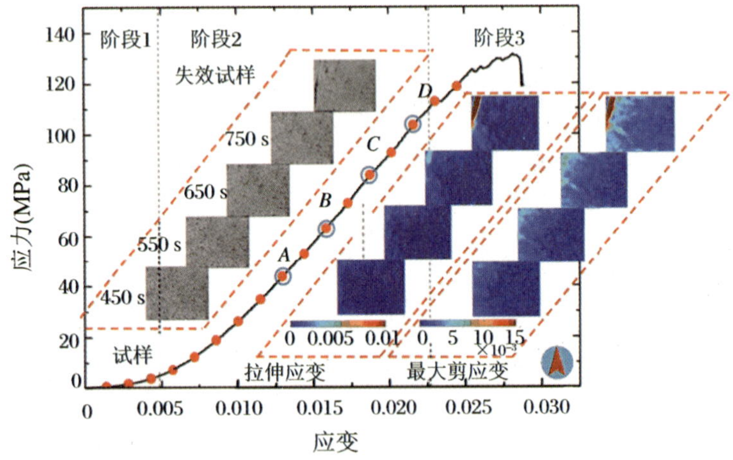

(a) 单轴，应变率为$3\times10^{-5}\ s^{-1}$

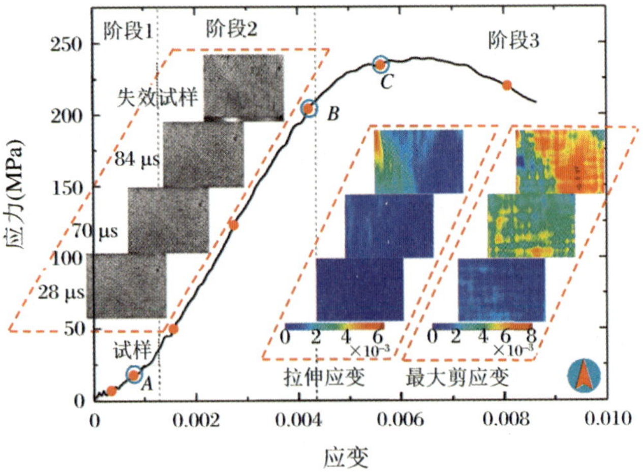

(b) 单轴，应变率为$80\ s^{-1}$

图 6.3.3 应力-应变曲线及对应的散斑场和应变场色彩图像

右下角的红色箭头表示压缩方向

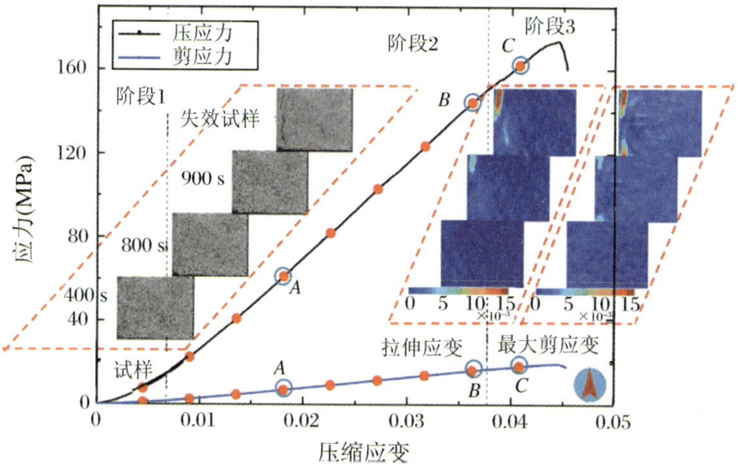

(c) 压剪倾角为15°, 应变率为$2.9\times10^{-5}\ s^{-1}$

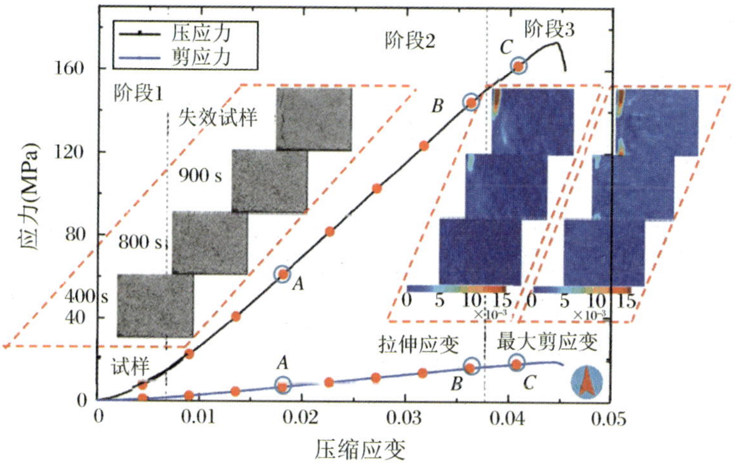

(d) 压剪倾角为15°, 应变率为$60\ s^{-1}$

图 6.3.3　应力-应变曲线及对应的散斑场和应变场色彩图像(续)

右下角的红色箭头表示压缩方向

在准静态的单轴压缩加载以及压剪复合加载中，只能看到一条主裂纹扩展并贯穿整个试件，使得试件发生劈裂。这些主裂纹由泊松效应引起的横向拉伸作用造成。在应变场的局部，横向拉伸应变和最大剪切应变集中在相同的区域，这说明局部的微裂纹扩展机制是压缩和剪切耦合的。对于动态的单轴压缩加载以及压剪复合加载实验，较大的横向拉伸应变和最大剪切应变广泛分布在应变场的各个区域，而且拉伸与剪切集中的区域几乎没有重叠，其中横向拉伸应变的集中只出现在应变场的左侧小部分区域，而剩余的大部分区域都能观察到最大剪切应变的集中。这说明在冲击加载下，需要激活大量的微裂纹来释放快速上升的载荷能量，这些裂纹形成剪切裂纹网络，并造成了试样的粉碎性破坏。随着加载应变率的升高，花岗岩材料破坏从拉伸机制逐渐转换到剪切机制。

将应变场中每个计算点视为一个统计单元。为定量地表征试样发生局部破碎之前表面应变场的非均匀性，可对应变场内所有单元上的横向拉伸应变 ε_t 和最大剪切应变 $\tau_{\max}$ 进行统计，以求得应变值的数密度(n)分布，数密度 n 就等于每份中的单元个数除以每份长度。

横向拉伸应变和最大剪切应变的分布非常相似，下面只列出最大剪切应变的统计，4 种加载方式下试样表面最大剪切应变如图 6.3.4 所示。

试样的变形具有非均匀性，应变分布展现出特殊的 Weibull 分布特征。在准静态单轴压缩下，应变数密度符合单峰 Weibull 分布特征，如图 6.3.4(a)所示；在准静态压剪复合加载下，应变数密度略呈现出双峰 Weibull 分布特征，但整体仍表现为单峰分布，如图 6.3.4(c)所示。随着加载过程的进行，应变分布的主峰缓慢地向右移动，同时峰值逐渐降低、峰宽逐渐增大。最右侧部分快速发展，数密度值很低；对应试样局部形成的导致整体破坏的裂纹，同时试样其余部位的变形很小。

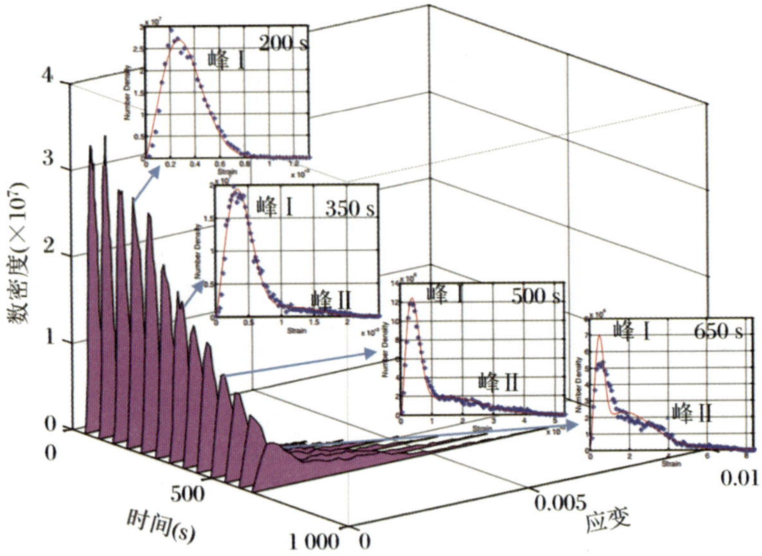

(a) 单轴，应变率为$3\times10^{-5}\ s^{-1}$

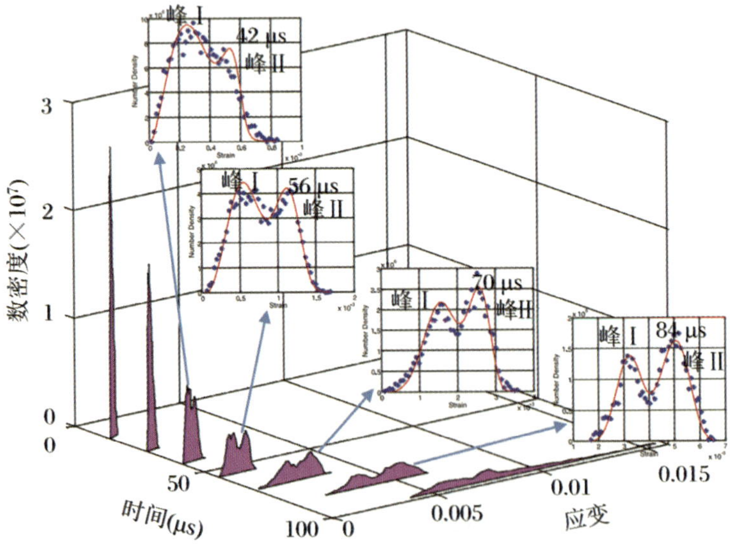

(b) 单轴，应变率为$80\ s^{-1}$

图 6.3.4 最大剪切应变场应变分布与统计

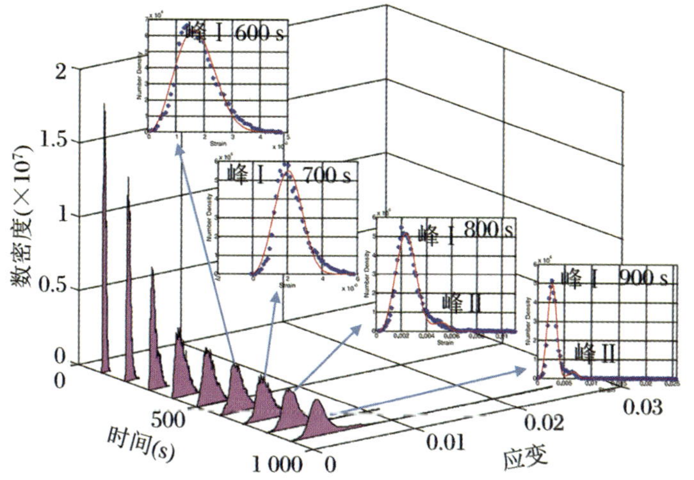

(c) 压剪倾角为15°, 应变率为$2.9\times10^{-5}\ s^{-1}$

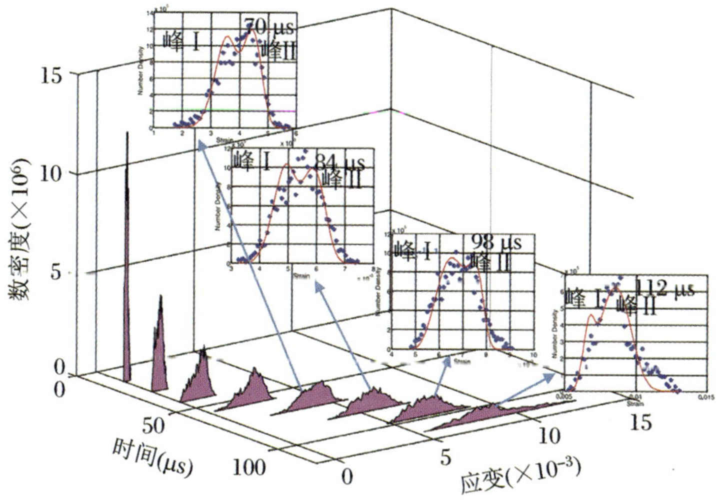

(d) 压剪倾角为15°, 应变率为$60\ s^{-1}$

图 6.3.4　最大剪切应变场应变分布与统计(续)

单轴动态压缩(图 6.3.4(b))和动态压剪复合加载(图 6.3.4(d))的应变数密度分布都呈现明显的双峰 Weibull 分布特征。其第一个峰(峰Ⅰ)随载荷增加的变化趋势与准静态加载中的主峰几乎一致,代表试样基体部分的变形;其第二个峰(峰Ⅱ)代表试件破坏部分的变形。在高加载速率下,裂纹的相互作用区与整个试样的体积相比非常小,导致试样中大量的微裂纹被激活。随着载荷的增大,峰Ⅰ右侧的峰Ⅱ快速发展。与峰Ⅰ发展趋势不同的是,峰Ⅱ单调地向大应变方向移动,其数密度分布的幅值和峰宽都在增大,峰Ⅱ的发展显著快于峰Ⅰ。

描述应变场数密度 n 的分布的单峰和双峰 Weibull 概率密度函数分别表达为

$$n = N\frac{m_1}{\varepsilon_1 - \varepsilon_{\min}}\varepsilon_1^{*\,m_1-1}\exp(-\varepsilon_1^{*\,m_1}) \tag{6.3.1}$$

$$n = N\left[(1-\eta)\frac{m_1}{\varepsilon_1 - \varepsilon_{\min}}\varepsilon_1^{*\,m_1-1}\exp(-\varepsilon_1^{*\,m_1}) + \eta\frac{m_2}{\varepsilon_2 - \varepsilon_{\min}}\varepsilon_2^{*\,m_2-1}\exp(-\varepsilon_2^{*\,m_2})\right] \tag{6.3.2}$$

式中，N 为应变场的总单元数；ε_i 和 m_i（$i=1,2$，分别对应峰Ⅰ和峰Ⅱ）为 Weibull 分布参数：ε_i 为特征应变，m_i 为 Weibull 模量；ε_i^* 为归一化应变，其表达式为 $\varepsilon_i^* = (\varepsilon - \varepsilon_{\min})/(\varepsilon_i - \varepsilon_{\min})$；$\eta$ 为应变分布中峰Ⅱ所含的单元占总单元个数的比例，$1-\eta$ 代表峰Ⅰ所含的单元个数所占比例。式(6.3.2)可看作两个独立 Weibull 分布的加权叠加，每个 Weibull 分布对应应变分布的一个峰。式(6.3.2)也可以写为

$$n = n_1 \tag{6.3.3}$$

$$n = (1-\eta)n_1 + \eta n_2 \tag{6.3.4}$$

式中，n_1 和 n_2 分别为峰Ⅰ和峰Ⅱ的应变数密度。对 4 种加载条件下最大剪切应变分布都进行 Weibull 概率密度函数拟合，如图 6.3.4 中的曲线所示，可以较好地反映其分布特征。由此可以讨论 Weibull 分布参数的影响。

6.3.3 应变场中非均匀性的演化

1. 一维确定性应变非均匀性扩散模型

借鉴 Bai 等(1992,1994)提出的对于材料中裂纹长度数密度分布演化的描述方法进行应变场均匀性和局部化演化的推导。模型中的变量都是确定性的，对于试样中的某个微元，它的局部变形增长速率完全由自身的应变大小和试样的平均应力水平决定，即

$$\dot{\varepsilon} = A(\varepsilon, \sigma(t)) = A(\varepsilon, t) \tag{6.3.5}$$

式中，A 为应变演化速率函数。花岗岩试样的整体变形由基体部分和破坏部分等两部分组成。基体部分的变形为准弹性的，即 $\varepsilon = \varepsilon^{q}$，此部分随着加载过程逐渐发展而不发生突然变化；破坏部分的变形包含准弹性变形和损伤变形，即 $\varepsilon = \varepsilon^{q} + \varepsilon^{d}$，$\varepsilon^{d}$ 在加载过程中会由于新的裂纹或损伤形成发生阶跃，需要引入数密度增长率 $\dot{n}_{N}(\varepsilon, t)$ 函数来描述裂纹/损伤成核引起的损伤单元应变阶跃过程，称其为损伤成核率。与应变演化速率函数 A 类似，$\dot{n}_{N}(\varepsilon, t)$ 由当地局部应变 ε 和加载时间 t 完全决定。

由确定性规则，应变场内的应变数密度分布函数为 $n(\varepsilon, t)$。加载时刻为 t 时，应变场内应变值处在$(\varepsilon, \varepsilon+\Delta\varepsilon)$范围内的单元个数为 $\int_{\varepsilon}^{\varepsilon+\Delta\varepsilon} n(\varepsilon', t)\mathrm{d}\varepsilon'$；在时间段 $t \sim t+\Delta t$ 内，应变值处于$(\varepsilon, \varepsilon+\Delta\varepsilon)$范围内的单元增长个数为 $\int_{\varepsilon}^{\varepsilon+\Delta\varepsilon}[n(\varepsilon', t+\Delta t) - n(\varepsilon', t)]\mathrm{d}\varepsilon'$。

$(\varepsilon, \varepsilon+\Delta\varepsilon)$范围内单元个数的增长含两部分，即应变值小于 ε 的单元其应变值逐渐增大到$(\varepsilon, \varepsilon+\Delta\varepsilon)$内，以及应变值本身处于$(\varepsilon, \varepsilon+\Delta\varepsilon)$范围内的单元继续变形致使其应变值超过 $\varepsilon+\Delta\varepsilon$。此过程单元个数增长为 $\int_{t}^{t+\Delta t}[n(\varepsilon, t')A(\varepsilon, t') - n(\varepsilon+\Delta\varepsilon, t')A(\varepsilon+\Delta\varepsilon, t')]\mathrm{d}t'$。另外，裂纹/损伤成核过程对单元个数增长的贡献为 $\int_{t}^{t+\Delta t}\mathrm{d}t'\int_{\varepsilon}^{\varepsilon+\Delta\varepsilon}\dot{n}_{N}(\varepsilon', t')\mathrm{d}\varepsilon'$。

由上述过程，可以建立应变场数密度变化方程

$$\int_{\varepsilon}^{\varepsilon+\Delta\varepsilon} n(\varepsilon',t)\mathrm{d}\varepsilon' = \int_{t}^{t+\Delta t}[n(\varepsilon,t')A(\varepsilon,t') - n(\varepsilon+\Delta\varepsilon,t')A(\varepsilon+\Delta\varepsilon,t')]\mathrm{d}t' + \int_{t}^{t+\Delta t}\mathrm{d}t'\int_{\varepsilon}^{\varepsilon+\Delta\varepsilon}\dot{n}_{\mathrm{N}}(\varepsilon',t')\mathrm{d}\varepsilon' \tag{6.3.6}$$

当 $\Delta t \to 0$，$\Delta\varepsilon \to 0$ 时，可得到应变场的统计演化方程为

$$\frac{\partial n}{\partial t} + \frac{\partial(nA)}{\partial\varepsilon} = \dot{n}_{\mathrm{N}} \tag{6.3.7}$$

与 Bai 等方程形式完全相同，相关解法可以应用。

2. 双峰分布的演化参数

应变值的概率密度 p 与其归一化数密度是等价的，即 $p = n/N$。由式(6.3.7)可得到应变场概率密度的统计演化方程为

$$\frac{\partial p}{\partial t} + \frac{\partial(pA)}{\partial\varepsilon} = \dot{p}_{\mathrm{N}} \tag{6.3.8}$$

其中，$\dot{p}_{\mathrm{N}}$ 为归一化的损伤成核率。将其应用到峰Ⅰ和峰Ⅱ，可以得到

$$(1-\eta)\left[\frac{\partial p_1}{\partial t} + \frac{\partial(p_1A_1)}{\partial\varepsilon}\right] = \dot{p}_{\mathrm{N1}} \tag{6.3.9}$$

$$\eta\left[\frac{\partial p_2}{\partial t} + \frac{\partial(p_2A_2)}{\partial c}\right] = \dot{p}_{\mathrm{N2}} \tag{6.3.10}$$

其中，下标 $i = 1,2$ 分别对应应变 Weibull 分布的两个峰。根据确定性原则，两峰的应变演化速率函数 A_1 和 A_2 完全相同，即 $A_1 = A_2 = A$。试样基体部分的裂纹成核可以忽略，则该部分损伤的成核率 $\dot{n}_{\mathrm{N1}}$ 为零，则有

$$\frac{\partial p_1}{\partial t} + \frac{\partial(p_1A)}{\partial\varepsilon} = 0 \tag{6.3.11}$$

$$\frac{\partial p_2}{\partial t} + \frac{\partial(p_2A)}{\partial\varepsilon} = \dot{p}_{\mathrm{N}} \tag{6.3.12}$$

根据式(6.3.11)可以得到应变演化速率函数 A 为

$$A = \frac{1}{p_1}\int_{\varepsilon_{\min}}^{\varepsilon}\left(-\frac{\partial p_1}{\partial t^*}\right)\mathrm{d}\varepsilon \tag{6.3.13}$$

式(6.3.13)的时间导数项可以分解为

$$\frac{\partial p_1}{\partial t^*} = \frac{\partial p_1}{\partial\varepsilon_1}\frac{\partial\varepsilon_1}{\partial t^*} + \frac{\partial p_1}{\partial m_1}\frac{\partial m_1}{\partial t^*} + \frac{\partial p_1}{\partial\varepsilon_{\min}}\frac{\partial\varepsilon_{\min}}{\partial t^*} \tag{6.3.14}$$

其中，ε_1，m_1 和 $\varepsilon_{\min}$ 分别为应变双峰 Weibull 分布中峰Ⅰ的特征应变、Weibull 模量和最小应变。ε_1 的时间导数可通过对其随归一化加载时间的变化进行指数增长拟合(动态压剪复合加载条件下的结果如图 6.3.5(a)所示)。m_1 和 $\varepsilon_{\min}$ 在加载过程中几乎维持不变，其时间导数可忽略。同样的过程可应用于应变双峰 Weibull 分布中峰Ⅱ，ε_2 的结果如图 6.3.5(b)所示。m_2 随加载过程呈现出显著的线性降低趋势，其拟合结果如图 6.3.5(c)所示，由此可得到其时间导数。$\dfrac{\partial(p_2A)}{\partial\varepsilon}$ 可通过对 p_2A 的表达式进行应变求导得出，其中 p_2 由应变 Weibull 分布的峰Ⅱ表达式给出，A 的表达式将在后面给出。

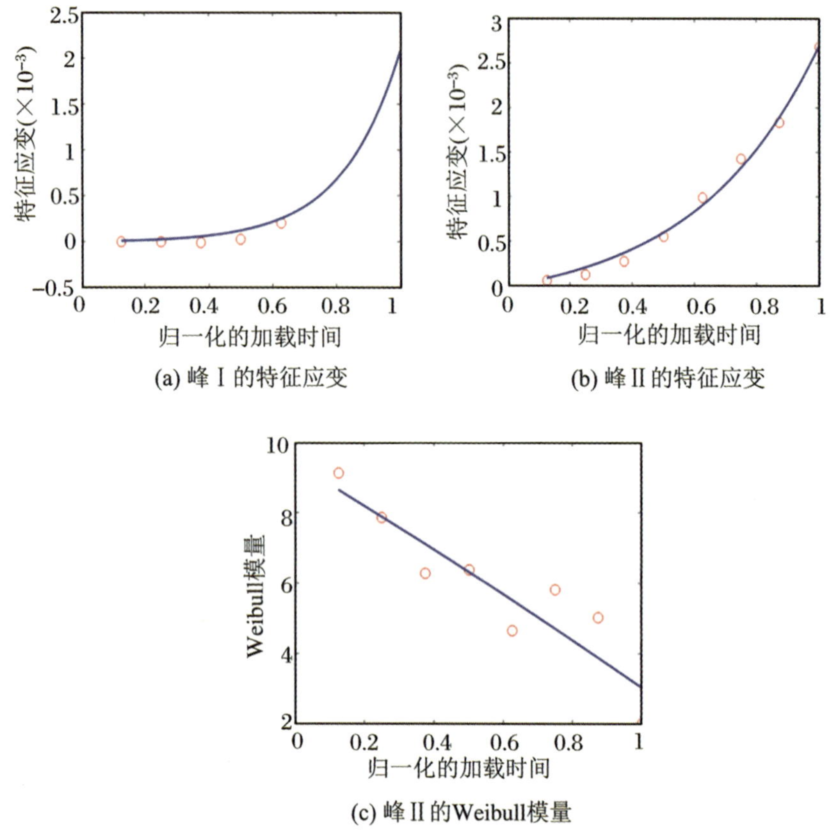

(a) 峰Ⅰ的特征应变　(b) 峰Ⅱ的特征应变

(c) 峰Ⅱ的Weibull模量

图 6.3.5 动态压剪复合加载下应变双峰 Weibull 分布参数的演化

3. 应变场非均匀性演化——演化速率 A 的确定

应变场中局部的应变值越大，对应的应变演化速率也越大；同时，随着载荷增加，试样中损伤增多，应力更加集中，应变演化速率随应变值变化的斜率增加。因此，应变演化速率 A 可简化为(Zhou et al.,2018)

$$A = f(\sigma(t)) \cdot \varepsilon \tag{6.3.15}$$

基于图 6.3.6 所示实验结果，可用指数公式来拟合 $f(\sigma(t))$ 随加载过程的变化，其表达式为

$$f(\sigma(t)) = C_1 \frac{\tau}{\sigma} + C_2\left(1 + \log \frac{\dot{\varepsilon}}{\dot{\varepsilon}_0}\right)[\exp(C_3 t^*) - 1] \tag{6.3.16}$$

式中，t^* 为归一化的加载时间；$\dot{\varepsilon}$ 为应变率；$\dot{\varepsilon}_0$ 为参考应变率，取为 $3\times10^{-5}\,\mathrm{s}^{-1}$；$\sigma$ 和 τ 分别为试样的压缩应力和剪切应力；$C_1 \dfrac{\tau}{\sigma}$ 表征剪切分量；$C_2\left(1+\log \dfrac{\dot{\varepsilon}}{\dot{\varepsilon}_0}\right)$ 表征应变率的作用，$\exp(C_3 t^*) - 1$ 为 $f(\sigma(t))$ 随归一化加载时间 t^* 的指数增长趋势；C_1，C_2 和 C_3 为拟合参数，$C_1 = 5.12$，$C_2 = 9.08\times10^{-3}$，$C_3 = 4.73$。

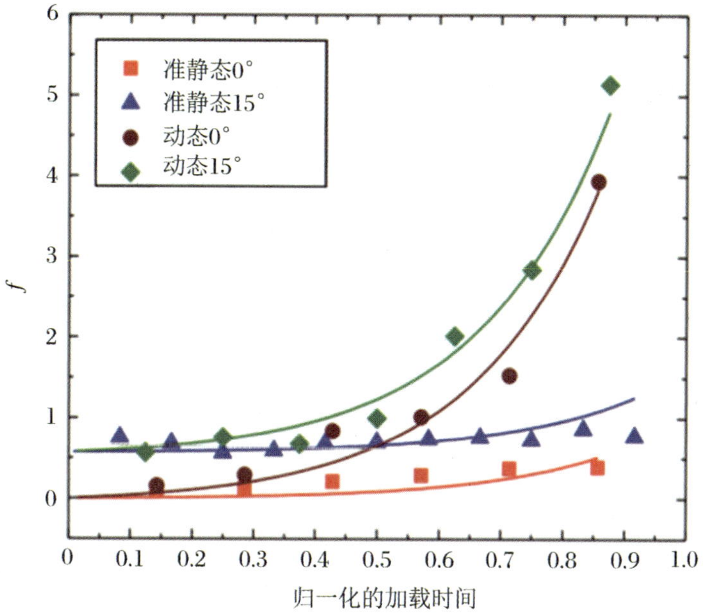

图 6.3.6　$f(\boldsymbol{\sigma}(t))$随加载过程的演化

图中实线为指数增长拟合曲线

4. 损伤过程非均匀性演化——损伤成核率 $\dot{n}_N(\boldsymbol{\varepsilon},t)$的确定

归一化损伤成核率与峰Ⅱ归一化演化速率成正比，即有(Zhou et al.,2018)

$$\dot{p}_N = g(\sigma(t)) \cdot \frac{\partial p_2}{\partial t} \tag{6.3.17}$$

加载过程中峰Ⅱ应变分布 p_2 的演化来自应变值较小单元数密度的减小以及应变值较大单元数密度的提升。$\dot{p}_N$ 与$\frac{\partial p_2}{\partial t}$之比$(g(\sigma(t)))$可以为正，也可以为负。正比值代表 p_N 的演化趋势与 p_2 相同，对应应变值较大的单元所在区域的变形随着加载过程持续增大。负比值代表 p_N 的演化趋势与 p_2 相反，对应应变值较小的单元所在区域的变形在加载过程中减小。因此，$g(\sigma(t))$的绝对值就表征着损伤成核率的大小。图 6.3.7 所示的实验数据点表明：损伤成核引起的数密度变化与应变场的整体数密度分布成正比，则有

$$n_N = G_k(\sigma(t)) \cdot n \tag{6.3.18}$$

式中，$G_k(\sigma(t)) = \sum_i^k \eta_i \cdot |g_i(\sigma(t))| \cdot \Delta t$。下标 i 代表不同的加载时刻，k 代表总的加载时刻数。实际计算过程中 Δt 恒定。$G_k(\sigma(t))$随加载过程的变化如图 6.3.7 所示。准静态单轴压缩实验中，$G_k(\sigma(t))$始终保持为零。其他加载条件下，$G_k(\sigma(t))$都呈现线性增长趋势。加载速率和外部剪切载荷同样对 $G_k(\sigma(t))$的值具有显著的影响。在准静态压剪复合加载、动态单轴压缩加载以及动态压剪复合加载下，花岗岩试样的 $G_k(\sigma(t))$值分别能够达到 5%、10%和 25%。

考虑到应变率和剪切分量的作用，$G_k(\sigma(t))$可表达为

$$G_k(\sigma(t)) = D_1 \frac{\tau}{\sigma} + D_2 \log \frac{\dot{\varepsilon}}{\dot{\varepsilon}_0}(t^* - t_N^*) \tag{6.3.19}$$

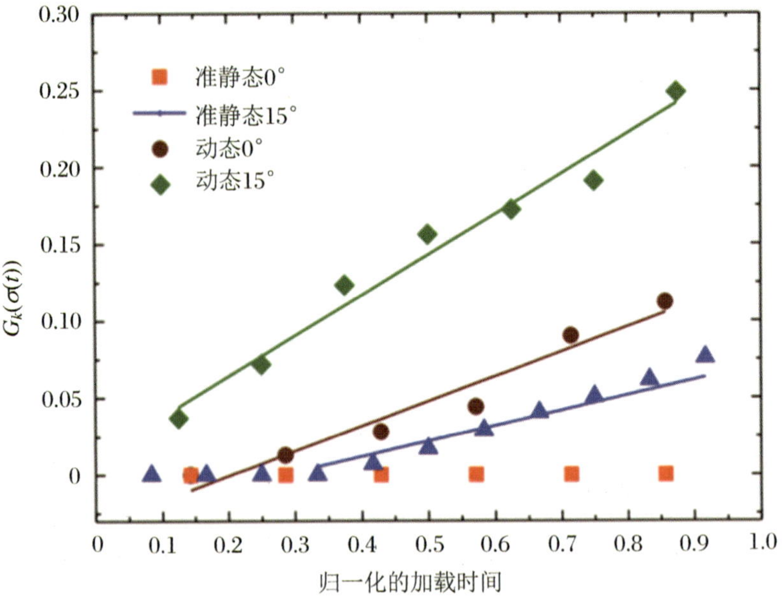

图 6.3.7　$G_k(\boldsymbol{\sigma}(t))$随加载过程的演化

图中实线为指数增长拟合曲线

式中，D_1，D_2 和 t_N^* 为拟合参数；$D_1\dfrac{\tau}{\sigma}$代表剪切分量的作用；$D_2\log\dfrac{\dot{\varepsilon}}{\dot{\varepsilon}_0}$代表应变率效应的作用；$t_N^*$ 表示归一化的损伤成核开始时刻。图 6.3.7 中的实线为 $G_k(\sigma(t))$的拟合曲线，拟合参数：$D_1 = 0.010\,9$，$D_2 = 0.893$。t_N^* 取决于加载条件，准静态压剪复合加载下，$t_N^* = 0.357$，动态单轴压缩加载下，$t_N^* = 0.204$，动态压剪复合加载下，$t_N^* = 0$。t_N^* 越低代表试样中损伤成核开始得越早，$t_N^* = 0$ 表示加载开始试样就发生损伤。

5. 应变非均匀性的率效应和加载路径效应

为表征非均匀变形，将应变演化速率 A 分解为两个部分：

$$A = \bar{A} + (A - \bar{A}) \tag{6.3.20}$$

式中，$\bar{A}$ 为应变的平均演化速率，代表整体的均匀变形速度；$A - \bar{A}$ 为非均匀变形速率。

由式(6.3.8)，应变统计演化的归一化表达式可写为

$$\frac{\partial p}{\partial t} = -\frac{\partial(p\bar{A})}{\partial \varepsilon} - \frac{\partial[p(A - \bar{A})]}{\partial \varepsilon} + \dot{p}_N \tag{6.3.21}$$

式中，$\dfrac{\partial p}{\partial t}$为整个应变场的演化速率；$-\dfrac{\partial(p\bar{A})}{\partial \varepsilon}$为均匀变形对应变场应变分布的贡献。式(6.3.21)剩余部分为非均匀变形对应变场应变分布的贡献，将其命名为 p_{het}，则其表达式为

$$\frac{\partial p_{\text{het}}}{\partial t} = \frac{\partial p}{\partial t} + \frac{\partial(p\bar{A})}{\partial \varepsilon} \tag{6.3.22}$$

应变双峰 Weibull 分布中峰Ⅱ的演化为$\dfrac{\partial p_{\text{het}}}{\partial t}$的主要部分。结合实验数据，$p_{\text{het}}$的演化速率与峰Ⅱ演化速率近似地成正比，可取为

$$\frac{\partial p_{\text{het}}}{\partial t} = h \cdot \frac{\partial p_2}{\partial t} \tag{6.3.23}$$

因此,非均匀变形对应变数密度分布的贡献(n_{het})与峰应变场整体数密度分布(n)成正比,即

$$n_{\text{het}} = H \cdot n \tag{6.3.24}$$

式中,H 为 h 的加权时间累积,即 $H = \sum_i \eta_i \cdot h_i \cdot \Delta t$,下标 i 代表不同的加载时刻。H 代表非均匀变形占整体变形的比例,其演化如图 6.3.8 所示。由此可见,准静态单轴压缩下非均匀变形的占比接近于零;随着剪切应力的增加,非均匀性有一定增加;而在动态单轴压缩加载下,非均匀变形变得十分显著,H 随着加载增加能够达到 45%;在动态压剪复合加载下,非均匀变形的占比变得更高,最终能超过 70%,此时试样的变形主要来自非均匀变形。因此,通过提高加载速率和外部剪切载荷,可以促进材料非均匀变形的发展,使得材料最终破坏程度更强烈;其中率效应对样品内部均匀性变形的发展起主要作用。

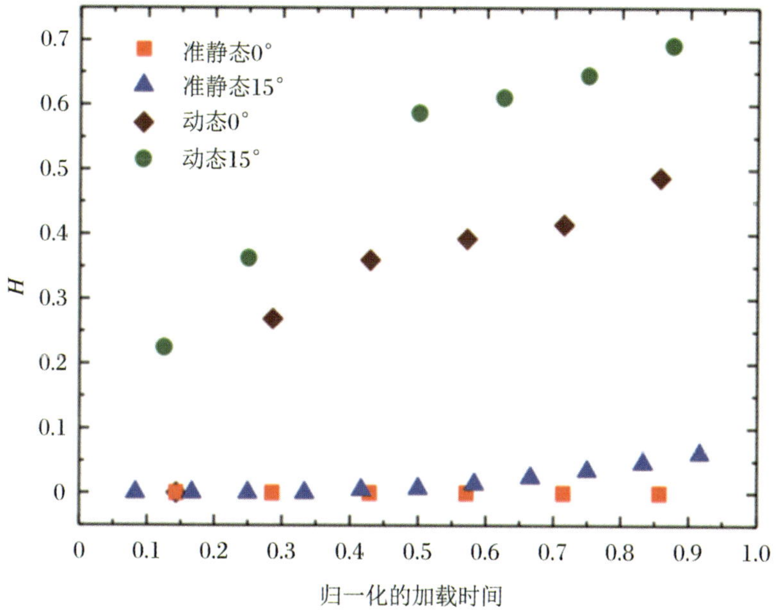

图 6.3.8　4 种加载条件下,花岗岩试样中非均匀变形(H)的演化

6.4　非均匀性波动传播

6.4.1　碳化硼颗粒体系中非均匀性压缩带演化

B_4C 粉末样品为模型材料,由于其颗粒强度较高,SHPB 冲击压缩过程中可忽略颗粒破碎,使得问题简化。B_4C 颗粒直径约为 10 μm。粉末样品放置在图 6.2.1 所示的有机玻璃片

夹持的试样盒中。将一片钢制加载板插在试样盒中，用以将外部载荷传递到粉末样品上。粉末样品在垂直于 z 轴的平面上的长宽为 5 mm×5 mm，沿着 z 轴方向的厚度是 1 mm。B_4C粉末样品的初始堆积密度设置在 1 g/cm^{3}左右。较疏松的颗粒堆积可以保证观测到压缩阵面的传播。所使用的同时原位 X 射线成像系统搭建于美国阿贡国家实验室（ANL）同步辐射中心（APS）的 32-ID-B 光源上。实验时，一束横截面积为 2 mm×1.7 mm 的单色 X 射线穿透粉末试样的中心区域，在闪烁体阵列探测器上形成一系列的灰度图像，由高速摄像机记录下来。冲击压缩实验过程，高速摄像机的拍摄帧率为 10 μs/帧，拍摄视场大小为 2 mm×0.94 mm，分辨率为 544×256 像素。

1. 粉末压实过程与 X 射线成像分析

图 6.4.1 所示为初始堆积密度为 1.22 g/cm^{3}的试样 A 的应力时程曲线和 X 射线图像 f1～f4。曲线上的红色实心圈表示 X 射线成像时刻。压实过程可分为 4 个阶段，即松散粉末的非线性压实阶段（AB）、压实粉末的拟线性压实阶段（BC）、较密实粉末的非线性压缩阶段（CD）和压塌阶段（DE）。选择了四帧 X 射线成像（即 f1～f4）来说明压实过程，如图 6.4.1(a)所示，有明显的压实阵面（黄色“〉”标记）传播。图像 f1 对应于阶段 AB，较松散的粉末被快速压实，曲线中的振荡显示了加速和减速压实过程。图像 f2 对应于阶段 BC，压缩应力随加载时间近似线性增加。图像 f3 和 f4 分别对应于阶段 CD 和阶段 DE，由于固结粉末的重新排列和重新压实，样品被压碎。

进一步采用 XDIC 分析方法分析二维应变场以描述压实过程。粉末样品由各种形状和尺寸的颗粒和孔隙组成，这些颗粒和孔隙在 X 射线图像中形成自然散斑图案，可用于 XDIC 分析。由于压缩过程中会产生较大的变形，因此采用两个相邻图像之间的增量应变计算分析。首先得到全场位移场，即沿 x 轴的粒子位移 u_x 和沿 y 轴的粒子位移 u_y，然后计算应变场 $\varepsilon_{xx}=\dfrac{\partial u_x}{\partial x}$和$\varepsilon_{xy}=\left|\dfrac{\partial u_x}{\partial y}+\dfrac{\partial u_y}{\partial x}\right|$。其结果如图 6.4.1(a)所示。与阶段 AB 对应的图像 f1 试样内部变形均匀，没有观察到明显的局部变形。松散颗粒材料的压实主要来自颗粒平移引起的孔隙压缩。这种类型的压实需要克服的阻力较小，这导致粉末样品的压实强度较低。随着冲击载荷的增加，图像 f2 处左边开始具有较高不均匀性的区域逐渐产生；在图像 f3 和 f4 处从左向右快速传播。这种压实“脉冲”的传播导致非常严重的局部不均匀性。当粉末样品的孔隙度随着载荷和时间的增加而降低到一定程度时，压实过程由颗粒的平移运动逐渐过渡到颗粒的强烈旋转运动和滑移。颗粒重新排列，并挤压到孔隙中，颗粒材料进一步密实，但是此过程需要更大的压实阻力。随着粉末样品继续被压缩并变得非常致密，颗粒之间的接触也非常紧密。由于自锁等效应的存在，颗粒很难移动，需要更大的压实阻力，因此，颗粒压实的机制最终主要是颗粒旋转和颗粒之间的滑动。

下面基于图像的灰度分析来研究压实阵面的传播。首先对图像的色场 $I(x,y,t)$进行处理，基于式(6.4.1)计算相对色场 $I_c(x,y,t)$。

$$I_c(x,y,t)=\frac{I(x,y,t)}{I(x,y,0)}I_0^* \tag{6.4.1}$$

式中，I_0^* 为色场 $I(x,y,0)$的平均值。引入灰度值的空间分布函数 $g(x,y,t)$，其表达式为

$$g(x,y,t)=I_c(x,y,t)-I_0^*(t) \tag{6.4.2}$$

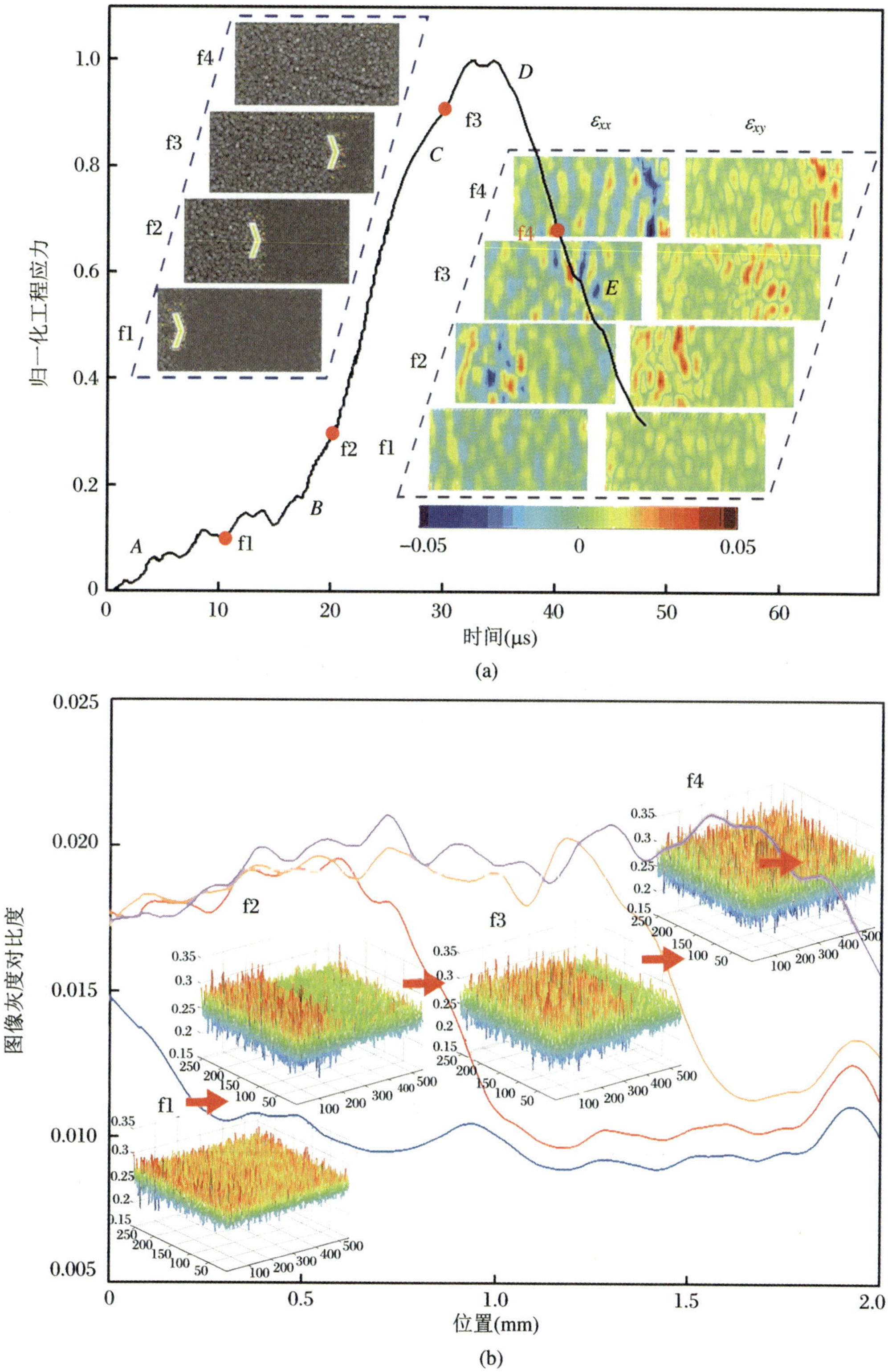

图 6.4.1　密度为 1.22 g/cm³ 的试样 A 的应力时程曲线和 X 射线成像结果

计算得到的灰度值的空间分布 $g(x,y,t)$ 如图 6.4.1(b)所示，图像 f1 所示灰度值比较均匀。在粉末样品的冲击端和支撑端开始出现轻微压实的不均匀变形区域。在图像 f2 至图像 f4 时，出现明显的压实区域，从左侧移动到右侧；在图像 f4 时整个试样几乎被压实"脉冲"占据。为了更清晰地追踪压实阵面，引入应变偏差 $\varepsilon_i-\bar{\varepsilon}$ 进行分析。这里，i 表示应变统计单元，$\bar{\varepsilon}$ 为平均应变。垂直冲击方向，即沿着 y 轴对应变偏差进行平均，得到平均对比度 $\text{contrast}(x,t)=\int_0^b(\varepsilon(x,y,t)-\bar{\varepsilon})\mathrm{d}y/b$。计算得到的对比度分布如图 6.4.1(b)所示。较高的对比度为 0.02，较低的对比度为 0.01，分别对应于压实粉末和松散粉末。这两个区域之间的过渡区(长度约为 0.38 mm)显示了压实阵面的形成，从左侧移动到右侧。压实阵面的速度为 65 m/s。值得注意的是，压实阵面前方较低对比度随着加载过程略有增加，这是由样品来回传播过程中产生一定的压实引起的。

图 6.4.2 所示为初始堆积密度为 1.11 g/cm^3 的试样 B 的应力时程曲线和 X 射线图像 f1～f4。与试样 A 相比，试样 B 的压实区域和松散区域之间的边界更加模糊，压实区域中的应变场分布更加分散，这是由于颗粒在较松散的试样 B 中更容易压缩和旋转/滑动。它显示松散粉末中的压实扩散速度远高于较密实的试样 A，约为 120 m/s。两个样品的压实机理将在稍后讨论。

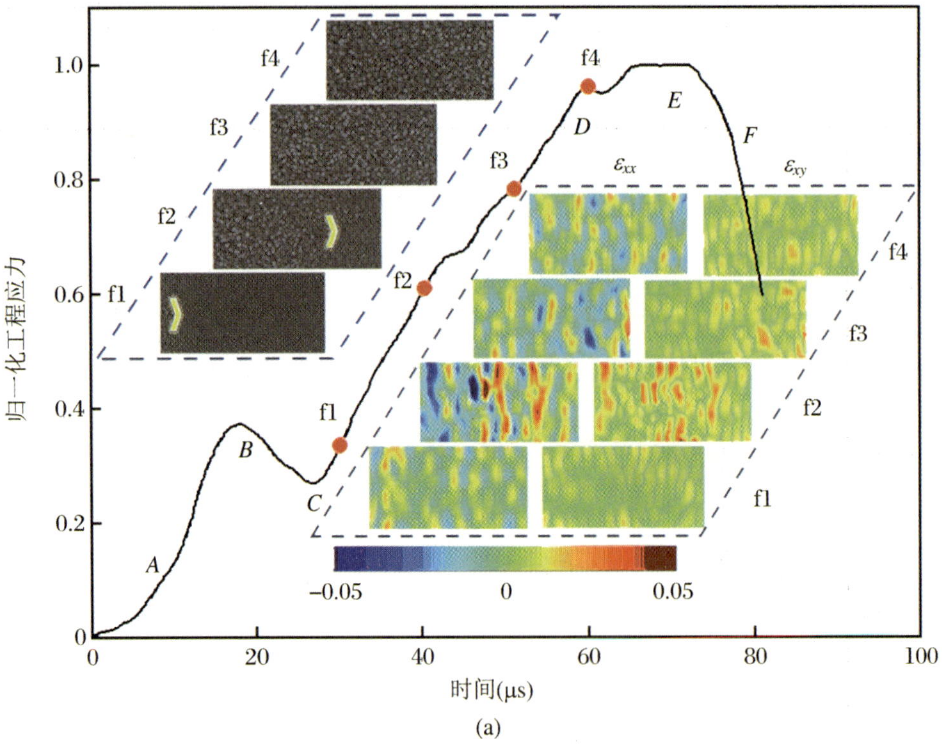

图 6.4.2 密度为 1.11 g/cm^3 的试样 B 的应力时程曲线和 X 射线成像结果

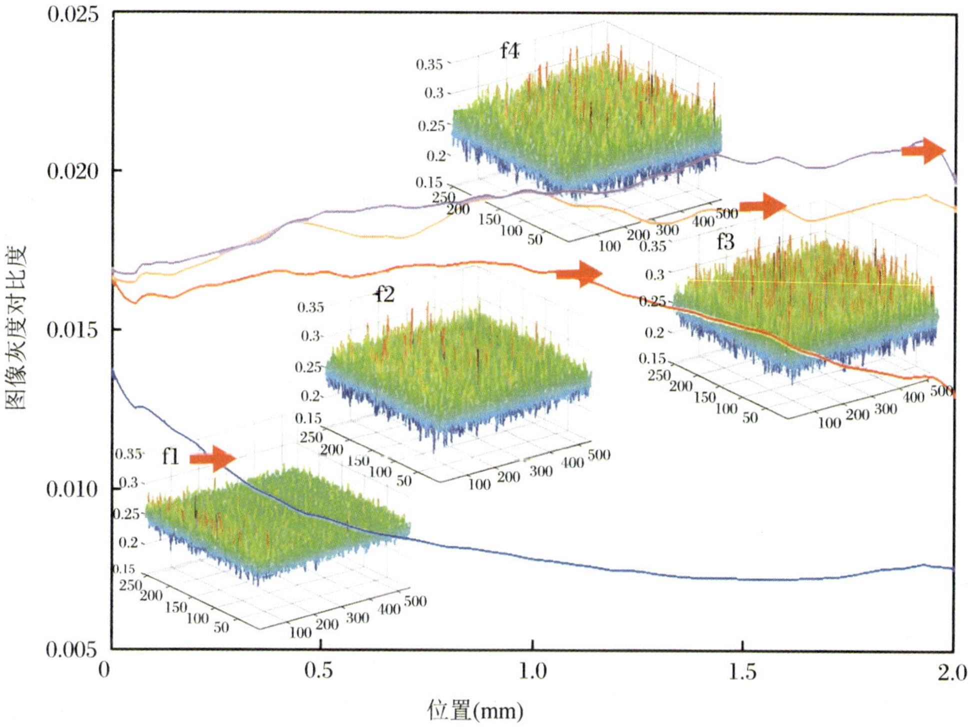

(b)

图 6.4.2　密度为 1.11 g/cm³ 的试样 *B* 的应力时程曲线和 X 射线成像结果(续)

2. 粉末压实过程中的旋转场

Graham(1997)认为:粉末材料的压实主要由局部剪切行为控制。局部剪切将使得颗粒发生旋转和滑移。上面已经计算得到 ε_{xx} 和 ε_{xy} 应变场。由位移连续条件:$\partial\varepsilon/\partial t=\partial v/\partial x$,速度梯度可以表示为 $\partial v_{xx}/\partial x=\dot{\varepsilon}_{xx}$,角旋转速度可以表示为 $\omega=\partial v_{xy}/\partial y=\dot{\varepsilon}_{xy}$。对于压实粉末而言,颗粒沿冲击方向的水平移动相对比较小,颗粒运动主要表现为局部的旋转和滑移。

图 6.4.3(a)所示的彩色图像为试样 *A* 中的角速度场 ω。角速度场从左向右运动,与上述的整体应变场运动趋势相似。由于压实带中涉及复杂运动模式(如颗粒的平移、旋转和滑动),压实阵面仍然模糊,这也导致冲击加载过程中的高度不均匀性。图中圆圈表示旋转角度、旋转速度的大小以及旋转方向。较大的旋转场分布在压实阵面处。

图 6.4.3(b)所示为对试样 *A* 中的角速度场 ω 进行统计的结果。采用 Weibull 分布函数,即 $P_1(\theta)=\dfrac{m}{\theta_0}\left(\dfrac{\theta}{\theta_0}\right)^{m-1}\exp\left[-\left(\dfrac{\theta}{\theta_0}\right)^{m}\right]$。其中,$P_1$ 为单位弧度内旋转角度的概率密度,m,θ_0 为拟合参数。与最大概率密度对应的旋转角 $\theta_c=\theta_0\sqrt[m]{1-1/m}$。随着冲击过程的发展,$P_1$ 从图像 f1 的 10.557 rad^{-1}降到图像 f2 的 8.602 rad^{-1},图像 f3 的 6.665 rad^{-1},以及图像 f4 的 6.212 rad^{-1}。特征旋转角 θ_0 从图像 f1 的 0.078 rad(4.47°)升到图像 f2 的 0.091 rad(5.21°),图像 f3 的 0.115 rad(6.59°),以及图像 f4 的 0.122 rad(6.99°)。此过程表现出明显的压实扩散特征。随着压实阵面的移动,冲击压实过程包含更多的粉末。这些早期压缩的粉末能承受更长时间的压缩,并显示出很大的旋转角度。值得注意的是,在图像 f4 的右

边界处，出现了局部的反射压缩现象。沿 y 轴方向对旋转角度进行平均，即 $\bar{\theta}(x,t)=\int_0^b \theta \mathrm{d}y/b$。$\bar{\theta}$ 沿 x 轴的分布如图 6.4.3(a)所示，显示清晰的压缩阵面传播过程。试样 B 中的角速度场 ω 有相似的发展规律。

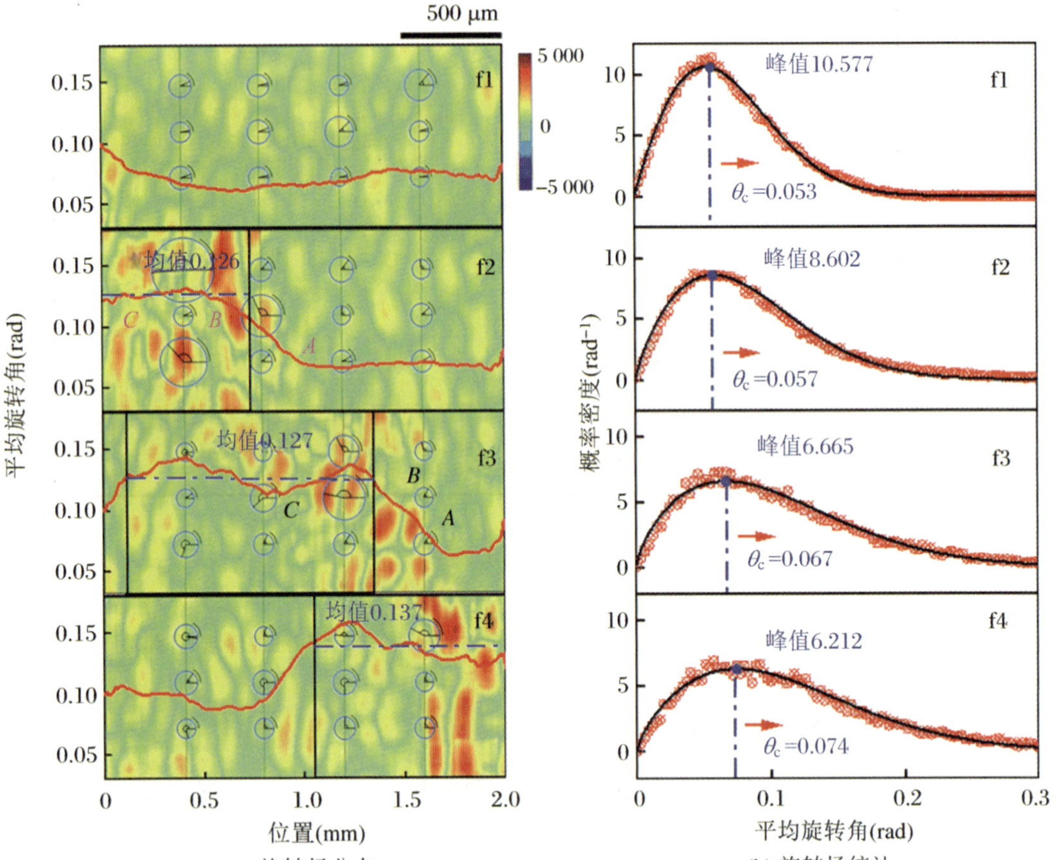

(a) 旋转场分布　(b) 旋转场统计

图 6.4.3　试样 A 中平均旋转场及其分布统计

3. 粉末压实阵面中的剪切阻力

对图 6.4.3(a)中的红色曲线进行比较。对于堆积密度为 1.22 g/cm^3 的试样 A，压实后的平均旋转度在图像 f2 和图像 f3 处的阶段 BC 几乎保持恒定，这表明在压实带处的剪切和颗粒旋转以及粉末滑移之间达到了一种平衡。然而对于堆积密度为 1.11 g/cm^3 的试样 B，平均旋转度在压实过程中增加，在峰值旋转度之后连续减小，其加载过程比试样 A 的 AB 阶段长得多。这表明在冲击脉冲加载过程，压实带中包含的所有粉末都处于加速状态。基于这些事实，对冲击方向上的局部应变和应变率进行分析，可得到压实带中旋转度与局部剪切阻力的关系。

粉末冲击压缩过程中，整个试样被压实阵面分为压实区和松散区。引入压实阵面的移动速度 C：$C\equiv \mathrm{d}x/\mathrm{d}t$，则应变场 $\varepsilon(x,t)$ 和应变率场 $\dot{\varepsilon}(x,t)$ 的时间导数可分别表达为

$$\frac{\mathrm{d}\varepsilon}{\mathrm{d}t}=\frac{\partial \varepsilon}{\partial t}+\frac{\partial \varepsilon}{\partial x}\frac{\mathrm{d}x}{\mathrm{d}t}=\frac{\partial}{\partial x}(v+C\varepsilon)-\frac{\partial C}{\partial x}\varepsilon \tag{6.4.3}$$

$$\frac{\mathrm{d}\dot{\varepsilon}}{\mathrm{d}t}=\frac{\partial\dot{\varepsilon}}{\partial t}+\frac{\partial\dot{\varepsilon}}{\partial x}\frac{\mathrm{d}x}{\mathrm{d}t}=\frac{\partial}{\partial x}(a+C\dot{\varepsilon})-\frac{\partial C}{\partial x}\dot{\varepsilon} \tag{6.4.4}$$

式中，$v=\frac{\partial u}{\partial t}$，$a=\frac{\partial^2 u}{\partial t^2}$表示局部粒子的速度和加速度。由此，可基于上面计算得到的位移场计算压实阵面局部的速度场 v_{xy}和加速度场a_{xy}。结合透射应力波形的上升沿部分，可应用下式计算局部剪切阻力 τ_s：

$$\tau_s=\frac{\sqrt{3}}{3}\left(\sigma-\frac{1}{2}\rho a_{xy}\mathrm{d}x\right) \tag{6.4.5}$$

由此，得到平均旋转角度 θ 与压实带（AB）中局部剪切阻力的关系如图 6.4.4 所示。试样 A 的黑色数据和红色数据分别由图像 f2 和图像 f3 计算得到。随着平均旋转度的增加，剪切阻力快速增加。剪切阻力 τ_s 与旋转角的关系可应用下式计算：

$$\tau_s-\bar{\tau}\frac{\theta/\theta_u}{1-\theta/\theta_u} \tag{6.4.6}$$

式中，θ_u 为颗粒旋转滑移的极限角度，图像 f2 的拟合结果为 0.140 rad，图像 f3 的拟合结果为 0.152 rad；$\bar{\tau}$ 为初始剪切阻力，图像 f2 的拟合结果为 0.096 MPa，图像 f3 的拟合结果为 0.329 MPa。初始剪切阻力 $\bar{\tau}$ 一般为初始密度ρ_0 和加载速率 $\dot{\rho}$ 的函数，可以初步表达为

$$\bar{\tau}=\left(\tau_0+\mu_1\frac{\rho_0}{\rho_{c0}}\right)\cdot\left(1+g_1\cdot\ln\frac{\dot{\rho}}{\dot{\rho}_c}\right) \tag{6.4.7}$$

其中，τ_0，μ_1，g_1 为材料参数；ρ_{c0}和 $\dot{\rho}_c$ 分别为参考密度和参考加载速率。

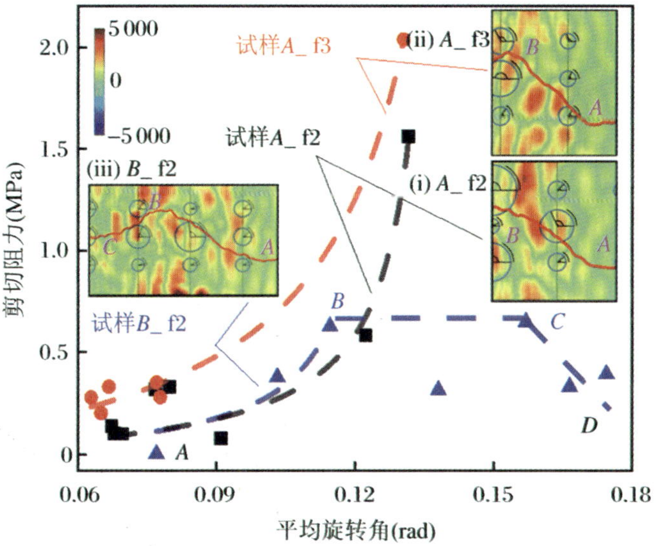

图 6.4.4　剪切阻力与旋转角度的关系

图 6.4.4 所示的蓝色数据是基于试样 B 的图像 f2 计算得到的。它表明在不稳定摩擦条件下剪切阻力与旋转角的关系，可分为 3 个阶段，即稳定静摩擦状态的阶段 AB、稳定滑动摩擦状态的步骤 BC 和动摩擦状态的过程 CD。其中，AB 阶段可通过式(6.4.6)拟合，θ_u 和 $\bar{\tau}$ 分别拟合为 0.128 rad 和 0.075 MPa。BC 阶段的振荡表示稳定滑动摩擦的内部调整。试样 A 所示的剪切阻力可能仅对应其抗剪性能的早期阶段，由于试样 A 的孔隙度较低，旋转和滑动行为受到限制。可以预期：当施加较高的冲击速度时，试样 A 中也可以观察到试样 B

中所示的这 3 个阶段。剪切阻力与平均旋转度的关系可以在一定程度上揭示压实带中颗粒的应力状态。

6.4.2 碳化硼(B_4C)固体中损伤导致的非均匀性演化

B_4C 陶瓷块体为模型材料,由于其分子量较低,同步辐射光源的穿透性实验比较容易实现。B_4C 块体由直径约为 2 μm 的 B_4C 颗粒烧结而成。试样沿着加载方向的长度为 3 mm,在垂直于加载方向的平面上尺寸为 3 mm×2 mm。实验中用到了两种孔隙度,一种密度为 2.35 g/cm^3,孔隙度为 6.7%;另一种密度为 2.49 g/cm^3,孔隙度为 1.2%。利用小型 SHPB 加载装置对不同孔隙度的 B_4C 陶瓷块体进行单轴冲击压缩实验,并使用原位 X 射线成像系统拍摄试样的内部结构图像,使用原位 X 射线衍射系统获取试样的衍射图样。通过对 X 射线图像及其灰度统计进行分析,分别探究高、低孔隙度试样不同的破坏模式,以及非均匀变形随加载过程不同的演化规律。采用闪烁体阵列传感器记录衍射角(2θ)10°~20°的衍射环图样,利用 HiSPoD 软件对衍射环图样进行处理,扣除背景衍射之后对各角度的衍射强度分别积分,得到了不同加载时刻的衍射峰曲线,如图 6.3.2 所示。B_4C 的衍射峰主要集中在 2θ 角 10°~15°范围内,顶峰的初始位置在 12°附近。

试样内部裂纹扩展产生的孔隙体积 V_d 作为变量,认为 V_d 与 X 射线散射衰减能量成正比,如图 6.4.5(a)所示。衍射次峰偏离主峰的角度为 $2\Delta\theta$,从而就能得到试样中晶面的旋转角度 $\Delta\theta$。晶粒/晶面的旋转代表试样内部的剪切变形,因此通过衍射次峰偏离角度可以定量地获得试样剪应变 γ,在小变形下,有 $\gamma=\Delta\theta$。两次峰相对于主峰偏移的角度基本相同,符合剪切应变张量的对称特性。图 6.4.5(b)所示为低孔隙度试样应变随加载过程的演化,其中实心方框线为压缩应变,由试样压缩应变率的时间累积估算得来;实心圆线代表剪切应变。冲击压缩过程中,剪应变的幅值为压应变的 60%~70%。虽然对比粉末,B_4C 块体由于颗粒间黏着力较大,其旋转特性并不显著,但在加载过程中仍然起着重要作用。低孔隙度试样的最终破裂模式为拉伸破裂,但在加载过程中也存在显著的剪切裂纹成核扩展现象。

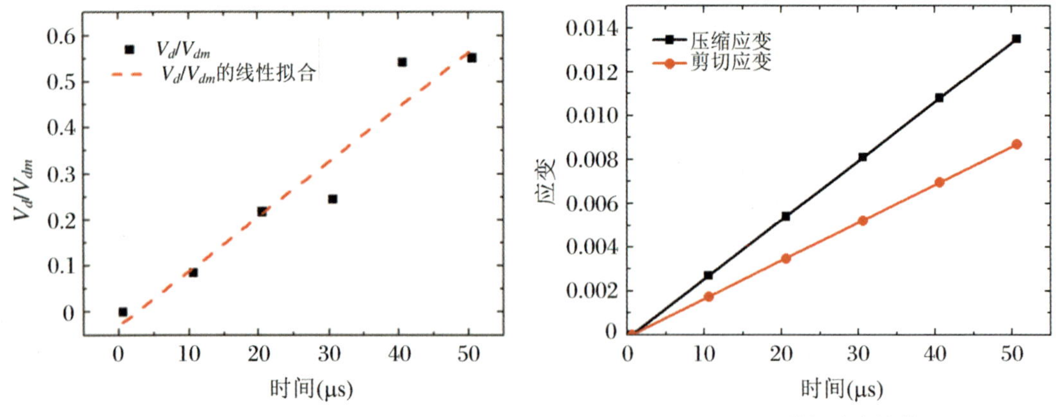

(a) 孔隙体积变化　　(b) 剪切应变演化

图 6.4.5　对衍射峰变化的进一步分析

扩散量为裂纹扩展诱发的孔隙体积 V_d,其浓度可表达为 $\eta=V_d/V_{dm}$,其中 V_{dm} 为完全破碎时的孔隙体积。η 可描述破碎程度,完全破碎时,$\eta=1$。以 η 为未知量,弛豫-扩散方程

表达为

$$\frac{T_{\mathrm{R}}}{D}\frac{\partial^2 \eta}{\partial t^2}+\frac{1}{D}\frac{\partial \eta}{\partial t}=\frac{\partial^2 \eta}{\partial x^2} \tag{6.4.8}$$

式中，D 近似取为 $D=CL$，L 为试样沿压缩方向（破碎阵面传播方向）的长度。对于 B_4C 颗粒材料，其弛豫时间通过剪切过程计算得出为 $T_{\mathrm{R}}=430\ \mu\mathrm{s}$。颗粒材料中剪切压缩比为 $S=10$，而 B_4C 块体在冲击压缩过程中的剪切压缩比为 $S\approx0.6$。可以认为块体中粒子的平均自由程是粉末的 0.06 倍，所以其弛豫时间也是粉末的 0.06 倍，即 $T_{\mathrm{R}}=25\ \mu\mathrm{s}$。可得到破碎阵面传播速度为 $C=2\,190\ \mathrm{m/s}$。

图 6.4.6(a)所示为试样破碎程度的演化。随加载过程的进行，η 的值从 0 逐渐增大到约 0.6。此时试样不同局部的破碎程度是不均匀的。第一幅 f1 图像对于加载开始时刻，试样中仅在左边界附近（入射杆端）有轻微的破碎，其余大部分区域无破碎。随着载荷的增加，试样的破碎在左边界逐渐集中，第一幅 f2 图像显示破碎在右边界开始集中，这是压缩波样品与透射杆交界处应力反射加载造成的。

图 6.4.6(b)所示为低孔隙度试样整体破碎程度 η 随加载时间的演化，其中数据点为 X 射线衍射分析结果，曲线为弛豫-扩散模型计算结果，二者较为吻合。在加载初始阶段（10 μs 之前），η 上升较为缓慢，之后呈线性增长趋势。在压缩应力卸载之前，试样整体破碎程度最终停留在 0.6 附近。

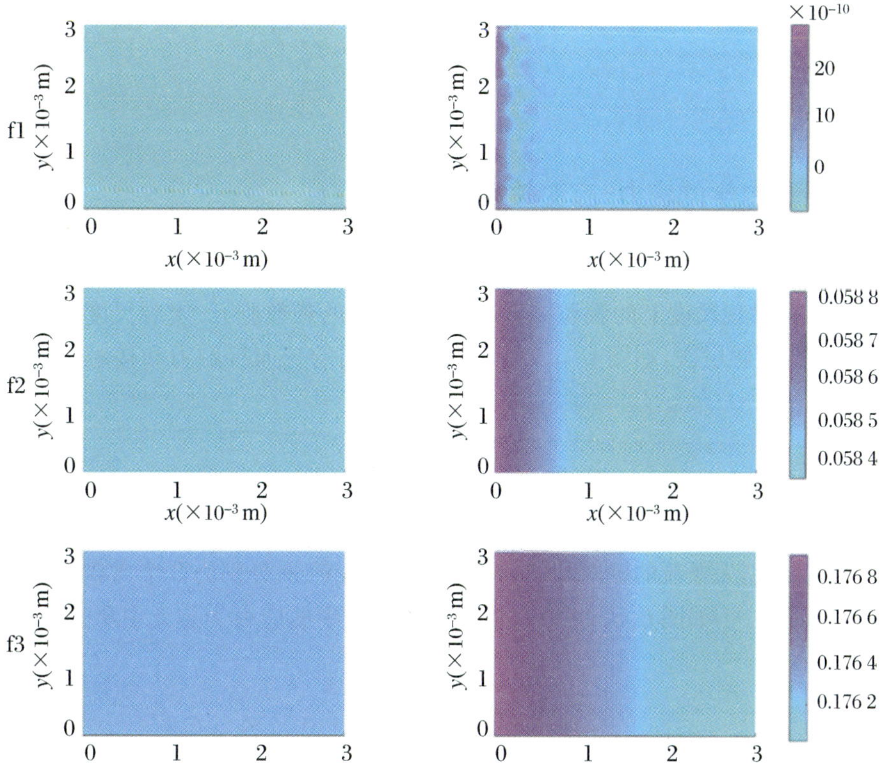

(a) 破碎程度的扩散过程

图 6.4.6　破碎程度扩散分析

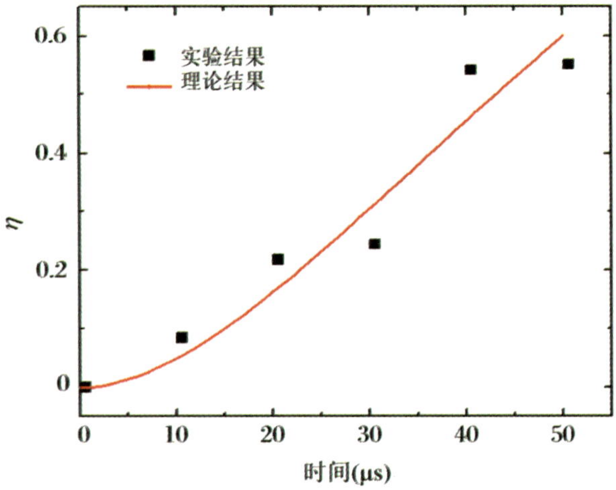

(b) 破碎程度演化

图 6.4.6 破碎程度扩散分析(续)

6.5 岩石细观非均匀压剪耦合波动传播

6.5.1 基于微力学的应力-应变关系

考虑多尺度颗粒体系,宏观上为连续介质,细微观上由颗粒堆积形成。微力学计算涉及3种空间尺度,即微观尺度上的颗粒接触、细微观尺度的颗粒胞元、宏观尺度的代表性体积元。在微观颗粒接触层次,如图 6.5.1 所示,颗粒之间的三向接触力和接触位移存在如下关系:

$$P = K_t(w)u \tag{6.5.1a}$$

$$Q = K_t(w)v \tag{6.5.1b}$$

$$N = K_n(w)w \tag{6.5.1c}$$

式中,K_n 和 K_t分别为颗粒的轴向和切向接触刚度;u,v,w 分别为 3 个方向上的位移。在细微观颗粒胞元层次,如图 6.5.1 所示,颗粒构成集合中的应力为胞元中所有接触力 F_j 的平均,即

$$\bar{\sigma}_{ij} = \frac{1}{V_0}\sum_{c=1}^{N} F_i^c r_j^c \tag{6.5.2}$$

式中,V_0 为单颗粒的体积;N 为与单颗粒相接触的颗粒数;r_j^c 为颗粒中心到接触点 c 的矢量。则颗粒胞元层次的应力-应变关系的表达式为(夏开文,1998)

$$\sigma_{ij} = \frac{R^3}{4V_0}\sum_{n=1}^{N}\left[2(C_n - C_t)(\varepsilon_{pq}I_p^nI_q^n)^{\frac{3}{2}}I_i^nI_j^n + C_t(\varepsilon_{pq}I_p^nI_q^n)^{\frac{1}{2}}(\varepsilon_{ik}I_k^nI_j^n + \varepsilon_{jk}I_k^nI_i^n)\right] \tag{6.5.3}$$

式中,R 为颗粒半径;C_n 和 C_t 分别为颗粒之间的轴向和切向接触刚度,$C_n = 8\mu/(3-3\nu)$,

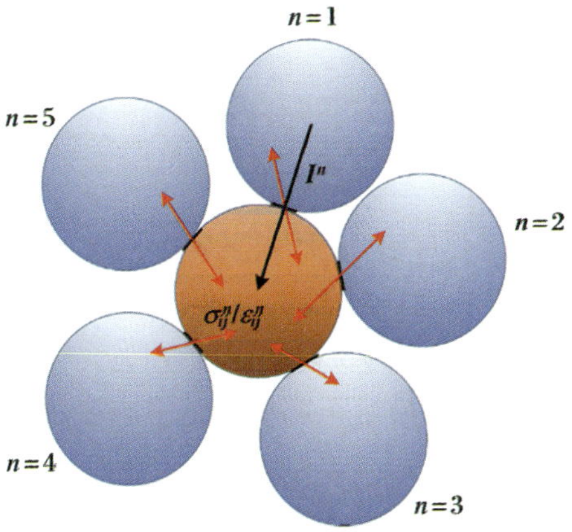

图 6.5.1　颗粒体系示意图

$C_t = 16\mu/(6-3\nu)$，μ 为剪切模量，ν 为泊松比；$\boldsymbol{I}^n$ 为第 n 个相接触的颗粒与中间颗粒中心连线方向的单位矢量。同时，颗粒运动位移与应变的关系为

$$u_i^c = \varepsilon_{ij} l_j + \frac{1}{2}\varepsilon_{ij,k} l_j l_k - e_{ijk}\omega_j l_k \tag{6.5.4}$$

式中，l_j 为两颗粒中心连线矢量；ω_j 为颗粒旋转矢量；e_{ijk} 为置换符号。在宏观代表性体积元层次，其应力和应变依然由统计平均的思想得到，表达式为

$$\sigma_{ij} = \frac{1}{V}\sum V_0 \bar{\sigma}_{ij}, \quad \varepsilon_{ij} = \frac{1}{V}\sum V_0 \bar{\varepsilon}_{ij} \tag{6.5.5}$$

式中，V 为体积元的体积；$\bar{\sigma}_{ij}$ 和 $\bar{\varepsilon}_{ij}$ 分别为颗粒胞元中的平均应力和应变。在实际计算中，宏观代表性体积元的大小既可以是颗粒材料中的一个局部，也可以是整体，依据非均匀性分辨率而定。微力学方法搭建了微观尺度的单个颗粒性质与颗粒材料中细观尺度的局部或宏观尺度的整体力学性能之间的桥梁。上升到宏观层次，考虑进行统计平均的微元体积满足两个要求，即足够“小”，该微元是一个性质统一的局部，微元中每个颗粒的接触颗粒数 N 以及变形 ε_{ij} 都完全相同；足够“大”，以保证颗粒接触方向是随机分布的。微元体的应力可由所有颗粒的应力求平均得到，即

$$\sigma_{ij} = \frac{1}{V}\sum_{n_t}^{N_t} V_0 \sigma_{ij}^n \tag{6.5.6}$$

式中，N_t 是微元体中的颗粒总数。则有宏观层次应力-应变关系的表达式为

$$\sigma_{ij} = \frac{R^3}{4V}\sum_{n_t=1}^{N_t}\sum_{n=1}^{N}\left[2(C_n - C_t)(\varepsilon_{pq}\boldsymbol{I}_p^n\boldsymbol{I}_q^n)^{\frac{3}{2}}\boldsymbol{I}_i^n\boldsymbol{I}_j^n + C_t(\varepsilon_{pq}\boldsymbol{I}_p^n\boldsymbol{I}_q^n)^{\frac{1}{2}}(\varepsilon_{ik}\boldsymbol{I}_k^n\boldsymbol{I}_j^n + \varepsilon_{jk}\boldsymbol{I}_k^n\boldsymbol{I}_i^n)\right] \tag{6.5.7}$$

微元体中颗粒接触方向是随机的，即单位矢量 $\boldsymbol{I}^n$ 的方向可以是空间中的任意角度，所以用极坐标来表示 $\boldsymbol{I}^n$，其表达式为 $\boldsymbol{I} = (\sin\theta\cos\varphi, \sin\theta\sin\varphi, \cos\theta)$。从而应力-应变关系表达式写为

$$\sigma_{ij} = \frac{NN_tR^3}{4V}\left[2(C_n - C_t)\langle(\varepsilon_{ij}\boldsymbol{I}_p\boldsymbol{I}_q)^{\frac{3}{2}}\boldsymbol{I}_i\boldsymbol{I}_j\rangle + C_t\langle(\varepsilon_{ij}\boldsymbol{I}_p\boldsymbol{I}_q)^{\frac{1}{2}}(\varepsilon_{ik}\boldsymbol{I}_k\boldsymbol{I}_j + \varepsilon_{jk}\boldsymbol{I}_k\boldsymbol{I}_i)\rangle\right] \tag{6.5.8}$$

其中符号〈·〉代表对角度的积分，即

$$\langle \boldsymbol{I} \rangle = \frac{1}{4\pi}\int_0^{2\pi} \mathrm{d}\varphi \int_0^{\pi} \boldsymbol{I} \sin\theta \mathrm{d}\theta \tag{6.5.9}$$

6.5.2 压剪耦合的应力-应变关系

应力张量与应变张量的关系式可写为

$$\sigma_{ij} = K\varepsilon\delta_{ij} + 2\mu e_{ij} \tag{6.5.10}$$

式中，ε 为主应变第一不变量，即 $\varepsilon = \varepsilon_{kk}/3$ 为体积应变（Δ）。考虑压剪耦合作用，在不同的加载条件下，体积压缩模量 k 和剪切模量 μ 都应该是主应变第一不变量和偏应变第二不变量的函数，即 $K = K(\varepsilon, \sqrt{J_2})$ 以及 $\mu = \mu(\varepsilon, \sqrt{J_2})$。

1. 静水压作用

静水压作用下，应力张量和应变张量可分别表达为 $\sigma_{ij} = p\delta_{ij} = K\varepsilon\delta_{ij}$，$\varepsilon_{ij} = \varepsilon\delta_{ij}$。

代入微元体的应力-应变关系表达式，可得到

$$\sigma_{ij} = \frac{NN_tR^3}{6V}C_n\varepsilon^{\frac{3}{2}}\delta_{ij} \tag{6.5.11}$$

则微元的体积压缩模量为

$$K = \frac{NN_tR^3C_n\sqrt{\varepsilon}}{6V} \tag{6.5.12}$$

单个颗粒的接触数与粉末密度的关系满足经验关系式：

$$N = 1.61(1-\rho^*)^{-1.48} \tag{6.5.13}$$

式中，$\rho^* = \dfrac{\rho}{\rho_0}$ 为相对密度，ρ_0 为颗粒本身的密度，ρ 为颗粒堆积密度。若单颗粒体积为 V_0，则有

$$\frac{N_tR^3}{6V} = \frac{\frac{3}{4\pi}N_tV_0}{6V} = \frac{\rho^*}{8\pi} \tag{6.5.14}$$

由式(6.5.12)～式(6.5.14)，可得

$$\frac{NN_tR^3}{6V} = \frac{1.61\rho^*(1-\rho^*)^{-1.48}}{8\pi} \tag{6.5.15}$$

结合拉梅系数之间的关系：$v_0 = \dfrac{3K_0 - 2\mu_0}{6K_0 + 3\mu_0}$，式(6.5.12)可表示为

$$K = \frac{1.61\rho^*(1-\rho^*)^{-1.48}}{8\pi}\frac{8\mu_0(2K_0+\mu_0)}{3K_0+5\mu_0}\sqrt{\varepsilon} \tag{6.5.16}$$

式(6.5.16)即颗粒体系的微元体积压缩模量的表达式，可简写为

$$K = f_1(\rho^*)\cdot g_1(K_0,\mu_0)\cdot h_1(\varepsilon) \tag{6.5.17}$$

其中，$f_1(\rho^*) = \dfrac{1.61\rho^*(1-\rho^*)^{-1.48}}{8\pi}$ 为密度项，堆积密度越高，体积压缩模量越大；$g_1(K_0,\mu_0) = \dfrac{8\mu_0(2K_0+\mu_0)}{3K_0+5\mu_0}$ 为颗粒力学参数项，表明粉末材料的体积压缩模量同时与颗粒自身的体积压缩模量和剪切模量有关，且受剪切模量影响更大；$h_1(\varepsilon) = \sqrt{\varepsilon}$ 表征体积应变，对于变形不均匀的粉末，体积应变越大的局部区域，颗粒之间的接触越紧密，局部体积压缩模量也越大。

2. 偏应力作用

一维应变状态下，只在方向 3 上有压缩应变，其应变张量为 $\varepsilon_{ij}=\varepsilon_3\delta_{i3}\delta_{j3}$，此时体积应变为 $\varepsilon=\varepsilon_3/3$，相应的应变偏量可表达为 $e_{11}=e_{22}=-\varepsilon_3/3$，$e_{33}=2\varepsilon_3/3$，其余分量为零。同时，应力偏量可表达为 $S_{11}=S_{22}=(\sigma_1-\sigma_3)/3$，$S_{33}=2(\sigma_3-\sigma_1)/3$，其余分量也皆为零。此时，有

$$\frac{S_{11}}{e_{11}}=\frac{S_{33}}{e_{33}}=2\mu \tag{6.5.18}$$

由此，微元体的应力-应变关系表达式可表示为

$$\sigma_1=\frac{NN_{\mathrm{t}}R^3}{24V}(C_{\mathrm{n}}-C_{\mathrm{t}})\varepsilon_3^{\frac{3}{2}},\quad \sigma_3=\frac{NN_{\mathrm{t}}R^3}{12V}(2C_{\mathrm{n}}+C_{\mathrm{t}})\varepsilon_3^{\frac{3}{2}} \tag{6.5.19}$$

结合式(6.5.18)和式(6.5.19)，可得

$$S_{33}=\frac{NN_{\mathrm{t}}R^3}{8V}(C_{\mathrm{n}}+C_{\mathrm{t}})c_3^{\frac{3}{2}} \tag{6.5.20}$$

则微元体剪切模量的表达式为

$$\mu=\frac{3\sqrt{3}NN_{\mathrm{t}}R^3}{32\sqrt{2}V}(C_{\mathrm{n}}+C_{\mathrm{t}})\sqrt{e_{33}} \tag{6.5.21}$$

结合拉梅系数之间的关系：$C_{\mathrm{t}}=\dfrac{16\mu_0}{3(2-\nu_0)}=\dfrac{16\mu_0(2K_0+\mu_0)}{9K_0+8\mu_0}$，式(6.5.21)可表示为

$$\mu=\frac{14.49\sqrt{3}\rho^*(1-\rho^*)^{-1.48}}{16\sqrt{2}\pi}\frac{3\mu_0(10K_0^2+18\mu_0^2+17K_0\mu_0)}{27K_0^2+40\mu_0^2+69K_0\mu_0}\sqrt{e_{33}} \tag{6.5.22}$$

一维应变状态下，应变偏量的第二不变量 $J_2=\varepsilon_3^2/3$，可将应变偏量改写为

$$e_{33}=\varepsilon+\sqrt{J_2/3} \tag{6.5.23}$$

由此，颗粒体系微元的非线性剪切模量为

$$\mu=\frac{14.49\sqrt{3}\rho^*(1-\rho^*)^{-1.48}}{16\sqrt{2}\pi}\frac{3\mu_0(10K_0^2+18\mu_0^2+17K_0\mu_0)}{27K_0^2+40\mu_0^2+69K_0\mu_0}\sqrt{\varepsilon+\sqrt{\frac{J_2}{3}}} \tag{6.5.24}$$

可简写为

$$\mu=f_2(\rho^*)\cdot g_2(K_0,\mu_0)\cdot h_2(\varepsilon,\sqrt{J_2}) \tag{6.5.25}$$

式中，$f_2(\rho^*)=\dfrac{14.49\sqrt{3}\rho^*(1-\rho^*)^{-1.48}}{16\sqrt{2}\pi}$ 为密度项；$g_2(K_0,\mu_0)=\dfrac{3\mu_0(10K_0^2+18\mu_0^2+17K_0\mu_0)}{27K_0^2+40\mu_0^2+69K_0\mu_0}$ 为颗粒力学参数项；$h_2(\varepsilon,\sqrt{J_2})=\sqrt{\varepsilon+\sqrt{J_2/3}}$ 为体积应变项，同时受体积应变 ε 和应变偏量第二不变量 J_2 控制，这反映了颗粒材料实际剪切模量的压剪耦合效应(加载路径效应)更加明显。

最终颗粒体系的非线性弹性本构关系可写为

$$\sigma_{ij}=f_1(\rho^*)\cdot g_1(K_0,\mu_0)\cdot h_1(\varepsilon)\varepsilon\delta_{ij}+2f_2(\rho^*)\cdot g_2(K_0,\mu_0)\cdot h_2(\varepsilon,\sqrt{J_2})e_{ij} \tag{6.5.26}$$

6.5.3 压剪耦合的波动传播

1. 非均匀性对非线性弹性响应的影响

若颗粒体系微元体的相对堆积密度 ρ^* 具有如下 Weibull 概率密度分布：

$$P(\rho^*) = \frac{m}{\lambda}\left(\frac{\rho^*}{\lambda}\right)^{m-1}\exp\left[-\left(\frac{\rho^*}{\lambda}\right)^m\right] \tag{6.5.27}$$

式中，λ 为特征堆积密度，接近于整体堆积密度的均值；m 为 Weibull 模量，表征密度分布的非均匀性，m 值越低，则非均匀性越高。

单轴压缩下，颗粒体系所受外载荷为 $\bar{\sigma}_c$。则微元体的静水压力为 $p=\bar{\sigma}_c/3$，偏应力为 $s_c=2\bar{\sigma}_c/3$；体积应变为 $\varepsilon=\bar{\sigma}_c/(3k)$，加载方向偏应变为 $e_c=\bar{\sigma}_c/(3\mu)$。由于微元体的 k 和 μ 都是当地堆积密度 ρ^* 的函数，所以材料中应变分布是不均匀的，其整体压缩应变为各微元体积应变按密度分布概率进行加权平均，其表达式为

$$\bar{\varepsilon}_c = \int(\varepsilon + e_c)P(\rho^*)\mathrm{d}\rho^* = \int\frac{\sigma_c}{3(K+\mu)}P(\rho^*)\mathrm{d}\rho^* \tag{6.5.28}$$

比较在同样的整体平均堆积密度下，不同的 Weibull 模量对非线性弹性应力-应变关系的影响。设定整体平均堆积密度为 0.5，堆积密度分布范围是 0.1～0.9，m 的取值分别为 2，3，4，5，6，整体压缩应力变化为 0～20 MPa。对 B_4C 颗粒进行模拟，其体积压缩模量为 $K_0=214$ GPa，剪切模量为 $\mu_0=198$ GPa。将以上参数代入式(6.5.28)，可以得到局部以及整体的应力和应变。

图 6.5.2(a)所示为 2 种 m 值下，非均匀应变场演化过程的色彩图像，其中 f1～f4 分别对应压缩应力 5 MPa，10 MPa，15 MPa 和 20 MPa。可以看到随着加载过程的进行，变形的非均匀性逐渐升高；m 的值越小，应变场的非均匀程度越大。图 6.5.2(b)所示为颗粒体系的压缩应力-应变关系。压缩应力 $\bar{\sigma}_c$ 随压缩应变 $\bar{\varepsilon}_c$ 呈指数增长，Weibull 模量 m 越低，应变分布的离散性(非均匀性)越大，$\bar{\sigma}_c$ 随 $\bar{\varepsilon}_c$ 的增长速率越高。相同应变下，$m=2$ 时比 $m=6$ 时整体压缩应力高约 45%。

在非线性弹性本构模型中用局部剪切应变与压缩应变比例 $S=\varepsilon_s/\varepsilon_c$ 来探索剪切作用的影响。S 值分别取为 1，2，3，4，5，其计算结果如图 6.5.2(c)所示。$\bar{\sigma}_c$ 随 $\bar{\varepsilon}_c$ 呈指数增长趋势，剪切和压缩应变的比值 S 越高，外界载荷需要提供给颗粒旋转动能和颗粒之间摩擦耗散的能量越多，$\bar{\sigma}_c$ 随 $\bar{\varepsilon}_c$ 的增长速率也越高。相同应变下，$S=5$ 时比 $S=1$ 时整体压缩应力高约 70%。

随着变形速率的升高，颗粒体系中非均匀应变场的离散性和剪切程度都会有所提高，压剪耦合作用下的非线性弹性本构关系表现出明显的应变率效应，即应变率越高，材料中应力上升越快。

2. 非线性弹性响应下的纵波和横波波速

基于拉梅系数(λ,μ)表征的本构关系的三维空间中的波动方程可写为

$$\rho\frac{\partial v_1}{\partial t} = \frac{\partial(\lambda\varepsilon + 2\mu\varepsilon_{11})}{\partial x_1} + \frac{\partial(2\mu\varepsilon_{12})}{\partial x_2} + \frac{\partial(2\mu\varepsilon_{13})}{\partial x_3} \tag{6.5.29a}$$

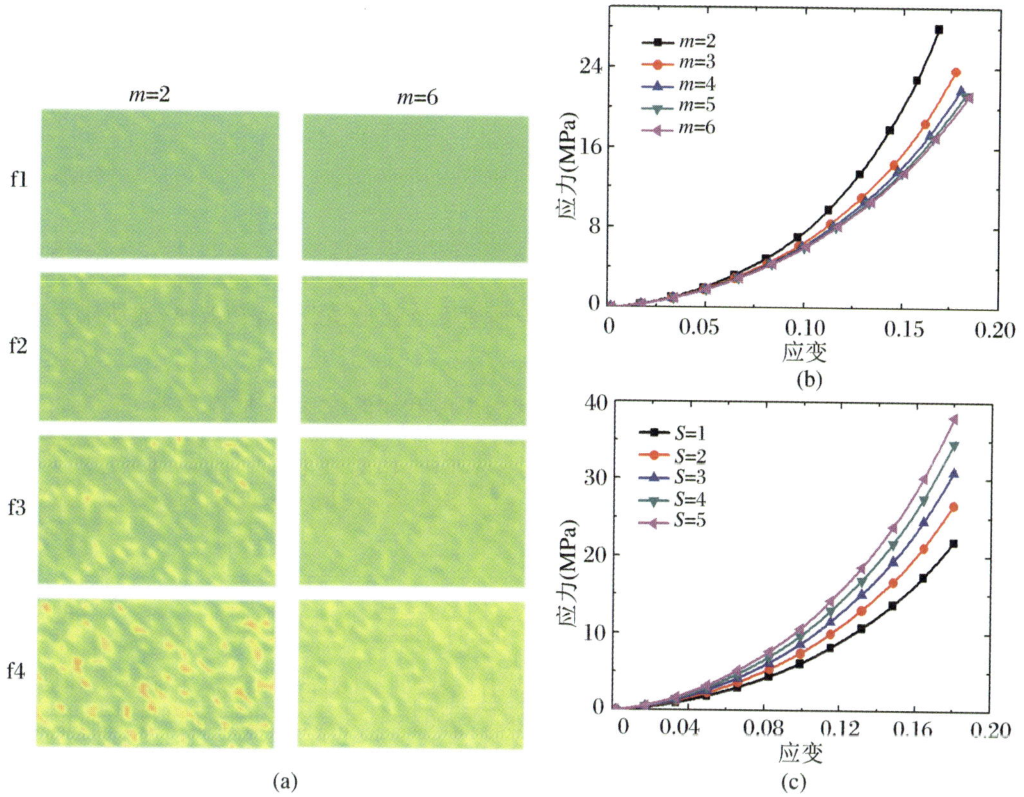

图 6.5.2　颗粒体系示意图

$$\rho \frac{\partial v_2}{\partial t} = \frac{\partial(2\mu\varepsilon_{21})}{\partial x_1} + \frac{\partial(\lambda\varepsilon + 2\mu\varepsilon_{22})}{\partial x_2} + \frac{\partial(2\mu\varepsilon_{23})}{\partial x_3} \tag{6.5.29b}$$

$$\rho \frac{\partial v_3}{\partial t} = \frac{\partial(2\mu\varepsilon_{31})}{\partial x_1} + \frac{\partial(2\mu\varepsilon_{32})}{\partial x_2} + \frac{\partial(\lambda\varepsilon + 2\mu\varepsilon_{33})}{\partial x_3} \tag{6.5.29c}$$

变形连续条件的表达式为

$$\frac{\partial v_1}{\partial x_1} = \frac{\partial \varepsilon_{11}}{\partial t} \tag{6.5.30a}$$

$$\frac{\partial v_2}{\partial x_2} = \frac{\partial \varepsilon_{22}}{\partial t} \tag{6.5.30b}$$

$$\frac{\partial v_3}{\partial x_3} = \frac{\partial \varepsilon_{33}}{\partial t} \tag{6.5.30c}$$

将式(6.5.29)中的三式分别对 x_1, x_2, x_3 求导,然后将三式相加,结合式(6.5.30)可得

$$\rho \frac{\partial^2 \varepsilon}{\partial t^2} = (\lambda + 2\mu)\left(\frac{\partial^2}{\partial x_1^2} + \frac{\partial^2}{\partial x_2^2} + \frac{\partial^2}{\partial x_3^2}\right)\varepsilon \tag{6.5.31}$$

式(6.5.31)即体积应变 ε 的波动方程,其传播速度也就是纵波(P 波)波速,表达式为

$$C_{\mathrm{p}} = \sqrt{\frac{\lambda + 2\mu}{\rho}} = \sqrt{\frac{K + \frac{4}{3}\mu}{\rho}} \tag{6.5.32}$$

剪切变形连续条件的表达式为

$$\frac{\partial v_3}{\partial x_2} - \frac{\partial v_2}{\partial x_3} = \frac{\partial}{\partial t}\left(\frac{\partial u_3}{\partial x_2} - \frac{\partial u_2}{\partial x_3}\right) = 2\frac{\partial \varepsilon_{23}}{\partial t} \tag{6.5.33}$$

将式(6.5.29b)对 x_3 求导,式(6.5.29c)对 x_2 求导,联立后化简,结合式(6.5.33)可得

$$\rho\frac{\partial^2\varepsilon_{23}}{\partial t^2}=\mu\left(\frac{\partial^2}{\partial x_1^2}+\frac{\partial^2}{\partial x_2^2}+\frac{\partial^2}{\partial x_3^2}\right)\varepsilon_{23}\tag{6.5.34a}$$

类似地,可以得到

$$\rho\frac{\partial^2\varepsilon_{13}}{\partial t^2}=\mu\left(\frac{\partial^2}{\partial x_1^2}+\frac{\partial^2}{\partial x_2^2}+\frac{\partial^2}{\partial x_3^2}\right)\varepsilon_{13}\tag{6.5.34b}$$

$$\rho\frac{\partial^2\varepsilon_{12}}{\partial t^2}=\mu\left(\frac{\partial^2}{\partial x_1^2}+\frac{\partial^2}{\partial x_2^2}+\frac{\partial^2}{\partial x_3^2}\right)\varepsilon_{12}\tag{6.5.34c}$$

式(6.5.34)为剪切应变张量的波动方程,其传播速度也就是横波(S 波)波速,表达式为

$$C_{\mathrm{S}}=\sqrt{\mu/\rho}\tag{6.5.35}$$

将关于 K,μ 的表达式(6.5.17)和(6.5.22)代入纵波和横波波速表达式,则有

$$C_{\mathrm{p}}=\sqrt{\frac{1.61\,(1-\rho^*)^{-1.48}}{\pi\rho_0}\left[\frac{8\mu_0(2K_0+\mu_0)}{3K_0+5\mu_0}\sqrt{\varepsilon}+\frac{3\sqrt{6}\mu_0(10K_0^2+18\mu_0^2+17K_0\mu_0)}{8(27K_0^2+40\mu_0^2+69K_0\mu_0)}\sqrt{\varepsilon+\sqrt{\frac{J_2}{3}}}\right]}\tag{6.5.36}$$

$$C_{\mathrm{S}}=\sqrt{\frac{14.49\sqrt{3}\,(1-\rho^*)^{-1.48}}{16\sqrt{2}\pi\rho_0}\frac{3\mu_0(10K_0^2+18\mu_0^2+17K_0\mu_0)}{27K_0^2+40\mu_0^2+69K_0\mu_0}\sqrt{\varepsilon+\sqrt{\frac{J_2}{3}}}}\tag{6.5.37}$$

纵波和横波波速与颗粒体系的相对堆积密度、颗粒自身的密度、体积压缩模量和剪切模量有关。显然,堆积密度和颗粒自身弹性模量越高的粉末材料,其纵波和横波波速也越大。同时,波速受体积应变和应变偏量控制。

考虑压剪复合加载情况。垫块倾斜角为 θ,试件整体应变为 ε_0,压缩分量和剪切分量分别为 $\varepsilon_c=\varepsilon_0\cos\theta$,$\varepsilon_s=\varepsilon_0\sin\theta$。体积应变和应变偏量第二不变量为 $\varepsilon=\varepsilon_c/3$,$J_2=\varepsilon_c^2/3+\varepsilon_s^2$。当颗粒体系的应变 ε_0 从 0 增加到 0.2,垫块倾斜角从 0°增加到 60°时,颗粒初始堆积密度 ρ_0^* 为 0.5,其余参数都取为 B_4C 材料参数。颗粒材料变形引起其堆积密度的变化为

$$\rho^*=\frac{\rho_0^*}{1-\varepsilon_0}\tag{6.5.38}$$

图 6.5.3(a)所示为不同垫块斜面倾角(0°,15°,30°,45°,60°)下,纵波和横波波速随整体应变的演化。波速随应变的增大而增大,初始增速极快,然后逐渐趋于稳定。整个加载过程中,纵波波速较之横波波速高约 30%。改变垫块倾角时,波速也会出现变化,这种变化即压剪耦合效应:剪切分量的增加使纵波波速降低,压缩分量的增加使横波波速升高。

改变垫块倾角改变了剪切分量与压缩分量的比值,同时引起体积应变 ε 和应变偏量第二不变量 J_2 相对大小的变化:$\sqrt{J_2}/\varepsilon=\sqrt{3+9\tan^2\theta}$。图 6.5.3(b)所示为颗粒体系的应变值为 0.2 时,纵波和横波波速随 $\sqrt{J_2}/\varepsilon$ 的变化。在初期,压缩分量占主导,纵波波速会出现轻微的上升,影响较小;随后,剪切作用的增大使得颗粒侧向滑动,限制了纵向粒子运动,纵向波速逐渐降低。剪切分量在初期促进粒子的横向运动,提升了横波波速;但当剪切分量达到一定值后,压缩作用所占比重逐渐减弱,颗粒之间接触不紧密,横波波速随之降低。

图 6.5.4 所示为计算得到的颗粒体系中两种倾角下(10°和 30°)的纵波和横波波形。在压剪复合加载下,正弦型压缩脉冲的传播速度快于剪切脉冲,两种脉冲产生的变形会相互影响。随着倾斜角度的增大,压缩脉冲传播速度有所下降,而剪切脉冲传播速度出现上升,两种脉冲的传播位置差距减小,压剪耦合效应更加明显。

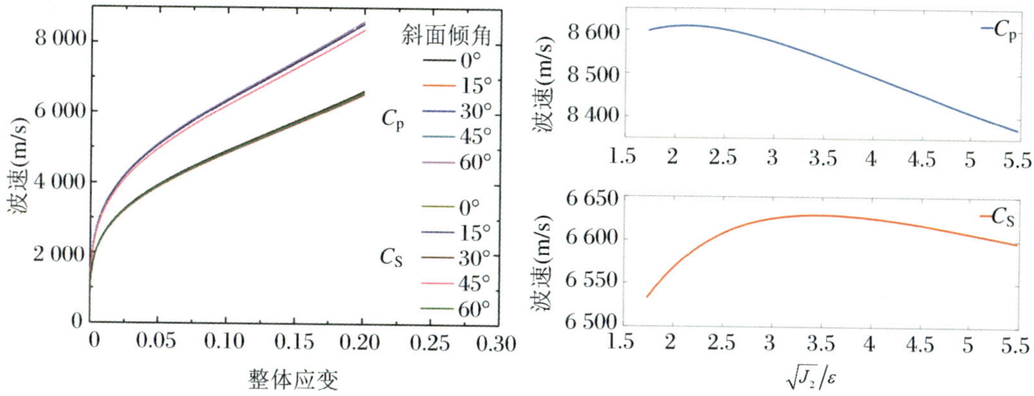

(a) 不同τ/σ下，波速随应变的演化　　(b) 一定应变下，波速随$\sqrt{J_2}/\varepsilon$的变化

图 6.5.3　颗粒体系中的纵波和横波

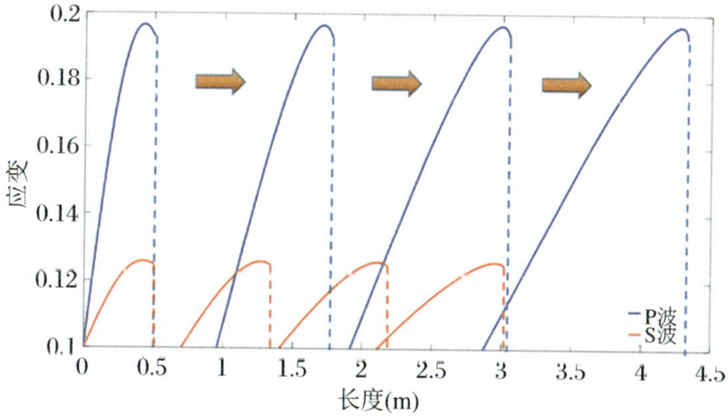

(a) $\theta=15^\circ$

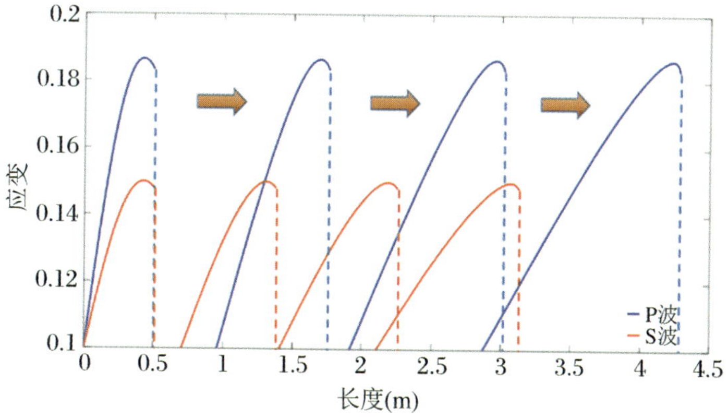

(b) $\theta=30^\circ$

图 6.5.4　颗粒体系中的纵波和横波的传播

6.6 岩石热力耦合波动方程

6.6.1 控制方程

质量守恒：

$$\frac{\partial \rho}{\partial t} + \nabla(\rho u) = 0 \tag{6.6.1}$$

动量守恒：

$$\sigma_{ij,j} + \rho f_i = \rho \dot{u}_i \tag{6.6.2}$$

能量守恒：

$$\rho \dot{e} = \sigma_{ij} \dot{\varepsilon}_{ij} - q_{i,i} + \rho \dot{r} \tag{6.6.3}$$

热力学第二定律：

$$\rho \frac{\mathrm{d}s}{\mathrm{d}t} \geqslant \rho \frac{\dot{r}}{\theta} - \left(\frac{q_i}{\theta}\right)_{,i} \tag{6.6.4}$$

又有

$$\dot{\gamma} = \frac{\mathrm{d}s}{\mathrm{d}t} - \frac{\dot{r}}{\theta} + \frac{1}{\rho}\left(\frac{q_i}{\theta}\right)_{,i} = \frac{\mathrm{d}s}{\mathrm{d}t} - \left(\frac{\dot{r}}{\theta} - \frac{1}{\rho\theta} q_{i,i}\right) - \frac{1}{\rho\theta^2} q_i \theta_{,i} = \dot{\gamma}_{\mathrm{mech}} + \dot{\gamma}_{\mathrm{con}} \tag{6.6.5}$$

式中，$\dot{\gamma}_{\mathrm{mech}} = \frac{\mathrm{d}s}{\mathrm{d}t} - \left(\frac{\dot{r}}{\theta} - \frac{1}{\rho\theta} q_{i,i}\right)$；$\dot{\gamma}_{\mathrm{con}} = \frac{1}{\rho\theta^2} q_i \theta_{,i}$；$\theta$ 为温度；u 为质点速度；r 为外热源；s 为熵；q 为热流量；e 为材料单位质量内能。

6.6.2 应力-应变表征

应力表述：

$$\sigma_{ij} = \sigma_{ij}^{e} + \sigma_{ij}^{v}, \quad \sigma_{ij}^{v} = Q\delta_{ij} + \sigma_{ij}^{'v}, \quad Q = \sigma_{kk}^{v}/3$$

应变表达：

$$\varepsilon_{ij} = \varepsilon_{ij}^{e} + \varepsilon_{ij}^{p}$$

式中，σ_{ij}^{v} 为非弹性应力；ε_{ij}^{p} 为非弹性应变。

6.6.3 热力耦合的热传导方程

由式(6.6.3)，有

$$\rho \dot{e} = (\sigma_{ij}^{e} + \sigma_{ij}^{v})(\dot{\varepsilon}_{ij}^{e} + \dot{\varepsilon}_{ij}^{p}) - q_{i,i} + \rho \dot{r} = \sigma_{ij}^{e}(\dot{\varepsilon}_{ij}^{e} + \dot{\varepsilon}_{ij}^{p}) + Q\dot{\varepsilon}_{kk} - q_{i,i} + \rho \dot{r} \tag{6.6.6}$$

将内能表示成熵和弹性应变的函数 $e = e(s, \varepsilon_{ij}^{e})$，则

$$\mathrm{d}e = \frac{\partial e}{\partial s}\mathrm{d}s + \frac{\partial e}{\partial \varepsilon_{ij}^{e}}\mathrm{d}\varepsilon_{ij}^{e}$$

由此，则有

$$\rho\dot{e} = \rho\theta\dot{s} + \sigma_{ij}^{e}\dot{\varepsilon}_{ij}^{e} \tag{6.6.7}$$

联立式(6.6.6)和式(6.6.7)，得

$$\rho\theta\dot{s} = Q\dot{\varepsilon}_{kk} + \sigma_{ij}^{e}\dot{\varepsilon}_{ij}^{p} - q_{i,i} + \rho\dot{r} \tag{6.6.8}$$

同样可得到

$$\dot{\sigma}_{ij}^{e} = D_{ijkl}\dot{\varepsilon}_{kl}^{e} - \rho\Gamma_{ij}\theta\dot{s} \tag{6.6.9}$$

$$\dot{\theta} = -\Gamma_{ij}\theta\dot{\varepsilon}_{ij}^{e} + \left(\frac{\theta}{C_v}\right)\dot{s} \tag{6.6.10}$$

其中

$$D_{ijkl} = \left(\frac{\partial \sigma_{ij}^{e}}{\partial \varepsilon_{kl}^{e}}\right)_{s} \tag{6.6.11a}$$

$$\Gamma_{ij} = -\frac{1}{\rho\theta}\left(\frac{\partial \sigma_{ij}^{e}}{\partial s}\right)_{\varepsilon_{ij}^{e}} \tag{6.6.11b}$$

对 Γ_{ij} 应用连锁法则：

$$\begin{aligned}\Gamma_{ij} &= -\frac{1}{\rho\theta}\left(\frac{\partial \sigma_{ij}^{e}}{\partial s}\right)_{\varepsilon_{ij}^{e}} = -\frac{1}{\rho\theta}\frac{\partial \sigma_{ij}^{e}}{\partial \varepsilon_{ij}^{\theta}}\frac{\partial \varepsilon_{ij}^{\theta}}{\partial \theta}\frac{\partial \theta}{\partial s} = \frac{1}{\rho\theta}(3\lambda_{ij} + 2G_{ij})\alpha\frac{\theta}{C_v} \\ &= \frac{1}{\rho C_v}\alpha(3\lambda_{ij} + 2G_{ij}) = \frac{1}{\rho C_v}\beta_{ij}\end{aligned} \tag{6.6.12}$$

式中

$$\beta_{ij} = \alpha(3\lambda_{ij} + 2G_{ij}) \tag{6.6.13}$$

联立式(6.6.9)、式(6.6.10)和式(6.6.12)，得

$$-\sigma_{ij}\frac{\partial \varepsilon_{ij}^{p}}{\partial t} + \beta_{ij}\theta\left(\frac{\partial \varepsilon_{ij}}{\partial t} - \frac{\partial \varepsilon_{ij}^{p}}{\partial t}\right) + \rho C_v\frac{\partial \theta}{\partial t} + q_{i,i} - \rho\dot{r} = 0 \tag{6.6.14}$$

若 $\varepsilon_{ij}^{p}=0$，则有

$$\rho C_v\frac{\partial \theta}{\partial t} = \rho\dot{r} - q_{i,i} - \beta_{ij}\theta\frac{\partial \varepsilon_{ij}}{\partial t} \tag{6.6.15}$$

式(6.6.15)即考虑热力耦合的热传导方程，β_{ij} 为耦合系数。

同样，对各向均匀材料，可得

$$\sigma_{ij} = \lambda u_{k,k}\delta_{ij} + 2Ge_{ij} + \beta_{ij}\delta_{ij}(\theta - \theta_0) \tag{6.6.16}$$

由傅里叶热传导定律，有

$$q_i = -K\frac{\partial \theta}{\partial x_i} \tag{6.6.17}$$

将式(6.6.17)代入式(6.6.15)，得

$$K\frac{\partial^2 \theta}{\partial x_i^2} = \rho C_v\frac{\partial \theta}{\partial t} + \beta_{ij}\theta\frac{\partial \varepsilon_{ij}}{\partial t} - \rho\dot{r} \tag{6.6.18}$$

式(6.6.18)即考虑热力耦合的本构关系。

6.6.4　热力耦合热传导方程的无量纲化

对于各向同性均匀材料，式(6.6.18)可改写为

$$K\frac{\partial^2\theta}{\partial x_i^2}=\rho C_v\frac{\partial\theta}{\partial t}\left[1+\frac{\beta\theta}{\rho C_v}\left(\frac{\frac{\partial\varepsilon_{ij}}{\partial t}}{\frac{\partial\theta}{\partial t}}\right)\right]-\rho\dot{r}=\rho C_v\frac{\partial\theta}{\partial t}\left[1+\frac{\beta\theta\alpha}{\rho C_v}\left(\frac{\frac{\partial\varepsilon_{ij}}{\partial t}}{\alpha\frac{\partial\theta}{\partial t}}\right)\right]-\rho\dot{r} \tag{6.6.19}$$

又由于

$$\frac{\beta\theta\alpha}{\rho C_v}=\frac{(3\lambda+2G)^2\alpha^2\theta}{\rho^2C_vv_e^2}\frac{\lambda+2G}{3\lambda+2G}=\delta\frac{\lambda+2G}{3\lambda+2G} \tag{6.6.20}$$

式中

$$\delta=\frac{(3\lambda+2G)^2\alpha^2\theta}{\rho^2C_vv_e^2} \tag{6.6.21a}$$

$$v_e=\sqrt{\frac{\lambda+2G}{\rho}} \tag{6.6.21b}$$

则有

$$K\frac{\partial^2\theta}{\partial x_i^2}=\rho C_v\frac{\partial\theta}{\partial t}\left[1+\delta\frac{1-\nu}{1+\nu}\left(\frac{\dot{\varepsilon}_{ij}}{\dot{\theta}\alpha}\right)\right]-\rho\dot{r}=\rho C_v\frac{\partial\theta}{\partial t}(1+\delta'\eta)-\rho\dot{r} \tag{6.6.22}$$

式中

$$\delta'=\delta\frac{1-\nu}{1+\nu} \tag{6.6.23a}$$

$$\eta=\frac{\dot{\varepsilon}_{ij}}{\dot{\theta}\alpha} \tag{6.6.23b}$$

式中，ν 为泊松比；δ'为与材料性能有关的系数；η 为与变形速度有关的项。式(6.6.22)表明耦合项取决于材料性能和热冲击的高速变形。

由此，得到热冲击的控制方程组为

$$\frac{\partial\sigma_{ij}}{\partial x_j}=\rho\frac{\partial^2u_i}{\partial t^2} \tag{6.6.24a}$$

$$\frac{\partial\sigma_{ij}}{\partial t}=\lambda\frac{\partial\dot{u}_k}{\partial x_k}\delta_{ij}+G\left(\frac{\partial\dot{u}_i}{\partial x_j}+\frac{\partial\dot{u}_j}{\partial x_i}\right)+\beta\frac{\partial\theta}{\partial t}\delta_{ij} \tag{6.6.24b}$$

$$K\frac{\partial^2\theta}{\partial x_i^2}=\rho C_v\frac{\partial\theta}{\partial t}(1+\delta'\eta)-\rho\dot{r} \tag{6.6.24c}$$

将本构方程和波动方程联立，控制方程组也可表示为

$$G\nabla^2u+(\lambda+G)\mathrm{graddiv}u=\beta\mathrm{grad}\,\theta+\rho\ddot{u} \tag{6.6.25a}$$

$$K\frac{\partial^2\theta}{\partial x_i^2}=\rho C_v\frac{\partial\theta}{\partial t}(1+\delta'\eta)-\rho\dot{r} \tag{6.6.25b}$$

式中，β 为热力耦合系数。在给定初始和边界下求解上述控制方程组，即可得到热冲击下材料的温度场、位移场和应力场。

6.6.5 升温的影响

图 6.6.1 所示为 SHPB 高温实验应力波在温度梯度材料中传播的示意图。试样加热，在入射杆和透射杆中形成一定的温度梯度，因此，此问题为具有温度梯度的材料中的应力波传播。将入射杆和透射杆划分为多个单元。弹性波在这些具有一定温度梯度的单元中进行

传播。从中间的试件(恒温)开始,有3种波,即入射波、反射波和透射波。计算温度则从室温(RT)到目标温度(T),忽略温度对密度的影响。则作用在试样上的应力表示为(Wang et al.,2014)

$$\begin{cases} \sigma_{(T)}^{\mathrm{I}} = \sigma_{\mathrm{meas}}^{\mathrm{I}} \cdot (\sqrt{E})_{(RT)} / (\sqrt{E})_{(T)} \\ \sigma_{(T)}^{\mathrm{T}} = \sigma_{\mathrm{meas}}^{\mathrm{T}} \cdot (\sqrt{E})_{(RT)} / (\sqrt{E})_{(T)} \\ \sigma_{(T)}^{\mathrm{R}} = \sigma_{\mathrm{meas}}^{\mathrm{R}} \cdot (\sqrt{E})_{(RT)} / (\sqrt{E})_{(T)} \end{cases} \tag{6.6.26}$$

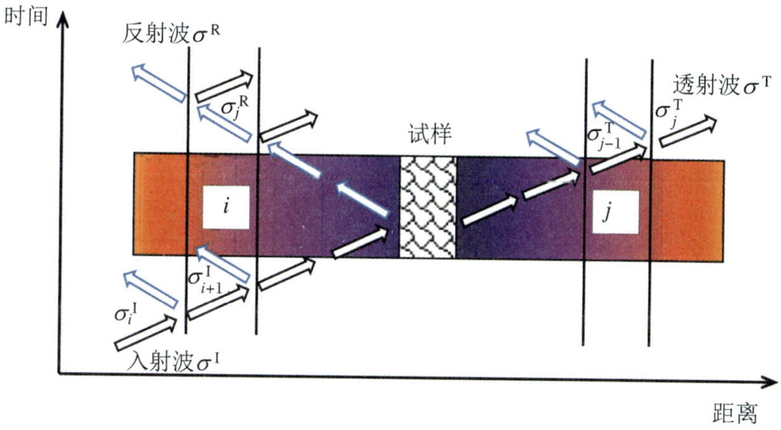

图6.6.1　应力波在温度梯度材料中的传播

式中,E为杆的模量;下标"meas"表示测量结果;上标"I""R""T"分别代表入射波、反射波和透射波。由此,温度场的作用首先是将材料进行软化,降低模量;应力波在温度梯度作用的材料中传播,与在波阻抗具有梯度分布的材料中传播相似;温度对波传播的影响正比于$(\sqrt[4]{E})_{(RT)}/(\sqrt[4]{E})_{(T)}$,即与温度引起的材料模量变化有关,与率效应和剪切分量的作用对比,影响不是很明显。

小　　结

为了对岩石细微观非均匀性进行表征,结合原位高速摄影、X射线成像、X射线衍射等实验技术,实现了对脆性材料以及脆性颗粒材料在复杂应力状态、多种应变速率下的压缩加载实验。由此,观测和表征了材料表观及内部的非均匀变形。利用数字图像相关技术(DIC和XDIC),进行了材料表面和内部结构的全场应变计算,并在二维应变场的基础之上,推导了描述脆性材料非均匀变形的统计演化理论,以及描述颗粒材料压实阵面传播的弛豫-扩散模型。最后基于颗粒微力学机制,分析了颗粒材料中的压剪耦合效应及其对波动传播的影响。此过程中给出了压剪耦合波动方程和热力耦合的传导方程。对岩石非均匀发展的贡献方面,应变率效应最强,剪切加载路径效应次之,温度效应的影响最小。

参 考 文 献

丁启财,1985.固体中的非线性波[M].北京:中国友谊出版社.

黄俊宇,2016.冲击载荷下脆性颗粒材料多尺度破碎变形特性研究[D].合肥:中国科学技术大学.

夏开文,1998.多相颗粒材料力学性质研究[D].合肥:中国科学技术大学.

周李姜,2018.动态加载下脆性材料非均匀变形演化研究[D].合肥:中国科学技术大学.

Bai Y,Ling Z,Luo L,et al.1992.Initial development of micro damage under impact loading[J]. Journal of Applied Mechanics,59(3):622-627.

Bai Y,Lu C,Ke F,et al.1994.Evolution induced catastrophe[J]. Physics Letters A,185:196-200.

Denoual C,Hild F,2002.Dynamic fragmentation of brittle solids: a multi-scale model[J]. European Journal of Mechanics-A/Solids,21(1):105-120.

Graham R A,1997.Comments on shock-compression science in highly porous solids[M].New York:Springer: 1-21.

Huang J,Xu S L,Hu S,2014.Influence of particle breakage on the dynamic compression responses of brittle granular materials[J].Mechanics of Materials,68:15-28.

Huang J,Xu S,Hu S,2015.The role of contact friction in the dynamic breakage behavior of granular materials [J].Granular Matter,17:111-120.

Huang J,Lu L,Fan D,et al.2016a.Heterogeneity in deformation of granular ceramics under dynamic loading [J].Scripta Materialia,111:114-118.

Huang J,et al.2016b.Dynamic deformation and fracture of single crystal silicon:fracture modes,damage laws,and anisotropy[J].Acta Materialia,114:136-145.

Huang J,Hu S L,Xu S L,et al.2017.Fractal crushing of granular materials under confined compression at different strain rates[J].International Journal of Impact Engineering,106:259-265.

Wang P, Xu S, et al. 2014. Temperature effects on the mechanical behavior of aluminum foam under dynamic loading[J].Materials Science & Engineering A,599:174-179.

Xie Y S, Xu S L, Huang J Y, et al. 2022. Dynamic compaction induced heterogeneity in boron carbide powder[J].Ceramics International,48(23):34999-35010.

Zhou L J,Xu S L,Shan J F,et al.2018.Heterogeneity in deformation of granite under dynamic combined compression/shear loading[J].Mechanics of Materials,123:1-18.

第 7 章　岩石压剪耦合波动原理

7.1　引　　言

由于长期自然地质构造活动，岩石由矿物颗粒构成的固体骨架、节理裂隙及各类填充物组成，岩石材料具有多尺度的非均质成分和细观结构，表现出强烈的非均匀性。在压剪解耦理论的框架下，纵波 P 和横波 S 的波速通常由密度 ρ、岩石的体积模量 K 和剪切模量 G 决定，分别表示为$\sqrt{\left(K+\frac{4}{3}G\right)/\rho}$和$\sqrt{G/\rho}$。随着岩石中剪切带和剪胀角的揭示，压剪耦合效应在岩石变形和岩石破坏中起着重要作用。Li 等(2006)、Wang 等(2019)、Hu 等(2021)进行的较高压力下岩石矿物波速的研究表明体积模量和剪切模量均与压力有关。由于岩石的非均匀性和内部随机分布的微裂纹的作用，即使在单轴压缩下，岩石试样也会受到局部分布的压应力、拉伸应力和剪切应力的作用。岩石的内部结构导致了细微观尺度上更强的非均质性，产生了压剪耦合效应，这导致了岩石内部复杂的波传播过程。

Tang 等(2005)的实验结果表明，S 波可以反映 P 波对岩石的影响。Zhou 等(2018)观察到，P 波携带局部剪切变形的信息，S 波携带局部压缩变形的信息。许多关于压剪复合波传播的理论研究已经被发展起来。Song 和 Tang(2014)研究了薄壁管中的相变波传播，并推导了在轴向和周向组合应力作用下快波和慢波耦合相变波的波解。Wang 等(2017)发现剪切波的衰减与压缩剪切耦合波有关。Renaud 等(2020)获得了平面应变状态和平面应力状态下弹塑性固体中压剪耦合简单慢波和简单快波的波速表达式。

在 Biot(1962)的工作中，多孔岩石被认为是各向同性的，具有均匀分布的连通孔隙，由此预测了 3 种波，即快 P 波、慢 P 波和 S 波。Plona(1980)在后来的一系列实验中观察到了这些波。Liu 等(1990)将流体和固体的质量耦合系数引入混合理论，预测了慢 S 波的存在。在考虑温度效应时，Xi 等(2011)引入了热弛豫波。其中慢 P 波和慢 S 波分别反映了动态载荷传播通过时固体和填充流体之间的纵向和横向相对运动，这两个波的延迟响应可用于评估岩石内部结构的等效特性。研究界面引起的局部效应时，Rubinstein 等(2004,2007)和 Capozza 等(2011)观察到了 3 种类型的波，即亚瑞利波、跨声速波和慢波，Ben-David 等(2010,2011)也发现了这一点。这些波的存在表明局部锯齿状起伏结构对传播过程的影响。

利用高速摄影技术,Xia 等(2004,2005)和 Rubino 等(2017)追踪了亚瑞利波和超剪切波沿脆性材料Ⅱ型裂纹界面的传播。使用系列压力传感器,Passelègue 等(2013)研究了超剪切波在岩石圆柱体中的传播。这些结果中发现了剪切波速的增加和瑞利波速的降低现象,也可以推断出纵波波速的降低。实验结果表明波与细观和微观几何结构之间的相互作用影响了岩石内部的波速。

Burridge(1973)从理论上证明,当表面摩擦缺乏内聚力时,平面内剪切破裂可以以高于剪切波速的速度传播,并达到压缩波速。由于天然岩石非常不均匀,使得 P 波携带局部剪切变形的信息,S 波携带压缩变形的信息,因此,实际上都是压缩和剪切耦合作用的结果。Ting 等(1969)给出了半空间中压缩应力和剪切应力的组合导致的弹塑性波。Li 和 Ting(1983)证明了弹性固体中快速简单波和慢速简单波的传播规律。这些结果表明应力路径(主要由法向应力与剪切应力之比来描述)对波速的影响。

尽管人们普遍认为拉伸开裂是岩石变形和破坏的主要形式,但 Xu 等(2015)和 Huang 等(2016)也观察到剪切开裂,并且 Ramsey 和 Chester(2004)以及 Huang 等(2014)的研究指出,随着加载速率的增加,岩石破坏可能存在从扩展到剪切破坏机制的过渡状态。这表明,压应力和剪切应力的组合在加载刚开始时对波的传播会产生更大的影响,而不是在塑性状态下。本章将建立压剪耦合的广义波动方程,由此进行压剪耦合波动过程的传播。

7.2 压剪耦合波动方程

7.2.1 压剪耦合本构关系

材料的应力-应变关系一般满足弹性形变定律和弹性体积变形定律,即体积应变只与静水压有关,剪应变只与剪切应力有关。体积压缩与剪切变形是不耦合的。然而大量实验资料表明,岩石类脆性材料在剪切过程中会产生体积变化,其体积应变还与剪切应力有关,即剪切应力作用下,会产生体积应变,此即所谓的剪胀性。由于孔隙等缺陷的存在,岩石的屈服强度也受静水压的影响,即脆性材料的剪应变也与静水压力有关。真实岩石的体积压缩与剪切变形是耦合的。

应力张量(σ_{ij})和应变张量(ε_{ij})的关系可用胡克定律表达:$\sigma_{ij}=\lambda\varepsilon_{kk}\delta_{ij}+2\mu\varepsilon_{ij}$。其中,$\lambda$ 和 μ 为拉梅系数。胡克定律还可以表达为

$$\sigma_{ij} = K\Delta\delta_{ij} + 2Ge_{ij} \tag{7.2.1}$$

式中,K 为体积模量,且 $K=\lambda+2\mu/3$;G 为剪切模量,且 $G=\mu$;体积应变 $\Delta=\varepsilon_{kk}$,应变偏张量 $e_{ij}=\varepsilon_{ij}-\frac{1}{3}\Delta\delta_{ij}$。当压剪不耦合,静水压 p 和应力偏张量 s_{ij} 可分别表达为 $p=\frac{1}{3}\sigma_{kk}=K\Delta$ 和 $s_{ij}=2Ge_{ij}$。其中,$s_{ij}=\sigma_{ij}-p\delta_{ij}$。则偏应力可表达为

$$\sqrt{J_2} = 2G\sqrt{I_2} \tag{7.2.2}$$

式中,J_2 为应力偏张量的第二不变量,$J_2=\frac{1}{2}s_{ij}s_{ij}$;$I_2$ 为应变偏张量的第二不变量,$I_2=$

$\frac{1}{2}e_{ij}e_{ij}$。

对于具有非均质内部结构并承受较高压力的岩石，体积变形和剪切变形的影响是耦合的，均为压力和剪切应力的耦合作用。引入耦合体积模量和剪切模量来考虑这种耦合效应。

1. 关于体积模量

考虑到压力和剪切应力对体积变形的影响，K 对静水压力和等效剪切应力的 McLaughlin 展开式为

$$\begin{aligned} K &= K(p, s_{ij}) \equiv K(p, \sqrt{J_2}) \\ &= K_0 + \sum_{n=1}^{\infty} \frac{1}{n!} \left(p \frac{\partial}{\partial p} + \sqrt{J_2} \frac{\partial}{\partial \sqrt{J_2}} \right)^n K(p, \sqrt{J_2}) \end{aligned} \tag{7.2.3}$$

式中，K_0 为零应力状态下的初始体积模量；$\sqrt{J_2}$为三维等效剪切应变。当体积模量与静水压力和等效剪切应力的函数关系已知时，体积模量也可以表示为

$$K = K_0 + K_1 p + K_2 \sqrt{J_2} + K_3 p^2 + K_4 p \sqrt{J_2} + K_5 J_2 + \cdots \tag{7.2.4}$$

其中，K_0 为静水压力和等效剪切应力均为0时岩石的体积模量，其他材料参数表示为

$$K_1 = \partial K / \partial p, \quad K_2 = \partial K / \partial \sqrt{J_2}$$

$$K_3 = \frac{1}{2} \partial^2 K / \partial p^2, \quad K_4 = \partial^2 K / \partial p \partial \sqrt{J_2}, \quad K_5 = \frac{1}{2} \partial^2 K / \partial \sqrt{J_2}^2, \quad \cdots$$

这些参数都是对应静水压力和等效剪切应力均为0时的情况。Murnaghan(1994)应用麦克劳林级数将体积模量展开为静水压力的表达式，采用一阶近似，得到著名的 Murnaghan 方程，具体表达式为 $K = -V \frac{\mathrm{d}p}{\mathrm{d}V} = K_0 + \frac{\partial K}{\partial p} p = K_0 + K_1 p$。其中，$V$ 为压力 p 对应的体积，体积模量的 ·阶近似可表达为

$$K = K_0 + K_1 p + K_2 \sqrt{J_2} \tag{7.2.5}$$

2. 关于剪切模量

考虑到压力和剪切应力对剪切变形的影响，剪切模量 G 对压力和剪应变的函数也可以用 McLaughlin 级数展开表示为

$$G = G(p, s_{ij}) \equiv G(p, \sqrt{J_2}) = G_0 + \sum_{n=1}^{\infty} \frac{1}{n!} \left(p \frac{\partial}{\partial p} + \sqrt{J_2} \frac{\partial}{\partial \sqrt{J_2}} \right)^n G(p, \sqrt{J_2}) \tag{7.2.6}$$

当剪切模量与静水压力和等效剪切应力的函数关系已知时，剪切模量也可以表示为

$$G = G_0 + G_1 p + G_2 \sqrt{J_2} + G_3 p^2 + G_4 p \sqrt{J_2} + G_5 J_2 + \cdots \tag{7.2.7}$$

式中，G_0 为静水压力和等效剪切应力均为0时岩石的剪切模量，其他材料参数表示为

$$G_1 = \partial G / \partial p, \quad G_2 = \partial G / \partial \sqrt{J_2}$$

$$G_3 = \frac{1}{2} \partial^2 G / \partial p^2, \quad G_4 = \partial^2 G / \partial p \partial \sqrt{J_2}, \quad G_5 = \frac{1}{2} \partial^2 G / \partial \sqrt{J_2}^2, \quad \cdots$$

这些参数都是对应静水压力和等效剪切应力均为0时的情况。

Hardin 和 Drnevich(1972)给出了一个剪切弱化效应的表达式：$G/G_r = \gamma_r / (\gamma_r + \gamma)$。

其中，G_r和γ_r分别为特征剪切模量和特征剪切应变。将其推广到三维应力状态：$G = G_r - \frac{1}{\gamma_r}\sqrt{J_2} \equiv G_0 + G_2\sqrt{J_2}$，其中，$G_0(=G_r)$和 G_2 为材料参数。Nelson 等(1971)考虑静水压和偏应力的共同影响，给出了新的表达式：$G = G_0 + G_1 p + G_2\sqrt{J_2}$。其中，$G_0$，$G_1$ 和 G_2为材料参数。Alkan 等(2007)基于实验结果，认为剪切模量与体积应变具有线性关系。基于上述讨论，在复杂应力状态下剪切模量的一阶近似可表达为

$$G = G_0 + G_1 p + G_2\sqrt{J_2} \tag{7.2.8}$$

式(7.2.8)与 Nelson 等(1971)所采用的形式相似。

3. 压剪耦合本构关系

综合上述讨论，复杂应力状态下压剪耦合本构关系可表达为

$$\begin{aligned}\sigma_{ij}(\varepsilon_{ij}) = &\left[K_0 + K_1 p + K_2\sqrt{J_2} + K_3 p^2 + K_4 p\sqrt{J_2} + K_5 J_2 + \cdots\right]\Delta\delta_{ij}\\ &+ 2\left[G_0 + G_1 p + G_2\sqrt{J_2} + G_3 p^2 + G_4 p\sqrt{J_2} + G_5 J_2 + \cdots\right]e_{ij}\end{aligned} \tag{7.2.9}$$

尽管很难求解非线性方程组(7.2.4)和(7.2.7)，一旦推导出静水压力和等效剪切应力关于体积应变和等效剪应变的显示函数形式，体积模量和剪切模量的关于体积应变和等效剪应变的显示表达式也可以求出。在式(7.2.6)和式(7.2.8)的一阶近似下，可以得到$p(\Delta,\sqrt{I_2})$和$\sqrt{J_2}(\Delta,\sqrt{I_2})$的显式表达式如下：

$$p = p(\Delta,\sqrt{I_2}) = \left(\frac{K_0\Delta}{1-K_1\Delta} + \frac{K_2\Delta}{1-K_1\Delta}\cdot\frac{2G_0\sqrt{I_2}}{1-2G_2\sqrt{I_2}}\right)\left(1 - \frac{K_2\Delta}{1-K_1\Delta}\cdot\frac{2G_1\sqrt{I_2}}{1-2G_2\sqrt{I_2}}\right)^{-1} \tag{7.2.10}$$

$$\begin{aligned}\sqrt{J_2} &= \sqrt{J_2}(\Delta,\sqrt{I_2})\\ &= \left(\frac{2G_0\sqrt{I_2}}{1-2G_2\sqrt{I_2}} + \frac{K_0\Delta}{1-K_1\Delta}\cdot\frac{2G_1\sqrt{I_2}}{1-2G_2\sqrt{I_2}}\right)\left(1 - \frac{K_2\Delta}{1-K_1\Delta}\cdot\frac{2G_1\sqrt{I_2}}{1-2G_2\sqrt{I_2}}\right)^{-1}\end{aligned} \tag{7.2.11}$$

一阶近似下的压剪耦合本构关系表示为

$$\sigma_{ij} = (K_0 + K_1 p + K_2\sqrt{J_2})\Delta\delta_{ij} + 2(G_0 + G_1 p + G_2\sqrt{J_2})e_{ij} \tag{7.2.12}$$

若考虑压缩增强效应和剪胀引起的剪切弱化效应，4 个耦合参数应满足：$K_1 \geqslant 0$，$K_2 \leqslant 0$，$G_1 \geqslant 0$，$G_2 \leqslant 0$。式(7.2.12)是一阶近似，为研究更高冲击压力的作用，需要用到二阶甚至更高阶的近似。

式(7.2.10)和式(7.2.11)给出了体积变形 Δ 和等效剪切变形$\sqrt{I_2}$表达的 p 和$\sqrt{J_2}$。由此，可以得到$\partial p/\partial\Delta$，$\partial p/\partial\sqrt{I_2}$，$\partial\sqrt{J_2}/\partial\Delta$，$\partial\sqrt{J_2}/\partial\sqrt{I_2}$，以及 K 和G 的表达式为

$$\frac{\partial p}{\partial\Delta} = \frac{\dfrac{K_0}{1-K_1\Delta} + \dfrac{K_0K_1\Delta}{(1-K_1\Delta)^2} + \dfrac{2G_0\sqrt{I_2}}{1-2G_2\sqrt{I_2}}\left[\dfrac{K_2}{1-K_1\Delta} + \dfrac{K_2K_1\Delta}{(1-K_1\Delta)^2}\right]}{1 - \dfrac{K_2\Delta}{1-K_1\Delta}\dfrac{2G_1\sqrt{I_2}}{1-2G_2\sqrt{I_2}}}$$

$$+\frac{\left(\frac{K_0\Delta}{1-K_1\Delta}+\frac{K_2\Delta}{1-K_1\Delta}\frac{2G_0\sqrt{I_2}}{1-2G_2\sqrt{I_2}}\right)\frac{2G_1\sqrt{I_2}}{1-2G_2\sqrt{I_2}}\left(\frac{K_2}{1-K_1\Delta}+\frac{K_2K_1\Delta}{(1-K_1\Delta)^2}\right)}{\left(1-\frac{K_2\Delta}{1-K_1\Delta}\frac{2G_1\sqrt{I_2}}{1-2G_2\sqrt{I_2}}\right)^2} \tag{7.2.13}$$

$$\frac{\partial p}{\partial\sqrt{I_2}}=\frac{\frac{K_2\Delta}{1-K_1\Delta}\left[\frac{2G_0}{1-2G_2\sqrt{I_2}}+\frac{4G_0G_2\sqrt{I_2}}{(1-2G_2\sqrt{I_2})^2}\right]}{1-\frac{K_2\Delta}{1-K_1\Delta}\frac{2G_1\sqrt{I_2}}{1-2G_2\sqrt{I_2}}}+\frac{\left(\frac{K_0\Delta}{1-K_1\Delta}+\frac{K_2\Delta}{1-K_1\Delta}\frac{2G_0\sqrt{I_2}}{1-2G_2\sqrt{I_2}}\right)\frac{K_2\Delta}{1-K_1\Delta}\left(\frac{2G_1}{1-2G_2\sqrt{I_2}}+\frac{4G_1G_2\sqrt{I_2}}{(1-2G_2\sqrt{I_2})^2}\right)}{\left(1-\frac{K_2\Delta}{1-K_1\Delta}\frac{2G_1\sqrt{I_2}}{1-2G_2\sqrt{I_2}}\right)^2} \tag{7.2.14}$$

$$\frac{\partial\sqrt{J_2}}{\partial\Delta}=\frac{\frac{2G_1\sqrt{I_2}}{1-2G_2\sqrt{I_2}}\left[\frac{K_0}{1-K_1\Delta}+\frac{K_2K_1\Delta}{(1-K_1\Delta)^2}\right]}{1-\frac{K_2\Delta}{1-K_1\Delta}\frac{2G_1\sqrt{I_2}}{1-2G_2\sqrt{I_2}}}+\frac{\left(\frac{2G_0\sqrt{I_2}}{1-2G_2\sqrt{I_2}}+\frac{K_0\Delta}{1-K_1\Delta}\frac{2G_1\sqrt{I_2}}{1-2G_2\sqrt{I_2}}\right)\frac{2G_1\sqrt{I_2}}{1-2G_2\sqrt{I_2}}\left(\frac{K_2}{1-K_1\Delta}+\frac{K_2K_1\Delta}{(1-K_1\Delta)^2}\right)}{\left(1-\frac{K_2\Delta}{1-K_1\Delta}\frac{2G_1\sqrt{I_2}}{1-2G_2\sqrt{I_2}}\right)^2} \tag{7.2.15}$$

$$\frac{\partial\sqrt{J_2}}{\partial\sqrt{I_2}}=\frac{\frac{2G_0}{1-2G_2\sqrt{I_2}}+\frac{4G_0G_2\sqrt{I_2}}{(1-2G_2\sqrt{I_2})^2}+\frac{K_0\Delta}{1-K_1\Delta}\left[\frac{2G_1}{1-2G_2\sqrt{I_2}}+\frac{4G_1G_2\sqrt{I_2}}{(1-2G_2\sqrt{I_2})^2}\right]}{1-\frac{K_2\Delta}{1-K_1\Delta}\frac{2G_1\sqrt{I_2}}{1-2G_2\sqrt{I_2}}}+\frac{\left(\frac{2G_0\sqrt{I_2}}{1-2G_2\sqrt{I_2}}+\frac{2G_1\sqrt{I_2}}{1-2G_2\sqrt{I_2}}\frac{K_0\Delta}{1-K_1\Delta}\right)\frac{K_2\Delta}{1-K_1\Delta}\left(\frac{2G_1}{1-2G_2\sqrt{I_2}}+\frac{4G_1G_2\sqrt{I_2}}{(1-2G_2\sqrt{I_2})^2}\right)}{\left(1-\frac{K_2\Delta}{1-K_1\Delta}\frac{2G_1\sqrt{I_2}}{1-2G_2\sqrt{I_2}}\right)^2} \tag{7.2.16}$$

$$K=K_0+K_1\frac{\frac{K_0\Delta}{1-K_1\Delta}+\frac{K_2\Delta}{1-K_1\Delta}\cdot\frac{2G_0\sqrt{I_2}}{1-2G_2\sqrt{I_2}}}{1-\frac{K_2\Delta}{1-K_1\Delta}\cdot\frac{2G_1\sqrt{I_2}}{1-2G_2\sqrt{I_2}}}+K_2\frac{\frac{2G_0\sqrt{I_2}}{1-2G_2\sqrt{I_2}}+\frac{K_0\Delta}{1-K_1\Delta}\cdot\frac{2G_1\sqrt{I_2}}{1-2G_2\sqrt{I_2}}}{1-\frac{K_2\Delta}{1-K_1\Delta}\cdot\frac{2G_1\sqrt{I_2}}{1-2G_2\sqrt{I_2}}} \tag{7.2.17}$$

$$G = G_0 + G_1 \frac{\dfrac{K_0\Delta}{1 - K_1\Delta} + \dfrac{K_2\Delta}{1 - K_1\Delta} \cdot \dfrac{2G_0\sqrt{I_2}}{1 - 2G_2\sqrt{I_2}}}{1 - \dfrac{K_2\Delta}{1 - K_1\Delta} \cdot \dfrac{2G_1\sqrt{I_2}}{1 - 2G_2\sqrt{I_2}}} + G_2 \frac{\dfrac{2G_0\sqrt{I_2}}{1 - 2G_2\sqrt{I_2}} + \dfrac{K_0\Delta}{1 - K_1\Delta} \cdot \dfrac{2G_1\sqrt{I_2}}{1 - 2G_2\sqrt{I_2}}}{1 - \dfrac{K_2\Delta}{1 - K_1\Delta} \cdot \dfrac{2G_1\sqrt{I_2}}{1 - 2G_2\sqrt{I_2}}} \tag{7.2.18}$$

值得注意的是,K_1,K_2,G_1,G_2 为 4 个耦合参数。显然,对于均匀材料,有 $K_1 = K_2 = G_1 = G_2 = 0$,以及 $K = K_0$ 和 $G = G_0$。

4. 压剪耦合本构效应

(1) 压剪耦合模量

图 7.2.1 所示为基于式(7.2.17)和式(7.2.18)计算得到的体积模量和剪切模量关于体积应变和等效剪切应变的关系,4 个耦合参数的数值列在图中,材料参数为:密度 2.5 g/cm³,弹性模量 70 GPa,泊松比 0.2,体积模量 38.89 GPa,剪切模量 29.17 GPa。由此可见:体积模量 K 和剪切模量 G 随体积应变 Δ 的增加而显著增加,随等效剪切应变 $\sqrt{I_2}$ 的增加而减小。同时,体积模量 K 随着耦合参数 K_1 和 $|G_2|$ 的增加而增加,但随着耦合参数 K_2 和 G_1 的增加而减小;剪切模量 G 随着耦合参数 K_1 和 G_1 的增加而增加,但随着耦合参数 K_2 和 $|G_2|$ 的增加而减小。

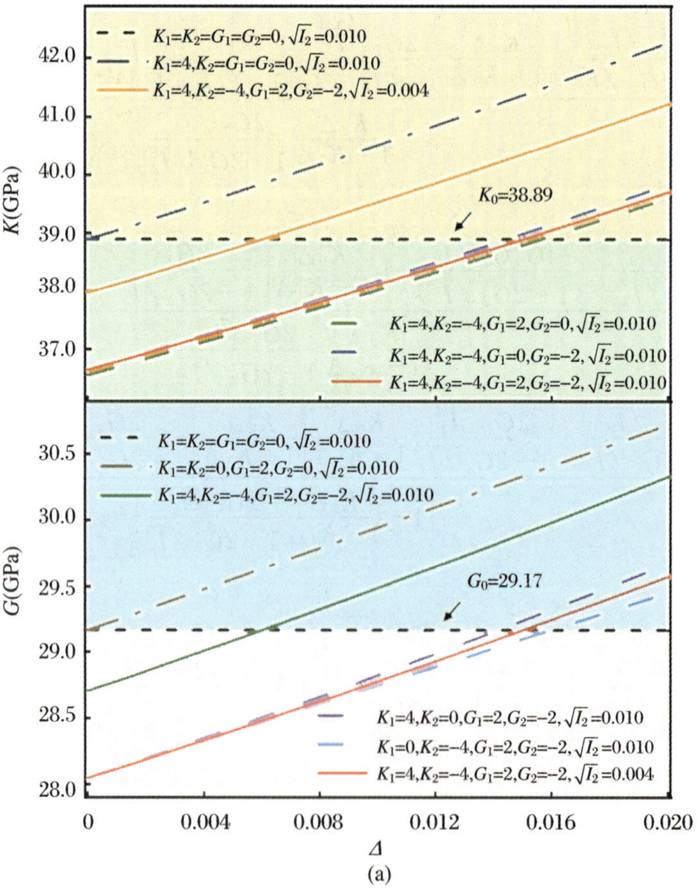

(a)

图 7.2.1 体积模量 K 和剪切模量 G 与体积应变 Δ 和等效剪切应变 $\sqrt{I_2}$ 的关系

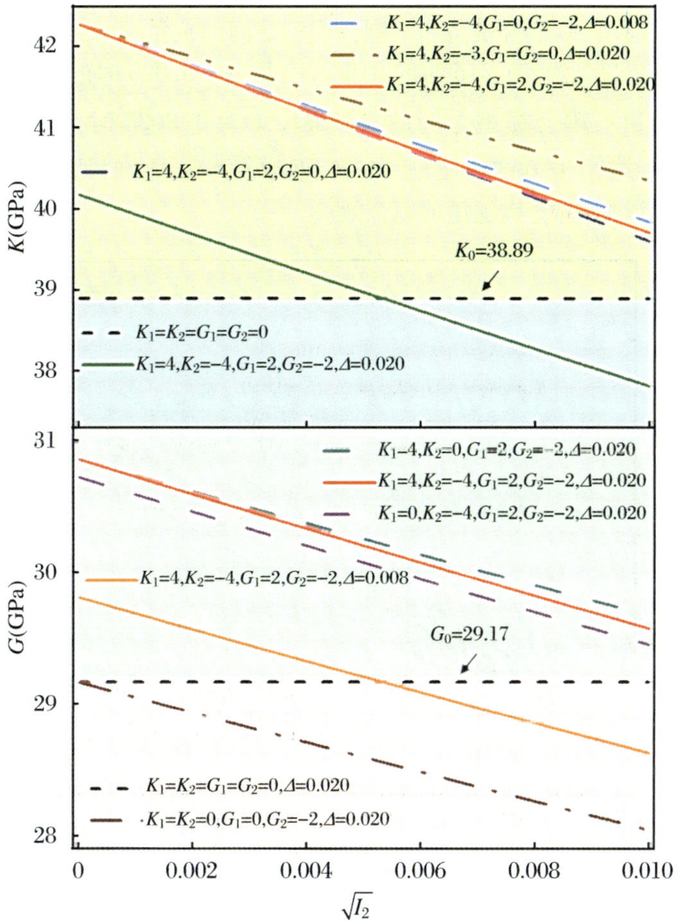

(b)

图 7.2.1　体积模量 K 和剪切模量 G 与体积应变 Δ 和等效剪切应变 $\sqrt{I_2}$ 的关系(续)

(2) 压剪耦合本构关系

图 7.2.2 所示为通过式(7.2.10)和式(7.2.11)计算得到的压剪耦合本构关系，分为：(a) p 与 Δ 的关系；(b) p 与 $\sqrt{I_2}$ 的关系；(c) $\sqrt{J_2}$ 与 Δ 的关系；(d) $\sqrt{J_2}$ 与 $\sqrt{I_2}$ 的关系。其中，压剪耦合关系主要表现在：(b) p 与 $\sqrt{I_2}$ 的关系和(d) $\sqrt{J_2}$ 与 $\sqrt{I_2}$ 的关系。图 7.2.2(a)表明压力 p 随体积应变 Δ 的增加而增加。图 7.2.2(b)表明压力 p 随等效剪应变 $\sqrt{I_2}$ 的增加而减小，p-$\sqrt{I_2}$ 关系曲线的斜率随表征岩石剪胀性能的耦合参数 K_2 的增加而增加。图 7.2.2(c)表明等效剪切应力 $\sqrt{J_2}$ 随体积应变 Δ 的增加而增加。图 7.2.2(d)表明等效剪切应力 $\sqrt{J_2}$ 随等效剪应变 $\sqrt{I_2}$ 的增加而增加，$\sqrt{J_2}$-$\sqrt{I_2}$ 关系曲线的斜率随表征岩石剪切弱化性能的耦合参数 G_2 的增加而减小。

(3) 压剪耦合的路径效应

图 7.2.3 所示为压剪耦合模型的应变路径效应。4 个耦合参数取为：$K_1=4$，$K_2=-4$，$G_1=2$，$G_2=-2$。图中蓝色实线为沿着应变路径 $\sqrt{I_2}/\Delta=0.5$ 的计算结果。当体积应变 Δ 从 0.005 增加到 0.025，压剪耦合模型计算的结果与压剪不耦合模型的计算结果差异越来越

大。为了更清楚地反映这种路径效应，分别取了 4 种等体积应变路径和 4 种等剪切应变路径。随着体积应变的增加，耦合模型和不耦合模型之间的夹角从 $\Delta=0.005$ 时的 1.17°增加到 $\Delta=0.010$ 时的 2.39°、$\Delta=0.015$ 时的 3.66°，以及 $\Delta=0.020$ 时的 4.99°。随着剪切应变的增加，耦合模型和不耦合模型之间的夹角从 $\sqrt{I_2}=0.0025$ 时的 0.59°增加到 $\sqrt{I_2}=0.0050$时的 1.10°、$\sqrt{I_2}=0.0075$ 时的 1.67°，以及 $\sqrt{I_2}=0.010$ 时的 2.21°。无论是体积应变还是剪切应变的增加，都会增加压剪耦合效应。

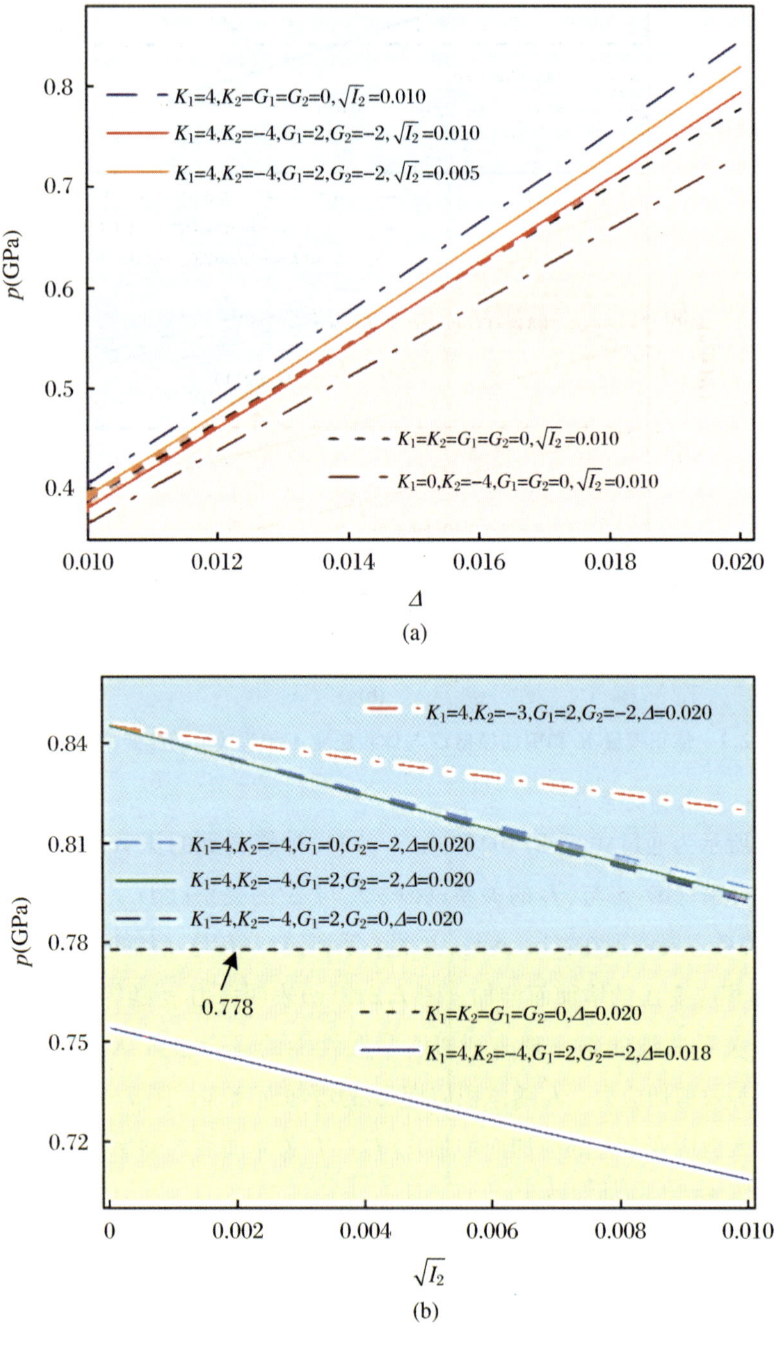

图 7.2.2　压剪耦合本构关系

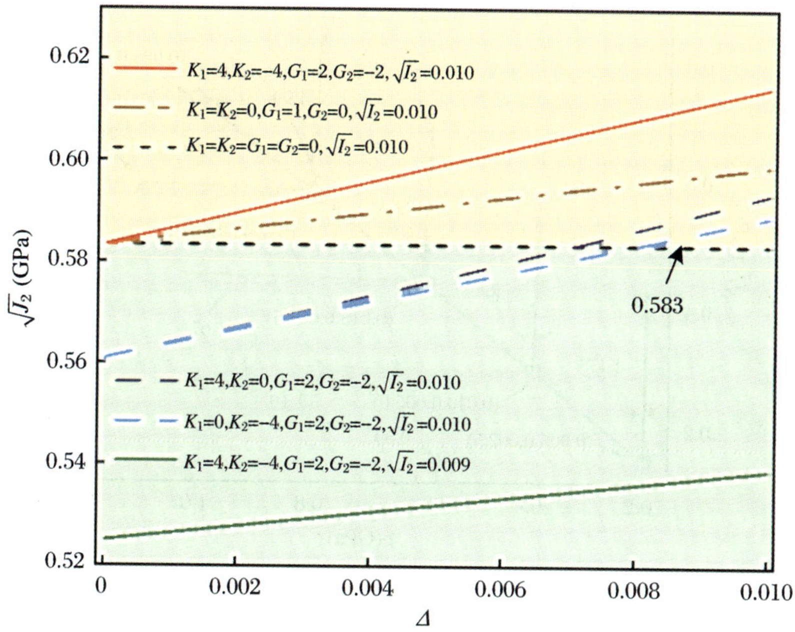

(c)

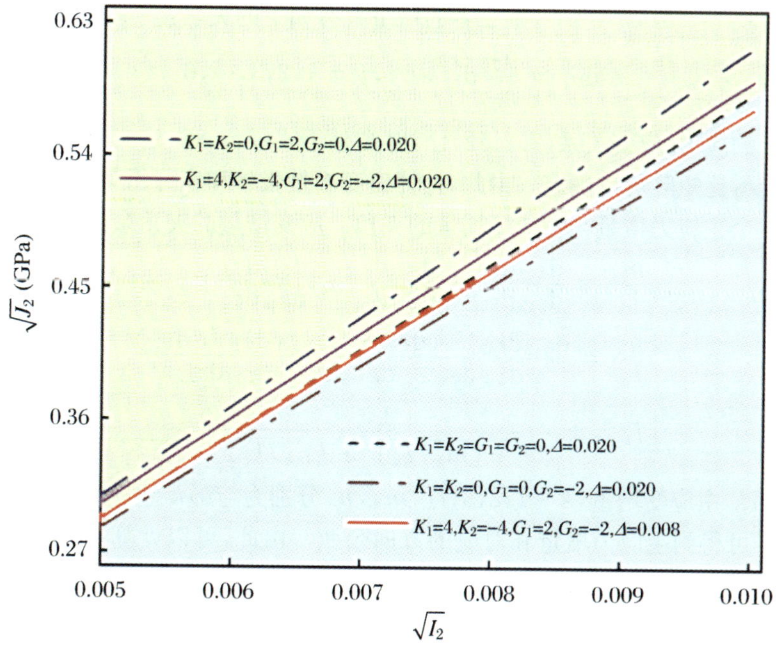

(d)

图 7.2.2 压剪耦合本构关系(续)

(4) 应力增量和应变增量的夹角

非关联流动塑性理论中应力增量和应变增量沿着同一方向，而在广义塑性理论中应力增量和应变增量之间有一定的夹角。压剪耦合本构关系的应力增量和应变增量之间也有一定的夹角。

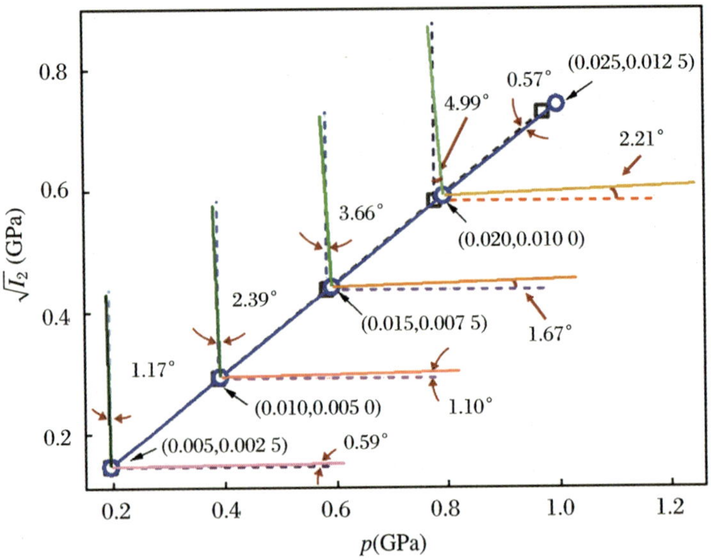

图 7.2.3 压剪耦合路径效应

引入应力矢量 $\hat{\sigma}^{\mathrm{T}} \equiv [\sigma_{11} \quad \sigma_{22} \quad \sigma_{33} \quad \sigma_{12} \quad \sigma_{13} \quad \sigma_{23}]^{\mathrm{T}}$ 和应变矢量 $\hat{\varepsilon}^{\mathrm{T}} \equiv [\varepsilon_{11} \quad \varepsilon_{22} \quad \varepsilon_{33} \quad \varepsilon_{12} \quad \varepsilon_{13} \quad \varepsilon_{23}]^{\mathrm{T}}$,则二者的增量具有如下的关联:

$$\mathrm{d}\hat{\sigma}_i = \frac{\partial \hat{\sigma}_i}{\partial \hat{\varepsilon}_j}\mathrm{d}\hat{\varepsilon}_j, \quad i,j = 1,2,3,\cdots,6 \tag{7.2.19}$$

压剪耦合的应力-应变关系(7.2.12)已知,则基于式(7.2.19)定义的应力增量和应变增量的转换的雅可比矩阵可以确定。由此,计算应变增量张量和应力增量张量的特征值,则可以分别得到 3 个主应力增量与主应变增量的夹角。应变增量的夹角余弦计算公式如下:

$$\frac{m_k}{l_k} = \frac{\mathrm{d}\varepsilon_{13}\mathrm{d}\varepsilon_{12} - \mathrm{d}\varepsilon_{23}\mathrm{d}\varepsilon_{11} + \mathrm{d}\varepsilon_{23}\mathrm{d}\varepsilon_k}{\mathrm{d}\varepsilon_{23}\mathrm{d}\varepsilon_{12} - \mathrm{d}\varepsilon_{13}\mathrm{d}\varepsilon_{22} + \mathrm{d}\varepsilon_{13}\mathrm{d}\varepsilon_k} \tag{7.2.20}$$

$$\frac{n_k}{l_k} = \frac{\mathrm{d}\varepsilon_{12}\mathrm{d}\varepsilon_{12} - (\mathrm{d}\varepsilon_{22} - \mathrm{d}\varepsilon_k)(\mathrm{d}\varepsilon_{11} - \mathrm{d}\varepsilon_k)}{\mathrm{d}\varepsilon_{22}\mathrm{d}\varepsilon_{13} - \mathrm{d}\varepsilon_{13}\mathrm{d}\varepsilon_k + \mathrm{d}\varepsilon_{12}\mathrm{d}\varepsilon_{23}} \tag{7.2.21}$$

$$l_k = \pm \frac{1}{\sqrt{1 + (m_k/l_k)^2 + (n_k/l_k)^2}} \tag{7.2.22}$$

式中,$\mathrm{d}\varepsilon_k$ 为第 k 主应变增量,$k=1,2,3$;l_k, m_k, n_k 分别为与第 k 主应变增量对应的 3 个方向余弦。同样可得到主应力增量和对应的方向余弦。由此,可以计算主应变增量和主应力增量的夹角。

算例:若应变场比例加载:$\mathrm{d}\varepsilon_{ij} = \delta_\varepsilon \cdot \begin{bmatrix} 0.018 & 0.008 & 0.004 \\ 0.008 & 0.018 & 0.001 \\ 0.004 & 0.001 & 0.018 \end{bmatrix}$,其中,加载系数取 $\delta_\varepsilon = 0.02$。计算结果如图 7.2.4 所示。随着体积应变由 0 增加到 0.05,第一主应变增量和第一主应力增量的夹角由 1.14°减小到 1.01°,第二主应变增量和第二主应力增量的夹角由 1.10°增加到 1.00°,第三主应变增量和第三主应力增量的夹角由 0.34°降低到 0.30°。这种主应变增量和主应力增量夹角的存在及其变化,表明压剪耦合本构方程可以描述广义塑性流动。

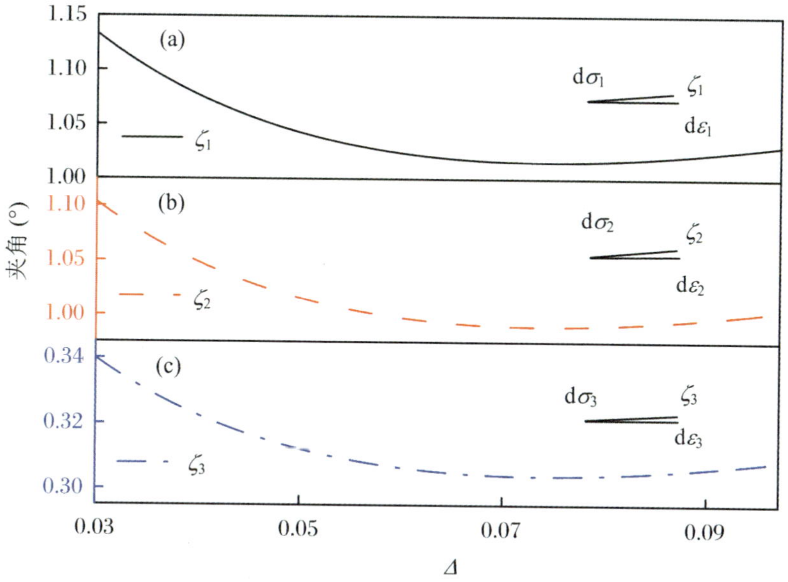

图 7.2.4 压剪耦合本构关系的广义塑性流动特性

7.2.2 压剪耦合波动方程

动量守恒方程为

$$\frac{\partial \sigma_{ij}}{\partial X_j} = \rho \frac{\partial^2 u_i}{\partial t^2} \tag{7.2.23}$$

式中，u_i为位移；X_i为拉格朗日坐标系坐标。将本构关系代入上述方程，则有

$$\rho \frac{\partial^2 u_i}{\partial t^2} = K_0 \frac{\partial \Delta \delta_{ij}}{\partial X_j} + K_1 \frac{\partial (p \Delta \delta_{ij})}{\partial X_j} + K_2 \frac{\partial (\sqrt{J_2} \Delta \delta_{ij})}{\partial X_j}$$
$$+ 2G_0 \frac{\partial e_{ij}}{\partial X_j} + 2G_1 \frac{\partial (p e_{ij})}{\partial X_j} + 2G_2 \frac{\partial (\sqrt{J_2} e_{ij})}{\partial X_j} \tag{7.2.24}$$

由式(7.2.10)和式(7.2.11)，可以得到

$$\frac{\partial p(\Delta, \sqrt{I_2})}{\partial X_i} = \frac{\partial p}{\partial \Delta} \frac{\partial \Delta}{\partial X_i} + \frac{\partial p}{\partial \sqrt{I_2}} \frac{\partial \sqrt{I_2}}{\partial I_2} \frac{\partial I_2}{\partial X_i} = \frac{\partial p}{\partial \Delta} \frac{\partial \Delta}{\partial X_i} + \frac{1}{2\sqrt{I_2}} \frac{\partial p}{\partial \sqrt{I_2}} e_{kl} \frac{\partial e_{kl}}{\partial X_i} \tag{7.2.25}$$

$$\frac{\partial \sqrt{J_2}(\Delta, \sqrt{I_2})}{\partial X_i} = \frac{\partial \sqrt{J_2}}{\partial \Delta} \frac{\partial \Delta}{\partial X_i} + \frac{\partial \sqrt{J_2}}{\partial \sqrt{I_2}} \frac{\partial \sqrt{I_2}}{\partial I_2} \frac{\partial I_2}{\partial X_i} = \frac{\partial \sqrt{J_2}}{\partial \Delta} \frac{\partial \Delta}{\partial X_i} + \frac{1}{2\sqrt{I_2}} \frac{\partial \sqrt{J_2}}{\partial \sqrt{I_2}} e_{kl} \frac{\partial e_{kl}}{\partial X_i} \tag{7.2.26}$$

由此，可以得到压剪耦合的广义波动方程为

$$\rho \frac{\partial^2 u_i}{\partial t^2} = \left(K + \frac{1}{3} G\right) \frac{\partial \Delta}{\partial X_j} + G \nabla^2 u_i + M_{ij} \frac{\partial \Delta}{\partial X_j} + N_{ij} \frac{\partial \sqrt{I_2}}{\partial X_j} \tag{7.2.27}$$

其中，$\boldsymbol{M}_{ij}$和$\boldsymbol{N}_{ij}$为耦合矩阵，其表达式分别为

$$\boldsymbol{M}_{ij} = \left(K_1 \frac{\partial p}{\partial \Delta} + K_2 \frac{\partial \sqrt{J_2}}{\partial \Delta}\right)\Delta\delta_{ij} + \left(2G_1 \frac{\partial p}{\partial \Delta} + 2G_2 \frac{\partial \sqrt{J_2}}{\partial \Delta}\right)e_{ij} \tag{7.2.28}$$

$$N_{ij} = \left[K_1 \frac{\partial p}{\partial \sqrt{I_2}} + K_2 \frac{\partial \sqrt{J_2}}{\partial \sqrt{I_2}}\right]\Delta\delta_{ij} + \left[2G_1 \frac{\partial p}{\partial \sqrt{I_2}} + 2G_2 \frac{\partial \sqrt{J_2}}{\partial \sqrt{I_2}}\right]e_{ij} \tag{7.2.29}$$

当压剪不耦合时，式(7.2.27)退化为

$$\rho \frac{\partial^2 u_i}{\partial t^2} = \left(K_0 + \frac{1}{3}G_0\right)\frac{\partial \Delta}{\partial X_j} + G_0 \nabla^2 u_i \tag{7.2.30}$$

7.2.3 算例：压剪耦合波动传播

为研究岩石中压剪耦合波动传播，采用有限差分法对方程(7.2.27)进行数值求解。计算参数与图 7.2.1 的计算参数相同。如图 7.2.5 所示，梯形位移脉冲作用于试件的左侧边界，沿冲击方向的脉冲振幅为 1 mm，垂直于冲击方向的脉冲振幅为 0.5 mm。两个脉冲的上升时间、保持时间和下降时间均为 5 μs。

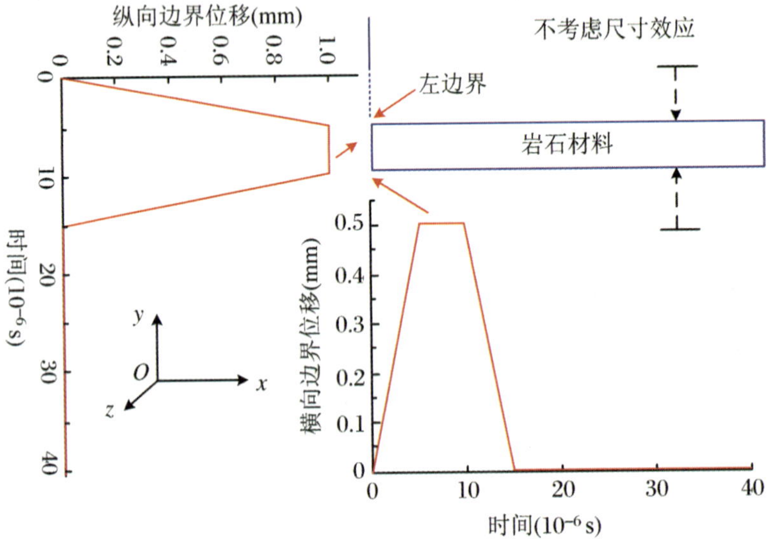

图 7.2.5 边界条件

耦合压缩波(首波)和剪切波(次波)在岩石中的传播如图 7.2.6 所示。将压剪非耦合模型的计算结果放入图中进行对比。当 4 个耦合参数 $K_1 = 4, K_2 = -4, G_1 = 1$ 和 $G_2 = -3$ 时，耦合模型的首波波速低于非耦合模型，但耦合模型的次波波速高于非耦合模型。结果表明，压缩波和剪切波的传播通过 4 个非均匀参数和应变状态相互影响。压缩波的波速会因耦合剪切效应而降低，而剪切波的波速则会因耦合压缩效应而增加。另外，剪切波的波速还会因剪切弱化效应而降低。下面将继续讨论波速的具体表达式。

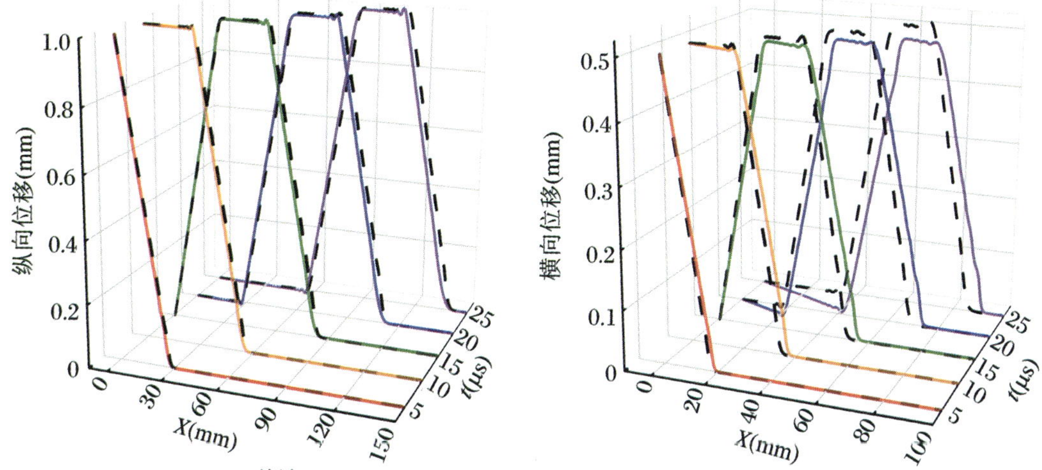

(a) 首波　(b) 次波

图 7.2.6　压剪耦合波动传播

图中实线为耦合模型，虚线为非耦合模型

7.3　非均匀岩石中压剪耦合参数确定

7.3.1　非均匀介质中应变能等效原理

岩石中包含细观/宏观缺陷（即裂缝和晶粒边界的孔隙），以及各种不同尺寸的矿物颗粒。Lan 等(2010)对岩石中的 3 种非均质性进行了分类，即几何非均质性、弹性非均质性和接触非均质性。压剪耦合效应不仅源于晶粒形状和尺寸的差异，同时也是晶粒刚度的差异的结果，这些都导致了局部集中的应力和应变。复合材料理论一般基于晶粒几何和刚度特性的复合描述理论来得到相关的等效参数，使得在这些模型中很难考虑晶粒间的相互作用。这里将考虑局部应力和应变分布来得到相关的耦合参数，以部分反映这些局部结构相互作用的影响。

若岩石由 N 相结构材料构成，V_i，Φ_i 和 Ω_i 分别表示第 i 相的体积、体积模量和剪切模量。第 i 相的体积百分比 $c_i = V_i/V$。Budiansky(1965)基于自洽理论推导出其等效剪切模量 $\bar{G}$ 的表达式为

$$\frac{1}{\bar{G}} = \frac{1}{\Omega_0} + \sum_{i=1}^{N} c_i\left(1 - \frac{\Omega_i}{\Omega_0}\right)\left(\frac{\bar{\gamma}_i}{\tau_0}\right) \tag{7.3.1}$$

式中，Ω_0 为岩石基体的剪切模量；τ_0 为施加在岩石上的均匀剪切应力场，第 i 相的体平均剪切应变场 $\bar{\gamma}_i = \int_V \gamma \mathrm{d}V/V$。式(7.3.1)反映出局部应力 τ_0 和局部应变 $\bar{\gamma}_i$ 对等效行为的影响，与复合材料中的 Voigt 理论和 Reuss 理论具有明显的差异。

将上述自洽理论推广到三维复杂应力状态，即应用应变能等效原理对复杂体系进行分析。此时，应变能 W 表达为

$$W=\frac{1}{2}\int_V(\sqrt{J_2}\cdot\sqrt{I_2}+p\cdot\Delta)\mathrm{d}V \tag{7.3.2}$$

因此，等效介质的应变能可以表达为

$$W=\frac{V}{2}\left(\frac{(\overline{\sqrt{J_2}})^2}{2\bar{G}}+\frac{(\bar{p})^2}{\bar{K}}\right) \tag{7.3.3}$$

式中，$\bar{K}$ 和 $\bar{G}$ 分别为等效体积模量和剪切模量；$\bar{p}=\int_V p\mathrm{d}V/V$ 为体积平均的静水压，$\overline{\sqrt{J_2}}=\int_V\sqrt{J_2}\mathrm{d}V/V$ 为体积平均的剪切应力。

若第 i 相的应变能为 W_i，则 N 相的应变能 $W=\sum\limits_{i=0}^{N}W_i$。考虑到此系统中主要存在两种压剪耦合机制，即：① 由于各相之间的物理力学参数（如体积模量 Φ_i、剪切模量 Ω_i 等）的差异产生的压剪耦合效应。② 由于各相本身具有的压剪耦合效应产生的，例如：对于第 i 相 $\Phi_i=\Phi'_{i0}+\Phi'_{i1}p+\Phi'_{i2}\sqrt{J_2}$ 和 $\Omega_i=\Omega'_{i0}+\Omega'_{i1}p+\Omega'_{i2}\sqrt{J_2}$。其中，$\Phi'_{i0}=\Phi_i\big|_{(p=0,\sqrt{J_2}=0)}$，$\Omega'_{i0}=\Omega_i\big|_{(p=0,\sqrt{J_2}=0)}$；$\Phi'_{i1}=\partial\Phi_i/\partial p$，$\Phi'_{i2}=\partial\Phi_i/\partial\sqrt{J_2}$，$\Omega'_{i1}=\partial\Omega_i/\partial p$，$\Omega'_{i2}=\partial\Omega_i/\partial\sqrt{J_2}$。基于此，应变能等效方程可以写为

$$\begin{aligned}&\frac{1}{2}\sum_{i=0}^{N}\int_{V_i}\left(\frac{J_2}{2(\Omega'_{i0}+\Omega'_{i1}p+\Omega'_{i2}\sqrt{J_2})}+\frac{p^2}{\Phi'_{i0}+\Phi'_{i1}p+\Phi'_{i2}\sqrt{J_2}}\right)\mathrm{d}V\\&=\frac{V}{2}\left(\frac{(\overline{\sqrt{J_2}})^2}{2(G_0+G_1\bar{p}+G_2\overline{\sqrt{J_2}})}+\frac{(\bar{p})^2}{(K_0+K_1\bar{p}+K_2\overline{\sqrt{J_2}})}\right)\end{aligned} \tag{7.3.4}$$

从另一个角度，非均匀岩石的总体响应可以分为 N 相的平均均匀介质响应和 N 相的非均匀扰动响应之和。应变能 W 可分为：假设岩石材质为基体用平均静水压 $\bar{p}$ 和平均剪应力 $\overline{\sqrt{J_2}}$ 计算的平均均匀应变能 W_0，以及由于材料非均匀性产生的扰动应变能 W_Σ，则有

$$\begin{aligned}W&=W_0+W_\Sigma=\sum_{i=0}^{N}W_i\\&=\frac{V}{2}\left(\overline{\sqrt{J_2}}\cdot\frac{\overline{\sqrt{J_2}}}{\Omega_0}+\bar{p}\cdot\frac{\bar{p}}{\Phi_0}\right)+\frac{1}{2}\sum_{i=1}^{N}\int_{V_i}\left[\sqrt{J_2}\left(\sqrt{I_2}-\frac{\sqrt{J_2}}{\Omega_0}\right)+p\left(\Delta-\frac{p}{\Phi_0}\right)\right]\mathrm{d}V\end{aligned} \tag{7.3.5}$$

将静水压 p 和剪切应力 $\sqrt{J_2}$ 也相应地分为两部分，即 $p=\bar{p}+\tilde{p}$ 和 $\sqrt{J_2}=\overline{\sqrt{J_2}}+\widetilde{\sqrt{J_2}}$。$\tilde{p}$ 和 $\widetilde{\sqrt{J_2}}$ 与内部结构、物理力学参数，以及多相界面参数有关，且 $\int_V\tilde{p}\mathrm{d}V/V=0$，$\int_V\widetilde{\sqrt{J_2}}\mathrm{d}V/V=0$。下面基于这种扰动响应进行分析。

将 $p=\bar{p}+\tilde{p}$ 和 $\sqrt{J_2}=\overline{\sqrt{J_2}}+\widetilde{\sqrt{J_2}}$ 代入式(7.3.5)右边第一项，则 W_0 的表达式为

$$W_0=\frac{V}{2}\left(\overline{\sqrt{J_2}}\,\frac{\overline{\sqrt{J_2}}}{2\Omega_0}+\bar{p}\,\frac{\bar{p}}{\Phi_0}\right)+\tilde{W}_0(\bar{p},\overline{\sqrt{J_2}}) \tag{7.3.6}$$

其中

$$\widetilde{W}_0(\bar{p},\overline{\sqrt{J_2}}) = \frac{1}{2}\int_V[(\widetilde{p})^2/\Phi_0 + (\widetilde{\sqrt{J_2}})^2/2\Omega_0]\mathrm{d}V \tag{7.3.7}$$

将 $p=\bar{p}+\widetilde{p}$ 和 $\sqrt{J_2}=\overline{\sqrt{J_2}}+\widetilde{\sqrt{J_2}}$ 代入式(7.3.5)右边第二项，则 W_Σ 的表达式为

$$\begin{aligned}
W_\Sigma &= \frac{1}{2}\sum_{i=1}^{N}\left[\int_{V_i}\sqrt{J_2}\sqrt{I_2}\left(1-\frac{\sqrt{J_2}}{2\sqrt{I_2}\Omega_0}\right)\mathrm{d}V + \int_{V_i}p\Delta\left(1-\frac{p}{\Delta\Phi_0}\right)\mathrm{d}V\right]\\
&= \frac{1}{2}\sum_{i=1}^{N}\left[\left(1-\frac{\Omega_i}{\Omega_0}\right)\int_{V_i}\sqrt{J_2}\sqrt{I_2}\mathrm{d}V + \left(1-\frac{\Phi_i}{\Phi_0}\right)\int_{V_i}p\Delta\mathrm{d}V\right]\\
&= \frac{V}{2}\sum_{i=1}^{N}\left[(\overline{\sqrt{J_2}})^2\left(1-\frac{\Omega_i}{\Omega_0}\right)\left(c_i\frac{\overline{\sqrt{I_2}\big|_i}}{\overline{\sqrt{J_2}}} + \frac{\int_{V_i}\widetilde{\sqrt{J_2}}\sqrt{I_2}\mathrm{d}V}{V(\overline{\sqrt{J_2}})^2}\right) + (\bar{p})^2\left(1-\frac{\Phi_i}{\Phi_0}\right)\left(c_i\frac{\bar{\Delta}_i}{\bar{p}} + \frac{\int_{V_i}\widetilde{p}_i\Delta\mathrm{d}V}{V(\bar{p})^2}\right)\right]\\
&= \frac{V}{2}\sum_{i=1}^{N}\left[(\overline{\sqrt{J_2}})^2\left(1-\frac{\Omega_i}{\Omega_0}\right)c_i\frac{\overline{\sqrt{I_2}\big|_i}}{\overline{\sqrt{J_2}}} + (\bar{p})^2\left(1-\frac{\Phi_i}{\Phi_0}\right)c_i\frac{\bar{\Delta}_i}{\bar{p}}\right] + \widetilde{W}_\Sigma(\bar{p},\overline{\sqrt{J_2}})
\end{aligned} \tag{7.3.8}$$

其中

$$\begin{aligned}
\widetilde{W}_\Sigma(\bar{p},\overline{\sqrt{J_2}}) =& \frac{1}{2}\sum_{i=1}^{N}\left[\left(1-\frac{\Omega_i}{\Omega_0}\right)\int_{V_i}\widetilde{\sqrt{J_2}}\sqrt{I_2}\mathrm{d}V + \left(1-\frac{\Phi_i}{\Phi_0}\right)\int_{V_i}\widetilde{p}_i\Delta\mathrm{d}V\right]\\
&+ \frac{1}{2}\sum_{i=0}^{N}\int_{V_i}[(\widetilde{p})^2/\Phi_0 + (\widetilde{\sqrt{J_2}})^2/2\Omega_0]\mathrm{d}V
\end{aligned} \tag{7.3.9}$$

以及 $\overline{\sqrt{I_2}\big|_i} = \int_{V_i}\sqrt{I_2}\mathrm{d}V$，$\bar{\Delta}_i = \int_{V_i}\Delta\mathrm{d}V$。

考虑到应力场的非均匀性，式(7.3.5)所描述的应变能可以进一步表达为

$$\begin{aligned}
W =& \frac{V}{2}\left(\overline{\sqrt{J_2}}\frac{\overline{\sqrt{J_2}}}{2\Omega_0} + \bar{p}\frac{\bar{p}}{\Phi_0}\right)\\
&+ \frac{V}{2}\sum_{i=1}^{N}\left[(\overline{\sqrt{J_2}})^2\left(1-\frac{\Omega_i}{\Omega_0}\right)c_i\frac{\overline{\sqrt{I_2}\big|_i}}{\overline{\sqrt{J_2}}} + (\bar{p})^2\left(1-\frac{\Phi_i}{\Phi_0}\right)c_i\frac{\bar{\Delta}_i}{\bar{p}}\right] + \widetilde{W}(\bar{p},\overline{\sqrt{J_2}})
\end{aligned} \tag{7.3.10}$$

其中

$$\widetilde{W}(\bar{p},\overline{\sqrt{J_2}}) = \widetilde{W}_0(\bar{p},\overline{\sqrt{J_2}}) + \widetilde{W}_\Sigma(\bar{p},\overline{\sqrt{J_2}}) \tag{7.3.11}$$

式(7.3.11)表明：主要包括两种非均匀机制影响应变能，即岩石内部组分力学参数的非均匀性和内部非均匀应力-应变场对应变能的扰动。

在式(7.3.4)中，引入材料的耦合参数，认为每一个组分内部应力均匀，则有

$$\begin{aligned}
W =& \sum_{i=0}^{N}W_i = \frac{V}{2}\left[\frac{(\overline{\sqrt{J_2}})^2}{2(\Omega'_{00}+\Omega'_{01}\bar{p}+\Omega'_{02}\overline{\sqrt{J_2}})} + \frac{\bar{p}^2}{\Phi'_{00}+\Phi'_{01}\bar{p}+\Phi'_{02}\overline{\sqrt{J_2}}}\right]\\
&+ \frac{V}{2}\sum_{i=1}^{N}\left[(\overline{\sqrt{J_2}})^2\left(1-\frac{\Omega'_{i0}+\Omega'_{i1}\bar{p}+\Omega'_{i2}\overline{\sqrt{J_2}}}{\Omega'_{00}+\Omega'_{01}\bar{p}+\Omega'_{02}\overline{\sqrt{J_2}}}\right)c_i\frac{\overline{\sqrt{I_2}\big|_i}}{\overline{\sqrt{J_2}}}\right.\\
&\left.+ (\bar{p})^2\left(1-\frac{\Phi'_{i0}+\Phi'_{i1}\bar{p}+\Phi'_{i2}\overline{\sqrt{J_2}}}{\Phi'_{00}+\Phi'_{01}\bar{p}+\Phi'_{02}\overline{\sqrt{J_2}}}\right)c_i\frac{\bar{\Delta}_i}{\bar{p}}\right]
\end{aligned} \tag{7.3.12}$$

另外，在式(7.3.4)中考虑由于材料内部非均匀结构的影响产生非均匀应力场，则扰动应变能表达为

$$\widetilde{W}(\bar{p},\overline{\sqrt{J_2}}) = \frac{1}{2}\sum_{i=1}^{N}\left[\left(1-\frac{\Omega_i}{\Omega_0}\right)\int_{V_i}\widetilde{\sqrt{J_2}}\,\sqrt{I_2}\,\mathrm{d}V + \left(1-\frac{\Phi_i}{\Phi_0}\right)\int_{V_i}\tilde{p}_i\Delta\,\mathrm{d}V\right] + \frac{1}{2}\int_V\left[(\tilde{p})^2/\Phi_0 + (\widetilde{\sqrt{J_2}})^2/2\Omega_0\right]\mathrm{d}V \tag{7.3.13}$$

综合考虑式(7.3.12)和式(7.3.13)的两种效应,则应变能的一阶近似可以表达为

$$W = \sum_{i=0}^{N} W_i = \frac{V}{2}\left[\frac{(\overline{\sqrt{J_2}})^2}{2(\Omega'_{00}+\Omega'_{01}\bar{p}+\Omega'_{02}\overline{\sqrt{J_2}})} + \frac{\bar{p}^2}{\Phi'_{00}+\Phi'_{01}\bar{p}+\Phi'_{02}\overline{\sqrt{J_2}}}\right] + \frac{V}{2}\sum_{i=1}^{N}\left[(\overline{\sqrt{J_2}})^2\left(1-\frac{\Omega'_{i0}+\Omega'_{i1}\bar{p}+\Omega'_{i2}\overline{\sqrt{J_2}}}{\Omega'_{00}+\Omega'_{01}\bar{p}+\Omega'_{02}\overline{\sqrt{J_2}}}\right)c_i\frac{\overline{\sqrt{I_2}\,|_i}}{\overline{\sqrt{J_2}}} + (\bar{p})^2\left(1-\frac{\Phi'_{i0}+\Phi'_{i1}\bar{p}+\Phi'_{i2}\overline{\sqrt{J_2}}}{\Phi'_{00}+\Phi'_{01}\bar{p}+\Phi'_{02}\overline{\sqrt{J_2}}}\right)c_i\frac{\bar{\Delta}_i}{\bar{p}}\right] + \widetilde{W}(\bar{p},\overline{\sqrt{J_2}}) \tag{7.3.14}$$

等效体积模量 $\bar{K}$ 和等效剪切模量 $\bar{G}$ 可基于式(7.3.14)确定。

7.3.2 非均匀介质中压剪耦合参数的确定方法

压剪耦合本构关系中含有 K_1,K_2,G_1 和 G_2 这 4 个耦合参数,反映材料的非均匀性以及材料内部的非均匀应力场和应变场的综合作用。基于 Budiansky 方法,N 相中应力场均匀时,满足 $\widetilde{W}(\bar{p},\overline{\sqrt{J_2}})=0$。忽略耦合效应,即 $\Omega'_{01}=\Omega'_{02}=\Phi'_{01}=\Phi'_{02}=0$,应变能表达式退化到 Budiansky 理论的形式,即

$$W = \frac{V}{2}\left[\frac{(\overline{\sqrt{J_2}})^2}{2\Omega'_{00}} + \frac{\bar{p}^2}{\Phi'_{00}}\right] + \frac{V}{2}\sum_{i=1}^{N}\left[(\overline{\sqrt{J_2}})^2\left(1-\frac{\Omega'_{i0}}{\Omega'_{00}}\right)c_i\frac{\overline{\sqrt{I_2}\,|_i}}{\overline{\sqrt{J_2}}} + (\bar{p})^2\left(1-\frac{\Phi'_{i0}}{\Phi'_{00}}\right)c_i\frac{\bar{\Delta}_i}{\bar{p}}\right] \tag{7.3.15}$$

为了确定 4 个耦合参数,可基于下述 4 种特殊的加载路径,即

(1) 静水压加载,此时,$\bar{p}=p_1$,$\overline{\sqrt{J_2}}=0$。

(2) 剪切加载,此时,$\bar{p}=0$,$\overline{\sqrt{J_2}}=\tau_1$。

(3) 单轴压缩(σ)或单轴拉伸加载,此时,$\overline{\sqrt{J_2}}=\sqrt{2}\sigma/3$,$\bar{p}=\sigma/3$。

(4) 比例加载,此时,$\overline{\sqrt{J_2}}=\alpha\bar{p}=\alpha p_2$。其中,$\alpha$ 为比例加载系数。

对于加载路径静水压加载(1)。由于岩石内部存在压剪耦合场,因此,即便材料整体的平均剪切应力为零,但是材料内部仍然存在扰动剪切应力场,即 $\sqrt{J_2}\neq 0$ 和 $\widetilde{\sqrt{J_2}}\neq 0$。由式(7.3.4),可以得到

$$\frac{1}{K_0+K_1p_1} = \frac{1}{\Phi'_{00}+\Phi'_{01}p_1} + \sum_{i=1}^{N}\left[\left(1-\frac{\Phi'_{i0}+\Phi'_{i1}p_1}{\Phi'_{00}+\Phi'_{01}p_1}\right)c_i\frac{\bar{\Delta}_i(p_1,0)}{p_1}\right] + \frac{2}{V}\frac{\widetilde{W}(p_1,0)}{p_1^2} \tag{7.3.16}$$

式中,$\bar{\Delta}_i$ 和 $\overline{\sqrt{I_2}\,|_i}$ 为 $\bar{p}$ 和 $\overline{\sqrt{J_2}}$ 的函数。局部剪切应变能可表达为 $\widetilde{W}(\bar{p},0)$。由此,可得到 K_1 的表达式为

$$K_1 = \frac{1}{\dfrac{p_1^2}{\Phi'_{00} p_1 + \Phi'_{01} p_1^2} + \sum_{i=1}^{N} \left[\left(1 - \dfrac{\Phi'_{i0} + \Phi'_{i1} p_1}{\Phi'_{00} + \Phi'_{01} p_1}\right) c_i \bar{\Delta}_i (p_1, 0) \right] + \dfrac{2}{V} \dfrac{\widetilde{W}(p_1, 0)}{p_1}} - \frac{K_0}{p_1} \tag{7.3.17}$$

对于加载路径剪切加载(2)。岩石内部应力场非常复杂,这也导致 $p \neq 0$ 和 $\tilde{p} \neq 0$。由式(7.3.4),可以得到

$$\frac{1}{2(G_0 + G_2 \tau_1)} = \frac{1}{2(\Omega'_{00} + \Omega'_{02} \tau_1)} + \sum_{i=1}^{N} \left(1 - \frac{\Omega'_{i0} + \Omega'_{i2} \tau_1}{\Omega'_{00} + \Omega'_{02} \tau_1}\right) c_i \frac{\overline{\sqrt{I_2}\big|_i}(0, \tau_1)}{\tau_1} + \frac{2}{V} \frac{\widetilde{W}(0, \tau_1)}{\tau_1^2} \tag{7.3.18}$$

式中,局部体积应变能为 $\widetilde{W}(0, \overline{\sqrt{J_2}})$。由此,可得到 G_2 的表达式为

$$G_2 = \frac{1}{\dfrac{\tau_1^2}{(\Omega'_{00} \tau_1 + \Omega'_{02} \tau_1^2)} + \sum_{i=1}^{N} 2\left(1 - \dfrac{\Omega'_{i0} + \Omega'_{i2} \tau_1}{\Omega'_{00} + \Omega'_{02} \tau_1}\right) c_i \overline{\sqrt{I_2}\big|_i}(0, \tau_1) + \dfrac{1}{V} \dfrac{\widetilde{W}(0, \tau_1)}{\tau_1}} - \frac{G_0}{\tau_1} \tag{7.3.19}$$

岩石剪胀体积可表达为

$$V = \frac{2\widetilde{W}(0, \tau_1)}{\dfrac{\tau_1^2}{2(G_0 + G_2 \tau_1)} - \dfrac{\tau_1^2}{2(\Omega'_{00} + \Omega'_{02} \tau_1)} - \sum_{i=1}^{N} \tau_1 \left(1 - \dfrac{\Omega'_{i0} + \Omega'_{i2} \tau_1}{\Omega'_{00} + \Omega'_{02} \tau_1}\right) c_i \overline{\sqrt{I_2}\big|_i}(0, \tau_1)} \tag{7.3.20}$$

对于加载路径单轴压缩(σ)加载(3)。由式(7.3.15),可以得到

$$\begin{aligned} &\frac{1}{\left(G_0 + \dfrac{1}{3}\sigma G_1 + \dfrac{\sqrt{2}}{3}\sigma G_2\right)} + \frac{1}{\left(K_0 + \dfrac{1}{3}\sigma K_1 + \dfrac{\sqrt{2}}{3}\sigma K_2\right)} \\ &= \frac{1}{\Omega'_{00} + \dfrac{1}{3}\sigma\Omega'_{01} + \dfrac{\sqrt{2}}{3}\sigma\Omega'_{02}} + \frac{1}{\Phi'_{00} + \dfrac{1}{3}\sigma\Phi'_{01} + \dfrac{\sqrt{2}}{3}\sigma\Phi'_{02}} \\ &\quad + \sum_{i=1}^{N} \left[3\sqrt{2} \left(1 - \frac{\Omega'_{i0} + \dfrac{1}{3}\sigma\Omega'_{i1} + \dfrac{\sqrt{2}}{3}\sigma\Omega'_{i2}}{\Omega'_{00} + \dfrac{1}{3}\sigma\Omega'_{01} + \dfrac{\sqrt{2}}{3}\sigma\Omega'_{02}} \right) c_i \frac{\overline{\sqrt{I_2}\big|_i}\left(\dfrac{\sigma}{3}, \dfrac{2\sigma}{3}\right)}{\sigma} \right. \\ &\quad \left. + 3 \left(1 - \frac{\Phi'_{i0} + \dfrac{1}{3}\sigma\Phi'_{i1} + \dfrac{\sqrt{2}}{3}\sigma\Phi'_{i2}}{\Phi'_{00} + \dfrac{1}{3}\sigma\Phi'_{01} + \dfrac{\sqrt{2}}{3}\sigma\Phi'_{02}} \right) c_i \frac{\bar{\Delta}_i\left(\dfrac{\sigma}{3}, \dfrac{2\sigma}{3}\right)}{\sigma} \right] + \frac{18}{V} \frac{\widetilde{W}\left(\dfrac{\sigma}{3}, \dfrac{2\sigma}{3}\right)}{\sigma^2} \end{aligned} \tag{7.3.21}$$

加载路径比例压缩(4)。联立式(7.3.15),且 $\overline{\sqrt{J_2}} = \alpha \bar{p} = \alpha p_2$,可以得到

$$\begin{aligned} &\frac{\alpha^2}{2G_0 + 2(G_1 + \alpha G_2) p_2} + \frac{1}{K_0 + (K_1 + \alpha K_2) p_2} \\ &= \frac{\alpha^2}{2\Omega'_{00} + 2(\Omega'_{01} + \alpha\Omega'_{02}) p_2} + \frac{1}{\Phi'_{00} + (\Phi'_{01} + \alpha\Phi'_{02}) p_2} \\ &\quad + \sum_{i=1}^{N} \left[\left(1 - \frac{\Omega'_{i0} + (\Omega'_{i1} + \alpha\Omega'_{i2}) p_2}{\Omega'_{00} + (\Omega'_{01} + \alpha\Omega'_{02}) p_2}\right) \alpha^2 c_i \frac{\overline{\sqrt{I_2}\big|_i}(p_2, \alpha p_2)}{p_2} \right. \end{aligned}$$

$$+\left(1-\frac{\Phi'_{i0}+(\Phi'_{i1}+\alpha\Phi'_{i2})p_2}{\Phi'_{00}+(\Phi'_{01}+\alpha\Phi'_{02})p_2}\right)c_i\frac{\bar{\Delta}_i(p_2,\alpha p_2)}{p_2}\Bigg]+\frac{2}{V}\frac{\widetilde{W}(p_2,\alpha p_2)}{p_2^2} \quad (7.3.22)$$

耦合参数 K_2 和 G_1 由式(7.3.21)与式(7.3.22)联立求解。由此,4 个耦合参数都可以进行确定。

7.3.3 基于细观有限元分析的压剪耦合参数

参照 Fang 和 Zhang(2014)以及 Wei 等(2019,2020)的方法,建立含不同分布组分的细观有限元模型来模拟岩石的非均质性。在基质中设置如表 7.3.1 所示的 5 种粒径和力学性能的组分分布。为了计算方便,将整个岩石设置为立方体,将其每个成分设计为随机 N 面体,以确保不会出现尖锐的夹角,与岩石真实结构保持一定的一致性。每个成分的中心坐标在岩石内随机分布,并在三维空间中随机旋转,形成的细观结构如图 7.3.1 所示。进行上述的 4 种加载路径,即静水压、纯剪切、单轴压缩和压剪比例加载下的细观有限元计算。具体计算方案见表 7.3.2。应变能 W 的积分结果由细观有限元模型中每个元素的应变能之和代替。

表 7.3.1 细观有限元计算参数

	基体	成分 1	成分 2	成分 3	成分 4	成分 5
体积百分比 c	0.5	0.1	0.1	0.1	0.1	0.1
颗粒尺寸范围(mm)	/	5~10	10~13	13~16	16~20	20~25
体积模量 K(GPa)	46.7	46.9	39.2	39.4	39.5	39.6
剪切模量 G(GPa)	23.6	38.1	34.5	37.3	40.2	43.2
密度 ρ(kg/m^3)	2 900	2 900	2 900	2 900	2 900	2 900

表 7.3.2 细观有限元计算的加载路径

序号	静水压	纯剪切	单轴压缩	比例	加载
N_f	p_1	τ_1	σ	p_2	α
1	600	300	600	600	0.5
2	700	350	700	700	0.5
3	800	400	800	800	0.5
4	900	450	900	900	0.5
5	1 000	500	1 000	1 000	0.5

细观有限元计算表明:在静水压加载下,材料内部出现了非均匀分布的剪切应力;在纯剪荷载作用下,材料内部会出现非均匀分布的压应力,反映明显的压剪耦合效应。同时,在这 4 种加载情况,矩阵和每个分量的内部应力场不均匀,即存在 $\widetilde{W}_0$ 和 $\widetilde{W}_\Sigma$,这表明非均匀应力场中扰动应变能的存在。因此,基体和每个组分的非均匀内应力场可以通过改变应变能来影响等效模量的值。

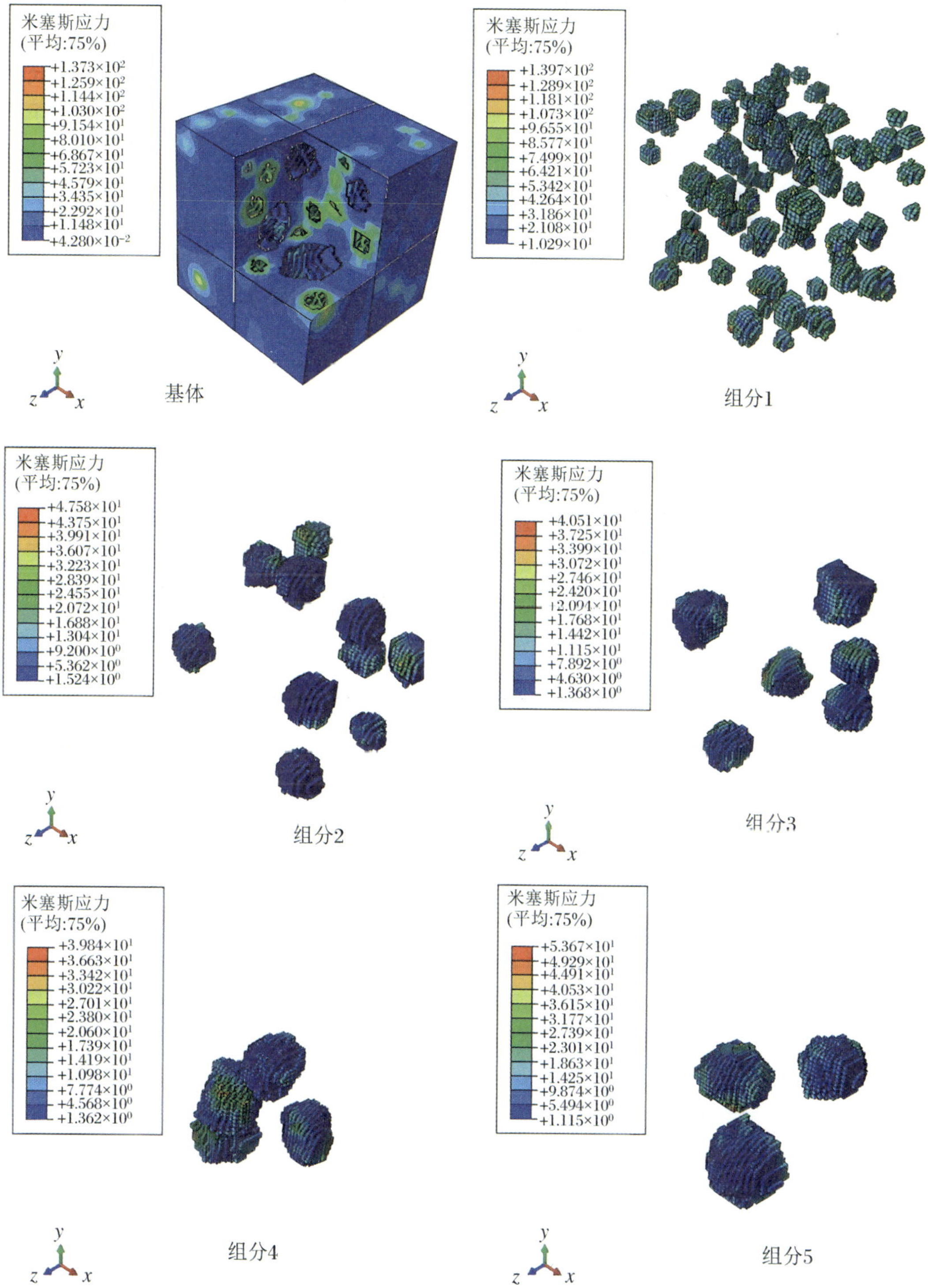

图 7.3.1　细观有限元计算中的颗粒分布

应用表 7.3.2 所示的计算方案来确定耦合参数 K_1，K_2，G_1 和 G_2 的值，结果如图 7.3.2 所示。图中横坐标的具体载荷可由 N_f 在表 7.3.2 所示的计算系列进行对应。结果表明：4 个耦合参数均与应力相关，其中，K_1，G_1 和 G_2 随应力的增加而减少，K_2 随应力增加而增加。

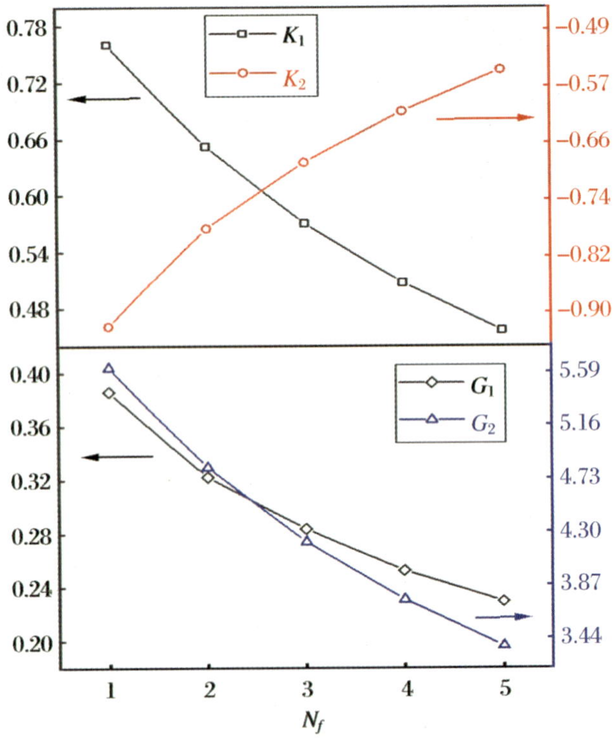

图 7.3.2 细观有限元计算中得到的 4 个耦合参数

7.4 岩石中压剪耦合波速

7.4.1 压剪耦合波速的理论解

平面波传播中所有的变量均为时间 t 和沿波传播方向的拉格朗日坐标 X_1 的函数。例如，位移矢量可以表示为 $\boldsymbol{u}_i = u_i(X_1, t)(i = 1,2,3)$。定义 $q_i(q_i \equiv \partial u_i / \partial X_1)$ 为沿波传播方向的位移梯度。粒子速度 $v_i(X_1, t) = \partial u_i(X_1, t)/\partial t$。由此，应力波传播的连续性方程可表达为

$$\frac{\partial v_i}{\partial X_1} - \frac{\partial q_i}{\partial t} = 0 \tag{7.4.1}$$

忽略体积力，动量守恒方程为 $\rho\dfrac{\partial v_i}{\partial t}-\dfrac{\partial \boldsymbol{Z}_{ij}}{\partial X_1}=0$。其中，$\boldsymbol{Z}_{ij}(i,j=1,2,3)$ 为 Piola-Kirchhoff(P-K)应力张量。在波阵面上，$\boldsymbol{Z}_{i1}=\boldsymbol{\sigma}_{i1}=\boldsymbol{z}_i(i=1,2,3)$。这里 $\boldsymbol{\sigma}_{ij}$ 为应力张量，$\boldsymbol{z}_i$ 为垂直于平面波传播方向的面上的应力分量。因此，动量守恒方程可写为

$$\rho\frac{\partial v_i}{\partial t}-\frac{\partial z_i}{\partial X_1}=0 \tag{7.4.2}$$

(1) 由于岩石的压剪耦合特性，$\boldsymbol{z}_i$ 和 q_i 具有非线性关系。需要先确定柔度张量 $\boldsymbol{D}_{ij}\equiv\partial q_i/\partial z_j$。建立欧拉坐标系 x_i，则有 $x_i=X_i+u_i(X_i,t)$。则变形梯度张量表达为

$$[\boldsymbol{F}_{ij}]=\left[\frac{\partial x_i}{\partial X_j}\right]=\begin{bmatrix}1+q_1 & 0 & 0\\ q_2 & 1 & 0\\ q_3 & 0 & 1\end{bmatrix} \tag{7.4.3}$$

由此，格林应变张量为 $\boldsymbol{E}=\dfrac{1}{2}(\boldsymbol{F}\cdot\boldsymbol{F}^{\mathrm{T}}\quad \boldsymbol{I})$。工程应变张量 $\boldsymbol{E}_{ij}^{0}$ 由格林应变张量 $\boldsymbol{E}_{ij}$ 的线性部分得到，有

$$\boldsymbol{E}_{i1}^{0}=\boldsymbol{\varepsilon}_{i1}=\left[q_1\quad \frac{1}{2}q_2\quad \frac{1}{2}q_3\right]^{\mathrm{T}}=\boldsymbol{e}_i \tag{7.4.4}$$

z_i 与 p_i 的关系可以表达为

$$z_i=(\boldsymbol{K}\delta_{i1}+2\boldsymbol{G})\boldsymbol{e}_i=\boldsymbol{R}_{ij}\boldsymbol{q}_j \tag{7.4.5}$$

其中，$\boldsymbol{R}_{ij}$ 为转换矩阵，具体形式如下：

$$\boldsymbol{R}_{ij}=\begin{bmatrix}K+\frac{4}{3}G & 0 & 0\\ 0 & G & 0\\ 0 & 0 & G\end{bmatrix} \tag{7.4.6}$$

因此，$\boldsymbol{D}_{ij}$ 的表达式为

$$[D_{ij}]=\left[R_{ij}+\frac{\partial R_{ik}}{\partial q_j}q_k\right]^{-1} \tag{7.4.7}$$

(2) 可以推导出 $\dfrac{\partial q_i}{\partial t}=\dfrac{\partial q_i}{\partial z_j}\dfrac{\partial z_j}{\partial t}=D_{ij}\dfrac{\partial z_j}{\partial t}$。由此，连续方程和动量守恒方程可以进一步写为

$$\frac{\partial v_i}{\partial X_1}-D_{ij}\frac{\partial z_i}{\partial t}=0 \tag{7.4.8}$$

$$\rho\frac{\partial v_i}{\partial t}-\frac{\partial z_i}{\partial X_1}=0 \tag{7.4.9}$$

Li 和 Ting(1983)给出了式(7.4.8)和式(7.4.9)的平面波解。这些解中得到的波速与矩阵 $\boldsymbol{D}_{ij}$ 的特征值有关，表达式为 $C_i=\sqrt{1/\rho\beta_i}$，β_i 为矩阵 $\boldsymbol{D}_{ij}$ 的特征值。刚度矩阵 $\boldsymbol{H}_{ij}$ 为 $\boldsymbol{D}_{ij}$ 的逆矩阵，可以表达为

$$\boldsymbol{H}_{ij}=R_{ij}+\frac{\partial R_{ik}}{\partial q_j}q_k \tag{7.4.10}$$

刚度矩阵 $\boldsymbol{H}_{ij}$ 的特征值为 η_i，其表达式为 $\eta_i=\rho C_i^2$。动量守恒方程可以进一步写为

$$H_{ij}\frac{\partial v_i}{\partial X_1}-\frac{\partial z_i}{\partial t}=0 \tag{7.4.11}$$

由于压剪耦合效应，当 $i\neq j$ 时，$\partial z_i/\partial q_j\neq0$，$\partial q_i/\partial z_j\neq0$。此时刚度矩阵不是对角矩

阵，矩阵的特征值与刚度矩阵每个分量相关。由式(7.4.10)，$\boldsymbol{H}_{ij}$可以写为

$$\boldsymbol{H}_{ij}=\begin{bmatrix} K+\frac{4}{3}G+q_1\left(\frac{\partial K}{\partial q_1}+\frac{4}{3}\frac{\partial G}{\partial q_1}\right) & q_1\left(\frac{\partial K}{\partial q_2}+\frac{4}{3}\frac{\partial G}{\partial q_2}\right) & q_1\left(\frac{\partial K}{\partial q_3}+\frac{4}{3}\frac{\partial G}{\partial q_3}\right) \\ q_2\frac{\partial G}{\partial q_1} & G-q_2\frac{\partial G}{\partial q_2} & q_2\frac{\partial G}{\partial q_3} \\ q_3\frac{\partial G}{\partial q_1} & q_3\frac{\partial G}{\partial q_2} & G-q_3\frac{\partial G}{\partial q_3} \end{bmatrix} \tag{7.4.12}$$

相应的平面波的特征方程为

$$\begin{aligned}(G-\eta)\Big[\eta^2-\Big(K&+\frac{7}{3}G+q_1\frac{\partial K}{\partial q_1}+\frac{4}{3}q_1\frac{\partial G}{\partial q_1}+q_2\frac{\partial G}{\partial q_2}+q_3\frac{\partial G}{\partial q_3}\Big)\eta \\ &+\left(K+\frac{4}{3}G\right)G+\left(K+\frac{4}{3}G\right)\left(q_2\frac{\partial G}{\partial q_2}+q_3\frac{\partial G}{\partial q_3}\right)+G\left(q_1\frac{\partial K}{\partial q_1}+\frac{4}{3}q_1\frac{\partial G}{\partial q_1}\right) \\ &+q_1q_2\left(\frac{\partial K}{\partial q_1}\frac{\partial G}{\partial q_2}-\frac{\partial K}{\partial q_2}\frac{\partial G}{\partial q_1}\right)+q_1q_3\left(\frac{\partial K}{\partial q_1}\frac{\partial G}{\partial q_3}-\frac{\partial K}{\partial q_3}\frac{\partial G}{\partial q_1}\right)\Big]\end{aligned} \tag{7.4.13}$$

由此，平面压剪耦合纵波的波速可以表达为

$$C_1=\sqrt{\frac{\eta_1}{\rho}}=\sqrt{\frac{B_1+\sqrt{B_1^2-4B_2}}{2\rho}} \tag{7.4.14}$$

另外，两个压剪耦合平面剪切波的表达式为

$$C_2=\sqrt{\frac{\eta_2}{\rho}}=\sqrt{\frac{B_1-\sqrt{B_1^2-4B_2}}{2\rho}} \tag{7.4.15}$$

$$C_3=\sqrt{\frac{\eta_3}{\rho}}=\sqrt{\frac{G}{\rho}} \tag{7.4.16}$$

式中

$$B_1=K+\frac{7}{3}G+q_1\frac{\partial K}{\partial q_1}+\frac{4}{3}q_1\frac{\partial G}{\partial q_1}+q_2\frac{\partial G}{\partial q_2}+q_3\frac{\partial G}{\partial q_3}$$

$$\begin{aligned}B_2=&\left(K+\frac{4}{3}G\right)G+\left(K+\frac{4}{3}G\right)\left(q_2\frac{\partial G}{\partial q_2}+q_3\frac{\partial G}{\partial q_3}\right)+G\left(q_1\frac{\partial K}{\partial q_1}+\frac{4}{3}q_1\frac{\partial G}{\partial q_1}\right) \\ &+q_1q_2\left(\frac{\partial K}{\partial q_1}\frac{\partial G}{\partial q_2}-\frac{\partial K}{\partial q_2}\frac{\partial G}{\partial q_1}\right)+q_1q_3\left(\frac{\partial K}{\partial q_1}\frac{\partial G}{\partial q_3}-\frac{\partial K}{\partial q_3}\frac{\partial G}{\partial q_1}\right)\end{aligned}$$

式(7.4.14)描述的纵波和式(7.4.15)描述的横波分别为首波和次波。显然，由于压剪耦合效应，前者数值低于通常意义的纵波波速$\sqrt{\left(K_0+\frac{4}{3}G_0\right)/\rho}$，后者数值低于通常意义的剪切波波速$\sqrt{G_0/\rho}$。3 个波的传播方向和刚度矩阵的特征方向表达如下：

$$\boldsymbol{\alpha}_1=\begin{bmatrix}1 & -\dfrac{q_2\frac{\partial G}{\partial q_1}}{(G-\eta_1)-\left(q_2\frac{\partial G}{\partial q_2}+q_3\frac{\partial G}{\partial q_3}\right)} & -\dfrac{q_3\frac{\partial G}{\partial q_1}}{(G-\eta_1)-\left(q_2\frac{\partial G}{\partial q_2}+q_3\frac{\partial G}{\partial q_3}\right)}\end{bmatrix}^{\mathrm{T}} \tag{7.4.17}$$

$$\boldsymbol{\alpha}_2=\begin{bmatrix}-\dfrac{(G-\eta_2)-\left(q_2\frac{\partial G}{\partial p_2}+q_3\frac{\partial G}{\partial p_3}\right)}{q_2\frac{\partial G}{\partial q_1}} & 1 & \dfrac{q_3}{q_2}\end{bmatrix}^{\mathrm{T}} \tag{7.4.18}$$

$$\boldsymbol{\alpha}_3 = \begin{bmatrix} \dfrac{q_1\left(\dfrac{\partial G}{\partial q_3}\dfrac{\partial K}{\partial q_2} - \dfrac{\partial G}{\partial q_2}\dfrac{\partial K}{\partial q_3}\right)}{q_1\left(\dfrac{\partial G}{\partial q_2}\dfrac{\partial K}{\partial q_1} - \dfrac{\partial G}{\partial q_1}\dfrac{\partial K}{\partial q_2}\right) + \dfrac{\partial G}{\partial q_2}\left(K + \dfrac{1}{3}G\right)} & \dfrac{q_1\left(\dfrac{\partial G}{\partial q_1}\dfrac{\partial K}{\partial q_3} - \dfrac{\partial G}{\partial q_3}\dfrac{\partial K}{\partial q_1}\right) - \dfrac{\partial G}{\partial q_3}\left(K + \dfrac{1}{3}G\right)}{q_1\left(\dfrac{\partial G}{\partial q_2}\dfrac{\partial K}{\partial q_1} - \dfrac{\partial G}{\partial q_1}\dfrac{\partial K}{\partial q_2}\right) + \dfrac{\partial G}{\partial q_2}\left(K + \dfrac{1}{3}G\right)} & 1 \end{bmatrix}^{\mathrm{T}} \tag{7.4.19}$$

此时，纵波传播的方向与横波的方向不再垂直，而且两个横波的传播方向也不垂直。当 4 个耦合参数：$K_1 = K_2 = G_1 = G_2 = 0$，刚度矩阵 $\boldsymbol{H}_{ij}$ 退化为

$$\boldsymbol{H}_{ij} = \begin{bmatrix} K_0 + \dfrac{4}{3}G_0 & 0 & 0 \\ 0 & G_0 & 0 \\ 0 & 0 & G_0 \end{bmatrix} \tag{7.4.20}$$

对应的 3 个波速为：$C_1^0 = \sqrt{\left(K_0 + \dfrac{4}{3}G_0\right)/\rho}$，$C_2^0 = C_3^0 = \sqrt{G_0/\rho}$。3 个特征方向为：$\boldsymbol{\alpha}_1^0 = [1\quad 0\quad 0]^{\mathrm{T}}$，$\boldsymbol{\alpha}_2^0 = [0\quad 1\quad 0]^{\mathrm{T}}$，$\boldsymbol{\alpha}_3^0 = [0\quad 0\quad 1]^{\mathrm{T}}$。

7.4.2　压剪耦合波速分析

基于上述讨论，3 个压剪耦合波速与压剪应变路径（$\Delta/\sqrt{I_2}$）的关系如图 7.4.1 所示。图中实线对应的 4 个耦合参数取值为：$K_1 = 4$，$K_2 = -6$，$G_1 = -1$ 以及 $G_2 = 3$。随着 $\Delta/\sqrt{I_2}$ 的增加，耦合压缩波(a)的波速逐渐降低，第一耦合剪切波(b)和第二耦合剪切波(c)的波速逐渐升高。图中虚线对应的 4 个耦合参数取值为：$K_1 = 4$，$K_2 = -4$，$G_1 = 1$，以及 $G_2 = -3$，随着 $\Delta/\sqrt{I_2}$ 的增加，3 个波的波速均降低。事实上，应变对波速的影响主要包括两个因素，即应变对体积模量和剪切模量的影响以及应变对刚度矩阵的影响。这表明，在考虑岩石的高压状态、膨胀效应和剪切弱化效应后，应变本身也对平面波速度有贡献，当材料是非均质时，这种物理机制将被激发。

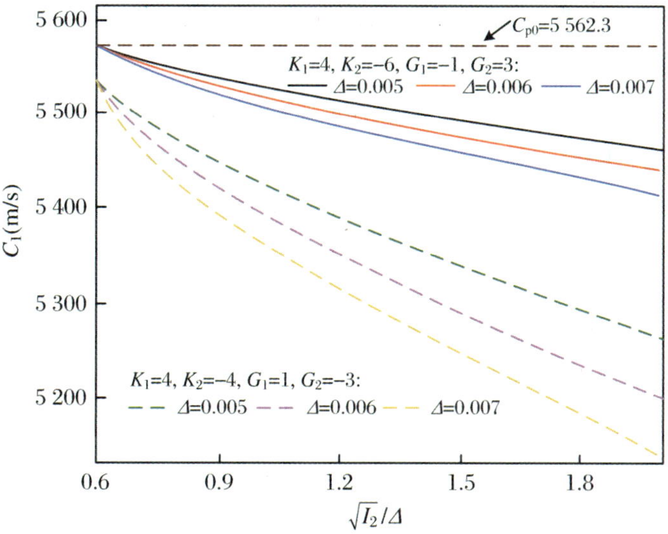

(a) 纵波

图 7.4.1　压剪耦合波速随压剪应变路径的变化

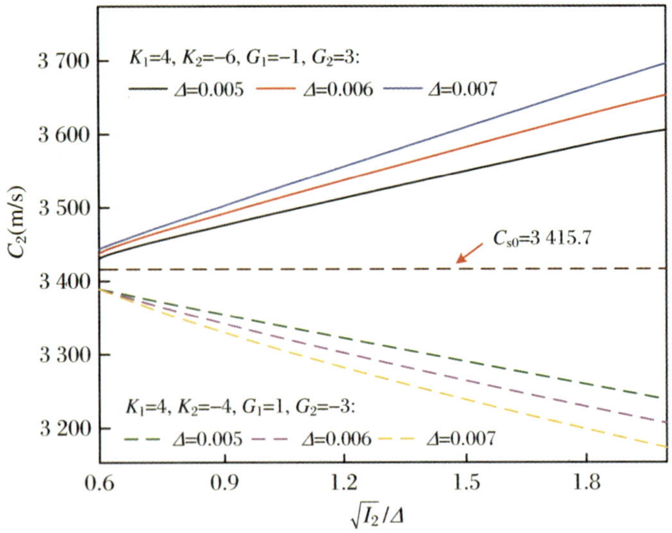

(b) 第一剪切波

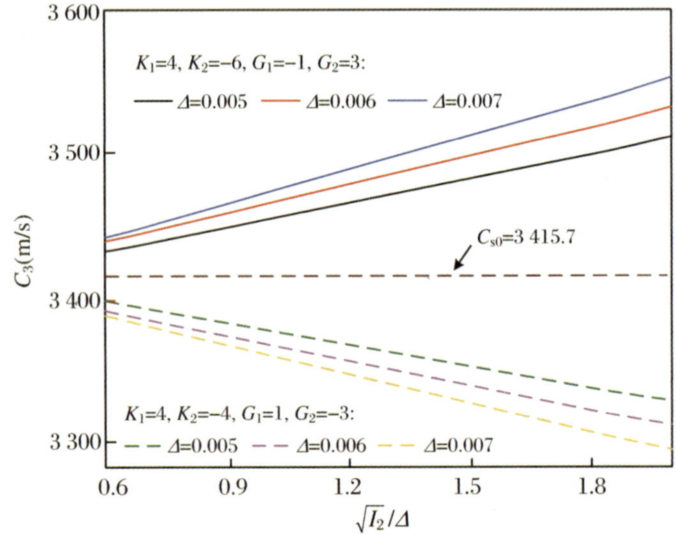

(c) 第二剪切波

图 7.4.1 压剪耦合波速随压剪应变路径的变化(续)

岩石的非均质性和应力-应变状态是影响波速的主要因素。图 7.4.2(a)和图 7.4.2(b)所示为较低压力水平下,波速比随静水压力 p 和等效剪切应力$\sqrt{J_2}$的变化。4 个耦合参数取值与图 7.4.1 相同。两种耦合参数取值情况,C_1/C_2 都随着 p 和$\sqrt{J_2}$的增加而减小。当 $K_1=4,K_2=-6,G_1=-1$,以及 $G_2=3$ 时,C_2/C_1 随 p 和$\sqrt{J_2}$的变化更明显。低压情况,这两组参数都可以找到相应的材料。当应力较低时,C_2 和 C_3 比较接近,通常被认为是一个波;但当应力增加时,它们之间的差异越来越明显。结果表明,压缩波速和剪切波速也具有路径效应,它们的传播是耦合的,并随应力和非均质参数的变化而变化。

图 7.4.2(c)和图 7.4.2(d)所示为较高压力水平下,波速比随静水压力 p 和等效剪切应力$\sqrt{J_2}$的变化。当 4 个耦合参数取值为:$K_1=4,K_2=-6,G_1=-1$ 及 $G_2=1$ 时,C_2/C_1 都

随着 p 和$\sqrt{J_2}$的增加而增加；而当 4 个耦合参数取值为：$K_1=4$，$K_2=-4$，$G_1=-1$ 及 $G_2=-3$ 时，C_2/C_3随 p 和$\sqrt{J_2}$的增加先小幅增加而后迅速减小。高压情况下，第二组参数计算结果比较符合弹塑性流体的特点。因此，高压下，第二组参数比较合适。同时，C_2 和 C_3 比较接近，可认为是一个波；但当应力增加时，它们之间的差异越来越明显。压缩波速和剪切波速具有路径效应，它们的传播是耦合的，并随应力和非均质参数的变化而变化。压缩波速和剪切波速都说明了路径效应和压剪耦合效应。

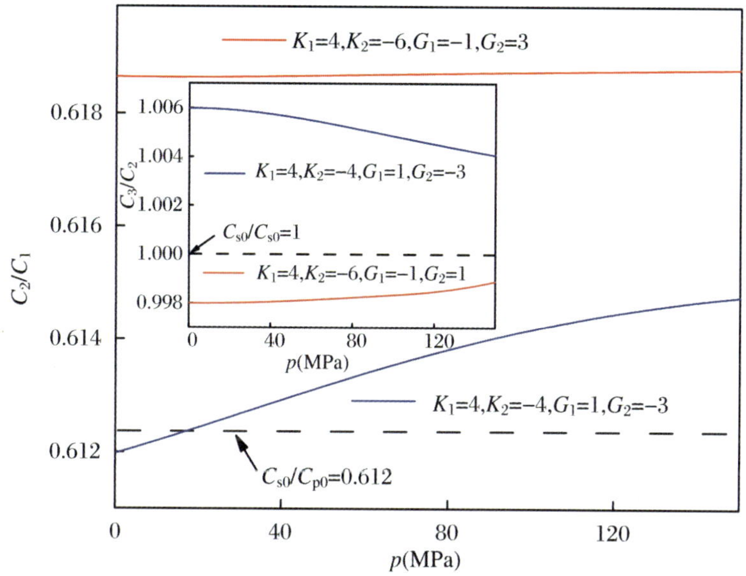

(a) 低压时，C_2/C_1-p和C_3/C_2-p

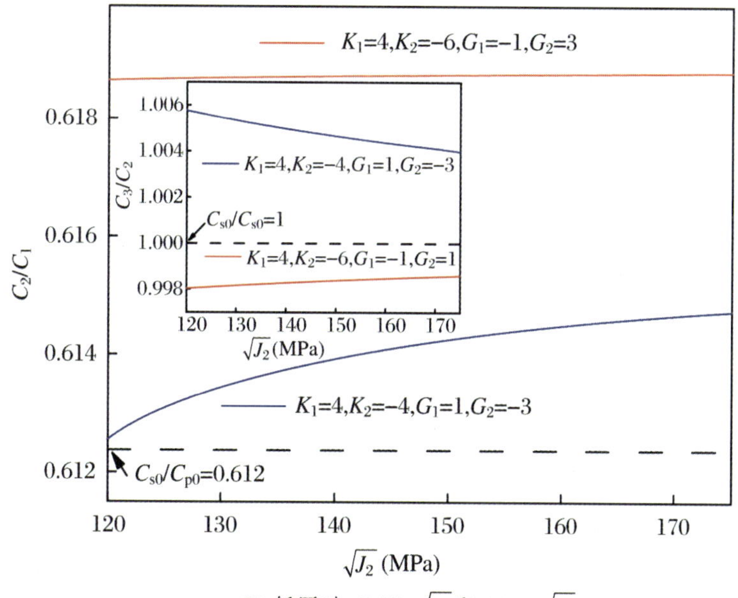

(b) 低压时，C_2/C_1-$\sqrt{J_2}$和C_3/C_2-$\sqrt{J_2}$

图 7.4.2　压剪耦合波速比随应力的变化

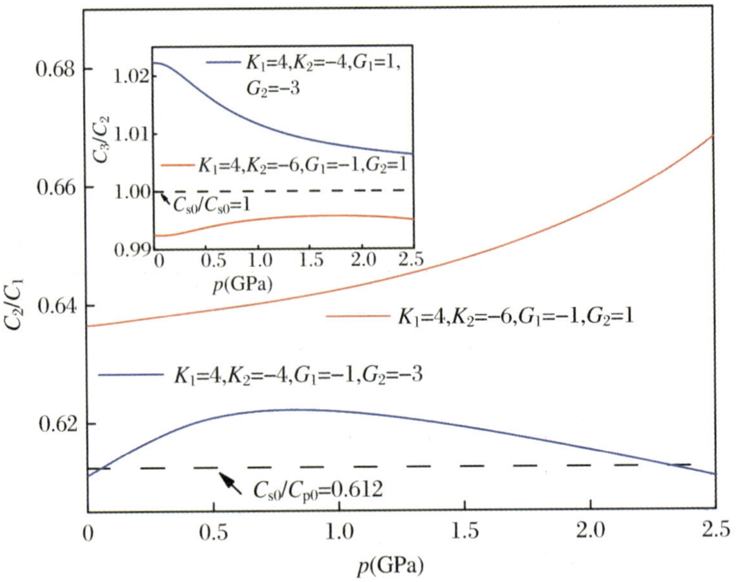

(c) 高压时, C_2/C_1-p和C_3/C_2-p

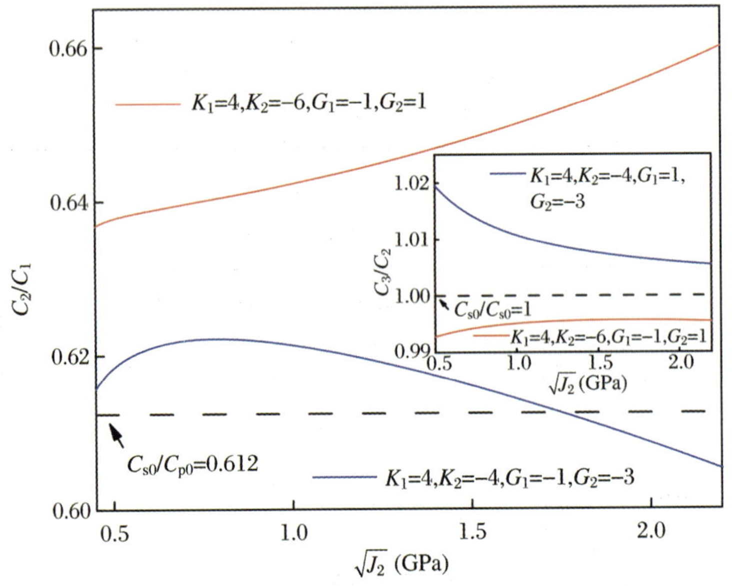

(d) 高压时, C_2/C_1-$\sqrt{J_2}$和C_3/C_2-$\sqrt{J_2}$

图 7.4.2 压剪耦合波速比随应力的变化(续)

事实上,K_1,K_2,G_1 和 G_2 4 个耦合参数并不完全独立,其纵波波速与横波波速也不是完全独立的。图 7.4.3 所示为纵波波速与横波波速的关联。计算中取:$\Delta = 0.06$,$\sqrt{I_2} = 0.04$。图中 4 根实线计算参数分别为:① $K_1 = 1, G_1 = -0.25, G_2 = 0.5$。② $K_1 = 2, G_1 = -0.5, G_2 = 1$。③ $K_1 = 3, G_1 = -0.75, G_2 = 1.5$。④ $K_1 = 4, G_1 = -1, G_2 = 2$。$K_2$ 为变量,$K_2 \in [-4, -1]$。4 根实线均表现出:随着压剪耦合纵波波速的降低,横波波速升高;随着耦合参数的变化,从左至右横波波速升高的幅值越来越大。因此,这种参数组合可以反映较强的压剪耦合特性。图中 4 根虚线计算参数分别为:① $K_1 = 1, K_2 = -1, G_1 = -0.25$。

② $K_1=2, K_2=-2, G_1=-0.5$。③ $K_1=3, K_2=-3, G_1=-0.75$。④ $K_1=4, K_2=-4, G_1=-1$。G_2 为变量，$G_2\in[0.75,3]$。4 根虚线均表现出：随着压剪耦合纵波波速的降低，横波波速降低；随着耦合参数的变化，从左至右横波波速降低的幅值越来越小。因此，这种参数组合可以反映一定的剪切弱化特性。

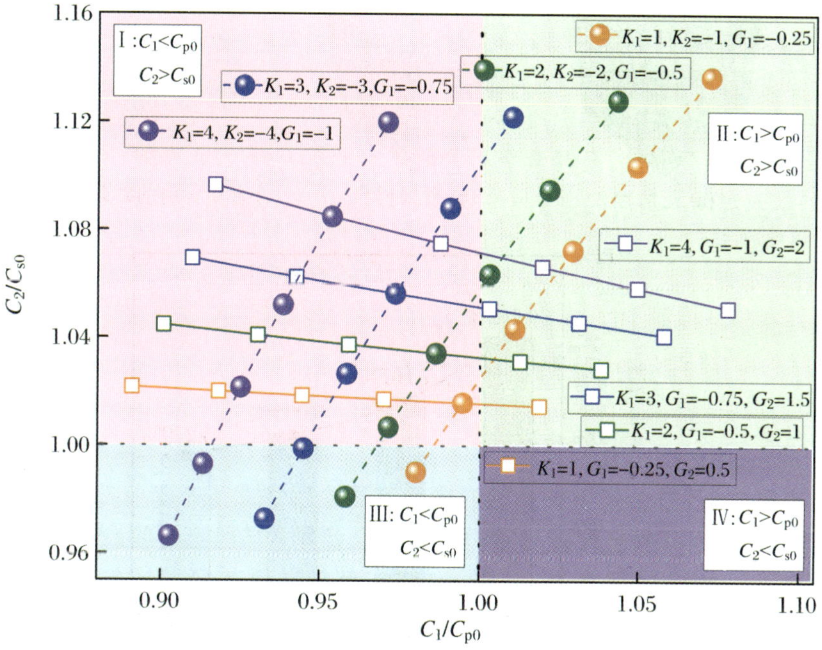

图 7.4.3　压剪耦合模型中纵波波速与剪切波波速的关系

图 7.4.3 可以分为 4 个区，即：① 区域Ⅰ，$C_1<C_{p0}$，$C_2>C_{s0}$。② 区域Ⅱ，$C_1>C_{p0}$，$C_2>C_{s0}$。③ 区域Ⅲ，$C_1>C_{p0}$，$C_2<C_{s0}$。④ 区域Ⅳ，$C_1<C_{p0}$，$C_2<C_{s0}$。图中所示 4 个耦合参数对波速的影响规律如下：K_1 和 K_2 主要降低了第一个波的速度，G_1 主要提高了第二个波的速度，G_2 降低了第一个波和第二个波的速度。这也表明：岩石的非均匀性可以用纵波和横波波速，以及它们的波速之比来综合评估。

7.4.3　压剪耦合波速实验测试

基于上述讨论，应用 3 种材料进行波速的实验测试。如图 7.4.4 所示的 3 种材料包括中细颗粒的房山花岗岩(a)、均匀性较好的砂浆模型材料(b)、含有一定尺寸分布粗骨料(d)的砂浆模型材料(c)。采用 5.5 节介绍的三轴应力状态下侵彻实验系统进行测试。此实验系统的优点在于：可以进行不同真三轴应力状态的施加(Xu et al.,2020)。与前面侵彻实验不同的是，子弹的冲击速度不能太高，要低于开坑的临界速度。

图 7.4.5 所示为砂浆模型材料试样在初始侧向静载[20;12;8]作用下测试得到的 3 个方向的信号。根据起跳时间和传播距离可以进行相关波速的计算。图 7.4.6 所示为测试得到的纵波波速与应力状态的关系，并与理论计算结果进行比较。3 种材料的纵波波速均随 p 和$\sqrt{J_2}$的增加而减小，减小的幅度以含有粗骨料的砂浆模型材料为最大，花岗岩次之，砂浆模型材料为最小。测试结果反映出材料内部结构非均匀性对纵波波速的影响，这与理论预测

的趋势基本相同。但是理论预测的值偏小，其原因在于：孔洞、裂纹等晶界和颗粒间的缺陷在理论模型中尚未进行有效考虑。关于压剪耦合横波波速的测试，可在增加测试精度的基础上，结合图 7.4.5 所示的 x 轴和 z 轴后面的信号进行确定。

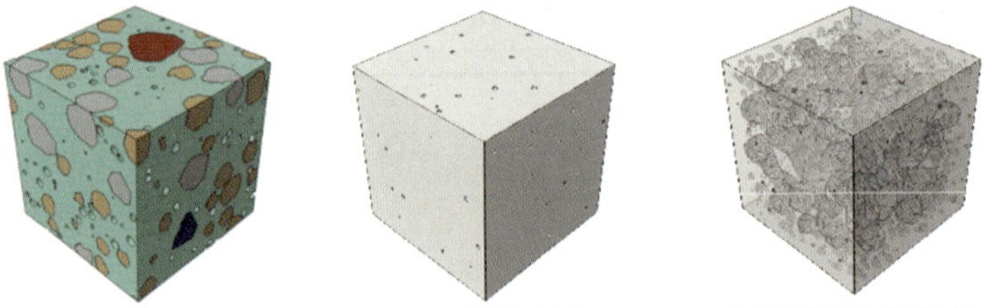

(a) 花岗岩　　(b) 砂浆材料　　(c) 含粗骨料的砂浆材料

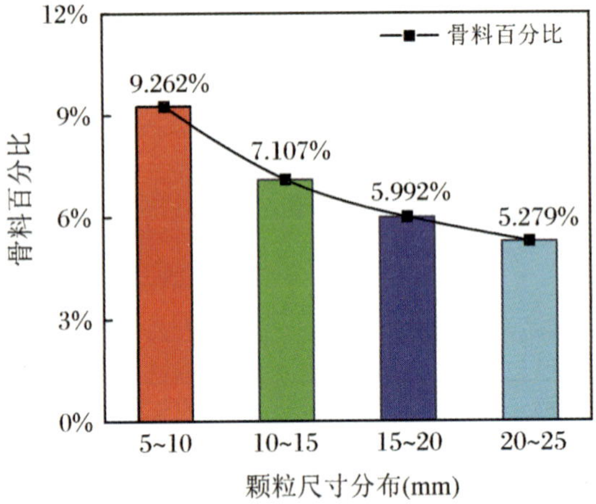

(d) 粗骨料的尺寸分布

图 7.4.4　波速测试的试件

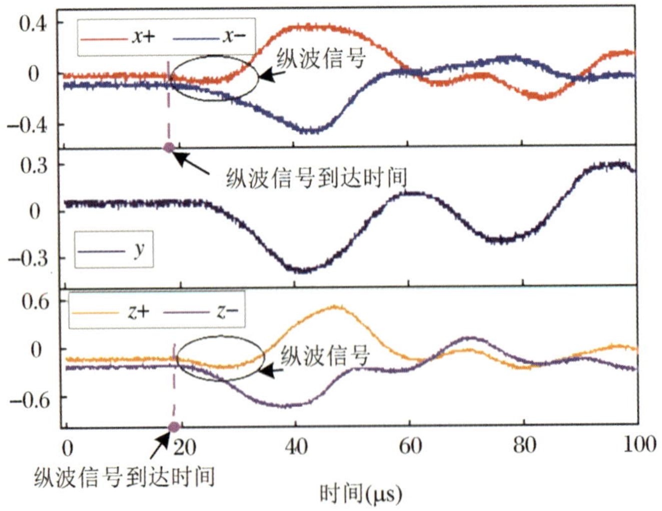

图 7.4.5　砂浆模型材料试样的测试波形

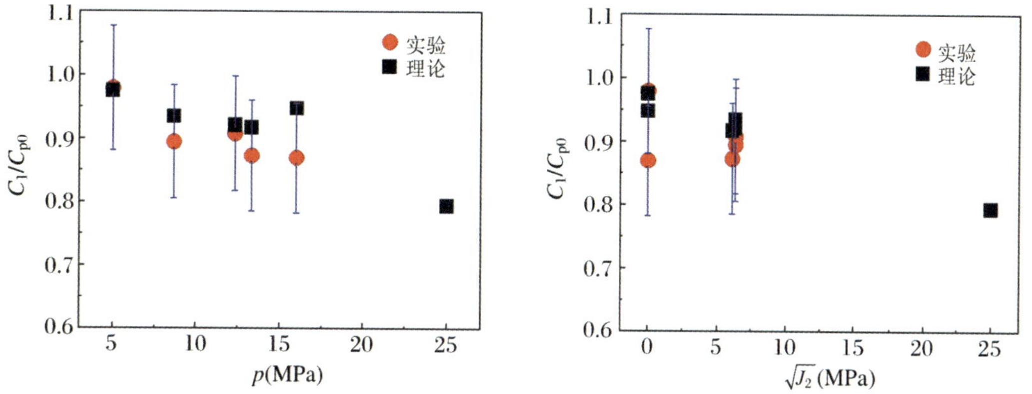

(a) 花岗岩试样在不同静水压力和等效剪切应力下的纵波波速

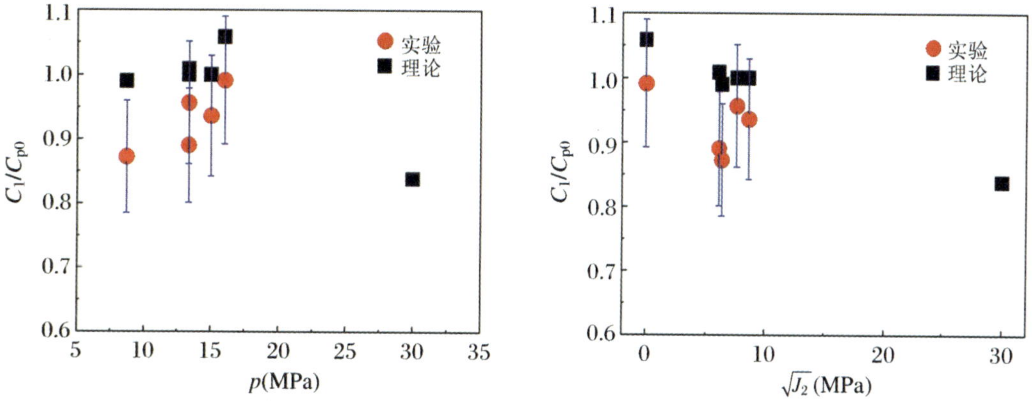

(b) 砂浆(MMM)试样在不同静水压力和等效剪切应力下的纵波波速

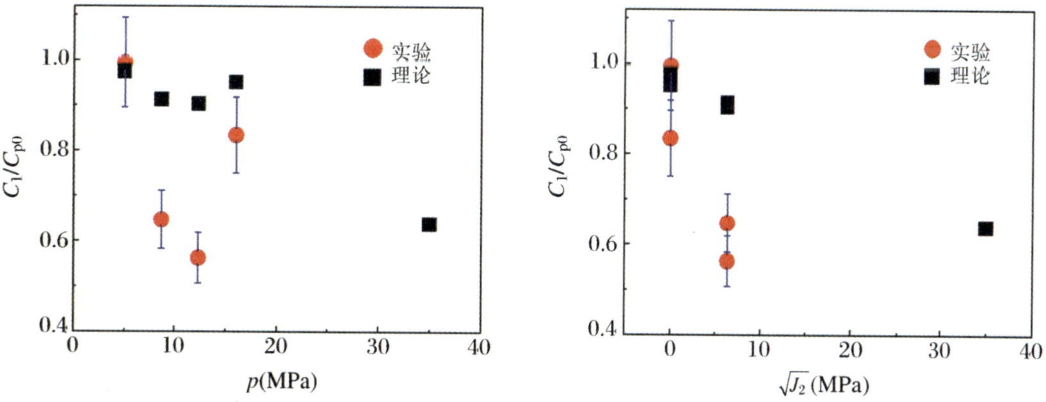

(c) 含粗骨料的砂浆(MMMA)试样在不同静水压力和等效剪切应力下的纵波波速

图 7.4.6　三种材料波速测试结果

7.5 应用:局部旋转引起的压剪耦合效应

岩石由矿物、晶界和许多细观缺陷,以及晶界之间的孔隙和裂纹组成。局部旋转对压实过程具有重要意义,已引起广泛关注。局部旋转可能导致明显的宏观效应,即弹性模量等参数的显著变化。为了简化问题,可将岩石视为颗粒,并研究颗粒旋转对宏观行为的影响。Graham(1997)指出:“在达到接近固体密实之前,变形受局部剪切控制,而材料压缩性的影响通常不显著。”颗粒旋转和局部滑动在压实中起着重要作用。本研究将评估局部旋转对压剪耦合响应的影响。

7.5.1 基于局部旋转的耦合效应

Chang 等(1990,1992)和 Suiker 等(2001)给出了考虑颗粒旋转的本构方程的表达式。模型中颗粒运动有 6 个自由度,即 3 个平动自由度 u_j($j=1,2,3$)和 3 个转动自由度 ω_k($k=1,2,3$)。对于第 i 个颗粒,其中心坐标和运动场为 X_j,u_j 和 ω_k。采用一阶应变梯度表达,则考虑颗粒旋转的本构表达为

$$\sigma_{ij} = \lambda\delta_{ij}\varepsilon_{kk} + 2\mu\varepsilon_{ij} - Ae_{ijk}(\omega_k - \Gamma_k) \tag{7.5.1}$$

其中,$\lambda = \dfrac{Nr^2}{15V}(4k_n - 4k_s)$,$\mu = \dfrac{Nr^2}{15V}(4k_n + 6k_s)$,$A = 4N_1 r^2 k_n/(3V)$。这里,$k_n$ 和 k_s 分别为等效法向刚度和等效切向刚度;N_1 为配位数;V 为颗粒材料的堆积密度;Γ_k 为结构旋转矢量,与位移矢量的对应关系为 $e_{ijk}\Gamma_k = -\dfrac{1}{2}(u_{i,j} - u_{j,i})$,其中 e_{ijk} 为 Levi-Civita 符号。

将考虑旋转的本构关系式(7.5.1)应用于描述压剪耦合效应,将其等效为前面介绍的压剪耦合本构方程,则有

$$K = \frac{4Nr^2 k_n}{3V} \tag{7.5.2}$$

$$G = \frac{Nr^2}{15V}(4k_n + 6k_s)\sqrt{1 - \frac{25k_s^2\Theta}{(2k_n + 3k_s)^2 I_2}} \tag{7.5.3}$$

式(7.5.3)中,Θ 描述局部旋转,其表达式为

$$\Theta = \left[\omega_3 - \frac{1}{2}\left(\frac{\partial u_1}{\partial X_2} - \frac{\partial u_2}{\partial X_1}\right)\right]^2 + \left[\omega_2 - \frac{1}{2}\left(\frac{\partial u_1}{\partial X_3} - \frac{\partial u_3}{\partial X_1}\right)\right]^2 + \left[\omega_1 - \frac{1}{2}\left(\frac{\partial u_2}{\partial X_3} - \frac{\partial u_3}{\partial X_2}\right)\right]^2 \tag{7.5.4}$$

式(7.5.3)表明剪切模量是应变场和旋转场相关的,而且随着旋转的增加而减小。对于法向接触刚度 k_n 和切向接触刚度 k_s,其表达式为

$$k_n = \frac{8\mu_n}{3(1-\nu_n)}\sqrt{r\delta_n} \tag{7.5.5}$$

$$k_s = \frac{16\mu_n}{3(2-\nu_n)}\sqrt{r\delta_n} \tag{7.5.6}$$

式中,μ_n 和 ν_n 分别为剪切模量和泊松比;δ_n 为颗粒径向位移。为了计算简便,将其表示为与变形不相关的量,对应于 $\delta_n=0.04r$ 的平均接触刚度为

$$k'_n=\frac{25}{r}\int_0^{0.04r}\frac{8\mu_n}{3(1-\nu_n)}\sqrt{r\delta_n}\,\mathrm{d}\delta_n=\frac{16\mu_n}{45(1-\nu_n)}r \tag{7.5.7}$$

$$k'_s=\kappa k'_n=\frac{32\mu_n}{45(2-\nu_n)}r \tag{7.5.8}$$

其中,刚度比 $\kappa=\dfrac{2(1-\nu_n)}{2-\nu_n}$。

比较耦合模型,可以得到

$$K_0+K_1p+K_2\sqrt{J_2}=\frac{4Nr^2k_n}{3V} \tag{7.5.9}$$

$$G_0+G_1p+G_2\sqrt{J_2}=\frac{Nr^2}{15V}(4k_n+6k_s)\sqrt{1-\frac{25k_s^2\Theta}{(2k_n+3k_s)^2I_2}} \tag{7.5.10}$$

考虑小变形,式(7.5.9)和式(7.5.10)可以简化为

$$\begin{aligned}&K_0+K_1K_0\Delta+K_1^2K_0\Delta^2+2K_1K_2G_0\Delta\sqrt{I_2}+2K_2G_0\sqrt{I_2}\\&\quad+4G_0K_2G_2I_2+2G_1K_2K_0\Delta\sqrt{I_2}=\frac{4Nr^2k_n}{3V}\end{aligned} \tag{7.5.11}$$

$$\begin{aligned}&\frac{Nr^2}{15V}(4k_n+6k_s)\sqrt{1-\frac{25k_s^2\Theta}{(2k_n+3k_s)^2I_2}}\\&\quad=G_0+G_1K_0\Delta+K_1G_1K_0\Delta^2+2K_2G_1G_0\Delta\sqrt{I_2}\\&\qquad+2G_2G_0\sqrt{I_2}+4G_0G_2^2I_2+2G_1G_2K_0\Delta\sqrt{I_2}\end{aligned} \tag{7.5.12}$$

考虑到 K_1,K_2,G_1 和 G_2 量级相当,则有

$$K_1^2K_0\Delta^2+2K_1K_2G_0\Delta\sqrt{I_2}+4G_0K_2G_2I_2+2G_1K_2K_0\Delta\sqrt{I_2}=0 \tag{7.5.13}$$

$$K_1G_1K_0\Delta^2+2K_2G_1G_0\Delta\sqrt{I_2}+4G_0G_2^2I_2+2G_1G_2K_0\Delta\sqrt{I_2}=0 \tag{7.5.14}$$

因此,基于式(7.5.11)、式(7.5.12)、式(7.5.13)和式(7.5.14),4个耦合参数可以表达为

$$K_1=\frac{1}{\Delta}\frac{1}{-\dfrac{G_0}{\dfrac{Nr^2}{15V}(4k_n+6k_s)g(\Theta)-G_0}+\dfrac{K_0}{\dfrac{4Nr^2}{3V}k_n-K_0}} \tag{7.5.15a}$$

$$K_2=\frac{2}{\sqrt{I_2}}\frac{\dfrac{4Nr^2}{3V}k_n-K_0}{\dfrac{Nr^2}{15V}(4k_n+6k_s)g(\Theta)-G_0}\frac{1}{\dfrac{G_0}{\dfrac{Nr^2}{15V}(4k_n+6k_s)g(\Theta)-G_0}-\dfrac{K_0}{\dfrac{4Nr^2}{3V}k_n-K_0}} \tag{7.5.15b}$$

$$G_1=\frac{1}{\Delta}\frac{\dfrac{Nr^2}{15V}(4k_n+6k_s)g(\Theta)-G_0}{\dfrac{4Nr^2}{3V}k_n-K_0}\frac{1}{\dfrac{K_0}{\dfrac{4Nr^2}{3V}k_n-K_0}-\dfrac{G_0}{\dfrac{Nr^2}{15V}(4k_n+6k_s)g(\Theta)}-G_0} \tag{7.5.15c}$$

$$G_2 = \frac{1}{2\sqrt{I_2}} \frac{1}{\dfrac{G_0}{\dfrac{Nr^2}{15V}(4k_n + 6k_s)g(\Theta) - G_0} - \dfrac{K_0}{\dfrac{4Nr^2}{3V}k_n - K_0}} \tag{7.5.15d}$$

式中，无量纲参数 $g(\Theta) = \sqrt{1 - \dfrac{25k_s^2\Theta}{(2k_n + 3k_s)^2 I_2}}$。由此，可以得到考虑变形和旋转的耦合分析结果。

7.5.2 局部旋转对平面波速的影响

对于平面波传播过程，若波传播的方向为 X_1 轴方向，则有：$\varepsilon_{11} = \partial u_1/\partial X_1$，$\varepsilon_{12} = \varepsilon_{21} = (1/2)\partial v_1/\partial X_1$，$\varepsilon_{13} = \varepsilon_{31} = (1/2)\partial w_1/\partial X_1$，$\varepsilon_{22} = \varepsilon_{33} = \varepsilon_{23} = \varepsilon_{32} = 0$。剪切模量可以表达为

$$G = \frac{Nr^2}{15V}(4k_n + 6k_s)\sqrt{1 - \frac{25k_s^2}{(2k_n + 3k_s)^2}\frac{\omega^2 + 2\varepsilon_{12}\omega_3 - 2\varepsilon_{13}\omega_2 + \varepsilon_{12}^2 + \varepsilon_{13}^2}{\frac{1}{3}\varepsilon_{11}^2 + \varepsilon_{12}^2 + \varepsilon_{13}^2}} \tag{7.5.16}$$

式中，$\omega = \sqrt{\omega_2^2 + \omega_3^2}$。剪切模量的对应变分量的偏导数的表达式为

$$\frac{\partial G}{\partial \varepsilon_{11}} = \frac{Nr^2}{15V}(4k_n + 6k_s)\frac{\dfrac{25k_s^2}{3(2k_n + 3k_s)^2}\varepsilon_{11}(\omega^2 + 2\varepsilon_{12}\omega_3 - 2\varepsilon_{13}\omega_2 + \varepsilon_{12}^2 + \varepsilon_{13}^2)}{\left(\dfrac{1}{3}\varepsilon_{11}^2 + \varepsilon_{12}^2 + \varepsilon_{13}^2\right)^2\sqrt{1 - \dfrac{25k_s^2}{(2k_n + 3k_s)^2}\dfrac{\omega^2 + 2\varepsilon_{12}\omega_3 - 2\varepsilon_{13}\omega_2 + \varepsilon_{12}^2 + \varepsilon_{13}^2}{\frac{1}{3}\varepsilon_{11}^2 + \varepsilon_{12}^2 + \varepsilon_{13}^2}}} \tag{7.5.17a}$$

$$\frac{\partial G}{\partial \varepsilon_{12}} = -\frac{1}{2}\frac{Nr^2}{15V}(4k_n + 6k_s)\frac{\dfrac{25k_s^2}{(2k_n + 3k_s)^2}\left[\dfrac{2\omega_3 + 2\varepsilon_{12}}{\frac{1}{3}\varepsilon_{11}^2 + \varepsilon_{12}^2 + \varepsilon_{13}^2} - 2\varepsilon_{12}\dfrac{\omega^2 + 2\varepsilon_{12}\omega_3 - 2\varepsilon_{13}\omega_2 + \varepsilon_{12}^2 + \varepsilon_{13}^2}{\left(\frac{1}{3}\varepsilon_{11}^2 + \varepsilon_{12}^2 + \varepsilon_{13}^2\right)^2}\right]}{\sqrt{1 - \dfrac{25k_s^2}{(2k_n + 3k_s)^2}\dfrac{\omega^2 + 2\varepsilon_{12}\omega_3 - 2\varepsilon_{13}\omega_2 + \varepsilon_{12}^2 + \varepsilon_{13}^2}{\frac{1}{3}\varepsilon_{11}^2 + \varepsilon_{12}^2 + \varepsilon_{13}^2}}} \tag{7.5.17b}$$

$$\frac{\partial G}{\partial \varepsilon_{13}} = -\frac{1}{2}\frac{Nr^2}{15V}(4k_n + 6k_s)\frac{\dfrac{25k_s^2}{(2k_n + 3k_s)^2}\left[\dfrac{2\omega_2 + 2\varepsilon_{13}}{\frac{1}{3}\varepsilon_{11}^2 + \varepsilon_{12}^2 + \varepsilon_{13}^2} - 2\varepsilon_{13}\dfrac{\omega^2 + 2\varepsilon_{12}\omega_3 - 2\varepsilon_{13}\omega_2 + \varepsilon_{12}^2 + \varepsilon_{13}^2}{\left(\frac{1}{3}\varepsilon_{11}^2 + \varepsilon_{12}^2 + \varepsilon_{13}^2\right)^2}\right]}{\sqrt{1 - \dfrac{25k_s^2}{(2k_n + 3k_s)^2}\dfrac{\omega^2 + 2\varepsilon_{12}\omega_3 - 2\varepsilon_{13}\omega_2 + \varepsilon_{12}^2 + \varepsilon_{13}^2}{\frac{1}{3}\varepsilon_{11}^2 + \varepsilon_{12}^2 + \varepsilon_{13}^2}}} \tag{7.5.17c}$$

基于 7.4 节的讨论，刚度矩阵 H_{ij}^r 表达为

$$\begin{bmatrix} K + \frac{4}{3}G + \frac{4}{3}\varepsilon_{11}\frac{\partial G}{\partial \varepsilon_{11}} & \frac{8}{3}\varepsilon_{11}\frac{\partial G}{\partial \varepsilon_{12}} & \frac{8}{3}\varepsilon_{11}\frac{\partial G}{\partial \varepsilon_{13}} \\ 2\varepsilon_{12}\frac{\partial G}{\partial \varepsilon_{11}} & G + 4\varepsilon_{12}\frac{\partial G}{\partial \varepsilon_{12}} & 4\varepsilon_{12}\frac{\partial G}{\partial \varepsilon_{13}} \\ 2\varepsilon_{13}\frac{\partial G}{\partial \varepsilon_{11}} & 4\varepsilon_{13}\frac{\partial G}{\partial \varepsilon_{12}} & G + 4\varepsilon_{13}\frac{\partial G}{\partial \varepsilon_{13}} \end{bmatrix} \tag{7.5.18}$$

平面波速度可用 H^r_{ij} 的 3 个特征根(即 γ_1，γ_2 和 γ_3)表达，即 $C^r_1=\sqrt{\gamma_1/\rho}$，$C^r_2=\sqrt{\gamma_2/\rho}$ 和 $C^r_3=\sqrt{\gamma_3/\rho}$。

作为对比，忽略颗粒旋转，则有(夏开文，1998；周李姜，2018)

$$K'=\frac{\rho^* N_1}{8\pi}\frac{8G_0(2K_0+G_0)}{3K_0+5G_0}\sqrt{\frac{\Delta}{3}} \tag{7.5.19a}$$

$$G'=\frac{9\sqrt{3}\rho^* N_1}{16\sqrt{2}\pi}\frac{3G_0[10K_0{}^2+18G_0{}^2+17K_0G_0]}{27K_0{}^2+40G_0{}^2}\sqrt{\frac{\Delta}{3}+\sqrt{\frac{I_2}{3}}} \tag{7.5.19b}$$

其中，ρ^* 为相对密度。体积模量和剪切模量对应变分量的偏导数为

$$\frac{\partial K'}{\partial \varepsilon_{11}}=\frac{\rho^* N_1}{16\pi}\frac{8G_0(2K_0+G_0)}{3K_0+5G_0}\frac{1}{\sqrt{3\Delta}} \tag{7.5.20a}$$

$$\frac{\partial K'}{\partial \varepsilon_{12}}=\frac{\partial K'}{\partial \varepsilon_{13}}=0 \tag{7.5.20b}$$

$$\frac{\partial G'}{\partial \varepsilon_{11}}=\frac{9\sqrt{3}\rho^* N_1}{32\sqrt{2}\pi}\frac{3G_0[10K_0{}^2+18G_0{}^2+17K_0G_0]}{27K_0{}^2+40G_0{}^2}\frac{\dfrac{1}{3}+\dfrac{1}{9}\sqrt{\dfrac{3}{I_2}}\varepsilon_{11}}{\sqrt{\dfrac{\Delta}{3}+\sqrt{\dfrac{I_2}{3}}}} \tag{7.5.21a}$$

$$\frac{\partial G'}{\partial \varepsilon_{12}}=\frac{9\sqrt{3}\rho^* N_1}{32\sqrt{2}\pi}\frac{3G_0[10K_0{}^2+18G_0{}^2+17K_0G_0]}{27K_0{}^2+40G_0{}^2}\frac{\sqrt{\dfrac{3}{I_2}}\varepsilon_{12}}{\sqrt{\dfrac{\Delta}{3}+\sqrt{\dfrac{I_2}{3}}}} \tag{7.5.21b}$$

$$\frac{\partial G'}{\partial \varepsilon_{13}}=\frac{9\sqrt{3}\rho^* N_1}{32\sqrt{2}\pi}\frac{3G_0[10K_0{}^2+18G_0{}^2+17K_0G_0]}{27K_0{}^2+40G_0{}^2}\frac{\sqrt{\dfrac{3}{I_2}}\varepsilon_{13}}{\sqrt{\dfrac{\Delta}{3}+\sqrt{\dfrac{I_2}{3}}}} \tag{7.5.21c}$$

刚度矩阵 $\boldsymbol{H}^r_{ij}$ 表达为

$$\boldsymbol{H}^r_{ij}=\begin{bmatrix} K'+\dfrac{4}{3}G'+\varepsilon_{11}\left(\dfrac{\partial K'}{\partial\varepsilon_{11}}+\dfrac{4}{3}\dfrac{\partial G'}{\partial\varepsilon_{11}}\right) & \dfrac{8}{3}\varepsilon_{11}\dfrac{\partial G'}{\partial\varepsilon_{12}} & \dfrac{8}{3}\varepsilon_{11}\dfrac{\partial G'}{\partial\varepsilon_{13}} \\ 2\varepsilon_{12}\dfrac{\partial G'}{\partial\varepsilon_{11}} & G'+4\varepsilon_{12}\dfrac{\partial G'}{\partial\varepsilon_{12}} & 4\varepsilon_{12}\dfrac{\partial G'}{\partial\varepsilon_{13}} \\ 2\varepsilon_{13}\dfrac{\partial G'}{\partial\varepsilon_{11}} & 4\varepsilon_{13}\dfrac{\partial G'}{\partial\varepsilon_{12}} & G'+4\varepsilon_{13}\dfrac{\partial G'}{\partial\varepsilon_{13}} \end{bmatrix} \tag{7.5.22}$$

平面波速度可用 H^r_{ij} 的 3 个特征根(即 β'_1，β'_2 和 β'_3)表达，即 $C'_1=\sqrt{\beta'_1/\rho}$，$C'_2=\sqrt{\beta'_2/\rho}$，和 $C'_3=\sqrt{\beta'_3/\rho}$。

7.5.3　局部旋转下的平面波速

颗粒材料中 3 种波速的计算参数见表 7.5.1。在此过程中，颗粒旋转将导致颗粒材料的动态压缩(Procopio，Zavaliangos，2005)。当颗粒材料的相对密度约为 0.78 时，平均旋转增加1 rad对应相对密度的增加为 0.256。其次，配位数 N_1 可以部分描述动态压实度，根据 Murphy(1982)的工作，采用下式表示的配位数 N_1 与孔隙度 ϕ 的关系来描述压密实过程：

$$N_1=21.67-43.76\phi+25.98\phi^2 \tag{7.5.23}$$

表 7.5.1 计算参数

密度 $\rho(kg/m^3)$	杨氏模量 E(GPa)	泊松比 ν	体积模量 K_0(GPa)
2 500	70	0.2	38.89
剪切模量 G_0(GPa)	颗粒半径 r(m)	压缩接触刚度 K_n(N/m)	剪切接触刚度 K_s(N/m)
29.17	0.005	1.33×10^8	1.18×10^8
体积 $V_0(m^3)$	孔隙度 ϕ	相对密度 ρ^*	颗粒数 N(个)
0.1	0.215	0.785	1.5×10^5

图 7.5.1 所示为不同应变状态下 3 个平面波速度 C_1,C_2 和 C_3 与颗粒旋转的关系。如图 7.5.1(a)所示,随着旋转角度的增加,C_1 先减小后增大。从左侧到右侧,实线表明,随着应变场 ε_{11},ε_{12}及 ε_{13}的增加,临界旋转角增大。这些虚线表明,随着应变场 ε_{12}和 ε_{13}的增加,临界旋转角增大。因此,在较低的旋转角度范围内,C_1 随着旋转角度的增加而减小。在较高的旋转角范围内,由于旋转场和应变场的共同作用,C_1 随着旋转角的增加呈现复杂的映射。对于图 7.5.1(b)所示的 C_2,可以获得类似的结果。图 7.5.1(c)说明了 C_3随着旋转角度的增加而增加。值得注意的是,图 7.5.1(b)和图 7.5.1(c)的曲线中 R_n($n=1,2,\cdots,6$)标记的转折点对应于 C_2 和 C_3的速度值与应变的变化相交,以及 C_2 和 C_3顺序的改变。

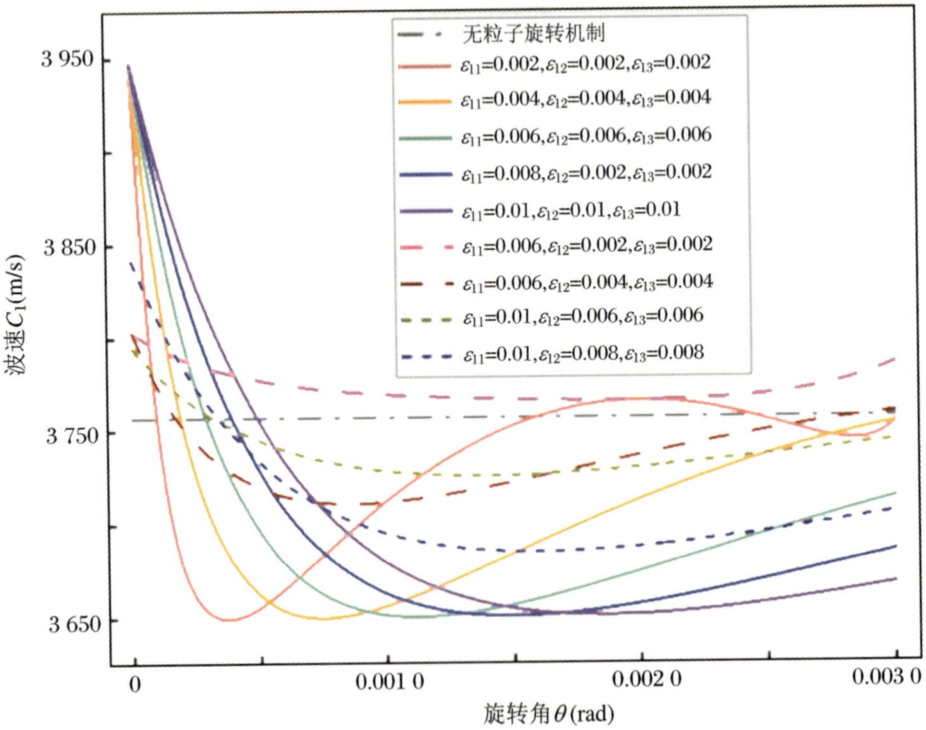

(a)

图 7.5.1 3 个波速与颗粒旋转的关系

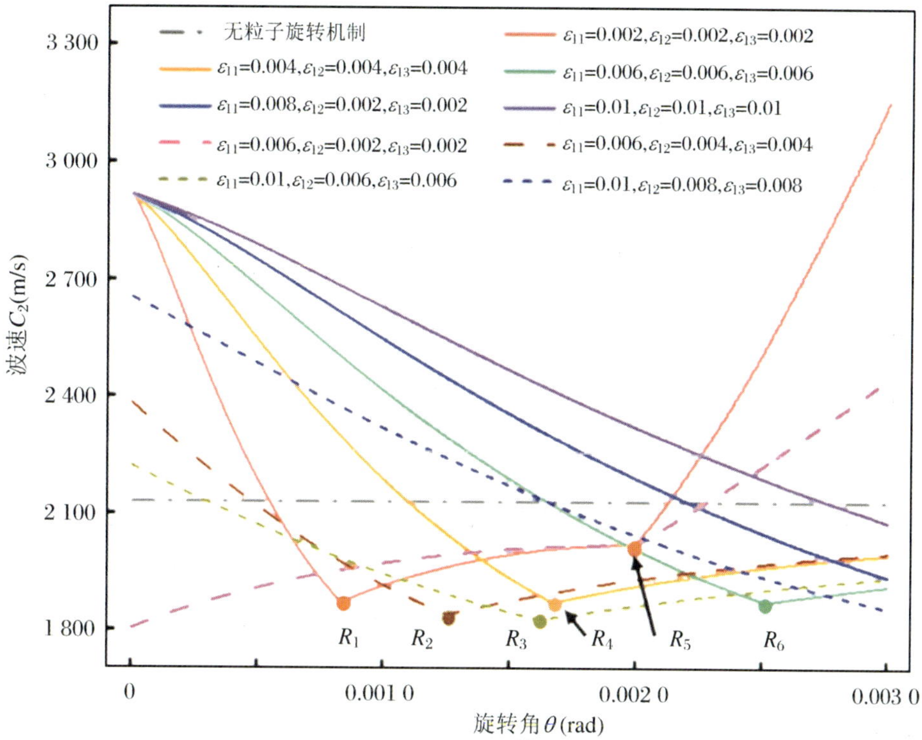

(b)

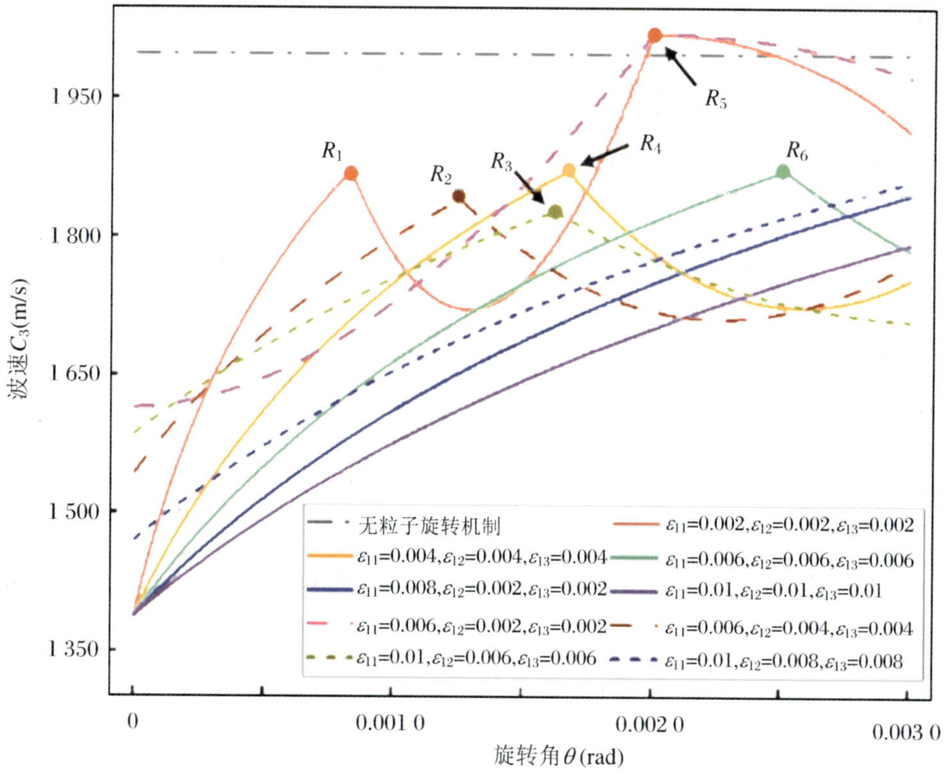

(c)

图 7.5.1　3 个波速与颗粒旋转的关系(续)

图 7.5.2 所示为不考虑颗粒旋转时 3 个平面波速度与应变场的关系。随着应变场 ε_{11} 的增加，C_1 先因压剪耦合效应而减小后由于材料的压密实而增大；C_2 先因压剪耦合效应而增大后由于材料的剪切弱化效应而减小；C_3 则一直在增加。随着应变场 ε_{12} 的增加，3 个波速均由于剪切增强效应而一直在增加。不考虑颗粒旋转时，关系曲线相对比较简单。

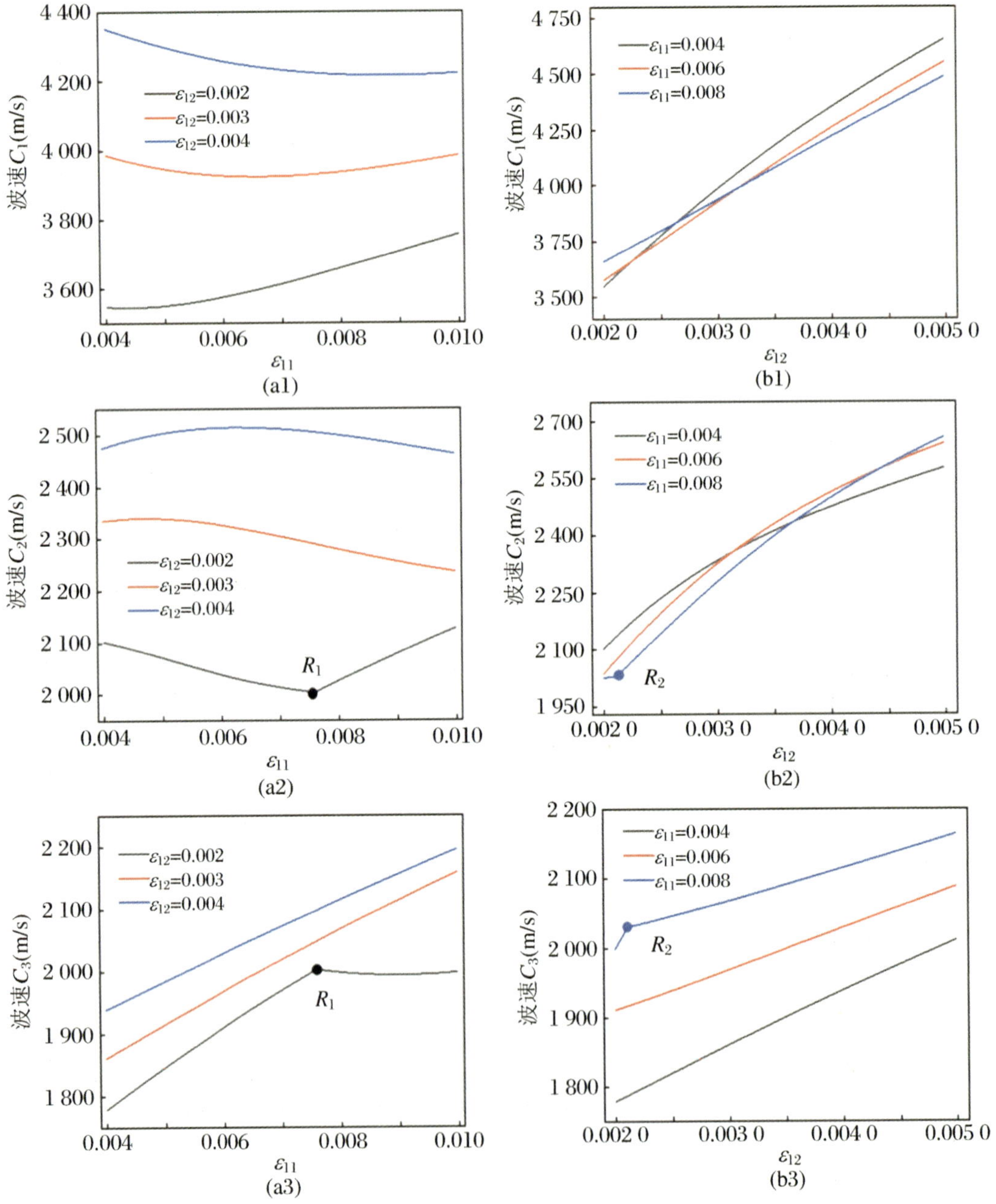

图 7.5.2 3 个波速与应变场的关系

图 7.5.3 所示为考虑颗粒旋转时 3 个平面波速度与应变场的关系。在压缩变形和旋转场的共同作用下，3 个波速随着应变场 ε_{11} 的增加而增加。在剪切变形和旋转场的共同作用下，3 个波速随着应变场 ε_{12} 的增加而减小。考虑颗粒旋转时，关系曲线相对比较复杂。

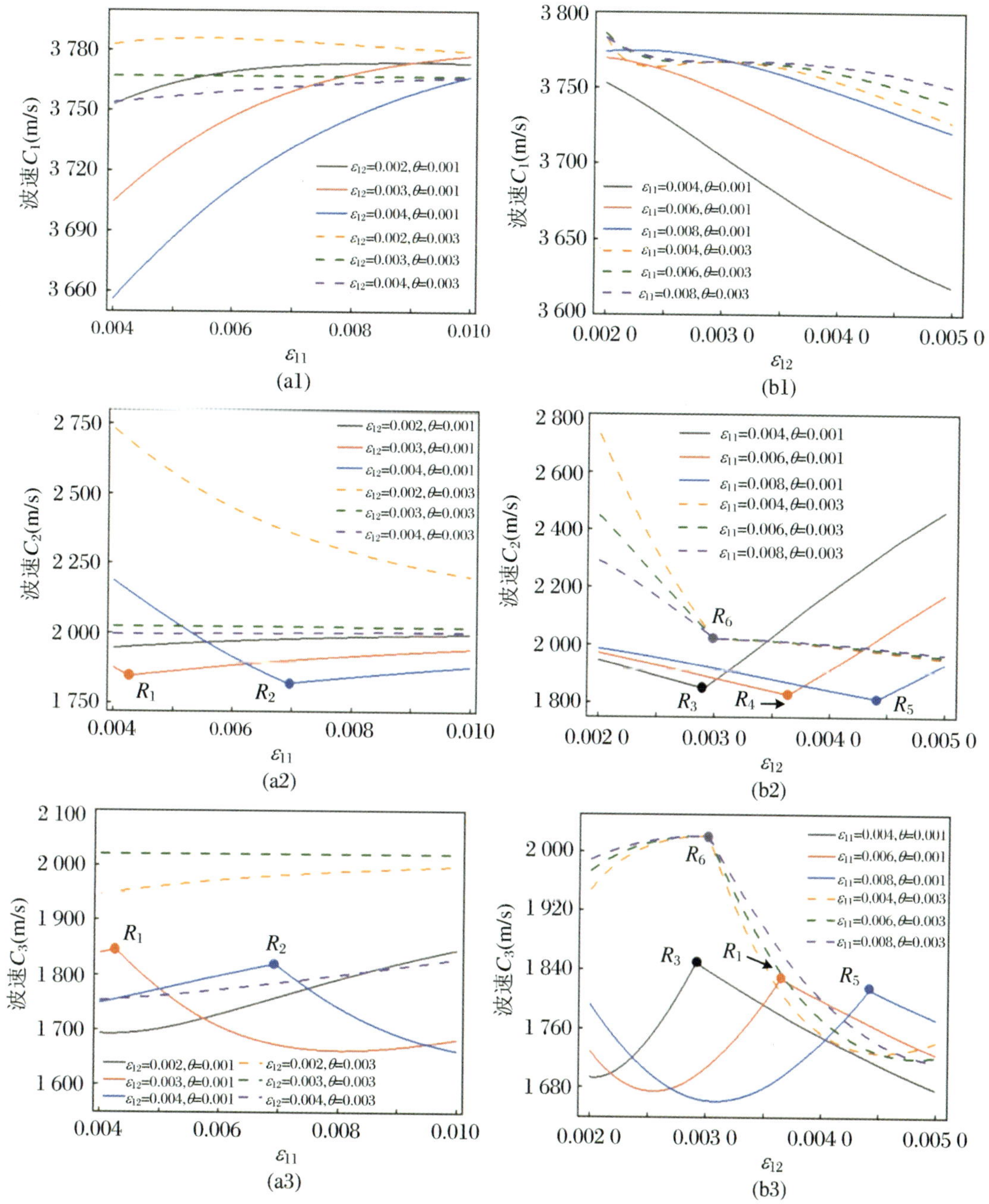

图 7.5.3　3 个波速与应变场和旋转场的关系

因此，颗粒旋转对颗粒材料的平面波速度有显著影响。应变表示颗粒的压实程度。压实度和颗粒旋转的共同作用使得平面波速具有极值，这表明两者的耦合效应不仅可以促进波的传播，而且可以抑制波的传播。

小　结

本章建立了具有4个耦合参数的压剪耦合本构关系，以研究岩石中的非均匀响应。基于广义自洽理论，提出了确定含多相组分岩石4个本构参数的方法。这些参数与局部应力和应变状态有关。采用三轴试验系统和细观有限元模型(meso-FEM)根据4个载荷路径对计算过程进行校准。得到了描述压剪耦合对波传播影响的广义波动方程。导出了3种平面波速的解析解，它们既与体积应变有关，又与剪切应变有关，这不同于传统的压缩波速和剪切波速。作为一个例子，导出了颗粒材料中的波速。结果表明，松散介质中的波速不仅与局部旋转有关，还与局部应变有关。颗粒旋转对波速有显著影响，这导致颗粒材料中严重的非均匀性和压剪耦合效应。这些结果为岩石的非均质性提供了理论解释，并有望全面理解非均质性对波速影响的物理机制。

参考文献

丁启财，1985. 固体中的非线性波[M]. 北京：中国友谊出版社.

黄俊宇，2016. 冲击载荷下脆性颗粒材料多尺度破碎变形特性研究[D]. 合肥：中国科学技术大学.

夏开文，1998. 多相颗粒材料力学性质研究[D]. 合肥：中国科学技术大学.

周李姜，2018. 动态加载下脆性材料非均匀变形演化研究[D]. 合肥：中国科学技术大学.

Alkan H, Cinar Y, Pusch G, 2007. Rock salt dilatancy boundary from combined acoustic emission and triaxial compression tests[J]. International Journal of Rock Mechanics and Mining Sciences, 44(1): 108-119.

Ben-David O, Fineberg J, 2011. Static friction coefficient is not a material constant[J]. Physical Review Letters, 106(25): 254301.

Ben-David O, Rubinstein S M, Fineberg J, 2010. Slip-stick and the evolution of frictional strength[J]. Nature, 463(7277): 76-79. DOI: https://doi.org/10.1038/nature08676.

Biot M A, 1962. Mechanics of deformation and acoustic propagation in porous media[J]. Journal of Applied Physics, 33(4): 1482-1498.

Budiansky B, 1965. On the elastic moduli of some heterogeneous materials[J]. Journal of the Mechanics and Physics of Solids, 13(4): 223-227.

Burridge R, 1973. Admissible speeds for plane-strain self-similar shear cracks with friction but lacking cohesion[J]. Geophysical Journal International, 35(4): 439-455.

Capozza R, Rubinstein S M, Barel I, et al. 2011. Stabilizing stick-slip friction[J]. Physical Review Letters, 107(2): 024301. DOI: https://doi.org/10.1103/PhysRevLett.107.024301.

Chang C S, Liao C L, 1990. Constitutive relation for a particulate medium with the effect of particle rotation [J]. International Journal of Solids and Structures, 26(4): 437-453.

Chang C S, Lun M, 1992. Elastic material constants for isotropic granular solids with particle rotation[J]. International Journal of Solids and Structures, 29(8): 1001-1018.

Fang Q, Zhang J, 2014. 3D numerical modeling of projectile penetration into rock-rubble overlays accounting for random distribution of rock-rubble[J]. International Journal of Impact Engineering, 63: 118-128.

Graham, 1997. Comments on shock-compression science in highly porous solids[M]. Berlin: Springer-Verlag.

Hardin B O, Drnevich V P, 1972. Shear modulus and damping in soils: design equations and curves[J]. Journal of the Soil mechanics and Foundations Division, 98(7): 667-692.

Huang J, Xu S, Hu S, 2014. Influence of particle breakage on the dynamic compression responses of brittle granular materials[J]. Mechanics of Materials, 68: 15-28.

Huang J, Xu S, Hu S, 2015. The role of contact friction in the dynamic breakage behavior of granular materials[J]. Granular Matter, 17: 111-120.

Huang J, Lu L, Fan D, et al. 2016a. Heterogeneity in deformation of granular ceramics under dynamic loading [J]. Scripta Materialia, 111: 114-118.

Huang J E J, Huang J, et al. 2016b. Dynamic deformation and fracture of single crystal silicon: fracture modes, damage laws, and anisotropy[J]. Acta Materialia, 114: 136-145.

Huang J, Hu S, Xu S, et al. 2017. Fractal crushing of granular materials under confined compression at different strain rates[J]. International Journal of Impact Engineering, 106: 259-265.

Hu Q, Li B, Gao X, et al. 2021. Ultrasound elasticity of diamond at gigapascal pressures[J]. Proceedings of the National Academy of Sciences, 118(51): e2118490118.

Lan H, Martin C D, Hu B, 2010. Effect of heterogeneity of brittle rock on micromechanical extensile behavior during compression loading[J]. Journal of Geophysical Research: Solid Earth, 115(B1): B01202.

Li B, Woody K, Kung J, 2006. Elasticity of MgO to 11 GPa with an independent absolute pressure scale: implications for pressure calibration[J]. Journal of Geophysical Research: Solid Earth, 111(11): B11206.

Liu Q R, Katsube N, 1990. The discovery of a second kind of rotational wave in a fluid-filled porous material [J]. The Journal of the Acoustical Society of America, 88(2): 1045-1053.

Li Y C, Ting T, 1983. Plane waves in simple elastic solids and discontinuous dependence of solution on boundary conditions[J]. International Journal of Solids and Structures, 19(11): 989-1008.

Lu J, Xu S, Miao C, et al. 2022. The theory of compression-shear coupled composite wave propagation in rock[J]. Deep Underground Sci Eng., 1: 77-86.

Lu J, Xu S, Li Y, et al. 2023. Investigations on the compression-shear coupled stress waves propagating in heterogeneous rock[J]. Mechanics of Materials, 186: 104786.

Murnaghan F D, 1994. The compressibility of media under extreme pressures[J]. Proceedings of the National Academy of Sciences, 30(9): 244-247.

Murphy Ⅲ W F, 1982. Effects of microstructure and pore fluids on the acoustic properties of granular sedimentary materials[D]. San Francisco: Stanford University.

Nelson I, Baron M L, 1971. Application of variable moduli models to soil behavior[J]. International Journal of Solids and Structures, 7(4): 399-417.

Passelègue F X, Schubnel A, Nielsen S, et al. 2013. From sub-Rayleigh to supershear ruptures during stick-slip experiments on crustal rocks[J]. Science, 340(6137): 1208-1211.

Plona T J, 1980. Observation of a second bulk compressional wave in a porous medium at ultrasonic frequencies[J]. Applied physics letters, 36(4): 259-261.

Procopio A T, Zavaliangos A, 2005. Simulation of multi-axial compaction of granular media from loose to high relative densities[J]. Journal of the Mechanics and Physics of Solids, 53(7): 1523-1551.

Ramsey J M, Chester F M, 2004. Hybrid fracture and the transition from extension fracture to shear fracture

[J]. Nature,428(6978):63-66.

Renaud A, Heuzé T, Stainier L, 2020. On loading paths followed inside plastic simple waves in two-dimensional elastic-plastic solids[J]. Journal of the Mechanics and Physics of Solids, 143:104064.

Rubino V, Rosakis A, Lapusta N, 2017. Understanding dynamic friction through spontaneously evolving laboratory earthquakes[J]. Nature communications, 8(1):1-13. DOI: https://doi. org/10. 1038/ncomms 15991.

Rubinstein S M, Cohen G, Fineberg J, 2004. Detachment fronts and the onset of dynamic friction[J]. Nature, 430(7003):1005-1009.

Rubinstein S, Cohen G, Fineberg J, 2007. Dynamics of precursors to frictional sliding[J]. Physical Review Letters, 98(22):226103.

Song Q Z, Tang Z P, 2014. Combined stress waves with phase transition in thin-walled tubes[J]. Applied Mathematics and Mechanics, 35(3):285-296.

Suiker A, De Borst R, Chang C, 2001. Micro-mechanical modelling of granular material. Part 1: Derivation of a second-gradient micro-polar constitutive theory[J]. Acta Mechanica, 149(1):161-180.

Tang Z P, Xu S L, Dai X Y, et al. 2005. S-wave tracing technique to investigate the damage and failure behavior of brittle materials subjected to shock loading[J]. International Journal of Impact Engineering, 31(9): 1172-1191.

Ting T, Nan N, 1969. Plane waves due to combined compressive and shear stresses in a half space[J]. Journal of Applied Mechanics, 36(2):189.

Wei D, Hurley R C, Poh L H, et al. 2020. The role of particle morphology on concrete fracture behavior: a meso-scale modelling approach[J]. Cement and Concrete Research, 134:106096.

Wei D, Zhao B, Dias-da-Costa D, et al. 2019. An FDEM study of particle breakage under rotational point loading[J]. Engineering Fracture Mechanics, 212:221-237. https://doi. org/10. 1016/j. engfracmech. 2019.03.036.

Wang B, Zhang K, Cui S, et al. 2017. Mechanism of shear attenuation near the interface under combined compression and shear impact loading[J]. Wave Motion, 73:96-103.

Wang D, Liu T, Chen T, et al. 2019. Anomalous sound velocities of antigorite at high pressure and implications for detecting serpentinization at mantle wedges[J]. Geophysical Research Letters, 46(10):5153-5160.

Xi D, Xu S, Du Y, et al. 2011. Wave propagation analysis of porous rocks with the thermal activated relaxation mechanism[J]. Journal of Applied Geophysics, 73(3):289-303.

Xia K, Rosakis A J, Kanamori H, 2004. Laboratory earthquakes: the sub-Rayleigh-to-supershear rupture transition[J]. Science, 303(5665):1859-1861.

Xia K, Rosakis A J, Kanamori H, et al. 2005. Laboratory earthquakes along inhomogeneous faults: directionality and supershear[J]. Science, 308(5722):681-684.

Xu S, Huang J, Wang P, et al. 2015. Investigation of rock material under combined compression and shear dynamic loading: an experimental technique[J]. International Journal of Impact Engineering, 86: 206-222.

Xu S, Shan J, Zhang L, et al. 2020. Dynamic compression behaviors of concrete under true triaxial confinement: an experimental technique[J]. Mechanics of Materials, 140:103220.

Zhou L J, Xu S L, Shan J F, et al. 2018. Heterogeneity in deformation of granite under dynamic combined compression/shear loading[J]. Mechanics of Materials, 123:1-18.

第8章　岩石波动过程的量纲分析原理

8.1 引　　言

工程问题都是复杂的系统问题,需要从这些复杂体系中提炼出较好的工程概念,以简化分析过程。工程中解决的是载荷、变形和强度的问题,在实际分析中需要引进系列的物理力学概念,如能量、速度、应力等,它们针对我们所关心的力学现象,其本身都有较好的力学定义,已经在工程中得到系统应用。但是,这些问题并不总是可以通过理论推导和计算来实现,而且有时候大量精细的理论推导和计算带来的是巨大的工作量,有时候还可能是错误的结论。量纲分析是结合实验研究进行的,它基于必要的(而不是尽可能多的)实验数据,建立工程概念的演算和分析,得到极其复杂的研究对象中的主要规律,形成数学表达。

度量研究对象的物理量要有单位,这些单位划分为基本单位和导出单位。由于各种物理量之间具有一定的关系,因此,若将其中某些量取作基本量,其余各量的量度单位可以以确定的形式通过这些基本量的量度来表示。体系中的量度单位分为基本单位和导出单位。工程问题中时间、长度、质量和温度的单位为基本单位,构成基本单位系统。其余物理量的单位均可由此导出,即导出单位。

为区分物理量,采用量纲来表示物理量的基本属性。例如,上述的基本单位系统中,时间单位记作 T,长度单位记作 L,质量单位记作 M。用字母表示某类物理量的统称,即对应的量纲。由此,可称面积的量纲为 L^2,速度的量纲为 LT^{-1},等等。取那些不存在任何联系、性质不同的量纲作为基本量纲,而把那些可以由基本量纲导出的量纲作为导出量纲。这样,物理量按照其属性分为两类,即物理量的大小与度量时所选用的单位有关,称为有量纲量;物理量的大小与度量时所运用的单位无关,则称为无量纲量,如角度等。具体可参阅相关文献(谢多夫,1982;Barenblatt,1996)。

量纲具有以下性质:

(1) 物理方程中各项的量纲相同且与度量单位无关。

(2) 物理量的量纲$[a]$可以由基本量纲的指数的乘积来表示,即

$$[a] = [a_1]^{m_1}[a_2]^{m_2}\cdots[a_k]^{m_k} \tag{8.1.1}$$

式中,$m_1,m_2,\cdots,m_k$ 为有理数;$[a_1],[a_2],\cdots,[a_k]$为基本量纲。导出量纲,即量纲不独

立的量纲$[b]$可由基本量纲的指数的乘积来表示，即$[b]=[a_1]^{n_1}[a_2]^{n_2}\cdots[a_k]^{n_k}$，其中，$n_1,n_2,\cdots,n_k$ 为有理数。由此得到无量纲量 Π 的表达式为

$$\Pi = \frac{b}{a_1^{n_1} a_2^{n_2} \cdots a_k^{n_k}} \tag{8.1.2}$$

8.2 π 定理与量纲分析

8.2.1 π 定理

若变量 a 是 n 个自变量 $a_1,a_2,\cdots,a_n$ 的函数，表示为

$$a = f(a_1,a_2,\cdots,a_k,a_{k+1},\cdots,a_n) \tag{8.2.1}$$

自变量中具有独立量纲的基本量的个数为 k，即 $a_1,a_2,\cdots,a_k$ 为基本量，对应量纲分别为 $A_1,A_2,\cdots,A_k$；其余 $n-k$ 个自变量 $a_{k+1},a_{k+2},\cdots,a_n$ 为导出量，它们的量纲分别可表示为

$$[a_{k+1}] = A_1^{p_1} A_2^{p_2} \cdots A_k^{p_k}, \quad [a_{k+2}] = A_1^{q_1} A_2^{q_2} \cdots A_k^{q_k}, \quad \cdots, \quad [a_n] = A_1^{r_1} A_2^{r_2} \cdots A_k^{r_k} \tag{8.2.2}$$

同时，变量 a 的量纲可表示为

$$[a] = A_1^{m_1} A_2^{m_2} \cdots A_k^{m_k} \tag{8.2.3}$$

式中，$p_1,p_2,\cdots,p_k;q_1,q_2,\cdots,q_k;r_1,r_2,\cdots,r_k;m_1,m_2,\cdots,m_k$ 为相应的幂次。

用基本量 $a_1,a_2,\cdots,a_k$ 作为基本单位系统来度量上述函数关系中的各量，由此得到式(8.2.1)的无量纲表示式：

$$\Pi = \frac{a}{a_1^{m_1} a_2^{m_2} \cdots a_k^{m_k}} = f\left(1,1,\cdots,1;\frac{a_{k+1}}{a_1^{p_1} a_2^{p_2} \cdots a_k^{p_k}},\frac{a_{k+2}}{a_1^{q_1} a_2^{q_2} \cdots a_k^{q_k}},\cdots,\frac{a_n}{a_1^{r_1} a_2^{r_2} \cdots a_k^{r_k}}\right) \tag{8.2.4}$$

式(8.2.4)可进一步简化为

$$\Pi = f(\Pi_1,\Pi_2,\cdots,\Pi_{n-k}) \tag{8.2.5}$$

在 k 个基本量的基础上，其余 $n-k$ 个自变量 $a_{k+1},a_{k+2},\cdots,a_n$ 可化为无量纲量 $\Pi_1,\Pi_2,\cdots,\Pi_{n-k}$。量纲理论的这一普遍结论就是 π 定理，为量纲分析的理论核心。π 定理表明：任何一个物理问题的函数关系总可以在一个基本量参考系统中，将有量纲量转化为无量纲量，将有量纲量间的因果关系转化为无量纲量间的确定的函数关系。

8.2.2 量纲分析

量纲分析是探究不同物理量间的因果关系、寻求物理规律的有力工具。物理量都有量纲，而且物理定律不随量纲单位的变化而改变。因此，表示与量度单位无关的物理现象的函数关系具有某种特殊的形式。在分析工程问题时，一般引入 3 个独立的基本度量单位，即长

度、质量和时间的度量单位。在研究热力学问题时，须引入温度或热量。

量纲分析的核心基础为：① 只有同类量才能比较其大小；② 物理现象和物理规律与所选用的度量单位无关。例如，三角形，它有 3 个边，与观察者所处的位置无关。因此，基于量纲分析得到的反映无量纲的因变量与自变量之间的因果关系，必然客观地反映了所研究现象的本质。

量纲分析的基本步骤如下：

(1) 决定所研究问题包含的各个变量。考察工程问题中所涉及的独立量纲，把握问题的物理实质，对问题中主要物理量的量纲进行分析，选取自变量和基本量。以傅科摆-单摆运动周期的确定为例。选取悬挂物的质量(m)、细绳的长度(l)、当地重力加速度(g)和初始方位角(α)作为变量，则单摆的运动周期满足

$$T = f(m, l, g, \alpha) \tag{8.2.6}$$

(2) 选定基本单位系统和基本量，确定系统的完备的无量纲组。因为质量(m)、长度(l)、重力加速度(g) 3 个量相对独立，不能相互组合导出，因此取为基本单位系统来度量所有物理量，则有

$$\Pi = T/(l/g)^{1/2}, \quad \Pi_1 = \alpha \tag{8.2.7}$$

其他的物理量无法再组成无量纲的量。由此，量纲分析表明：单摆运动周期与单摆的质量无关。

(3) 利用 π 定理，由式(8.2.5)，有 $\Pi = f(\Pi_1)$，即

$$\Pi = T/(l/g)^{1/2} = f(\alpha) \tag{8.2.8}$$

式(8.2.8)表明，单摆小幅振动的周期同质量无关，是初始方位角的函数。

(4) 基于实验数据，进行相关系数的确定。对单摆小幅振动时的运动周期进行测量，可以得到 $T/(l/g)^{1/2} \approx 6.28$，是一个常数，与初始方位角也无关。进一步的理论分析表明，小幅振动运动周期的精确解为 $T/(l/g)^{1/2} = 2\pi$。

8.3 岩石波动过程中的无量纲量

在基本单位系统中，基本量纲取为时间[T]、长度[L]以及质量[M]。根据岩石波动过程的物理力学机制，可以选取相应的参考量作为导出量的无量纲参考。

(1) 长度的无量纲量 $\tilde{l}$。岩石动力学中参考长度可以是研究对象的尺寸 l_0，更多的情况下取研究对象的特征尺寸 D_0 作为参考长度，如 $\tilde{l} = l/D_0$。

(2) 时间的无量纲量 $\tilde{t}$。参考时间可以是研究对象的特征时间 t_0，动力学过程通常选取参考应变率 $\dot{\varepsilon}_{\text{Ref}}$ 作为时间的参考，如 $\tilde{t} = t \cdot \dot{\varepsilon}_{\text{Ref}}$。

(3) 质量/密度的无量纲量。由于动力学过程通常与非平衡过程的有效惯性效应相关，质量通常被密度所替代，以表征惯性效应。参考密度针对研究对象的不同，可取为空气密度 ρ_{air}、水的密度 ρ_{w}，或者确定材料的密度 ρ_{Ref}，如 $\tilde{\rho} = \rho/\rho_{\text{Ref}}$。

在此基础上，基于动力学过程和相应的物理机制可以衍生出众多的无量纲量。

8.3.1 与材料动力学本构关系相关的无量纲量

与黏弹性本构关系有关的时间量纲 τ。黏弹性本构关系中涉及两个特征时间，即基于 Maxwell 模型的松弛时间 $\tau_M = \eta_M/E_M$，以及基于 Voigt 模型的延迟时间 $\tau_V = \eta_V/E_V$。其中，η 为黏性系数，E 为弹簧系数，下标与模型的首字母对应。二者形式一致，但物理意义存在差异。这两个量均可以作为动力学问题的参考时间。

与指数硬化的弹塑性本构关系有关的无量纲量(Ortiz et al.，1992)。指数硬化的弹塑性本构关系中的流动应力可表示为 $\sigma_0 = \sigma_y\ (\varepsilon_e/\varepsilon_y)^{1/n}$，式中，$\sigma_y$ 和 ε_y 分别为屈服应力和屈服应变，ε_e 为等效应变，n 为材料参数。同时，等效应变率 $\dot{\varepsilon}_e = \dot{\varepsilon}_0\ (\sigma_e/\sigma_0)^m$，式中，$\sigma_e$ 为等效应力，m 为材料参数。理想塑性时：$\sigma_0 = \sigma_y$。

引入参数 k，令 $k = \sigma_y\ (\varepsilon_y)^{-1/n}(\dot{\varepsilon}_0)^{-1/m}$，则 $\sigma_e = k\ (\varepsilon_e)^{1/n}(\dot{\varepsilon}_0)^{1/m}$。基于此，可引入参考应变率 $\dot{\varepsilon}_{\mathrm{Ref}}$，可组成参考应力 $\sigma_{\mathrm{Ref}} = k\ (\dot{\varepsilon}_{\mathrm{Ref}})^{1/m}$，则系统的无量纲量：时间 $\tilde{t} = t \cdot \dot{\varepsilon}_{\mathrm{Ref}}$；压力 $\tilde{p} = p/\sigma_{\mathrm{Ref}}$。进而基于力学分析，可以得到一个表征局部惯性效应的特征长度 l_e：

$$l_e = \frac{1}{\dot{\varepsilon}_{\mathrm{Ref}}}\left[\frac{\sigma_y \varepsilon_y^{-1/n}}{\rho}\left(\frac{\dot{\varepsilon}_{\mathrm{Ref}}}{\dot{\varepsilon}_0}\right)^{1/m}\right]^{1/2} \tag{8.3.1}$$

8.3.2 与物理过程相关的量纲分析

核爆炸后冲击波半径可根据爆炸能量进行估计。Taylor 提出关于核爆炸后冲击波半径 r_f 的标度律为 $r_f = (Wt^2/\rho_{\mathrm{air}})^{1/5}$，其中，$W$ 为爆炸能量；t 为爆炸发生后的时间；ρ_{air} 为空气密度。由此，得到了关于核爆炸过程的长度量纲，进行适当处理可得到相应的参考长度。

傅里叶基于量纲分析方法得到热源为点源时热传导方程 $\frac{\partial\theta}{\partial t} = \frac{\partial^2\theta}{\partial x^2}$ 的解为

$$\theta(x,t) = \frac{A}{\sqrt{t}} f\left(\frac{x}{\sqrt{t}}\right) \tag{8.3.2}$$

式中，θ 为温度场；$f(\xi) = \exp(-\xi^2/4)$，A 为常数。此时，独立的变量 x 和 t 在热传导问题中需要组成 $\theta\sqrt{t}$ 和 $x/\sqrt{t}$ 的形式。

当上述热传导方程扩展为非线性的椭圆型方程 $\frac{\partial\theta}{\partial t} = \frac{\partial^2\theta}{\partial x^2} + g(\theta)$ 时，可描述气体中的燃烧传播。此时，具有波传播形式的解 $\theta(x-\lambda t)$ 可很好地应用此方程，其中 λ 为传播速度。其具体解释可基于下述变量代换进行：$x = \ln\xi$，$t = \ln\tau$。独立的变量 ξ 和 τ 在燃烧传播问题中需要组成 ξ/τ^{λ} 的形式。

水利工程中管道流体由于其黏滞性而具有两种流动形态，即流体质点彼此不相混掺的层流和流体质点做不规则运动、互相混掺的紊流。层流通过分子间相互作用传递动量、热量和质量，而紊流主要通过质点间的混掺来传递。明渠的流动以层流为主，水利工程中的流动以紊流为主。层流中只存在黏滞切应力，其摩擦阻力及沿程水头损失均与流速的一次方成正比，流速分布呈抛物线形。紊流中流体运动呈随机性，其速度、压强等物理量随时间、空间做不规则的脉动。紊流中除黏滞切应力 τ 外，还有紊流附加切应力 τ_1。由纳维-斯托克斯方程导出紊流时平均运动的雷诺方程，就会增添紊流附加应力，即雷诺应力。

在此过程中，通常引入雷诺数作为判别流动形态的无量纲量。雷诺数 Re 表征流体惯性力与黏滞力相对大小，即 $Re=\rho vd/\mu$，其中 ρ 和 μ 分别为流体密度和动力黏滞系数；v 和 d 分别为流动的特征速度和特征长度。雷诺数小时，黏性效应起主要作用，流动为层流；雷诺数大时，紊动混掺起决定作用，流动为紊流。雷诺数作为判定层流与紊流转化的无量纲指标，可对运动过程进行定性。流体中还有衡量惯性力与重力的弗劳德数 Fr、表征流体可压缩程度的马赫数 Ma（v/C，某点的速度 v 同该点的当地声速 C 之比）等。

与物理过程相关的量纲分析还有很多。

8.4　岩石中无量纲量的演化律

8.4.1　时温等效原理中的时间与温度的演化

岩石中的时温等效原理表明：与松弛有关的某一力学现象可以在较高环境温度和较短的加载时间内观察到，也可以在较低的环境温度和较长的加载时间内观察到；即升高温度与延长加载时间对该力学现象是等效的。此等效过程可通过移位因子来实现。图 8.4.1 所示为柔量 $J(t,T)$ 和损耗因子 $Q(t,T)$ 的时温等效移位作图，$J(t_1,T_1)=J(t_2,T_2)=J(t_1\alpha_T,T_2)$；$Q(t_1,T_1)=Q(t_2,T_2)=Q(t_1\alpha_T,T_2)$。其中 α_T 为移位因子，其表达式为 Williams-Landel-Ferry（WLF）方程，即

$$\lg\alpha_T=\frac{-C_1(T-T_g)}{C_2+T-T_g}\tag{8.4.1}$$

式中，C_1 与 C_2 均取平均值，分别为 17.4 和 51.6。对于多数高分子材料，式(8.4.1)给出了满意的结果。对于高分子材料，基于时间和温度对松弛模量的等效作用得到了所谓的时温等效效应。岩石热力学中将其应用到核废料长期储存过程中废核放热对周围岩石的强度的影响的研究之中，也得到了相似的结论（Yow et al.，2002）。但是，此处温度量纲与时间的量纲是相互独立的，而且核废料的长期储存与高分子材料的研究在时间尺度上相差很多个数量级，其合理性的探讨需要对时温等效原理进行适当拓展，即需引入多机制等效原理。以模量 $E=E(t,T)$ 为例。

$$E(t,T)=f(E_0,\eta_0,v;t,T;(t_1,T_1),(t_2,T_2),(t_3,T_3),\cdots)\tag{8.4.2}$$

式中，(t_i,T_i) 为第 i 种机制所提供的时间与温度的等效，$i=1,2,3,\cdots$。对其进行量纲分析，有

$$\frac{E(t,T)}{E_0}=f_1\left(v;\left(\frac{t}{t_1},\frac{T}{T_1}\right),\left(\frac{t}{t_2},\frac{T}{T_2}\right),\left(\frac{t}{t_3},\frac{T}{T_3}\right),\cdots\right)\tag{8.4.3}$$

所研究的对象不会与所有的机制都有对应，只会对应这些机制中少数几个。因此，式(8.4.3)可简化成

$$\frac{E(t,T)}{E_0}=f_1\left(v;\frac{t}{t_1^{m_1}t_2^{m_2}t_3^{m_3}\cdots t_n^{m_n}},\frac{T}{T_1^{k_1}T_2^{k_2}T_3^{k_3}\cdots T_n^{k_n}}\right) \tag{8.4.4}$$

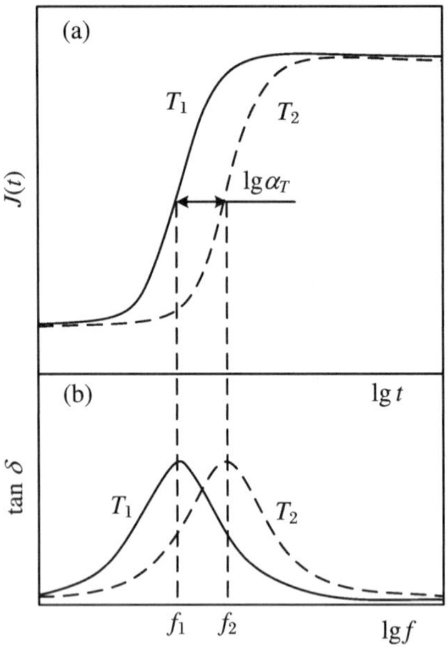

图 8.4.1 柔量(a)和损耗因子(b)的时温等效移位作图

式中，$F(m)=m_1+m_2+\cdots+m_n=1.0$，$G(k)=k_1+k_2+\cdots+k_n=1.0$。通过调节这些系数即可反映相关的机制。为确定这些系数，需要给出这些系数的演化方程：$\dot{F}$ 和 $\dot{G}$，对应相关机制的演化。由式(8.4.4)，令

$$\pi_1=\frac{t}{t_1^{m_1}t_2^{m_2}t_3^{m_3}\cdots t_n^{m_n}},\quad \pi_2=\frac{T}{T_1^{k_1}T_2^{k_2}T_3^{k_3}\cdots T_n^{k_n}},\quad \pi=\frac{E(t,T)}{E_0}$$

则

$$\pi=f_1(v;\pi_1,\pi_2) \tag{8.4.5}$$

将(t,T)和(t_0,T_0)分别应用到式(8.4.4)中，并进行相减，则有

$$\begin{aligned}\frac{E(t,T)-E(t_0,T_0)}{E_0}=&f_1\left(v;\frac{t}{t_1^{m_1}t_2^{m_2}t_3^{m_3}\cdots t_n^{m_n}},\frac{T}{T_1^{k_1}T_2^{k_2}T_3^{k_3}\cdots T_n^{k_n}}\right)\\&-f_1\left(v;\frac{t_0}{t_1^{m_1}t_2^{m_2}t_3^{m_3}\cdots t_n^{m_n}},\frac{T_0}{T_1^{k_1}T_2^{k_2}T_3^{k_3}\cdots T_n^{k_n}}\right)\end{aligned}$$

因此，省去高阶导数项，有

$$\frac{E(t,T)-E(t_0,T_0)}{E_0}=\frac{\partial f_1}{\partial\pi_1}\frac{t-t_0}{t_1^{m_1}t_2^{m_2}t_3^{m_3}\cdots t_n^{m_n}}+\frac{\partial f_1}{\partial\pi_2}\frac{T-T_0}{T_1^{k_1}T_2^{k_2}T_3^{k_3}\cdots T_n^{k_n}} \tag{8.4.6}$$

若补充 m_i 和 k_i 的演化方程，式(8.4.6)给出了多机制下时温等效原理的一般形式，依赖于 f_1 的表达式。温度与时间的关系是与机制相关的隐函数。

8.4.2 孔隙流动中特征频率演化

岩石中的速度频散和衰减与岩石中的细微观结构、岩石内的流体性质等有关。为回避岩石结构和多种机制带来的困难，此过程的描述可基于低频极限速度 C_0、高频极限速度 C_∞

和特征频率 f_c 进行。特征频率是区分高频特征和低频特征的分界,在此频率附近波速变化最快。因此,对于任一种频散和衰减机制,只要得到相应的特征频率,就可较好地把握此过程。

在 2.8 节中介绍了一般情况下岩石的低频极限速度 C_0 可基于等效介质理论进行计算,高频极限速度 C_∞ 则基于射线理论进行计算,特征频率 f_c 对应于散射体的尺寸与入射波长尺度相当的区域。图 8.4.2 所示为 5 种频散和衰减机制对应的特征频率。在斑块状饱和机制中,特征频率 $f_{c\text{-pat}}$ 与饱和规模有关,$f_{c\text{-pat}} = \kappa K_s/(\pi L^2 \eta)$,其中,$\kappa$ 为岩石渗透率,1～1 000 mD(1 mD = 0.987×10^{-15} m^2);K_s 为饱和岩石模量,如 18 GPa;L 为饱和非均质体的特征长度,0.1～10 m;η 为孔隙流体黏度,1～10 cps。这种饱和介质的尺寸可以是与孔隙尺寸相似的,也可以是具有地质尺度的,因此其特征频率相对较低。

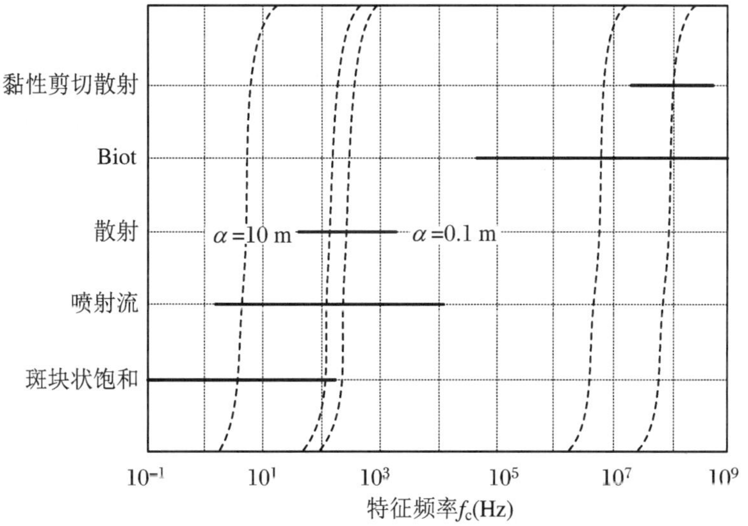

图 8.4.2　特征频率(马沃可 等,2008)

在局部流或喷射流机制中,孔隙刚度、孔隙方向、流体的可压缩性等局部非均质特性都是影响因素。在较低频率下,岩石内流体有足够的时间消除这种非均质特性对波动的影响;在较高的频率下,孔隙压力的变化使得岩石变得更硬。特征频率 $f_{c\text{-pat}}$ 与孔隙形态有关,$f_{c\text{-squ}} = K_0\alpha^3/\eta$。其中,$K_0$ 为岩石矿物体积模量;α 为孔隙纵横比;η 为孔隙流体黏度。这种孔隙形态是孔隙的纵横比,或者孔隙喉道大小的分布,因此其特征频率相对较高。散射机制与其相当,其特征频率与散射体的特征长度相关,即 $f_{c\text{-scat}} = C/(2\pi a)$。其中,$a$ 为散射体的特征长度。其特征频率相对较高。

在 Biot 机制中,其特征频率与孔隙内流体的相对运动有关,即 $f_{c\text{-Biot}} = \phi\eta/(2\pi\rho_{fl}\kappa)$。其中,$\phi$ 为岩石的孔隙度,ρ_{fl} 为孔隙流体密度。特征频率与孔隙大小、孔隙流体的黏性系数有关,其特征频率一般很高。黏性剪切散射机制与此相似,特征频率与孔隙内流体的黏性剪切运动有关,即 $f_{c\text{-visco}} = \alpha\mu/(2\pi\eta)$。其中,$\mu$ 为岩石矿物剪切模量。特征频率很高。

以上机制涵盖了岩石特征频率由低频到极高频率区域,涉及岩石的尺寸由较大尺寸到非常小的孔隙内部流体剪切运动的边界层内,但是它们可以定性地统一到标准线性固体模型预测的频散特性上,即

$$Re(M(\omega)) = M_0 M_\infty \left[1 + \left(\frac{f}{f_c}\right)^2\right] \Big/ \left[M_\infty + M_0\left(\frac{f}{f_c}\right)^2\right] \tag{8.4.7}$$

将上述机制均引入无量纲表达式，则

$$\frac{Re(M(\omega))}{M_0} = g_1\left(\frac{f}{f_{c1}^{m_1} f_{c2}^{m_2} f_{c3}^{m_3} f_{c4}^{m_4} f_{c5}^{m_5}}\right) \tag{8.4.8}$$

式中，$f_{c1} = f_{c\text{-pat}} = \kappa K_s/(\pi L^2 \eta)$；$f_{c2} = f_{c\text{-squ}} = K_0\alpha^3/\eta$；$f_{c3} = f_{c\text{-scat}} = C/(2\pi a)$；$f_{c4} = f_{c\text{-Biot}} = \phi\eta/(2\pi\rho_{fl}\kappa)$，$f_{c5} = f_{c\text{-visco}} = \alpha\mu/(2\pi\eta)$；$F(m) = m_1 + m_2 + m_3 + m_4 + m_5 = 1.0$。只引入一种机制 i 进行计算时，对应的 $m_i = 1$，其余均为零，可参考式(8.4.7)的形式将函数 g_1 的表达式进行初步确定。从图 8.4.2 来看，相邻机制之间并没有明显的界限，但是其特征频率的表达式有较大差异，因此，可应用式(8.4.8)的形式将多种机制及其演化引入分析过程。

8.4.3 侵彻过程中强度机制与压缩机制的演化

短粗弹冲击厚靶，在靶体表面开坑。开坑过程与惯性作用(密度 ρ)、靶体材料的强度特性(屈服强度 Y_t)，以及压缩特性(V_p/C_t，弹速 V_p 与靶材声速 C_t的比值)密切相关。在较高速度冲击下，可压缩特性在早期的碰撞点附近的材料中起重要作用，靶体的强度在离碰撞点较远的材料中期和晚期起重要作用，惯性效应贯穿全过程但在初期和开坑过程起重要作用。因此，上述机制在岩石、混凝土靶体的侵彻过程中具有一定的时序和演化特征。以开坑深度 p 为例进行分析，可参阅相关文献(郑哲敏，1980；向家琳，1990；王礼立 等，1992)。

$$p = p(\rho_p, E_p, Y_p, \nu_p; d_p, L_p; V_p; \rho_t, E_t, Y_t, \nu_t) \tag{8.4.9}$$

式中，下标“p”表示弹；下标“t”表示靶体；L_p 和 d_p 分别为弹的长度和直径；ν 为泊松比。引入靶材声速 C_t，$C_t = \sqrt{E_t/\rho_t}$。同时，短粗弹的弹长可不考虑。因此，考虑上述机制，开坑深度的无量纲表达为

$$\frac{p}{d_p} = f\left(\frac{\rho_p}{\rho_t}, \frac{V_p}{\sqrt{Y_t/\rho_t}}, \frac{V_p}{C_t}\right) \tag{8.4.10}$$

为简化问题，其他材料参数如泊松比等放在实验确定的系数里。式(8.4.10)是短粗弹冲击厚靶最终的开坑深度的无量纲形式，其具体表达式可写为

$$\frac{p}{d_p} = C\left(\frac{\rho_p}{\rho_t}\right)^{m_1}\left[\frac{V_p}{\sqrt{Y_t/\rho_t}}\right]^{m_2}\left(\frac{V_p}{C_t}\right)^{m_3} \tag{8.4.11}$$

具有式(8.4.8)的形式。Sedgwick 等(1978)给出了金属材料侵彻的数值计算结果：$m_1 = 0.537$，$m_2 = 0.470$，$m_3 = 0.100$。三者之和约为 1.1，与 1.0 很接近(实际上，在此拟合过程，3 个参数还可进一步调整)。这表明：在这种金属的开坑过程中惯性和强度特性的作用同等重要，冲击过程压缩性的作用不是很重要。参数 m_i 的演化方程可对应明确的机制。

陈丽娜(2020)、单俊芳(2020)、Zhang 等(2021)应用式(8.4.11)进行水泥砂浆和混凝土在多种侧限应力的作用下的实验结果。对 C30 混凝土的拟合结果如图 8.4.3 所示，拟合参数见表 8.4.1。虽然这些变量是无量纲的，但初始侧限条件对开坑过程有很大影响。随着约束条件的增加，拟合 m_2 从 1.13 增加到 1.26，m_1 从 0.69 减少到 0.60，m_3从 0.80 增加到 0.96。在较低的侧向限制条件下，惯性效应和压缩特性对缩坑过程的影响几乎相同。随着侧向约束的增加，压缩特性的影响增大，而惯性效应的影响减小。因此，侧向约束对混凝土靶的开坑过程有很大影响。

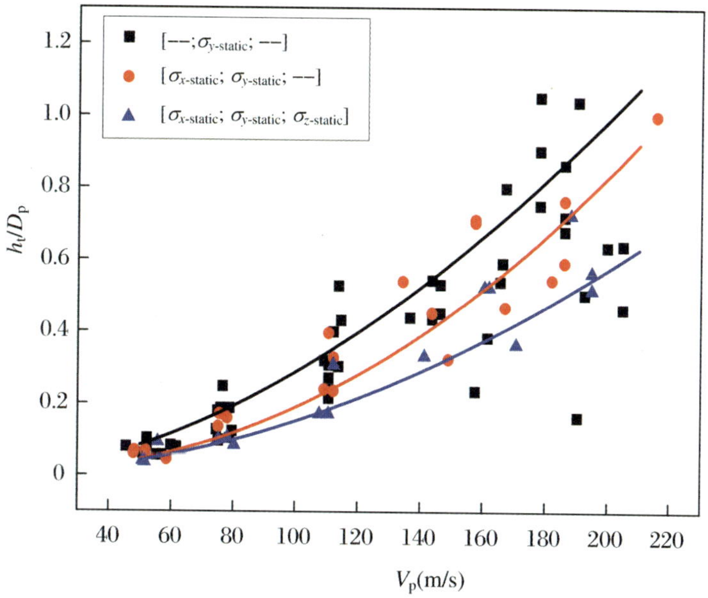

图 8.4.3　h_t/D_p 与弹丸速度 V_p 的关系

表 8.4.1　无量纲开坑深度公式的参数

侧限条件	C	m_1	m_2	m_3
只限制 y 轴	0.98	0.92	1.04	0.74
限制 y 轴和 x 轴	1.05	0.69	1.13	0.80
三向均限制	1.44	0.60	1.26	0.96

Holsapple(1993)提出了更一般的无量纲量群来描述开坑过程。这些主要的无量纲表达式如下：

$$\pi_h = h_t\left(\frac{\rho_t}{M}\right)^{1/3} \tag{8.4.12a}$$

$$\pi_2 = \frac{\tau_t}{\rho_t v_p^2} \tag{8.4.12b}$$

$$\pi_3 = \frac{\rho_t}{\rho_p} \tag{8.4.12c}$$

式中，π_h 为无量纲开坑深度，π_2 为强度机制控制的无量纲量，π_3 为弹/靶相对密度；τ_t 为混凝土靶的剪切强度；ξ 和 η 为标度律指数。其中，ξ 的范围为 $1/3<\xi<2/3$，对应于 h_t从动量标度(即 $h_t \propto Mv_p$)向能量标度(即 $h_t \propto Mv_p^2$)过渡。剪切强度 τ_t是压力相关的，可采用Mohr-Coulomb准则描述，例如：$\tau_t = a + be^{-kp^*}$。其中，a,b,k 为材料常数。对于大多数脆性材料，$a=1.15, b=-1.06, k=1.78$。压力 p 采用混凝土靶的 Hugoniot 弹性限(HEL)进行归一化，写为 p^*。由此，无量纲的开坑公式可表示为

$$\pi_h \propto \pi_2^{-3\xi/2}\pi_3^{1-3\eta} \tag{8.4.13}$$

Holsapple 等(2007)给出了开坑深度的表达式为

$$h_t \propto (M/\rho_t)^{1/3}(\rho_t v_p^2/\tau_t)^{3\xi/2}(\rho_t/\rho_p)^{1-3\eta} \tag{8.4.14}$$

图 8.4.4 所示为 π_h 和 $\pi_2^{-3\xi/2}\pi_3^{1-3\eta}$ 的关系。图中包含 Berriaud 等(1977),Vassallo(1975),Jankov 等(1976),以及 Langheim(1977)的实验数据。这些实验数据是基于无侧限的实验条件得到的,其拟合公式为:$\pi_h = 0.22\pi_2^{-0.51}\pi_3^{-0.53}$。其中:$\xi = 1/3(0.34 \pm 0.16)$,$\eta = 0.51(0.51 \pm 0.13)$。基于有侧限的实验得到的拟合公式(图中实线)为:$\pi_h = 0.12\pi_2^{-0.88}\pi_3^{-0.50}$,其中:$\xi = 0.59(0.59 \pm 0.10)$,$\eta = 0.50(0.50 \pm 0.08)$。结果表明,随着侧限条件的增加,撞击过程逐渐从动量控制转向能量控制。这些无量纲的侧限条件对开坑深度的影响,采用式(8.4.14)进行计算比采用式(8.4.11)计算得到的数据更集中。这为开坑深度的统计分析提供了更有力的方法。

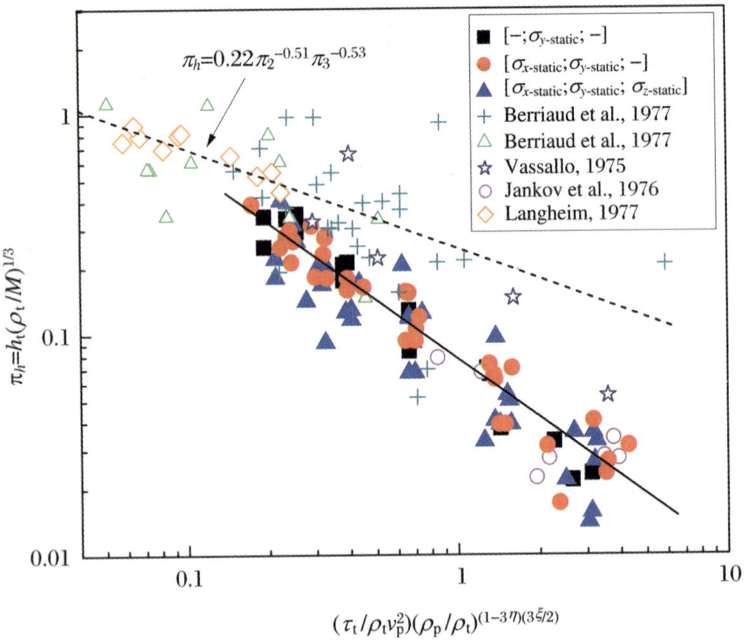

图 8.4.4 开坑深度 h_t 的无量纲拟合关系

8.4.4 岩石动态破坏过程中拉伸破坏与剪切破坏的演化

高应变率下岩石的破坏强度随应变率的增加而增加,在应变率 $10^2 \sim 10^3\ s^{-1}$ 区域出现指数增加的趋势,一般认为是从热激活机制向黏性机制转化的结果。Li 等(2002)、Meng 等(2003)的数值计算结果表明:高应变率下强度的增加主要源于材料局部应力状态的改变,从单轴压缩变为三轴应力状态。因此,高应变率下材料的破坏逐渐转变为复杂应力状态下的剪切破坏。Huang 等(2014)、Shan 等(2018)在玻璃珠的动态强度的统计中发现脆性材料在高应变率作用下,具有从拉伸破坏向剪切破坏转化的机制。岩石破坏强度的率效应一般表达式为

$$\frac{\sigma_{\text{eff}}}{f_c} = 1 + C\ln\frac{\dot{\varepsilon}_{\text{eff}}}{\dot{\varepsilon}_{\text{Ref}}} \tag{8.4.15}$$

式中,应力和应变率分别为等效的应力和应变率;f_c 为准静态单轴抗压强度;$\dot{\varepsilon}_{\text{Ref}}$ 为参考应变率,取为 $1\ s^{-1}$。岩石混凝土等材料在准静态单轴压缩下的破坏的机制是单轴拉伸引起的,因

此，式(8.4.15)只反映了拉伸破坏机制。为反映高应变率作用下试样应力状态的改变，以及拉伸破坏向剪切破坏转化，式(8.4.15)可以修改成

$$\frac{\sigma_{\text{eff}}}{f_c^{m_1} f_\tau^{m_2}} = 1 + C\ln\frac{\dot{\varepsilon}_{\text{eff}}}{\dot{\varepsilon}_{\text{Ref}}} \tag{8.4.16}$$

式中，f_τ 为准静态下的剪切强度，$f_\tau = C_0 + \sigma_n \tan\varphi$，$C_0$ 和 φ 分别为内聚力和内摩擦角，σ_n 为滑移破裂面的法向应力；m_1，m_2 满足 $m_1 + m_2 = 1.0$，为率相关的材料参数。当加载速率很低时，冲击加载产生的局部应力集中易于消散，$m_1 \to 1.0$；当加载速率很高时，冲击加载产生的局部应力集中不易消散，局部的应力状态趋向于一维应变状态，$m_2 \to 1.0$；中间应变率加载时，需要引入两个参数的率相关演化关系。值得注意的是，此处的局部应力集中程度，以及其消散速度与材料本身的黏性有关，因此，它实质上反映的仍是一种黏性机制。

8.5　岩石动力学过程的量纲分析

以侵彻过程为例。动态侵彻过程主要基于聚能射流分析理论进行，主要有以下 3 种：① Birkhoff、Laurent 等提出的定常模型。此模型中将 U 型罩当作不可压缩理想流体来处理，即认为射流瞬时加载到其最终速度。Tate(1967)将常用的定常不可压缩流体的 Bernoulli定理加以推广，提出了修正的 Bernoulli 定理和穿甲弹侵彻靶板的“修正流体动力模型”。其方法实质上是一种“流体动力学比拟”。② Pugh、Rostoker 等提出非定常理论，即 PER 理论，采用非定常不可压缩理想流体理论，认为从 U 型罩顶部到底部压垮速度不断降低，此过程实质上产生较长的射流延伸。③ Godunov 等提出改进的黏塑性理论。此模型改进定常理论，使材料包含黏塑性行为，即考虑材料性能的应变率相关性，研究不可压缩理想流体。

在上述工作的基础上，Rosenberg 等(1990，1997)在 Tate 模型的基础上将修正的 Bernoulli 定理中沿流线压应力 p 相等修正为总力 P 相等，从而引入了蘑菇头面积对侵彻的影响。孙庚辰等在准定常侵彻的假定下，考虑了弹的初始面积和坑底碎渣面积特性，并在计算坑底压力和靶板的强度以及侵彻速度时，采用了 Goodier(1965)的球腔扩孔结果。李永池等(2002)在上述模型基础上改进了弹的运动方程和侵彻面上压力与弹速、侵彻速度以及弹靶破坏强度间的关系，得到了更普遍的分析方法。本节采用李永池等(2002)、李平(2002)的结果来分析侵彻过程。

8.5.1　基本假设

靶材假设为刚性-塑性流体介质；分析过程是准一维的；问题是准定常的。

根据这些假定，有：① 未碎弹具有共同的质点速度 V，恰等于瞬时弹速 v，$V = v$；弹的压应力 σ 由弹尾的零应力增至破碎前阵面上的弹的破碎应力 Y_j。② 弹的破碎区中质点速度由弹速 v 连续下降至侵彻界面上的侵彻速度 u；压应力由 Y_j 连续提高至侵彻界面压力 p。③ 靶的破碎区中质点速度由侵彻弹速 u 下降到靶的破碎前阵面 0；压应力由侵彻界面压力

p 连续下降至靶破碎强度 R_t。弹渣从相对于与侵彻界面一起运动的侵彻坐标系向左的反弹的速度为 u_f，则在绝对空间中弹渣向左喷出的速度为 $u_f - u$。各符号及侵彻过程如图8.5.1所示。

8.5.2 基本方程

设直径为 d、初长为 l_0、密度为 ρ_j 的弹对密度为 ρ_t 的靶板进行垂直贯穿。物理量包括弹的长度 $l(t)$、弹的速度 $v(t)$、侵彻界面速度 $u(t)$ 和侵彻深度 $h(t)$。考虑侵彻过程，有两个纯运动学关系：

$$\frac{\mathrm{d}l}{\mathrm{d}t} = -(v-u) \tag{8.5.1}$$

$$\frac{\mathrm{d}h}{\mathrm{d}t} = u \tag{8.5.2}$$

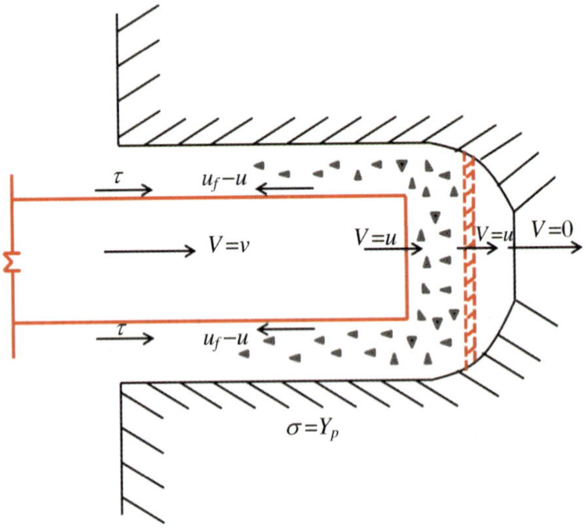

图 8.5.1 侵彻过程示意图

(1) 未碎弹体的动量守恒条件，即弹的运动方程为

$$\frac{\mathrm{d}v}{\mathrm{d}t} = -\gamma\frac{Y_j}{l\rho_j} - \frac{(v-u)^2}{l}(\gamma-1) \tag{8.5.3}$$

式中，γ 为射流作用面积扩大系数。此方程 $\gamma=1$ 时给出了 Tate 的结果，即不考虑射流面积的扩大。

(2) 弹的破碎和反弹区的动量守恒条件

$$p = \frac{Y_j}{1+\beta} + \frac{1}{\beta}\rho_j(v-u)^2 \tag{8.5.4}$$

式中，β 为反射面积扩大系数。此方程与 Tate、Rosenberg、孙庚臣等的方程都略有不同。

(3) 靶的破碎和扩孔区的动量守恒条件

$$p = R_t + \frac{\alpha}{2}\rho_t u^2 \tag{8.5.5}$$

式中，α 为靶渣扩孔系数。$\alpha=1$ 时为“瞬时的扩孔模型”。

同时发生弹的破碎和靶的破坏侵彻的情况下，可得侵彻速度 u 和弹速 v 间的关系为

$$u = u(v) \equiv \frac{v - \mu(v^2 + B)^{\frac{1}{2}}}{1 - \mu^2} \tag{8.5.6}$$

式中

$$\mu \equiv \left[\frac{\alpha\rho_t}{2\rho_j/\beta}\right]^{\frac{1}{2}} \tag{8.5.7}$$

$$B \equiv \frac{2\left(R_t - \dfrac{Y_j}{1+\beta}\right)(1-\mu^2)}{\alpha\rho_t} \tag{8.5.8}$$

因此，求解侵彻问题的常微分方程组如下：

$$\begin{cases} \dfrac{dv}{dt} = -\dfrac{\gamma Y_j}{\rho_j l} - \dfrac{\gamma - 1}{l}[v - u(v)]^2 = -\dfrac{f(v)}{l} \\ \dfrac{dl}{dt} = -(v - u) \\ \dfrac{dh}{dt} = u \end{cases} \tag{8.5.9}$$

具体可通过龙格-库塔法求出侵彻问题的解，求解的初始条件为

$$v(0) = v_0,\quad l(0) = l_0,\quad h(0) = 0$$

式中，v_0 和 l_0 为弹体的初始速度和初始长度。

为了简化分析，引入函数 $f(v)$：$f(v) = \dfrac{\gamma Y_j}{\rho_j} + [v - u(v)]^2(\gamma - 1)$。若消去时间参数 t，可直接得到 $v \sim l$ 和 $v \sim h$ 之间的微分方程：

$$\frac{dl}{l} - \frac{[v - u(v)]}{f(v)}dv$$

积分可得

$$l = l_0 \exp\left\{\int_{v_0}^{v} \frac{v - u(v)}{f(v)}dv\right\} = l(v) \tag{8.5.10}$$

由此可得 $v \sim h$ 间的微分方程及积分表达式：

$$dh = -\frac{u(v)l(v)}{f(v)}dv \tag{8.5.11}$$

$$h = -\int \frac{u(v)l(v)}{f(v)}dv \tag{8.5.12}$$

侵彻过程即求解如下方程组：

$$\begin{cases} u = u(v) \equiv \dfrac{v - \mu(v^2 + B)^{\frac{1}{2}}}{1 - \mu^2};\quad \mu \equiv \left(\dfrac{\alpha\rho_t}{2\rho_j/\beta}\right)^{\frac{1}{2}},\quad B \equiv \dfrac{2\left(R_t - \dfrac{Y_j}{1+\beta}\right)(1-\mu^2)}{\alpha\rho_t} \\ \dfrac{dv}{dt} = -\dfrac{\gamma Y_j}{\rho_j l} - \dfrac{\gamma - 1}{l}[v - u(v)]^2 = -\dfrac{f(v)}{l} \\ l = l_0 \exp\left\{\int_{v_0}^{v} \dfrac{v - u(v)}{f(v)}dv\right\} \\ h = -\int \dfrac{u(v)l(v)}{f(v)}dv \end{cases} \tag{8.5.13}$$

求解的初始条件为 $v(0)=v_0, l(0)=l_0, h(0)=0$。采用龙格-库塔法进行数值求解。

图 8.5.2 所示为低速冲击下的侵彻过程。子弹冲击速度为 800 m/s，靶板为一种较硬的材料，子弹速度在侵彻过程中逐渐降低(图 8.5.2(a))，直至停止。对应的侵彻深度(图 8.5.2(b))开始阶段快速增长，后期逐渐恢复，表明此过程子弹并未真正侵彻靶体，产生了一种弹性压缩过程。图 8.5.2(c)所示为子弹长度在冲击过程中的变化历程。

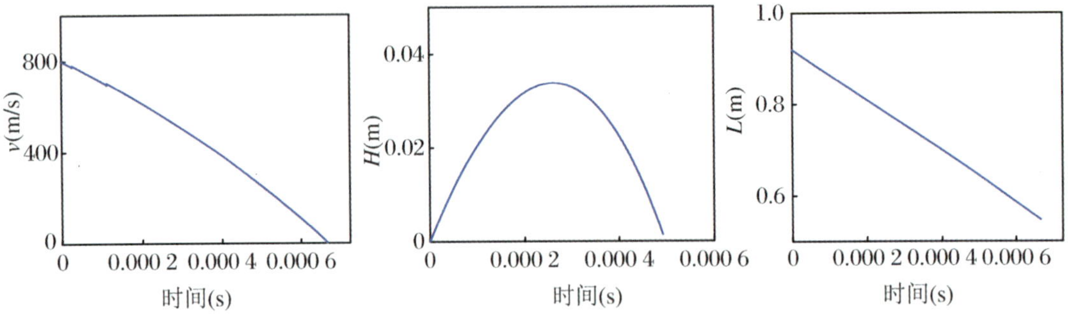

(a) 侵彻速度 (b) 侵彻深度 (c) 子弹长度

图 8.5.2 侵彻过程计算

基于量纲理论的近似分析。基本参数可取射流弹速为 v_j，垂直入射。此过程的其他参量为：① 弹材：密度 ρ_j，弹塑性参数 E_j, ν_j, Y_j。② 靶材——钢板：密度 ρ_t，弹塑性参数 E_t, ν_t, Y_t；定容比热 $C_{V\text{-tar}}$；板厚度 L_{t0}。③ 环境参数：空气压力 P_{air}；空气的定容比热 $C_{V\text{-air}}$。射流弹的初始温度：T_0。在以上的条件下来研究弹体的侵彻深度 H，其表达式可以近似表示为

$$H = f(v_j; n, L_{t0}; \rho_j, \rho_t; \nu_j, \nu_t; E_j, E_t; Y_j, Y_t; P_{air}; \mathrm{d}T) \tag{8.5.14}$$

式中，$\mathrm{d}T$ 为温升。取 L_{j0}, ρ_t, Y_t 为基本量，则无量纲量的参考量为：参考长度 $L_{Ref}=L_{t0}$；参考速度 $v_{Ref}=\sqrt{Y_t/\rho_t}$；参考密度 $\rho_{Ref}=\rho_t$；参考强度 $Y_{Ref}=Y_t$；参考时间 $t_{Ref}=\sqrt{L_{t0}^2\rho_t/Y_t}=L_{t0}\sqrt{\rho_t/Y_t}$；参考温度 $T_{Ref}=\dfrac{1}{2}\dfrac{v_{Ref}^2}{C_{V\text{-tar}}}=\dfrac{1}{2}\dfrac{Y_t\varepsilon_t}{\rho_t C_{V\text{-tar}}}$。由此，可以得到关于侵彻深度 H 的无量纲表达式为

$$\frac{H}{L_{t0}} = F\left(\frac{v_j}{\sqrt{\rho_t/Y_t}}; \frac{\rho_j}{\rho_t}; \nu_j, \nu_t; \frac{E_j}{Y_t}; \frac{Y_j}{Y_t}; \frac{P_{air}}{Y_t}; \frac{\mathrm{d}T}{T_{Ref}}, \frac{T_0}{T_{Ref}}\right) \tag{8.5.15}$$

与 8.4.3 小节不同的是，式(8.5.15)可用于计算弹在侵彻过程中长度消蚀的过程。因此，以弹长作为参考长度。将 8.4.3 小节中侵彻过程的机制引入，则式(8.5.15)可简化为

$$\frac{H}{L_{t0}} = C\left(\frac{\rho_j}{\rho_t}\right)^{m_1}\left(\frac{V_j}{\sqrt{Y_t/\rho_t}}\right)^{m_2}\left(\frac{V_j}{C_t}\right)^{m_3} \tag{8.5.16}$$

相关参数可根据实验、理论分析或数值分析结果确定。若已知空气中的实验结果，可将其推广到分析其他介质中的射流侵彻，如水中射流侵彻的情况，则式(8.5.16)变为

$$\frac{H_{wat}}{L_{t0}} = \frac{H_{air}}{L_{t0}} G\left(\frac{v_j}{\sqrt{\rho_t/Y_t}}; \frac{\rho_j}{\rho_t}, \frac{\rho_{wat}}{\rho_t}, \frac{\rho_{air}}{\rho_t}; \frac{P_{air}}{Y_t}, \frac{P_{wat}}{Y_t}; \frac{\mathrm{d}T_{air}}{\dfrac{Y_t}{2\rho_t C_{V\text{-tar}}}}, \frac{\mathrm{d}T_{wat}}{\dfrac{Y_t}{2\rho_t C_{V\text{-tar}}}}, \frac{T_0}{\dfrac{Y_t}{2\rho_t C_{V\text{-tar}}}}\right)$$

式中，$\mathrm{d}T$ 为温升。考虑导热效应以及弹体动能转化为热能，上式可简化为

$$\frac{H_{wat}}{L_{t0}} = \frac{H_{air}}{L_{t0}}\left(\frac{\rho_{wat}}{\rho_j}\right)^{\alpha}\left(\frac{v_j}{D_{wat}}\right)^{\beta}\left(\frac{n\rho_j v_j d^2\delta_i}{\kappa T_0}\right)^{\gamma} \tag{8.5.17}$$

式中，δ_i 为弹体消蚀长度。结合实验和数值分析结果，可对式(8.5.17)的形式进一步具体化。

小　结

量纲分析是处理复杂工程问题的有效工具，也是校核工程概念最有效的方法之一。本章介绍了量纲分析的一般方法——π 定理，分析了岩石动力学问题中基本量纲的选择和一些重要的无量纲量。基于岩石动力学的多尺度、多重物理机制的复杂问题，本章提出了“量纲动力学”分析的初步原则，即考虑多尺度、多重物理机制的转化的动力学演化过程，进行主要无量纲量的转化，从而实现机制描述的转化。以时温等效原理、多孔饱和岩石的特征频率、厚靶侵彻的 3 种机制、岩石高应变率破坏的 2 种机制等的分析为例，对其初步展示了这种分析原理。以岩石、混凝土的侵彻过程为例，对其进行了说明。此方法尚属起步阶段，需要更多的理论工作对其进行完善。

参 考 文 献

陈丽娜，2020. 应力状态对水泥砂浆抗弹性能的影响研究[D]. 合肥：中国科学技术大学.

陈丽娜，单俊芳，周李姜，等，2020. 应力状态对水泥砂浆侵彻性能的影响[J]. 振动与冲击，39(15)：32-40.

李平，2002. 陶瓷材料的动态力学响应及其抗长杆弹侵彻机理[D]. 北京：北京理工大学.

李永池，袁福平，胡秀章，等，2002. 卵形头部弹丸对混凝土靶板侵彻的二维数值模拟[J]. 弹道学报，14(1)：14-19.

马沃可，木克基，德沃金，2008. 岩石物理手册：孔隙介质中地震分析工具[M]. 徐海滨，戴建春，译. 合肥：中国科学技术大学出版社.

单俊芳，2020. 三轴应力状态下混凝土动态力学性能及抗弹机理研究[D]. 合肥：中国科学技术大学.

王礼立，余同希，李永池，1992. 冲击动力学进展[M]. 合肥：中国科学技术大学出版社：303-322.

向家琳，1990. 金属材料可压缩性效应对超高速碰撞中厚靶成坑的影响[D]. 北京：中国科学院力学研究所.

谢多夫，1982. 力学中的相似方法和量纲理论[M]. 北京：科学出版社.

郑哲敏，1980. 破甲射流弹稳定性研究[J]. 爆炸与冲击，1(1)：6-17.

Barenblatt G I, 1996. Scaling, self-similarity, and intermediate asymptotics[M]. Cambridge, Eng.: Cambridge University Press.

Berriaud C, Sokolovsky A, Guerard R, et al. 1977. Local behavior of reinforced concrete walls under missile impact[C]. San Francisco: IASMiRT.

Goodier J M, 1965. On the mechanics of indentation and catering in solid targets of strain hardening metal by impact of hard and soft spheres[C]. Proceedings of 7th Hypervelocity Impact Symposium, Tamba: 215-260.

Holsapple K, 1993. The scaling of impact processes in planetary sciences[J]. Annu. Rev. Earth Pl. Sc., 21: 333-373.

Holsapple K, Housen K, 2007. A crater and its ejecta: an interpretation of deep impact[J]. Icarus., 191: 345-356.

Huang J Y, Xu S L, Hu S S, 2014. Size effect on the compression breakage strengths of glass particles[J]. Powder Technology, 268: 86-94.

Jankov Z D, Shanahan J A, White M P, 1976. Missile tests of quarter-scale reinforced concrete barriers[C]. Lubbock: Texas Tech University.

Langheim H, 1977. Impactuntersuchungen an armierten betonplatten[R]. Freiburg: Ernst Mach Institute.

Li Q M, Meng H, 2002. About the dynamic strength enhancement of cement-like materials in a split Hopkinson pressure bar test[J]. International Journal of Solids and Structure, 40(2): 343-360.

Meng H, Li Q M, 2003. Correlation between the accuracy of a SHPB test and stress uniformity based on numerical experiments[J]. International Journal of Impact Engineering, 28(5): 537-555.

Ortiz M, Molinari A, 1992. Effect of strain hardening and rote sensitivity on the dynamic growth of a void in a plastic material[J]. Transaction of the ASME, 59: 48-53.

Rosenberg Z, 1990. On the hydrodynamic theory of long-rod penetration[J]. Int. J. Impact Engng., 10: 483-486.

Rosenberg Z, Dekel E, et al. 1997. Hypervelocity penetration of tungsten alloy rods into ceramic tiles[J]. International Journal of Impact Engineering, 20: 675-683.

Shan J F, Xu S L, Liu Y G, et al. 2018. Dynamic breakage of glass sphere subjected to impact loading[J]. Powder Technology, 330: 317-329.

Sedgwick R T, Hageman L J, Herrmann R G, 1978. Numerical investigations in penetration mechanics[J]. International Journal of Engineering Science, 16(11): 859-869.

Simha C H M, Bless S J, 2002. Computational modeling of the penetration response of a high-purity ceramic [J]. International Journal of Impact Engineering, 27: 65-86.

Tate A, 1967. A theory for the deceleration of long rods after impact[J]. J. Mech. Phys. Solids, 15: 387-399.

Vassallo F A, 1975. Missile impact testing of reinforced concrete panels[R]. Buffalo: Calspan Corporation.

Yow J L, Hunt J R, 2002. Coupled processes in rock mass performance with emphasis on nuclear waste isolation[J]. International Journal of Rock Mechanics and Mining Sciences, 39: 143-150.

Zaera R, Sanchez V, 1998. Analytical modeling of normal and oblique ballistic impact on ceramic/metal lightweight armors[J]. Int. J. Impact Engineering, 21(3): 133-148.

Zhang L, Shan J F, Chun H M, et al. 2021. The cratering performance of concrete target under true triaxial confinements[J]. International Journal of Mechanical Sciences, 210: 106714.